ISSN 0044-2267

ZEITSCHRIFT FÜR ANGEWANDTE MATHEMATIK UND MECHANIK

INGENIEURWISSENSCHAFTLICHE FORSCHUNGSARBEITEN

HERAUSGEGEBEN VON G. SCHMIDT, BERLIN

CHEFREDAKTEUR: G. SCHMIDT REDAKTEURE: W. HEINRICH, H. WEINERT

BAND 62 1982 HEFT 4

INHALT

Vorträge der Wissenschaftlichen Jahrestagung der Gesellschaft für Angewandte Mathematik und Mechanik 1981 in Würzburg (BRD)

TEIL 1

AKADEMIE-VERLAG · BERLIN

ZAMM Bd. 62 Nr. 4 Seite T1 bis T240 Berlin, April 1982

EVP 18,— M 34115

INHALT

Bericht über die wissenschaftliche Jahrestagung 1981 der GAMM in Würzburg

Die Jahrestagung der GAMM fand vom 21.—24. April 1981 an der Universität Würzburg statt. Örtlicher Tagungsleiter war Prof. Dr. W. Velte (Institut für Angewandte Mathematik und Statistik). An der Tagung haben über 500 Teilnehmer mit etwa 110 Begleitpersonen teilgenommen. Folgende Länder waren vertreten: Belgien, Bundesrepublik Deutschland, Canada, China, Finnland, Frankreich, Griechenland, Großbritannien, Irland, Italien, Japan, Jugoslawien, Niederlande, Österreich, Polen, Rumänien, Schweden, Schweiz, Tschechoslowakei, Ungarn, Vereinigte Staaten von Amerika.

Es wurden folgende Übersichtsvorträge gehalten:

G. Böhme, Hamburg: Strömungen nicht-newtonscher Flüssigkeiten;
F. Busse, Los Angeles: Entstehung der Turbulenz in thermischer Konvektion;
W. Krätzig, Bochum: Stand und Entwicklung einer allgemeinen Theorie der Flächentragwerke;
R. Kress, Göttingen: Integralgleichungsmethoden bei direkten und inversen Randwertproblemen aus der Theorie akustischer und elektromagnetischer Schwingungen;
J. L. Lions, Paris: Homogenization problems;
Th. Meis, Köln: Schnelle Lösung von Randwertaufgaben;
H. Troger, Wien: Über chaotisches Verhalten von einfachen mechanischen Systemen;
K. Ritter, Stuttgart: Nichtlineare Optimierung: Numerische Methoden und Anwendungen;
Z. Wesolowski, Warschau: Waves in nonlinear elastic materials.

Als gemeinschaftliche Veranstaltung der GAMM und der DGLR hielt Prof. Dr. E. A. Müller (Göttingen, Max-Planck-Institut für Strömungsforschung) die 24. Ludwig-Prandtl-Gedächtnisvorlesung über das Thema „Neuere Entwicklungen in der Strömungsakustik". Wie in den beiden vorangegangenen Jahren wurde auch diesmal im Programm wieder ein öffentlicher populärwissenschaftlicher Vortrag vorgesehen. Prof. Dr. W. Jäger (Heidelberg) sprach über das Thema „Mathematische Modelle für Strukturbildung bei biologischen Systemen".

Es wurden etwa 270 Kurzvorträge angemeldet und gehalten, die sich auf folgende Sektionen verteilten:

1. Mechanik starrer Körper
2. Schwingungs- und Stabilitätsprobleme
3. Elastomechanik und Plastomechanik
4. Strömungslehre
5. Angewandte Analysis und Mathematische Physik
6. Numerische Analysis
7. Optimierung, Stochastik und mathematische Methoden der Wirtschaftswissenschaften.

Außerdem fand eine Podiumsdiskussion über Fragen der Mathematikausbildung von Ingenieuren statt, bei der Prof. Dr. E. Pestel, Minister für Kunst und Wissenschaft des Landes Niedersachsen, die Diskussion leitete.

Das Rahmenprogramm umfaßte neben Besichtigungen und Ausflügen in die Umgebung (Bamberg, Rothenburg o. d. T., Weikersheim) einen abendlichen Rundgang durch die Räume des Mainfränkischen Museums auf der Festung Marienberg mit Begrüßung durch den Oberbürgermeister der Stadt Würzburg, ein Kammerkonzert im Kaisersaal der Residenz sowie am letzten Abend eine Weinprobe in der Hofkellerei.

W. Velte

ZAMM 62, T 2 (1982)

E.-A. MÜLLER

Neuere Entwicklungen auf dem Gebiet der Strömungsakustik

(Zusammenfassung der 24. Ludwig-Prandtl-Gedächtnisvorlesung; der ausführliche Text erscheint in der ZFW)

Nach einer kurzen Darstellung der strömungsakustischen Veröffentlichungen L. PRANDTLS wird das Forschungsgebiet Strömungsakustik definiert. Mehrere aktuelle Fragestellungen daraus werden erörtert. Die neueren Entwicklungen, die die physikalische Deutung von Strömungsschallquellen im Rahmen der Theorie des ruhenden akustischen Mediums sowie die Entwicklung einer Theorie des strömenden akustischen Mediums betreffen, werden näher erläutert. Im erstgenannten Bereich gelang für kleine Machsche Zahlen erstmals die Zurückführung des erzeugten Schalldrucks auf Quellen, die linear in einer Geschwindigkeitsgröße sind; mittels der Kausalitätskorrelationsmethode und durch Anwendung der Laser-Doppler-Anemometrie konnten experimentelle Fortschritte erzielt werden. In der Theorie des strömenden akustischen Mediums wird mittels des Howeschen Potentialströmungsmodells gezeigt, daß Wirbel hinter Düsenmündungen als Schallsenken wirken können; für Grundströmungen, die nur in einer Richtung verlaufen, werden die Bedingungen erläutert, die sich auf Grund der Gültigkeit des Kausalitätsprinzips und der Beschränktheit des Schalldrucks für das schallerzeugende Strömungsfeld ergeben. Den Abschluß bildet die Diskussion der experimentell und theoretisch untersuchten Strömungsschwingungen hinter einem Querschnittssprung in einem mit hoher Geschwindigkeit durchströmten Rohr.

Anschrift: Prof. Dr. E.-A. MÜLLER, MAX-PLANCK-Institut für Strömungsforschung, Postfach 867, D-3400 Göttingen, BRD

HAUPTVORTRÄGE

ZAMM 62, T 3 – T 17 (1982)

G. Böhme

Strömungen nicht-newtonscher Flüssigkeiten

Nicht-newtonsche Flüssigkeiten wie Kunststoffschmelzen oder Polymerlösungen heben sich von newtonschen Flüssigkeiten im wesentlichen durch drei Merkmale ab: Sie besitzen nichtlineare Fließeigenschaften; in einer Scherströmung sind die Normalspannungen in verschiedenen Richtungen verschieden groß; und unter instationären Bedingungen treten neben viskosen auch elastische Stoffeigenschaften hervor, die mit einem Erinnerungsvermögen (Gedächtnis) der Flüssigkeit verknüpft sind. Da im Gegensatz zur klassischen Hydrodynamik die wirksamen Stoffeigenschaften entscheidend von der Strömungsform abhängen, sind kinematische Betrachtungen erforderlich, um die jeweils adäquaten Stoffgleichungen bereitzustellen, bevor eine Strömung im Detail analysiert werden kann. Am weitesten ist die Theorie für sogenannte viskosimetrische Strömungen entwickelt, die durch die Fließfunktion allein kontrolliert werden. Dies wird am Beispiel der Strömung in einer Reibungspumpe erläutert. Normalspannungserscheinungen, die sich in einer Sekundärströmung äußern, können durch eine Theorie für langsame und langsam veränderliche Strömungen erfaßt werden. Sie führt auf Potential- und Bipotentialprobleme, denen jeweils ein Minimalprinzip zugeordnet werden kann. Der Einfluß des Gedächtnisses wird anhand einer peristaltischen Strömung diskutiert.

1. Einleitung

Dieser Artikel will die Aufmerksamkeit des Lesers auf ein relativ junges, hierzulande noch nicht allzu populäres Teilgebiet der Fluiddynamik lenken: die Strömungsmechanik nicht-newtonscher Flüssigkeiten. Sie überdeckt einen Teil des weiten Feldes, das gemeinhin mit dem Begriff Rheologie umschrieben wird. Bei der Diskussion und der formelmäßigen Behandlung rheologischer Erscheinungen werden im folgenden ausschließlich kontinuumsmechanische Modellvorstellungen und Methoden verwendet; eine molekular-theoretische Erklärung der makroskopisch beobachteten Phänomene wird nicht angestrebt. Insofern geht es darum, einen Einblick in die phänomenologische Rheologie vom Standpunkt der Strömungsmechanik aus zu vermitteln. (Der interessierte Leser sei auch auf das neu erschienene Lehrbuch des Verfassers hingewiesen, wo der Gegenstand in größerem Zusammenhang abgehandelt und die Theorie auf zahlreiche rheologische Probleme von praktischer Bedeutung angewandt wird [2].)

Um die besonderen Merkmale nicht-newtonscher Fluide klar hervortreten zu lassen, werden von vornherein einige vereinfachende Annahmen getroffen. So werden durchweg nur laminare Strömungen behandelt und inkompressible Fluide betrachtet, obwohl die darzustellende Materialtheorie weitgehend auch für kompressible Fluide gilt. Für den Umgang mit hochzähen Substanzen, wie sie in der Kunststofftechnologie, im Chemieingenieurwesen und auch in der Verfahrenstechnik vorkommen, bedeutet dies keine wesentliche Einschränkung. Die Ausführungen beziehen sich auf Einphasenströmungen, und thermische Effekte bleiben ganz außer acht, so daß eine rein mechanische Theorie zur Erklärung der Erscheinungen genügt.

Die Besonderheiten der Strömungsmechanik nicht-newtonscher Flüssigkeiten ergeben sich aus den Stoffeigenschaften dieser Materialien. Sie hängen entscheidend von der Strömungsform ab. Es ist deshalb erforderlich, zunächst über das gewissen Strömungsformen zugeordnete rheologische Stoffgesetz zu sprechen. Anhand ausgewählter Beispiele wird danach diskutiert, wie sich die verschiedenen dabei hervortretenden Stoffeigenschaften auswirken können.

Flüssigkeiten sind Materialien, die sich im Zustand der Ruhe durch einen kugelsymmetrischen Spannungszustand auszeichnen. Im Hinblick darauf ist es in der Strömungsmechanik zweckmäßig und üblich, den Cauchyschen Spannungstensor $\boldsymbol{S}$ aufzuspalten in einen kugelsymmetrischen Drucktensor $-p\boldsymbol{E}$ (p bezeichnet den Druck, $\boldsymbol{E}$ stellt den Einheitstensor dar) und einen Test $\boldsymbol{T}$, den sogenannten Reibungsspannungstensor, der durch das Stoffgesetz mit der Bewegung verknüpft ist:

$$\boldsymbol{S} = -p\boldsymbol{E} + \boldsymbol{T} . \tag{1}$$

Die Merkmale nicht-newtonschen Stoffverhaltens werden am besten in Kontrast zu den Reibungseigenschaften (inkompressibler) newtonscher Flüssigkeiten diskutiert. Diese zeichnen sich durch einen linearen Zusammenhang zwischen $\boldsymbol{T}$ und dem ersten Rivlin-Ericksen-Tensor $\boldsymbol{A}_1$ aus ($\boldsymbol{A}_1/2$ ist der sogenannte Verzerrungsgeschwindigkeitstensor, der symmetrische Anteil des Geschwindigkeitsgradiententensors [2]):

$$\boldsymbol{T} = \eta \boldsymbol{A}_1 . \tag{2}$$

Die klassische Strömungsmechanik basiert weitgehend auf diesem Stoffgesetz. Anhand spezieller Strömungsformen wird nachfolgend zunächst die Verallgemeinerung dieses Zusammenhangs diskutiert, die man zur Beschreibung nicht-newtonscher Flüssigkeiten, etwa flüssiger Polymersysteme, benötigt. Danach erst können konkrete Strömungsvorgänge im Detail analysiert werden.

2. In Scherströmungen hervortretende Stoffeigenschaften

Die wesentlichen Stoffeigenschaften nicht-newtonscher Flüssigkeiten erkennt man bereits beim Studium kinematisch einfacher Bewegungen. Es genügt zunächst, die in Abb. 1 skizzierte instationäre Scherströmung zu betrachten, bei der sich jede ebene Schicht $x_2 = \text{const}$ mit einer zeitlich veränderlichen Geschwindigkeit $u(x_2, t)$ in x_1-Richtung verschiebt (ebene Schichtenströmung). Der (symmetrische) erste RIVLIN-ERICKSEN-Tensor besitzt dabei nur ein von Null verschiedenes Element, die Schergeschwindigkeit $\dot{\gamma}$, mit der ein quaderförmiges Flüssigkeitselement, dessen Kanten parallel zu den Koordinatenachsen liegen, deformiert wird (vgl. Abb. 1):

$$\boldsymbol{A}_1 = \begin{bmatrix} 0 & \dot{\gamma} & 0 \\ \dot{\gamma} & 0 & 0 \\ 0 & 0 & 0 \end{bmatrix}. \tag{3}$$

Im vorliegenden Fall stimmt die Schergeschwindigkeit mit der Ableitung des Geschwindigkeitsfeldes überein:

$$\dot{\gamma} = \frac{\partial u}{\partial x_2}. \tag{4}$$

Bei geeigneter Wahl der Basis gilt die Matrixdarstellung (3) übrigens auch für andere Scherströmungen, insbesondere für zylindrische Schichtenströmungen (POISEUILLE-Strömung, COUETTE-Strömung, Schraubenströmung), dann freilich mit einem sinngemäß abgeänderten Zusammenhang zwischen $\dot{\gamma}$ und dem Geschwindigkeitsfeld.

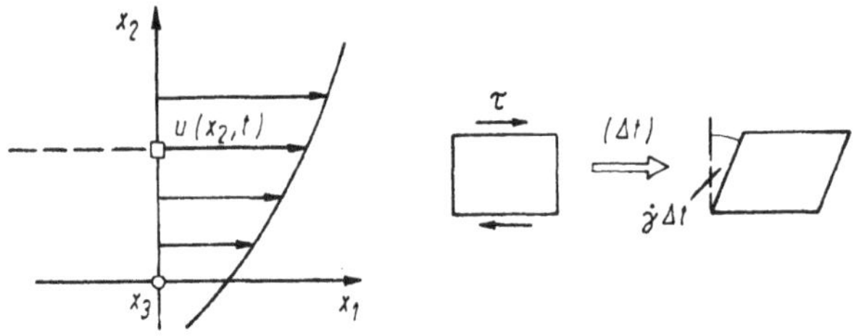

Abb. 1. Instationäre ebene Schichtenströmung

Da der kinematische Tensor $\boldsymbol{A}_1$ bei einer Scherströmung nur ein wesentliches Element besitzt, tritt bei einer newtonschen Flüssigkeit in diesem Fall nur eine einzige Reibungsspannung auf, nämlich die Schubspannung $\tau_{(12)}$ zwischen den aneinander vorbeigleitenden Schichten (die Indizes 1, 2 werden der Einfachheit halber weggelassen), und τ wächst linear mit $\dot{\gamma}$ an:

$$\tau(x_2, t) = \eta\, \dot{\gamma}(x_2, t)\,. \tag{5}$$

Damit ist der in Gl. (2) auftretende Proportionalitätsfaktor η als die Scherviskosität der Flüssigkeit erkannt. Gl. (5) ist in dreierlei Hinsicht bemerkenswert einfach. Sie besagt nämlich, daß die zur aktuellen Zeit auf ein beliebig herausgegriffenes flüssiges Teilchen einwirkende Schubspannung nur vom augenblicklichen Bewegungszustand des Teilchens abhängt (Momentenreaktion). Die Schubspannung an einer bestimmten Stelle hängt ferner nur vom örtlichen Geschwindigkeitsgradienten ab; höhere Ortsableitungen des Geschwindigkeitsfeldes oder gar die Bewegung räumlich entfernter Schichten sind für den Spannungszustand unmaßgeblich (lokale Wirkung). Und schließlich handelt es sich um ein lineares Stoffgesetz.

In neuerer Zeit treten in zunehmendem Maße Flüssigkeiten auf, die keine newtonschen Stoffeigenschaften besitzen. Kunststoffschmelzen, Polymerlösungen und Suspensionen etwa verhalten sich in gewissen Situationen anders als man es von einer newtonschen Flüssigkeit erwartet. Dabei zeigt sich, daß die bisher beobachteten nicht-newtonschen Effekte mit folgenden Hypothesen über das Reibungsverhalten der Flüssigkeiten erklärt werden können:

1. Die auf ein flüssiges Teilchen zur aktuellen Zeit einwirkenden Reibungsspannungen hängen außer vom augenblicklichen Bewegungszustand möglicherweise auch von der Bewegung des Fluides in der Vergangenheit ab; die Flüssigkeit besitzt also ein „Gedächtnis".

2. Die auf ein Flüssigkeitsteilchen einwirkenden Reibungsspannungen hängen nur von der Deformationsgeschichte des jeweils betrachteten Teilchens ab; die Bewegung räumlich entfernter Teilchen bleibt ohne Einfluß auf den Spannungszustand des herausgegriffenen Teilchens (lokale Wirkung).

Materialien mit diesen Eigenschaften nennt man rheologische „einfache Fluide". Newtonsche Fluide, die kein Gedächtnis besitzen und sich durch ein lineares Stoffgesetz auszeichnen, sind als Spezialfall in der Klasse der einfachen Fluide enthalten.

Um die zuvor beschriebenen Kriterien auf eine instationäre ebene Schichtenströmung anwenden zu können, muß man sich klarmachen, daß ein beliebig herausgegriffenes flüssiges Teilchen zu allen Zeiten auf der Schicht $x_2 = \text{const}$ liegt (x_2 ist demnach eine materielle Koordinate) und gegenwärtig (für $s = 0$) sowie in der Vergangenheit (für $s > 0$) mit der Schergeschwindigkeit $\dot{\gamma}(x_2, t - s)$ deformiert wird. Damit ergibt sich zwischen der aktuellen Schubspannung und der Bewegung in der Vergangenheit der allgemeine Zusammenhang

$$\tau(x_2, t) = \mathop{\mathscr{F}}_{s=0}^{\infty} [\dot{\gamma}(x_2, t - s)]\,. \tag{6}$$

Mehr noch: Während bei newtonschen Flüssigkeiten in einer Scherströmung nach Gln. (2), (3) die Normalspannungen in den drei ausgezeichneten Richtungen gleich groß sind, treten bei nicht-newtonschen Flüssigkeiten Normalspannungsdifferenzen und damit zwei weitere Reibungsspannungen, nämlich $\tau_{11} - \tau_{22}$ und $\tau_{22} - \tau_{33}$ auf. Damit treten zwei entsprechende Stoffgleichungen zu Gl. (6) hinzu:

$$\tau_{11}(x_2, t) - \tau_{22}(x_2, t) = \mathop{\mathscr{N}_1}_{s=0}^{\infty} [\dot{\gamma}(x_2, t - s)]\,, \tag{7}$$

$$\tau_{22}(x_2, t) - \tau_{33}(x_2, t) = \mathop{\mathscr{N}_2}_{s=0}^{\infty} [\dot{\gamma}(x_2, t - s)]\,. \tag{8}$$

Diese drei Beziehungen beschreiben das Reibungsverhalten eines einfachen Fluids bei instationären Scherströmungen. Ein Vergleich mit der für newtonsche Fluide maßgeblichen Beziehung (5) zeigt, daß statt der konstanten Viskosität η hier drei weitgehend beliebige, im allgemeinen nichtlineare Funktionale der Geschichte der Schergeschwindigkeit auftreten. Es können, wie man noch sehen wird, Integrale sein, aber auch algebraische Ausdrücke, die höhere Zeitableitungen von $\dot{\gamma}(x_2, t)$ enthalten.

Hier wird deutlich, wie allgemein das Stoffgesetz für sogenannte einfache Fluide noch ist. Die experimentelle Rheologie dient in weiten Bereichen dem Ziel, die zuvor erläuterten Stoffeigenschaften kennenzulernen. Dabei muß man sich allerdings im klaren sein, daß es prinzipiell unendlich vieler Experimente bedarf, um die drei Stoffunktionale einer Flüssigkeit vollständig zu bestimmen. So machen sich bei Bewegungen unterschiedlicher Art, etwa mit einer rein oszillatorischen bzw. mit einer monoton anwachsenden Deformation, selbstverständlich unterschiedliche Anteile der Stoffunktionale bemerkbar. Aber auch bei Bewegungen, die in der Gegenwart gleichartig verlaufen, sich in der Vergangenheit aber voneinander unterscheiden, reagiert ein Stoff mit Gedächtnis mit unterschiedlichen Spannungen. Deshalb kann jede denkbare Schichtenströmung nur einen Teil der in den drei Funktionalen insgesamt enthaltenen Information liefern. Für reale Flüssigkeiten bleibt ihre allgemeine Form daher unbekannt, und die Zusammenhänge (6), (7), (8) sind praktisch unbrauchbar. Andererseits liefert die Beobachtung einer eingeschränkten Klasse von Bewegungen gewisse partielle Information über das Stoffgesetz. Solange nur diese Klasse von Bewegungen interessiert, genügen aber solche unvollständigen Aussagen über das Stoffgesetz, und die allgemeine Form braucht gar nicht bekannt zu sein. Dieser Gedanke liegt den nachfolgenden Ausführungen zugrunde.

2.1 Stationäre Schichtenströmungen

Zunächst wird die für die Anwendungen wichtige Klasse der stationären Schichtenströmungen betrachtet, die man gelegentlich auch als „viskosimetrische Strömungen" bezeichnet. Bleibt das Geschwindigkeitsfeld und somit auch das Schergeschwindigkeitsfeld zeitlich konstant, so erlebt ein flüssiges Teilchen in der Schicht $x_2 = \text{const}$ eine Scherung mit zeitlich unveränderlicher Geschwindigkeit $\dot{\gamma}(x_2)$. Welche Gedächtniseigenschaften die Flüssigkeit auch besitzen mag, die Reibungsspannungen $\tau(x_2)$, $\tau_{11}(x_2) - \tau_{22}(x_2)$ und $\tau_{22}(x_2) - \tau_{33}(x_2)$ können unter diesen Bedingungen nur von $\dot{\gamma}(x_2)$, der aktuellen örtlichen Schergeschwindigkeit abhängen. (Bei viskosimetrischen Strömungen können also Flüssigkeiten mit Gedächtnis von solchen ohne Gedächtnis gar nicht unterschieden werden.) Damit reduzieren sich die Stoffgleichungen (6), (7), (8) auf im allgemeinen nichtlineare Zusammenhänge zwischen den Reibungsspannungen und der am gleichen Ort anzutreffenden Schergeschwindigkeit (die Ortsvariable x_2 als Argument kann deshalb unterdrückt werden):

$$\tau = F(\dot{\gamma}) , \qquad \tau_{11} - \tau_{22} = N_1(\dot{\gamma}) , \qquad \tau_{22} - \tau_{33} = N_2(\dot{\gamma}) . \qquad (9), (10), (11)$$

Man bezeichnet den Zusammenhang (9) als das Fließgesetz, $F(\dot{\gamma})$ als die Fließfunktion, $N_1(\dot{\gamma})$ und $N_2(\dot{\gamma})$ als erste bzw. zweite Normalspannungsfunktion des Stoffes.

Zur experimentellen Bestimmung dieser drei Stoffunktionen eignet sich zum Beispiel das in Abb. 2 skizzierte Rheometer, bei dem sich die Testflüssigkeit zwischen einer ruhenden ebenen Platte und einem aufsitzenden stumpfen Kegel befindet, welcher gleichförmig rotiert. Der Zusammenhang zwischen der Drehzahl und dem Antriebsmoment führt auf das Fließgesetz; die radiale Druckverteilung auf die Platte sowie die resultierende Druckkraft, mit der beide Körper gehalten werden müssen, damit sie sich nicht voneinander entfernen, geben Aufschluß über die beiden Normalspannungsfunktionen [2, 5]. Abb. 3 zeigt Daten für eine Polymerlösung. Nach Gl. (5) gilt bei newtonschen Fluiden für die Fließfunktion $F(\dot{\gamma}) = \eta\dot{\gamma}$, wobei die Scherviskosität η eine von der Schergeschwindigkeit unabhängige Stoffgröße darstellt, deren Wert freilich von äußeren Parametern beeinflußt wird, insbesondere von der Temperatur, im Falle einer Lösung auch maßgeblich von deren Konzentration.

Auch bei nicht-newtonschen Flüssigkeiten bezeichnet man den Quotienten aus Schubspannung und Schergeschwindigkeit als Scherviskosität, die nun allerdings außer von äußeren Parametern auch von $\dot{\gamma}$ abhängt. Man setzt also

$$F(\dot{\gamma}) = \eta(\dot{\gamma}) \cdot \dot{\gamma} . \qquad (12)$$

Die Funktion $\eta(\dot{\gamma})$ ist zur Charakterisierung der Fließeigenschaften einer realen Flüssigkeit natürlich ebenso gut geeignet wie $F(\dot{\gamma})$. Die Aufspaltung (12) ist nicht zuletzt deshalb sinnvoll, weil die Viskositätsfunktion $\eta(\dot{\gamma})$ realer

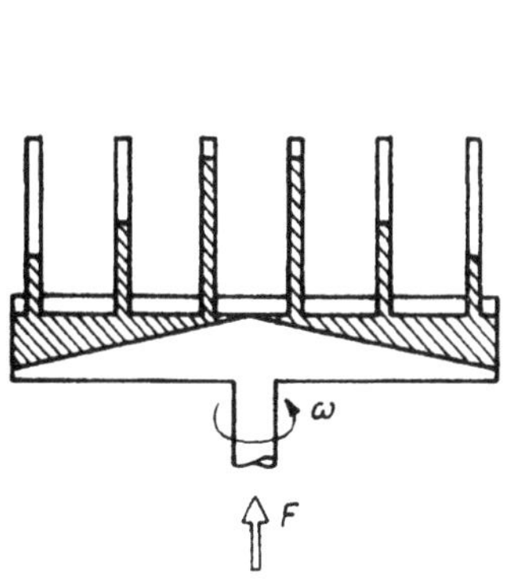

Abb. 2. Kegel-Platte-Rheometer (schematisch)

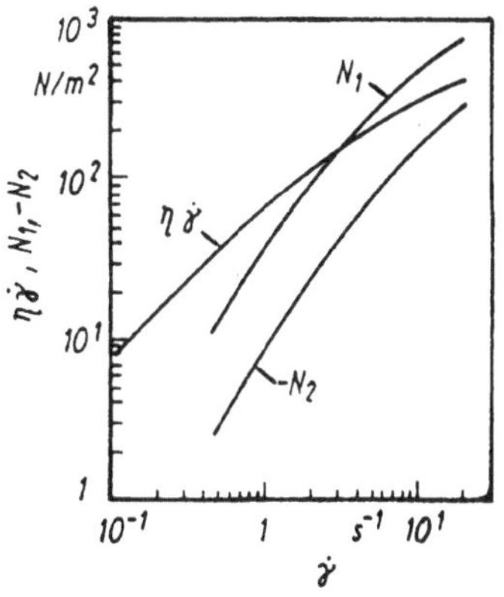

Abb. 3. Fließfunktion und Normalspannungsfunktionen einer Polymerlösung (10,5% Polyisobutylen in Dekalin bei 25 °C, nach Ginn und Metzner [6])

Flüssigkeiten für hinreichend kleine Schergeschwindigkeiten einen konstanten Wert besitzt, den man als newtonsche Grenzviskosität bezeichnet:

$$\eta_0 := \lim_{\dot{\gamma}\to 0} \eta(\dot{\gamma}) \,. \tag{13}$$

Aus Abb. 3 läßt sich ablesen, daß η mit wachsendem $\dot{\gamma}$ monoton abnimmt; es handelt sich also wie bei jedem fluiden Polymersystem um eine „scherentzähende" (strukturviskose) Flüssigkeit.

Bei den Normalspannungsfunktionen ist es gelegentlich zweckmäßig, einen Faktor $\dot{\gamma}^2$ abzuspalten:

$$N_1(\dot{\gamma}) = \nu_1(\dot{\gamma}) \cdot \dot{\gamma}^2 \,, \qquad N_2(\dot{\gamma}) = \nu_2(\dot{\gamma}) \cdot \dot{\gamma}^2 \,. \tag{14}$$

Die hierdurch definierten „Normalspannungskoeffizienten" ν_1 und ν_2 sind wie die Viskosität η gerade Funktionen von $\dot{\gamma}$ und besitzen im allgemeinen ebenfalls endliche untere Grenzwerte, welche sinngemäß mit ν_{10} und ν_{20} zu bezeichnen wären:

$$\nu_{10} := \lim_{\dot{\gamma}\to 0} \nu_1(\dot{\gamma}) \,, \qquad \nu_{20} := \lim_{\dot{\gamma}\to 0} \nu_2(\dot{\gamma}) \,. \tag{15}$$

Man beachte, daß die Viskosität die Dimension Spannung · Zeit, die Normalspannungskoeffizienten aber die Dimension Spannung · (Zeit)² besitzen. Das Verhältnis ν_{10}/η_0 etwa stellt also eine für die Flüssigkeit charakteristische Eigenzeit dar.

2.2 Bewegungen mit geringer Deformationsamplitude

Bleibt bei einer instationären Scherströmung die Schergeschwindigkeit zu allen Zeiten in gewissem Sinne klein, so können die allgemeinen Stoffunktionale (6), (7), (8) durch lineare Ausdrücke in $\dot{\gamma}(t - s)$ approximiert werden. Aus naheligenden Gründen fehlen jeweils absolute Summanden, bei den Normalspannungsdifferenzen zufolge der „materiellen Objektivität" [1, 10] auch die linearen Anteile. Im Rahmen einer in der Deformationsamplitude linearen Theorie kommen Normalspannungsunterschiede demzufolge noch nicht vor ($\tau_{11} = \tau_{22} = \tau_{33}$). Es bleibt damit lediglich die lineare Version der Gl. (6) übrig. Unter Bedingungen, die bei realen Stoffen gewöhnlich erfüllt sind, kann dieses lineare Funktional als Integral dargestellt werden:

$$\tau(t) = \int_0^\infty G(s)\, \dot{\gamma}(t - s)\, ds \,. \tag{16}$$

Die bei Bewegungen mit geringer Deformationsamplitude maßgeblichen Stoffeigenschaften lassen sich demnach durch eine einzige skalare Funktion $G(s)$ erfassen, die den Einfluß der Scherung zur vergangenen Zeit $t - s$ auf die aktuelle Schubspannung beschreibt. Es ist plausibel, daß der Einfluß eines vergangenen Ereignisses umso geringer sein wird, je weiter das Ereignis zurückliegt. Tatsächlich klingt bei realen Flüssigkeiten die (stets positive) Einflußfunktion $G(s)$ mit wachsendem s im allgemeinen monoton ab und strebt gegen Null für $s \to \infty$ („schwindendes Gedächtnis").

Um die linear-viskoelastischen Stoffeigenschaften eines Fluids kennenzulernen, eignet sich zum Beispiel ein Schwingungsrheometer, das in der Testflüssigkeit eine rein harmonisch oszillierende Bewegung erzeugt und die resultierende Spannung registriert. Wird das Fluid einer mit der Kreisfrequenz ω sinusförmig veränderlichen Deformation der Amplitude γ_0 ausgesetzt, so gilt

$$\gamma^* = (\gamma_0/i)\, e^{i\omega t} \,, \qquad \dot{\gamma}^* = \gamma_0 \omega\, e^{i\omega t} \tag{17}$$

(i ist die imaginäre Einheit; von den mit einem Stern gekennzeichneten komplexen Größen besitzt jeweils der Realteil physikalische Bedeutung). Im linear-viskoelastischen Bereich reagiert der Stoff mit einem harmonisch oszillierenden Spannungsverlauf gleicher Frequenz, $\tau^* = (\tau_0/i)\, e^{i(\omega t + \delta)}$; jedoch sind Spannung und Verzerrung nicht in Phase (vgl. Abb. 4). In Analogie zum rein elastischen Körper mit der Stoffgleichung $\tau(t) = G\gamma(t)$ definiert man üblicherweise einen frequenzabhängigen komplexen Gleitmodul gemäß

$$G'(\omega) + iG''(\omega) := \frac{\tau^*}{\gamma^*} \,, \tag{18}$$

und in Analogie zur rein viskosen Flüssigkeit mit $\tau(t) = \eta\dot{\gamma}(t)$ sinngemäß eine komplexe Viskosität:

$$\eta'(\omega) - i\eta''(\omega) := \frac{\tau^*}{\dot{\gamma}^*} \,. \tag{19}$$

Beide Größen hängen miteinander und außerdem mit der linear-viskoelastischen Einflußfunktion $G(s)$ zusammen:

$$\eta'(\omega) = \frac{G''(\omega)}{\omega} = \int_0^\infty G(s) \cos \omega s\, ds \,, \qquad \eta''(\omega) = \frac{G'(\omega)}{\omega} = \int_0^\infty G(s) \sin \omega s\, ds \,. \tag{20), (21}$$

Die zweite Gleichheit ergibt sich unter Berücksichtigung der Gln. (16) und (17). Demnach handelt es sich bei $\eta' + i\eta''$, der konjugiert komplexen Viskosität, um die Fouriertransformierte von $G(s)$. Wäre $G'' = 0$, so läge nach Gl. (18) ein rein elastischer Körper vor; G' erfaßt also die wirksamen elastischen Anteile der realen Flüssigkeit. Andererseits beschreibt η' die mit einer Energiedissipation verbundenen viskosen Anteile. Die Realteile G' und η' werden gelegentlich als dynamischer Gleitmodul bzw. als dynamische Viskosität bezeichnet. Abb. 5 zeigt die Stoffunktionen $\eta'(\omega)$ und $G'(\omega)$ für eine Polymerschmelze. Zum Vergleich sind auch die für stationäre Scherströmungen beliebiger Amplitude maßgeblichen Stoffeigenschaften $\eta(\dot{\gamma})$ und $N_1(\dot{\gamma})$ der gleichen Flüssigkeit eingetragen.

2.3 Langsame und langsam veränderliche Prozesse

Für Vorgänge, die gemessen an der Reichweite des Gedächtnisses der Flüssigkeit langsam ablaufen, läßt sich eine andere Approximation des allgemeinen Stoffgesetzes durchführen. Zur Erläuterung betrachtet man zweckmäßigerweise eine bestimmte Schichtenströmung mit der Schergeschwindigkeitsgeschichte $\mathring{\dot{\gamma}}(t - s)$ und daneben eine Schar

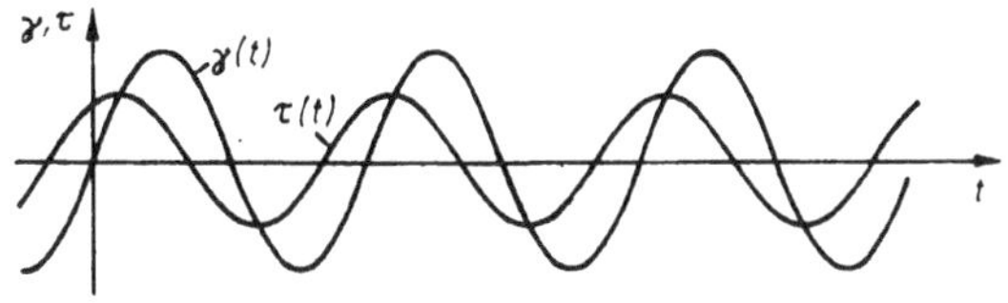

Abb. 4. Harmonisch oszillierende Beanspruchung kleiner Amplitude

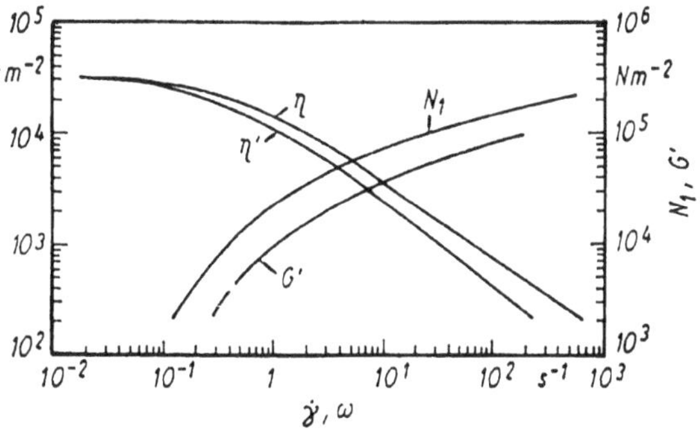

Abb. 5. Die Stoffunktionen $\eta'(\omega)$, $G'(\omega)$, $\eta(\dot\gamma)$ und $N_1(\dot\gamma)$ einer Polymerschmelze (Polystyren bei 200 °C, nach Han u. a. [7])

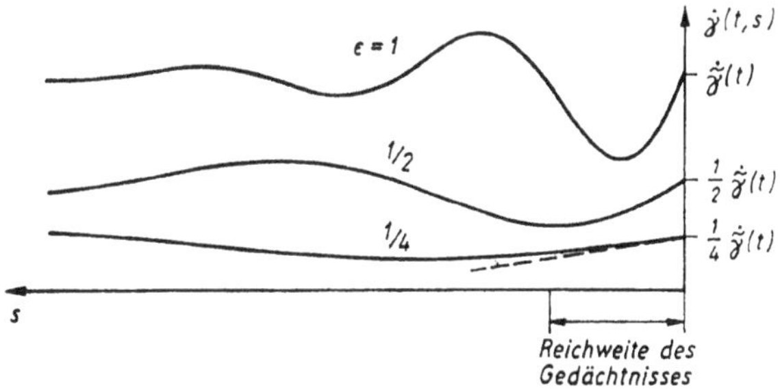

Abb. 6. Zur Erläuterung einer langsamen und langsam veränderlichen Strömung

von Bewegungen mit reduzierter Amplitude und gleichzeitig gedehntem Zeitablauf in der Vergangenheit, für deren Deformationsgeschwindigkeit gilt:

$$\dot\gamma(t, s) = \varepsilon\dot{\tilde\gamma}(t - \varepsilon s); \qquad 0 < \varepsilon \leqq 1 . \tag{22}$$

Je kleiner der Zahlenparameter ε gewählt wird, um so langsamer fließt die Flüssigkeit zur aktuellen Zeit und um so langsamer hat sich die Schergeschwindigkeit in der Vergangenheit zeitlich verändert (vgl. Abb. 6). Man kann deshalb die zurückliegende Bewegung durch die ersten n Glieder einer Taylorreihe bei $s = 0$ approximieren. Im einfachsten Fall genügt eine in s lineare Approximation ($n = 2$), die sich in Abb. 6 als Tangente an die langsam veränderliche Deformationsgeschichte darstellt:

$$\dot\gamma(t, s) = \varepsilon\dot{\tilde\gamma}(t) - \varepsilon^2 \frac{\partial\dot{\tilde\gamma}(t)}{\partial t} s \pm \ldots \tag{23}$$

Man beachte, daß wegen des schwindenden Gedächtnisses die Näherungsformel bezüglich s nicht beliebig weit zu gelten hat, sondern nur innerhalb desjenigen Zeitintervalls benötigt wird, das durch die Reichweite des Gedächtnisses, etwa die längste Eigenzeit der Flüssigkeit festgelegt wird. Setzt man die Näherung (23) in Gl. (6), (7) und (8) ein, so kann man sich, da die Retardierung s explizit vorkommt, die „Integrationen" bezüglich s ausgeführt denken. Dabei reduzieren sich die rechten Seiten auf gewöhnliche Funktionen der in der Approximation (23) auftretenden Koeffizienten $\varepsilon\dot{\tilde\gamma}(t)$, $\varepsilon^2\, \partial\dot{\tilde\gamma}(t)/\partial t$, ... Im Zuge einer konsequenten Entwicklung n-ter Ordnung nach Potenzen von ε genügt es, in diesen Funktionen nur die ersten Glieder bis zur Größenordnung $O(\varepsilon^n)$ zu berücksichtigen. Dies sind $\varepsilon\dot{\tilde\gamma}(t)$ als einziger Summand erster Ordnung, $\varepsilon^2\, \partial\dot{\tilde\gamma}(t)/\partial t$ und $\varepsilon^2[\dot{\tilde\gamma}(t)]^2$ als Summanden zweiter Ordnung, usw. Im Stoffgesetz für die Schubspannung können nur die in $\dot{\tilde\gamma}$ ungeraden Summanden auftreten, bei den Normalspannungsdifferenzen andererseits nur die in $\dot{\tilde\gamma}$ geraden Summanden. Im Rahmen einer Approximation zweiter Ordnung für langsame und langsam veränderliche Prozesse gilt also für die Schubspannung (nachdem die Struktur der Stoffgleichung erkannt ist, kann die Vergleichsströmung $\dot{\tilde\gamma}$ ohne weiteres mit der aktuellen Bewegung $\dot\gamma$ identifiziert, d. h. $\varepsilon = 1$ gesetzt werden):

$$\tau(t) = \eta_0\dot\gamma(t) - \eta_0\lambda \frac{\partial\dot\gamma(t)}{\partial t}. \tag{24}$$

Die speziellen Stoffeigenschaften der Flüssigkeit schlagen sich in konstanten, vom Grad der Approximation unabhängigen Koeffizienten nieder; in Gl. (24) sind dies die Nullviskosität η_0 und eine Eigenzeit λ.

3. Das rheologische Stoffgesetz einfacher Flüssigkeiten

In der Rheologie spielen natürlich nicht nur Schichtenströmungen, sondern auch kinematisch kompliziertere Bewegungen eine Rolle. Um sie beschreiben zu können, benötigt man die räumliche Verallgemeinerung der zuvor diskutierten Stoffgleichungen. Bei einer beliebigen Bewegung treten (statt einer wie bisher) i. a. sechs unabhängige Verzerrungsgrößen auf, die im symmetrischen Verzerrungstensor $\boldsymbol{C}_t(s)$, dem relativen Rechts-Cauchy-Green-Tensor zusammengefaßt werden können [1]. Er hängt gemäß

$$\boldsymbol{C}_t(s) := \boldsymbol{F}_t^T(s)\, \boldsymbol{F}_t(s) \tag{25}$$

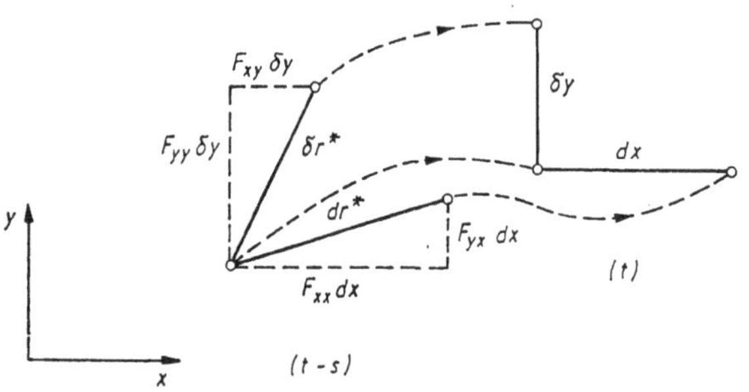

Abb. 7. Zur Erläuterung der Elemente des relativen Deformationsgradienten

mit dem relativen Deformationsgradienten $\boldsymbol{F}_t(s)$ zusammen, der ein materielles Linienelement $\mathrm{d}\boldsymbol{r}$ zur aktuellen Zeit t in seine Lage $\mathrm{d}\boldsymbol{r}^*$ zur früheren Zeit $t - s$ transformiert, $\mathrm{d}\boldsymbol{r}^* = \boldsymbol{F}_t(s)\,\mathrm{d}\boldsymbol{r}$. Die Elemente von $\boldsymbol{F}_t$ besitzen anschauliche Bedeutung: Sie beschreiben die Komponenten solcher materieller Linienelemente zur Zeit $t - s$, die gegenwärtig gerade parallel zu den Koordinatenachsen orientiert sind (vgl. Abb. 7).

Inkompressible einfache Flüssigkeiten zeichnen sich nun dadurch aus, daß die aktuellen Reibungsspannungen $\boldsymbol{T}(t)$, die auf ein beliebig herausgegriffenes flüssiges Teilchen einwirken, von der Geschichte des Verzerrungstensors $\boldsymbol{C}_t(s)$ des jeweils betrachteten Teilchens abhängen [1, 10]:

$$\boldsymbol{T}(t) = \mathop{\mathcal{F}}_{s=0}^{\infty}\,[\boldsymbol{C}_t(s)]\,. \tag{26}$$

Für die Anwendungen ist es natürlich unumgänglich, diese allgemeine Form des Stoffgesetzes zu konkretisieren. Sinngemäß, wie in Abschnitt 2 beschrieben, gelingt dies insbesondere dann, wenn über die Bewegung der Flüssigkeit gewisse einschränkende Voraussetzungen getroffen werden können.

3.1 Bewegungen mit geringer Verzerrungsamplitude

Bei Bewegungen, die nur kleine Verzerrungen hervorrufen (die Verschiebung der flüssigen Teilchen und ihre Drehung dürfen beliebig groß sein), kann die rechte Seite der Gl. (26) in erster Näherung durch ein in $\boldsymbol{C}_t - \boldsymbol{E}$ lineares Funktional ersetzt werden, das im allgemeinen als Integral dargestellt werden kann:

$$\boldsymbol{T}(t) = \int_0^\infty \frac{\mathrm{d}G(s)}{\mathrm{d}s}\,[\boldsymbol{C}_t(s) - \boldsymbol{E}]\,\mathrm{d}s\,. \tag{27}$$

Die Einheit $\boldsymbol{E}$ muß abgezogen werden, da im Zustand der Ruhe, wenn die Reibungsspannungen verschwinden, $\boldsymbol{C}_t = \boldsymbol{E}$ gilt. Wegen der Isotropie von Fluiden ist der Kern des Integrals eine skalare Funktion. Betrachtet man insbesondere eine Scherströmung und vergleicht mit Gl. (16), so erkennt man, daß es sich um die Ableitung der in Abschnitt 2.2 eingeführten linear-viskoelastischen Einflußfunktion $G(s)$ handelt. Gl. (27) stellt also die Verallgemeinerung der auf Scherströmungen zugeschnittenen Stoffgleichung (16) dar. Da die Reibungsspannungen $\boldsymbol{T}$ durch eine lineare Beziehung mit einem finiten, auch für große Deformationen sinnvollen Verzerrungsmaß verknüpft sind, bezeichnet man Gl. (27) als Stoffgleichung der finiten linearen Viskoelastizität.

3.2 Langsame und langsam veränderliche Prozesse

Die in Abschnitt 2.3 anhand einer eindimensionalen Strömung durchgeführten Überlegungen können sinngemäß auf allgemeinere Bewegungen übertragen werden. Wesentlich dabei ist, daß für langsame Vorgänge, die sich innerhalb der charakteristischen Gedächtniszeit nur wenig verändern, die Verzerrungsgeschichte nach der retardierten Zeit s entwickelt werden kann, wobei als Entwicklungskoeffizienten die sogenannten Rivlin-Ericksen-Tensoren zur aktuellen Zeit auftreten (bezüglich Einzelheiten vgl. [1, 10]):

$$\boldsymbol{C}_t(s) - \boldsymbol{E} = -\,s\boldsymbol{A}_1(t) + \frac{s^2}{2}\boldsymbol{A}_2(t) \mp \dots \tag{28}$$

Wie bereits erwähnt, handelt es sich bei $\boldsymbol{A}_1/2$ um den symmetrischen Anteil des Geschwindigkeitsgradienten; $\boldsymbol{A}_2$ hängt mit dem Beschleunigungsgradienten zusammen. Dem Index entsprechend repräsentiert $\boldsymbol{A}_n$ eine Größe n-ter Ordnung bezüglich des in Abschnitt 2.3 benutzten Zahlenparameters ε. Damit reduziert sich die rechte Seite von Gl. (26) auf eine tensorwertige Funktion der in der Verzerrungsgeschichte (28) berücksichtigten Rivlin-Ericksen-Tensoren. Bei konsequenter Entwicklung bezüglich ε resultiert als Summand erster Ordnung der für newtonsche Flüssigkeiten charakteristische Ausdruck $\eta_0\boldsymbol{A}_1$. Reale einfache Flüssigkeiten verhalten sich also bei langsamen und langsam veränderlichen Strömungen in erster Näherung newtonsch. Verständlicherweise ist dabei die Nullviskosität der Flüssigkeit maßgebend; vgl. in diesem Zusammenhang nochmals die in Abb. 5 dargestellten Stoffdaten, insbesondere die Eigenschaften für $\lambda\dot{\gamma} \ll 1$ bzw. $\lambda\omega \ll 1$, auf die sich die hier beschriebene Approximation bezieht. Im Rahmen einer Approximation zweiter Ordnung treten ein mit $\boldsymbol{A}_2$ und ein mit $\boldsymbol{A}_1^2$ multiplizierter Summand hinzu:

$$\boldsymbol{T} = \eta_0\boldsymbol{A}_1 - \tfrac{1}{2}\nu_{10}\boldsymbol{A}_2 + (\nu_{10} + \nu_{20})\,\boldsymbol{A}_1^2\,. \tag{29}$$

Die Stoffkoeffizienten zweiter Ordnung hängen wie ersichtlich in einfacher Weise mit den in Abschnitt 2.1 definierten unteren Grenzwerten der Normalspannungskoeffizienten, ν_{10} und ν_{20} der Flüssigkeit zusammen [2]. Effekte zweiter Ordnung in langsamen und langsam veränderlichen Strömungen sind demnach stets Normalspannungserscheinungen. Anhand der für jede einfache Flüssigkeit asymptotisch korrekten Stoffgleichung (29) können sie näherungsweise analysiert werden; in Abschnitt 5 wird dies an einem konkreten Beispiel erläutert. Es darf jedoch nicht übersehen werden, daß Gl. (29) nur dann herangezogen werden kann, wenn die genannten einschränkenden Voraussetzungen über das Stromfeld erfüllt sind.

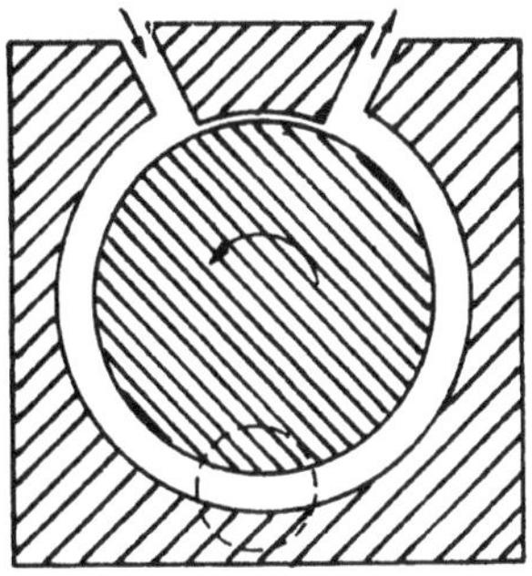

Abb. 8. Prinzipskizze einer Reibungspumpe

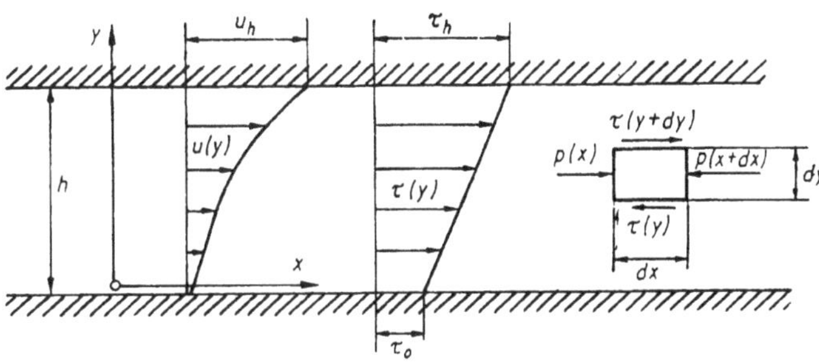

Abb. 9. Stationäre Druck-Schleppströmung im geraden Kanal

4. Stationäre Druck-Schleppströmung

Um zu erläutern, wie sich in einer stationären Schichtenströmung die nichtlinearen Fließeigenschaften auswirken, werden die strömungsmechanischen Vorgänge in einer Reibungspumpe betrachtet (Abb. 8). Dabei schleppt ein gleichförmig rotierender Zapfen die zähe Flüssigkeit in die gewünschte Richtung mit, so daß bei geeigneter Dimensionierung eine Förderung gegen ansteigenden Druck erfolgt. Wenn das Verhältnis der Kanalhöhe zum Krümmungsradius hinreichend klein bleibt, kann der in Wirklichkeit gekrümmte Strömungskanal als geradlinig angesehen werden. Von Einlaufeffekten abgesehen, handelt es sich damit um eine stationäre ebene Schichtenströmung zwischen zwei parallelen Wänden (Abstand h), von denen eine ruht und die andere sich mit der Geschwindigkeit u_h in Strömungsrichtung verschiebt (kombinierte Druck-Schleppströmung im geraden Kanal, Abb. 9). Da sich jedes flüssige Teilchen unbeschleunigt bewegt, halten sich die Druckkräfte und die Reibungskräfte an dem in Abb. 9 skizzierten quaderförmigen Element das Gleichgewicht. Die Kräftebilanz ergibt folgenden Zusammenhang zwischen $\tau(y)$ und $p(x)$:

$$\frac{\mathrm{d}\tau}{\mathrm{d}y} = \frac{\mathrm{d}p}{\mathrm{d}x}. \tag{30}$$

(Nach Abb. 9 wird unter p die negative Normalspannung in Bewegungsrichtung verstanden. Da sich die realiter vorhandenen Normalspannungsdifferenzen in x-Richtung nicht verändern, kann man für p aber ebenso gut den Druck auf die ruhende Wand einsetzen.) Gl. (30) impliziert, daß der Druck in Strömungsrichtung linear anwächst ($\mathrm{d}p/\mathrm{d}x$ = const), und die Schubspannung ändert sich linear in wandsenkrechter Richtung:

$$\tau(y) = \frac{\mathrm{d}p}{\mathrm{d}x} y + \tau_0. \tag{31}$$

Danach hängen die beiden Wandschubspannungen τ_0 und τ_h durch die Beziehung

$$\tau_h = \frac{\mathrm{d}p}{\mathrm{d}x} h + \tau_0 \tag{32}$$

miteinander zusammen.

Um das Geschwindigkeitsprofil $u(y)$ und den zugehörigen Durchsatz zu bestimmen, wird das Fließgesetz (9) benötigt. Es ist hier zweckmäßig, den Zusammenhang zwischen τ und $\dot{\gamma} := \mathrm{d}u/\mathrm{d}y$ zu invertieren und ihn unter Verwendung geeignet gewählter konstanter Bezugswerte τ_* für die Spannung und η_* für die Viskosität (η_* darf z. B. die Nullviskosität der Flüssigkeiten sein) in der Form

$$\frac{\mathrm{d}u}{\mathrm{d}y} = \frac{\tau_*}{\eta_*} f\left(\frac{\tau}{\tau_*}\right) \tag{33}$$

darzustellen. Die konkreten Fließeigenschaften der betrachteten Flüssigkeit äußern sich in der dimensionslosen Funktion f mit dem gleichfalls dimensionslosen Argument $\sigma := \tau/\tau_*$. Durch Integration unter Berücksichtigung von Gl. (31) gewinnt man das Geschwindigkeitsprofil und insbesondere folgenden Zusammenhang zwischen der Schleppgeschwindigkeit, den beiden Wandschubspannungen und dem Druckanstieg:

$$u_h = \frac{\tau_*^2}{\eta_* \, \mathrm{d}p/\mathrm{d}x} \int\limits_{\tau_0/\tau_*}^{\tau_h/\tau_*} f(\sigma) \, \mathrm{d}\sigma. \tag{34}$$

Für den Durchsatz q pro Breiteneinheit (senkrecht zur Zeichenebene in Abb. 9) ergibt sich folgende Formel:

$$q := \int_0^h u(y)\,\mathrm{d}y = \int_0^h (h-y)\frac{\mathrm{d}u}{\mathrm{d}y}\,\mathrm{d}y = \frac{\tau_*^3}{\eta_*\left(\frac{\mathrm{d}p}{\mathrm{d}x}\right)^2}\int_{\tau_0/\tau_*}^{\tau_h/\tau_*}\left(\frac{\tau_h}{\tau_*}-\sigma\right)f(\sigma)\,\mathrm{d}\sigma\,. \tag{35}$$

Die zweite Gleichheit folgt nach einer partiellen Integration, die dritte unter Verwendung von Gl. (33). Beide Ergebnisse sind universell, d. h. für jede einfache Flüssigkeit und unabhängig von der Größe der äußeren Parameter u_h und $\mathrm{d}p/\mathrm{d}x$ gültig. Daß die Wandschubspannungen als Integralgrenzen auftreten, ist verständlich, denn in der Strömung variiert die Schubspannung zwischen τ_0 und τ_h (vgl. Abb. 9), und es können sich demzufolge nur die Eigenschaften der Fließkurve innerhalb dieses Intervalls auswirken. Die Gln. (34) und (35) lassen sich übersichtlicher darstellen, wenn Dimensionslose eingeführt werden:

$$K := \frac{h}{\tau_*}\frac{\mathrm{d}p}{\mathrm{d}x}, \qquad \sigma_0 := \frac{\tau_0}{\tau_*}, \qquad S := \frac{\eta_*}{\tau_*}\frac{u_h}{h}, \qquad Q := \frac{\eta_* q}{\tau_* h^2}.$$

Nach Elimination der Wandschubspannung τ_h durch die Beziehung (32) nehmen sie folgende normierte Gestalt an:

$$S = \frac{1}{K}\int_{\sigma_0}^{K+\sigma_0} f(\sigma)\,\mathrm{d}\sigma\,, \qquad Q = \frac{1}{K^2}\int_{\sigma_0}^{K+\sigma_0}(K+\sigma_0-\sigma)\,f(\sigma)\,\mathrm{d}\sigma\,. \tag{36), (37}$$

Dies ist eine Parameterdarstellung (σ_0 spielt die Rolle des Parameters) für den dimensionslosen Durchsatz Q in Abhängigkeit vom Druckparameter K und vom Schleppgeschwindigkeitsparameter S, d. h. für die Durchflußkennlinien der Reibungspumpe. In diesen Zusammenhang gehen außerdem nur noch die Fließeigenschaften der Flüssigkeit, repräsentiert durch die dimensionslose Fließfunktion $f(\sigma)$ ein. Abb. 10 zeigt das Kennfeld $Q(K, S)$ für ein sogenanntes Prandtl-Eyring-Modell (mit $f(\sigma) = \sinh\sigma$). Bei einer newtonschen Flüssigkeit ergäbe sich eine Schar paralleler Geraden. Im Gegensatz dazu sind bei Flüssigkeiten mit nichtlinearen Fließeigenschaften die Durchflußkennlinien gekrümmt und gehen nicht mehr durch Parallelverschiebung auseinander hervor.

Für praktische Belange ist auch der Wirkungsgrad $\bar{\eta}$ der Pumpe von Interesse, das Verhältnis der Nutzleistung zur aufgewandten Schleppleistung,

$$\bar{\eta} := \frac{q\frac{\mathrm{d}p}{\mathrm{d}x}}{\tau_h u_h} = \frac{QK}{(K+\sigma_0)\,S}\,.$$

Unter Verwendung der Gln. (36) und (37) folgt

$$\bar{\eta} = 1 - \frac{\int_{\sigma_0}^{K+\sigma_0}\sigma f(\sigma)\,\mathrm{d}\sigma}{(K+\sigma_0)\int_{\sigma_0}^{K+\sigma_0} f(\sigma)\,\mathrm{d}\sigma}\,. \tag{38}$$

Mit den Gln. (37), (38) liegt eine Parameterdarstellung für die Kennlinien konstanten Wirkungsgrades vor, die bei bekannten Fließeigenschaften der nicht-newtonschen Flüssigkeit ohne prinzipielle Schwierigkeiten erzeugt werden

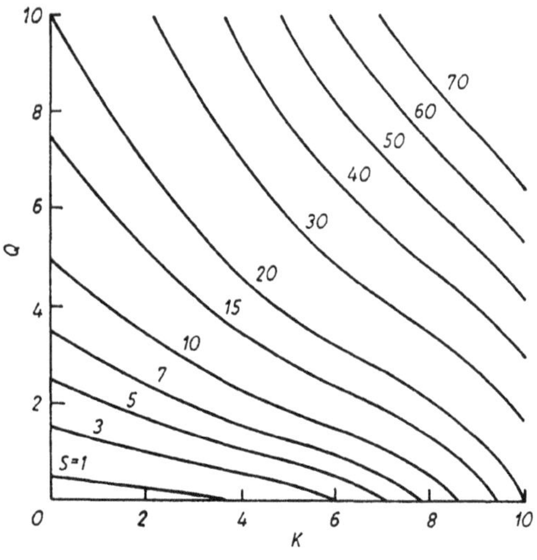

Abb. 10. Durchflußkennlinien; Prandtl-Eyring-Fluid

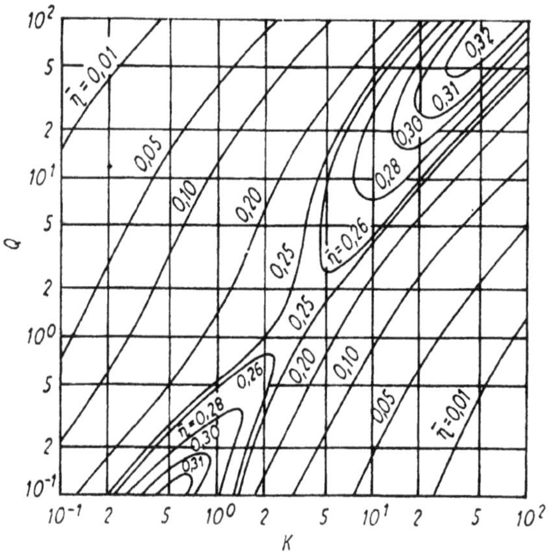

Abb. 11. Kennfeld $Q(K, \bar{\eta})$; strukturviskoses Reiner-Philippoff-Fluid mit $\eta_\infty/\eta_0 = 0{,}1$ (nach Böhme und Nonn [3])

können. Abb. 11 zeigt das Kennfeld $Q(K, \bar{\eta})$ einer strukturviskosen Flüssigkeit mit der Fließfunktion $f(\sigma) = (\sigma + \sigma^3)/(1 + 0{,}1\,\sigma^2)$, d. h. eines speziellen Reiner-Philippoff-Modells. Weitere Ergebnisse mit ausführlicher Diskussion findet man in der Originalarbeit [3], andere Anwendungen für kombinierte Druck-Schleppströmungen in der Monographie [2].

Die zuvor dargelegte Theorie läßt sich übrigens ohne weiteres auf andere Schleppströmungspumpen, etwa die in der Kunststofftechnologie gebräuchlichen Schneckenextruder übertragen, bei denen kinematisch etwas kompliziertere Schichtenströmungen vorliegen [2, 8].

5. Düsenströmung

Als zweites Beispiel dient die stationäre Durchströmung einer drehsymmetrischen Düse (Abb. 12). Die Austrittsöffnung wird als punktförmige Senke idealisiert; pro Zeiteinheit geht das Volumen $\dot{V}$ verloren. Zur Beschreibung der Strömung werden zweckmäßigerweise sphärische Polarkoordinaten R, ϑ, φ eingeführt. Wegen der Drehsymmetrie kann man davon ausgehen, daß der Geschwindigkeitsvektor in der Meridianebene liegt ($v_\varphi = 0$) und die verbleibenden Geschwindigkeitskomponenten v_R, v_ϑ sowie die Spannungskomponenten von φ unabhängig sind. Bei inkompressiblen Flüssigkeiten kann deshalb das (zweidimensionale) Geschwindigkeitsfeld $\boldsymbol{v}$ aus einer skalaren Stromfunktion $\psi(R, \vartheta)$ abgeleitet werden:

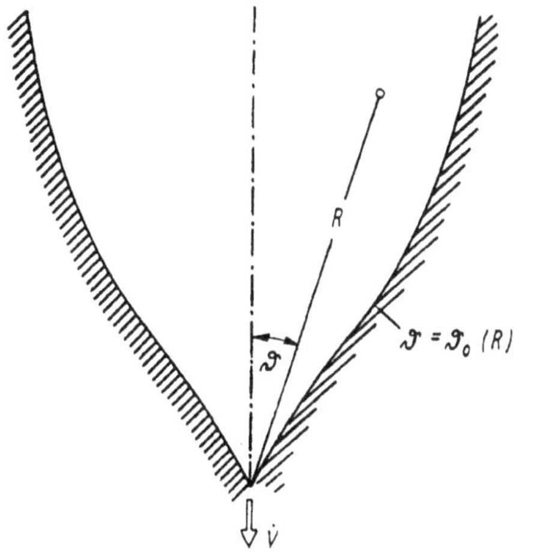

Abb. 12. Drehsymmetrische Düsenströmung; Bezeichnungen

$$\boldsymbol{v} = \text{rot}\left(\frac{\psi}{R \sin \vartheta}\,\boldsymbol{e}_\varphi\right). \tag{39}$$

Da die Düsenachse aus Symmetriegründen eine Stromlinie darstellt, muß auf ihr ψ konstant, o. B. d. A. gleich Null sein. Außerdem nimmt die Strömungsgeschwindigkeit natürlich stets endliche Werte an. Dies ergibt als Randbedingungen auf der Achse

$$\psi = 0\,, \qquad \left|\frac{1}{\sin \vartheta}\frac{\partial \psi}{\partial \vartheta}\right| < \infty \quad \text{für} \quad \vartheta \to 0\,. \tag{40}$$

Auch an der Düsenwand besitzt ψ einen konstanten Wert, dessen Größe mit dem pro Zeiteinheit abgesaugten Volumen zusammenhängt, und wegen der Haftbedingung verschwindet außerdem $\partial\psi/\partial\vartheta$:

$$\psi = -\frac{\dot{V}}{2\pi}, \qquad \frac{\partial \psi}{\partial \vartheta} = 0 \quad \text{für} \quad \vartheta = \vartheta_0(R)\,. \tag{41}$$

Bei der Berechnung der Strömung soll der Einfachheit halber der Einfluß der Massenträgheit außer acht bleiben; dabei sind die um die Beschleunigungsglieder verkürzten Bewegungsgleichungen

$$-\,\text{grad}\, p + \text{div}\, \boldsymbol{T} = 0 \tag{42}$$

heranzuziehen (kleine Reynolds-Zahl, schleichende Strömung). Unter der (nachträglich konkretisierbaren) Voraussetzung einer langsamen und langsam veränderlichen Bewegung kann für die Reibungsspannungen $\boldsymbol{T}$ die Stoffgleichung (29) verwendet werden. In Abschnitt 3.2 wurde beschrieben, daß diese Approximation nur dann Sinn macht, wenn das Verhältnis der mit den Normalspannungskoeffizienten multiplizierten Summanden zweiter Ordnung zum newtonschen Summanden erster Ordnung (die sogenannte Weissenberg-Zahl) klein gegen Eins bleibt. Dies legt eine Reihenentwicklung des Geschwindigkeitsfeldes und des Druckfeldes nach Potenzen der Weissenberg-Zahl nahe, in der als absolute Glieder die zu einer newtonschen Flüssigkeit der Viskosität η_0 gehörenden Felder vorkommen:

$$\boldsymbol{v} = \boldsymbol{v}^{(1)} + \boldsymbol{v}^{(2)} + \ldots, \qquad p = p^{(1)} + p^{(2)} + \ldots \tag{43}$$

Im ersten Schritt der Störungsrechnung muß also die schleichende Strömung einer newtonschen Flüssigkeit bestimmt werden („Primärströmung"), wofür die Navier-Stokes-Gleichungen in der Form

$$\text{grad}\, p^{(1)} + \eta_0 \,\text{rot rot}\, \boldsymbol{v}^{(1)} = 0 \tag{44}$$

zuständig sind. Durch Elimination des Druckes und unter Berücksichtigung von Gl. (39) resultiert hieraus als Feldgleichung für die Stromfunktion

$$\mathcal{L}\mathcal{L}\psi^{(1)} = 0\,. \tag{45}$$

Dabei repräsentiert $\mathcal{L}$ den elliptischen Differentialoperator [2]

$$\mathcal{L} := \frac{\partial^2}{\partial R^2} + \frac{\sin\vartheta}{R}\frac{\partial}{\partial\vartheta}\left(\frac{1}{\sin\vartheta}\frac{\partial}{\partial\vartheta}\right). \tag{46}$$

Im zweiten Schritt werden nun die von der Primärströmung hervorgerufenen Spannungen zweiter Ordnung berücksichtigt, deren Divergenz in den Bewegungsgleichungen die Rolle eines (prinzipiell bekannten) Volumenkraftfeldes spielt. Die „Sekundärströmung" kann deshalb aufgefaßt werden als schleichende newtonsche Bewegung unter Wirkung der Volumenkraft

$$\boldsymbol{f}^{(2)} = \text{div}\left[-\tfrac{1}{2}\nu_{10}\boldsymbol{A}_2^{(1)} + (\nu_{10} + \nu_{20})\,\boldsymbol{A}_1^{(1)2}\right]. \tag{47}$$

Die Navier-Stokes-Gleichungen lauten jetzt

$$\text{grad}\, p^{(2)} + \eta_0\,\text{rot rot}\,\boldsymbol{v}^{(2)} = \boldsymbol{f}^{(2)}\,. \tag{48}$$

Nach Elimination des Druckes ergibt sich hieraus für die Stromfunktion die inhomogene Differentialgleichung vierter Ordnung

$$\frac{\eta_0}{R\sin\vartheta}\,\mathcal{L}\mathcal{L}\psi^{(2)} = \left(\frac{1}{2}\nu_{10} + \nu_{20}\right)\text{rot}_\varphi\,\text{div}\,\boldsymbol{A}_1^{(1)2}\,. \tag{49}$$

Was die Randbedingungen betrifft, so sind bei der Primärströmung die Gln. (40), (41) zu beachten, und die Sekundärströmung genügt entsprechenden homogenen Bedingungen.

Die so formulierten Randwertprobleme kann man, was im Hinblick auf eine numerische Behandlung von Interesse sein mag, in Minimalprobleme umwandeln. Die schleichende Strömung einer newtonschen Flüssigkeit unter Wirkung eines gegebenen Volumenkraftfeldes $\boldsymbol{f}$ zeichnet sich nämlich dadurch aus, daß ein modifiziertes Dissipationsintegral über den gesamten von Flüssigkeit erfüllten Raum V kleiner ausfällt als bei jeder Vergleichsströmung, welche nur die vorgegebenen kinematischen Randbedingungen erfüllt:

$$\int_V \left(\tfrac{1}{2}\Phi - \boldsymbol{f}\cdot\boldsymbol{v}\right)\mathrm{d}V = \text{Min!} \tag{50}$$

Dabei bezeichnet Φ die pro Zeit- und Volumeneinheit dissipierte mechanische Energie. Bei einer newtonschen Flüssigkeit gilt $\Phi = \frac{1}{2}\eta_0\cdot\text{Spur}\,\boldsymbol{A}_1^2$; für eine rotationssymmetrische Strömung innerhalb der Meridianebene lautet der Ausdruck ausführlich:

$$\frac{\Phi}{\eta_0} = 2\left(\frac{\partial v_R}{\partial R}\right)^2 + \frac{2}{R^2}\left(v_R + \frac{\partial v_\vartheta}{\partial\vartheta}\right)^2 + \frac{2}{R^2}(v_R + v_\vartheta\cot\vartheta)^2 + \left(\frac{1}{R}\frac{\partial v_R}{\partial\vartheta} + \frac{\partial v_\vartheta}{\partial R} - \frac{v_\vartheta}{R}\right)^2. \tag{51}$$

Hier stehen v_R und v_ϑ für die Ausdrücke $(R^2\sin\vartheta)^{-1}\,\partial\psi/\partial\vartheta$ bzw. $-(R\sin\vartheta)^{-1}\,\partial\psi/\partial R$; vgl. (39). Im Fall der Primärströmung (mit $\psi = \psi^{(1)}$) entfällt $\boldsymbol{f}$ in Gl. (50), im Fall der Sekundärströmung ($\psi = \psi^{(2)}$) wäre der Ausdruck (47) einzusetzen.

Ohne auf Einzelheiten zur Lösung der Randwert- bzw. Minimalaufgaben eingehen zu müssen, können im Sonderfall einer kegelförmigen Düse (mit $\vartheta_0 = \text{const}$ in Abb. 12) mit dimensionsanalytischen Argumenten einige bemerkenswerte Eigenschaften der Strömung erkannt werden. Die primäre Stromfunktion $\psi^{(1)}$ [m³/s] kann bei schleichender Strömung außer von den Koordinaten R, ϑ nur noch vom Öffnungswinkel ϑ_0 des Kegels, vom Durchsatz $\dot{V}$ und möglicherweise von der Viskosität η_0 abhängen. Eine Dimensionsanalyse reduziert diesen Zusammenhang auf

$$\frac{\psi^{(1)}}{\dot{V}} = g(\vartheta;\,\vartheta_0)\,. \tag{52}$$

Da eine Abhängigkeit von R fehlt, gilt $v_\vartheta = 0$, d. h. jedes flüssige Teilchen bewegt sich rein radial auf die Senke zu; die Stromlinien der Primärströmung sind Geraden durch die Kegelspitze! Im übrigen reduziert der Ansatz (52) die partielle Differentialgleichung (45) auf eine gewöhnliche, deren Lösung unschwer an die Randbedingungen (40), (41) angepaßt werden kann. Eine Dimensionsbetrachtung bezüglich der Sekundärströmung zeigt, daß die Dimensionslose $\psi^{(2)}/\dot{V}$ nur von den dimensionslosen Parametern $(\frac{1}{2}\nu_{10} + \nu_{20})\,\dot{V}/\eta_0 R^3$ (der örtlichen Weissenberg-Zahl), ϑ und ϑ_0 abhängen kann. Da die Theorie bezüglich der Weissenberg-Zahl linear ist, muß gelten:

$$\psi^{(2)} = \frac{(\frac{1}{2}\nu_{10} + \nu_{20})\,\dot{V}^2}{\eta_0 R^3}\,G(\vartheta;\,\vartheta_0)\,. \tag{53}$$

Im Gegensatz zum primären Stromfeld besitzt der Geschwindigkeitsvektor nun auch eine ϑ-Komponente, die viskoelastische Flüssigkeit strömt also nicht auf geradlinigen Teilchenbahnen der Senke zu. Der Ansatz (53) reduziert nun seinerseits Gl. (49) auf eine gewöhnliche Differentialgleichung, aus der $G(\vartheta;\,\vartheta_0)$ berechnet werden kann. Abb. 13 zeigt das Ergebnis der Überlagerung des primären und des sekundären Stromfeldes, u. z. Stromlinien $\psi^{(1)} + \psi^{(2)} = \text{const}$. Man erkennt, und dies entspricht qualitativ den Beobachtungen an realen Flüssigkeiten, einen an der Kegelwand anliegenden ringförmigen Wirbel, der die von außen einlaufenden Teilchen zur Mitte hin abdrängt.

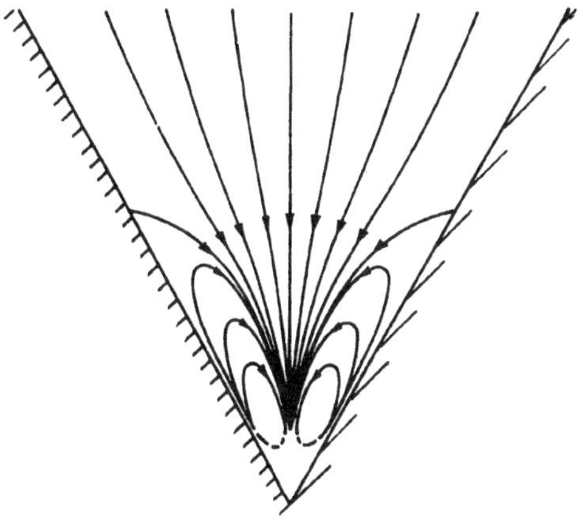

Abb. 13. Stromlinienbild einer konischen Düsenströmung nach der Theorie zweiter Ordnung; $\vartheta_0 = 30°$

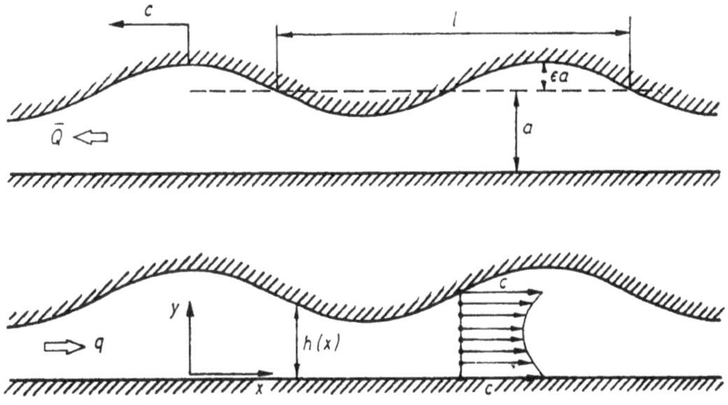

Abb. 14. Ebene peristaltische Strömung; oben: Laborsystem, unten: wellenfestes Relativsystem

Die beschriebene Methode, eine komplexe Strömung durch eine Störungsrechnung erfassen zu wollen, soll nicht kritiklos vorgestellt werden. Es zeigt sich nämlich, daß der Entwicklungsparameter (die WEISSENBERG-Zahl) innerhalb des Wirbels, also dort, wo sich die viskoelastische Sekundärströmung augenfällig bemerkbar macht, keineswegs klein ist, sondern die Größenordnung Eins besitzt. Somit ist durchaus fraglich, ob die Reihenentwicklung nach dem linearen Glied abgebrochen und die resultierende zweigliedrige Summe als Näherungslösung angesehen werden kann. Aus diesem Grund könnte es wünschenswert erscheinen, sukzessiv höhere Näherungen zu berechnen und in der Lösung zu berücksichtigen. Dies ist prinzipiell möglich, erfordert aber entsprechend höhere Approximationen des Stoffgesetzes (Gl. (29) reicht dann nicht mehr aus), und bereits der nächste Schritt ist mit beträchtlichem Rechenaufwand verbunden [9]. Die Korrekturen wirken sich quantitativ umso stärker aus, je näher man an die Kegelspitze heranrückt; qualitative Änderungen des Strömungsbildes ergeben sich dabei nicht. Insofern erklärt zwar die Theorie zweiter Ordnung die beobachtete Erscheinung qualitativ richtig als normalspannungsinduziertes Phänomen. Es darf aber nicht übersehen werden, daß bei Annäherung an die Kegelspitze der numerische Fehler anwächst.

6. Peristaltische Strömung

Die Auswirkung eines beliebig langen Gedächtnisses soll anhand der in Abb. 14 skizzierten ebenen peristaltischen Strömung diskutiert werden. Die Flüssigkeit befindet sich in einem Kanal der mittleren Höhe a, wobei eine Wand ruht. Über die andere läuft eine cosinusförmige Wellung hinweg (Amplitude εa, Wellenlänge l, Wellengeschwindigkeit c). Die materiellen Punkte dieser Wand bewegen sich dabei auf und ab. Es geht darum, festzustellen, welche Menge $\bar{Q}$ [m²/s] pro Breiteneinheit im zeitlichen Mittel durch die Bewegung der Wand gefördert wird. Dabei wird vorausgesetzt, daß die Druckdifferenz über eine Wellenlänge hinweg verschwindet. In gleicher Weise können aber auch Strömungen mit einem globalen Druckgefälle behandelt werden [4]. Der hier betrachtete Grenzfall zeichnet sich dadurch aus, daß ohne Wellung (im Parallelspalt zwischen ruhenden Wänden) gar keine Strömung entsteht.

Im wellenfesten Relativsystem handelt es sich um eine stationäre Strömung, die naturgemäß einfacher als die instationäre Originalströmung zu beschreiben ist. Die Kanalhöhe wird durch die zeitunabhängige Funktion

$$h(x) = a\left(1 + \varepsilon \cos \frac{2\pi x}{l}\right) \tag{54}$$

beschrieben. Beide Wände verschieben sich ohne Veränderung der Form, wobei die x-Komponente der Geschwindigkeit jeweils den Wert c besitzt. Die Geschwindigkeitskomponenten im Relativsystem werden mit $u(x, y)$ und $v(x, y)$, der zugehörige Durchsatz pro Breiteneinheit mit q bezeichnet (vgl. Abb. 14):

$$q := \int_0^{h(x)} u(x, y)\, \mathrm{d}y\,. \tag{55}$$

Er hängt in einfacher Weise mit $\bar{Q}$ zusammen:

$$\bar{Q} = ca - q\,. \tag{56}$$

Wenn man beachtet, daß ein Vorzeichenwechsel von ε einer Verschiebung des Koordinatenursprungs um $l/2$ gleichkommt, von der natürlich der Durchsatz unbeeinflußt bleibt, so erkennt man, daß q und demzufolge auch $\bar{Q}$ gerade Funktionen von ε sind. Bei schwacher Wellung ($\varepsilon \ll 1$) können Aussagen über $\bar{Q}$ deshalb erstmals in einer ε^2-Näherung erwartet werden.

Um die stationäre, ebene Bewegung im Relativsystem zu analysieren, müssen die Bewegungsgleichungen

$$\varrho a_x = -\frac{\partial p}{\partial x} + \frac{\partial \tau_{xx}}{\partial x} + \frac{\partial \tau_{xy}}{\partial y}, \qquad \varrho a_y = -\frac{\partial p}{\partial y} + \frac{\partial \tau_{yy}}{\partial y} + \frac{\partial \tau_{xy}}{\partial x} \tag{57), (58}$$

ausgewertet werden (a_x und a_y sind die Beschleunigungskomponenten, ϱ ist die Dichte der Flüssigkeit). Unter der Voraussetzung langer Wellung ($a/l \ll 1$) kann Gl. (58) durch die Aussage ersetzt werden, daß die Normalspannung in wandsenkrechter Richtung über den Kanalquerschnitt konstant bleibt [2]:

$$-p + \tau_{yy} = -\tilde{p}(x)\,. \tag{59}$$

Wenn auch hier wieder der Einfachheit halber der Einfluß der Massenträgheit vernachlässigt wird (schleichende Strömung, $\varrho a_x = 0$), so ergibt sich aus Gl. (57) die maßgebliche dynamische Relation

$$\frac{\partial}{\partial x}(\tau_{xx} - \tau_{yy}) + \frac{\partial \tau_{xy}}{\partial y} = \frac{\mathrm{d}\tilde{p}(x)}{\mathrm{d}x}. \tag{60}$$

Im Fall einer newtonschen Flüssigkeit sind für die Spannungen $\tau_{xx} - \tau_{yy}$ und τ_{xy} die Ausdrücke $4\eta\, \partial u/\partial x$ bzw. $\eta(\partial u/\partial y + \partial v/\partial x)$ einzusetzen. Wegen der Schlankheitsbedingung (es werden Größen der Ordnung $(a/l)^2$ gegen solche der Ordnung 1 vernachlässigt) bleibt dabei die aus der Theorie der hydrodynamischen Schmierung bekannte Beziehung $\eta\, \partial^2 u/\partial y^2 = \mathrm{d}\tilde{p}/\mathrm{d}x$ übrig. Im vorliegenden Fall resultiert daraus das Geschwindigkeitsfeld

$$u(x, y) = c + \frac{1}{2\eta}\frac{\mathrm{d}\tilde{p}}{\mathrm{d}x}[y^2 - h(x)\, y]. \tag{61}$$

Durch Integration über den Kanalquerschnitt erhält man eine Darstellung für den Durchsatz q (vgl. die Definition (55)). Diese Beziehung läßt sich folgendermaßen umformen:

$$\frac{\mathrm{d}\tilde{p}}{\mathrm{d}x} = 12\eta c \frac{h - \frac{q}{c}}{h^3}. \tag{62}$$

Da sich der Druck über eine Wellenlänge hinweg nicht verändert, gilt $\int\limits_0^l \frac{\mathrm{d}\tilde{p}}{\mathrm{d}x}\mathrm{d}x = 0$. Unter Beachtung der speziellen Form (54) des Kanalquerschnitts folgt hieraus $q = 2ac(1 - \varepsilon^2)/(2 + \varepsilon^2)$ und damit nach Gl. (56)

$$\bar{Q} = \frac{3\varepsilon^2 ac}{2 + \varepsilon^2}. \tag{63}$$

Man beachte, daß der durch die peristaltische Bewegung hervorgerufene Durchsatz $\bar{Q}$ gar nicht von der Viskosität η der Flüssigkeit abhängt. Dies gilt für das gesamte Geschwindigkeitsfeld, nicht aber für den Druck $\tilde{p}(x)$ und die Reibungsspannungen in der Flüssigkeit. Setzt man die Gln. (54) und (62) in (61) ein und entwickelt konsequent nach Potenzen von ε, so erhält man übrigens

$$\frac{u}{c} = 1 + 6\varepsilon\left(\frac{y^2}{a^2} - \frac{y}{a}\right)\cos\frac{2\pi x}{l} + O(\varepsilon^2). \tag{64}$$

Wie sieht nun das adäquate Stoffgesetz für Flüssigkeiten mit Gedächtnis aus? Wenn man beachtet, daß ohne Wellung im Relativsystem eine Starrkörperbewegung ohne jede Verzerrung vorliegt, so ist klar, daß es sich für $0 \neq \neq \varepsilon \ll 1$ um eine Bewegung mit geringer Verzerrungsamplitude handelt. Im Rahmen einer in ε linearen Theorie ist deshalb die Stoffgleichung (27) zuständig. Wie bereits erwähnt, erfordern aber Aussagen über den Durchsatz zumindest eine in ε quadratische Theorie. Hierfür muß die in Abschn. 3.1 beschriebene Materialapproximation sinngemäß erweitert werden [10]:

$$\boldsymbol{T} = \int\limits_0^\infty \frac{\mathrm{d}G(s)}{\mathrm{d}s}[\boldsymbol{C}_t(s) - \boldsymbol{E}]\,\mathrm{d}s + \int\limits_0^\infty\int\limits_0^\infty m(s_1, s_2)\,[\boldsymbol{C}_t(s_1) - \boldsymbol{E}]\,[\boldsymbol{C}_t(s_2) - \boldsymbol{E}]\,\mathrm{d}s_1\,\mathrm{d}s_2. \tag{65}$$

Wenn nun also $\varepsilon \ll 1$ vorausgesetzt wird, so kann man für das Geschwindigkeitsfeld die Reihenentwicklung

$$\frac{u}{c} = 1 + \varepsilon u_1 + \varepsilon^2 u_2 + O(\varepsilon^3), \qquad \frac{v}{c} = \varepsilon v_1 + \varepsilon^2 v_2 + O(\varepsilon^3) \tag{66}$$

ansetzen. Die in ε linearen Summanden findet man mit einer linearen Viskoelastizitätstheorie. Dabei stellt sich heraus, daß das Stromfeld wie zuvor bei einer newtonschen Flüssigkeit von den Stoffeigenschaften gänzlich unabhängig ist. Bei der x-Komponente handelt es sich also bis zu dieser Näherung noch um das Geschwindigkeitsfeld der Gl. (64); die y-Komponente ergibt sich aus der Kontinuitätsgleichung $\partial u/\partial x + \partial v/\partial y = 0$ (inkompressibles Fluid!):

$$u_1 = f'(y)\cos\frac{2\pi x}{l}, \qquad v_1 = \frac{2\pi}{l} f(y)\sin\frac{2\pi x}{l}. \tag{67}$$

Nach Gl. (64) gilt $f'(y) = 6(y^2/a^2 - y/a)$; der Strich kennzeichnet die Ableitung nach y. Die Stammfunktion lautet

$$f(y) = a\left(2\frac{y^3}{a^3} - 3\frac{y^2}{a^2}\right). \tag{68}$$

Da nun die Bewegung in ε^1-Näherung bekannt ist, kann auch die Geschichte des relativen Rechts-CAUCHY-GREEN-Tensors in gleicher Näherung berechnet werden (bezüglich Einzelheiten vgl. [4]):

$$\boldsymbol{C}_t - \boldsymbol{E} = -\varepsilon\sin\omega s\,\boldsymbol{A} + \varepsilon(1 - \cos\omega s)\,\boldsymbol{B} + O(\varepsilon^2), \tag{69}$$

ω ist die mit der Wellengeschwindigkeit und der Wellenlänge gebildete Kreisfrequenz,

$$\omega := \frac{2\pi c}{l}. \tag{70}$$

Ferner gilt

$$A = \begin{bmatrix} -2f' \sin\frac{2\pi x}{l} & \frac{l}{2\pi} f'' \cos\frac{2\pi x}{l} \\ \frac{l}{2\pi} f'' \cos\frac{2\pi x}{l} & 2f' \sin\frac{2\pi x}{l} \end{bmatrix}, \tag{71}$$

$$B = \begin{bmatrix} -2f' \cos\frac{2\pi x}{l} & -\frac{l}{2\pi} f'' \sin\frac{2\pi x}{l} \\ -\frac{l}{2\pi} f'' \sin\frac{2\pi x}{l} & 2f' \cos\frac{2\pi x}{l} \end{bmatrix}. \tag{72}$$

Gl. (69) zeigt die Abhängigkeit von der retardierten Zeit s explizit. Man erkennt, daß in linearer Näherung jedes flüssige Teilchen eine mit der Frequenz ω harmonisch oszillierende Verzerrung erlebt. Anhand der Darstellungen (71) und (72) überzeugt man sich leicht davon, daß die symmetrischen Produkte A^2, B^2 und $AB + BA$ zur Einheitsmatrix proportional sind. Aus diesem Grund können die Beiträge zweiter Ordnung, die aus dem Doppelintegral in Gl. (65) resultieren, dem Druckfeld zugeschlagen werden. Die Stoffeigenschaft $m(s_1, s_2)$, für die es übrigens bisher gar kein geeignetes Meßprinzip zu geben scheint, wird also überhaupt nicht benötigt; auch in ε^2-Näherung ist noch die Approximation (27) zuständig!

Setzt man Gl. (69) in (27) ein, so begegnet man den Integralen (20), (21) über die linear-viskoelastische Einflußfunktion $G(s)$. Die Anteile erster Ordnung zu den Reibungsspannungen werden also durch die zur Frequenz ω gehörenden Komponenten der komplexen Viskosität beeinflußt:

$$T = \varepsilon\omega\eta'(\omega)\, A - \varepsilon\omega\eta''(\omega)\, B + O(\varepsilon^2)\,. \tag{73}$$

Man beachte, daß in A und B, der Wellung der Wand entsprechend, Faktoren $\cos\frac{2\pi x}{l}$ oder $\sin\frac{2\pi x}{l}$ enthalten sind. In den ε^2-Gliedern begegnet man den nächst höheren Fourier-Termen, also Summanden proportional zu $\cos\frac{4\pi x}{l}$ bzw. $\sin\frac{4\pi x}{l}$, aber auch von x unabhängigen Gliedern. Dementsprechend zerfällt das Geschwindigkeitsfeld zweiter Ordnung in drei Anteile:

$$u_2 = F_0'(y) + F_1'(y)\cos\frac{4\pi x}{l} + F_2'(y)\sin\frac{4\pi x}{l}, \qquad v_2 = \frac{4\pi}{l}\left[F_1(y)\sin\frac{4\pi x}{l} + F_2(y)\cos\frac{4\pi x}{l}\right].$$

Die beiden letzten Anteile entsprechen einer oszillierenden Bewegung mit doppelter Frequenz und liefern keinen Beitrag zum Durchsatz. Der erste Anteil repräsentiert eine stationäre ebene Schichtenströmung, wofür im Rahmen der Näherung die Nullviskosität maßgebend ist. Nach längerer Rechnung findet man [4]

$$F_0(y) = -\frac{3}{2}\frac{\eta'(\omega)}{\eta_0}\frac{y^2}{a} + \frac{1}{2}\left(1 - \frac{\eta'(\omega)}{\eta_0}\right) ff'\,. \tag{74}$$

Für den Durchsatz im wellenfesten Relativsystem gilt $q = ac + \varepsilon^2 cF_0(a) + O(\varepsilon^4)$. Unter Verwendung der Gln. (56) und (74) gewinnt man daraus für den Durchsatz der peristaltischen Strömung im Absolutsystem bis auf Glieder der Ordnung ε^4:

$$\bar{Q} = \frac{3}{2}\varepsilon^2\, ac\,\frac{\eta'(\omega)}{\eta_0}. \tag{75}$$

Bei einer newtonschen Flüssigkeit $(\eta'(\omega) = \eta_0)$ stimmt das Ergebnis (75) im Rahmen der Näherung mit Gl. (63) überein; der Durchsatz ist von der Viskosität unabhängig und wächst linear mit der Wellengeschwindigkeit an. Bei einer viskoelastischen Flüssigkeit wird $\bar{Q}$ dagegen auch von gewissen Stoffeigenschaften beeinflußt, u. z. gehen

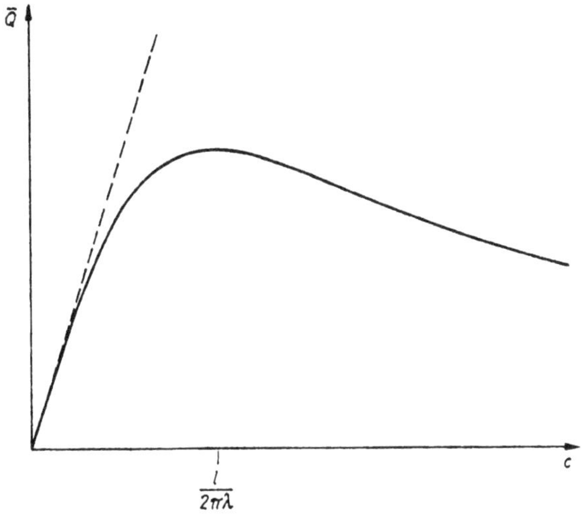

Abb. 15. Durchsatz in Abhängigkeit von der Wellengeschwindigkeit
– – – newtonsche Flüssigkeit
—— viskoelastische Flüssigkeit (MAXWELL-Modell)

bemerkenswerterweise lediglich die Nullviskosität sowie der zur Frequenz $\omega = 2\pi c/l$ gehörende Wert der dynamischen Viskosität ein. Damit ergibt sich ein nichtlinearer Zusammenhang zwischen $\bar{Q}$ und c. Mit der Modellvorstellung, daß die linear-viskoelastischen Eigenschaften denjenigen eines MAXWELL-Körpers mit der Relaxationszeit λ entsprechen, wäre $\eta'(\omega)/\eta_0 = [1 + (\lambda\omega)^2]^{-1}$, wodurch reale Stoffdaten wie in Abb. 5 qualitativ richtig beschrieben werden. In diesem Fall führt Gl. (75) zu dem in Abb. 15 dargestellten Zusammenhang. Mit zunehmender Wellengeschwindigkeit steigt der Durchsatz dabei nur solange an, bis die Dimensionslose $\lambda\omega$ den Wert 1 erreicht. In dieser Situation reicht das Erinnerungsvermögen der flüssigen Teilchen bereits mehrere Wellenperioden zurück. Bei weiterer Steigerung der Wellengeschwindigkeit würde $\bar{Q}$ gar wieder abnehmen; im Hinblick auf größtmöglichen Durchsatz gäbe es eine optimale Geschwindigkeit $c = l/2\pi\lambda$. Die Elastizität und damit das Gedächtnis der Flüssigkeit verursacht also drastische Änderungen gegenüber dem inelastischen Vergleichsfall.

7. Schlußbemerkungen

Bei der theoretischen Behandlung von Strömungen nicht-newtonscher Flüssigkeiten spielt das rheologische Stoffgesetz eine entscheidende Rolle. Die Analysis solcher Vorgänge wird erheblich dadurch erschwert, daß man das allgemeine Stoffgesetz einer realen Flüssigkeit nicht kennt und jedes rheometrische Experiment nur partielle Informationen über die Stoffeigenschaften liefert. Da die wirksamen Stoffeigenschaften von der Strömungsform abhängen, kommen kinematischen Überlegungen eine wichtige Rolle zu, um das adäquate Stoffgesetz für eine bestimmte Strömungsform zu finden. Die vorliegende Abhandlung bezog sich auf solche Bewegungen, bei denen das allgemeine Stoffgesetz „einfacher Flüssigkeiten" sich entweder auf eine Anzahl prinzipiell meßbarer Stoffunktionen reduziert (im Fall der viskosimetrischen Strömungen) oder durch eine asymptotisch gültige Approximation (lineare Viskoelastizität, Entwicklung nach RIVLIN-ERICKSEN-Tensoren) ersetzt werden kann. Anhand konkreter Beispiele konnten so der Einfluß der nichtlinearen Fließeigenschaften, der Einfluß der Normalspannungsdifferenzen und der Einfluß des Gedächtnisses aufgezeigt werden. Dabei wurde jeweils die gesamte Klasse der einfachen Flüssigkeiten erfaßt; die individuellen rheologischen Eigenschaften einer bestimmten Flüssigkeit äußern sich in der besonderen Form der Stoffunktionen oder Stoffkoeffizienten, die in den Materialgleichungen vorkommen. Mit ähnlichen Überlegungen lassen sich übrigens auch Dehnströmungen oder fast viskosimetrische Strömungen analysieren [2].

Nun sind Bewegungen mit eingeschränkten kinematischen Eigenschaften für technische Anwendungen zwar besonders wichtig, es interessieren aber natürlich auch kompliziertere Strömungsformen. Läßt sich die Strömung nicht in der Nähe einer kinematisch einfachen Vergleichsströmung einordnen, so besteht Ungewißheit darüber, wie das zugehörige Stoffgesetz aussieht. In solchen Fällen bleibt nichts anderes übrig, als ein spezielles rheologisches Modell zu verwenden, das einerseits die „wesentlichen" Stoffeigenschaften möglichst gut beschreibt, andererseits aber nicht so kompliziert ist, als daß die mathematische Behandlung konkreter Strömungsprobleme prinzipiell unmöglich wäre. In der rheologischen Literatur werden zahlreiche Modelle dieser Art benutzt. Inwieweit damit die interessierende Situation sinnvoll erfaßt wird, läßt sich im allgemeinen allerdings nicht ohne weiteres beantworten.

Die Strömungsmechanik nicht-newtonscher Flüssigkeiten ist bisher keine in sich abgeschlossene Disziplin, sondern befindet sich noch stark in der Entwicklung. Gemessen an der langen Zeit, in der man sich wissenschaftlich mit Strömungsvorgängen befaßt, beginnt sie, den Bedürfnissen der Anwender entsprechend, gerade erst aufzublühen. Nicht zuletzt deshalb können hier sowohl Strömungsmechaniker als auch angewandte Mathematiker zukünftig ein dankbares Betätigungsfeld finden.

Literatur

1 BECKER, E.; BÜRGER, W., Kontinuumsmechanik, Teubner-Verlag, Stuttgart 1975.
2 BÖHME, G., Strömungsmechanik nicht-newtonscher Fluide, Teubner-Verlag, Stuttgart 1981.
3 BÖHME, G.; NONN, G., Kennfelder für Schleppströmungspumpen zur Förderung nicht-newtonscher Flüssigkeiten, Rheol. Acta **17** (1978), S. 115–131.
4 BÖHME, G.; FRIEDRICH, R., Peristaltic flow of viscoelastic liquids, erscheint in J. Fluid Mech.
5 COLEMANN, B. D.; MARKOVITZ, H.; NOLL, W., Viscometric flows of non-Newtonian fluids, Springer-Verlag, Berlin/Heidelberg/New York 1966.
6 GINN, R. F.; METZNER, A. B., Measurement of stresses developed in steady laminar shearing flows of viscoelastic media, Trans. Soc. Rheol. **13** (1969), S. 429–453.
7 HAN, C. D.; KIM, K. U.; SISKOVIC, N.; HUANG, C. R., An appraisal of rheological models as applied to polymer melt flow, Rheol. Acta **14** (1975), S. 533–549.
8 LUDWIGS, J., Berechnung von Kennlinien für Schraubenextruder zur Förderung viskoelastischer Flüssigkeiten, Studienarbeit, HSBw Hamburg 1978.
9 SCHÜMMER, P., Zum Fließverhalten nicht-newtonscher Flüssigkeiten in konischen Düsen, Rheol. Acta **6** (1967), S. 192–200.
10 TRUESDELL, C.; NOLL, W., Die nichtlinearen Feldtheorien der Mechanik. In: FLÜGGE, S. (Hsg.), Handbuch der Physik, Bd. III/3. Springer-Verlag, Berlin/Göttingen/Heidelberg 1965.

Neben dieser im Text zitierten Literatur wird der Leser noch auf einige ergänzende oder weiterführende Aufsätze und Monographien hingewiesen, aus denen auch Teile der umfangreichen Originalliteratur erschlossen werden können. Es handelt sich um eine Auswahl aus persönlicher Sicht; Vollständigkeit wird nicht angestrebt und wäre wahrscheinlich auch nicht zu erreichen gewesen.

ASTARITA, G.; MARUCCI, G., Principles of non-Newtonian fluid mechanics, McGraw Hill, London 1974.
BECKER, E., Simple non-Newtonian fluid flows, Advances in Applied Mechanics **20** (1980), S. 177–226.

Bird, R. B.; Armstrong, R. C.; Hassager, O., Dynamics of polymeric liquids, Vol. I, Fluid mechanics, John Wiley & Sons, New York etc. 1977.
Böhme, G., Eine Theorie für sekundäre Strömungserscheinungen in nicht-newtonschen Fluiden, Habilitationsschrift, Darmstadt 1974. Deutsche Luft- und Raumfahrt, Forschungsbericht 74–24 (1974).
Goddard, J. D., Polymer fluid mechanics, Advances in Applied Mechanics **19** (1979), S. 143–219.
Han, C. D., Rheology in polymer processing, Academic Press, New York 1976.
Huilgol, R. R., Continuum mechanics of viscoelastic liquids, John Wiley & Sons, New York 1975.
Pipkin, A. C.; Tanner, R. I., A survey of theory and experiment in viscometric flows of viscoelastic liquids, Mechanics Today **1** (1973), S. 262–321.
Pipkin, A. C.; Tanner, R. I., Steady non-viscometric flows of viscoelastic liquids, Annual Review of Fluid Mechanics **9** (1977), S. 13–32
Schowalter, W. R., Mechanics of non-Newtonian fluids, Pergamon Press, Oxford etc. 1978.
Tadmor, Z.; Gogos, C. G., Principles in polymer processing, John Wiley & Sons, New York etc. 1979.
Truesdell, C., The meaning of viscometry in fluid dynamics, Annual Review of Fluid Mechanics **6** (1974), S. 111–146.
Walters, K., Rheometry, Chapmann and Hall, London 1975.

Anschrift: Prof. Dr. rer. nat. G. Böhme, Institut für Strömungslehre und Strömungsmaschinen, Hochschule der Bundeswehr Hamburg, Holstenhofweg 85, D-2000 Hamburg 70, BRD

ZAMM 62, T 18 – T 27 (1982)

H. TROGER

Über chaotisches Verhalten einfacher mechanischer Systeme

1. Einleitung

In zwei Teilgebieten der Mechanik, nämlich der Strömungsmechanik und der Himmelsmechanik, ist die Existenz von nichtperiodisch, unregelmäßig oszillierendem Systemverhalten für streng deterministische Systeme schon lange bekannt. Im ersterwähnten Gebiet sind es die Turbulenzerscheinungen ([11], [23], [31]), während im zweiten angeführten Bereich bereits POINCARÉ beim Studium des 3-Körperproblemes ([1], [19]) auf ein solch kompliziertes Systemverhalten gestoßen ist. Ist noch zusätzlich eine starke Empfindlichkeit des Trajektorienverlaufes bezüglich kleiner Änderungen der Anfangsbedingungen gegeben ([31]), so bezeichnet man eine derartige Bewegung als chaotisch. Diese starke Empfindlichkeit des Trajektorienverlaufes bezüglich der Anfangsbedingungen hat zur Folge, daß zwei Trajektorien, die in unmittelbarer Nachbarschaft loslaufen, nach einiger Zeit vollständig verschiedene Systemzustände erreichen werden. Damit wirken sich kleinste Ungenauigkeiten in der Festlegung der Anfangsbedingungen sehr stark aus. Systeme dieser Art verlieren in praktischer Hinsicht die Eigenschaft der Determiniertheit, wenn es sich um Voraussagen für längere Zeiträume handelt, obwohl keine zufallsabhängigen Größen vorhanden sind.

2. Wann kann chaotisches Systemverhalten auftreten?

Dies ist die Frage nach der notwendigen Komplexität des mechanischen Systemmodelles und sie stellt sich in zweierlei Hinsicht. Einmal nach der Anzahl der Freiheitsgrade des Systemes und zweitens nach den im System vorhandenen Nichtlinearitäten. Daß diese Fragestellung sinnvoll ist, folgt aus der Überlegung, daß für ein Modell, das durch ein zweidimensionales autonomes Differentialgleichungssystem beschrieben wird, kein chaotisches Systemverhalten auftreten kann, da die einzig möglichen Grenzmengen, die einem oszillierenden Verhalten entsprechen, die sicherlich nicht chaotischen Bewegungszustände der Gleichgewichtslage und des Grenzzykels sind. Bei Beantwortung des ersten Teiles der obig gestellten Frage ist es interessant festzustellen, daß bei der Untersuchung von Turbulenzerscheinungen lange Zeit ([11]) die Ansicht vorherrschend war, daß nur ein Systemmodell mit einer großen Anzahl von Freiheitsgraden, wie es insbesondere ein flüssiges oder gasförmiges Medium als Kontinuum mit seinen unendlich vielen Freiheitsgraden darstellt, zur Beschreibung dieses komplizierten Systemverhaltens in der Lage ist. Diese Auffassung ist jedoch in [23] und [20] in Frage gestellt worden. Insbesondere wird in [20] gezeigt, daß bereits ein System mit drei Freiheitsgraden und mit schwach nichtlinearer Kopplung, wie es etwa durch drei aneinander gekoppelte Pendel gegeben ist, ein chaotisches Verhalten besitzen kann. Treten jedoch im System starke Nichtlinearitäten auf, so kann bereits ein dreidimensionales System ([15]) chaotisches Verhalten zeigen. Vom Standpunkt der Mechanik ist somit ein System mit einem Freiheitsgrad und mit expliziter Zeitabhängigkeit notwendig, wie dies etwa durch eine parametrische oder äußere Erregung der Fall sein kann. Im folgenden werden nur mehr dreidimensionale Systeme behandelt. Weiteres wird in dissipative Systeme, die einen Volumselemente im Phasenraum zusammenziehenden Fluß und somit Attraktoren besitzen und in Hamiltonsche Systeme, deren Fluß Volumselemente im Phasenraum im Volumen erhält, unterschieden. Für diese Klassen werden Modellprobleme und Anwendungsbeispiele angegeben werden.

3. Systeme mit Attraktoren

Hat man ein dissipatives System vorliegen, dann erhält man im Phasenraum gewöhnlich eine asymptotische Grenzmenge, auch Attraktor genannt, gegen die jede Lösungskurve, die im zugehörigen Einzugsgebiet startet, für $t \to \infty$ läuft. Ein Attraktor, der im allgemeinen kompakt ist, besitzt die folgenden Eigenschaften ([12]): (1) er ist invariant unter dem Fluß des dynamischen Systemes, (2) er hat eine schrumpfende Umgebung im Phasenraum, (3) der Fluß des Systemes ist auf dem Attraktor rekurrent und unzerlegbar.

Betrachtet wird nun ein dreidimensionales System, die sogenannten LORENZgleichungen ([15], [17])

$$\dot{x} = -10x + 10y\,, \qquad \dot{y} = 28x - y - xz\,, \qquad \dot{z} = -\tfrac{8}{3}z + xy\,, \tag{1}$$

für die sich mit den angegebenen Zahlenwerten durch numerische Integration gemäß Abb. 1 ein Attraktor ergibt, der weder ein Punkt noch ein Grenzzykel oder eine Fläche ist und dennoch für einen bestimmten Bereich im Phasenraum alle Trajektoren anzieht. Für derartige Attraktoren hat sich die Bezeichnung Strange Attraktor eingebürgert. Im Falle des Lorenzattraktors von Abb. 1 ergibt sich als Struktur des Attraktors das Produkt von Mannigfaltigkeiten mit einer CANTORmenge ([31]). Eine wichtige Eigenschaft von Attraktoren ist deren Strukturstabilität ([3]). Dies ist die Frage nach der Auswirkung einer kleinen Systemänderung (Parameteränderung) auf die Existenz und die qualitative Struktur des Attraktors. Nach [31] ist der Strange Attraktor für die Lorenzgleichungen in jenem Sinne strukturstabil, daß er bei kleinen Parameteränderungen erhalten bleibt. Bezüglich seiner inneren Struktur ist er jedoch instabil, da jede Parameteränderung qualitative Änderungen in der Form des Attraktors nach sich zieht.

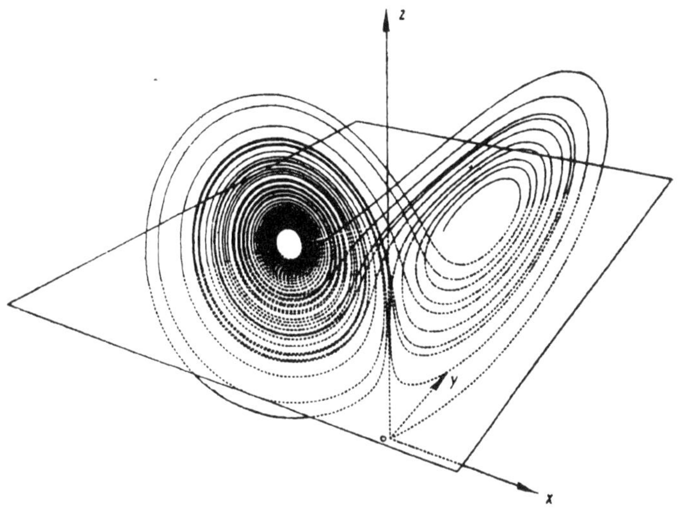

Abb. 1. Strange Attraktor des LORENZgleichungssystemes (1) aus [13]

Da (1) durch Diskretisierung aus dem BENARDproblem hergeleitet werden kann ([17]) und dieses als ein sehr einfaches Modell für atmosphärische Phänomene anzusehen ist, scheint die Vermutung zulässig, daß die Wetterprognosen zugrunde liegenden Gleichungen Systeme sein können, die, falls die Parameterwerte im chaotischen Bereich liegen, empfindlich auf kleine Änderungen der Anfangsbedingungen reagieren und dann langfristige Wetterprognosen prinzipiell ungenau sein werden.

4. HAMILTONsche Systeme

Chaotisches Verhalten kann auch bei Systemen auftreten, die keine Attraktoren besitzen, wie dies bei ungedämpften HAMILTONschen Systemen der Fall ist. Hier folgt aus dem LIOUVILLEschen Theorem über die Volumskonstanz des HAMILTONschen Flusses das Rekurrenztheorem von POINCARÉ ([12]), das grob gesprochen besagt, daß fast alle Trajektorien im Phasenraum unendlich oft beliebig nahe zu ihren Ausgangspunkten zurückkehren. Gelingt es beispielsweise, nachzuweisen, daß homoklinische Orbits auftreten, dann hat man den Beweis für chaotisches Verhalten erbracht. Die Definition homoklinischer Orbits, deren numerischer Nachweis sowie ein mechanisches Beispiel werden in Abschnitt 7b gegeben.

5. Modellprobleme

Modellprobleme studiert man, um chaotisches Systemverhalten in mathematisch sauberer Weise und möglichst unabhängig von numerischen Untersuchungen analysieren zu können, denn für aus physikalischen Problemen abgeleitete Modelle, wie beispielsweise die LORENZgleichungen (1), ist man vorläufig immer noch auch auf numerische Untersuchungen angewiesen.

Nach J. A. YORKE ([14], [31]) wird chaotisches Verhalten durch folgende drei Eigenschaften charakterisiert:

(1) abzählbar unendlich viele periodische Trajektorien,
(2) nicht abzählbar unendlich viele nichtperiodische Trajektorien,
(3) fast alle Trajektorien im betrachteten Bereich sind instabil.

Es werden nun zwei in der Literatur häufig zitierte Modellprobleme betrachtet, die für die mechanischen Anwendungsbeispiele in Abschnitt 7 von Bedeutung sind. Es sind dies die eindimensionale Punktabbildung

$$x_{n+1} = a x_n (1 - x_n) \tag{2}$$

und die zweidimensionale Hufeisenabbildung von S. SMALE. Daß beide Modellprobleme Punktabbildungen sind, hat mehrere Gründe. Einmal kann jeder periodischen oder rekurrenten Bewegung mittels einer Querschnittsfläche der Codimension 1, die von den Trajektorien transversal geschnitten wird, eine Punktabbildung, die dann POINCARÉabbildung genannt wird, zugeordnet werden (Abb. 13). Diese Vorgangsweise ist insbesondere bei 3-dimensionalen Differentialgleichungssystemen, wie sie für chaotisches Systemverhalten von großer Wichtigkeit sind, von großer Bedeutung, da nun nur mehr ein- oder zweidimensionale Punktabbildungen zu untersuchen sind. Weiters können Punktabbildungen durch Diskretisierung eines kontinuierlichen Flusses auftreten und schließlich ergeben sich beispielsweise bei mechanischen Problemen mit impulsiver Belastung Punktabbildungen in natürlicher Weise ([10]).

(a) Die Punktabbildung $x_{n+1} = a x_n (1 - x_n)$ (Gl. 2)

(2) ist ein diskretes dynamisches System, das mathematisch sehr gut studiert ist ([4], [14], [16], [31]). Ähnliche Probleme sind auch in [8] und [9] studiert. Ist $0 < a \leqq 4$, so ist (2) eine Abbildung $[0, 1] \to [0, 1]$. Schreibt man (2) allgemein $x_{n+1} = F(x_n)$, so erhält man $x_{n+2} = F(x_{n+1}) = F(F(x_n)) = F^2(x_n)$. Ein m-periodischer Orbit ist dann durch

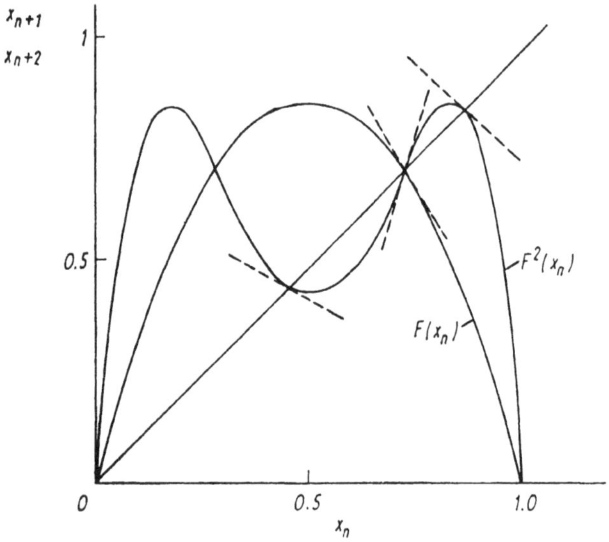

Abb. 2. Fixpunkte der Abbildung $x_{n+1} = F(x_n)$ und $x_{n+2} = F^2(x_n)$ nach Gl. (2) für $a = 3.414$. Für stabile Fixpunkte liegt der Winkel zwischen der Tangente und der Abszisse zwischen 315° und 45° und 135° und 225°

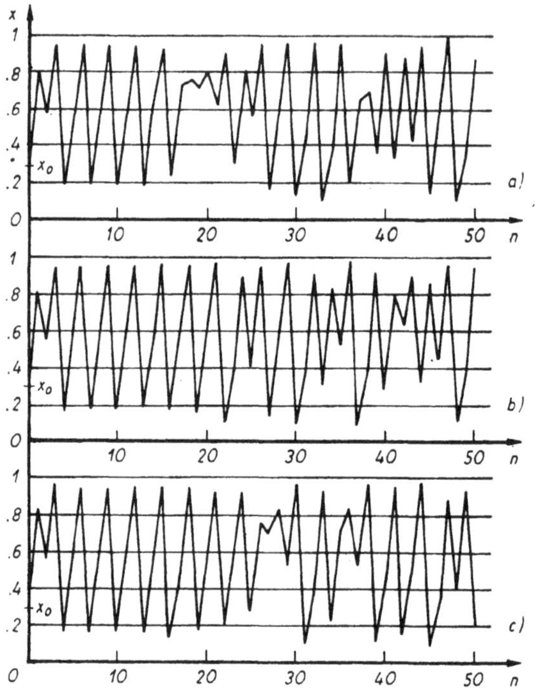

Abb. 3. Iteration der Gl. (2) für $a = 3.9$, bei geringfügig geänderten Anfangswerten (a) $x_0 = 0.30000$, (b) $x_0 = 0.30001$, (c) $x_0 = 0.30002$, zur Demonstration starker Empfindlichkeit des Trajektorienverlaufes von (2) von den Anfangsbedingungen

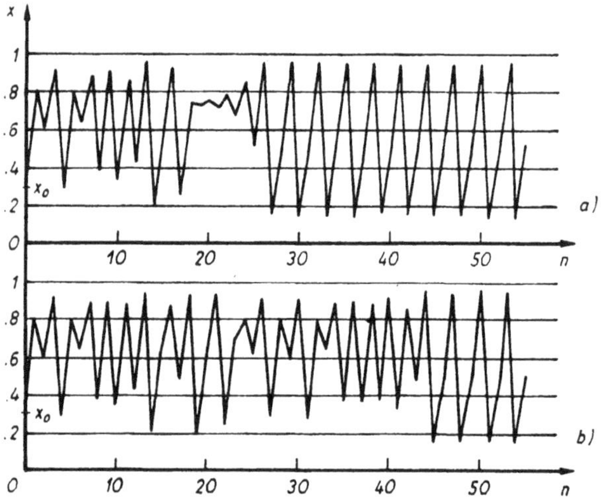

Abb. 4. Metastabiles Verhalten ([31]) des Trajektorienverlaufes von Gl. (2) für $a = 3.83$. Nach anfangs chaotischem Verhalten folgt ein 3-periodischer Zyklus (a) $x_0 = 0.30002$, (b) $x_0 = 0.30000$

$x_{n+m} = F^m(x_n) = x_n$ gegeben. Für einen 1-periodischen Orbit gilt $x_{n+1} \doteq x_n$. Wichtig ist noch die Stabilität dieser Orbits, die durch Berechnung der Eigenwerte leicht ermittelt werden kann. Zeichnet man die Funktion $x_{n+1} = F(x_n)$ oder die entsprechend iterierte Funktion $x_{n+m} = F^m(x_n)$ auf, wie es in Abb. 2 für $m = 1$ und $m = 2$ getan ist, so stellen die Schnittpunkte mit der unter 45° geneigten Geraden die periodischen Punkte dar. Ist der Winkel zwischen der Tangente an den Graphen im Fixpunkt mit der Abszisse zwischen 315° und 45° und zwischen 135° und 225°, so ist der Fixpunkt stabil, ansonsten ist er instabil. Ist $0 < a \leqq 3$, so gibt es nur zwei stabile 1-periodische Lösungen. Es ist für $0 < a \leqq 1$ $x_n = 0$, stabil und für $1 < a \leqq 3$ ist $x_n = 1 - 1/a$ stabil. Aus Abb. 2 ist ersichtlich, daß bei Steigerung des Parameterwertes a über den Wert $a = 3$ hinaus die 1-periodische Lösung $x_n = 1 - 1/a$ instabil wird und das System zu einer 2-periodischen Lösung verzweigt, wobei die nun instabile 1-periodische Lösung weiterhin vorhanden ist. Bei weiterer Steigerung von a verzweigt das System in immer rascherer Folge zu 2^k-periodischen stabilen Lösungen, die die instabil gewordenen Trajektorien bis zur Ordnung 2^{k-1} weiterhin enthalten. Ab $a_P = 3.56998 \ldots$ treten keine stabilen 2^k-periodischen Lösungen auf, und im allgemeinen befindet man sich im chaotischen Bereich, für den starke Empfindlichkeit des Trajektorienverlaufes von den Anfangsbedingungen gegeben ist (Abb. 3). Im Parameterbereich $a < a_P$ liegt, obwohl für sehr lange Perioden rein optisch ein irregulärer Verlauf gegeben ist, keine Empfindlichkeit bezüglich einer Änderung der Anfangsbedingungen vor. Eine für numerische Untersuchungen wichtige Eigenschaft kann an diesem Modellproblem gut erkannt werden, nämlich das Auftreten metastabiler Zustände ([31]). Darunter versteht man nach J. A. Yorke die Eigenschaft, daß sich ein chaotisches Verhalten plötzlich zu einem periodischen Verhalten ändert. Für $a = 3.83$ tritt dieser Effekt hier auf (Abb. 4). Das System geht nach einer chaotischen Phase in einen periodischen Orbit mit Periode 3 über. In [14] ist bewiesen, daß aus der Existenz von 3-periodischen Orbits für die gegenständliche Punktabbildung chaotisches Verhalten folgt.

(b) Die Hufeisenabbildung von S. SMALE ([3], [25])

Es wird eine zweidimensionale Abbildung φ für das Rechteck R (Abb. 5a) mit den Ecken $ABCD$ derart vorgeschrieben, daß das Rechteck R entlang der Kante AB gestaucht, entlang der Kante AD gestreckt und anschließend in die Form eines Hufeisens mit den Ecken $A'B'C'D'$ verbogen wird (Abb. 5b). Legt man das Hufeisen über das ursprüngliche Rechteck, so kann man jene Punkte im Hufeisen markieren (schraffiert in Abb. 5b), die bei der Abbildung im Rechteck geblieben sind. Ihre entsprechenden Urbilder in R sind ebenfalls schraffiert in Abb. 5a eingetragen. Sie werden mit $R_{-1} = R \cap \varphi^{-1}(R)$ bezeichnet. Auch die zweite Abbildung $\varphi^2(R)$ ist in Abb. 5b gezeichnet. Sie liefert das doppelt gebogene Hufeisen $A''B''C''D''$. Diejenigen Punkte, die bei zweimaliger Anwendung von φ in R bleiben, sind schraffiert in Abb. 5b eingetragen. Ihre Urbilder $R_{-2} = R \cap \varphi^{-1}(R) \cap \varphi^{-2}(R)$ sind die 4 Streifen in Abb. 5a, die paarweise in den zwei Streifen von R_{-1} enthalten sind. n-malige Anwendung von φ führt zu $R_{-n} = R \cap \varphi^{-1}(R) \cap \ldots \cap \varphi^{-n}(R) \cdot R_{-n}$ besteht aus 2^n schmalen Rechtecken, die paarweise in den 2^{n-1} Rechtecken von $R_{-(n-1)}$ enthalten sind. Für $n \to \infty$ erhalten wir die Menge $R_{-\infty}$, die das Produkt des Intervalles AB mit einer CANTORmenge ist und jene Punkte enthält, die bei beliebig vielen positiven Iterationen immer im Rechteck R verbleiben. Bezeichnet man mit $R_{+\infty}$ jene Punkte, die unter allen negativen Iterationen von φ in R verbleiben, so stellt der Durchschnitt von $R_{-\infty} \cap R_{+\infty} = \Lambda$ eine abgeschlossene invariante Menge dar, die die nichtwandernden Punkte von φ enthält. Punkte in R, die nicht zu Λ gehören, sind sicherlich keine periodischen Punkte, da sie nach einigen Iterationen aus R hinauslaufen. Periodische Punkte liegen somit in Λ. Alle Trajektorien sind instabil, wie man aus der Konstruktion durch Strecken und Stauchen auch intuitiv erkennt, und somit ist auch die starke Empfindlichkeit gegen kleine Störungen der Anfangsbedingungen gegeben.

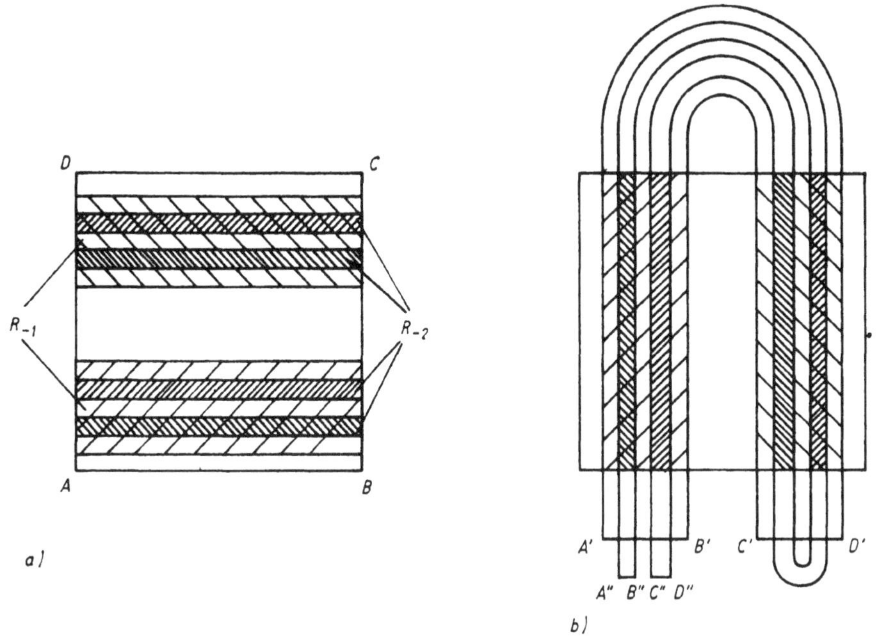

Abb. 5. Hufeisenabbildung φ von S. SMALE, die das Rechteck $ABCD$ in das Hufeisen $A'B'C'D'$ abbildet. φ^2 liefert $A''B''C''D''$. Die schraffierten Streifen stellen jene Punkte dar, die bei Anwendung der Abbildung im Rechteck verbleiben

6. Hyperbolizität

Beide in Abschnitt 5 angeführten Modellprobleme besitzen eine wesentliche Eigenschaft, die eine notwendige Voraussetzung für eine große Klasse von Systemen, die chaotisches Verhalten besitzen können, zu sein scheint, nämlich hyperbolisch ([22]) zu sein. Für die eindimensionale Punktabbildung (2) bedeutet dies, daß Abstände auf der Abszisse im Durchschnitt um einen Faktor >1 gestreckt werden müssen, während für die zweidimensionale Abbildung zwei Eigenwerte vom Betrage >1 beziehungsweise <1 vorliegen müssen. Bei Differentialgleichungssystemen ist durch die Existenz eines Sattelpunktes ein hyperbolisches System gegeben. Für sämtliche in Abschnitt 7 zu besprechende Beispiele wird diese Eigenschaft der Hyperbolizität vorausgesetzt werden.

7. Mechanismen zur Erzeugung von chaotischem Systemverhalten und einfache mechanische Systeme

Nach O. RÖSSLER ([21], [22]) gibt es im wesentlichen drei Möglichkeiten, die unter der Bedingung, daß noch andere Voraussetzungen (z. B. Hyperbolizität) erfüllt sind, zu chaotischem Systemverhalten führen können. Es sind dies:
(a) Rückführung von Trajektorien

(b) Perturbation
(c) Zusammenklebemechanismus
Für (a) und (b) werden nun Anwendungsbeispiele gegeben.

(a) Rückführung der Trajektorien

Nach [21] erhält man qualitativ ein sehr anschauliches Bild vom Trajektorienverlauf eines Systemes durch die Darstellung als Papierflächenfluß. In Abb.6 a, b sind zwei derartige Papierflächenflüsse, die zu chaotischem Systemverhalten führen können ([21], [22]), angegeben. Führt man POINCARÉ-Abbildungen (Linien P in Abb. 6 a, b), die hier eindimensional sind, ein, so erhält man vom Fluß in Abb. 6a eine Punktabbildung, die qualitativ der in Abschnitt 5a besprochenen 1-dimensionalen Punktabbildung Gl. (2) entspricht, während für den Fluß in Abb. 6b eine Punktabbildung mit einer Unstetigkeit folgt, wie sie in Abb. 10 dargestellt ist. Qualitativ ist auch für die LORENZgleichungen ein Papierflächenfluß zu erwarten, der jenem von Abb. 6b entspricht ([17]).

Ein einfaches mechanisches Schwingungssystem, das ein Abb. 6b qualitativ gleichwertiges Verhalten besitzt, ist in Abb. 7 dargestellt ([28]). Es handelt sich um einen Einmasseschwinger mit einem Freiheitsgrad. Durch die Federanordnung ergeben sich drei Gleichgewichtslagen. Zwei davon, mit den Werten $x = x_0$ und $x = -x_0$ sind

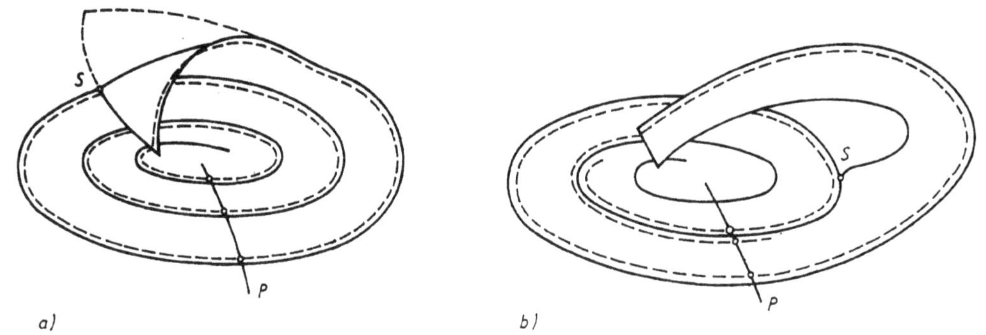

Abb. 6. Papierflächenflüsse nach O. RÖSSLER ([21], [22]), die chaotisches Systemverhalten liefern. Qualitativ entspricht der Fluß in (a) Gl. (2) und der Fluß in (b) Gl. (1)

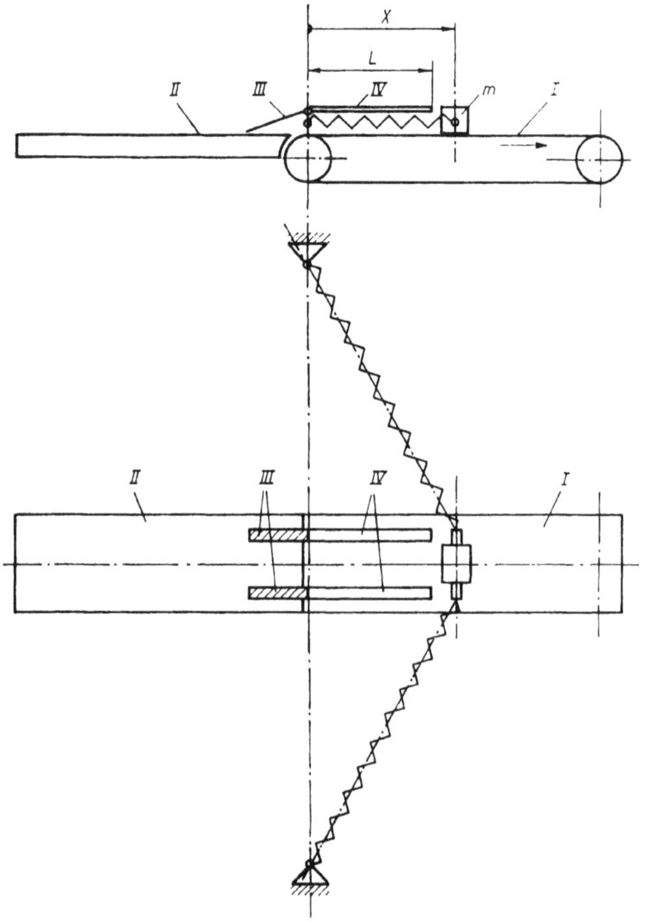

Abb. 7. Selbsterregter Durchschlagschwinger, der chaotisches Systemverhalten besitzen kann und dem Mechanismus der Rückführung der Trajektorien entspricht ([22])

stabil, während die Lage $x = 0$ instabil (Sattelpunkt) ist. Der Bereich, in dem sich die Masse bewegen kann, ist in vier Abschnitte unterteilt. Im Abschnitt I befindet sich die Masse auf einem endlosen, rauhen Band. Falls die Parameter (Bandgeschwindigkeit, Rauhigkeit) entsprechend gewählt sind, wird die Gleichgewichtslage x_0 instabil, und es stellt sich eine selbsterregte Schwingung um die Gleichgewichtslage $x = x_0$ ein. Wird die Amplitude der Schwingung groß genug, erfolgt ein Durchschlag, und die Masse schwingt nach links in den Bereich II (negative x-Werte). Hier sei eine ungedämpfte Schwingung vorausgesetzt, so daß nach einem vollen Anschlag nach links die Masse mit derselben Geschwindigkeit, mit der sie in den Bereich II eingetreten ist, diesen wieder verläßt. Im Wert $x = 0$ wird die Masse durch die Rampe (III) angehoben, so daß sie vorerst keinen Kontakt mit dem laufenden Band bekommt und auf den beiden Randbolzen entlang der Führungen IV nach einem vorgeschriebenen Dämpfungsgesetz entlang gleitet, um schließlich am Ende der Führungen wieder auf das Band zurückzufallen, wodurch der Prozess der Selbsterregung von neuem beginnt. Die beschreibende Gleichung lautet

$$\ddot{x} + a(t)\,\dot{x} - cx + dx^3 = 0\,, \tag{3}$$

wobei $a(t)$ abhängig von der momentanen Position der Masse die folgenden konstanten Werte annimmt:

Bereich:

I: $a < 0$

II, III: $a = 0$

IV: $a > 0$.

Es liegt somit ein dreidimensionales System vor. Numerische Integration liefert den in Abb. 8 angegebenen Zeitverlauf, der bereits ein stark nichtperiodisches Verhalten erkennen läßt. Eine Darstellung im Phasenraum mit den Koordinaten $x, \dot{x}, a$ ist in Abb. 9 gegeben, wobei die Linie P die Poincaré-Abbildung bezeichnet, die in Abb. 10 dargestellt ist. Daß das System empfindlich bezüglich einer Variation der Anfangsbedingungen ist, ist wegen des Durchschlagverhaltens leicht physikalisch einzusehen.

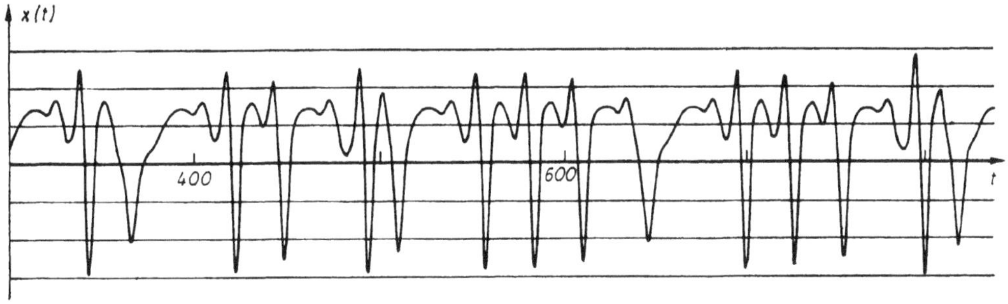

Abb. 8. Nichtperiodischer Trajektorienverlauf $x(t)$ der Masse m des Systemes in Abb. 7

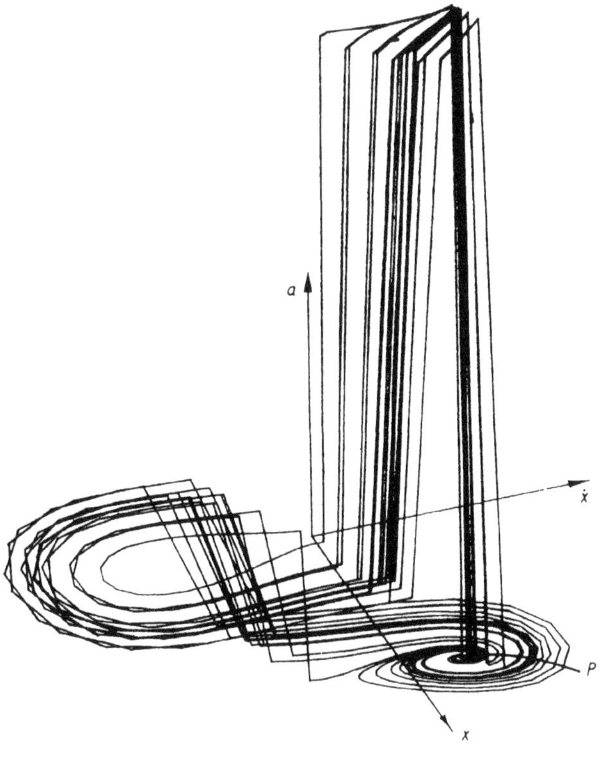

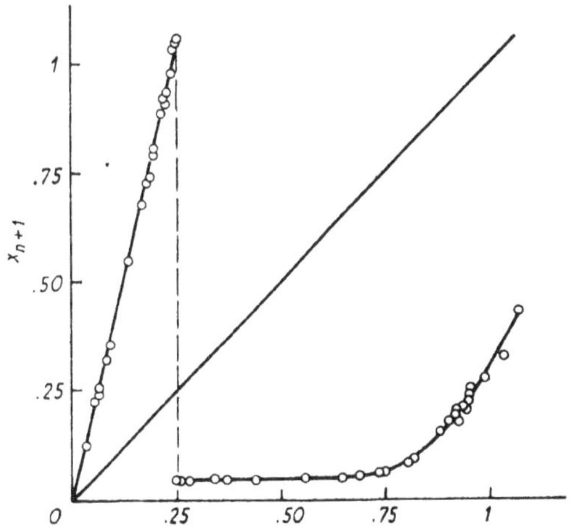

Abb. 10. Unstetige Punktabbildung, die durch die Poincaré-Abbildung P in Abb. 9 erhalten wird und dem Papierflächenfluß in Abb. 6b entspricht

◀ Abb. 9. Attraktor des Systemes von Abb. 7 im 3-dimensionalen Phasenraum $(x, \dot{x}, a)$

b) Perturbation

Als Beispiel für ein HAMILTONsches System wird ein starres Pendel (Abb. 11), das eine ebene Bewegung um seinen Aufhängepunkt ausführen kann und somit einen Freiheitsgrad hat, betrachtet. Es besitzt die stabile Gleichgewichtslage $\varphi = \pi$ und die instabile Gleichgewichtslage $\varphi = 0$, die ein Sattelpunkt ist (Abb. 12). Die Perturbation wird nun durch eine periodische Aufhängepunktbewegung erzeugt. Es kann sich dabei abhängig von den Parametern a, l, ν bezüglich der genannten Gleichgewichtslagen folgendes ergeben: (1) Die aufgerichtete Gleichgewichtslage $\varphi = 0$ wird ebenfalls stabil ([27]), oder (2) $\varphi = 0$ bleibt weiterhin ein Sattelpunkt. Hier ist nur der zweite Fall von Interesse. Mit den Bezeichnungen von Abb. 11 folgt die Bewegungsgleichung $\left(\mathrm{d}/\mathrm{d}t = (\ )^{\cdot}\right)$ zu

$$\ddot{\varphi} - \left(\frac{g}{l} + \frac{a}{l}\nu^2 \sin \nu t\right) \sin \varphi = 0 \,. \tag{4}$$

Geht man auf eine dimensionslose Zeit $\tau = \nu t$ über und führt man neue Variable durch $x_1 = \tau$, $x_2 = \varphi$, $x_3 = \varphi'$ mit $\mathrm{d}/\mathrm{d}\tau = (\ )'$ ein, erhält man das folgende dreidimensionale System

$$x_1' = 1\,, \qquad x_2' = x_3\,, \qquad x_3' = \left(\frac{g}{\nu^2 l} + \frac{a}{l} \sin x_1\right) \sin x_2 \,. \tag{5}$$

Der natürliche Phasenraum von (5) ist $S^1 \times S^1 \times R^1$. Der Fluß von (5) kann mittels einer POINCARÉ-Abbildung, die schematisch durch die Fläche $x_1 = 0$ in Abb. 13 angedeutet ist, in eine zweidimensionale Punktabbildung übergeführt werden. Bezeichnet man einen Startpunkt in der Fläche $x_1 = 0$ mit P und die folgenden Schnittpunkte mit $T(P)$, $T(T(P)) = T^2(P)$, $T^3(P)$, ..., so definiert diese Folge der Schnittpunkte eine Trajektorie des diskreten 2-dimensionalen Systemes. Abb. 13 gibt eine schematische Darstellung, wobei jedoch die Ebene noch zum Phasenzylinder aufgerollt werden müßte, da die Punkte $\varphi = 0$ und $\varphi = 2\pi$ zu identifizieren sind. Liegt keine Aufhängepunktbewegung (Perturbation) vor, dann ist das System zweidimensional, und die in Abb. 12 gezeichnete Sattelpunkttrajektorie bestimmt jene Bereiche, für die entweder eine Schwingung des Pendels um die stabile Lage $\varphi = \pi$

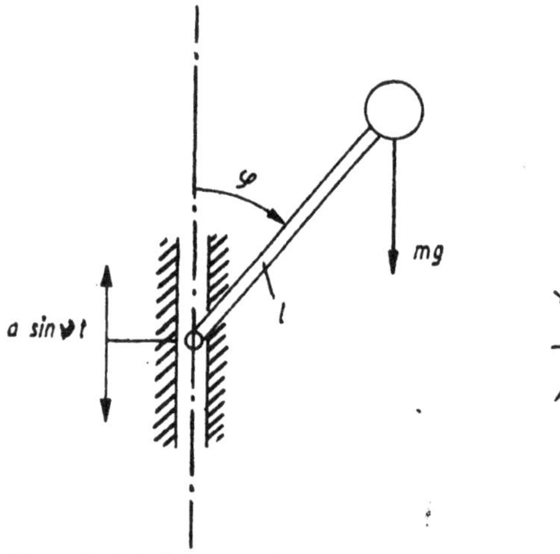

Abb. 11. Pendel mit oszillierendem Aufgängepunkt, das einem perturbierten System mit chaotischem Verhalten entspricht

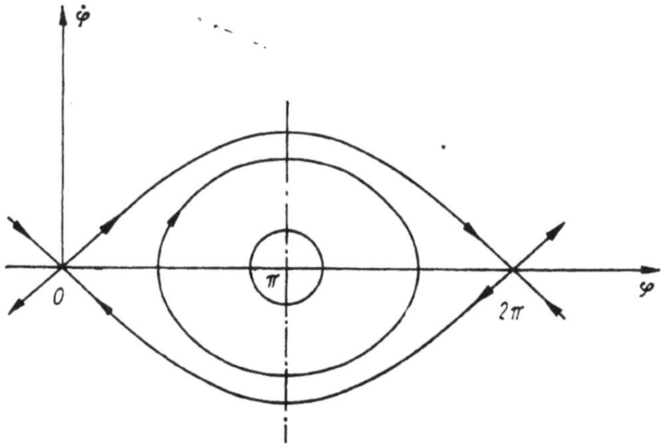

Abb. 12. Sattelpunkttrajektorien für ein Pendel ohne Aufhängepunkterregung

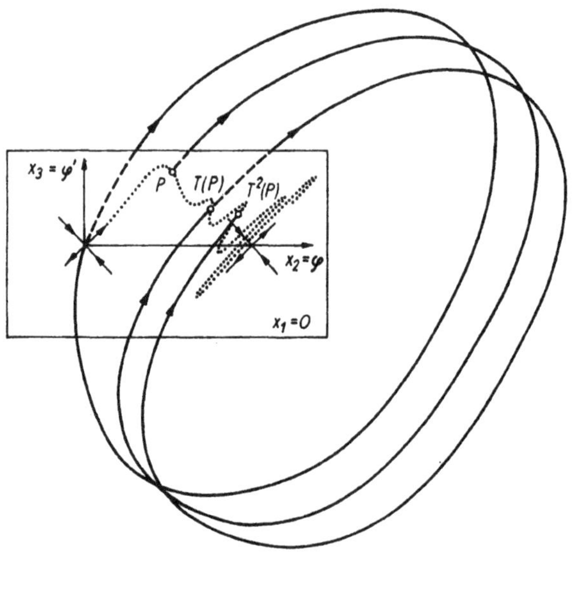

Abb. 13. Schematische Darstellung der transversalen Querschnittfläche $x_1 = 0$, die die zweidimensionale Punktabbildung für das Pendel nach Abb. 11 erzeugt

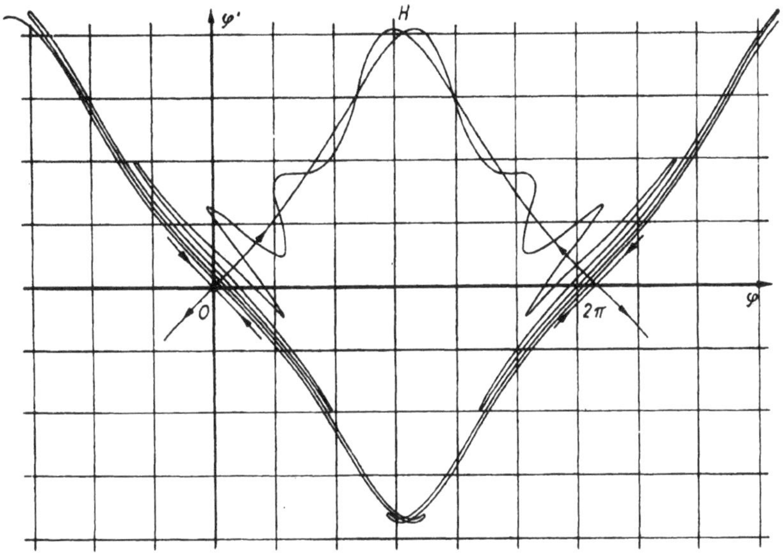

Abb. 14. Sattelpunkttrajektorien in der 2-dimensionalen Querschnittsfläche $x_1 = 0$ für das perturbierte Pendel mit homoklinischen Punkten (H)

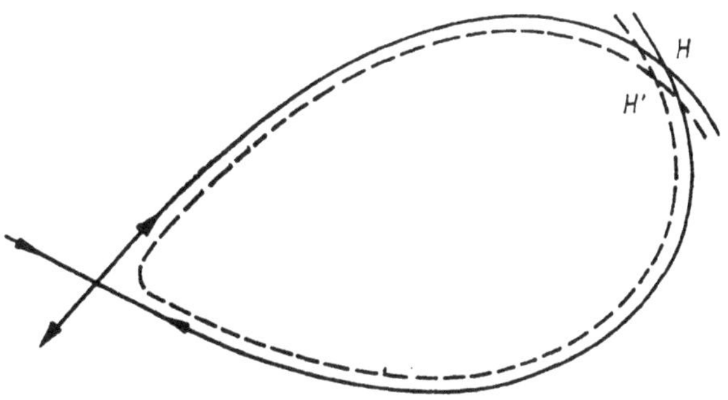

Abb. 15. Auftreten von homoklinischen Punkten H, H' für die Sattelpunkttrajektorie und Trajektorien in unmittelbarer Nachbarschaft derselben nach ([2])

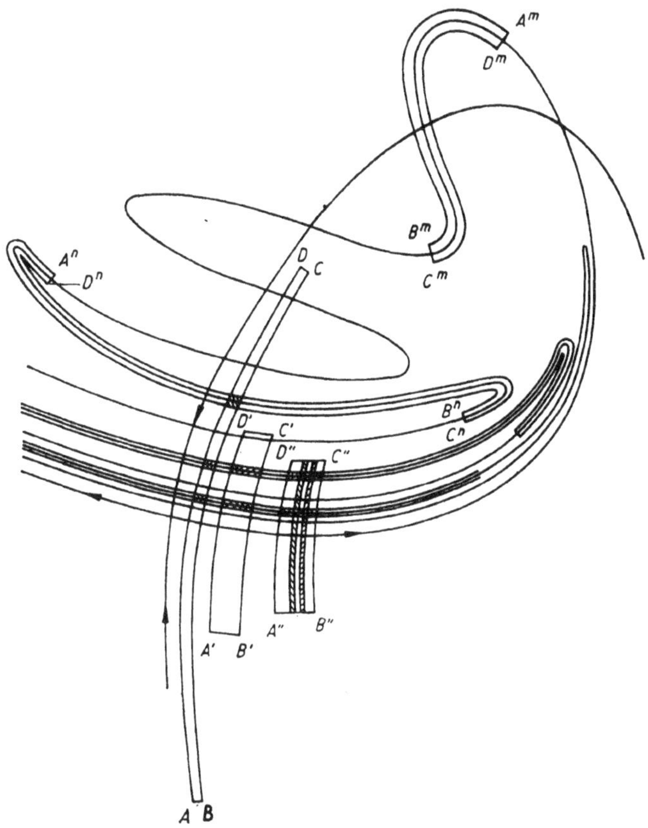

Abb. 16. Bei Abbildung des Flächenelementes $ABCD$ ergibt sich aus der Existenz homoklinischer Punkte eine zur Hufeisenabbildung analoge Situation

oder eine Rotation um den Aufhängepunkt vorliegt. Berechnet man sich nun die Sattelpunkttrajektorie des perturbierten Systemes ([29]), so ergibt sich als wesentliches neues Phänomen, daß sich die stabile und die instabile Sattelpunkttrajektorie desselben Sattelpunktes transversal schneiden (Abb. 14). Man nennt einen solchen Schnittpunkt (H) einen homoklinischen Punkt ([25]). Es ist unmittelbar einsichtig, daß ein homoklinischer Punkt unendlich viele weitere homoklinische Punkte zur Folge hat, denn jeder Schnittpunkt wird wieder auf einen Schnittpunkt abgebildet. In [2] ist gezeigt, daß nicht nur die Sattelpunkttrajektorie, sondern auch benachbart liegende Trajektorien (Abb. 15) transversale Schnittpunkte besitzen. Daher sind diese Punkte auch numerisch gut nachweisbar. In [2] ist auch der Beweis dafür gegeben, daß in der Umgebung eines jeden homoklinischen Punktes, der ja einer nicht periodischen Trajektorie entspricht, ein periodischer Punkt liegt. Aus Abb. 16 sieht man dies sofort ein, denn aus dem LIOUVILLEschen Theorem der Volumskonstanz im Phasenraum folgt, da der Abstand zwischen $T^n(P)$ und $T^{n+1}(P)$ im 3-dimensionalen Phasenraum für jedes n denselben Wert hat, daß auch Flächenelemente in der Querschnittfläche im Betrag erhalten bleiben und somit eine Situation gegeben ist, die qualitativ der in Abschnitt 5b beschriebenen Hufeisenabbildung entspricht. Die starke Empfindlichkeit des Systemes bezüglich einer kleinen Änderung der An-

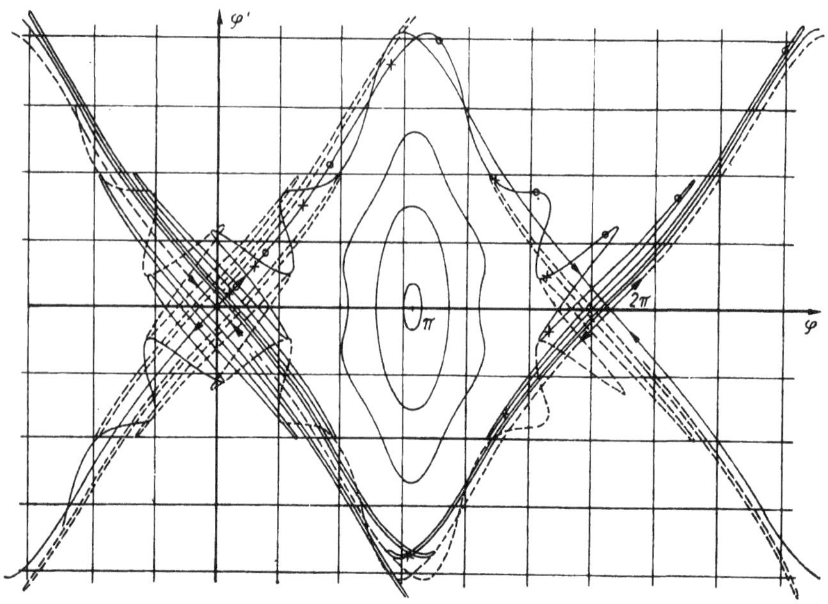

Abb. 17. Trajektorienverlauf der Punktabbildung in der Ebene $x_3 = 0$ für das Pendel mit oszillierendem Aufhängepunkt für die Parameterwerte $\nu = 30$, $a = 6$, $l = 40$ von Gl. (5)

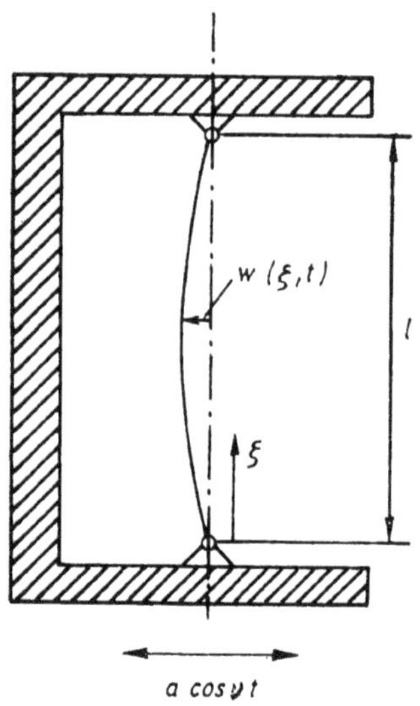

Abb. 18. Fremderregter geknickter Balken, der einem perturbierten hyperbolischen System entspricht

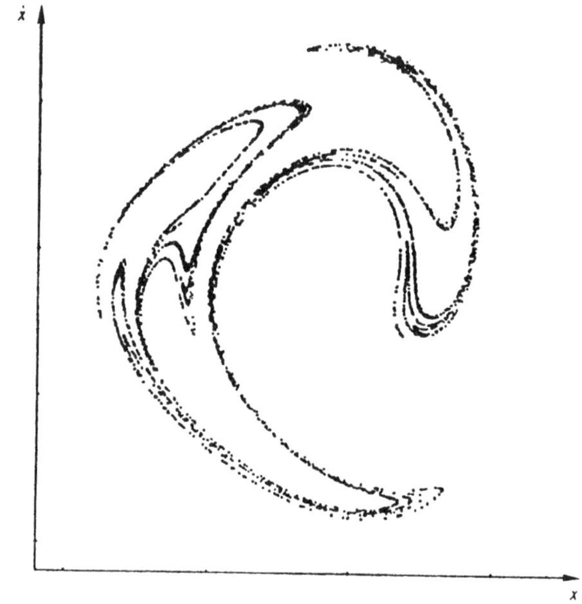

Abb. 19. Strange Attraktor für die 2-dimensionale Punktabbildung des auf einen Freiheitsgrad diskretisierten Systemes von Abb. 18 aus [24] für die Parameterwerte $k = 0.04$, $\alpha = 0.2$, $\beta = 0.53$, $B = 0.4$, $\nu = 0.2$ von Gl. (6) mit den Anfangsbedingungen $x(0) = 0$, $\dot{x}(0) = 0$

fangsbedingungen ist physikalisch leicht einzusehen, denn es wird ein großer Unterschied in der zeitlichen Evolution des Systemes gegeben sein, ob nämlich das Pendel überschlägt oder zurückschwingt (Kreise ∘ und Kreuze + in Abb. 17). In Abb. 17 sind auch in der Umgebung der stabilen Gleichgewichtslage $\varphi = \pi$ für kleine Anfangsauslenkungen Trajektorien angegeben. Sie entsprechen subharmonischen und fastperiodischen Schwingungen.

Ein zweites Beispiel, das in der Literatur ([6], [7], [24], [30]) ausführlich behandelt ist, ist das Problem der fremderregten Schwingungen eines Balkens, der sich im ausgeknickten Zustand befindet (Abb. 18). Diskretisiert man das System mittels eines Ansatzes $w(\xi, t) = x(t) \sin \frac{\pi \xi}{l}$ (Abb. 18) auf eines mit einem Freiheitsgrad, so erhält man eine DUFFINGsche Differentialgleichung der Form

$$\ddot{x} + k\dot{x} - \alpha x + \beta x^3 = B \cos \nu t , \tag{6}$$

deren Phasenraum durch $R^2 \times S^1$ gegeben ist.

In [6] und [7] ist gezeigt, daß auch für dieses System die Hufeisenabbildung maßgebend ist. Umfangreiche numerische Untersuchungen finden sich in [30]. Abb. 19 aus [24] zeigt einen Strange Attraktor, wie er für (6) in der transversalen Querschnittsebene R^2 auftritt. Berechnet man sich für solche Attraktoren die Sattelpunkttrajektorien, so treten entweder homoklinische Punkte oder heteroklinische Punkte ([5], [29]), die die Schnittpunkte der Trajektorien zweier verschiedener Sattelpunkte sind, auf. Interessante experimentelle Untersuchungen für das Auftreten von chaotischen Bewegungen findet man in [18].

Zusammenfassung

Mit Hilfe geeigneter mathematisch gut verstandener Modellprobleme und numerischer Methoden ist es für eine Klasse einfacher dreidimensionaler deterministischer mechanischer Systeme möglich, chaotisches Systemverhalten, das als nichtperiodisch oszillierende Bewegung mit starker Empfindlichkeit gegen eine Änderung der Anfangsbedingungen definiert wurde, vorauszusagen. Wesentliche Einflußgrößen waren die Eigenschaft der Hyperbolizität sowie der Mechanismus der Rückführung der Trajektorien oder die Perturbation. Einfache mechanische Systeme, wie der Reibungsschwinger mit Durchschlagcharakteristik, das ebene Pendel mit periodisch erregtem Aufhängepunkt und der fremderregte, geknickte Balken, dienten als Beispiele.

Herrn Prof. Dr. O. RÖSSLER (Tübingen) ist der Autor für eine ausführliche Diskussion zu großem Dank verpflichtet.

Literatur

1 ARNOLD, V. I., Mathematical Methods of Classical Mechanics, GTM 60, Springer-Verlag, New York, Heidelberg, Berlin 1978.
2 BIRKHOFF, G. D., On the periodic motions of dynamical systems, Acta Math. **50** (1927), S. 359–379.
3 CHILLINGWORTH, D. R. J., Differential Topology with a View to Applications, Pitman Publ., London, San Francisco, Melbourne 1976.
4 GUCKENHEIMER, J., Instabilities and chaos in nonhydrodynamic systems. In: SWINNEY, H. L., GOLLUB, J. P. (Eds.), Hydrodynamic Instabilities and the Transition to Turbulence, Topics in Applied Physics, Vol. **45**, S. 271–287, Springer-Verlag, Berlin, Heidelberg, New York 1981.
5 HENON, M., A two-dimensional mapping with a strange attractor, Commun. math. Phys. **50** (1976), S. 69–77.
6 HOLMES, P., A nonlinear oscillator with a strange attractor, Phil. Trans. Roy. Soc. (London), A **292** (1978), S. 419–448.
7 HOLMES, P.; MARSDEN, J. E., Dynamical systems and invariant manifolds. In: HOLMES, P., (Ed.), New Approaches to Nonlinear Problems in Dynamics, S. 3–27, SIAM, Philadelphia 1980.
8 HSU, C. S.; YEE, H. C., Behavior of dynamical systems governed by a simple nonlinear difference equation, J. Applied Mech. **42** (1975), S. 870–876.
9 HSU, C. S.; YEE, H. C.; CHENG, W. H., Determination of global regions of asymptotic stability for difference dynamical systems, J. Applied Mech. **44** (1977), S. 147–155.
10 HSU, C. S., On nonlinear parametric excitation problems, Advances in Applied Mechanics, vol. **17**, S. 245–301, Academic Press 1977.
11 LANDAU, L. D.; LIFSCHITZ, E. M., Fluid Mechanics, Pergamon Press, Oxford 1959.
12 LANFORD, O. E., Strange attractors and turbulence. In: SWINNEY, H. L., GOLLUB, J. P. (Eds.), Hydrodynamic Instabilities and the Transition to Turbulence, Topics in Applied Physics, vol. **45**, S. 7–26, Springer-Verlag, Berlin, Heidelberg, New York 1981.
13 LANFORD, O. E., Computer pictures of the LORENZ attractor, Lecture Notes in Math., vol. **615**, S. 113–116, Springer-Verlag, Berlin, Heidelberg, New York 1977.
14 LI, T. Y.; YORKE, J. A., Period three implies chaos, Amer. Math. Mon. **82** (1975), S. 985–992.
15 LORENZ, E. N., Deterministic nonperiodic flow, J. Atmos. Sci. **20** (1963), S. 130–141.
16 MAY, R. M., Simple mathematical models with very complicated dynamics, Nature **261** (1976), S. 459–467.
17 MCLAUGHLIN, J. B.; MARTIN, P. C., Transition to turbulence in a statically stressed fluid system, Phys. Review A, 12 (1975), S. 183–203.
18 MOON, F. C., Experiments on chaotic motions of a forced nonlinear oscillator: strange attractors, J. Applied Mech. **47** (1980), S. 638–644.
19 MOSER, J., Stable and Random Motions in Dynamical Systems, Annals of mathematics Studies, vol. **77**, Princeton University Press, Princeton 1973.
20 NEWHOUSE, S.; RUELLE, D., TAKENS, F., Occurence of strange axiom A attractors near quasi periodic flows on T^m, $m \geqq 3$, Commun. math. Phys. **64** (1978), S. 35–40.
21 RÖSSLER, O., Continuous Chaos. In: HAKEN, H. (Ed.), Synergetics: A Workshop, S. 184–197, Springer-Verlag, Berlin, Heidelberg, New York 1977.
22 RÖSSLER, O., Chaos. In: GÜTTINGER, W.; EIKEMEIER, H., (Eds.), Structural Stability in Physics, S. 290–309, Springer-Verlag Berlin, Heidelberg, New York 1979.
23 RUELLE, D.; TAKENS, F., On the nature of turbulence, Commun. math. Phys. **20** (1971), S. 167–192, 23 (1971) S. 343–344.
24 SEYDEL, R., The strange attractor of a DUFFING equation-dependence on the exciting frequency, Report der TU-München, TUM-M8019, 1980.
25 SMALE, S., Differentiable dynamical systems, Bull. Amer. Math. Soc. **73** (1967), S. 747–817.
26 TROGER, H., On point mappings for mechanical systems possessing homoclinic and heteroclinic points, J. Appl. Mech. **46** (1979) S. 468–469.
27 TROGER, H., Ein Beitrag zu einer anschaulichen, globalen Darstellung von Schwingungsproblemen, Proceed. of the VII. Int. Conf. Nonl. Oscill., Berlin (Ost) 1975, S. 336–346, Akademie Verlag, Berlin 1977.
28 TROGER, H., A simple mechanical model with chaotic behavior, Proceed. of the IX Int. Conf. Nonl. Oscill. Kiev 1981, to appear.
29 TROGER, H., Heteroklinische Punkte und das Pendel mit periodisch erregtem Aufhängerpunkt, ZAMM **59** (1979), T 158–T 160.
30 UEDA, Y., Steady motions exhibited by DUFFINGS equation: A picture book of regular and chaotic motions. In: HOLMES, P. (Ed.), New Approaches to Nonlinear Problems in Dynamics, S. 311–322, SIAM, Philadelphia 1980.
31 YORKE, J. A.; YORKE, E. D., Chaotic behavior and fluid dynamics. In: SWINNEY, H. L., GOLLUB, J. P. (Eds.), Hydrodynamic Instabilities and the Transition to Turbulence, Topics in Applied Physics, vol. **45**, S. 77–96, Springer-Verlag, Berlin, Heidelberg New York 1981.

Anschrift: Prof. Dr. HANS TROGER, Institut für Mechanik, TU-Wien, A-1040 Wien, Karlsplatz 13, Oesterreich

SEKTION SCHWINGUNGS- UND STABILITÄTSPROBLEME

SECTION PROBLEMS OF VIBRATION AND STABILITY

ZAMM 62, T 28 – T 30 (1982)

B. Aulbach

Zur Stabilität in kritischen Fällen

Einleitung

Neben den auf die Arbeiten von Malkin zurückgehenden Standardmethoden zur Behandlung des Stabilitätsproblems in kritischen Fällen erschienen in den letzten Jahren weitere Methoden, die den Anspruch erheben, solche Stabilitätsprobleme behandeln zu können. In dieser Arbeit sollen zwei Methoden kurz beleuchtet werden, wobei das zugrunde liegende Differentialgleichungssystem in der Form

$$\dot{x} = Vx + f(t, x, y)\,, \qquad \dot{y} = Ny + g(t, x, y) \tag{1}$$

gegeben sei. V und N seien hierbei konstante Matrizen, deren Eigenwerte verschwindende bzw. negative Realteile besitzen. Die Nichtlinearitäten f und g seien stetig und als Funktionen von $x \in \mathbb{R}^k$, $y \in \mathbb{R}^m$ von der Klasse $C^{\nu+2}$ mit $\nu \geqq 1$. Ferner streben sowohl f und g als auch ihre ersten partiellen Ableitungen gleichmäßig in t gegen Null für $\|(x, y)\| \to 0$.

Zentrumsmannigfaltigkeit

Mit der Arbeit [5] erfuhr die Theorie der invarianten Mannigfaltigkeiten neue Impulse, die mit dem Stichwort „Zentrumsmannigfaltigkeit" umschrieben seien und deren Bezug zur Stabilität in kritischen Fällen hier kurz erläutert werden soll. Unter einer *(lokalen) Zentrumsmannigfaltigkeit des Systems* (1) versteht man eine Mannigfaltigkeit mit einer Darstellung $y = s(t, x)$ für kleine $\|x\|$, $s(t, 0) = 0$, $s_x(t, 0) = 0$, die bzgl. des zu (1) gehörigen Flusses (lokal) invariant ist. Für die Existenz und Glattheit von Zentrumsmannigfaltigkeiten gilt dann der

Satz 1: *System* (1) *besitzt eine Zentrumsmannigfaltigkeit, und die sie beschreibende Funktion* $s(t, x)$ *ist von der Klasse* C^1 *und als Funktion von* x *von der Klasse* C^ν.

Bemerkungen:

1. Sind f und g analytisch in (x, y), so folgt i. a. nicht die Analytizität von s in x (siehe [2]).
2. Sind f und g von der Klasse C^∞, so gilt dies i. a. nicht für die Funktion s (siehe [10]). Sie besitzt jedoch Ableitungen beliebiger Ordnung in $x = 0$ (siehe [2], [7]).
3. Die nach Satz 1 existierende Zentrumsmannigfaltigkeit ist i. a. nicht eindeutig bestimmt (siehe [2], [5]).

Da die Zeitabhängigkeit von System (1) nicht als periodisch vorausgesetzt ist, folgt Satz 1 nicht unmittelbar aus dem Standardexistenzsatz für Zentrumsmannigfaltigkeiten (siehe [5]). Ändert man jedoch System (1) außerhalb eines Gebietes der Form $\{(t, x, y) : t \in \mathbb{R}, \|(x, y)\| < r, r > 0\}$ geeignet ab, so erhält man für das neue System nach [7] eine globale invariante Mannigfaltigkeit (die Menge aller Lösungen mit beschränkter y-Komponente für $t \to -\infty$), die dann lokal invariant für das ursprüngliche System (1) ist und alle Eigenschaften einer Zentrumsmannigfaltigkeit besitzt.

Wie oben bereits erwähnt, gibt es für System (1) i. a. mehrere Funktionen, die Zentrumsmannigfaltigkeiten beschreiben. Eindeutig bestimmt sind allerdings sämtliche existierenden Ableitungen dieser Funktionen an der Stelle $x = 0$.

Satz 2: *Das Taylorpolynom* ν*-ten Grades von* $s(t, x)$ *um* $x = 0$ *ist eindeutig bestimmt durch die Beziehung*

$$s_t(t, x) + s_x(t, x)\big(Vx + f(t, x, s(t, x))\big) = Ns(t, x) + g\big(t, x, s(t, x)\big)\,, \tag{2}$$

mit den Bedingungen $s(t, 0) = 0$, $s_x(t, 0) = 0$.

Sowohl der Beweis dieses Satzes als auch die praktische Bestimmung der Taylorkoeffizienten von $s(t, x)$ läuft darauf hinaus, daß man alle in (2) auftretenden Funktionen als Summen schreibt, deren Glieder homogene Polynome in x mit in t beschränkten Koeffizienten sind. Dies führt dann auf ein rekursives System von inhomogenen linearen Differentialgleichungen mit konstanten Koeffizientenmatrizen, wobei jede dieser Gleichungen eine eindeutig bestimmte beschränkte Lösung besitzt. Insbesondere gibt dieses Vorgehen die Möglichkeit, sich Zentrumsmannigfaltigkeiten approximativ zu bestimmen.

Im Hinblick auf die gegebene Fragestellung erhalten wir als Hauptresultat den

Satz 3:

a) *Ist* $y = s(t, x)$ *die Gleichung einer Zentrumsmannigfaltigkeit von* (1), *so beschreibt das reduzierte System*

$$\dot{x} = Vx + f\big(t, x, s(t, x)\big) \tag{3}$$

den auf diese Zentrumsmannigfaltigkeit beschränkten Fluß von (1).

b) *Es gibt positive Konstante α und γ mit folgenden Eigenschaften: Ist $(x(t), y(t))$ eine Lösung von* (1), *die zu irgendeinem Zeitpunkt t_0 der trivialen Lösung hinreichend nahe kommt, so gibt es eine Lösung $\bar{x}(t)$ von* (3) *mit*

$$\|x(t) - \bar{x}(t)\| \leqq \gamma \, e^{-\alpha(t-t_0)} ,$$
$$\|y(t) - s(t, \bar{x}(t))\| \leqq \gamma \, e^{-\alpha(t-t_0)}$$

für all diejenigen $t \geqq t_0$, für die wenigstens eine der beiden Funktionen $x(t)$, $\bar{x}(t)$ in hinreichender Nähe von $x = 0$ verbleibt.

Eine genauere Beschreibung dieses Satzes und den zugehörigen Beweis findet man in [1]. Satz 3 beschreibt, in welcher Weise sich das Stabilitätsproblem für die Ruhelage des kritischen Systems (1) durch die entsprechende Frage des reduzierten Systems (3) beantworten läßt. Insbesondere zeigen die Abschätzungen des Satzes, daß das jeweilige Stabilitätsverhalten der Ruhelagen von (1) und (3) das gleiche ist in den folgenden Fällen: Stabilität, gleichmäßige Stabilität, asymptotische Stabilität, gleichmäßige asymptotische Stabilität, exponentielle Stabilität, Instabilität. Damit verallgemeinert dieser Satz die auf System (1) zutreffenden klassischen Resultate in [8] und die neueren Resultate in [6], [9]. Der beschriebene Zugang über invariante Mannigfaltigkeiten bietet darüberhinaus Möglichkeiten der weiteren Verallgemeinerung:

1. Besitzt die Gleichung (1) noch einen z-Anteil, dessen Linearisierung Eigenwerte mit positiven Realteilen besitzt, so gilt das bisher Gesagte auf einer invarianten Mannigfaltigkeit der Form $z = r(t, x, y)$, einer sog. „center-stable manifold". Darüber hinaus streben alle Lösungen in der Nähe der Ruhelage gegen Lösungen auf einer invarianten Mannigfaltigkeit $y = u(t, x, z)$ („center-unstable manifold") und zwar im Sinne des Teils b) von Satz 3 (siehe [1]).
2. Bei zeitabhängiger Linearisierung ersetzt man die Eigenwertbedingungen durch exponentielle Dichotomie für den nichtkritischen Teil und durch Wachstumsbeschränkungen für die Übergangsmatrix des kritischen Teils (siehe [1]).
3. Unendlichdimensionale Verallgemeinerungen von System (1) werden in [4] behandelt.

Adiabatische Elimination

In [3] wird die sog. Methode der „Adiabatischen Elimination" vorgestellt und auf Stabilitätsprobleme in kritischen Fällen angewandt. Die nach dieser Methode ermittelte, zu (1) (ohne t-Abhängigkeit) gehörige, reduzierte Gleichung hat die Form

$$\dot{x} = Vx + f(x, -N^{-1}g(x, 0)) . \tag{4}$$

Wir wollen hier an Hand eines einfachen Gegenbeispiels zeigen, daß die so ermittelte Gleichung (4) nicht die gewünschte Eigenschaft hat, eine Ruhelage mit gleichem Stabilitätsverhalten wie die ursprüngliche Gleichung zu besitzen. Wir betrachten hierzu das ebene autonome System

$$\dot{x} = xy + \alpha x^3 + xy^2 , \qquad \dot{y} = -y + \beta x^2 + 2x^2 y , \tag{5}$$

in dem α und β reelle Parameter darstellen. Sowohl die in (4) auftretende Funktion $-N^{-1}g(x, 0)$ als auch die eine Zentrumsmannigfaltigkeit beschreibende Funktion $s(x)$ hat die Form $\beta x^2 + o(x^2)$ für $x \to 0$. Daher ist in beiden Fällen die reduzierte Gleichung von der Form

$$\dot{x} = (\alpha + \beta) x^3 + o(x^3) ,$$

und die Stabilitätsfrage ist entschieden, falls $\alpha + \beta \neq 0$. Für $\alpha + \beta = 0$ erhalten wir unmittelbar $-N^{-1}g(x, 0) = \beta x^2$ und mittels Satz 2 $s(x) = \beta x^2 + 2\beta x^4 + o(x^4)$. Letztere Beziehung ergibt eine reduzierte Gleichung der Form

$$\dot{x} = (2\beta + \beta^2) x^5 + o(x^5) ,$$

deren Ruhelage für $\beta \in (-2, 0)$ instabil, für $\beta \in R - [-2, 0]$ asymptotisch stabil ist. Nach Satz 3 besitzt dann die Ruhelage $(x, y) = (0, 0)$ des ursprünglichen Systems (5) in jedem dieser Fälle gleiches Stabilitätsverhalten. Die nach der Methode der adiabatischen Elimination ermittelte Gleichung

$$\dot{x} = \beta x^5$$

jedoch hat eine stabile Ruhelage für $\beta = 0$ und eine instabile Ruhelage für $\beta \neq 0$. Damit liefert diese Methode das falsche Stabilitätsverhalten für $\beta \in R - [-2, 0]$, und sie liefert ein Ergebnis für $\beta = 0$ und $\beta = -2$, wo man mit Hilfe der durchgeführten Approximation kein Ergebnis erwarten kann. Daß im Fall $\alpha + \beta \neq 0$ das richtige Resultat angezeigt wird, ist im übrigen kein Zufall, es läßt sich vielmehr mittels Satz 2 leicht zeigen, daß die Methode der adiabatischen Elimination im Fall einer verschwindenden Matrix V das richtige Ergebnis liefert, falls sich die Stabilitätsfrage mit Gliedern zweiter Ordnung der Funktion $-N^{-1}g(x, 0)$ entscheiden läßt.

Literatur

1 Aulbach, B., A reduction principle for nonautonomous differential equations, erscheint im Arch. der Math.
2 Carr, J., Applications of Centre Manifold Theory, Lecture Notes, Lefschetz Center for Dynamical Systems, Brown University, Providence, Rhode Island 1979.
3 Haken, H., Synergetics, Springer, Berlin-Heidelberg-New York 1978.
4 Henry, D., Geometric Theory of Semilinear Parabolic Equations, Lecture Notes in Mathematics No. 840. Springer, Berlin-Heidelberg-New York 1981.

5 Kelley, A., The stable, center-stable, center, center-unstable and unstable manifolds, J. Differential Equations **3** (1967), 546 to 570.
6 Kelley, A., Stability of the center-stable manifold, J. Math. Analysis Appl. **18** (1967), 336–344.
7 Knobloch, H. W.; Kappel, F., Gewöhnliche Differentialgleichungen, Teubner, Stuttgart 1974.
8 Malkin, J. G., Theorie der Stabilität einer Bewegung, Oldenbourg, München 1959.
9 Pliss, V. A., Principle reduction in the theory of the stability of motion, Izv. Akad. Nauk S.S.S.R., Mat. Ser. 28 (1964), 1297 to 1324 (in Russisch).
10 Van Strien, S. J., Center manifolds are not C^∞, Math. Z. **166** (1979), 143–145.

Anschrift: Dr. Bernd Aulbach, Mathematisches Institut der Universität Würzburg, Am Hubland, D-8700 Würzburg, BRD

ZAMM 62, T 30 – T 32 (1982)

T. Bloem

Eine Fehlerabschätzung für die nach dem Verfahren von Krylov und Bogoljubov bestimmte Näherungslösung

Mittels des Verfahrens von Krylov und Bogoljubov lassen sich Näherungen periodischer Lösungen von Schwingungsdifferentialgleichungen — in der Beispielrechnung die Gleichung (7) — bestimmen. Die Differentialgleichung, die die Abweichung der Originallösungen von der Näherungslösung beschreibt, kann in der Form

$$\frac{dy}{d\theta} = f(\theta, y) + g(\theta, y) \tag{1}$$

geschrieben werden. Dabei sei $I := (\theta^-, \infty) \subseteq R$ und $\Omega \subseteq R^n$ sei eine offene, zusammenhängende Menge mit $0 \in \Omega$. Mit $|\cdot|$ werde eine Norm im R^n bezeichnet. Die Funktionen $f\colon I \times \Omega \to R^n$ und $g\colon I \times \Omega \to R^n$ seien stetig und Lipschitz-stetig bezüglich y, $y \in \Omega$. Es soll $f(\theta, 0) = 0$ für alle $\theta \geqq \theta^-$ gelten.

Durch Angabe einer Schranke für gewisse Lösungen von (1) kann eine Fehlerabschätzung für die Näherungslösung der Schwingungsdifferentialgleichung vorgenommen werden. Zu diesem Zweck wird der Satz von Malkin [5] über ‚totale Stabilität' herangezogen. Um diesen Satz anzuwenden, wird die rechte Seite von (1) aufgespalten; für die Nullösung der Differentialgleichung

$$\frac{dx}{d\theta} = f(\theta, x) \tag{2}$$

müssen mittels einer Ljapunovfunktion gewisse Stabilitätseigenschaften nachgewiesen werden, und die Norm der Funktion $g(\theta, y)$ muß für bestimmte $(\theta, y) \in I \times \Omega$ hinreichend klein sein.

Es wird jetzt der Satz über totale Stabilität in einer für das Problem geeigneten Weise formuliert. Es folgt dann eine Beispielrechnung. Für gewisse Lösungen von (1) kann gesagt werden:

Satz 1 ([5], Seite 82): Voraussetzungen: *Es existieren eine einmal stetig differenzierbare Funktion* $V : I \times \Omega \to R$ *und drei stetige, streng monoton wachsende Funktionen* $b_i\colon R^+ \to R^+$, $i \in \{1, 2, 3\}$, *mit* $b_i(0) = 0$. *Für alle* $(\theta, x) \in I \times \Omega$ *gilt:*

(i) $b_1(|x|) \leqq V(\theta, x) \leqq b_2(|x|)$,

(ii) $\dfrac{\partial V(\theta, x)}{\partial \theta} + \dfrac{\partial V(\theta, x)^T}{\partial x} \cdot f(\theta, x) \leqq -b_3(|x|)$.

Ferner gibt es positive Konstanten M, ε, δ_1, δ_2, K *mit*

(i) $\left|\dfrac{\partial V(\theta, x)}{\partial \theta}\right| \leqq M$ *für* $(\theta, x) \in I \times \Omega$.

(ii) *Aus* $|y| \leqq \varepsilon$ *folgt stets* $y \in \Omega$.

(iii) δ_1 *ist so bestimmt, daß* $b_2(\delta_1) < b_1(\varepsilon)$ *gilt.*

(iv) *Für* $\theta \in I$ *und* $|y| < \varepsilon$ *gilt* $|g(\theta, y)| < \delta_2$.

(v) *Für* $K \in (0, 1)$ *gilt* $\delta_2 < K \cdot b_3(\delta_1)/M$.

Behauptung: *Bei Anfangswerten* $|y(\theta_0)| < \delta_1$, $\theta_0 \in I$, *gilt für die Lösungen der Differentialgleichung* (1) *für alle* $\theta \geqq \theta_0$:

$$|y(\theta)| < \varepsilon .$$

Für eine einfache Schwingungsdifferentialgleichung wird eine Näherungslösung gebildet. Anschließend wird die Fehlerabschätzung vorgenommen. Die VAN DER POLsche Differentialgleichung sei von der Form [4]

$$\ddot{u} + u = (2D - \beta u^2) \cdot \dot{u}\,, \qquad u \in \mathbb{R}\,. \tag{3}$$

Für die Koeffizienten wird $0 < D \ll 1$ und $\beta > 0$ vorausgesetzt. Es wird eine Transformation in Polarkoordinaten durchgeführt:

$$u(t) := a(t) \cdot \sin \theta(t)\,, \qquad \dot{u}(t) := a(t) \cdot \cos \theta(t)\,. \tag{4}$$

In den neuen Koordinaten a und θ erhält man zwei Differentialgleichungen 1. Ordnung

$$\dot{a} = a \cdot D(1 + \cos 2\theta) - \tfrac{1}{8}\beta a^3(1 - \cos 4\theta)\,, \tag{5}$$

$$\dot{\theta} = 1 - D \cdot \sin 2\theta + \tfrac{1}{4}\beta a^3(\sin 2\theta - \tfrac{1}{2}\sin 4\theta)\,. \tag{6}$$

Für die Koeffizienten β und D wird vorausgesetzt, daß die rechte Seite der Gleichung (6) nach Einsetzen der hier betrachteten Lösungen stets positiv bleibt. Da dieses Differentialgleichungssystem autonom ist, lassen sich die Trajektorien der Lösungen in der Form $a(\theta)$ parametrisieren; diese Lösungen gehorchen der Differentialgleichung

$$\frac{\mathrm{d}a}{\mathrm{d}\theta} = \frac{a \cdot D(1 + \cos 2\theta) - \dfrac{\beta}{8}a^3(1 - \cos 4\theta)}{1 - D \cdot \sin 2\theta + \dfrac{\beta}{4}a^3\left(\sin 2\theta - \dfrac{1}{2}\sin 4\theta\right)}\,. \tag{7}$$

Die Lösung dieser Differentialgleichung kann durch sukzessive Approximation bestimmt werden ([1], S. 252ff.). Die erste Näherung lautet

$$a(\theta)_{1.\,\text{Näherung}} = \sqrt{\frac{8D}{\beta}} =: a_1 = \text{const}\,. \tag{8}$$

Um Satz 1 anwenden zu können, muß mindestens eine zweite Näherung für die Lösung $a(\theta)$ bestimmt werden.

$$a(\theta)_{2.\,\text{Näherung}} = a_1 + \tfrac{1}{4}a_1 D(2 \sin 2\theta + \sin 4\theta)\,. \tag{9}$$

Die Gleichung (7) wird jetzt der Koordinatentransformation

$$\tilde{\tilde{a}}(\theta) := a(\theta) - a(\theta)_{2.\,\text{Näherung}}\,, \tag{10}$$

unterzogen; die neue Koordinate beschreibt die Abweichung von der zweiten Näherung der Lösung

$$\begin{aligned}\frac{\mathrm{d}\tilde{\tilde{a}}}{\mathrm{d}\theta} = {} & \frac{-\tilde{\tilde{a}}D(2 - \cos 2\theta - 3\cos 4\theta)}{1 + D(\sin 2\theta - \sin 4\theta) + \dfrac{\beta}{8}\tilde{a}(\tilde{a} + 2a_1)(2\sin 2\theta - \sin 4\theta)} - \\ & - \left[\frac{D^2}{8}a_1(5 \sin 2\theta + 6 \sin 4\theta - 7 \sin 6\theta - 7 \sin 8\theta) + \frac{a_1}{16}D\tilde{a}(\tilde{a} + 2a_1) \times \right. \\ & \left. \times \left(-3 \sin 2\theta + 2 \sin 4\theta + \sin 6\theta - \sin 8\theta + \frac{\beta}{8}\tilde{a}^2(\tilde{a} + 3a_1)(1 - \cos 4\theta)\right)\right] \Big/ \\ & \left[1 + D(\sin 2\theta - \sin 4\theta) + \frac{\beta}{8}\tilde{a}(\tilde{a} + 2a_1)(2 \sin 2\theta - \sin 4\theta)\right] =: f(\theta, \tilde{\tilde{a}}) + g(\theta, \tilde{\tilde{a}})\,.\end{aligned} \tag{11}$$

In (11) wurde die Abkürzung

$$\tilde{a} := \tilde{\tilde{a}} + \tfrac{1}{4}a_1 D(2 \sin 2\theta + \sin 4\theta)$$

verwendet. Als LJAPUNOVfunktion für die ‚ungestörte' Differentialgleichung

$$\frac{\mathrm{d}x}{\mathrm{d}\theta} = f(\theta, x)$$

bietet sich

$$V(\theta, x) := x^2 \cdot \exp\left[D(1 - \sin 2\theta - \tfrac{3}{2}\sin 4\theta)\right]$$

an. Es wird jetzt gezeigt, daß die Lösungen der Differentialgleichung (11) bei geeigneten Anfangswerten die Ungleichung

$$|\tilde{\tilde{a}}(\theta)| < 4a_1 D =: \varepsilon \tag{12}$$

erfüllen, sofern $D \in (0, 0.01)$ gilt. Die in Satz 1 eingeführten Koeffizienten und Funktionen müssen dazu bestimmt werden. Für $D \in (0, 0.01)$, $\theta \in \mathbb{R}$ und $x \in \Omega$, wobei

$$\Omega := \{x \in \mathbb{R} \mid |x| < \tfrac{81}{20}a_1 \cdot D\}$$

definiert wird, wird abgeschätzt:

$$b_1(|x|) := x^2 \cdot \exp(-3D/2) \leqq V(\theta, x)\,,$$

$$b_2(|x|) := x^2 \cdot \exp(7D/2) \geqq V(\theta, x)\,,$$

$$-b_3(|x|) := -4x^2D(1-7D) \geqq \frac{\partial V(\theta,x)}{\partial \theta} + \frac{\partial V(\theta,x)}{\partial x}\cdot f(\theta,x)\,,$$
$$\delta_1 := 4a_1D(1-13D/5)\,,$$
$$M := \frac{81}{10}a_1D\cdot \exp(7D/2) \geqq \left|\frac{\partial V(\theta,x)}{\partial x}\right|.$$

Für $D \in (0, 0.01)$, $\theta \in R$ und $|\tilde{\tilde{a}}| < \varepsilon$ kann gesetzt werden:

$$\delta_2 := \tfrac{25}{8}\, a_1D^2(1+60D) > |g(\theta,\tilde{\tilde{a}})|\,.$$

Damit sind die Voraussetzungen für Satz 1 erfüllt, die Lösungen der Differentialgleichung (11) gehorchen für alle $\theta \geqq \theta_0$ der Ungleichung (12), sofern $|\tilde{\tilde{a}}(\theta_0)| < \delta_1$, $\theta_0 \in R$, gilt.

Nachträglich kann festgestellt werden, daß die erste Näherung bereits ein hinreichend genaues Ergebnis liefert, denn die Fehlerschranke (12) ist gröber als die Verbesserung durch die zweite Näherung. Die zweite Näherung für die Lösung mußte jedoch berechnet werden, um den Satz über die totale Stabilität anwenden zu können. Man beachte ferner, daß β kein ‚kleiner Parameter' zu sein braucht. Fehleraussagen bei weniger strengen Voraussetzungen an den Parameter D erhält man, wenn eine dritte Näherung für die Lösung berechnet wird. Der Rechenaufwand ist dann jedoch erheblich.

Literatur

1 HALE, J. K., Ordinary Differential Equations, Wiley-Interscience, New York 1969.
2 KIRCHGRABER, U.; STIEFEL, E., Methoden der analytischen Störungsrechnung und ihre Anwendungen, Teubner, Stuttgart 1978.
3 KNOBLOCH, H. W.; KAPPEL, F., Gewöhnliche Differentialgleichungen, Teubner, Stuttgart 1974.
4 MAGNUS, K., Schwingungen, Teubner, Stuttgart 1976.
5 ROUCHE, N.; HABETS, P.; LALOY, M., Stability Theory by LJAPUNOV's Direct Method, Springer, New York 1977.

Anschrift: Dipl.-Math. THEODOR BLOEM, Fachgebiet Mechanische Schwingungslehre und Maschinendynamik, Sekretariat MS 1, Technische Universität Berlin, 1000 Berlin 12, Berlin(West)

ZAMM 62, T 32 – T 34 (1982)

D. BRODERSEN / W. DAUCH

Ein Beitrag zur kontinuumsmechanischen Behandlung von Waffenrohrschwingungen

Diese Arbeit soll den ersten Schritt zur Berechnung von Waffenrohrschwingungen mit einem Kontinuumsmodell behandeln, die Berechnung der statischen Durchbiegung eines Waffenrohres infolge der Gravitation. Soweit bekannt, wurden die Rohrschwingungen noch nie mit einem derartigen Modell berechnet.

Der Vorteil ist, daß folgende Schwingungsarten sowie ihre Koppelungen berechnet werden können:

1. Biegeschwingungen, die sich durch die Zentrifugalkraft beim Durchlauf des Geschosses auf der gekrümmten Rohrbahn und durch die Änderung der Massenbelegung ergeben;
2. Torsionsschwingungen, die bei Waffen mit gezogenem Rohr durch den Drall erregt werden;
3. Radialschwingungen infolge des Gasdrucks vor und hinter dem Geschoß und
4. Longitudinalschwingungen, die infolge der Reibung zwischen dem Rohr und dem Geschoß entstehen.

Für die Berechnung wird das Rohr durch einen Zylinder mit Innenbohrung angenähert, der im Bereich des Patronenlagers eingespannt ist. Die Verschiebung eines Punktes P ergibt sich nach der dreidimensionalen Wellengleichung der Elastizitätstheorie zu

$$\varrho\,\frac{\partial^2\vec{u}}{\partial t^2} = (\lambda + 2\mu)\,\text{grad div}\,\vec{u} - \mu\,\text{rot rot}\,\vec{u} + \vec{F} \tag{1}$$

(nach TYCHONOFF/SAMARSKI [1]).

Im Fall der statischen Durchbiegung reduziert sich die Gleichung (1) folgendermaßen:

$$(\lambda + 2\mu)\,\text{grad div}\,\vec{u} - \mu\,\text{rot rot}\,\vec{u} = -\vec{F}\,. \tag{2}$$

Als Randbedingungen wurden gewählt

1. Einspannung: $\vec{u} = 0\,,$ (3)
2. Rohraußenfläche: $\sigma\cdot\vec{n} = 0\,,$ (4)
3. Rohrinnenmantelfläche: $\sigma\cdot\vec{n} = p\cdot\vec{n}$ (statisch: $p = 0$) (5)

Die in der Differentialgleichung (2) und in den Randbedingungen (3—5) enthaltenen Differentialquotienten werden durch Differenzenquotienten ersetzt. Es wurde ein einfaches Differenzenverfahren mit zentralen Differenzenquotienten gewählt, so daß der Fehler von der Ordnung h^2 würde. So erhält man anstelle der Differentialgleichung (2) und der Randbedingungen ein System linearer Gleichungen, das in der Form

$$A\vec{x} = \vec{b}\,, \tag{6}$$

dargestellt werden kann. Dabei ist A die Koeffizientenmatrix, $\vec{x}$ der Verschiebungsvektor und $\vec{b}$ der Vektor, der die Komponenten der von außen am System angreifenden Kraft enthält. Die Verschiebung der Punkte ergibt sich durch die Lösung des Gleichungssystems.

Für die Wahl des Lösungsansatzes sind die Eigenschaften und die Bauart der Matrix A entscheidend.

Zur Darstellung der Matrix, wie sie sich für ein Gleichungssystem mit 216 Gleichungen und ebensovielen Unbekannten ergibt, dient Bild 1. Koeffizienten ungleich Null sind darauf mit einem Strich gekennzeichnet. Auf ihm erkennt man schon einige der Eigenschaften dieser Matrix: Sie ist nicht symmetrisch und weist keine Bandstruktur auf. Auch erkennt man, daß sie sehr dünn besetzt ist, in einer Zeile sind maximal 19 Koeffizienten ungleich Null. Rechnerisch kann gezeigt werden, daß die Matrix nicht diagonaldominant und nicht positiv definit ist und daß ihre Hadamardsche Konditionszahl praktisch Null ist. Der einzige Lichtblick ist die verfahrensbedingte, vollständige Besetzung der Hauptdiagonalen. Dadurch besteht die Möglichkeit, sowohl direkte als auch iterative Verfahren zur Lösung zu verwenden. Zu Beginn wurden iterative Verfahren verwendet, insbesondere, da durch eine geschickte Abspeicherung der Matrix die Rechenzeit auch bei wesentlich größeren Gleichungssystemen unter einer Sekunde pro Iteration blieb. Allerdings konnte weder mit dem Gauss-Seidel-Verfahren noch dem Jacobi-Verfahren noch mit dem SOR-Algorithmus Konvergenz erreicht werden.

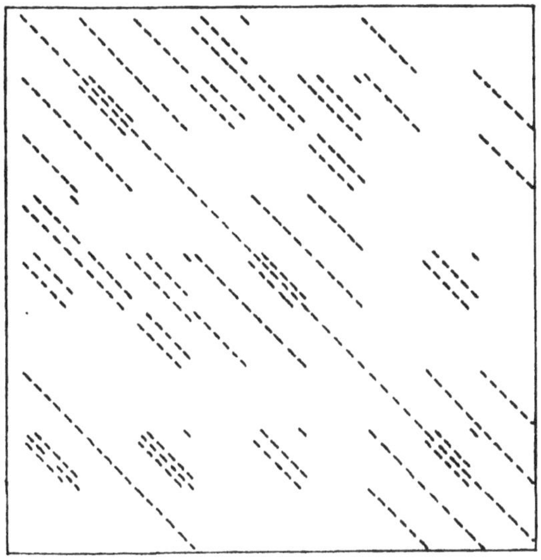

Bild 1

Um die Eigenschaften der Matrix zu verbessern, wurden folgende Maßnahmen getroffen:

1. Zeilenvertauschung,
2. Spaltenvertauschung,
3. Auflösen nach dem betragsgrößten Element einer Zeile.

Dadurch wurden die Eigenschaften der Matrix A jedoch nur verschlechtert, da auf Grund der dünnen Besetzung im Fall 1 und 2 Nullen auf der Hauptdiagonalen erschienen und im Falle 3 die Matrix singulär wurde. Weiterhin wurde versucht, durch mathematische Umformung eine künstliche Diagonaldominanz zu erreichen, dabei ging jedoch die Eindeutigkeit der Lösung verloren.

Nach dem Scheitern der iterativen Verfahren wurde der Gauss-Algorithmus verwendet. Dieser befriedigte bei den vorliegenden großen Gleichungssystemen jedoch nicht, er liefert eine erstens zu ungenaue und zweitens physikalisch sinnlose Lösung.

Als nächstes direktes Verfahren wurde die Zerlegung nach Cholesky verwendet. Vorher wurde das Gleichungssystem aber derart behandelt, daß die neue Koeffizientenmatrix symmetrisch und positiv definit wurde. Mit diesem Verfahren konnte erstmalig eine genaue und physikalisch sinnvolle Lösung gewonnen werden.

Auf Grund des Speicherplatzbedarfs bei der Gauss-Transformation konnte das Cholesky-Verfahren nur auf kleinere Gleichungssysteme mit maximal 216 Gleichungen angesetzt werden, daher wurde für das weitere Rechnen der Gauss-Algorithmus verbessert. Nach einer Äquiscalierung, bei der alle Koeffizienten der Matrix in etwa in die gleiche Größenordnung gebracht wurden, indem sie durch die betragsmäßig genommene Zeilensumme geteilt wurden, wurde mit dem GA auf 3 Ziffern genau die gleiche Lösung wie mit dem Cholesky-Verfahren erzielt.

Die gewonnene Lösung ist qualitativ richtig, sie beschreibt eine Durchbiegung des Rohres in die Richtung der Schwerkraft mit starrer Einspannung und dem maximalen Durchhang an der Mündung, quantitativ stimmt sie allerdings noch nicht mit den vorliegenden Meßergebnissen überein.

Literatur

1 TYCHONOFF, A. N.; SAMARSKI, A. A., Differentialgleichungen der mathematischen Physik, VEB Deutscher Verlag der Wissenschaften, Berlin 1959.

Anschriften: cand. mach. DIRK BRODERSEN, Bahnstr. 7, D-2280 Tinnum/Sylt-Ost, BRD – Dipl.-Ing. WOLFGANG DAUCH, Sieker Landstr. 59a, D-2000 Hamburg 73, BRD

ZAMM 62, T 34 – T 35 (1982)

K. EBERT

Dynamik eines Satelliten mit beweglichen Auslegern

Der Untersuchung liegt folgendes Modell eines Satelliten zugrunde. Der Satellit bestehe aus einem starren Zentralkörper und mehreren Auslegern. Die Ausleger des Satelliten sind über Drehachsen am Rumpf befestigt. Die Ausleger selbst bestehen aus starren Gliedern, die durch Drehachsen verbunden sind. Alle Drehachsen sind parallel. Die Anzahl der starren Glieder sei N.

Es werden nun folgende Koordinatensysteme definiert. Im Zentralkörper ist das Koordinatensystem (x_0, y_0, z_0), in jedem Glied j ein Koordinatensystem (x_j, y_j, z_j) verankert. Die Achsen z_0 sowie z_j seien parallel zu den Drehachsen. Bild 1 zeigt am Beispiel eines Satelliten mit zwei Auslegern die prinzipielle Konfiguration und die Definition der Koordinatensysteme. φ_j gibt den Drehwinkel um die Achse z_j an, um den die Achse x_j von der Achse x_0 abweicht.

Bewegungsgleichungen

Die Winkelgeschwindigkeit des Zentralkörpers sei $\vec{\omega}$. Die Dynamik des Systems wird also durch die $3 + N$ Variablen $(\varphi_i, \vec{\omega})$ beschrieben, für die Bewegungsgleichungen hergeleitet werden müssen.

Die Rotationsenergie T läßt sich darstellen als

$$T = \frac{1}{2}\left\{\sum_{i,j=1}^{3} W_{ij}\omega_i\omega_j + 2\sum_{\alpha=1}^{N}\sum_{i=1}^{3} V_{\alpha i}\dot{\varphi}_\alpha\omega_i + \sum_{\alpha,\beta=1}^{N} U_{\alpha\beta}\dot{\varphi}_\alpha\dot{\varphi}_\beta\right\}. \quad (1)$$

Die Matrizen W, V und U enthalten keine Abhängigkeiten von den verschiedenen Winkelgeschwindigkeiten. Man erhält also N Lagrange-Gleichungen für die Größe φ_i. Die restlichen drei Gleichungen lassen sich aus dem Drehimpuls $\vec{H}$ herleiten. Damit nehmen die Bewegungsgleichungen folgende Gestalt an:

$$\begin{aligned} &\frac{\mathrm{d}}{\mathrm{d}t}\left[\sum_{\beta=1}^{N} U_{\alpha\beta}\dot{\varphi}_\beta + \sum_{i=1}^{3} V_{\alpha i}\,\omega_i\right] = N_\alpha\,, \\ &\frac{\mathrm{d}}{\mathrm{d}t}\left[\sum_{j=1}^{3} W_{ij}\,\omega_j + \sum_{\alpha=1}^{N} V_{\alpha i}\dot{\varphi}_\alpha\right] + (\vec{\omega}\times\vec{H})_i = M_i\,. \end{aligned} \quad (2)$$

Hierbei ist $\vec{M}$ das von außen auf den Satelliten wirkende Drehmoment und N_α das Drehmoment, das in der Drehachse α wirkt.

Zwangsbedingungen

Es wurden zwei verschiedene Arten von Zwangsbedingungen berücksichtigt.

1. Einrastbedingung

$$\dot{\varphi}_{n_i} = \dot{\varphi}_{n_i+1} = \dots = \varphi_{n_i+m_i}\,. \quad (3)$$

Es sind also m_i benachbarte Gelenke arretiert. Es gelte $i \leqq k$, wobei k die Zahl der Zwangsbedingungen dieser Art darstellt.

2. Ziehharmonikabedingung

Um ein störungsfreies Ausfahren von Auslegern zu erreichen, ist ein gleichförmiger Bewegungsablauf vorteilhaft. Dieser wird durch folgende Zwangsbedingung erreicht:

$$\dot{\varphi}_{n_i} = -\dot{\varphi}_{n_i+1} = \dot{\varphi}_{n_i+2} = \dots = \pm\dot{\varphi}_{n_i+m_i}\,. \quad (4)$$

Es gilt wieder $i \leqq k$ (k: Zahl der Zwangsbedingungen).

Einraststöße

Das Einrasten der Gelenke beim Erreichen einer gewünschten Winkelkonstellation wird durch einen Stoßvorgang angenähert. Der Einrastvorgang finde in der Drehachse β zur Zeit $t = t_s$ statt. Dann gilt:

$$\vec{\omega}(t_s + \varepsilon) - \vec{\omega}(t_s - \varepsilon) = \Delta\vec{\omega};$$
$$\varphi_\alpha(t_s + \varepsilon) - \varphi_\alpha(t_s - \varepsilon) = 0; \qquad \dot{\varphi}_\alpha(t_s + \varepsilon) - \dot{\varphi}_\alpha(t_s - \varepsilon) = \Delta\dot{\varphi}_\alpha . \tag{5}$$

Sei N_β die „Zwangskraft", welche das Einrasten bewirkt, so erhält man aus der Bewegungsgleichung (2) durch Integration über die Stoßzeit mit Hilfe der Einrastbedingung die gesuchten Größen $\dot{\varphi}_\alpha(t_s + \varepsilon)$, $\vec{\omega}(t_s + \varepsilon)$, sowie das Stoßintegral

$$S_\beta = \int_{t_s-\varepsilon}^{t_s+\varepsilon} N_\beta \, dt . \tag{6}$$

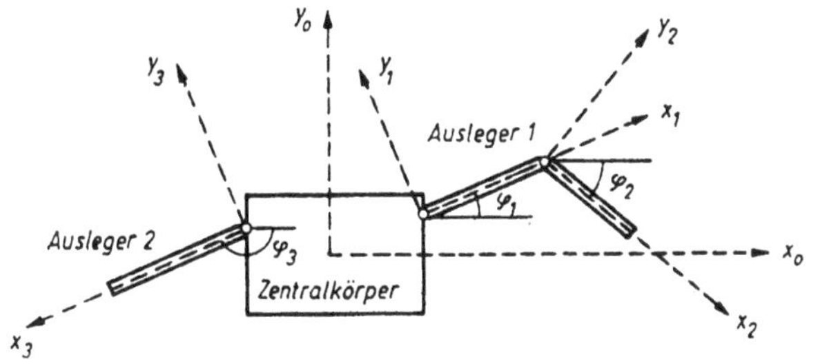

Bild 1. Definition von Koordinatensystemen

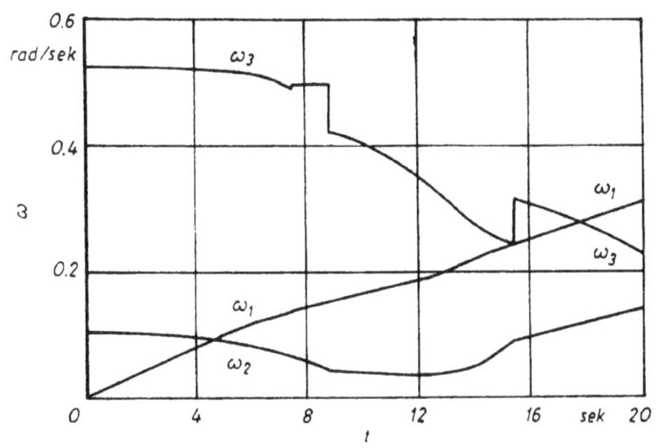

Bild 2. Winkelgeschwindigkeit des Zentralkörpers

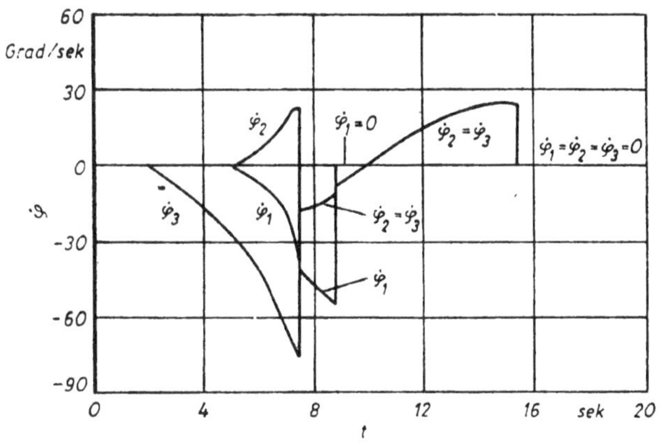

Bild 3. Drehgeschwindigkeit der Glieder des Auslegers

Rechenbeispiel

Der Satellit besitze einen dreigliedrigen Ausleger. Der Ausleger ist zu Beginn des Ausfahrvorgangs vollständig zusammengefaltet ($\varphi_1 = -\varphi_2 = \varphi_3 = 90°$). Die gewünschte Endkonfiguration wird erreicht, wenn der Ausleger längs der x_0-Achse vollständig ausgefahren ist ($\varphi_1 = \varphi_2 = \varphi_3 = 0$).

Bild 2 zeigt die Winkelgeschwindigkeit des Zentralkörpers. Die Rotationsbewegung wird durch den Ausfahrvorgang instabil, da die z_0-Achse in der Endkonfiguration die Achse des mittleren Trägheitsmoments ist.

Bild 3 zeigt die zeitliche Entwicklung der Winkelgeschwindigkeiten $\dot{\varphi}_\alpha$. Nach 2 sec wird die Drehachse 3 geöffnet, nach 5 sec die Drehachse 1, während die Drehachse 2 bis 7 sec der Ziehharmonikabedingung unterliegt. Die Unstetigkeit in Bild 2 und 3 geben die Einrastvorgänge wieder. Die zeitliche Folge der Einrastvorgänge ist: Drehachse 3, Drehachse 1, Drehachse 2.

Anschrift: Dr. Klaus Ebert, Messerschmitt-Bölkow-Blohm GmbH, Unternehmensbereich Raumfahrt, Postfach 801169, D-8000 München 80, BRD

ZAMM 62, T 36 – T 38 (1982)

N. EICHER

Kombinationsresonanzen bei parametererregten Schwingungssystemen mit allgemeiner Erregermatrix

Bei der Untersuchung parametererregter Schwingungssysteme mit zwei Freiheitsgraden können neben den Parameterresonanzbereichen 1. Art auch Resonanzbereiche 2. Art auftreten. Dabei besitzt die Phasenwinkeldifferenz in den harmonischen Erregertermen einen entscheidenden Einfluß auf die Größe der Instabilitätsbereiche. Anhand des Differentialgleichungssystems

$$\boldsymbol{u}'' + \boldsymbol{\Lambda u} = \boldsymbol{\alpha \Lambda u} + (\boldsymbol{\gamma}^c \cos m\tau + \boldsymbol{\gamma}^s \sin m\tau)\, \boldsymbol{u} - \boldsymbol{\beta u}' \tag{1}$$

mit

$$\boldsymbol{u} := \begin{bmatrix} u_1 \\ u_2 \end{bmatrix}, \qquad \boldsymbol{\Lambda} := \begin{bmatrix} \Lambda_1 & 0 \\ 0 & \Lambda_2 \end{bmatrix}, \qquad \boldsymbol{\alpha} := \begin{bmatrix} \alpha_1 & 0 \\ 0 & \alpha_2 \end{bmatrix},$$

$$\boldsymbol{\gamma}^c := \begin{bmatrix} \gamma_{11}^c & \gamma_{12}^c \\ \gamma_{21}^c & \gamma_{22}^c \end{bmatrix}, \qquad \boldsymbol{\gamma}^s := \begin{bmatrix} \gamma_{11}^s & \gamma_{12}^s \\ \gamma_{21}^s & \gamma_{22}^s \end{bmatrix}, \qquad \boldsymbol{\beta} := \begin{bmatrix} \beta_{11} & \beta_{12} \\ \beta_{21} & \beta_{22} \end{bmatrix}$$

werden die verschiedenen Phänomene aufgezeigt. Dabei wurde in (1) bereits die variable Frequenz λ_i mittels der Beziehung $\lambda_i = \Lambda_i \cdot (1 - \alpha_i)$, $i = 1, 2$, durch die festzuhaltende Frequenz Λ_i und die Frequenzvariation α_i ersetzt. Mit den Koeffizienten $\gamma_{ij}^c, \gamma_{ij}^s$, $i, j = 1, 2$, lassen sich beliebige Phasenwinkeldifferenzen in den Parametererregungstermen darstellen. Bei den folgenden Untersuchungen wird das Näherungsverfahren der sukzessiven Approximation für Integrodifferentialgleichungen angewendet [1]. In den Resonanzbereichen 1. Art spielt die Phasenverschiebung in den Erregertermen keine Rolle [2]. Kombinationsresonanzen 2. Art sind nur dann möglich, wenn $\Lambda_i = n_i$, $n_i \in \mathbb{N}$, $i = 1, 2$, gilt und die Resonanzbeziehung

$$m = n_1 \pm n_2\,, \tag{2}$$

erfüllt ist. Gilt in (2) das Pluszeichen, so spricht man von Summenresonanz, gilt dagegen das Minuszeichen, so spricht man von Differenzresonanz. Das Iterationsverfahren liefert in 1. Näherung die harmonischen Lösungen

$$u_i(\tau) = r_i \cos n_i\tau + s_i \sin n_i\tau\,, \qquad i = 1, 2\,. \tag{3}$$

Die noch unbekannten Parameter r_i und s_i werden mit Hilfe der vier Verzweigungsgleichungen

$$0 = \int_0^{2\pi} \Phi_i(\tau) \cdot \cos n_i\tau \,\mathrm{d}\tau\,, \qquad 0 = \int_0^{2\pi} \Phi_i(\tau) \cdot \sin n_i\tau \,\mathrm{d}\tau\,, \qquad i = 1, 2\,,$$

bestimmt. Dabei steht Φi für die i-te Komponente der rechten Seite von (1), nachdem dort die 1. Näherungslösung (3) eingesetzt wurde. Die Bestimmungsgleichungen für die vier Verzweigungsparameter lauten somit in Matrizenform

$$\begin{bmatrix} \alpha_1 n_1^2 + \delta_m^{2n_1} \dfrac{\gamma_{11}^c}{2}; & \delta_m^{2n_1} \dfrac{\gamma_{11}^s}{2} - \beta_{11} \cdot n_1; & \delta_m^{n_1 \substack{+\\(-)} n_2} \dfrac{\gamma_{12}^c}{2}; & \substack{+\\(-)}\, \delta_m^{n_1 \substack{+\\(-)} n_2} \dfrac{\gamma_{12}^s}{2} - \delta_{n_1}^{n_2} \beta_{12}\, n_2 \\ \delta_m^{2n_1} \dfrac{\gamma_{11}^s}{2} + \beta_{11}\, n_1; & \alpha_1 n_1^2 - \delta_m^{2n_1} \dfrac{\gamma_{11}^c}{2}; & \delta_m^{n_1 \substack{+\\(-)} n_2} \dfrac{\gamma_{12}^s}{2} + \delta_{n_1}^{n_2} \beta_{12}\, n_2; & \substack{+\\(-)} \delta_m^{n \substack{+\\(-)} n_2} \dfrac{\gamma_{12}^c}{2} \\ \delta_m^{n_1 \substack{+\\(-)} n_2} \dfrac{\gamma_{21}^c}{2}; & \delta_m^{n_1 \substack{+\\(-)} n_2} \dfrac{\gamma_{21}^s}{2} - \delta_{n_1}^{n_2} \beta_{21} n_1; & \alpha_2 n_2^2 + \delta_m^{2n_2} \dfrac{\gamma_{22}^c}{2}; & \delta_m^{2n_2} \dfrac{\gamma_{22}^s}{2} - \beta_{22} n_2 \\ \substack{+\\(-)} \delta_m^{n_1 \substack{+\\(-)} n_2} \dfrac{\gamma_{21}^s}{2} + \delta_{n_1}^{n_2} \beta_{21} n_1; & \substack{-\\(+)}\, \delta_m^{n_1 \substack{+\\(-)} n_2} \dfrac{\gamma_{21}^c}{2}; & \delta_m^{2n_2} \dfrac{\gamma_{22}^s}{2} + \beta_{22} n_2; & \alpha_2 n_2^2 - \delta_m^{2n_2} \dfrac{\gamma_{22}^c}{2} \end{bmatrix} \cdot \begin{bmatrix} r_1 \\ s_1 \\ r_2 \\ s_2 \end{bmatrix} = \boldsymbol{0}\,. \tag{4}$$

Darin steht δ für das Kroneckersymbol. Das durch eine runde Klammer eingefaßte Vorzeichen ist der Differenzresonanz zugeordnet, das ungeklammerte Vorzeichen der Summenresonanz. Für die Existenz nichtverschwindender Amplitudenwerte $A_i = \sqrt{r_i^2 + s_i^2}$, $i = 1, 2$, ist es notwendig und hinreichend, daß die Koeffizientendeterminante in (4) verschwindet. Da hier ausschließlich Kombinationsresonanzen 2. Art untersucht werden, geht man von einem System aus, das die für die Parameterresonanzen 1. Art verantwortlichen Komponenten nicht enthält. Die entsprechenden Erregerterme $\gamma_{ii}^c, \gamma_{ii}^s$, $i = 1, 2$, sowie die Dämpfungsterme β_{12}, β_{21} werden daher von vornherein zu Null gesetzt. Damit werden doppelte Resonanzbereiche ausgeschlossen.

Die Auswertung von (4) führt somit auf eine Gleichung der Form

$$0 = \left[\alpha_1 n_1^2 \cdot \alpha_2 n_2^2 \substack{+\\(-)} \beta_{11} n_1 \cdot \beta_{22} n_2 - \left(\frac{\gamma_{12}^c \gamma_{21}^c}{4} + \frac{\gamma_{12}^s \gamma_{21}^s}{4}\right)\right]^2 + \left[\alpha_1 n_1^2 \cdot \beta_{22} n_2 \substack{-\\(+)} \alpha_2 n_2^2 \cdot \beta_{11} n_1 \substack{+\\(-)} \left(\frac{\gamma_{12}^s \gamma_{21}^c}{4} - \frac{\gamma_{12}^c \gamma_{21}^s}{4}\right)\right]^2. \tag{5}$$

Da die auftretenden Größen reell sind, müssen die eckigen Klammern in (5) einzeln verschwinden, so daß sich daraus zwei Gleichungen für $\alpha_i \cdot n_i$, $i = 1, 2$, ergeben. Berücksichtigt man noch die Frequenzbeziehungen

$$\alpha m = \alpha_1 \cdot n_1 \overset{+}{\scriptstyle(-)} \alpha_2 \cdot n_2 \,, \qquad \sqrt{\lambda} = m - \frac{\alpha m}{2} \,,$$

so erhält man nun den expliziten analytischen Ausdruck für die Bereichsgrenzenformel der Kombinationsresonanzen 2. Art sowohl für die Summen- als auch für die Differenzresonanz

$$\sqrt{\lambda} = n_1 \overset{+}{\scriptstyle(-)} n_2 \overset{+}{\scriptstyle(-)} \left(\frac{\gamma_{12}^{s} \gamma_{21}^{c}}{4} - \frac{\gamma_{12}^{c} \gamma_{21}^{s}}{4} \right) \cdot \frac{\beta_{11} - \beta_{22}}{4 \beta_{11} \beta_{22} n_1 n_2} \pm$$

$$\pm \frac{1}{2} \cdot \sqrt{ \left(\frac{\gamma_{12}^{s} \gamma_{21}^{c}}{4} - \frac{\gamma_{12}^{c} \gamma_{21}^{s}}{4} \right)^2 \cdot \left(\frac{\beta_{11} + \beta_{22}}{2 \beta_{11} \beta_{22} n_1 n_2} \right)^2 \overset{+}{\scriptstyle(-)} \left(\frac{\gamma_{12}^{c} \gamma_{21}^{c}}{4} + \frac{\gamma_{12}^{s} \gamma_{21}^{s}}{4} \right) \cdot \frac{(\beta_{11} + \beta_{22})^2}{\beta_{11} \beta_{22} n_1 n_2} - (\beta_{11} + \beta_{22})^2 } \,. \qquad (6)$$

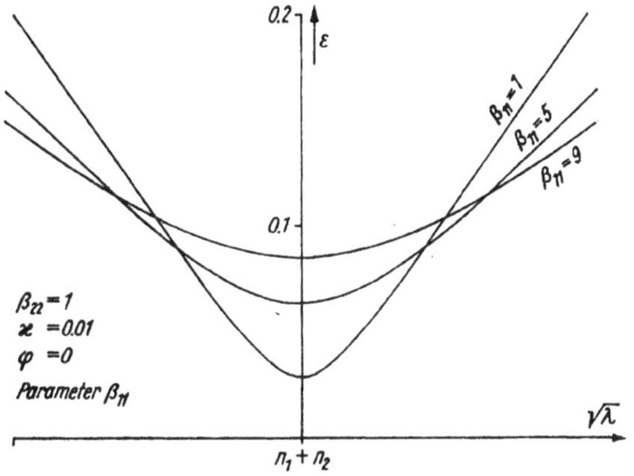

Bild 1. Vergrößerung des Resonanzbereiches bei zunehmender Dämpfung β_{11} und Summenfrequenz

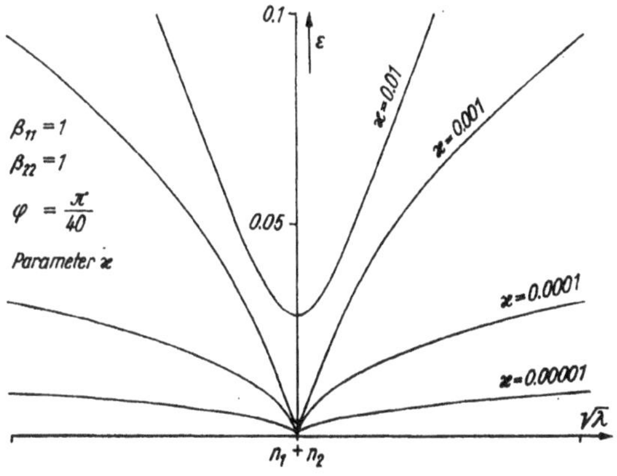

Bild 2. Einfluß einer kleinen Phasenverschiebung φ auf den Resonanzbereich bei gleichen Dämpfungskoeffizienten und Summenfrequenz

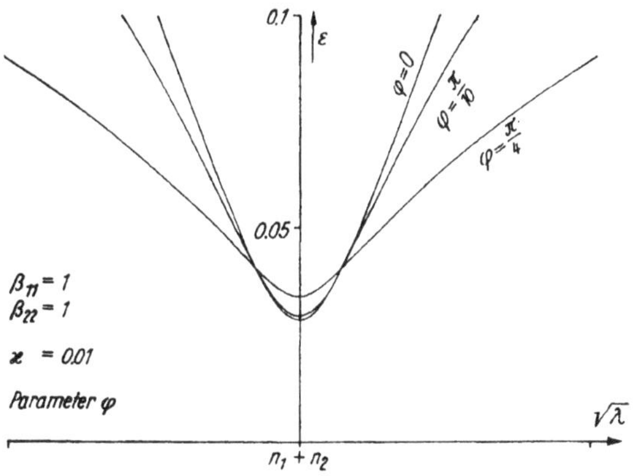

Bild 3. Resonanzbereich bei gleichen Dämpfungskoeffizienten und Summenfrequenz

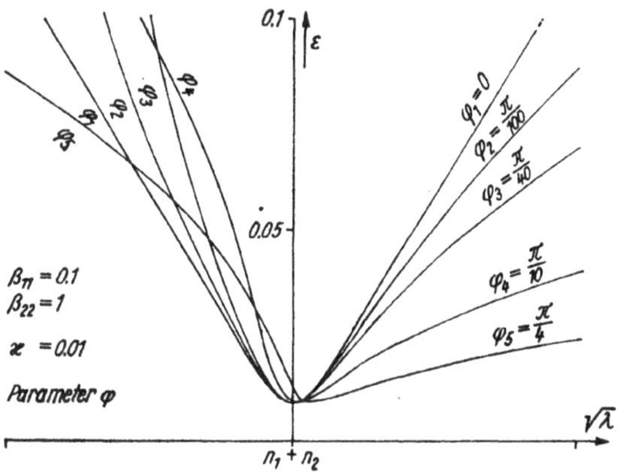

Bild 4. Resonanzbereich bei ungleichen Dämpfungskoeffizienten und Summenfrequenz

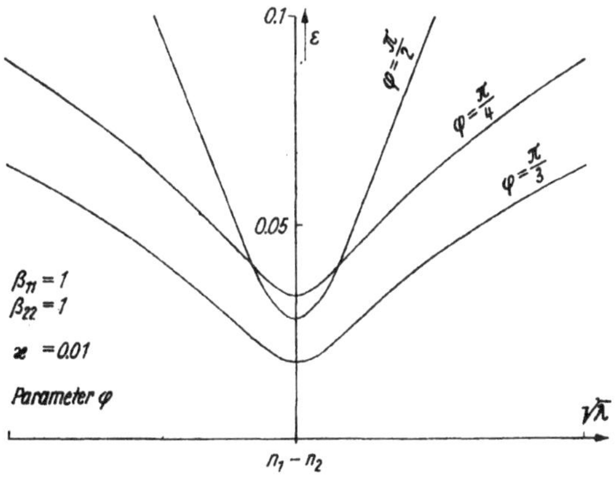

Bild 5. Resonanzbereich bei gleichen Dämpfungskoeffizienten und Differenzfrequenz

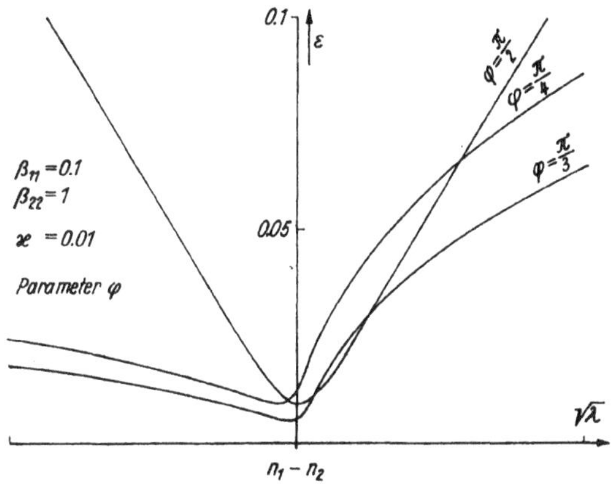

Bild 6. Resonanzbereich bei ungleichen Dämpfungskoeffizienten und Differenzfrequenz

Strebt $\beta_{11} = \beta_{22}$ gegen Null, so wird der erste Quotient im Radikanden beliebig groß, die Bereichsgrenzen, die von $n_1 \overset{+}{\underset{(-)}{}} n_2$ ausgehen, nähern sich immer mehr der $\sqrt{\lambda}$-Achse an. Dies führt auf die sog. „totale Instabilität", sofern die Phasenwinkeldifferenz nicht gerade so gewählt wurde, daß dieser erste Quotient verschwindet. Für eine Phasenverschiebung φ zwischen den Erregertermen

$$\sqrt{(\gamma_{12}^c)^2 + (\gamma_{12}^s)^2} \cdot \cos (m\tau + \varphi) , \qquad \sqrt{(\gamma_{21}^c)^2 + (\gamma_{21}^s)^2} \cdot \cos (m\tau - \varphi)$$

wird gerade für $\varphi = z \cdot \frac{\pi}{2}$, $z \in \mathbb{Z}$, dieser Ausdruck zu Null. Folglich ergibt sich für den Fall $\varphi \neq z \cdot \frac{\pi}{2}$, $z \in \mathbb{Z}$, eine von der Größe der Erregerkoeffizienten und der Frequenz unabhängige, stets instabile Lösung. Für eine Phasenverschiebung von $\varphi = \pi \cdot z$, $z \in \mathbb{Z}$, ist nur dann Summenresonanz möglich, wenn $\gamma_{12}^c \cdot \gamma_{21}^c > 0$ gilt bzw. Differenzresonanz, wenn $\gamma_{12}^c \cdot \gamma_{21}^c < 0$ gilt. Für eine Phasenverschiebung von $\varphi = \frac{\pi}{2} \cdot z$, $z \in \mathbb{Z}$, kann Summenresonanz nur für $\gamma_{12}^s \cdot \gamma_{21}^s > 0$ bzw. Differenzresonanz nur für $\gamma_{12}^s \cdot \gamma_{21}^s < 0$ auftreten. Betrachtet man dämpfungsbehaftete Systeme, so führt eine Erhöhung eines Dämpfungswertes aufgrund des 2. Quotienten im Radikanden von (6) zu einer Verbreiterung des Instabilitätsbereiches bei gleichzeitiger Erhöhung des Schwellwertes. Man spricht von einer „destabilisierenden Wirkung" der Dämpfung. Für gleiche Dämpfungswerte $\beta_{11} = \beta_{22}$ oder für $\varphi = z \cdot \frac{\pi}{2}$, $z \in \mathbb{Z}$, verschwindet der Quotient vor der Wurzel in (6), der Resonanzbereich ist somit symmetrisch zu einer Ordinate durch $n_1 \overset{+}{\underset{(-)}{}} n_2$. Die Formel (6) beschreibt die Grenzkurven zwischen den Stabilitäts- und den Instabilitätsgebieten. Ersetzt man in (6) das Gleichheitszeichen durch das Ungleichheitszeichen „>" für die positive Wurzel bzw. „<" für die negative Wurzel, so erhält man ein Kriterium für (asymptotische) Stabilität, (falls $\beta_{11} + \beta_{22} > 0$ ist). Die obigen Bilder verdeutlichen die Zusammenhänge anhand des Differentialgleichungssystems

$$\boldsymbol{u}'' + \boldsymbol{\Lambda u} = \alpha \boldsymbol{\Lambda u} + \varepsilon \cdot (\gamma^c \cos m\tau + \gamma^s \sin m\tau)\, \boldsymbol{u} - \varkappa \cdot \boldsymbol{\beta u}' .$$

Literatur

1 Schmidt, G., Parametererregte Schwingungen, VEB Deutscher Verlag der Wissenschaften, Berlin 1975.
2 Eicher, N., Einführung in die Berechnung parametererregter Schwingungen, TUB-Dokumentation Weiterbildung, Berlin 1981.

Anschrift: Dipl.-Math. Norbert Eicher, Technische Universität Berlin, 1. Institut für Mechanik, Sekr. MS 1, Einsteinufer 5—7, D-1000 Berlin 10, Berlin (West)

ZAMM 62, T 38 – T 40 (1982)

E. Galoussis

Imperfect Structural Systems and Coupled Bifurcation in Their Stability

1. Introduction

The introduction of the unavoidable geometrical or physical imperfections in the stability problems showed that the instability of a structure can occur in lower values than the critical ones of the perfect structures of the applied loads. The bifurcation points have been studied by advance mathematical theories (i.e. [1], [2]) and simple structural models as well ([3], [4], et al.). In every case the practical results showed that the knowledge of the postbuckling behaviour and the possible coupled forms of instability are absolutely necessary for further investigation. The critical load of an imperfect structure in which two forms of instability are occured is far away of the Spunt's principle formulated as: *A given form will be optimum if all failure modes which can be possibly intersect occur simultaneously under the action of the load environment.*

2. The used model

Let be considered a similar to Augusti's model [5] shown in fig. 1, consisting of a rigid vertical bar and four elastic strings directed to the principal axes x and y, in the space $x-y-z$, with a slope of 45° each. The behaviour of the strings is assumed linear elastic of a constant k_i for the tensioned and nonlinear elastic of a parabolic form $\varrho_i^2 = \delta_i/t_i^2$ for the compressed strings, where $\varrho_i = \frac{P_i}{P_E}$ is the ratio of the applied to the Euler load of the bar, t_i is a function of the imperfection of the compressed bars, as that of initial bent, and δ_i is the axial deformation of the bar. This form is very similar [6] to the real behaviour of the imperfect bars in compression.

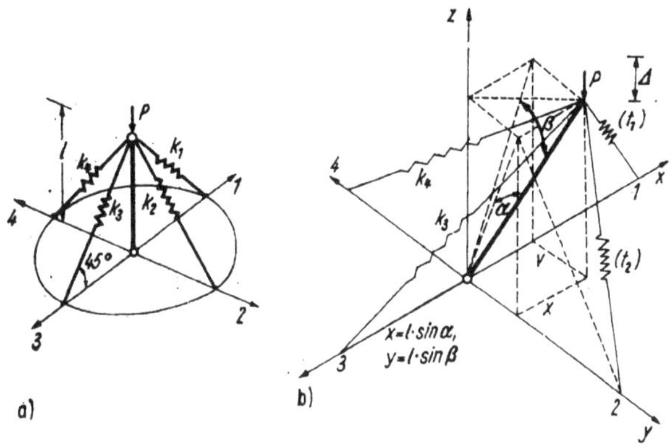

Fig. 1. The used model

According to fig. 1 the elongation or contraction of the strings in a deformed position is given approximately by

$$\delta_{1,3} = \frac{l}{\sqrt{2}} \sin \alpha \,, \qquad \delta_{2,4} = \frac{l}{\sqrt{2}} \sin \beta$$

and the change of hight $\Delta = -l\,[1 - \sin^2 \alpha - \sin^2 \beta]^{-1/2}$. The total potential energy is thus

$$V = \tfrac{1}{4}\, k_3 l^2 \sin^2 \alpha + \tfrac{1}{4}\, k_4 l^2 \sin^2 \beta + \int_0^{\delta_1} P_1 \, \mathrm{d}\delta_1 + \int_0^{\delta_2} P_2 \, \mathrm{d}\delta_2 + Pl(1 - \sin^2 \alpha - \sin^2 \beta)^{-1/2} \;;$$

taking into account that α and β are very small this can be written as follows

$$V = \frac{1}{4}\, k_3 l^2 \alpha^2 + \frac{1}{4}\, k_4 l^2 \beta^2 + \frac{2}{3} \sqrt{\frac{l}{\sqrt{2}}}\, P_E (t_1 \alpha^{3/2} + t_2 \beta^{3/2}) + Pl \left(-\frac{1}{2}\alpha^2 - \frac{1}{2}\beta^2 + \frac{1}{24}\alpha^4 + \frac{1}{24}\beta^4 - \frac{1}{4}\alpha^2\beta^2 \right).$$

A stationary point is obtained by $\nabla_{\alpha,\beta} V = 0$ or

$$\frac{\partial V}{\partial \alpha} = \frac{1}{2}\, k_3 l^2 \alpha + \sqrt{\frac{l}{\sqrt{2}}}\, P_E \cdot t_1 \cdot \alpha^{1/2} + Pl \left(-\alpha + \frac{1}{6}\alpha^3 - \frac{1}{2}\alpha\beta^2 \right) = 0 \,,$$

$$\frac{\partial V}{\partial \beta} = \frac{1}{2}\, k_4 l^2 \beta + \sqrt{\frac{l}{\sqrt{2}}} \cdot P_E t_2 \cdot \beta^{1/2} + Pl \left(-\beta + \frac{1}{6}\beta^3 - \frac{1}{2}\alpha^2\beta \right) = 0 \,,$$

but from the second derivatives

$$\frac{\partial^2 V}{\partial \alpha^2} = \frac{1}{2}\, k_3 l^2 + \frac{1}{2}\, P_E \cdot t_1 \sqrt{\frac{l}{\sqrt{2}}}\, \alpha^{-1/2} + Pl \left(-1 + \frac{1}{2}\alpha - \frac{1}{2}\beta^2 \right), \tag{a}$$

$$\frac{\partial^2 V}{\partial \beta^2} = \frac{1}{2}\, k_4 l^2 + \frac{1}{2}\, P_E t_2^2 \sqrt{\frac{l}{\sqrt{2}}}\, \beta^{-1/2} + Pl \left(-1 + \frac{1}{2}\beta - \frac{1}{2}\alpha^2 \right) \tag{b}$$

is obvious that $\alpha, \beta \neq 0$.

So the refered stationary point is out of the vertical axe. By the system of equs. (a), (b) and $\nabla^2_{\alpha,\beta} V = 0$ a saddle point and the critical load can be computed in the space of $x-y-P$ (fig. 2). Considering four linear elastic strings around the bar, the behaviour is symmetric (fig. 3) and the bifurcation points are easily defined. In this case the

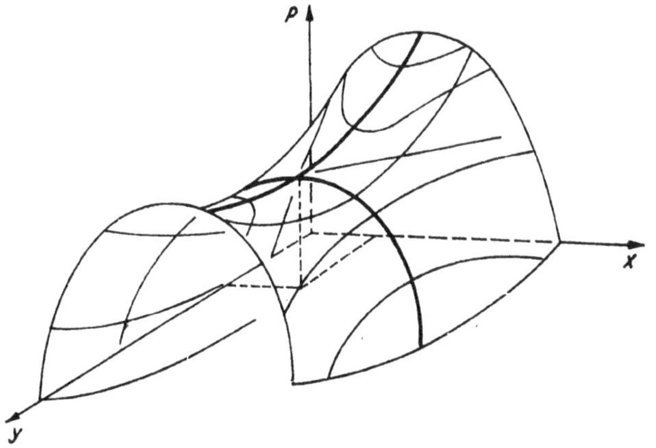

Fig. 2. The B.P. of the perfect model with imperfect strings

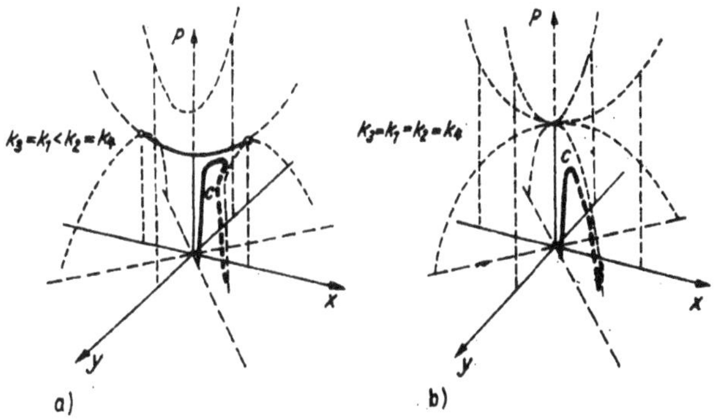

Fig. 3. The B.P. of the perfect model with linearly elastic strings

potential energy is given approximately by

$$V = \frac{1}{2}\, l^2 k_1 \cdot \alpha^2 + \frac{1}{2}\, l^2 k_2 \beta^2 + Pl\left(-\frac{1}{2}\alpha^2 - \frac{1}{2}\beta^2 + \frac{1}{24}\alpha^4 + \frac{1}{24}\beta^4 - \frac{1}{4}\alpha^2\beta^2\right)$$

and from the partial derivatives

$$\frac{\partial V}{\partial \alpha} = l^2 k_1 \alpha + Pl\left(-\alpha + \frac{1}{6}\alpha^3 - \frac{1}{2}\alpha\beta^2\right) = 0\,, \qquad \frac{\partial V}{\partial \beta} = l^2 k_2 \beta + Pl\left(-\beta + \frac{1}{6}\beta^3 - \frac{1}{2}\beta\alpha^2\right) = 0\,,$$

$$\frac{\partial^2 V}{\partial \alpha^2} = l^2 k_1 + Pl\left(-1 + \frac{1}{2}\alpha - \frac{1}{2}\beta^2\right), \qquad \frac{\partial^2 V}{\partial \beta^2} = l^2 k_2 + Pl\left(-1 + \frac{1}{2}\beta - \frac{1}{2}\alpha^2\right)$$

$$\frac{\partial^2 V}{\partial \alpha\, \partial \beta} = \frac{\partial^2 V}{\partial \beta\, \partial \alpha} = -Pl\alpha\beta$$

is concluded that there is a bifurcation point at $\alpha = \beta = 0$ at the value of $P_{cr,1,3} = k_1 l$ or $P_{cr,2,4} = k_2 l$ and a second bifurcation point on the plain $x - P(k_1 < k_2)$ for $\beta = 0$ which is the referred saddle point because a value of $\alpha \neq 0$ (fig. 3) and $P_{cr} \neq P_{cr,1,3}$ can be computed by the needed condition $\nabla^2 V_{\alpha,\beta=0} = 0$ or

$$l^2 k_2 - Pl\left(1 + \frac{1}{2}\alpha^2\right) = 0 \rightarrow P_{cr} = \frac{k_2 l}{1 + \frac{1}{2}\alpha^2}.$$

An imperfect system (initially inclined bar) follows assymptotically a post-buckling path (fig. 3 curve c) which suggests lower values of P_{cr}.

3. Conclusion

It is evident that only the simpler models give an exact expression for closed form solutions for the post-buckling path. The post-buckling behaviour of the first system described above, although is considered geometrically perfect, was proved too complex due to the influence of the behaviour of the strings.

References

1 Abbott, J. P., An efficient algorithm for the determination of certain bifurcation points, J. Comp. Appl. Maths. 4, 19–27, 1978.
2 Mittelmann, H. D.; Weber, H., Numerical methods for bifurcation problems — A survey and classification I.S.N.M. 54, 1–45, 1980.
3 Thompson, J. H.; Hunt, G. W., A general theory of elastic stability, J. Wiley and Sons, London 1973.
4 Walker, A. C.; Croll, J. A.; Wilson, E., Experimental models to illustrate the nonlinear behaviour of elastic structures, Bull. mech. Engng. Educ. 10, p.p. 247, 1971.
5 Augusti, G., Stabilita'di structure elastiche elementari in presenza di grandi spostamenti, Atti Acad. Sci. fis. mat. Napoli, 4, No 5, 1964.
6 Galoussis, E., Critical State of Structures idealized by simple 3-D models, ZAMM 61, T 38–39, 1981.

Anschrift: Prof. Dr.-Ing. E. Galoussis, Lehrstuhl und Institut für Stahlbau, Aristoteles-Universität, Thessaloniki, Griechenland

ZAMM 62, T 40 – T 41 (1982)

Zs. Gáspár

Nonlinear Calculations of Conservative Structures

The following questions can arise at the static analysis of elastic structures:

a) How large are the displacements and stresses under the effect of a given load?
b) How large is the critical load?
c) How much does the critical load decrease under the effect of unavoidable imperfections?

These questions can usually be answered by examination of the $V(q, \Lambda, \alpha)$ potential function of discretized conservative systems (e.g. [1]), where $q = [q_1, \ldots, q_n]$ is the vector of the generalized coordinates prescribed the displacements, Λ is the loading parameter and $\alpha = [\alpha_1, \ldots, \alpha_r]$ is the vector of the generalized imperfection-coordinates.

In the case of a given load (Λ^0) the nonlinear equation system

$$V_q(q, \Lambda^0, 0) = 0$$

determinates the equilibrium positions of the perfect system. Here a subscribt q on V denotes partial differentiations with respect to the generalized coordinates.

In the case of the critical load (Λ^c) we have

$$V_q(q, \Lambda^c, 0) = 0 , \tag{1}$$

$$|V_{qq}(q, \Lambda^c, 0)| = 0 . \tag{2}$$

(2) is usually not a manageable equation, so the following iteration procedure is proposed. Starting from Λ^A the Eq. (1) gives the coordinates q^A. We compute the smallest eigenvalue of the generalized eigenvalue problem

$$|V_{qq}^A + \Delta\Lambda(V_{qq\Lambda}^A - [V_{qq}^A]^{-1} V_q^A)| = 0 :$$

$\Lambda^A + \Delta\Lambda$ is a better approach for the critical parameter and one can repeat the whole procedure with this parameter.

We use the results of catastrophe theory (e.g. [2]) to analyse the imperfection-sensitivity of the system. The potential function usually has a fold, a cusp, a hyperbolic umbilic, an elliptic umbilic or a double cusp catastrophe point at the critical state. We do not consider this latest case because its complexity.

The fore-part of the Taylor expansion of the potential function determinates the neighbourhood of the critical point. The determinacies of the catastrophes are shown in [2] (p. 154). Having made a suitable transformation the generalized coordinates can be separated into the active and passive coordinates ([3], [2], p. 160). We suppose that this separation is ready yet.

The differences between the real and the designed structure are within given limits. These limited imperfections can be given by a territory in the plane of the imperfection parameters.

The points of the critical imperfection territory belonging to a loading parameter Λ^0 are the imperfections at which the parameter of the critical load is smaller than this parameter. The critical load is considered as the smallest load, at which the originally stable equilibrium state becomes unstable.

The critical load of the real structure is greater than Λ^0 if the limit-territory and the critical imperfection territory have no common points. Finding a Λ parameter at which these territories touch each other one gets the most dangerous imperfections and the smallest possible critical load.

The critical imperfection territory can be determined in the following steps:

a) One has to establish the type of the catastrophe and to determine the transformations which transform a canonical form of this catastrophe into the form of the actual potential function.

b) The parts of the bifurcation set of the canonical form where the numbers of the minimum points are the same in both sides have to be neglected.

c) One has to find the territories in the parameter spaces between the remained bifurcation set, which have some minimum points, and has to check whether the equilibrium state is stable or not in the case of a load which is smaller than the critical load of the perfect structure.

d) The change of the loading parameter determines a curve in the parameter space. One has to establish what kinds of paths through the bifurcation set put a stop to the original minimum point.

e) Using the parametrized form of the bifurcation set and the transformations determined earlier one has to find the form of the critical imperfection territory at a given loading parameter and the changing rule of the territory as a function of the loading parameter.

In [4] the critical imperfection territories are determined in the case of the fold, the cusp, the hyperbolic and elliptic umbilic catastrophes using these steps.

References

1 Thompson, J. M. T.; Hunt, G. W., A general theory of elastic stability, Wiley, London, 1973.
2 Poston, T.; Stewart, I. N., Catastrophe theory and its applications, Pitman Publishing, London, 1978.
3 Thompson, J. M. T.; Hunt, G. W., A bifurcation theory for the instabilities of optimization and design, Synthese 36 (1977) p. 315–351.
4 Gáspár, Zs., Critical imperfection territory, Preprint, Technical University of Budapest (1981).

Address: Dr. Zs. Gáspár, C. Sc., Technical University Budapest, Department of Civil Engineering Mechanics, H-1521 Budapest Hungary

ZAMM 62, T 41 – T 44 (1982)

L. Gaul

Zur Wellenausbreitung in Strukturen mit Fügestellen

Das dynamische Verhalten von Strukturen, deren Bauteile durch Schraub-, Niet- oder Klemmverbindungen gefügt sind, wird durch die Steifigkeit und das Dämpfungsverhalten dieser Fügestellen beeinflußt. Zum Beispiel ist das Lehrsche Dämpfungsmaß einer kompletten Drehmaschine etwa zehnmal höher als dasjenige des Maschinenbettes allein [1]. Fügestellen tragen erfahrungsgemäß viel stärker zur inneren Dämpfung bei als der Werkstoff, sofern nicht besondere Maßnahmen ergriffen sind, z. B. durch Anbringung viskoelastischer Dämpfungsbeläge.

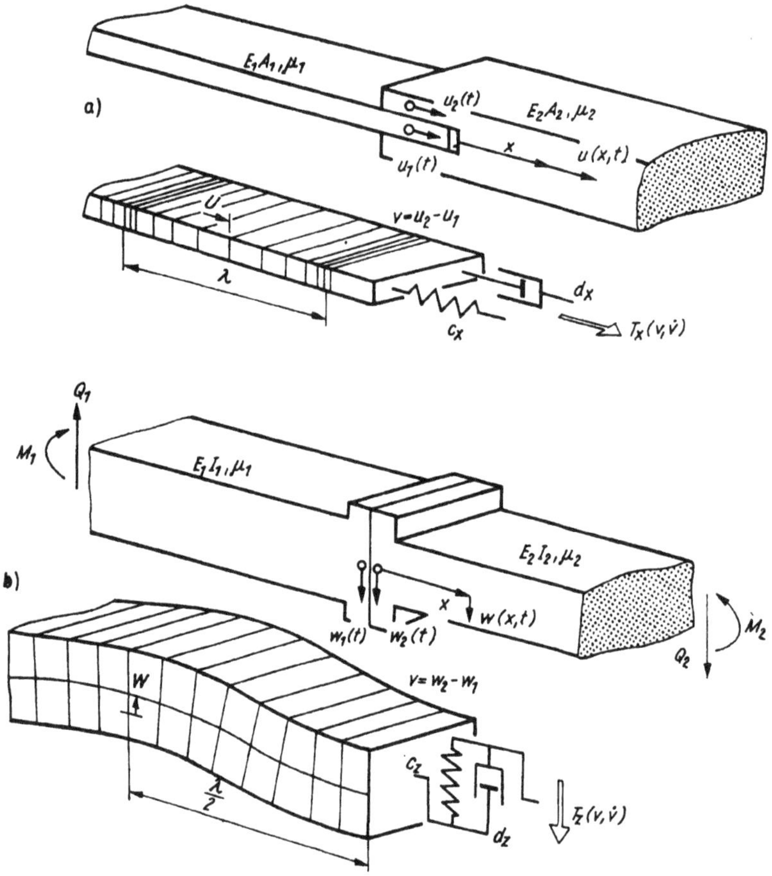

Bild 1. Anordnung, Erregung und Ersatzmodelle von Fügestellen

Eine Ersatzmodellbildung von Fügestellen (vgl. Bild 1) auf der Basis des gemessenen Übertragungsverhaltens isolierter Fügestellen wird angegeben. Zur Beschreibung einer großen Klasse von Meßergebnissen wird eine nichtlineare Abhängigkeit der Reaktionskräfte $T_i(v, \dot{v})$, $i = x, z$ (vgl. Bild 1) von der Relativverschiebung v und der Relativgeschwindigkeit $\dot{v}$ der Kontaktflächen zugelassen.

Die Ersatzmodellparameter c_i, d_i, $i = x, z$ folgen aus dem Galerkin-Verfahren, wenn der Defekt

$$D[v_N(t)] = T_i(v_N, \dot{v}_N) - (c_i v_N + d_i \dot{v}_N) \tag{1}$$

mit den Koordinatenfunktionen $\psi_1 = \cos \omega t$, $\psi_2 = \sin \omega t$ des zweiparametrigen Näherungsansatzes $v_N(t) = A\psi_1(t) + B\psi_2(t)$ (Amplitude $V = \sqrt{A^2 + B^2}$) orthogonal gemacht wird:

$$\int_0^{2\pi/\omega} D[v_N(t)]\, \psi_k(t)\, dt = 0\,, \qquad k = 1, 2\,, \tag{2}$$

$$\text{Federzahlen:}\quad c_i(V, \omega) = \frac{1}{\pi V} \int_0^{2\pi} T_i(V \cos\theta, -V\omega \sin\theta) \cos\theta\, d\theta\,,$$

$$\text{Dämpferzahlen:}\quad d_i(V, \omega) = -\frac{1}{\pi V \omega} \int_0^{2\pi} T_i(V \cos\theta, -V\omega \sin\theta) \sin\theta\, d\theta\,. \tag{3}$$

Der Dämmungs- und Dämpfungseinfluß von Fügestellen zwischen Stäben als Wellenleitern wird mit dieser Ersatzmodellbildung am Beispiel der Erregung durch eine einlaufende Biegewelle (vgl. Bild 1b)

$$w_E(x, t) = W \exp[i(-k_1 x + \omega t)] = \overline{W}_E(x) \exp(i\omega t)\,, \qquad x < 0 \tag{4}$$

berechnet.

An der Fügestelle ($x = 0$) werden harmonische Wellen der Ortsfunktionen

$$\overline{W}_R(x) = \overline{R}_F W \exp(ik_1 x) + \overline{R}_N W \exp(k_1 x)\,, \qquad x < 0 \tag{5}$$

reflektiert und

$$\overline{W}_T(x) = \overline{T}_F W \exp(-ik_2 x) + \overline{T}_N W \exp(-k_2 x)\,, \qquad x > 0 \tag{6}$$

transmittiert.

Bei gegenüber den Querschnittsabmessungen großen Biegewellenlängen wird die Euler-Bernoulli-Balkentheorie zugrundegelegt.

Die komplexen Faktoren der Fernfelder $\bar{R}_F$, $\bar{T}_F$ und Nahfelder $\bar{R}_N$, $\bar{T}_N$ folgen aus den Übergangsbedingungen der Schnittreaktionen und Neigungen an der nicht klaffenden Fügestelle. Wie am Beispiel des Reflexionsfaktors

$$\bar{R}_F = \frac{2\gamma(1-\beta^2) + (\beta-\gamma)\,\bar{\alpha} - i[\beta(1-\gamma)^2 - (\beta+\gamma)\,\bar{\alpha}]}{\beta(1+\gamma)^2 + 2\gamma(1+\beta^2) - (\beta+\gamma)\,\bar{\alpha} + i\,(\beta+\gamma)\,\bar{\alpha}} \tag{7}$$

erkennbar, hängen alle Faktoren von den Biegesteifigkeiten und Massenbelegungen gemäß

$$\beta = \left(\frac{E_1 I_1 \mu_2}{E_2 I_2 \mu_1}\right)^{1/4}, \qquad \gamma = \left(\frac{E_2 I_2 \mu_2}{E_1 I_1 \mu_1}\right)^{1/2} \tag{8}$$

ab sowie vom Parameter $\bar{\alpha}$, der das Fügestellenersatzmodell einbezieht:

$$\bar{\alpha}(\omega, V) = \frac{(E_2 I_2 \mu_2^3)^{1/4}\,\omega^{3/2}}{c_z(\omega, V) + i\omega\, d_z(\omega, V)}\,. \tag{9}$$

Die Abhängigkeit $\bar{\alpha} = \bar{\alpha}(\omega, V)$ erfordert die Kenntnis des Frequenzganges $\bar{V}(\omega) = V(\omega)\exp[i\Phi(\omega)]$ der Relativverschiebung, der mit

$$\bar{V} = \bar{W}_2 - \bar{W}_1 = [(\bar{T}_F + \bar{T}_N) - (1 + \bar{R}_F + \bar{R}_N)]\,W \tag{10}$$

aus der nichtlinearen komplexen Bestimmungsgleichung

$$\frac{V}{W}\exp(i\Phi) = \frac{2[(\gamma-1)\,\bar{\alpha}(\omega,V) - i(1+\gamma+2\beta)\,\bar{\alpha}(\omega,V)]}{\beta(1+\gamma)^2 + 2\gamma(1+\beta^2) - (\beta+\gamma)\,\bar{\alpha}(\omega,V) + i(\beta+\gamma)\,\bar{\alpha}(\omega,V)} \tag{11}$$

folgt.

Zur Beschreibung des Leistungsflusses in der Balkenstruktur werden der zeitlich gemittelte Leistungsfluß der erregenden Welle

$$\langle P\rangle = \frac{1}{2\pi}\int_{\omega t}^{\omega t+2\pi} P(\xi)\,d\xi = \frac{1}{2}\,\mathrm{Re}\,[\bar{\bar{Q}}_1 \dot{\bar{W}}_E + \bar{\bar{M}}_1 \dot{\bar{W}}'_E], \tag{12}$$

der reflektierten Welle $\langle P_R\rangle$ und der transmittierten Welle $\langle P_T\rangle$ eingeführt. Damit ergeben sich der Reflexionsgrad r, der Transmissionsgrad τ und als Maß des in der Fügestelle dissipierten Leistungsflusses der Dissipationsgrad δ:

$$r = \frac{\langle P_R\rangle}{\langle P\rangle} = |\bar{R}_F|^2\,, \qquad \tau = \frac{\langle P_T\rangle}{\langle P\rangle} = \beta\gamma|\bar{T}_F|^2\,, \qquad \delta = \frac{\langle P\rangle - \langle P_R\rangle - \langle P_T\rangle}{\langle P\rangle} = 1 - r - \tau\,. \tag{13}$$

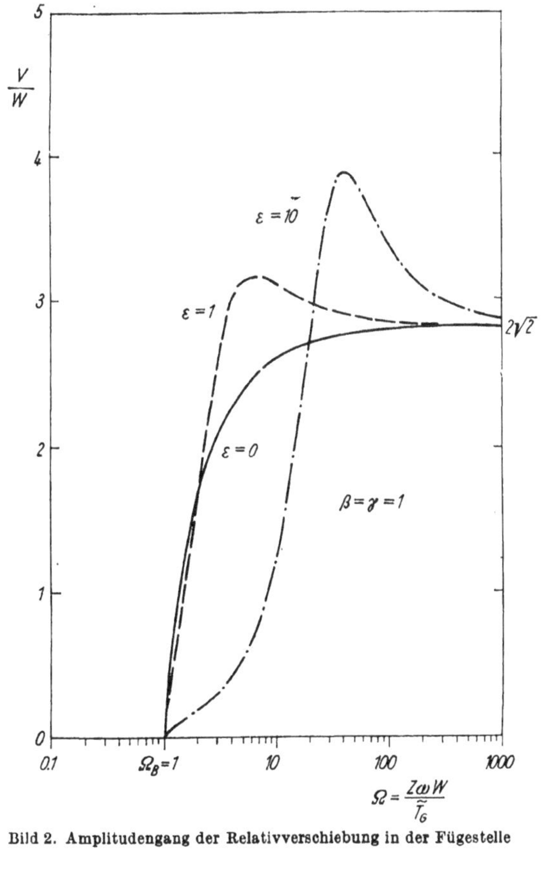

Bild 2. Amplitudengang der Relativverschiebung in der Fügestelle

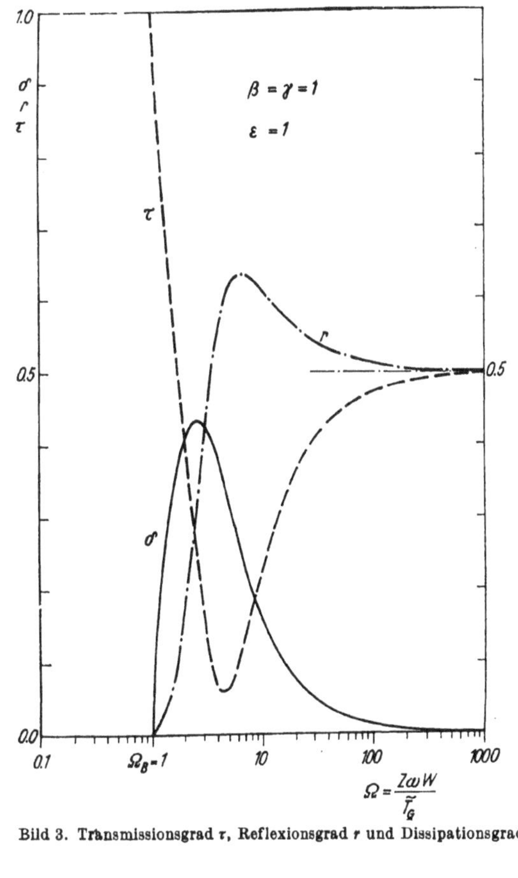

Bild 3. Transmissionsgrad τ, Reflexionsgrad r und Dissipationsgrad δ

Als Anwendungsbeispiel des vorgestellten Verfahrens wird eine Fügestelle der Reaktionskraft

$$T_Z = c_Z v + T_G \operatorname{sgn} \dot{v} \tag{14}$$

mit Coulombscher Reibung der Gleitkraft T_G und linearer Rückstellkraft mit der Federzahl $c_Z = \varepsilon 4 T_G/(\pi W)$ zwischen gleichen Balken $\beta = \gamma = 1$ behandelt. Bild 2 zeigt den Amplitudengang der Relativverschiebung in der Fügestelle, aufgetragen über dem Frequenzparameter Ω, der die Querkraftimpedanz Z der Balken und die Schnelle der erregenden Welle ωW auf eine äquivalente Gleitkraft $\tilde{T}_G = 4T_G/\pi$ bezieht. Oberhalb einer Losbrechfrequenz $\Omega_B = 1$ tritt Relativbewegung auf, deren Verlauf in Abhängigkeit des Federparameters ε diskutiert ist. Bild 3 zeigt gemäß (13) die zugehörigen Quotienten des dissipierten, reflektierten und transmittierten Leistungsflusses bezogen auf den erregenden Leistungsfluß.

Die für praktische Belange befriedigende Genauigkeit des vorgestellten Verfahrens auf der Basis einer harmonischen Linearisierung hat der Verfasser in [2] untersucht.

Literatur

1 Weck, M.; Müller, W., Möglichkeiten zur Analyse und zur Verbesserung des dynamischen Nachgiebigkeitsverhaltens von Werkzeugmaschinen unter besonderer Berücksichtigung der Eigenschaften der Koppelstellen, VDI-Berichte **269** (1976) 123–134.

2 Gaul, L., Beschreibung des Dämmungs- und Dämpfungsverhaltens an Kontaktflächen. Jahresbericht zum Sonderforschungsbereich 121 der Universität Hannover, 1979, 67–68.

Anschrift: Prof. Dr.-Ing. habil. L. Gaul, HSBw Hamburg, Institut für Mechanik Postfach 700822, D-2000 Hamburg 70, BRD

ZAMM 62, T 44 – T 46 (1982)

D. Hämisch / K. Nixdorff

Ein Rechenverfahren zur Bestimmung der Rohrschwingungen mit einem Einkörpermodell

Bei dem als Balken idealisierten Rohr werden Biegeschwingungen durch

$$[EJ(x)\, w_{xx}(x,t)]_{xx} + \mu(x)\, w_{tt} = p(x,t) \tag{1}$$

beschrieben. Dabei bedeuten in Gleichung (1) $EJ(x)$ die Biegesteifigkeit, $\mu(x)$ die Massenbelegung je Längeneinheit des Rohres, $p(x, t)$ die von außen angreifende Kraft je Längeneinheit und $w(x, t)$ die Auslenkung des Balkens.

Für das eingespannte Ende des Rohres werden die allgemeinsten linearen Randbedingungen

$$\alpha_0 w(0,t) + \alpha_1 w_x(0,t) + \alpha_2 w_{xx}(0,t) + \alpha_3 w_{xxx}(0,t) = 0\,, \tag{2}$$

$$\beta_0 w(0,t) + \beta_1 w_x(0,t) + \beta_2 w_{xx}(0,t) + \beta_3 w_{xxx}(0,t) = 0 \tag{3}$$

zugelassen. Die Einspannungsparameter α_i und β_i sind nicht direkt meßbare Größen.

Am freien Ende des Rohres gelten die üblichen Bedingungen:

$$w_{xx}(l,t) = 0\,, \tag{4}$$

$$w_{xxx}(l,t) = 0\,. \tag{5}$$

Die Anfangsauslenkung entspricht der statischen Durchbiegung

$$w(x,0) = \psi(x)\,. \tag{6}$$

Die Anfangsgeschwindigkeit ist Null:

$$w_t(x,0) = 0\,. \tag{7}$$

Die von außen angreifende Last je Längeneinheit $p(x, t)$ setzt sich zusammen aus einer Funktion $\mu(x)$ infolge des Eigengewichts des Rohres, aus einer Funktion $\mu_G(x, t)$ infolge des Geschoßgewichts und aus einer Funktion $\mu_Z(x, t)$, die die Zentrifugalkraft des beschleunigten Geschosses auf das gekrümmte Rohr erfaßt:

$$p(x,t) = g\big(\mu(x) + \mu_G(x,t) + \mu_Z(x,t)\big)\,. \tag{8}$$

Der Beitrag der Funktionen $\mu_G(x, t)$ und $\mu_Z(x, t)$ ist von der Geschoßgeschwindigkeit v abhängig, die vorgegeben und einer Messung leicht zugänglich ist. Es gelten:

$$\mu_G(x,t) = \begin{cases} \dfrac{m_G}{l_G} & \text{für} \quad \displaystyle\int_0^t v\,\mathrm{d}t' - l_G \leqq x \leqq \int_0^t v\,\mathrm{d}t'\,, \\ 0 & \text{sonst} \end{cases} \tag{9}$$

und

$$\mu_Z(x,t) = \begin{cases} \dfrac{v^2 m_G}{R l_G} & \text{für} \quad \int\limits_0^t v\,dt' - l_G \leqq x \leqq \int\limits_0^t v\,dt', \\ 0 & \text{sonst}. \end{cases} \tag{10}$$

Dabei bedeuten m_G die Geschoßmasse, l_G die Geschoßlänge und R der Krümmungsradius.

Die Massenbelegung je Längeneinheit des Rohres $\mu(x)$ hängt mit der Materialdichte ϱ und der Rohrquerschnittsfläche $F(x)$ wie folgt zusammen:

$$\mu(x) = \varrho F(x), \tag{11}$$

wobei $F(x)$ veränderlich und im allgemeinen an mehreren Stellen nicht stetig ist.

Tatsächlich wurde nicht mit der allgemeinsten Form der Einspannung gerechnet (vgl. Gleichungen (2) und (3)), da mehrere Sätze α_i und β_i gefunden wurden, die die Gleichungen erfüllen, und kein Kriterium zur Verfügung stand, um zwischen diesen Sätzen auswählen zu können. Deshalb wurde sich für einen einzigen, eindeutig bestimmbaren Einspannungsparameter entschieden. Dabei sind zwei Fälle möglich. Erstens eine elastische Reaktion in der Einspannung infolge der Querkraft

$$w(0,t) + \alpha w_{xxx}(0,t) = 0 \tag{12}$$

und zweitens eine elastische Reaktion infolge des Moments

$$w(0,t) + \beta w_{xx}(0,t) = 0. \tag{13}$$

Es wurde der erste Fall behandelt.

Für die Bestimmung des Einspannungsparameters α in Gleichung (12) wird die Kenntnis einer gemessenen Eigenkreisfrequenz vorausgesetzt. Weiterhin wird die räumliche Differentialgleichung

$$[EJ(x)\,X''(x)]'' - \omega^2\mu(x)\,X(x) = 0 \tag{14}$$

benötigt, die durch Separation der Gleichung (1) gewonnen wird. Diese räumliche Differentialgleichung mit ihren entsprechend zu separierenden Randbedingungen wird für sich mit dem Galerkinschen Verfahren gelöst. Die Ansatzfunktionen werden aus einer Hilfsaufgabe ermittelt, in der bei konstantem Außenradius das Flächenträgheitsmoment $\bar{J}$ und die Massenbelegung je Längeneinheit $\bar{\mu}$ konstant sind. Diese Hilfsaufgabe ist geschlossen lösbar und liefert die Eigenwertgleichung

$$1 + \cos\lambda\,\text{ch}\,\lambda - \alpha\left(\frac{\lambda}{l}\right)^3(\cos\lambda\,\text{sh}\,\lambda + \sin\lambda\,\text{ch}\,\lambda) = 0. \tag{15}$$

Mit dem Zusammenhang zwischen dem Eigenwert λ_M und der gemessenen Eigenkreisfrequenz ω_M

$$\lambda_M^4 = \frac{\bar{\mu}}{E\bar{J}}\omega_M^2 l^4 \tag{16}$$

läßt sich aus der Eigenwertgleichung (15) eine Bestimmungsgleichung für den Einspannungsparameter α gewinnen:

$$\alpha = \left(\frac{l}{\lambda_M}\right)^3 \frac{1 + \cos\lambda_M\,\text{ch}\,\lambda_M}{\cos\lambda_M\,\text{sh}\,\lambda_M + \sin\lambda_M\,\text{ch}\,\lambda_M}. \tag{17}$$

Der in die Randbedingung (12) einzusetzende Einspannungsparameter α wird nach einigen Iterationen, bei denen $\bar{\mu}$ und $\bar{J}$ variiert werden, aus der Lösung der allgemeinen räumlichen Differentialgleichung (14) durch Vergleich der gemessenen mit der errechneten Kreisfrequenz gewonnen.

Zur Bestimmung der Rohrschwingungen wird die Differentialgleichung (1) mit einem Differenzenverfahren diskretisiert:

$$\frac{1}{h^4}\left[\frac{J_{xx,i}}{J_i}P_{i,k}h^2 + \frac{J_{x,i}}{J_i}R_{i,k}h + S_{i,k}\right] + \frac{\mu_i\,T_{i,k}}{EJ_i s^2} = \frac{p_{i,k}}{EJ_i}. \tag{18}$$

Dabei bedeuten h die Ortsschrittweite und s die Zeitschrittweite. Weiterhin gelten:

$$P_{i,k} = W_{i+1,k} - 2W_{i,k} + W_{i-1,k}, \tag{19}$$

$$R_{i,k} = W_{i+2,k} - 2W_{i+1,k} + 2W_{i-1,k} - W_{i-2,k}, \tag{20}$$

$$S_{i,k} = W_{i+2,k} - 4W_{i+1,k} + 6W_{i,k} - 4W_{i-1,k} + W_{i-2,k}, \tag{21}$$

$$T_{i,k} = W_{i,k+1} - 2W_{i,k} + W_{i,k-1}, \tag{22}$$

$$p_{i,k} = g(\mu_i + \mu_{G,i} + \mu_{Z,i}). \tag{23}$$

Aus der diskretisierten Differentialgleichung (2) läßt sich eine Rekursionsformel erstellen:

$$W_{i,k+1} = 2W_{i,k} - W_{i,k-1} - Z\left[\frac{J_{xx,i}}{J_i}P_{i,k} + \frac{J_{x,i}}{J_i} + S_{i,k}\right] - \hat{p}_{i,k}, \tag{24}$$

$$\hat{p}_{i,k} = gs^2 + \frac{\mu_{G,i}}{\mu_i}s^2(g - v_k^2 P_{i,k}). \tag{25}$$

Der Einfluß der Ränder wird durch die folgenden Gleichungen berücksichtigt, die sich durch Verwendung von den Rand- und Anfangsbedingungen ergeben

$$W_{0,k} \doteq \frac{\alpha}{(h^3 + 8\alpha)} \left(2\frac{1}{4} W_{2,k} - W_{3,k}\right), \tag{26}$$

$$W_{1,k} = \tfrac{1}{4} W_{2,k} + W_{0,k}, \tag{27}$$

$$W_{n-1,k} = \frac{1}{11}(28W_{n-2,k} - 23W_{n-3,k} + 6W_{n-4,k}). \tag{28}$$

$$W_{n,k} = \frac{1}{11}(48W_{n-2,k} - 52W_{n-3,k} + 15W_{n-4,k}), \tag{29}$$

$$W_{i,0} = \psi_i, \tag{30}$$

$$W_{i,1} = W_{i,0}. \tag{31}$$

Bei L. Collatz [1] ist nachlesbar, wie die Ortsschrittweite h und die Zeitschrittweite s mit der Konstanten z zu kombinieren sind:

$$s^2 = z\frac{\mu}{EJ} h^4. \tag{32}$$

Dabei muß

$$z \leqq \tfrac{1}{4} \tag{33}$$

entlang des Balkens erfüllt sein.

Bei der numerischen Behandlung wurde festgestellt, daß die Lösung wegen des Einflusses von Verfahrensfehlern und numerischen Fehlern von der Wahl der Schrittweiten h und s abhängig ist. Die Änderung der Lösung in Abhängigkeit von den Schrittweiten ist extremal an der Stelle des betragsmäßig kleinsten Fehlers. Daraus folgt für die Bestimmung der Schrittweiten:

$$\left.\frac{\partial w}{\partial h}\right|_{\text{Mündung, Geschoßaustritt}} = 0, \tag{34}$$

$$\left.\frac{\partial w}{\partial s}\right|_{\text{Mündung, Geschoßaustritt}} = 0, \tag{35}$$

wobei aus praktischen Gründen als Ort die Rohrmündung, als Zeitpunkt der des Geschoßaustrittes gewählt wurden.

Literatur

1 Collatz, L., The numerical treatment of differential equations, 2nd printing of the 3rd edition, Springer-Verlag, Berlin Heidelberg New York 1966 (S. 260ff).

Anschriften: cand. mach. Dietmar Hämisch, Saarstr. 2a/2, D-6650 Homburg, BRD. — Prof. Dr.-Ing. Kurt Nixdorff, Henseweg 27 k, D-2000 Hamburg 67, BRD

ZAMM 62, T 46 – T 48 (1982)

F. Höllinger

Ein Randintegralgleichungsverfahren für Flüssigkeitsschwingungen in beliebig geformten Staubecken mit elastischen Sperrenkonstruktionen

In dieser Arbeit wird ein Weg zur Lösung des Schwingungsinteraktionsproblems zwischen der Flüssigkeit in einem beliebig geformten Staubecken mit einer ebenso beliebig geformten linear elastischen Sperrenkonstruktion, die harmonisch wegerregt wird, vorgestellt. Die Teilsystemtechnik ermöglicht zunächst eine getrennte Beschreibung der Sperre und der Flüssigkeit. Diese beiden Lösungen können dann über die Kopplungsbedingungen an der Trennfläche zwischen der Sperre und der Flüssigkeit zu einer Gesamtlösung für dieses Schwingungsinteraktionsproblem entwickelt werden [1]. Die Berechnung der Sperrenkonstruktion kann mit bekannten Methoden erfolgen. Die mathematische Beschreibung der Flüssigkeit mit Hilfe eines Randintegralgleichungsverfahrens soll hier näher erläutert werden.

Die Flüssigkeit wird als linear kompressibel angenommen. Die Viskosität soll vernachlässigbar klein sein. Ferner wird die Randbedingung an der freien Oberfläche bei nicht gestörter Lage formuliert. Für flache Beckenformen ist der Einbau einer linearisierten gestörten Oberflächenrandbedingung in das Verfahren aber grundsätzlich möglich.

Die Flüssigkeit kann somit durch die dreidimensionale HELMHOLTZ-Gleichung

$$\nabla^2 p + k^2 p = 0\,, \tag{1}$$

beschrieben werden, die für den hydrodynamischen Druck p formuliert wird. Die Wellenzahl k wird gebildet aus dem Quotient der Erregerkreisfrequenz durch die Longitudinalwellengeschwindigkeit. Die Randbedingung an der Begrenzungsfläche zur linear-elastischen Sperrenkonstruktion ergibt sich zu

$$\frac{\partial p}{\partial n} = \varrho \omega^2 w_n\,, \qquad w = \sum_i Y_i \Phi_i + a\,. \tag{2}$$

Da die unbekannte Verschiebungsfunktion w der Sperre als Linearkombination ihrer Eigenfunktionen Φ_i und eines Starrkörperanteils a oder einer pseudostatischen Verschiebungsfunktion a, je nachdem, welche Art der Erregung gewählt wird, dargestellt werden kann, wird das Flüssigkeitsproblem für Φ_i und a formuliert. Nach erfolgter Lösung werden die hydrodynamischen Druckfunktionen als Belastungsfunktionen mit unbekannten Anteilsfaktoren Y_i in die Schwingungsgleichung der Sperre eingeführt.

Als Randbedingung zwischen der Flüssigkeit und dem Boden wird eine NEUMANNsche Randbedingung gesetzt:

$$\frac{\partial p}{\partial n} = 0\,. \tag{3}$$

An der freien Oberfläche wird eine DIRICHLETsche Randbedingung gewählt:

$$p = 0\,. \tag{4}$$

Da eine strenge Lösung der Differentialgleichung für dieses gemischte und geometrisch völlig beliebige Randwertproblem nicht möglich ist, muß nach einer Formulierung gesucht werden, die eine numerische Lösung unter vertretbarem numerischem Aufwand gestattet. Mit Hilfe der 3. GREENschen Identität [2, 3]

$$\iint\limits_A \left[G(\vec{r}, \vec{r}_0)\, \frac{\partial p(\vec{r}_0)}{\partial n_0} - p(\vec{r}_0)\, \frac{\partial G(\vec{r}, \vec{r}_0)}{\partial n_0} \right] \mathrm{d}A_0 = \begin{cases} p(\vec{r}), & \vec{r} \text{ innerhalb } A\,, \\ 0, & \vec{r} \text{ außerhalb } A\,, \end{cases} \tag{5}$$

läßt sich das Problem in Form einer FREDHOLMschen Integralgleichung 2. Art darstellen. Die quellenmäßig dargestellte GREENsche Funktion G — $\vec{r}$: Ortsvektor zum Bildpunkt, $\vec{r}_0$: Ortsvektor zum Quellpunkt — muß der inhomogenen HELMHOLTZ-Gleichung genügen,

$$\nabla^2 G(\vec{r}, \vec{r}_0) + k^2 G(\vec{r}, \vec{r}_0) = -\delta(\vec{r} - \vec{r}_0)\,, \tag{6}$$

wobei im Störterm die DIRACsche Deltafunktion steht.

Integralgleichungsformulierungen zur Behandlung von Flüssigkeitsproblemen, die mit der HELMHOLTZ-Gleichung beschrieben werden, findet man in der Literatur für zweidimensionale Resonanzprobleme in Hafenanlagen, hervorgerufen durch harmonisch anströmende Ozeanwellen [4].

Da an der freien Oberfläche der hydrodynamische Druck gleich null gesetzt wird, ist es vorteilhaft, eine GREENsche Funktion des Halbraumes zu wählen, die an der Halbraumbegrenzungsfläche ebenfalls die DIRICHLETsche Randbedingung erfüllt. Damit wird die Randbedingung an der freien Oberfläche identisch erfüllt. Die Integration muß dann nur über die Wand- und Bodenbereiche des Beckens ausgeführt werden. Diese GREENsche Funktion des Halbraumes kann aus zwei GREENschen Funktionen des Ganzraumes zusammengesetzt werden. Subtrahiert man von der Quellfunktion im Quellpunkt eine Quellfunktion im Spiegelquellenpunkt, der durch Spiegelung des Quellpunktes an der freien Oberfläche entsteht, so erhält man die gewünschte Funktion:

$$G(\vec{r}, \vec{r}_0) = \frac{1}{4\pi} \left(\frac{\cos k|\vec{\varrho}|}{|\vec{\varrho}|} - \frac{\cos k|\vec{\varrho}\,'|}{|\vec{\varrho}\,'|} \right); \tag{7}$$

$\vec{\varrho}$ steht für den Vektor vom Quellpunkt zum Bildpunkt; $\vec{\varrho}\,'$ für jenen vom Spiegelquellenpunkt zum Bildpunkt. Da die hydrodynamische Druckfunktion p eine reelle Funktion sein muß, wird nur mit dem Realteil der GREENschen Funktion gearbeitet.

Für die numerische Lösung der Randintegralgleichung werden die Beckenbegrenzungsflächen durch m ebene, beliebig berandete Flächenelemente approximiert. Es wird die Näherung eingeführt, daß der hydrodynamische Druck und die Druckableitung im Schwerpunkt der Teilfläche A_j konstant sein sollen über den Restbereich des Flächenelementes. Es sind daher die Integrale nur mehr über die GREENsche Funktion und deren Ableitung auszuführen (siehe Tabelle 1). Wählt man die Elementabmessungen so, daß die zur größten Erregerfrequenz gehörige Wellenlänge ein Vielfaches der maximalen Elementlängen beträgt, und sind die Beträge der Vektoren —$\vec{\varrho}$, $\vec{\varrho}\,'$— größer als entsprechend der gewünschten numerischen Genauigkeit zu wählende Grenzwerte —$\bar{\varrho}$, $\bar{\bar{\varrho}}$—, kann das Integral über die Teilfläche A_j durch eine Treppenfunktion angenähert werden. Da die GREENsche Funktion und deren Ableitung unterschiedliche Singularitätscharakteristiken aufweisen, müssen unterschiedliche Grenzwerte gewählt werden. Innerhalb dieser Grenzwerte muß, um größere numerische Fehler zu vermeiden, genauer integriert werden. Das geschieht auf einfache Weise durch weitere Unterteilung der Flächenelemente und Aufsummierung der Funktionswerte in den Unterteilungsflächenschwerpunkten. Die Auswertung des Integrals über die Singularitätsstelle der Hauptquelle ist in Tabelle 1 ebenfalls angegeben. Die Summendarstellung für das Integral über die Singularität der GREENschen Funktion ist im Sinne einer RIEMANNschen Summe zu verstehen.

Die unbekannten hydrodynamischen Drücke in m diskreten Punkten können dann aus einem linearen Gleichungssystem ermittelt werden:

$$C_{G_n}\vec{p} = \vec{Z}_{Gp_n} . \tag{8}$$

Das i-te Element des Störvektors Z wird gebildet aus einer Summe von Produkten der Teilflächenintegrale der GREENschen Funktion mit den zugehörigen inhomogenen NEUMANNschen Randbedingungen an der Trennfläche Sperre—Flüssigkeit (2).

Vergleichsberechnungen zur strengen Lösung für das Schwingungsinteraktionsproblem einer schwingenden, elastischen Platte mit der Flüssigkeit in einem Rechteckbecken [1] haben für dieses Randintegralgleichungsverfahren sehr gutes numerisches Konvergenzverhalten ergeben.

Genaueres über dieses Schwingungsinteraktionsproblem wird zu einem späteren Zeitpunkt veröffentlicht werden.

Tabelle 1. Integralauswertung der GREENschen Funktion und deren Ableitung über die Teilfläche A_j

			$\iint_{A_j} G(\vec{r}_i, \vec{r}_{0j})\,\mathrm{d}A_j$				$\iint_{A_j} \frac{\partial G(\vec{r}_i, \vec{r}_{0j})}{\partial n_{0j}}\,\mathrm{d}A_j$	
$i \neq j$	$\varrho > \bar{\varrho}$	$\varrho' > \bar{\varrho}$	gA_j	$-g'A_j$	$\varrho > \bar{\bar{\varrho}}$	$\varrho' > \bar{\bar{\varrho}}$	g_nA_j	$-g_n'A_j$
		$\varrho' < \bar{\varrho}$		$-\sum_{l=1}^{\bar{m}} g_l' A_{jl}$		$\varrho' < \bar{\bar{\varrho}}$		$-\sum_{l=1}^{\bar{\bar{m}}} g_{nl}' A_{jl}$
	$\varrho < \bar{\varrho}$	$\varrho' > \bar{\varrho}$	$\sum_{l=1}^{\bar{m}} g_l A_{jl}$	$-g'A_j$	$\varrho < \bar{\bar{\varrho}}$	$\varrho' > \bar{\bar{\varrho}}$	$\sum_{l=1}^{\bar{\bar{m}}} g_{nl} A_{jl}$	$-g_n'A_j$
		$\varrho' < \bar{\varrho}$		$-\sum_{l=1}^{\bar{m}} g_l' A_{jl}$		$\varrho' < \bar{\bar{\varrho}}$		$-\sum_{l=1}^{\bar{\bar{m}}} g_{nl}' A_{jl}$
$i = j$		$\varrho' > \bar{\varrho}$	g_s	$-g'A_i$		$\varrho' > \bar{\bar{\varrho}}$	1/2	$-g_n'A_i$
		$\varrho' < \bar{\varrho}$		$-\sum_{l=1}^{\bar{m}} g_l' A_{il}$		$\varrho' < \bar{\bar{\varrho}}$		$-\sum_{l=1}^{\bar{\bar{m}}} g_{nl}' A_{il}$

$$g = \frac{\cos k|\vec{\varrho}|}{4\pi|\vec{\varrho}|}, \qquad g' = \frac{\cos k|\vec{\varrho}'|}{4\pi|\vec{\varrho}'|}, \qquad g_s = \lim_{\bar{n}\to\infty} \sum_{l=1}^{\bar{n}} \frac{\sin k\varrho_l}{2k\bar{n}},$$

$$g_n = \frac{\partial g}{\partial n_0}, \qquad g_n' = \frac{\partial g'}{\partial n_0}, \qquad \varrho = |\vec{\varrho}|, \qquad \varrho' = |\vec{\varrho}'|,$$

Literatur

1 HÖLLINGER, F., Zur Interaktion einer schwingenden, elastischen Platte mit der Flüssigkeit in einem Rechteckbecken, Zeitschrift für Angew. Mathematik und Mechanik **61**, T 43—T 45, (1981).
2 PAO, Y.-H.; MOW, C. C., Diffraction of Elastic Waves and Dynamic Stress Concentrations, Crane, Russak & Comp. Inc., New York, 1973.
3 MORSE, P. M.; FESHBACH, H., Methods of Theoretical Physics, McGraw-Hill Book Comp., New York-Toronto-London 1953.
4 LEE, J. J.; RAICHLEN, F., Oscillations in Harbors with connected Basins, Proc. ASCE, J. of Waterways, Harbors and Coastal Eng. Div., Vol. **98**, No. WW3, p. 311—332, (1972).

Anschrift: Dipl. Ing. FRIEDRICH HÖLLINGER, Institut für Allgemeine Mechanik, Technische Universität Wien, Karlsplatz 13, A-1040 Wien, Oesterreich

ZAMM 62, T 48 – T 51 (1982)

K. KELKEL

Komplexwertige Eigenwertprobleme der Schwingungslehre

Bei der Untersuchung der Bewegungen rotationssymmetrischer eindimensionaler Systeme transversal zur Symmetrieachse führt die rechentechnisch vorteilhafte Zusammenfassung jeweils zweier reeller zu einer komplexwertigen Koordinate i. a. auf Differentialgleichungen mit komplexen Koeffizienten. Hier soll gezeigt werden, wie sich die klassische Eigenwerttheorie für solche Systeme erweitern läßt.

Allgemein soll das systembeschreibende lineare Randwertproblem den Gleichungen

$$\mathcal{L}([\mathbf{r}]) = \mathcal{K}[\mathbf{r}] + \mathcal{D}[\mathbf{r}]^{\cdot} + \mathcal{M}[\mathbf{r}]^{\cdot\cdot} = 0\,, \qquad [\ldots]^{\cdot} = \frac{\mathrm{d}}{\mathrm{d}t}[\ldots]\,, \qquad [\ldots]^{(i)} = \frac{\mathrm{d}^i}{\mathrm{d}x^i}[\ldots]\,, \tag{1}$$

$$[\mathbf{r}(x_k, t)]^{(j)T} \mathcal{L}_{Rjk}([\mathbf{r}(x_k, t)]) = [\mathbf{r}(x_k, t)]^{(j)T} \{\mathcal{K}_{Rjk}[\mathbf{r}(x_k, t)] + \mathcal{D}_{Rjk}[\mathbf{r}(x_k, t)]^{\cdot} + \mathcal{M}_{Rjk}[\mathbf{r}(x_k, t)]^{\cdot\cdot}\} = 0\,, \tag{2}$$

$k = 0, 1\,, \qquad j = 0, 1, \ldots, m-1$

genügen, wobei große Skriptbuchstaben die in [1] angegebenen Summen von zeitunabhängigen, hier i. a. komplexwertigen Koeffizientenmatrizen bezeichnen.

Als Beispiel sei ein runder, uniformer EULER-Stab nach Bild 1 mit der auf seine Länge l bezogenen Massen μ und der Biegesteife EI betrachtet, der mit konstanter Winkelgeschwindigkeit ω um seine Längsachse rotiere. Er sei beidseitig isotrop elastisch mit den Federkonstanten c_{L0} bzw. c_{L1} abgestützt und werde durch ein stets in x-Richtung wirkendes konstantes äußeres Moment M_T tordiert. Der Bewegung entgegen wirke eine stationäre, viskose Dämpfung d_a. Als Zustandsvektor erhält man $r = v + iw$, als Operatorenmatrizen

$$\begin{aligned} \mathcal{K} &= \left\{EI[\dots]'' - \frac{i}{2} M_T[\dots]'\right\}'' - \left\{\frac{i}{2} M_T[\dots]''\right\}', \qquad \mathcal{D} = d_a[\dots], \qquad \mathcal{M} = \mu[\dots], \\ \mathcal{K}_{R0k} &= \left\{EI[\dots]'' - \frac{i}{2} M_T[\dots]'\right\}' - \left\{\frac{i}{2} M_T[\dots]''\right\} + (-1)^k c_{Lk}[\dots], \\ \mathcal{K}_{R1k} &= \left\{EI[\dots]'' - \frac{i}{2} M_T[\dots]'\right\} - \frac{i}{2} M_T[\dots]', \qquad k = 0, 1. \end{aligned} \tag{3}$$

Die Lösung obigen Randwertproblems soll über den Separationsansatz $\boldsymbol{r}(x, t) = \boldsymbol{R}(x)\,e^{\lambda t}$ durch modale Reihen angenähert werden. In (1), (2) eingesetzt, ergibt sich die Eigenwertaufgabe

$$\mathcal{L}_\lambda([\boldsymbol{R}]) = (\mathcal{K} + \lambda\mathcal{D} + \lambda^2\mathcal{M})\,[\boldsymbol{R}] = 0, \qquad k = 0, 1, \qquad j = 0, 1, \dots, m-1, \tag{4}$$

$$[\boldsymbol{R}^{(j)}(x_k)]^T\,\mathcal{L}_{\lambda,Rjk}([\boldsymbol{R}(x_k)]) = [\boldsymbol{R}^{(j)}(x_k)]^T\,(\mathcal{K}_{Rjk} + \lambda\mathcal{D}_{Rjk} + \lambda^2\mathcal{M}_{Rjk})\,[\boldsymbol{R}(x_k)] = 0. \tag{5}$$

Für die weitere Rechnung hilfreich erweisen sich die für zwei Vergleichsfunktionenvektoren $\boldsymbol{U}(x, \lambda)$ und $\boldsymbol{V}(x, \lambda)$ — die als solche (5) erfüllen — über die Beziehung

$$\int_{x_0}^{x_1} [\boldsymbol{U}]^T\,\mathcal{L}_\lambda([\boldsymbol{V}])\,dx = k([\boldsymbol{U}], [\boldsymbol{V}]) + n([\boldsymbol{U}], [\boldsymbol{V}]) + \lambda\{d([\boldsymbol{U}], [\boldsymbol{V}]) + g([\boldsymbol{U}], [\boldsymbol{V}])\} + \lambda^2 m([\boldsymbol{U}], [\boldsymbol{V}]) \tag{6}$$

durch Produktintegrationen gebildeten charakteristischen Funktionale. Sie erlauben einmal eine eindeutige Klassifizierung mechanischer Systeme; mit (3) erhält man z. B.

$$\begin{aligned} k(U, V) &= \int_0^l \left[EIU''V'' - \frac{i}{2} M_T(U''V' - V''U')\right] dx + c_{L0}U(0)\,V(0) + c_{L1}U(l)\,V(l), \\ n(U, V) &= \frac{i}{2} M_T[U'(0)\,V'(0) - U'(l)\,V'(l)], \qquad d(U, V) = \int_0^l d_a UV\,dx, \qquad m(U, V) = \int_0^l \mu UV\,dx, \end{aligned} \tag{7}$$

d. h. das betrachtete Rotormodell ist mit $d(U, V) \neq 0$ dissipativ und mit $n(U, V) \neq 0$ zirkulatorisch. Weiterhin läßt sich mit ihrer Hilfe die von COLLATZ [2] für Differentialausdrücke definierte hermitesche Selbstadjungiertheit auf Eigenwertaufgaben anwenden. Es läßt sich zeigen als Satz: *Nichtgyroskopisch nichtzirkulatorische Systeme* ($g([\boldsymbol{U}], [\boldsymbol{V}]) = n([\boldsymbol{U}], [\boldsymbol{V}]) = 0$) *und nur solche sind stets hermitesch selbstadjungiert.*

Das Beispiel (3) ist damit hermitesch nichtselbstadjungiert. In diesem Fall wird für die weitere Rechnung die hermitesch adjungierte Eigenwertaufgabe

$$\tilde{\mathcal{L}}_{\tilde\lambda}([\tilde{\boldsymbol{R}}]) = 0, \qquad [\tilde{\boldsymbol{R}}^{(j)}(x_k)]^T\,\tilde{\mathcal{L}}_{\tilde\lambda,Rjk}([\boldsymbol{R}(x_k)]) = 0, \qquad k = 0, 1, \qquad j = 0, 1, \dots, m-1, \tag{8}$$

benötigt, die sich für einen ihr zugehörigen Vergleichsfunktionenvektor $\tilde{\boldsymbol{U}}(x, \tilde\lambda)$ durch Bildung der konjugiert komplexen Koeffizientenmatrizen über

$$\begin{aligned} &a^*([\tilde{\boldsymbol{U}}], [\boldsymbol{V}]) \overset{!}{=} \tilde a([\boldsymbol{V}], [\tilde{\boldsymbol{U}}]), \qquad a \in \{k, n, d, g, m\}, \\ &\tilde k([\boldsymbol{V}], [\tilde{\boldsymbol{U}}]) + \tilde n([\boldsymbol{V}], [\tilde{\boldsymbol{U}}]) + \tilde\lambda\{\tilde d([\boldsymbol{V}], [\tilde{\boldsymbol{U}}]) + \tilde g([\boldsymbol{V}], [\tilde{\boldsymbol{U}}])\} + \tilde\lambda^2\tilde m([\boldsymbol{V}], [\tilde{\boldsymbol{U}}]) \overset{!}{=} \int_{x_0}^{x_1} [\boldsymbol{V}]^T\,\tilde{\mathcal{L}}_{\tilde\lambda}([\tilde{\boldsymbol{U}}])\,dx, \end{aligned} \tag{9}$$

herleiten läßt. Mit ihr erhält man für $\lambda_K \neq \lambda_L^*$

$$d(\tilde{\boldsymbol{R}}_L^*]\,[\boldsymbol{R}_K]) + g([\tilde{\boldsymbol{R}}_L^*], [\boldsymbol{R}_K]) + (\lambda_K + \tilde\lambda_L^*)\,m([\tilde{\boldsymbol{R}}_L^*], [\boldsymbol{R}_K]) = 0 \tag{10}$$

als verallgemeinerte Orthogonalitätsbeziehung für hermitesch nichtselbstadjungierte Systeme. Die Existenz der berechneten Separationslösung ist gesichert, wenn für mindestens ein Funktionenvektorpaar $\boldsymbol{P}(x)$ und $\boldsymbol{Q}(x)$ die Reihen

$$\boldsymbol{P}(x) = \boldsymbol{r}(x, 0) = \sum_{K=\pm 1}^{\pm\infty} a_K \boldsymbol{R}_K(x), \qquad \omega_0 \boldsymbol{Q}(x) = \dot{\boldsymbol{r}}(x, 0) = \sum_{K=\pm 1}^{\pm\infty} a_K \lambda_K \boldsymbol{R}_K(x) \tag{11}$$

konvergieren. Analog zu [1] berechnen sich für $\tilde\lambda_K = \lambda_K^*$ die Entwicklungskoeffizienten zu

$$a_K = \frac{d([\tilde{\boldsymbol{R}}_K^*], [\boldsymbol{P}]) + g([\tilde{\boldsymbol{R}}_K^*], [\boldsymbol{P}]) + \lambda_K m([\tilde{\boldsymbol{R}}_K^*], [\boldsymbol{P}]) + \omega_0 m([\tilde{\boldsymbol{R}}_K^*], [\boldsymbol{Q}])}{d([\tilde{\boldsymbol{R}}_K^*], [\boldsymbol{R}_K]) + g([\tilde{\boldsymbol{R}}_K^*], [\boldsymbol{R}_K]) + 2\lambda_K m([\tilde{\boldsymbol{R}}_K^*], [\boldsymbol{R}_K])}. \tag{12}$$

Bekanntlich ist der Grundzustand konstanter Torsion für den EULER-Stab in starrer Lagerung bei unsymmetrischer Rotor-Lager-Anordnung stets instabil. In Anlehnung an ZIEGLER [3] und TRÖSCH [4] soll deshalb für kleine

Torsionsmomente und Dämpfungen die elastische Lagerung ebenfalls näherungsweise, aber weitergehend als bisher untersucht werden. Mit Einführung der dimensionslosen Größen

$$\xi = \frac{x}{l}, \qquad \omega_0^2 = \frac{EI}{\mu l^4}, \qquad \eta_T^2 = \frac{M_T l}{EI} = \varepsilon \ll 1, \qquad D = \frac{d_a}{2\omega_0} = |\varepsilon|\, d\,, \eta_{Li}^2 = \frac{c_{Li}}{EI}\,,$$

$$i = 0, 1\,, \qquad \varkappa^2 = \pm\left(D + \frac{\lambda_{1,2}}{\omega_0}\right) i \overset{!}{=} \left[\varkappa_0 - \frac{i}{2}\frac{\varepsilon}{\varkappa_0}\varkappa_1\right]^2$$

erhält man so für die Eigenwerte

$$\lambda_{1,2} = -|\varepsilon|\, d \pm \varepsilon\varkappa_1 \pm i\varkappa_0^2 + O(\varepsilon^2)\,, \qquad \tilde{\lambda}_{1,2} = \lambda_{2,1}^*\,, \tag{13}$$

$$\varkappa_1 = \frac{\eta_{L1}^2 - \eta_{L0}^2}{\varkappa_0^3}\left(\mathrm{th}^2\frac{\varkappa_0}{2} - \mathrm{tg}^2\frac{\varkappa_0}{2}\right)\left\{\left(1 + 3\frac{\eta_{L0}^2 + \eta_{L1}^2}{\varkappa_0^4}\right)\left[\mathrm{tg}\frac{\varkappa_0}{2} - \mathrm{th}\frac{\varkappa_0}{2} + \mathrm{tg}\frac{\varkappa_0}{2}\,\mathrm{th}\frac{\varkappa_0}{2}\left(\mathrm{th}\frac{\varkappa_0}{2} + \mathrm{tg}\frac{\varkappa_0}{2}\right)\right] - \right.$$

$$\left. - \left(\frac{\eta_{L0}^2 + \eta_{L1}^2}{\varkappa_0^3} + 6\frac{\eta_{L0}^2\eta_{L1}^2}{\varkappa_0^7}\right) 4\,\mathrm{th}\frac{\varkappa_0}{2}\,\mathrm{tg}\frac{\varkappa_0}{2} + 2\frac{\eta_{L0}^2\eta_{L1}^2}{\varkappa_0^6}\left[\mathrm{th}\frac{\varkappa_0}{2} + \mathrm{tg}\frac{\varkappa_0}{2} + \mathrm{th}\frac{\varkappa_0}{2}\,\mathrm{tg}\frac{\varkappa_0}{2}\left(\mathrm{th}\frac{\varkappa_0}{2} - \mathrm{tg}\frac{\varkappa_0}{2}\right)\right]\right\}^{-1},$$

wobei $\varkappa_0$ das für den untordierten Stab bekannte Ergebnis [5] bezeichnet. Für $D > |\eta_T^2\varkappa_1|$ klingen damit die freien Schwingungen in erster Näherung mit der Zeit ab, was für symmetrische Anordnungen mit $\eta_{L0}^2 = \eta_{L1}^2$ stets erfüllt ist. Im anderen Falle ist das System für beliebig kleines $M_T > 0$ instabil. Kehrt man die Richtung des Torsionsmomentes um, so erhält man die konjugiert komplexen Eigenwerte. Für $\eta = \xi - \frac{1}{2}$ ergeben sich die Eigenformen in erster Näherung zu

$$R(\eta) = \left(1 + \frac{i}{4}\varepsilon\eta\right) R_0(\eta) + \frac{i}{2}\frac{\varepsilon}{\varkappa_0}\left[R_{\mathrm{I}}(\eta) + \varkappa_1\{R_{\mathrm{II}}(\eta) - \eta R_{\mathrm{III}}(\eta)\}\right] + O(\varepsilon^2)\,, \tag{14}$$

$$R_i(\eta) = A_{1i}\frac{\mathrm{ch}\,\varkappa_0\eta}{\mathrm{ch}\frac{\varkappa_0}{2}} + A_{2i}\frac{\mathrm{sh}\,\varkappa_0\eta}{\mathrm{ch}\frac{\varkappa_0}{2}} + A_{3i}\frac{\cos\varkappa_0\eta}{\cos\frac{\varkappa_0}{2}} + A_{4i}\frac{\sin\varkappa_0\eta}{\cos\frac{\varkappa_0}{2}}\,, \qquad i \in \{0, \mathrm{I}, \mathrm{II}, \mathrm{III}\}\,,$$

wobei die A_{ji}, $j = 1 \to 4$ reelle Funktionen des Eigenformparameters $\varkappa_0$ bezeichnen; für die hermitesch Adjungierten ändern sich die Vorzeichen von R_{I} bis R_{III}. Die Orthogonalitätsbeziehung (10) ist in nullter und erster Näherung erfüllt; sie liefert eine ausgezeichnete Kontrolle für die numerische Rechnung. Die Entwicklungskoeffizienten sind in den Summen

$$a_{+K} + a_{-K} = \frac{m(\tilde{R}_K^*, P)}{m(\tilde{R}_K^*, R_K)}, \qquad a_{+K}\lambda_{K1} + a_{-K}\lambda_{K2} = \omega_0\frac{m(\tilde{R}_K^*, Q)}{m(\tilde{R}_K^*, R_K)} \tag{15}$$

von der äußeren Dämpfung unabhängig.

Wählt man speziell $P = 1$ und $Q = 0$, so gilt für $K \geqq 4$ mit $a_K = a_{K,0} - \frac{i}{2}\varepsilon a_{K,1}$:

$$a_{+K,0} + a_{-K,0} = [\eta_{L0}^2 - (-1)^K\,\eta_{L1}^2]\frac{16}{\pi^4}\left(\frac{1}{2_K - 3}\right)^4 + O\left(\frac{1}{(2_K - 3)^7}\right),$$

$$a_{+K,1} + a_{-K,1} = [\eta_{L0}^2 + (-1)^K\,\eta_{L1}^2]\frac{4}{\pi^4}\left(\frac{1}{2_K - 3}\right)^4 + O\left(\frac{1}{(2_K - 3)^6}\right),$$

d. h. Konvergenz ist nicht nur für die Reihe

$$r(\xi, t) = \sum_{K=1}^{\infty} (a_{+K}\,\mathrm{e}^{\lambda_{K1}t} + a_{-K}\,\mathrm{e}^{\lambda_{K2}t})\, R_K(\xi)\,,$$

sondern auch für ihre erste Zeit- und ihre ersten beiden Ortsableitungen gegeben. Mit $\eta_{L1}^2 = 2\eta_{L0}^2 = 200$ wird für $K = 5$ die Funktion $P(\xi) = 1$ nach Bild 2 schon recht gut angenähert.

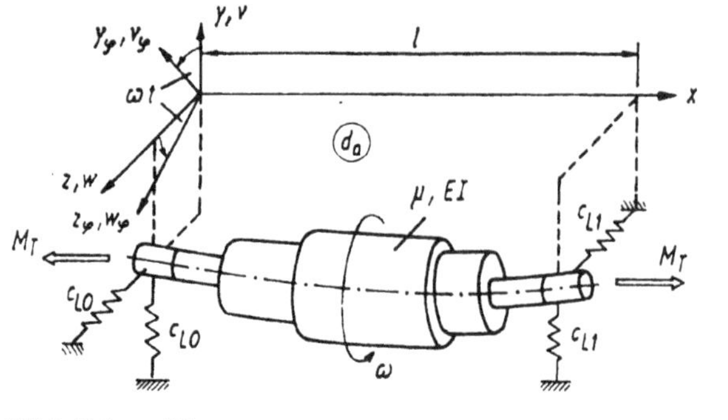

Bild 1. Rotormodell

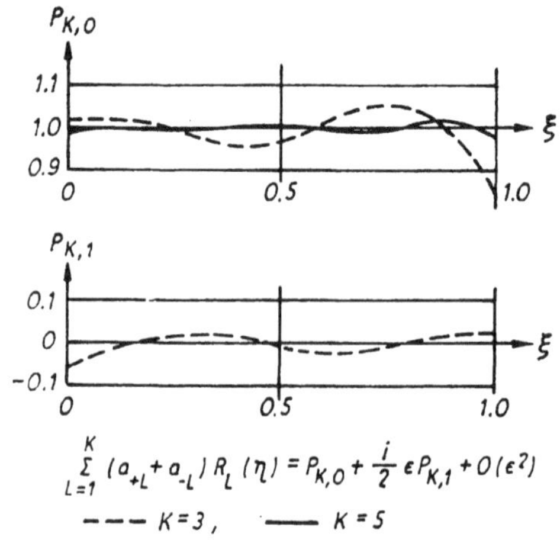

Bild 2. Modalanalyse

Literatur

1 KELKEL, K., Nichtselbstadjungierte Eigenwertprobleme der Schwingungslehre, Z. Angew. Math. u. Mech. **61** (1981), S. 62.
2 COLLATZ, L., Eigenwertaufgaben mit technischen Anwendungen, 2. Aufl., Leipzig 1963.
3 ZIEGLER, H., Stabilitätsprobleme bei geraden Stäben und Wellen, Z. Angew. Math. u. Phys. 2 (1951), S. 265.
4 TRÖSCH, A., Stabilitätsprobleme bei tordierten Stäben und Wellen, Ing. Arch. **20** (1952), S. 258.
5 GLADWELL, G. M. L.; BISHOP, R. E. D., The vibration of shafts in flexible bearings, J. mech. Engng. Sci. I (1959), S. 195.

Anschrift: Dr.-Ing. K. KELKEL, An der Maitanne 16, D-6100 Darmstadt, BRD

ZAMM 62, T 51 – T 53 (1982)

C. KLÖHN

Zur Kondensation von linearen Gleichungssystemen aufgrund geometrischer Zwangsbedingungen

Die Spannungsanalyse bzw. Schwingungs- oder Stabilitätsanalyse von Tragwerken im Rahmen der Finiten-Element-Methode unter Verwendung von Verschiebungsansätzen führt auf lineare Gleichungssysteme bzw. allgemeine Matrizen-Eigenwertprobleme der Form

$$\boldsymbol{K}\boldsymbol{r} = \boldsymbol{f} \quad \text{bzw.} \quad (\boldsymbol{K} - \lambda\boldsymbol{S})\,\boldsymbol{r} = \boldsymbol{0}\,. \tag{1}$$

Insbesondere bei Eigenwertproblemen ist es wünschenswert, die Ordnung des Gleichungssystems zu verkleinern. Durch eine erneute Anwendung des Rayleigh-Ritz-Verfahrens mit dem Ansatz

$$\boldsymbol{r} = \boldsymbol{\Psi}\boldsymbol{x}\,, \tag{2}$$

wobei

$$\dim \boldsymbol{x} = n < \dim \boldsymbol{r} = N \tag{3}$$

gilt, werden die Gleichungen (1) in den von den „Ritz-Vektoren" $\boldsymbol{x}$ aufgespannten Unterraum transformiert. Die Gleichungen des kondensierten Problems lauten:

$$\boldsymbol{K}^*\boldsymbol{x} = \boldsymbol{f}^* \quad \text{bzw.} \quad (\boldsymbol{K}^* - \lambda\boldsymbol{S}^*)\,\boldsymbol{x} = \boldsymbol{0}\,, \tag{1'}$$

mit

$$\boldsymbol{K}^* = \boldsymbol{\Psi}^T\boldsymbol{K}\boldsymbol{\Psi}, \qquad \boldsymbol{S}^* = \boldsymbol{\Psi}^T\boldsymbol{S}\boldsymbol{\Psi}, \qquad \boldsymbol{f}^* = \boldsymbol{\Psi}^T\boldsymbol{f}\,. \tag{4}$$

Der vorliegende Beitrag beschäftigt sich nun mit der Ermittlung der „Ritz-shapes" $\boldsymbol{\Psi}$. Die Untersuchung beschränkt sich auf Stabwerke, ist jedoch auf andere Tragstrukturen übertragbar. Im Unterschied zur statischen Kondensation werden hier geometrische Zusatzbedingungen systematisch ausgenutzt. Dabei steht der rechentechnische Aspekt des Problems im Vordergrund.

Als geometrische Zwangsbedingung wird die Konstanz der Sehnenlänge der Stabelemente eingeführt, d. h. der Stab wird als undehnbar betrachtet, ausgedrückt durch

$$\varepsilon = 0\,. \tag{5}$$

Man verliert dabei die Möglichkeit, Normalkräfte zu berechnen, jedoch stellt (5) eine Näherung dar, die in der praktischen Berechnung, wie z. B. beim Drehwinkelverfahren, üblich ist.

Mit Hilfe der globalen Elementverschiebungen $\boldsymbol{q}$ läßt sich die Bedingung (5) durch

$$\boldsymbol{T}^e\boldsymbol{q}^e = 0\,, \qquad 1 \le e \le N_e \tag{6}$$

ausdrücken, wobei

$$\boldsymbol{T}^e = [-\cos\alpha \quad -\sin\alpha \quad 0 \quad \sin\alpha \quad \cos\alpha \quad 0]^e\,,$$
$$\boldsymbol{q}^e = [q_1 \cdots q_6]^{eT}\,. \tag{7}$$

Mit

$$\boldsymbol{q}^e = \boldsymbol{a}^e\boldsymbol{r} \tag{8}$$

erhält man bei N_e Elementen das homogene Gleichungssystem (9) für die globalen Freiwerte $\boldsymbol{r}$:

$$\boldsymbol{T}\boldsymbol{r} = \boldsymbol{0}\,, \qquad \boldsymbol{T} = (N_e \times N)\text{-Matrix}\,. \tag{9}$$

Durch geeignete Auswahl lassen sich unabhängige Freiwerte $\boldsymbol{x}$ mit

$$\boldsymbol{x} = \boldsymbol{a}_x\boldsymbol{r} \tag{10}$$

und abhängige Freiwerte $\boldsymbol{r}_0$ mit

$$\boldsymbol{r}_0 = \boldsymbol{a}_0\boldsymbol{r} \tag{11}$$

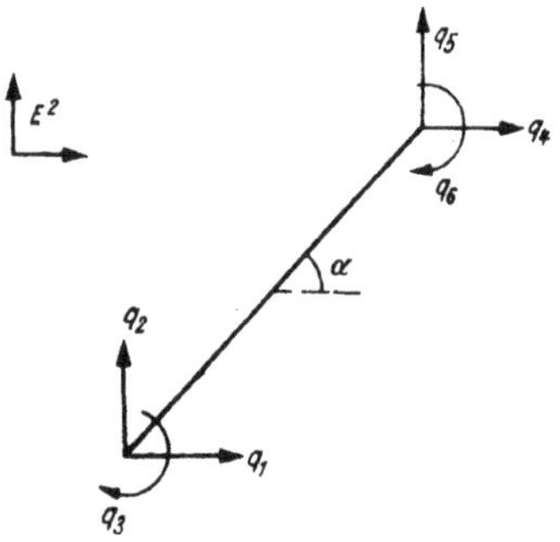

Bild 1. Elementverschiebungen im globalen Koordinatensystem

finden, wodurch sich $\boldsymbol{r}$ partitionieren läßt:

$$\tilde{\boldsymbol{r}} = \begin{bmatrix} \boldsymbol{r}_0 \\ \boldsymbol{x} \end{bmatrix} = \begin{bmatrix} \boldsymbol{a}_0 \\ \boldsymbol{a}_x \end{bmatrix} \boldsymbol{r} . \tag{12}$$

Aufgrund der Orthogonalität der Booleschen Matrizen $\boldsymbol{a}_0$ und $\boldsymbol{a}_x$ gilt:

$$\boldsymbol{r} = [\boldsymbol{a}_0^T \boldsymbol{a}_x^T]\, \tilde{\boldsymbol{r}} . \tag{13}$$

Das Gleichungssystem (9) läßt sich dann in die Form

$$[\boldsymbol{T}_0 \boldsymbol{T}_x] \begin{bmatrix} \boldsymbol{r}_0 \\ \boldsymbol{x} \end{bmatrix} = \boldsymbol{0} \tag{14}$$

überführen. (14) läßt sich als inhomogenes Gleichungssystem für $\boldsymbol{r}_0$ auffassen, mit dessen Lösung

$$\boldsymbol{r}_0 = -\boldsymbol{T}_0^{-1} \boldsymbol{T}_x \boldsymbol{x} \tag{15}$$

sich

$$\boldsymbol{r} = [\boldsymbol{a}_0^T \boldsymbol{a}_x^T] \begin{bmatrix} -\boldsymbol{T}_0^{-1}\; \boldsymbol{T}_x \\ \boldsymbol{I} \end{bmatrix} \boldsymbol{x} , \tag{16}$$

ergibt, womit

$$\boldsymbol{\Psi} = -\boldsymbol{a}_0^T \boldsymbol{T}_0^{-1} \boldsymbol{T}_x + \boldsymbol{a}_x^T \tag{17}$$

gefunden ist.

Zur Untersuchung der Regularität von $\boldsymbol{T}_0$, die in (15) vorausgesetzt wird, wird vom Gleichungssystem (9) ausgegangen. Maßgebend für dessen Lösung ist der Rang r bzw. der Defekt d von $\boldsymbol{T}$ $(N_e \times N)$, die in den Grenzen

$$0 < r < N \quad \text{bzw.} \quad 0 < d = N - r < N \tag{18}$$

liegen. Damit existieren d unabhängige Lösungen $\boldsymbol{y}_1, \boldsymbol{y}_2, \dots, \boldsymbol{y}_d$. Die vollständige Lösung erhält man durch Linearkombination aus dem Fundamentalsystem mit den freien Parametern $c_1 \dots c_d$:

$$\boldsymbol{r}_0 = [\boldsymbol{y}_1 \dots \boldsymbol{y}_d]\,[c_1 \dots c_d]^T . \tag{19}$$

Ein Vergleich von (19) mit (15) zeigt, daß das Fundamentalsystem „Ritz-shapes" beinhaltet, und daß sich die unabhängigen Freiwerte $\boldsymbol{x}$ als freie Parameter in (19) ergeben. Damit ist gezeigt, daß die in (12) eingeführte Partitionierung immer möglich ist und die Lösung (15) existiert.

Der mit einer Implementierung des Verfahrens zusätzlich erforderliche Aufwand wird durch Einsparung an Rechenzeit oder Speicherplatzbedarf zurückgewonnen. Es läßt sich zeigen, daß die Bandbreite m der kondensierten Matrizen nicht größer als die Bandbreite M der Ausgangsmatrizen ist.

Bei Verwendung von Bandmatrizen ergibt sich eine Ersparnis von ca. $N(M - m)$ Speicherplätzen, wobei N die Ordnung der Ausgangsmatrizen bezeichnet. Die Rechenzeitersparnis für das einmalige Lösen eines Gleichungssystems ist proportional zu $\frac{1}{2}(M^2 - m^2)$.

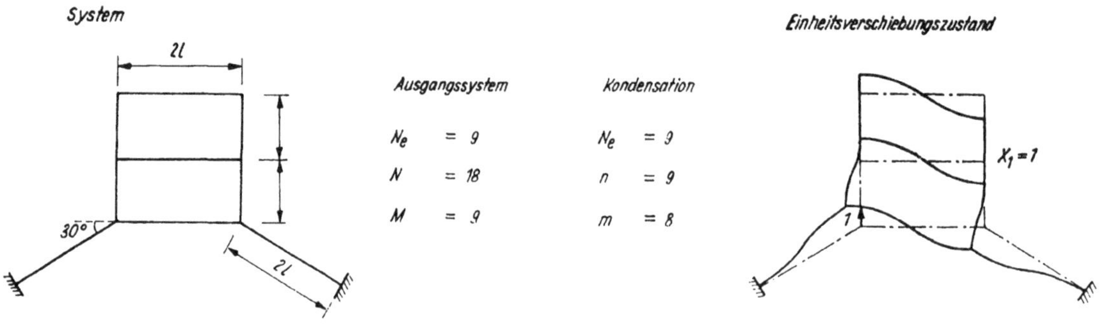

Bild 2. Beispiel eines ebenen Rahmens: statisches System und neu entstandener Einheitsverschiebungszustand $X_1 = 1$ (im linken Bildteil lies zweimal „l" an den senkrechten Pfeilen)

Als Beispiel wird ein ebener Rahmen untersucht. Durch Kondensation reduziert sich in diesem Fall die Anzahl der Unbekannten auf die Hälfte, während die Bandbreite geringfügig abnimmt. Kennzeichnend für die neu entstandenen Einheitsverschiebungszustände sind Deformationen, die nicht nur in den an den Knoten angrenzenden Elementen auftreten, sondern sich u. U. auf das gesamte System erstrecken (siehe Bild 2).

In anderen Beispielen konnte eine Abnahme der Anzahl der Unbekannten auf ca. 40% bei Halbierung der Bandbreite erzielt werden.

Zusammenfassend läßt sich sagen, daß diese Methode ein physikalisch sinnvolles Vorgehen darstellt, mit dem man bei großen Gleichungssystemen unter Einsparung von Speicherkapazität zu schnelleren Lösungen kommt.

Literatur

1 ZURMÜHL, R., Matrizen und ihre technischen Anwendungen, Springer Verlag, Berlin/Göttingen/Heidelberg 1964.
2 BATHE, K.-J.; WILSON, E. L., Numerical Methods in Finite Element Analysis, Prentice-Hall Inc., Englewood Cliffs 1976.
3 CLOUGH, R. W.; PENZIEN, J., Dynamics of Structures, McGraw-Hill, New York 1975.

Anschrift: Dipl.-Ing. C. KLÖHN, Institut für Baumechanik und numerische Mechanik der Universität Hannover, Callinstr. 32, D-3000 Hannover 1, BRD

ZAMM 62, T 53 – T 55 (1982)

A. KUNOW-BAUMHAUER

Die Antwort von Kirchhoff-Platten auf Druckwellenbelastungen

1. Problemstellung

Druckwellen entstehen u. a. durch Flugzeuge, die die Schallmauer durchbrechen (Sonic-Booms). Ihre Dauer ($t^* =$ 0.1 bis 0.3 sec), Form und Amplitude ($q_0 \cong 50$ bis 150 N/m²) werden durch den Flugzeugtyp bestimmt. Die Ausbreitungsgeschwindigkeit der Welle ($v = 1$ bis 3 Mach) ist die Geschwindigkeit des Flugzeugs. Geschwindigkeitsänderungen werden im folgenden nicht berücksichtigt ($v =$ const.), da dabei Sonderformen, z. B. Mehrfach-Booms auftreten können. Eine Halbcosinuswelle dient als Lastapproximation (Abb. 1). Die Druckwelle soll parallel zur Plattenebene auftreffen. Dabei ist vorausgesetzt, daß die Anstiegszeit Null gesetzt wird und die asymmetrische Form unberücksichtigt bleibt.

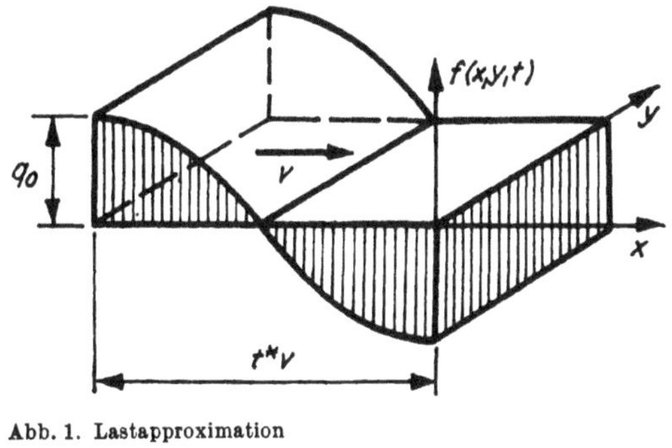

Abb. 1. Lastapproximation

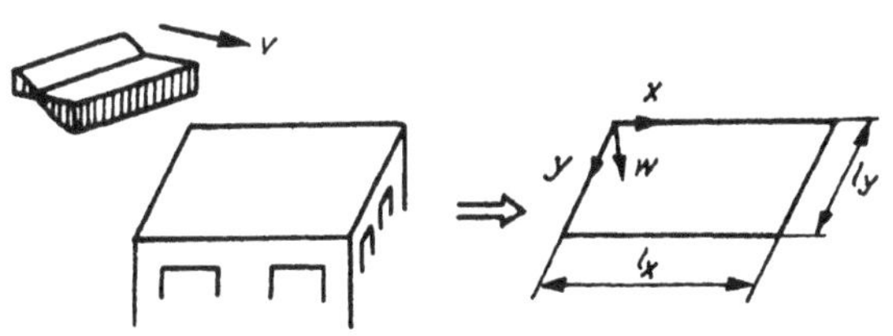

Abb. 2. Mechanisches Modell (statt „l_x", „l_y" lies „L_x", „L_y")

2. Die Anwendung auf ein Bauwerkselement

Die Druckwelle regt in der Struktur Biegewellen an. Da ihre Ausbreitungsgeschwindigkeit im allgemeinen größer als die unterste Biegewellengeschwindigkeit ist, ergeben sich grundlegend andere Systemantworten als bei langsam bewegten Lasten. Eine Störung, die z. B. ein Punkt der Struktur erfährt, erreicht einen anderen Punkt nach einer zwar sehr kurzen, aber endlich langen Zeit. Dieses Verhalten kann eine einfache Theorie wie z. B. die BERNOULLI-EULER-Theorie nicht wiedergeben. (Untersuchungen am Balken zeigen aber, daß die Übereinstimmung zwischen BERNOULLI-EULER- und TIMOSHENKO-Theorie für niedrige Geschwindigkeiten gut sind).

Bei einer Platte werden durch Druckwellen im allgemeinen nur niedrige Frequenzen bzw. Biegewellengeschwindigkeiten angeregt. Daher ist die Annahme der KIRCHHOFF-Theorie für die folgenden Untersuchungen ausreichend. Ein mechanisches Modell ist eine allseitig gelagerte Platte (Abb. 2), wenn man sie sich nur an den Außenwänden gelagert vorstellt.

Die Plattendifferentialgleichung in $w(x, y, t)$ mit geschwindigkeitsproportionaler Dämpfung lautet

$$\frac{Eh^3}{12(1-\mu^2)}\left(\frac{\partial^2}{\partial x^2}+\frac{\partial^2}{\partial y^2}\right)^2 w + \nu\frac{\partial w}{\partial t} + \varrho h\frac{\partial^2 w}{\partial t^2} = -q_0\cos\left[\frac{\pi}{t^*}\left(\frac{x}{v}-t\right)\right]\cdot H_x(x,t)\cdot H_y(y,t)\,. \tag{1}$$

Dabei sind die üblichen Bezeichnungen gewählt. Die HEAVISIDE-Funktionen (H_x, H_y) geben dabei die zeitlichen und örtlichen Begrenzungen der Last beim Überwandern der Platte an. Im folgenden wird die Wanderrichtung parallel zur x-Achse angenommen ($H_y = 1$).

Die Lösungen von (1) ergeben sich mit Hilfe eines Produktansatzes für die allseitig gelenkig gelagerte Platte zu

$$w(x, y, t) = \sum_{m=1}^{\infty}\sum_{n=1}^{\infty}\sin\frac{m\pi}{L_x}x\,\sin\frac{n\pi}{L_y}y\,\{g(t)_{\text{hom}} + g(t)_{\text{part}}\}\,. \tag{2}$$

Zur Zeit $t = 0$ soll die Platte in Ruhe sein $\big(w(x, y, 0) = \dot{w}(x, y, 0) = 0\big)$. Nun können unter Berücksichtigung der beiden unterschiedlichen Fälle ($t^*v \gtrless L_x$) und der Zeitbereiche die Lösungen angegeben werden [1]. Die Zeitbereiche entstehen durch das Überwandern der Platte (3 Zeitbereiche) und den nachfolgenden freien Schwingungen.

Drei Sonderfälle

$$v \equiv \frac{\omega_{mn}}{m\pi}L_x\,; \qquad \frac{\pi}{t^*} \equiv \omega_{mn}\,; \qquad t^*v \equiv \frac{L_x}{m} \tag{3}$$

müssen berücksichtigt werden. Die beiden ersten entstehen (für $\nu = 0$) bei Übereinstimmung von Ausbreitungsgeschwindigkeit und Biegewellengeschwindigkeit, bzw. von Lastfrequenz und Eigenkreisfrequenz. Wenn die Plattenlänge L_x ein ganzzahliges Vielfaches der Lastlänge t^*v ist, tritt der 3. Fall auch für $\nu \neq 0$ auf. Die letzten beiden Fälle werden durch die trigonometrische Lastapproximation hervorgerufen.

3. Diskussion der Ergebnisse

Aufgetragen werden die „Dynamischen Überhöhungsfaktoren (DAF)" der Antwort, z. B.

$$\text{DAF}\,w = \frac{|w_{\text{dyn, max}}|}{|w_{\text{stat, max}}|} \tag{4}$$

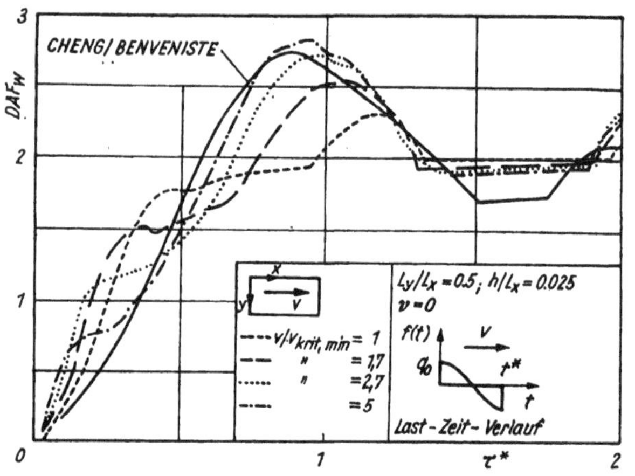

Abb. 3. DAF w (In Abb. 3–6: statt „=1", „=1,7", „=2,7", „=5" lies „≃3", „≃4", „≃6", „≃9")

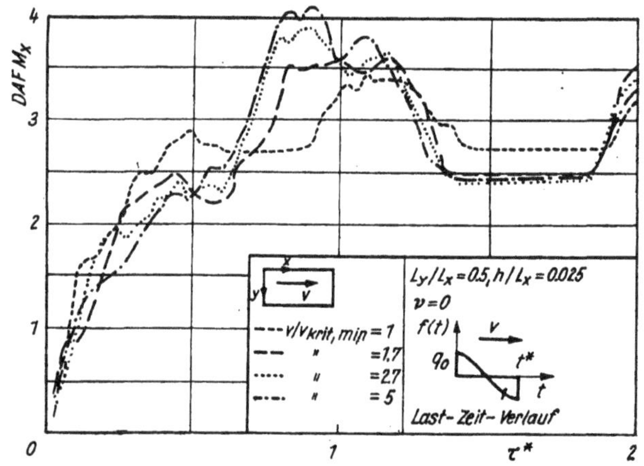

Abb. 4. DAF M_x (siehe Abb. 3)

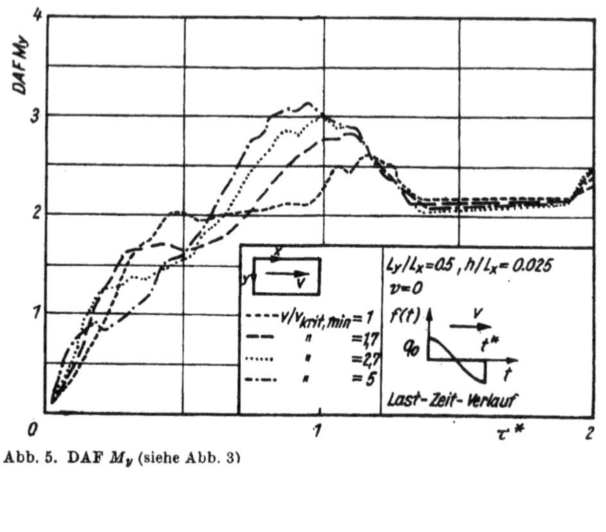

Abb. 5. DAF M_y (siehe Abb. 3)

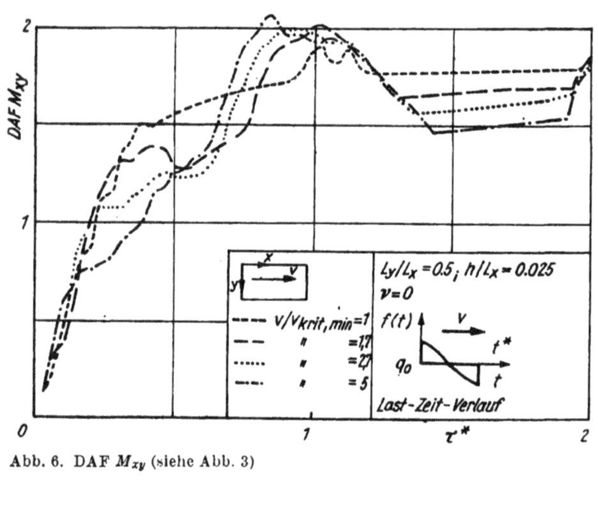

Abb. 6. DAF M_{xy} (siehe Abb. 3)

über die auf die Periodendauer bezogene Druckwellendauer $\tau^* = t^*\omega_{11}/2\pi$. Der statische Bezugswert ist der entsprechende Maximalwert einer Platte unter Vollast q_0.

In den Abb. 3 bis 6 werden die DAF w, bzw. DAF M_x, DAF M_y und DAF M_{xy} für $L_y/L_x = 0.5$ und $\nu = 0$ aufgetragen. Die Ausbreitungsgeschwindigkeit wird variiert. Die Kurvenverläufe steigen für kleine τ^* stark an; dies ist durch die Wahl des Bezugswertes bedingt. Nun folgen ein Peak und ein Plateau. Für größere τ^* wechseln Peaks und Plateaus ab. Ihre Entstehung hängt davon ab, ob das Maximum während der erregten Schwingung (Plateau) oder der nachfolgenden freien Schwingung (Peak) auftritt.

Für den DAF w existiert eine Einmassenschwingerlösung [2], mit der die Plattenlösungen für große Geschwindigkeitsverhältnisse übereinstimmen. Die Überhöhungen betragen das 2.85fache des statischen Wertes. In Abb. 4 werden die DAF M_x dargestellt. Als Maximum ergibt sich das 4.1fache des statischen Wertes. Die Überhöhung des Momentes M_y (Abb. 5) beträgt dagegen nur das 3.1fache. Das Drillmoment M_{xy} (Abb. 6) ist mit dem Faktor 2.1 deutlich kleiner. Durch die Dämpfung ist eine Abnahme der Peaks zu beobachten, während die Werte der Plateaus unmerklich abnehmen.

4. Zusammenfassung

Die dargestellten Ergebnisse zeigen, daß durch Druckwellenbelastungen bei plattenähnlichen Strukturen sehr große Spannungsüberhöhungen erreicht werden können. Bei dem hier untersuchten Beispiel ergeben sich die 4fachen Werte. Andere Parameter liefern ähnliche Überhöhungen. Relevante Strukturen sind dabei Bauteile aus Stahlbeton bzw. Mauerwerk und Fenster.

Literatur

1 Kunow-Baumhauer, A., The Response of Elastic Structures on Pressure Waves. In: Petyt, M. (Ed.), Recent Advances in Structural Dynamics. Proc. Institute of Sound & Vibration Research University of Southampton, 7–11 July 1980, Southampton, S. 345–354.

2 Cheng, D. H.; Benveniste, J. E., Dynamic Response of Structural Elements Exposed to Sonic-Booms, NASA CR-1281, 1969.

Anschrift: Dipl.-Ing. Annette Kunow-Baumhauer, Technische Hochschule Darmstadt, Fachbereich Mechanik I, Hochschulstraße 1, D-6100 Darmstadt, BRD

ZAMM 62, T 55 – T 58 (1982)

F.-H. Ling

Numerische Berechnung periodischer Lösungen nichtlinearer Schwingungssysteme

Die Bestimmung periodischer Lösungen nichtlinearer Schwingungssysteme kann als Randwertproblem

$$\dot{x} = f(t, x)\,, \qquad x(0) - x(T) = 0\,, \qquad x \in R^n\,, \qquad f \in R^n \tag{1}$$

betrachtet werden, wobei T die Schwingungsperiode ist. Das Problem wird mit dem einfachen Schießverfahren (siehe z. B. [1]) effektiv gelöst. Dabei führt man einen Parameter-Vektor s ein, um $x(0)$ zu bestimmen. Wenn die Schwingungsperiode T schon bekannt ist (bei erzwungenen und parametererregten Schwingungen), ergibt sich ein Randwertproblem mit festem Rand. Dann wählt man einfach $s = x(0)$. Sonst (bei freien konservativen und selbsterregten Schwingungen) ist es ein Randwertproblem mit freiem Rand, und T muß in s miteinbezogen werden. Man schreibt (1) um:

$$\dot{x} = f\big(t, x, g(s)\big)\,, \qquad F(s) = x(0; s) - x(T; s) = x_0 - x_T = 0\,, \tag{2}$$

wobei die Vektor-Funktion $g(s)$ die Abhängigkeit der Differentialgleichungen vom Parameter beschreibt.

Man muß s iterativ so bestimmen, daß die Randbedingung $x_0 - x_T = 0$ hinreichend gut erfüllt ist. Dabei wird das Newton-Verfahren angewendet:

$$s^{i+1} = s^i - \big((F'(s^i))^T\big)^{-1} F(s^i)\,, \tag{3}$$

wobei $F'(s)$ die Funktionalmatrix ist:

$$F'(s) = [F'_{jk}]\,, \qquad F'_{jk} = \frac{\partial F_k}{\partial s_j}. \tag{4}$$

Bei festem Rand hat man

$$F'(s) = \frac{\partial x_0}{\partial s} - \frac{\partial x_T}{\partial s}\,, \tag{5}$$

wobei offensichtlich

$$\frac{\partial x_0}{\partial s} = I_n \tag{6}$$

und $\partial x_T/\partial s$ die Lösung der Differentialgleichungen

$$\left[\frac{\partial x}{\partial s}\right]' = \frac{\partial x}{\partial s}\frac{\partial f}{\partial x} + \frac{\partial g}{\partial s}\frac{\partial f}{\partial g}, \left.\frac{\partial x}{\partial s}\right|_{t=0} = \frac{\partial x_0}{\partial s} \tag{7}$$

bei $t = T$ ist. Am freien Rand muß man jedoch noch die Änderung der Periode T berücksichtigen; statt (5) gilt

$$F'(s) = \frac{\partial x_0}{\partial s} - \frac{\partial x_T}{\partial s} - \frac{\partial T}{\partial s}\left.\frac{\partial x}{\partial t}\right|_{t=T}, \tag{8}$$

wobei $\partial x/\partial t|_{t=T}$ nichts anderes als $\partial x/\partial T$ ist. In diesem Fall wählt man

$$s = [T, x_2(0), x_3(0), \ldots]^T, \tag{9}$$

also wird statt (6)

$$\frac{\partial x_0}{\partial s} = \begin{bmatrix} 0 & \boldsymbol{0} \\ \boldsymbol{0} & I_{n-1} \end{bmatrix}. \tag{10}$$

$F(s)$ und $F'(s)$ werden durch numerische Integration von Anfangswertproblemen (z. B. Runge-Kutta-Verfahren) bestimmt.

Die Konvergenz dieser Methode ist ziemlich gut; auch instabile Lösungen werden ohne Schwierigkeiten gefunden, wenn sie nicht sehr instabil sind. Deshalb ist eine Stabilitätsuntersuchung notwendig. Man betrachtet die Lösung $\bar{x} + \eta$ neben der gefundenen periodischen Lösung $\bar{x}$, wobei η ein kleines Inkrement ist, und untersucht, ob η zunimmt oder abklingt, wenn $t \to \infty$ (siehe z. B. [2]). Setzt man $\bar{x} + \eta$ in (1) ein, erhält man als erste Näherung durch eine Taylor-Entwicklung nach η:

$$\dot{\eta} - \left[\frac{\partial f}{\partial x}\right]^T \eta = 0\,. \tag{11}$$

Gl. (11) ist eine n-dimensionale Hill-Differentialgleichung, und die Lösungen haben nach dem Floquet-Theorem die Eigenschaft

$$\eta(T) = \Phi(T, 0)\,\eta(0)\,. \tag{12}$$

Dabei ist $\Phi(T, 0)$ der Wert der Fundamentalmatrix $\Phi(t, 0)$ von (11) mit der Anfangsbedingung $\Phi(0, 0) = I_n$ bei $t = T$. Durch die Transformation

$$\xi(T) = P\eta(t)\,, \tag{13}$$

wobei P eine konstante Matrix ist, erhält man

$$\xi(T) = B\xi(0)\,. \tag{14}$$

Dabei hat $B = P\Phi(T, 0)\,P^{-1}$ die Jordan-Form. Die restliche Aufgabe besteht in der Bestimmung des größten Betrags $|\lambda_i|_{\max}$ der Eigenwerte von B. Wenn $|\lambda_i|_{\max} > 1$, ist $\bar{x}$ instabil; wenn $|\lambda_i|_{\max} < 1$, ist $\bar{x}$ asymptotisch stabil. Wenn $|\lambda_i|_{\max} = 1$, sind grenzstabile, bahnstabile oder instabile Bewegungen möglich; bei freien konservativen Schwingungen entspricht $|\lambda_i|_{\max} = 1$ jedoch immer einer bahnstabilen Bewegung.

Anschließend wird eine Fourier-Analyse durchgeführt, um die Form der periodischen Lösungen besser zu erkennen. Damit ist die Berechnung einzelner Lösungen beendet. Im oben erwähnten Auflösungsvorgang kommen Fehler fast nur durch das numerische Integrationsverfahren herein und können deshalb beurteilt und klein gehalten werden.

Man interessiert sich nicht nur für einzelne Lösungen, sondern oft mehr für eine Reihe von Lösungen, also z. B. Resonanzkurven. So ist eine Extrapolation der Startwerte des Parameters von gefundenen Lösungen sehr günstig, weil das Konvergenzgebiet der Iteration manchmal nicht sehr groß ist und Startwerte im Bereich mit stark nichtlinearem Verhalten des Schwingers schwer zu schätzen sind. Man benutzt anpassende lineare bzw. parabolische Extrapolationsformeln und ändert Schrittweiten, um die Rechenzeit möglichst klein zu halten.

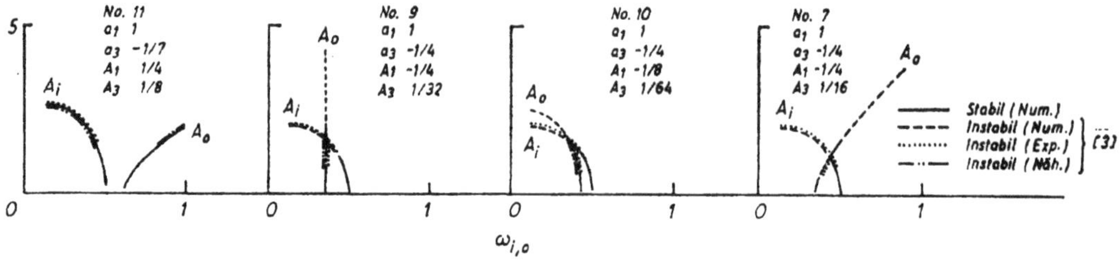

Bild 1. Modalskelettlinien der Duffing-Schwinger mit zwei Freiheitsgraden

$$\begin{cases} x_i'' + a_1 x_i + a_3 x_i^3 = 0 \\ x_0'' + (a_1 + 2A_1)\,x_0 + (a_3 + 8A_3)\,x_0^3 = 0 \end{cases}$$

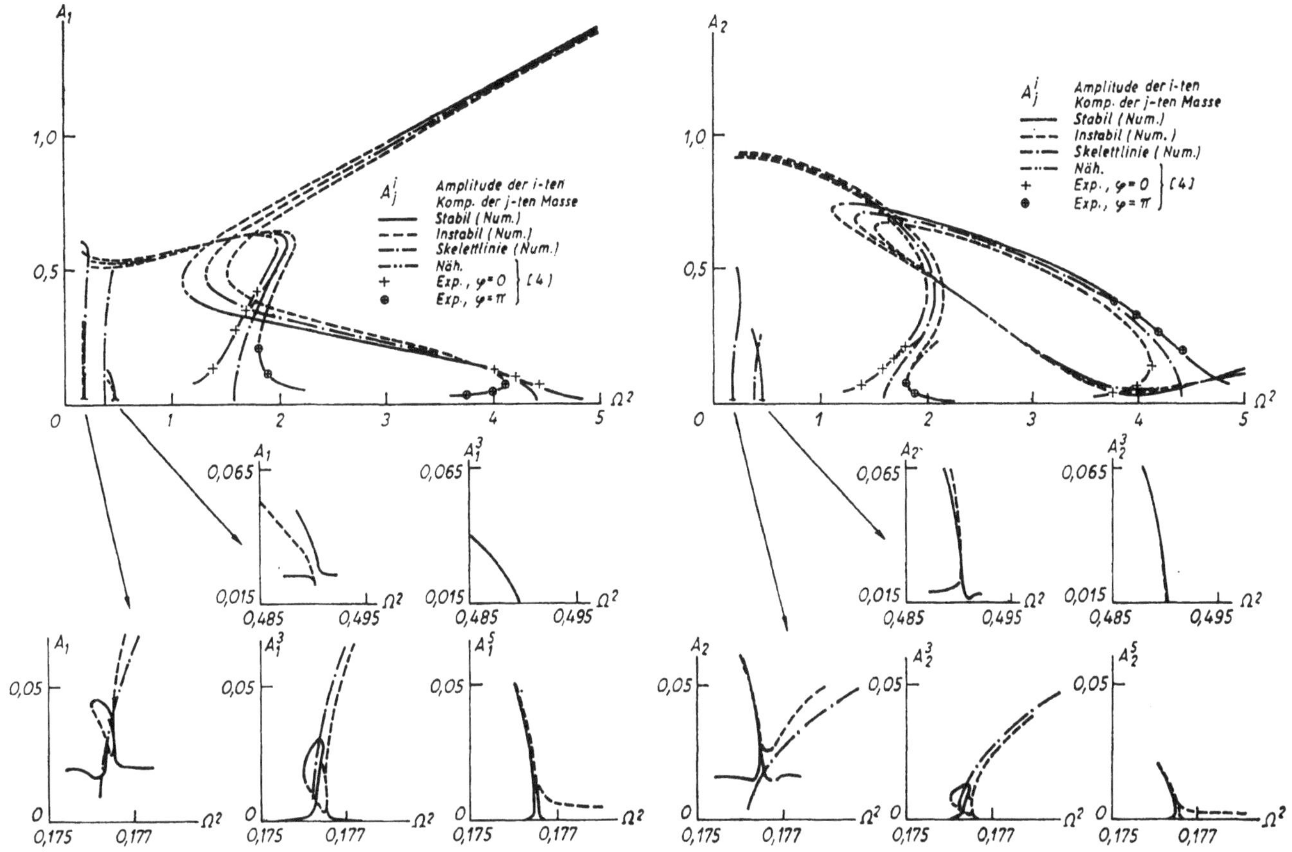

Bild 2. Resonanzkurven des erzwungenen Schwingers mit zwei Freiheitsgraden

$$\begin{cases} x_1'' + x_1 + 3x_1^3 + (x_1 - x_2) - (x_1 - x_2)^3 = 0{,}02 \cos \Omega t \\ x_2'' - (x_1 - x_2) + (x_1 - x_2)^3 + 3x_2 - 4x_2^3 = 0{,}04 \cos \Omega t \end{cases}$$

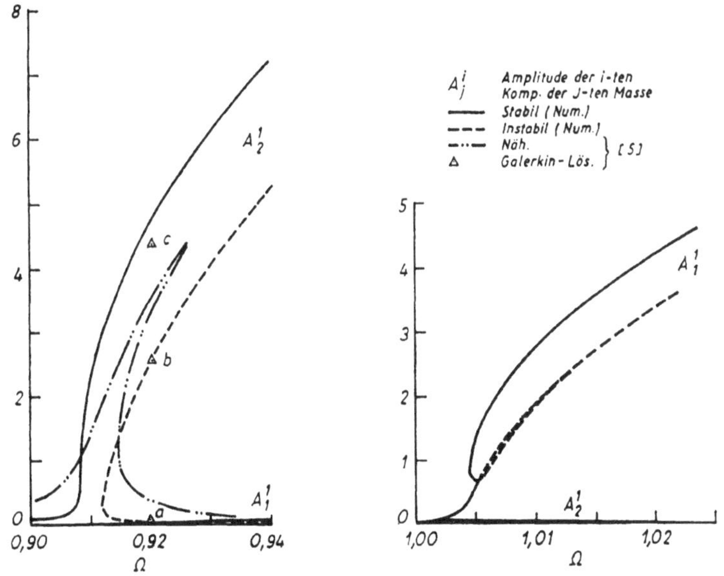

Bild 3. Resonanzkurven des erzwungenen Schwingers mit zwei Freiheitsgraden wegen Kombinationsfrequenzen

$$\begin{cases} x_1'' + 0{,}002x_1' + x_1 + 0{,}0002x_1x_2 + 0{,}003x_1^3 = 3{,}5 \cos 2\Omega t + 6{,}5 \cos 3\Omega t \\ x_2'' + 0{,}0015x_2' + 0{,}81x_2 + 0{,}003x_1x_2 + 0{,}002x_2^3 = 4 \cos 2\Omega t + 13 \cos 3\Omega t \end{cases}$$

Als erstes Beispiel betrachten wir die Stabilität freier konservativer Schwingungen von Schwingern mit zwei Freiheitsgraden und kubischer Nichtlinearität. Dieses Beispiel wurde in [3] näherungsweise und experimentell untersucht. Unter 13 Schwingern weisen 9 Schwinger eine gute Übereinstimmung zwischen Näherungslösungen und experimentellen Resultaten auf. Bei den restlichen 4 Schwingern zeigen die numerischen Ergebnisse auch eine gute Übereinstimmung mit dem Experiment (siehe Bild 1). Die Experimente wurden nur für kleine Amplituden durchgeführt; sonst hätten die übrigen instabilen Abschnitte in Bild 1 auch entdeckt werden können.

Als zweites Beispiel werden harmonisch erzwungene Schwingungen derselben Schwinger untersucht. In Bild 2 werden numerische Ergebnisse bzw. Näherungslösungen und experimentelle Resultate zusammengestellt. Man erkennt die stark veränderlichen Schwingungsmodes und Superresonanzen. Näherungslösungen können allerdings nur in einem sehr beschränkten Maß angewendet werden.

Im dritten Beispiel handelt es sich um die Kombinationsresonanz eines Schwingers mit zwei Freiheitsgraden und quadratischer bzw. kubischer Nichtlinearität. Im Gegensatz zum zweiten Beispiel tritt eine solche Resonanz jeweils nur bei einer Schwingungsmasse auf, wie in Bild 3 gezeigt wird. Ebenfalls in Bild 3 sieht man, daß Näherungslösungen [5] dieses komplizierte Phänomen kaum beschreiben können. Mit der Galerkin-Methode kann auch hohe Genauigkeit erreicht werden; nur ist sie sehr zeitaufwendig.

Einzelheiten dieser numerischen Methode sowie weitere Beispiele sind in [6] aufgeführt.

Literatur

1 STOER, J.; BULIRSCH, R., Einführung in die numerische Mathematik II, Springer, Berlin-Heidelberg-New York 1978.
2 NAYFEH, A. H.; MOK, D. T., Nonlinear Oscillations, John Wiley & Sons, New York-Chichester-Brisbane-Toronto 1979.
3 ROSENBERG, R. M.; ATKINSON, C. P., On the Natural Modes and their Stability in Nonlinear Two-Degree-of-Freedom Systems, J. Appl. Mech., **26** (1959), 377–385.
4 SETHNA, P. R., Steady-State Undamped Vibrations of a Class of Nonlinear Discrete Systems, J. Appl. Mech., **27** (1960), 187–195.
5 VAN DOOREN, R., Differential Tones in a Damped Mechanical System with Quadratic and Cubic Non-Linearities, Int. J. Nonlinear Mech., 8 (1973), 575–583.
6 LING, F.-H., Numerische Berechnung periodischer Lösungen einiger nichtlinearer Schwingungssysteme, Dissertation, Universität Stuttgart 1981.

Anschrift: FUHUA LING, DAAD-Stipendiat aus der VR China, Institut A für Mechanik der Universität Stuttgart, Pfaffenwaldring 9, D-7000 Stuttgart 80, BRD

ZAMM 62, T 58 – T 60 (1982)

R. MERTENS / W. HEREMAN / R. DE SPIEGELEERE

On the Exact Theory of Tops Rising by Friction

The tippe top consists of a spherical segment upon whose planar surface is mounted a short rod. Moving on a rough horizontal plane with sufficiently large initial rotation, the stem will touch this plane after some time (Fig. 1). Experimentally it is seen that the tippe top will rise on its stem. HUGENHOLTZ [1] explained this rising effect by introducing the hypothesis of friction; the solution of his equations of motion were obtained graphically in the case $A = C$ (A ($= B$) being the moment of inertia about any axis through the centre of mass, normal to the axis of revolution, C the moment of inertia about the axis of revolution). With the same hypotheses MERTENS and DE CORTE [2] gave an exact mathematical solution of the problem. The more realistic case $A \neq C$ will be discussed here. The general equations of motion in the situation of Fig. 1 have been established by HUGENHOLTZ, using the angular momentum equation with respect to the centre of mass of the tippe top:

$$Ka + K'a' = -C\dot{\varphi}\dot{\psi} + (A - C)\cos\theta_0\dot{\varphi}^2\,, \tag{1}$$

$$W(a - r\cos\theta_0) + W'(a' - r'\cos\theta_0) = -A\sin\theta_0\ddot{\varphi}\,, \tag{2}$$

$$-Wr\sin\theta_0 - W'r'\sin\theta_0 = C\cos\theta_0\ddot{\varphi} + C\ddot{\psi}\,, \tag{3}$$

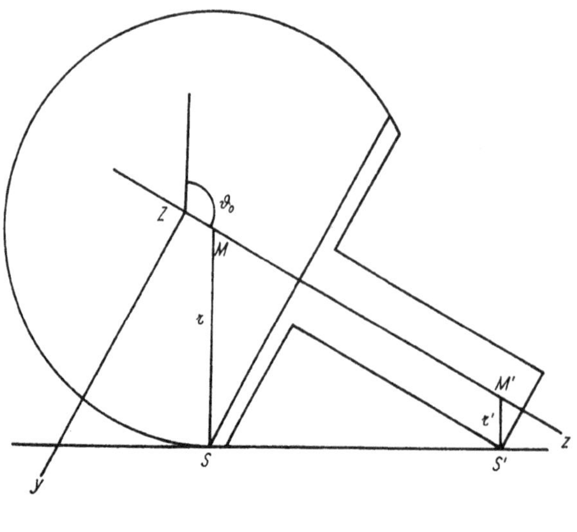

Fig. 1. The tippe top with spherical surface and stem in contact with the horizontal rough plane

where φ, ψ, θ are EULER's angles (θ_0 being the constant value of θ in the configuration of Fig. 1); W and W' the frictional forces in S and S' respectively, having the magnitudes fK and fK', K and K' being the normal components of the reactions in S and S' respectively, f the coefficient of friction; $a = ZM$, $a' = ZM'$, Z being the centre of mass, M the centre of the spherical part of the top.

Taking into account the equation of motion of the centre of mass, leading to $K + K' = mg$ (m being the total mass of the top), together with equation (1), we obtain

$$K = [C\dot\varphi\dot\psi - (A - C)\cos\theta_0\dot\varphi^2 + mga']/(a' - a)\,, \quad K' = -[C\dot\varphi\dot\psi - (A - C)\cos\theta_0\dot\varphi^2 + mga]/(a' - a)\,. \tag{4}$$

The spherical part of the top only shall touch the floor, when $K' = 0$, corresponding with points in the $(\dot\varphi, \dot\psi)$-plane on the hyperbola $C\dot\varphi\dot\psi - (A - C)\cos\theta_0\dot\varphi^2 + mga = 0$; the stem only shall touch the floor, when $K = 0$, corresponding with the hyperbola $C\dot\varphi\dot\psi - (A - C)\cos\theta_0\dot\varphi^2 + mga' = 0$. Both hyperbolas have the same centre (the origin) and the same asymptotes ($\dot\varphi = 0$, $\dot\psi = (A - C)\cos\theta_0\dot\varphi/C$). As long as the spherical segment and the stem are in contact with the floor, the points in the $(\dot\varphi, \dot\psi)$-diagram will move in the space between those hyperbolas. In the general case we also have to consider three separate areas, defined by

I $\dot\psi > -a\dot\varphi/r$, corresponding with $W = fK$, $W' = fK'$,

II $-a'\dot\varphi/r' < \dot\psi < -a\dot\varphi/r$, corresponding with $W = -fK$, $W' = fK'$,

III $\dot\psi < -a'\dot\varphi/r'$, corresponding with $W = -fK$, $W' = -fK'$.

In all three cases it was possible [3] to reduce the system (2), (3) with the help of (4) to RICCATI equations in $\dot\varphi$, which in turn could be transformed into WEBER differential equations. So $\dot\varphi$ can be expressed by WEBER functions [4].

There is, however, a more elegant method to solve the problem in the general case ($A \neq C$), by reducing it to the more simple special case, $A = C$, with the help of the linear transformation

$$\dot{\tilde\varphi} = \dot\varphi\,, \qquad \dot{\tilde\psi} = \frac{C}{A}\left(\dot\psi - \frac{A - C}{C}\cos\theta_0\dot\varphi\right). \tag{5), (6}$$

So, for instance, the equations of motion (1), (2), (3) can be written as the equations (1), (2), (3) in the paper of MERTENS and DE CORTE [2], with $\dot\varphi$ and $\dot\psi$ replaced by $\dot{\tilde\varphi}$ and $\dot{\tilde\psi}$ respectively. The hyperbolas, in whose points K' and K are zero, respectively become $A\dot{\tilde\varphi}\dot{\tilde\psi} + mga = 0$ and $A\dot{\tilde\varphi}\dot{\tilde\psi} + mga' = 0$. Only the equations of the two straight lines $\dot\psi = -a\dot\varphi/r$ and $\dot\psi = -a'\dot\varphi/r'$ delimiting the different areas become slightly more complicated, but still represent straight lines through the origin.

In the cases I and III the solution may be written as (cf. equation (5) in [2]),

$$\dot{\tilde\varphi} = \dot{\tilde\varphi}_0 \exp[-(\xi^2 - \xi_0^2)] - (2/N)^{1/2}\cos\theta_0\{F(\xi) - \exp[-(\xi^2 - \xi_0^2)]\,F(\xi_0)\}\,, \tag{7}$$

where

$$F(x) = e^{-x^2}\int_0^x e^{t^2}\,dt$$

represents DAWSON's integral [5], $\xi = (N/2)^{1/2}\dot{\tilde\psi}$, $N = (a' - a)A\sin^2\theta_0/mg(a'r - ar')$; $\dot{\tilde\varphi}_0$, $\dot{\tilde\psi}_0$ and ξ_0 are the initial values of $\dot{\tilde\varphi}$, $\dot{\tilde\psi}$ and ξ respectively on the hyperbola $A\dot{\tilde\varphi}\dot{\tilde\psi} + mga = 0$.

In the case II the solution of the modified system (2), (3) goes along the same lines as in reference [2], leading to a RICCATI equation for $\dot{\tilde\varphi}$, the solution of which reads

$$\dot{\tilde\varphi} = -\frac{D^{1/2}\left[\frac{PS}{D}\,U\left(\frac{1}{2} - \frac{PS}{D}, x\right) + C'V\left(\frac{1}{2} - \frac{PS}{D}, x\right)\right]}{P\left[U\left(-\frac{PS}{D} - \frac{1}{2}, x\right) + C'V\left(-\frac{PS}{D} - \frac{1}{2}, x\right)\right]}\,, \tag{8}$$

with $x = D^{1/2}[t - (E/D)]$ and $D = QR - PS\ (> 0)$; $U(a, x)$ and $V(a, x)$ are the fundamental solutions of WEBER's differential equation, $u'' - [(x^2/4) + a]\,u = 0$ [4]; the constants E, P, Q, R, S have the same significance as in reference [2]; the integration constant C' can be determined by means of the initial condition for $\dot{\tilde\varphi}$ (on one of the straight lines, separating the different cases in the $(\dot{\tilde\varphi}, \dot{\tilde\psi})$-plane. Further we have the relationship between $\dot{\tilde\psi}$ and $\dot{\tilde\varphi}$:

$$\dot{\tilde\psi} = (P/R)\,\dot{\tilde\varphi} + (D/R)\,t + \alpha\,, \tag{9}$$

where α is an integration constant to be determined by the initial conditions:

$$\alpha = \dot{\tilde\psi}_1 - (P/R)\,\dot{\tilde\varphi}_1\,, \tag{10}$$

where $\dot{\tilde\varphi}_1$, $\dot{\tilde\psi}_1$ are the coordinates of the point of intersection of the curve (7) and the straight line $\dot{\tilde\psi} = -(C/A) \times \{[(A - C)/C]\cos\theta_0 + a/r\}\,\dot{\tilde\varphi}$, which is the transformed line $\dot\psi = -(a/r)\,\dot\varphi$ (the new time origin has been chosen at this intersection point).

As an example of numerical calculation we take the following parameters for the tippe top: $a = 3 \cdot 10^{-3}$ m, $a' = 3 \cdot 10^{-2}$ m, $r = 2 \cdot 10^{-2}$ m, $r' = 5 \cdot 10^{-3}$ m, $m = 10^{-2}$ kg, $A = 20 \cdot 10^{-7}$ kgm², $C = 18 \cdot 10^{-7}$ kgm².

In Fig. 2 some paths in the $(\dot\varphi, \dot\psi)$-diagram are sketched. Next to the hyperbolas corresponding with $K = 0$ and $K' = 0$ (cf. equations (4)) the two straight lines separating the cases I, II, III are drawn. In the region II

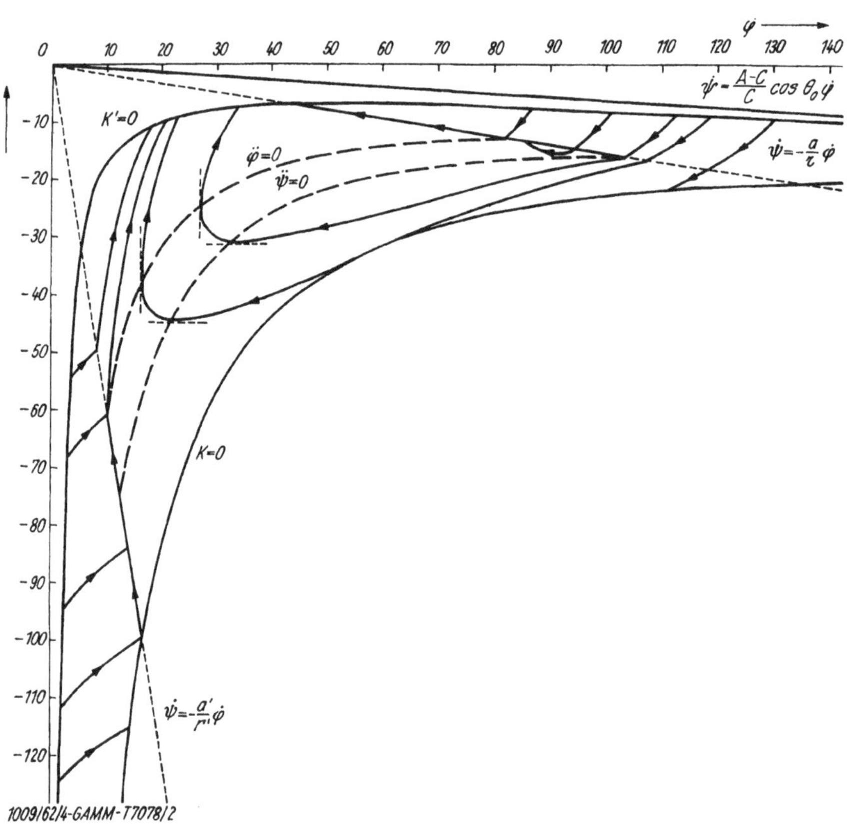

Fig. 2. Paths in the ($\dot{\varphi}$, $\dot{\psi}$)-diagram

(between the two straight lines) the arcs of the hyperbolas $\ddot{\varphi} = 0$ and $\ddot{\psi} = 0$ are also represented. The figure shows that the minimum initial value $\dot{\varphi}_0$ will be larger than the corresponding value in the case $A = C = 20 \cdot 10^{-7}$ kgm², where it took a value about 91 rad/s [2]. It is easy to see that initial motions with small $\dot{\varphi}_0$ and large $\dot{\psi}_0$ also may lead to a motion where the top rests on its stem.

References

1 Hugenholtz, N. M., On tops rising by friction, Physica **18**, 515—527 (1952).
2 Mertens, R.; De Corte, L., An exact mathematical solution of the problem of tops rising by friction, ZAMM **58**, T 116—T 118 (1978).
3 De Spiegeleere, R., De Tippe Top, M. Sc. Dissertation, Gent 1980.
4 National Physical Laboratory, Tables of Weber Parabolic Cylinder Functions, HMSO, London 1955.
5 Abramowitz, M.; Stegun, I. A., Handbook of Mathematical Functions, Dover Publ., New York 1968, p. 298.

Anschrift: Prof. Dr. R. Mertens, Drs. W. Hereman, Lic. R. De Spiegeleere, Rijksuniversiteit Gent, Instituut voor Theoretische Mechanica, Krijgslaan 281—S9, B-9000 Gent, Belgium

ZAMM **62**, T 60 – T 62 (1982)

K. Naab

Stabilität bei Systemen mit Parametererregung

Zur Stabilitätsuntersuchung an parametererregten Systemen können hinreichende Stabilitätskriterien herangezogen werden, die mit weniger Aufwand als exakte Verfahren (z. B. Floquet-Theorie) sichere Stabilitätsaussagen erlauben. Oft ist damit aber nur ein relativ kleines Teilgebiet des wirklichen Stabilitätsgebietes zu ermitteln. In dieser Arbeit wird ein Frequenzbereichsverfahren angegeben, das sich für die Behandlung periodischer Systeme besonders gut eignet und das bessere Stabilitätsergebnisse ermöglicht.

1. Systembeschreibung

Gegeben sei ein lineares, periodisch zeitvariables System

$$\dot{\boldsymbol{x}} = \boldsymbol{A}(t)\, \boldsymbol{x} + \boldsymbol{b}\,, \tag{1}$$

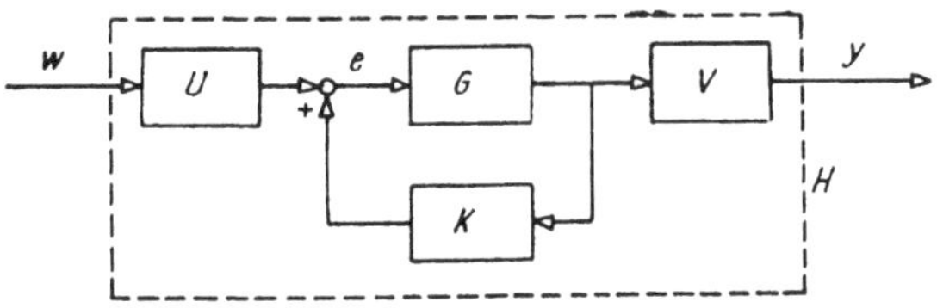

Bild 1. Zu untersuchendes System

wobei die periodische ($n \times n$)-Matrix $\boldsymbol{A}(t)$ als Fourierreihe

$$\boldsymbol{A}(t) = \boldsymbol{A}_0 + \boldsymbol{A}_1(t) = \boldsymbol{A}_0 + \sum_{\varrho=-l}^{l} \boldsymbol{F}_\varrho \, \mathrm{e}^{-j\varrho\omega_0 t}, \qquad \boldsymbol{F}_0 = \boldsymbol{0}, \tag{2}$$

mit einem konstanten Anteil $\boldsymbol{A}_0$ gegeben ist. Dieses System kann auf ein Ein/Ausgangssystem nach Bild 1 zurückgeführt werden, indem mit $\boldsymbol{A}_1(t) = \boldsymbol{BK}(t)\,\boldsymbol{C}$ eine ($n \times r$)-Eingangsmatrix $\boldsymbol{B}$, eine ($m \times n$)-Ausgangsmatrix $\boldsymbol{C}$ und eine ($r \times m$)-Rückführmatrix

$$\boldsymbol{K}(t) = \sum_{\varrho=-l}^{l} \boldsymbol{K}_\varrho \, \mathrm{e}^{-j\varrho\omega_0 t}, \qquad \boldsymbol{K}_\varrho \quad \text{aus} \quad \boldsymbol{F}_\varrho = \boldsymbol{BK}_\varrho \boldsymbol{C}, \tag{3}$$

eingeführt werden. Setzt man $\boldsymbol{b} = \boldsymbol{Bw}$, dann kann das System (1) umgeschrieben werden zu

$$\dot{\boldsymbol{x}} = \boldsymbol{A}_0 \boldsymbol{x} + \boldsymbol{Be}, \qquad \boldsymbol{e} = \boldsymbol{K}(t)\,\boldsymbol{y} + \boldsymbol{w}, \qquad \boldsymbol{y} = \boldsymbol{Cx}. \tag{4}$$

Dem Element $\boldsymbol{G}$ in Bild 1 entspricht der zeitinvariante Anteil des Differentialgleichungssystems (4). Im Frequenzbereich gilt $\boldsymbol{y}(j\omega) = \boldsymbol{G}(j\omega)\,\boldsymbol{e}(j\omega)$ mit $\boldsymbol{G}(j\omega) = \boldsymbol{C}(j\omega\boldsymbol{E} - \boldsymbol{A}_0)^{-1}\boldsymbol{B}$ als Übertragungsfunktionsmatrix. Dem Element $\boldsymbol{K}$ entspricht der zeitvariable Anteil nach (3). Für $\boldsymbol{U}$ und $\boldsymbol{V}$ sind in diesem Fall Einheitsoperatoren zu setzen. Das Gesamtsystem wird mit $\boldsymbol{H}$ bezeichnet.

2. L_2-Stabilität

Die einzelnen Teilsysteme $\boldsymbol{G}$, $\boldsymbol{K}$, $\boldsymbol{U}$ und $\boldsymbol{V}$ sind wie das Gesamtsystem $\boldsymbol{H}$ Ein/Ausgangssysteme, die aufgefaßt werden können als Operatoren eines Raumes von Eingangsfunktionen in einen Raum von Ausgangsfunktionen im Sinne der Funktionalanalysis. Das System $\boldsymbol{H}$ z. B. wird als „L_2-stabil" bezeichnet, wenn jede Eingangsfunktion $\boldsymbol{w}(t) \in L_2$ eine Ausgangsfunktion $\boldsymbol{y}(t) \in L_2$ zur Folge hat, d. h. wenn $\boldsymbol{H}$ den Raum L_2 (das ist der Raum aller quadratisch integrierbaren Funktionen) in sich selbst abbildet. Damit ist $\boldsymbol{H}$ beschränkt in L_2.

In Analogie zu Kontraktionsprinzip (vgl. [1]) lassen sich hierfür hinreichende Stabilitätsbedingungen angeben (zum Beweis siehe [2]):

S a t z: *Das System $\boldsymbol{H}$ ist sicher dann L_2-stabil, wenn die Teilsysteme $\boldsymbol{G}$, $\boldsymbol{K}$, $\boldsymbol{U}$* und *$\boldsymbol{V}$ L_2-stabil sind und wenn eine der folgenden Ungleichungen erfüllt ist*:

$$\text{a)} \quad \|\boldsymbol{K}\|_2 \, \|\boldsymbol{G}\|_2 < 1, \qquad \text{b)} \quad \|\boldsymbol{KG}\|_2 < 1, \qquad \|\boldsymbol{GK}\|_2 < 1. \tag{5}$$

Zur Stabilitätsuntersuchung müssen also die Beschränktheit der Teilsysteme nachgewiesen und Normen berechnet werden. Das Element $\boldsymbol{G}$ ist beschränkt, wenn das zugehörige zeitinvariante System asymptotisch stabil ist, d. h. $\mathrm{Re}\,\lambda_i(\boldsymbol{A}_0) < 0$. Das Element $\boldsymbol{K}$ ist beschränkt, wenn $|k_{ij}(t)| < \infty$ für alle i, j. Als Einheitsoperatoren sind $\boldsymbol{U}$ und $\boldsymbol{V}$ ebenfalls beschränkt. Die Normen lassen sich aus ihrer Definition (zum Beispiel für $\boldsymbol{G}$: $\|\boldsymbol{G}\|_2 = \sup \|\boldsymbol{Ge}\|_2/\|\boldsymbol{e}\|_2$ für alle $\boldsymbol{e} \in L_2$, $\boldsymbol{e} \neq 0$) unter Zuhilfenahme von PARSEVALschem Theorem, RAYLEIGH-Quotienten und HÖLDERscher Ungleichung bestimmen. Im einzelnen gilt:

$$\begin{aligned} &\|\boldsymbol{G}\|_2 = \sup_{\omega} \|\boldsymbol{G}(j\omega)\|_H, \qquad \|\boldsymbol{K}\|_2 = \sup_{t} \|\boldsymbol{K}(t)\|_2 \leqq \sum_{\varrho=-l}^{l} \|\boldsymbol{K}_\varrho\|_H, \\ &\|\boldsymbol{KG}\|_2 \leqq \sum_{\varrho=-l}^{l} \sup_{\omega} \|\boldsymbol{K}_\varrho \boldsymbol{G}(j\omega)\|_H, \qquad \|\boldsymbol{GK}\|_2 \leqq \sum_{\varrho=-l}^{l} \sup_{\omega} \|\boldsymbol{G}(j\omega)\,\boldsymbol{K}_\varrho\|_H, \end{aligned} \tag{6}$$

wobei mit $\|\boldsymbol{Z}\|_H$ die HILBERTnorm einer Matrix, d. h. die positive Wurzel des größten Eigenwertes der Matrix $\boldsymbol{Z}^*\boldsymbol{Z}$ bezeichnet wird. (Bemerkung: In der vorliegenden Form kann mit diesem Kriterium neben der L_2-Stabilität auch asymptotische Stabilität des freien Systems nachgewiesen werden, vgl. [2].)

B e i s p i e l: Bei der MATHIEUschen Differentialgleichung $\ddot{y} + 0.2\dot{y} + (\lambda + \gamma \cos t)\, y = w$ erhält man nach Trennung von konstantem und zeitvariablem Anteil:

$$G(j\omega) = 1/(\lambda - \omega^2 + 0.2j\omega), \qquad K(t) = \tfrac{1}{2}\gamma(\mathrm{e}^{-jt} + \mathrm{e}^{jt}).$$

Daraus folgt das Stabilitätsgebiet ① in Bild 2.

3. Äquivalente Systeme

Wie auch aus dem Beispiel ersichtlich ist, kann mit diesem Kriterium in vielen Fällen nur ein relativ kleines Teilgebiet des wirklichen Stabilitätsgebietes ermittelt werden. Bessere Ergebnisse können jedoch erzielt werden, wenn anstelle des gegebenen Systems bestimmte äquivalente Systeme betrachtet werden. Zu dem System nach Bild 1 kann nämlich ein äquivalentes System mit modifizierten Teilsystemen $\overline{\boldsymbol{G}}$, $\overline{\boldsymbol{K}}$, $\overline{\boldsymbol{U}}$ und $\overline{\boldsymbol{V}}$ derart gefunden werden, daß

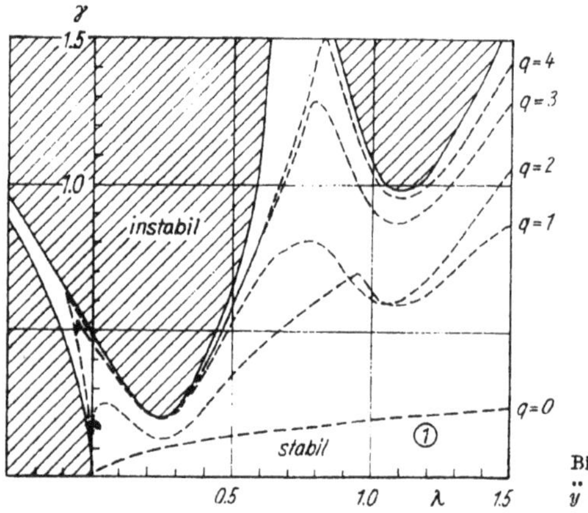

Bild 2. Stabilitätsgebiete der Mathieuschen Differentialgleichung $\ddot{y} + 0.2\dot{y} + (\lambda + \gamma \cos t)\, y = w$

das Ein/Ausgangsverhalten des Gesamtsystems $\boldsymbol{H}$ von außen gesehen nicht verändert wird, sondern nur die innere Beschreibung. Besteht nun zwischen dem gegebenen und dem äquivalenten System z. B. ein Zusammenhang $\|\overline{\boldsymbol{G}}\overline{\boldsymbol{K}}\|_2 < \|\boldsymbol{G}\boldsymbol{K}\|_2$, dann sind aus der Anwendung des obigen Satzes auf das äquivalente System bessere Ergebnisse zu erwarten, solange $\overline{\boldsymbol{G}}$, $\overline{\boldsymbol{K}}$, $\overline{\boldsymbol{U}}$ und $\overline{\boldsymbol{V}}$ selbst beschränkt sind.

Äquivalente Systeme können in diesem Fall äquivalente Differentialgleichungssysteme sein, die gerade bei periodischen Systemen relativ einfach konstruiert werden können. Am Beispiel einer harmonischen Parametererregung (d. h. $l = 1$) soll dies gezeigt werden, beliebige Parametererregungen lassen sich auf die gleiche Weise behandeln.

Die Differentialgleichung mit harmonischer Parametererregung lautet

$$\dot{\boldsymbol{x}}(t) = \boldsymbol{A}_0 \boldsymbol{x}(t) + (\boldsymbol{F}_1\, \mathrm{e}^{-j\omega_0 t} + \boldsymbol{F}_{-1}\, \mathrm{e}^{j\omega_0 t})\, \boldsymbol{x}(t) + \boldsymbol{B}\boldsymbol{w}(t)\,. \tag{7}$$

Mit Hilfe der Substitutionen $\boldsymbol{x}_k = \mathrm{e}^{-jk\omega_0 t}\, \boldsymbol{x}$, $\boldsymbol{w}_k = \mathrm{e}^{-jk\omega_0 t}\, \boldsymbol{w}$ erhält man Differentialgleichungen für $\boldsymbol{x}_k(t)$:

$$\dot{\boldsymbol{x}}_k(t) = \boldsymbol{A}_k \boldsymbol{x}_k(t) + \boldsymbol{F}_1 \boldsymbol{x}_{k+1}(t) + \boldsymbol{F}_{-1} \boldsymbol{x}_{k-1}(t) + \boldsymbol{B}\boldsymbol{w}_k(t)\,, \tag{8}$$

mit $\boldsymbol{A}_k = \boldsymbol{A}_0 - jk\omega_0 \boldsymbol{E}$. Werden diese Gleichungen für eine beliebige Anzahl $k = \pm q$ in einem Matrizenschema

$$\underbrace{\begin{bmatrix} \dot{\boldsymbol{x}}_q \\ \vdots \\ \dot{\boldsymbol{x}}_1 \\ \dot{\boldsymbol{x}}_0 \\ \dot{\boldsymbol{x}}_{-1} \\ \vdots \\ \dot{\boldsymbol{x}}_{-q} \end{bmatrix}}_{\dot{\overline{\boldsymbol{x}}}_q(t)} = \underbrace{\begin{bmatrix} \boldsymbol{A}_q & \boldsymbol{F}_{-1} & \boldsymbol{0} & & \boldsymbol{F}_1\, \mathrm{e}^{-j(q+1)\omega_0 t} & & & \\ \ddots & \ddots & \ddots & \ddots & \vdots & & & \\ \boldsymbol{0} & \boldsymbol{F}_1 & \boldsymbol{A}_1 & \boldsymbol{F}_{-1} & & \boldsymbol{0} & & \\ & \boldsymbol{0} & \boldsymbol{F}_1 & \boldsymbol{A}_0 & & \boldsymbol{F}_{-1} & \boldsymbol{0} & \\ & & \boldsymbol{0} & \boldsymbol{F}_1 & & \boldsymbol{A}_{-1} & \boldsymbol{F}_{-1} & \boldsymbol{0} \\ & & & \ddots & \ddots & \ddots & \ddots & \ddots \\ & & & \boldsymbol{F}_{-1}\mathrm{e}^{j(q+1)\omega_0 t} & & \boldsymbol{0} & \boldsymbol{F}_1 & \boldsymbol{A}_{-q} \end{bmatrix}}_{\overline{\boldsymbol{A}}_q(t)} \cdot \underbrace{\begin{bmatrix} \boldsymbol{x}_q \\ \vdots \\ \boldsymbol{x}_1 \\ \boldsymbol{x}_0 \\ \boldsymbol{x}_{-1} \\ \vdots \\ \boldsymbol{x}_{-q} \end{bmatrix}}_{\overline{\boldsymbol{x}}_q(t)} + \underbrace{\begin{bmatrix} \boldsymbol{B}\boldsymbol{w}_q \\ \vdots \\ \boldsymbol{B}\boldsymbol{w}_1 \\ \boldsymbol{B}\boldsymbol{w}_0 \\ \boldsymbol{B}\boldsymbol{w}_{-1} \\ \vdots \\ \boldsymbol{B}\boldsymbol{w}_{-q} \end{bmatrix}}_{\overline{\boldsymbol{B}}_q \overline{\boldsymbol{w}}_q(t)} \tag{9}$$

zusammengefaßt, dann erhält man ein äquivalentes, periodisch zeitvariables Differentialgleichungssystem, das gegenüber dem ursprünglichen System erweitert ist. Durch geeignete Wahl von Matrizen $\overline{\boldsymbol{C}}_q$ und $\overline{\boldsymbol{U}}_q$ entsprechend zu Abschnitt 1 läßt sich stets ein Zusammenhang zwischen $\boldsymbol{w}$ und $\boldsymbol{y}$ finden,

$$\boldsymbol{w} \overset{U_q}{\rightarrow} \overline{\boldsymbol{w}}_q \overset{\text{Gl.(9)}}{\rightarrow} \overline{\boldsymbol{x}}_q \overset{C_q}{\rightarrow} \boldsymbol{x} \overset{C}{\rightarrow} \boldsymbol{y} \tag{10}$$

und damit auch die erforderlichen Operatoren $\overline{\boldsymbol{G}}$, $\overline{\boldsymbol{K}}$, $\overline{\boldsymbol{U}}$ und $\overline{\boldsymbol{V}}$. Die Verbesserungen, die durch dieses Vorgehen z. B. bei der MATHIEU-Gleichung erzielt werden können, sind in Bild 2 für $q = 1, 2, 3, 4$ angegeben.

4. Schlußbemerkungen

Es sind die verschiedensten äquivalenten Systeme denkbar, die das gleiche Ein/Ausgangsverhalten des Systems (4) beschreiben. Der Aufwand, der dann zur Auswertung des Stabilitätskriteriums erforderlich ist, und auch die Güte der erreichbaren Ergebnisse können je nach dem verwendeten äquivalenten System unterschiedlich sein. Um den Aufwand an Auswertearbeit zu reduzieren, können aber oft weitere einfacher auszuwertende hinreichende Abschätzungen für die Bedingungen des Stabilitätskriteriums gefunden werden (vgl. [2]).

Literatur

1 ZAMES, G., On the Input-Output Stability of Time-Varying Nonlinear Feedback Systems I + II, IEEE Trans. Autom. Contr. AC-11 (1966), S. 228–238, 465–476.

2 NAAB, K., Stabilitätsuntersuchungen an linearen Systemen mit periodisch zeitveränderlichen Parametern, Fortschrittsberichte der VDI-Zeitschriften, Reihe 11, Nr. 41, Düsseldorf: VDI-Verlag 1981.

Anschrift: Dr.-Ing. KARL NAAB, Fachbereich Sicherheitstechnik der Universität-GH Wuppertal, Gaußstraße 20, D-5600 Wuppertal 1, BRD

ZAMM 62, T 63 – T 65 (1982)

W. Pletschen

Ein Ansatz zur Überprüfung von nach der Stabtheorie ermittelten Eigenfrequenzen orthotroper elastischer Körper

Die freien Schwingungen elastischer Festkörper können durch die Feldgleichungen

$$\operatorname{div} \boldsymbol{S} + \varrho\omega^2 \boldsymbol{u} = \boldsymbol{0}\,, \qquad \boldsymbol{S} = \boldsymbol{S}^*$$

beschrieben werden. Nach [1] und [2] lassen sich hieraus unter Zugrundelegung eines verallgemeinerten ebenen Spannungszustandes, der durch die Annahmen

$$\int_{-c}^{c} \tau_{xz}\,\mathrm{d}z = 0\,, \qquad \int_{-c}^{c} \tau_{yz}\,\mathrm{d}z = 0\,, \qquad \int_{-c}^{c} \sigma_z\,\mathrm{d}z = 0$$

gekennzeichnet ist, die Eigenwertdifferentialgleichungen

$$\begin{aligned} \mu_x \frac{\partial^2 u}{\partial x^2} + \frac{\partial^2 u}{\partial y^2} + (\mu_{xy} + 1)\frac{\partial^2 v}{\partial x\,\partial y} + \frac{\varrho\omega^2}{G_{xy}} u = 0\,, \\ \frac{\partial^2 v}{\partial x^2} + \mu_y \frac{\partial^2 v}{\partial y^2} + (\mu_{xy} + 1)\frac{\partial^2 u}{\partial x\,\partial y} + \frac{\varrho\omega^2}{G_{xy}} v = 0 \end{aligned} \tag{1}$$

von in ihrer Ebene schwingenden homogenen kartesisch-orthotropen linear-elastischen Scheiben (Abb. 1) gewinnen.

Die Feldgrößen u und v hängen als mittlere Verschiebungen

$$u = \frac{1}{2c}\int_{-c}^{c} (\boldsymbol{u}\cdot\boldsymbol{e}_x)\,\mathrm{d}z\,, \qquad v = \frac{1}{2c}\int_{-c}^{c} (\boldsymbol{u}\cdot\boldsymbol{e}_y)\,\mathrm{d}z$$

nur von zwei Variablen ab. Die dimensionslosen Materialparameter

$$\mu_x = \frac{E_x}{G_{xy}}\frac{1}{1 - \nu_{xy}\nu_{yx}}\,, \qquad \mu_y = \frac{E_y}{G_{xy}}\frac{1}{1 - \nu_{xy}\,\nu_{yx}}\,, \qquad \mu_{xy} = \mu_x\nu_{xy}$$

genügen den Relationen

$$\mu_x > 0\,, \qquad \mu_y > 0\,, \qquad \mu_x\mu_y - \mu_{xy}^2 > 0 \tag{2}$$

und sind auf das Materialgesetz homogen kartesisch-orthotroper Körper

$$\begin{aligned} \varepsilon_x &= \frac{1}{E_x}\sigma_x - \frac{\nu_{xy}}{E_y}\sigma_y - \frac{\nu_{xz}}{E_z}\sigma_z\,, & \gamma_{xy} &= \frac{\tau_{xy}}{G_{xy}} \\ \varepsilon_y &= -\frac{\nu_{yx}}{E_x}\sigma_x + \frac{1}{E_y}\sigma_y - \frac{\nu_{yz}}{E_z}\sigma_z\,, & \gamma_{xz} &= \frac{\tau_{xz}}{G_{xz}} \\ \varepsilon_z &= -\frac{\nu_{zx}}{E_x}\sigma_x - \frac{\nu_{zy}}{E_y}\sigma_y + \frac{1}{E_z}\sigma_z\,, & \gamma_{yz} &= \frac{\tau_{yz}}{G_{yz}} \end{aligned}$$

bezogen. Die Differentialgleichungen (1) sind selbstadjungiert und aufgrund der Eigenschaften (2) positiv stark elliptisch.

Mit den Randbedingungen

$$u = 0\,, \qquad \frac{\partial v}{\partial y} = 0 \qquad (y = \pm b) \tag{3}$$

und

$$\mu_x \frac{\partial u}{\partial x} + \mu_{xy}\frac{\partial v}{\partial y} = 0\,, \qquad \frac{\partial v}{\partial x} + \frac{\partial u}{\partial y} = 0 \qquad (x = \pm a) \tag{4}$$

für die in Abb. 1 angegebene Scheibe ist die Eigenwertaufgabe (1) selbstadjungiert, was ausschließlich reelle Eigenwerte und als reell annehmbare Eigenfunktionen bedeutet.

Diese partielle Eigenwertaufgabe kann in eine gewöhnliche Eigenwertaufgabe überführt werden. In [1] wird nach dem Vorbild [2] gezeigt, daß sämtliche Lösungen (ω; u, v) der Aufgabe (1) mit den Randbedingungen (3) und (4) aus den Lösungen (ω; U, V) der gewöhnlichen Eigenwertaufgabe

$$\begin{aligned} \mu_x U''(x) - \frac{n\pi}{2b}(\mu_{xy} + 1)\,V'(x) - \left(\frac{n\pi}{2b}\right)^2 U(x) + \frac{\varrho\omega^2}{G_{xy}} U(x) = 0\,, \\ V''(x) + \frac{n\pi}{2b}(\mu_{xy} + 1)\,U'(x) - \mu_y\left(\frac{n\pi}{2b}\right)^2 V(x) + \frac{\varrho\omega^2}{G_{xy}} V(x) = 0 \end{aligned} \tag{5}$$

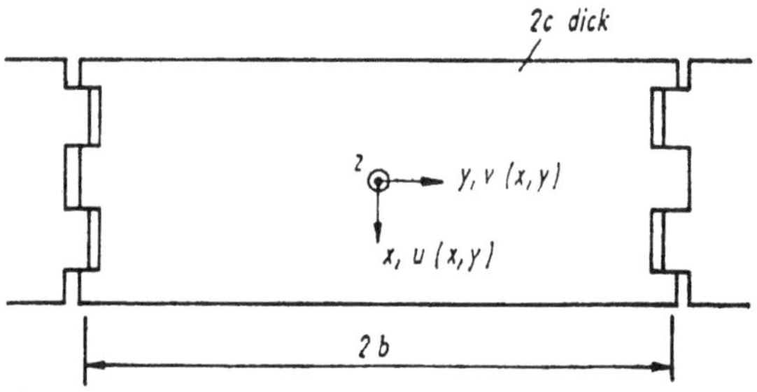

Abb. 1

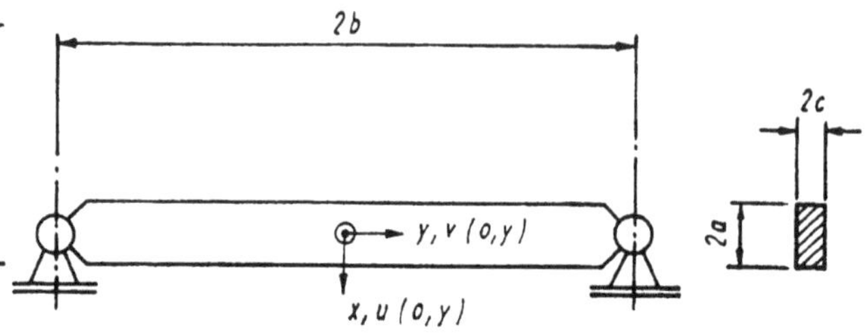

Abb. 2

mit

$$\mu_x U'(\pm a) - \mu_{xy} \frac{n\pi}{2b} V(\pm a) = 0\,, \qquad V'(\pm a) + \frac{n\pi}{2b} U(\pm a) = 0\,, \tag{6}$$

durch die Formeln

$$u(x, y) = U(x) \sin\left(n\pi \frac{y+b}{2b}\right), \qquad v(x, y) = V(x) \cos\left(n\pi \frac{y+b}{2b}\right), \qquad (n = 0, 1, \ldots) \tag{7}$$

gewonnen werden können.

Weil die Scheibe in Abb. 1 mit kleiner werdender Breite $2a$ einem Balken auf zwei Stützen immer ähnlicher wird, kann die Lösung (7) zur Überprüfung der nach der Stabtheorie ermittelten Eigenwerte herangezogen werden. Am Beispiel der Grundfrequenzen einer Scheibe mit den Materialparametern $\mu_x = 4$, $\mu_y = 3$ und $\mu_{xy} = 2$ (bei Isotropie mit $\nu = 1/3$ wäre $\mu_x = \mu_y = 3$ und $\mu_{xy} = 1$) soll diese Vergleichsmöglichkeit demonstriert werden.

Der elementaren Stabtheorie zufolge ist die Grundschwingung „Transversal" des Stabes in Abb. 2 durch

$$u(0, y) = \sin\left(\pi \frac{y+b}{2b}\right), \qquad b \sqrt{\frac{\varrho}{G_{xy}}}\, \omega^{(T)} = \frac{\pi^2}{4\sqrt{3}} \cdot \theta \cdot \sqrt{\frac{\mu_x \mu_y - \mu_{xy}^2}{\mu_x}} \tag{8}$$

mit dem Seitenverhältnis $\theta = a/b$ und die Grundschwingung „Longitudinal" durch

$$v(0, y) = \cos\left(\pi \frac{y+b}{2b}\right), \qquad b \sqrt{\frac{\varrho}{G_{xy}}}\, \omega^{(L)} = \frac{\pi}{2} \cdot \sqrt{\frac{\mu_x \mu_y - \mu_{xy}^2}{\mu_x}} \tag{9}$$

beschrieben. Zur Überprüfung dieser Resultate wird mit Blick auf die Gleichungen (7) und die Eigenfunktionen in (8) und (9) die Lösung der Eigenwertaufgabe (5), (6) für die Wellenzahl $n = 1$ benötigt. Zur Konstruktion dieser Lösung sind mithilfe von Exponentialansätzen die Fundamentallösungen des Systems (5) zu bestimmen, die allgemeine Lösung von (5) in die Randbedingungen (6) einzusetzen und die Eigenwerte als Nullstellen einer 4×4-Determinante zu berechnen. Bei den genannten Werten für die Materialparameter ergab die Auswertung auf der Rechenanlage CYBER 170 der Zentraleinrichtung Rechenzentrum der Technischen Universität Berlin die in Abb. 3 dargestellte Abhängigkeit der Eigenwerte vom Seitenverhältnis θ.

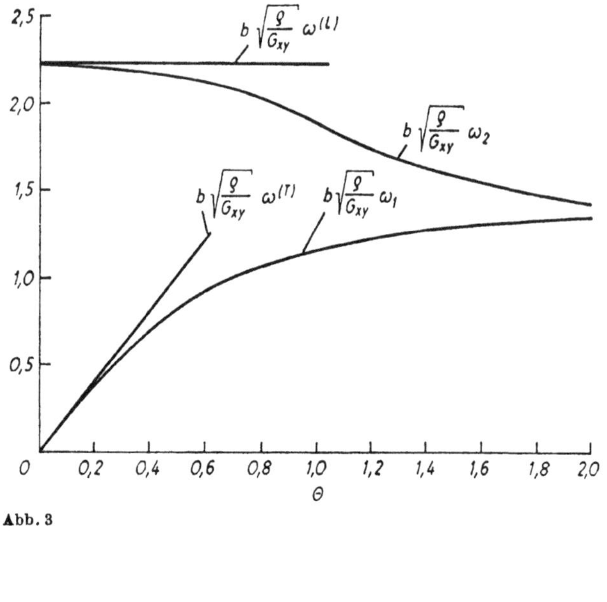

Abb. 3

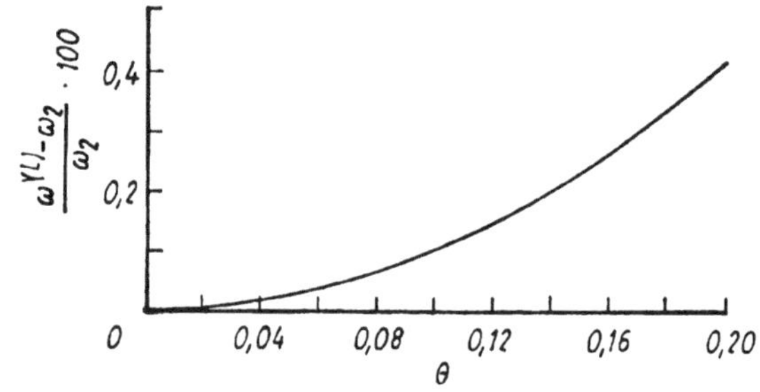

Abb. 4

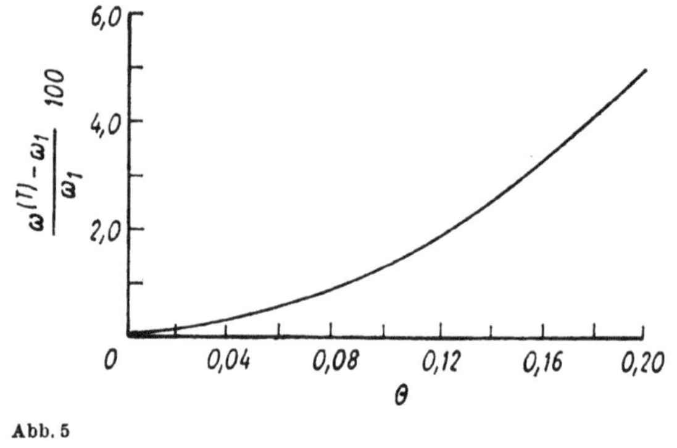

Abb. 5

Die relativen Abweichungen der Stabtheorie-Resultate von den Scheibentheorie-Ergebnissen sind in den Abb. 4 und 5 dargestellt. Daß die Stabtheorie stets größere Zahlenwerte liefert, ist nicht weiter verwunderlich, liegt ihr doch die Verformungshypothese „Starre Scheiben“ zugrunde, welche als innere Zwangsbedingung das gesamte Eigenwertspektrum nach rechts verschiebt, vgl. [3].

Literatur

1 Pletschen, W., Über die Eigenschwingungen rechteck- und kreisringsegmentförmiger Scheiben bei orthotropem Elastizitätsgesetz, Dissertation, TU Berlin 1980
2 Imer, S., Ein Beitrag zum Eigenschwingungsverhalten kreis- und kreisringförmiger Scheiben bei polarorthotropem Materialgesetz, Dissertation, TU Berlin 1978
3 Courant, R.; D. Hilbert, Methoden der Mathematischen Physik, Band I, Springer-Verlag, Berlin 1968.

Anschrift: Dr.-Ing. Wilhelm Pletschen, Poßbergweg 69, D-4000 Düsseldorf 12, BRD

ZAMM 62, T 65 – T 67 (1982)

K. Popp / P. C. Müller

Ein Beitrag zur Gleisdynamik

Die theoretische Untersuchung schneller Schienenfahrzeuge sowie die experimentelle Identifikation von Gleisparametern erfordern möglichst einfache, aber zuverlässige physikalische und mathematische Gleismodelle. Deshalb soll das klassische Modell eines unendlich langen, federnd gebetteten Balkens so erweitert werden, daß es den Einfluß der Schwellenmassen zu analysieren erlaubt. Ziel dieser Arbeit ist die Zusammenstellung und mathematische Beschreibung verschiedener erweiterter Gleismodelle und die näherungsweise Berechnung der vertikalen Gleisbewegungen unter einer wandernden Kraft in Abhängigkeit von den Gleisparametern.

1. Gleismodelle und ihre mathematische Beschreibung

Ausgangspunkt für die Modellbildung ist der in Abb. 1 dargestellte Gleisrost. Infolge der vorausgesetzten Symmetrie können die beiden Schienen zu einer zusammengefaßt werden. Über die Schiene bewegt sich die Kraft F mit der Geschwindigkeit v ($v \leqq v_{\max} = 400$ km/h). In Abb. 1, I–IV, sind vier unterschiedliche Gleismodelle mit den zugehörigen Bewegungsgleichungen für die Vertikaldurchsenkungen angegeben, wobei der Einfluß von Dämpfungen unberücksichtigt bleibt.

Zunächst ist das klassische, vollständig **ko**ntinuierliche **M**odell KOM aufgeführt. Die Näherung besteht hier in einer Verstetigung der Schwellenmassen und Bettungsfedern. Beim vollständig **di**skreten **M**odell (DIM) hingegen erfolgt eine Diskretisierung der kontinuierlich verlaufenden Schiene. Die Schienenmasse wurde anteilig mit der Schwellenmasse zusammengefaßt und die Schienensteifigkeit durch Drehfedern berücksichtigt. Das Modell DIM-KOM umfaßt sowohl diskrete als auch kontinuierliche Elemente. Die Schiene ist als durchlaufender Balken modelliert, während die Schwellen durch Punktmassen und die Bettung durch Einzelfedern ersetzt sind. Beim Modell PERKOM schließlich wurde die über der Breite b gleichmäßig verteilte Schwellenmasse und -bettung in eine Fourierreihe entwickelt, wobei nur die Konstante und die Grundharmonische in der mathematischen Beschreibung berücksichtigt sind. Damit ergeben sich periodische Funktionen für Massenbelegung und Bettung.

2. Analyse der Gleismodelle

Das klassische Modell KOM wurde von Timoshenko [1], Dörr [2], [3], Kenney [4] u. a. ausführlich untersucht. Es zeigt sich, daß das Lösungsverhalten von (I) sehr unterschiedlich ist, je nachdem ob die Geschwindigkeit v größer oder kleiner als die kritische Geschwindigkeit $v_{kr} = \sqrt[4]{4\gamma EI/\mu^2}$ ist. Für die in Abb. 1 angegebenen realistischen Gleisdaten erhält man $v_{kr} = 1114$ km/h bis 2048 km/h, also Werte, die weit höher als die angenommene Maximalgeschwindigkeit $v_{\max} = 400$ km/h liegen. Im praktisch relevanten Fall $v < v_{kr}$ bildet sich nach dem Abklingen der Einschwingvorgänge für $t \to \infty$ eine stationäre Wellengruppe aus, die mit der Störung F mitläuft und deren Amplituden $w_0(\xi)$ exponentiell mit dem Abstand $\xi = x - vt$ von der Störungsstelle abklingen,

$$w_0(\xi) = \frac{F\,\mathrm{e}^{-\alpha|\xi|}}{4\alpha\sqrt{\gamma EI}}\left(\cos\beta\xi + \frac{\alpha}{\beta}\sin\beta|\xi|\right), \tag{1}$$

$$\alpha = \sqrt{1-(v/v_{kr})^2}\,\sqrt[4]{\gamma/(4EI)}\,, \qquad \beta = \sqrt{1+(v/v_{kr})^2}\,\sqrt[4]{\gamma/(4EI)}\,. \tag{2}$$

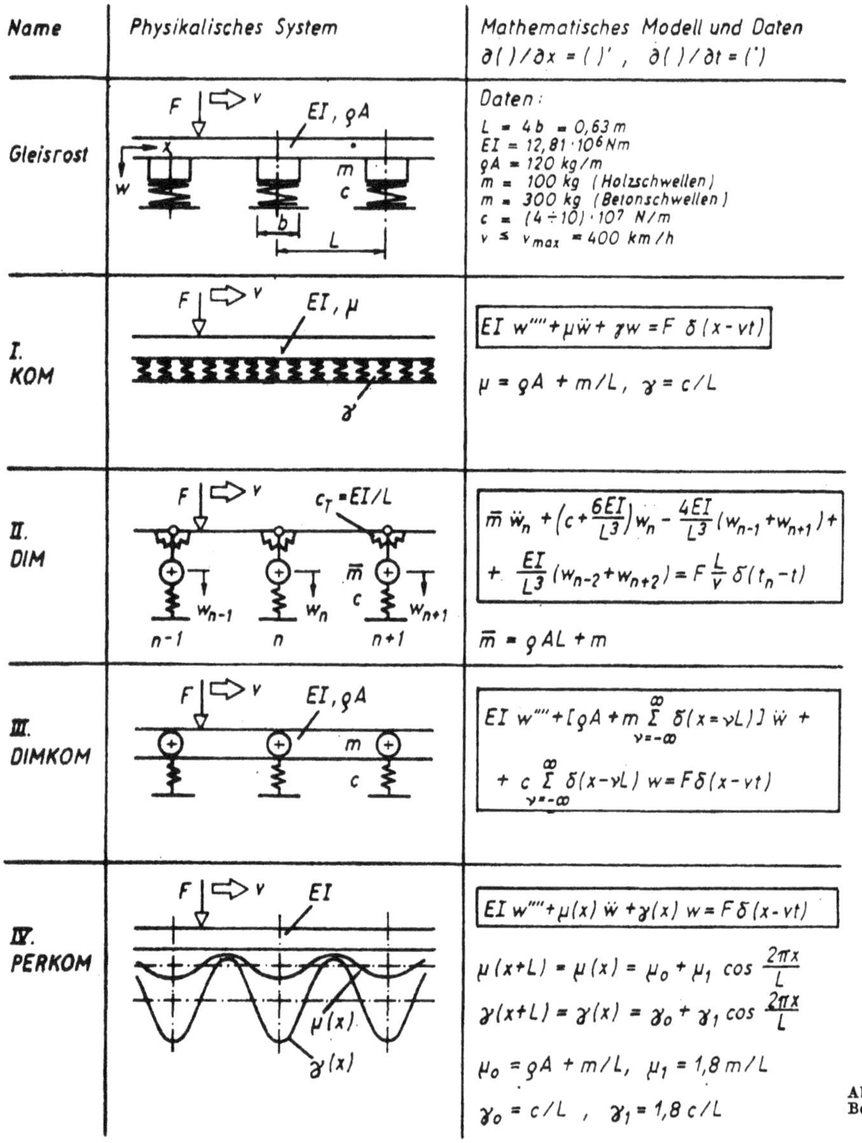

Abb. 1. Gleismodelle und Bewegungsgleichungen

Der Einfluß der Fahrgeschwindigkeit v ($v \leqq v_{\max} \ll v_{kr}$) auf das Lösungsverhalten wird deutlich, wenn man die Durchsenkungen $w_0(\xi = 0)$ unter der wandernden Kraft auf die entsprechende statische Durchsenkung w_s bei $v = 0$ bezieht,

$$w_0(\xi = 0)/w_s = 1/\sqrt{1-(v/v_{kr})^2} \approx 1 + \frac{1}{2}(v/v_{kr})^2 = 1 + \frac{\mu v^2}{4\sqrt{\gamma EI}}. \tag{3}$$

Für die Daten von Abb. 1 erhält man aus (3) Werte $w_0(\xi = 0)/w_s \leqq 1{,}071$, d. h. im ungünstigsten Fall eine dynamische Überhöhung von nur etwa 7% gegenüber der statischen Durchsenkung.

Bei der Analyse des diskreten Modells DIM sind zusätzliche Annahmen zur Ermittlung der Durchsenkungen zwischen den Gelenken der Stabkette erforderlich, deshalb soll dieses Modell hier nicht weiter untersucht werden. Die stationäre Lösung für das Modell DIMKOM wurde mit Hilfe eines Finite-Element-Verfahrens berechnet; sie stimmt weitgehend mit der im folgenden beschriebenen Näherungslösung für das Modell PERKOM überein.

Das periodische Modell PERKOM läßt eine analytische Behandlung mittels Störungsrechnung zu. Ausgangspunkt ist der Lösungsansatz $w(\xi) = w_0(\xi) + w_1(\xi)$, wobei $w_0(\xi)$ die Grundlösung von (IV) bei alleiniger Berücksichtigung der konstanten Anteile von Massenbelegung und Bettung ist; $w_0(\xi)$ folgt aus (1) für $\mu = \mu_0$ und $\gamma = \gamma_0$. Die erste Näherung $w_1(\xi)$ lautet mit $x = \xi + vt$

$$w_1(\xi) = F\,e^{-\alpha|\xi|}\left[(c_1 \cos\beta\xi + c_3 \sin\beta|\xi|)\cos\frac{2\pi x}{L} + \operatorname{sign}\xi\,(c_2\cos\beta\xi + c_4 \sin\beta|\xi|)\sin\frac{2\pi x}{L}\right]. \tag{4}$$

Darin sind die Koeffizienten $c_1, \dots, c_4$ Lösung eines linearen Gleichungssystems. Beide Anteile $w_0(\xi)$ und $w_1(\xi)$ sind in Abb. 2 für die Daten dargestellt, die zur größten bzw. kleinsten kritischen Geschwindigkeit v_{kr} führen. Die wandernde Kraft befindet sich dabei über einer Schwelle. Man erkennt, daß die maximalen Amplituden $w_1(\xi = 0)$ der ersten Näherung nur etwa 1/1000 der entsprechenden Amplituden $w_0(\xi = 0)$ der Grundlösung betragen. Die Grund-

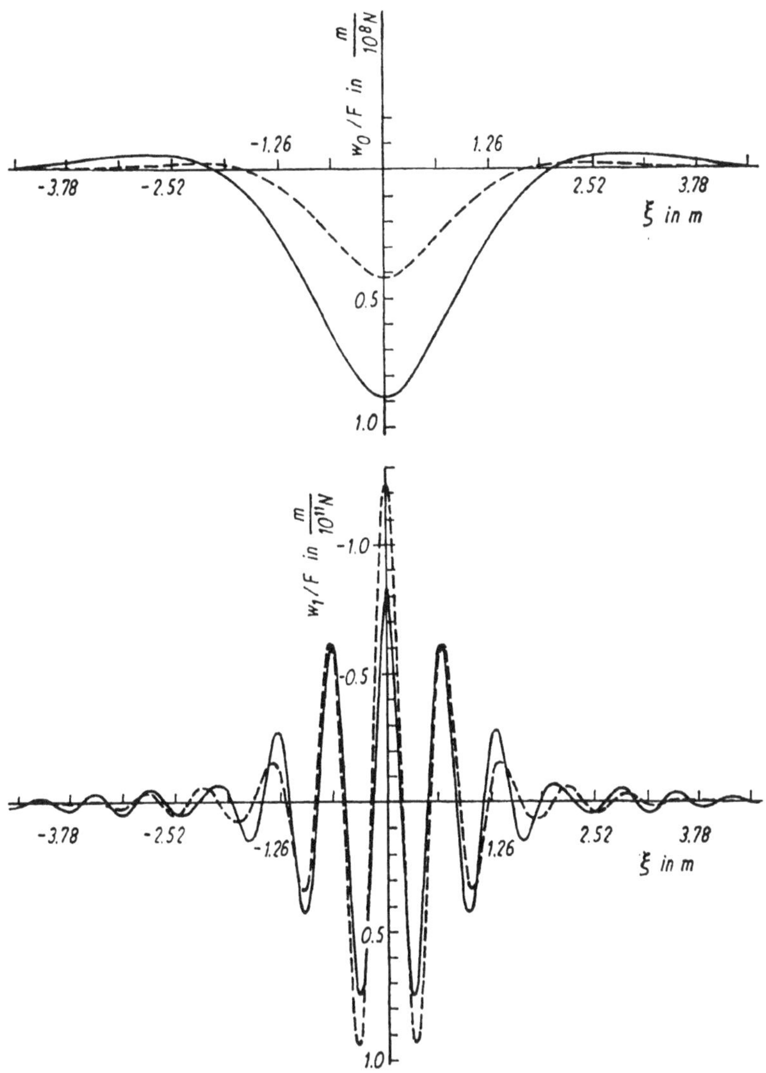

Abb. 2. Grundlösung $w_0(\xi)$ und erste Näherung $w_1(\xi)$ für Modell PERKOM
(——— $c = 4 \cdot 10^7$ N/m, $m = 300$ kg, $v = 400$ km/h, $v_{kr} = 1114$ km/h,
– – – $c = 10 \cdot 10^7$ N/m, $m = 100$ kg, $v = 400$ km/h, $v_{kr} = 2048$ km/h)

lösung selbst unterscheidet sich nur sehr wenig von der Lösung für den statischen Fall, vgl. (3). Die Größe $w_1(\xi = 0)$ ist gleichzeitig die Amplitude der periodischen Schwankungen des Angriffspunktes der wandernden Kraft. Damit ist gezeigt, daß bei den betrachteten Modellen unter Zugrundelegung realistischer Gleisdaten sowohl die Geschwindigkeit v als auch die Berücksichtigung diskreter Schwellenmassen nur geringen Einfluß auf die vertikalen Schienendurchsenkungen haben.

Literatur

1 Timoshenko, S., Method of Analysis of Statical and Dynamical Stresses in Rail, Verh. 2. Intern. Kongr. Techn. Mechanik, Zürich, S. 407–418 (1926).
2 Dörr, J., Der unendliche, federnd gebettete Balken unter dem Einfluß einer gleichförmig bewegten Last, Ing.-Arch. **14**, S. 167 bis 192 (1943).
3 Dörr, J., Das Schwingungsverhalten eines federnd gebetteten, unendlich langen Balkens, Ing.-Arch. **16**, S. 287–298 (1948).
4 Kenney, J. T., Steady-State Vibrations of Beams on Elastic Foundation for Moving Load, J. Appl. Mech. **76**, S. 359–364 (1954).

Anschriften: Prof. Dr.-Ing. Karl Popp, Institut für Mechanik, Universität Hannover, D-3000 Hannover 1, Appelstr. 11, BRD. — Prof. Dr. rer. nat. Peter C. Müller, Sicherheitstechnische Regelungs- und Meßtechnik, Universität-Gesamthochschule Wuppertal, D-5600 Wuppertal 1, Gaußstr. 20, BRD

ZAMM 62, T 68 – T 69 (1982)

GY. POPPER / J. GYÖRGYI

Computation of Eigenfrequencies of Structures by Lambda-Matrices

The analysis of vibrations of structures can be achieved by the use of the finite element method. The $\boldsymbol{M}$-mass and $\boldsymbol{K}$-stiffness matrices for an element are functions of a matrix $\boldsymbol{N}$ giving the relationship between the displacements of nodal and inner points.

The matrix $\boldsymbol{N}$, e.g. for bar, can be obtained by the differential equation for vibration of element. The elements of $\boldsymbol{N}$ and consequently the elements of $\boldsymbol{M}$ and $\boldsymbol{K}$ however will be transcendental functions of the circular frequency ω and hence the next numerical manipulations (with non-constant matrices) will not be free of difficulties.

In applications usually statical displacement functions are used leading to the linear eigenvalue task of the form

$$(\boldsymbol{I}\lambda + \boldsymbol{A}_1)\, \boldsymbol{v} = \boldsymbol{0}\,, \tag{1}$$

(where $\boldsymbol{I}$ is the identity matrix), but the achieved accuracy of computed eigenfrequencies is often not satisfactory.

To avoid the mentioned difficulty PRZEMIENIECKI [1] suggested to assume the matrix $\boldsymbol{N}$ (the displacements) as

$$\boldsymbol{N} = \boldsymbol{N}_0 + \omega \boldsymbol{N}_1 + \omega^2 \boldsymbol{N}_2 + \dots + \omega^2 \boldsymbol{N}_l + \dots\,, \tag{2}$$

where $\boldsymbol{N}_l$, $l = 0, 1, 2, \dots$ are matrices with constant elements.

So the frequency-dependent mass and stiffness matrices will take the form

$$\boldsymbol{M} = \boldsymbol{M}_0 + \omega^2 \boldsymbol{M}_2 + \omega^4 \boldsymbol{M}_4 + \dots\,, \qquad \boldsymbol{K} = \boldsymbol{K}_0 + \omega^2 \boldsymbol{K}_2 + \omega^4 \boldsymbol{K}_4 + \dots\,, \tag{3), (4}$$

where $\boldsymbol{M}_0$ and $\boldsymbol{K}_0$ represent the inertia and stiffness properties of the finite element supposing statical displacement functions to be used and $\boldsymbol{M}_l$, $\boldsymbol{K}_l$, $l > 0$ express the dynamical corrections of the element.

This treatment leads to the solution of the generalized eigenvalue problem of λ-matrix of order n and degree m:

$$(\boldsymbol{I}\lambda^m + \boldsymbol{A}_1 \lambda^{m-1} + \dots + \boldsymbol{A}_{m-1}\lambda + \boldsymbol{A}_m)\, \boldsymbol{v} = 0 \tag{5}$$

where $\boldsymbol{I}, \boldsymbol{A}_1, \dots, \boldsymbol{A}_m$ are real square matrices all of order n and $\boldsymbol{I}$ is the identity matrix.

For $m = 1$ Eq. (5) is reduced to the linear problem (1).

The generalized eigenvalue problem (5) of lambda-matrix can be always reduced to the special eigenvalue problem of a hypermatrix i.e. of a matrix of order $m \times n$ with constant elements.

For $m = 2$ the problem (5) has been solved by PRZEMIENIECKI [1], GUPTA [2], GYÖRGYI [3] and others; GYÖRGYI used the reduction to a constant matrix of order $2n$.

This paper offers results for $m > 2$ achieved by the use of a new numerical method for eigenvalue problems of lambda-matrices of degree m given by POPPER and GÁSPÁR in [4].

The essence of the proposed method is the following: It is supposed that

$$0 < |\lambda_1| \leqq |\lambda_2| \leqq \dots \leqq |\lambda_n| < |\lambda_{n+1}| \leqq \dots \leqq |\lambda_{mn}| \tag{6}$$

so that there exist n smallest generalized eigenvalues in magnitude. In [4] it is proved that supposing very slight complementary assumptions the iteration process given by formula

$$(\dots((\boldsymbol{Y}_{k-m+2} + \boldsymbol{A}_1)\, \boldsymbol{Y}_{k-m+3} + \boldsymbol{A}_2) \dots + \boldsymbol{A}_{m-1})\, \boldsymbol{Y}_{k+1} = -\boldsymbol{A}_m\,, \tag{7}$$

with starting matrices $\boldsymbol{Y}_{2-m} = \boldsymbol{Y}_{3-m} = \dots = \boldsymbol{Y}_0 = \boldsymbol{0}$ converges to a matrix $\boldsymbol{Y}$ only of order n; the eigenvalues and eigenvectors of $\boldsymbol{Y}$ coincidate with the first n smallest generalized eigenvalues in magnitude and the corresponding generalized eigenvectors of the original λ-matrix (5).

This method is used to compute the eigenfrequencies of the bar-systems. It is to be noted that the elements of matrices in Eqs. (2), (3), and (4) also were generated by the computer.

To demonstrate the efficiency of the proposed method the eigenfrequencies of the fixed-free bar have been computed. The ratios of the computed eigenfrequencies over the exact ones (i.e. $\omega/\omega_{\text{exact}}$) are shown in the table where n, $1 \leqq n \leqq 6$ denotes the number of the used elements, and m, $1 \leqq m \leqq 4$ is the degree of the lambda-matrix in (5). It follows that e.g. for $m = 4$ and $n = 1$, the computed eigenfrequency was more accurate than e.g. for $m = 1$ and $n = 6$.

n	m	1	2	3	4	5	6
1	1	1.1025					
	2	1.0190					
	3	1.0052					
	4	1.0007					
2	1	1.0258	1.1945				
	2	1.0015	1.0687				
	3	1.0001	1.0318				
	4	1.0000	1.0161				
4	1	1.0064	1.0583	1.1535	1.191		
	2	1.0001	1.0067	1.0405	1.083		
	3	1.0000	1.0009	1.0137	1.050		
	4	1.0000	1.0001	1.0050	1.035		
6	1	1.0028	1.0259	1.0719	1.137	1.195	1.173
	2	1.0000	1.0015	1.0099	1.032	1.069	1.074
	3	1.0000	1.0001	1.0016	1.010	1.031	1.049
	4	1.0000	1.0000	1.0003	1.003	1.016	1.037

$\omega_{\text{comp}}/\omega_{\text{exact}}$ for longitudinal vibrations of a fixed-free bar.

References

1 PRZEMIENIECKI, J. S., Theory of Matrix Structural Analysis, McGraw-Hill, New York, 1968, p. 282.
2 GUPTA, K. K., Development of a Finite Dynamic Element for Free Vibration Analysis of Two-Dimensional Structures, International Journal for Numerical Methods in Engineering, Vol. 12 (1978), pp. 1311–1327.
3 GYÖRGYI, J., Frequency-dependent geometrical stiffness matrix for the vibration analysis of beam systems, Periodica polytechnica, Civil Engineering Vol. 25 (1981), to appear.
4 POPPER, GY.; GÁSPÁR, ZS., Numerical method for solving eigenvalue problems of lambda-matrices of degree m, Acta Technica Hung. (to appear).

Anschrift: Dr. GY. POPPER C. Sc., Dr. Ing. J. GYÖRGYI, Department of Mechanics, Faculty of Civil Engineering, Technical University, Budapest H-1521, Hungary

ZAMM 62, T 69 – T 70 (1982)

H. J. RENSCH

Elastic-Plastic Buckling Behavior of Spherical Caps with Nonsymmetric Initial Imperfections

As is well known the load carrying capacity of spherical caps is considerably affected by initial deviations from the perfect shape. However, a thorough understanding of the interrelationship between geometric and material nonlinearities, initial imperfections and their influence on buckling of spherical caps is still largely deficient. Most previous investigations of this problem have been limited to the elastic range [1]. Where inelastic material response was considered, imperfections were usually taken to be axisymmetric [2]. In the present paper, the influence of non-axisymmetric imperfections on the elastic-plastic buckling behavior of clamped spherical caps is studied.

The shell equations used are valid for small strains and moderate rotations. Plasticity relations are based on J_2-flow theory. A semi-analytical finite element procedure is applied which requires only one-dimensional discretization of the governing equations. For further information concerning their derivation and the solution technique the reader is referred to [3].

Attention is first focused on a clamped spherical cap under uniform external pressure over the complete shell as shown in fig. 1. The initial imperfection considered here is in the shape of the critical bifurcation mode of the perfect, elastic configuration. It is non-axisymmetric and has 7 waves in the circumferential direction. The imperfection amplitude δ has been varied in the range of $0.001 \leqq \delta/t \leqq 0.75$ where t denotes the shell thickness. Elastic-perfectly plastic material behavior is assumed, and nonlinear elastic-plastic calculations up to the maximum load were performed for various values of the effective yield stress σ_y. In fig. 1 the ratio of the resulting ultimate stresses σ_u versus the bifurcation stress σ_c of the perfect, elastic shell are plotted as functions of the imperfection amplitude normalized by the shell thickness.

The upper curve shows the strong imperfection sensitivity of the elastic shell. The buckling stress decreases with increasing imperfection amplitude, and at a value of $\delta/t = 0.75$ the elastic load carrying capacity is reduced by about 60 percent. In the plastic range, the reduction of the buckling pressure is even more severe. Depending on the ratio of the yield stress σ_y to the elastic bifurcation stress σ_c, the maximum pressure of the perfect shell ($\delta/t \to 0$) may be considerably below the elastic value. For $\sigma_y/\sigma_c = 0.77$, the decrease is more than 35 percent. Furthermore, the influence of plastic deformation is found to be equally severe over the whole range of imperfection amplitudes studied. This is in contrast to recently published results [2] for different shell geometries, material behavior and imperfection shapes which suggest that for larger imperfection amplitudes the elastic and plastic curves meet.

If the load is distributed over a circular region with base radius $\bar{r} = (7/12)\,r$ as shown in fig. 2, the buckling behavior of the spherical cap is very similar to that of the completely loaded spherical cap discussed above. Again, the imperfection is assumed to be in the shape of the critical bifurcation mode of the corresponding perfect, elastic shell which now has only 3 waves in the circumferential direction. The imperfection sensitivity is somewhat lower than for the completely loaded cap. However, plastic deformation leads to even larger reductions in the maximum stresses of the perfect shell and continues to be significant for increasing imperfection amplitudes as in the first example. From the lowest curve in fig. 2 it may be seen that at a value of $\delta/t = 0.75$ the buckling pressure is reduced by more than one half.

From these results it may be concluded that both plastic deformations and initial imperfections significantly reduce the buckling pressures and that neither should be neglected in a realistic assessment of the actual load carrying capacity of such structures.

This study was carried out with the financial support of the Deutsche Forschungsgemeinschaft at the Institut für Konstruktiven Ingenieurbau, Lehrstuhl IV (o. Prof. Dr.-Ing. W. WUNDERLICH), Ruhr-Universität Bochum.

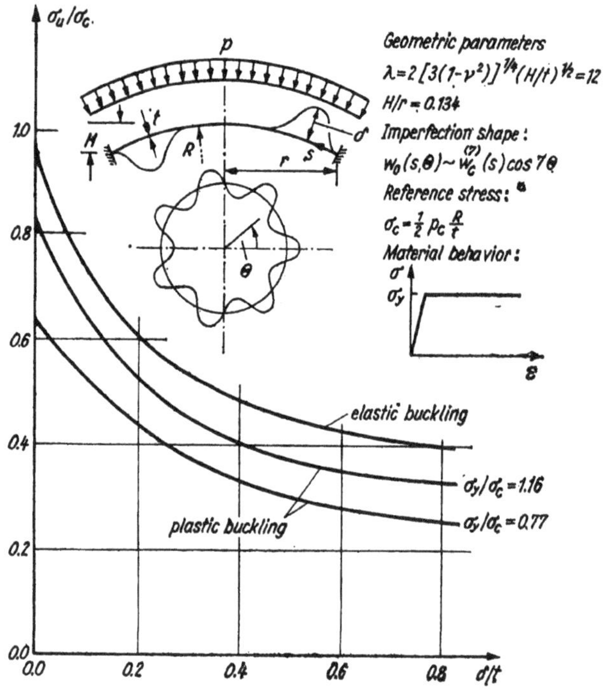

Fig. 1. Imperfection sensitivity of a completely loaded spherical cap

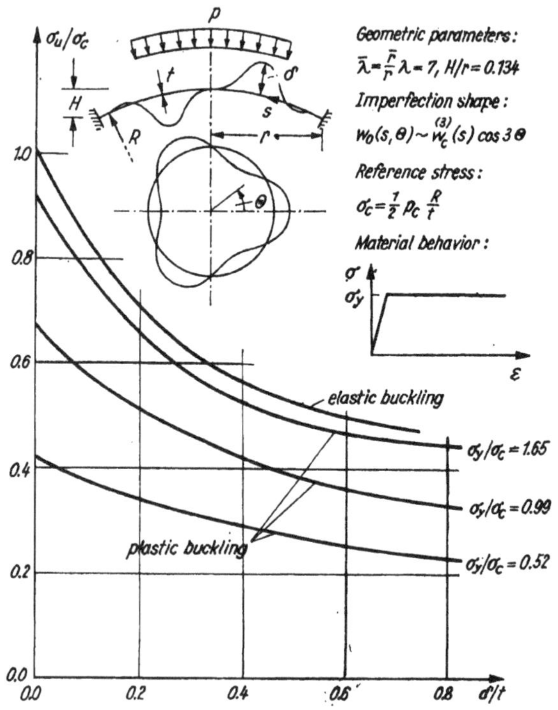

Fig. 2. Imperfection sensitivity of a partially loaded spherical cap

References

1 FITCH, J. R.; BUDIANSKY, B., Buckling and Postbuckling Behavior of Spherical Caps under Axisymmetric Load, AIAA J., vol. 8 (1970), pp. 686–693.

2 KAO, R., Large Deformation Elastic-Plastic Buckling Analysis of Spherical Caps With Initial Imperfections, Comp. & Struct., vol. **11** (1980), pp. 609–619.

3 RENSCH, H. J.; WUNDERLICH, W., A Semi-Analytical Finite Element Procedure for Nonlinear Elastoplastic Analysis of Arbitrarily Loaded Shells of Revolution, Proc. SMiRT 6 (1981), paper M 4/1.

Address: Dipl.-Ing. H. J. RENSCH, Ruhr-Universität Bochum, Institut für Konstruktiven Ingenieurbau, Lehrstuhl IV, D-4630 Bochum, BRD

ZAMM 62, T 70 – T 72 (1982)

G. RILL

Grenzen der Kovarianzanalyse bei Weißem Geschwindigkeitsrauschen

Die Berechnung der stationären Systemantwort stochastisch erregter Fahrzeugsysteme kann im Zeitbereich mit Hilfe der Kovarianzanalyse durchgeführt werden. Der normalverteilte Erregerprozeß muß dabei im allgemeinen durch Formfilterbeziehungen auf den Prozeß des Weißen Rauschens zurückgeführt werden. Berücksichtigt man jedoch, daß der Unebenheitsverlauf einer regellos unebenen Fahrbahn mit guter Näherung, in [1] als „Technische Näherung“ bezeichnet, auf den Prozeß des Weißen Geschwindigkeitsrauschens führt, so kann die Kovarianzanalyse in vereinfachter Form angewendet werden [1, 2, 3, 4]. Bei der praktischen Anwendung der Kovarianzanalyse bei Weißem Geschwindigkeitsrauschen stößt man jedoch sehr schnell an die Grenze dieser Methode.

Nach MÜLLER, POPP, SCHIEHLEN [1], kann das dynamische Verhalten von Fahrzeugmodellen in der Regel durch eine lineare bzw. linearisierte, zeitinvariante Zustandsgleichung

$$\dot{\boldsymbol{x}}(t) = \boldsymbol{A}\boldsymbol{x}(t) + \boldsymbol{B}\xi(t) \tag{1}$$

vollständig beschrieben werden. Der Erregerprozeß wird hier durch den Prozeß des Weißen Geschwindigkeitsrauschens

$$\dot{\xi}(t) = \boldsymbol{w}(t) \tag{2}$$

charakterisiert. Durch Differentiation der Zustandsgleichung können (1) und (2) zusammengefaßt werden

$$\ddot{\boldsymbol{x}}(t) = \boldsymbol{A}\dot{\boldsymbol{x}}(t) + \boldsymbol{B}\boldsymbol{w}(t)\,. \tag{3}$$

Von (3) ausgehend, erhält man mit der Korrelationsmatrix des Weißen Rauschens

$$\mathsf{E}\{\boldsymbol{w}(t_1)\,\boldsymbol{w}^{\mathsf{T}}(t_2)\} = \boldsymbol{Q}\delta(t_1 - t_2) \tag{4}$$

für den stationären Fall ($t \to \infty$) die konstante Kovarianzmatrix

$$\boldsymbol{P}_{\dot{x}} = \mathsf{E}\{[\dot{\boldsymbol{x}} - \boldsymbol{m}_{\dot{x}}]\,[\dot{\boldsymbol{x}} - \boldsymbol{m}_{\dot{x}}]^{\mathsf{T}}\} \tag{5}$$

aus der Ljapunovschen Matrizengleichung

$$\boldsymbol{A}\boldsymbol{P}_{\dot{x}} + \boldsymbol{P}_{\dot{x}}\boldsymbol{A}^{\mathsf{T}} + \boldsymbol{B}\boldsymbol{Q}\boldsymbol{B}^{\mathsf{T}} = \boldsymbol{0}\,. \tag{6}$$

Mit der Kovarianzmatrix $\boldsymbol{P}_{\dot{x}}$ sind dann, gemäß der Aufteilung des Zustandsvektors, $\boldsymbol{x}^{\mathsf{T}} = [\boldsymbol{y}^{\mathsf{T}}, \dot{\boldsymbol{y}}^{\mathsf{T}}]$, die Geschwindigkeits- und Beschleunigungsvarianzen bestimmt

$$\boldsymbol{P}_{\dot{x}} = \left[\begin{array}{c|c} \boldsymbol{P}_{\dot{y}} & \boldsymbol{P}_{\dot{y}\ddot{y}} \\ \hline \boldsymbol{P}_{\dot{y}\ddot{y}}^{\mathsf{T}} & \boldsymbol{P}_{\ddot{y}} \end{array}\right]. \tag{7}$$

Die Beschleunigungsvarianzen des Aufbaus, durch die Submatrix $\boldsymbol{P}_{\ddot{y}}$ bestimmt, sind dabei ein Maß für den Komfort eines Fahrzeugs. Zur Beurteilung der Fahrsicherheit werden noch die Varianzen der dynamischen Radlasten benötigt.

Die Varianzen der dynamischen Radlasten können bei Fahrzeugmodellen mit statisch bestimmter Aufbaulagerung aus den Beschleunigungsvarianzen berechnet werden. Aus dem Impuls- und Drallsatz für das gesamte Fahrzeugmodell erhält man dabei genügend Gleichungen zur Bestimmung der dynamischen Radlasten.

Für ein Fahrzeugmodell mit statisch unbestimmter Aufbaulagerung, Abb. 1, erhält man jedoch nur drei Gleichungen zur Bestimmung der vier Radlasten:

Impulssatz in z-Richtung:

$$\frac{\mathrm{d}}{\mathrm{d}t}(H_z) = F_{R1} + F_{R2} + F_{R3} + F_{R4}\,, \tag{8}$$

Drallsatz bezüglich der x-Achse:

$$\frac{\mathrm{d}}{\mathrm{d}t}(D_x) = -(F_{R1} + F_{R4})\,V2 + (F_{R2} + F_{R3})\,V1\,, \tag{9}$$

Drallsatz bezüglich der y-Achse:

$$\frac{\mathrm{d}}{\mathrm{d}t}(D_y) = -(F_{R1} + F_{R2})\,U1 + (F_{R3} + F_{R4})\,U2\,, \tag{10}$$

wobei H_z der Gesamtimpuls des Fahrzeugmodells in z-Richtung, D_x der Gesamtdrall bezüglich der x-Achse und D_y der Gesamtdrall bezüglich der y-Achse ist. Die dynamischen Radlasten können hier nur aus den Verschiebungsgrößen am Reifen ermittelt werden. Für die Radlast am rechten Vorderrad z. B. findet man, Abb. 1,

$$F_{R1} = CR(\xi_1 - Z1)\,. \tag{11}$$

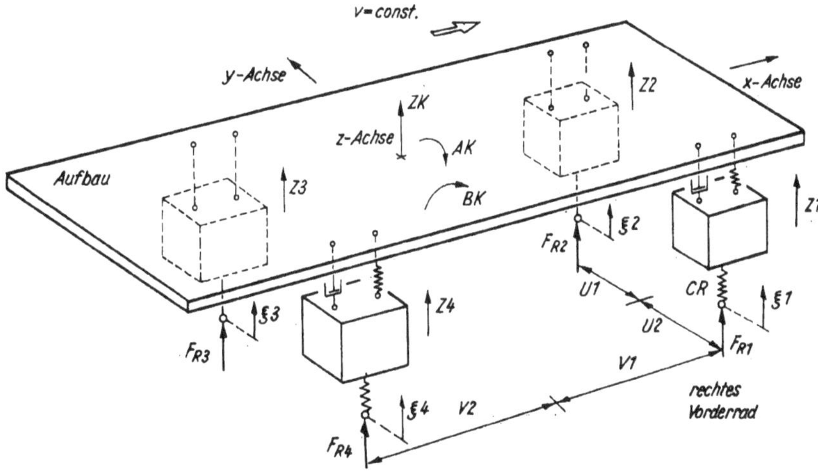

Abb. 1. Räumliches Fahrzeugmodell mit statisch unbestimmter Aufbaulagerung
(statt „U1" lies „V2", statt „U2" lies „V1", statt „V1" und „V2" lies „U1" und „U2")

Zur Berechnung der Varianz der dynamischen Radlast

$$P_{FR1} = CR^2(P_{\xi 1} - 2P_{\xi 1 Z1} + P_{Z1}) \tag{12}$$

werden die Lagevarianzen $P_{\xi 1}$, $P_{\xi 1 Z1}$ und P_{Z1} benötigt. Die Kovarianzanalyse bei Weißem Geschwindigkeitsrauschen liefert jedoch nur Geschwindigkeits- und Beschleunigungsvarianzen. Für Fahrzeugmodelle mit statisch unbestimmter Aufbaulagerung können also die Varianzen der dynamischen Radlasten weder durch (8) $\div$ (10) noch durch (12) berechnet werden.

Da räumliche Fahrzeugmodelle in der Regel (vier Radstandpunkte) statisch unbestimmte Aufbaulagerung haben, bleibt die Anwendung der Kovarianzanalyse bei Weißem Geschwindigkeitsrauschen zur Beurteilung des Komforts und der Sicherheit eines Fahrzeugs im wesentlichen beschränkt auf ebene Fahrzeugmodelle.

Literatur

1 Müller, P. C.; Popp, K.; Schiehlen, W. O., Berechnungsverfahren für stochastische Fahrzeugschwingungen. Ingenieur-Archiv **49** (1980), 235–254.
2 Müller, P. C.; Popp, K.; Schiehlen, W. O., Covariance Analysis of Nonlinear Guideway-Vehicle-Systems. In: Willumeit, H. P. (ed.), Proc. 6th IAVSD-Symp. Dyn. of Vehicles on Roads and Tracks, Berlin, 3.–7. Sept. 1979, Amsterdam-Lisse 1980.
3 Karnopp, D. C., Vehicle Response to Stochastic Roadways. Vehicle Syst. Dyn. **7** (1978), 97–109.
4 Hedrick, J. K.; Billington, G. F.; Dreesbach, D. A., Analysis, Design and Optimization of High Speed Vehicle Suspension Using State Variable Techniques. J. of Dyn. Syst. Meas. a. Control **1974**, 193–203.

Anschrift: Dipl.-Ing. Georg Rill, Institut B für Mechanik, Universität Stuttgart, Pfaffenwaldring 9, D-7000 Stuttgart 80, BRD

ZAMM 62, T 72 – T 74 (1982)

R. Scheidl / H. Troger

Verzweigungsverhalten eines nichtlinearen Schwingers mit einem doppelten Eigenwert Null

In Rohrbündeln von Dampferzeugern können bei Ablagerungen an den Rohren durch das durchströmende Rauchgas selbsterregte Schwingungen, die man häufig als galoppierende Instabilität ([5]) bezeichnet, auftreten. Zusätzlich kann durch Fertigungsungenauigkeiten oder durch unterschiedliche Temperaturverteilungen der Fall eintreten, daß in manchen Rohren so große Druckspannungen entstehen, daß diese Rohre ausknicken können.

Aufgabe dieser Untersuchung ist nun, alle möglichen qualitativen Systemverhaltensweisen zu studieren, die für dieses Problem auftreten können. Dazu wird nach Abb. 1 ein mechanisches Modell mit einem Freiheitsgrad verwendet. Abhängig von der Vorspannung der Feder, die durch den Abstand L und die ungedehnte Federlänge L_0 ausgedrückt wird, können die zwei verschiedenen Fälle bezüglich der Systemgleichgewichtslagen (eine oder drei) dargestellt werden.

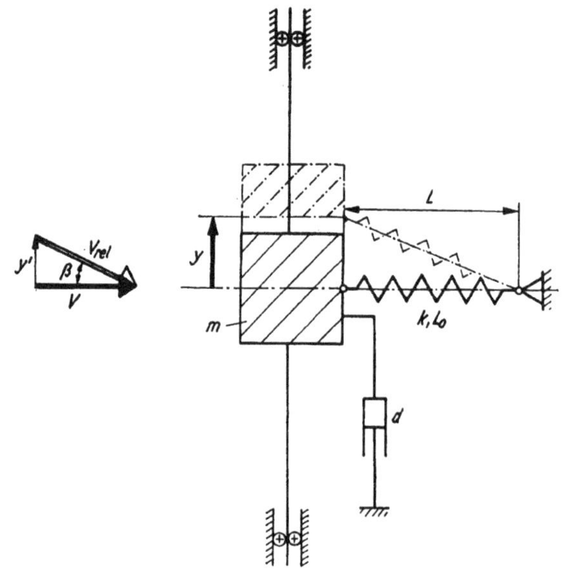

Abb. 1. Mechanisches Ersatzmodell mit einem Freiheitsgrad für ein auf Zug und Druck vorbelastetes Rohr, das galoppierende Schwingungen ausführen kann

Es ergibt sich für die Federkraft F_y in y-Richtung (Abb. 1), wenn man bis zu Gliedern 3. Grades geht ([6] Seite 27),

$$F_y = k\left(1 - \frac{L_0}{L}\right) y + \frac{kL_0}{2L^3} y^3 , \tag{1}$$

wobei k die Federkonstante der als linear wirkend vorausgesetzten Feder ist. Für die aerodynamische Kraft A_y erhält man nach [5] $\left(( )' = \frac{\mathrm{d}}{\mathrm{d}t}\right)$

$$\dot{A}_y = c_1 y' - c_2 y'^3 , \tag{2}$$

wobei c_1 und c_2 von der Körperform, der Anströmgeschwindigkeit und der Dichte des strömenden Mediums abhängen ([5]). Führt man noch eine linear wirkende geschwindigkeitsproportionale Dämpfungskraft $D_y = dy'$ ein, so erhält man die folgende Bewegungsgleichung für die Masse m

$$my'' = -k\left(1 - \frac{L_0}{L}\right)y + (c_1 - d)\,y' - \frac{kL_0}{2L^3}y^3 - c_2y'^3. \tag{3}$$

Die Variablentransformation $t = \omega\tau$, $y = ax$ mit

$$\omega = \sqrt[3]{\frac{kL_0}{2c_2L^3}} \quad \text{und} \quad a = \sqrt{\frac{m}{\omega c_2}}$$

liefert

$$\ddot{x} + \varepsilon_1 x + \varepsilon_2\dot{x} + x^3 + \dot{x}^3 = 0\,, \tag{4}$$

wobei

$$\varepsilon_1 = \frac{k}{m\omega^2}\left(1 - \frac{L_0}{L}\right), \qquad \varepsilon_2 = \frac{d - c_1}{m\omega} \quad \text{und} \quad (\,)^{\cdot} = \frac{\mathrm{d}}{\mathrm{d}\tau}$$

sind.

Sind in (4) $\varepsilon_1 = \varepsilon_2 = 0$, dann liegt ein degeneriertes System mit einem doppelten Eigenwert Null vor. Dieses ist nach [1] einer von fünf möglichen Fällen einer degenerierten Gleichgewichtslage der Codimension zwei. Das bedeutet, daß mindestens zwei Parameter für eine versale Entfaltung benötigt werden. Wie nun diese versale Entfaltung auszusehen hat, hängt von der Symmetrie des verbleibenden nichtlinearen Systemes

$$\ddot{x} + f(x, \dot{x}) = 0\,, \tag{5}$$

($f(x, \dot{x})$ enthält keine linearen Terme) bezüglich einer Drehung der Phasenebene ab. Ist (5) gegen eine solche Drehung um einen Winkel $2\pi/q$ invariant, so ergibt sich die versale Entfaltung zu

$$\ddot{x} + \alpha + \beta x + f(x, \dot{x}) = 0 \quad \text{für} \quad q = 1\,, \qquad \ddot{x} + \alpha x + \beta\dot{x} + f(x, \dot{x}) = 0 \quad \text{für} \quad q = 2\,.$$

Aus (4) folgt mit $f(x, \dot{x}) = x^3 + \dot{x}^3$, daß der Fall $q = 2$ vorliegt, und somit ε_1 und ε_2 in (4) bereits die Parameter einer versalen Entfaltung darstellen.

Man ist nun an einer Aufteilung der Parameterebene ε_1, ε_2 lokal um den Wert $\varepsilon_1 = \varepsilon_2 = 0$ in Bereiche von gleichem qualitativen Systemverhalten, d. h. in Bereiche struktureller Stabilität ([7]), interessiert. Nun ist bekannt ([7] Seite 314), daß für zweidimensionale Systeme die strukturell stabilen Systeme eine offene und dichte Menge im Parameterraum bilden und somit, da im gegenständlichen Fall eine Parameterebene vorliegt, die Bereiche struktureller Instabilität nur solche Systeme sein können, die durch Punkte oder Linien in der Parameterebene gegeben sind. In Abb. 2 ist die Aufteilung der Parameterebene mit den zugehörigen Phasenportraits angegeben. Grundsätz-

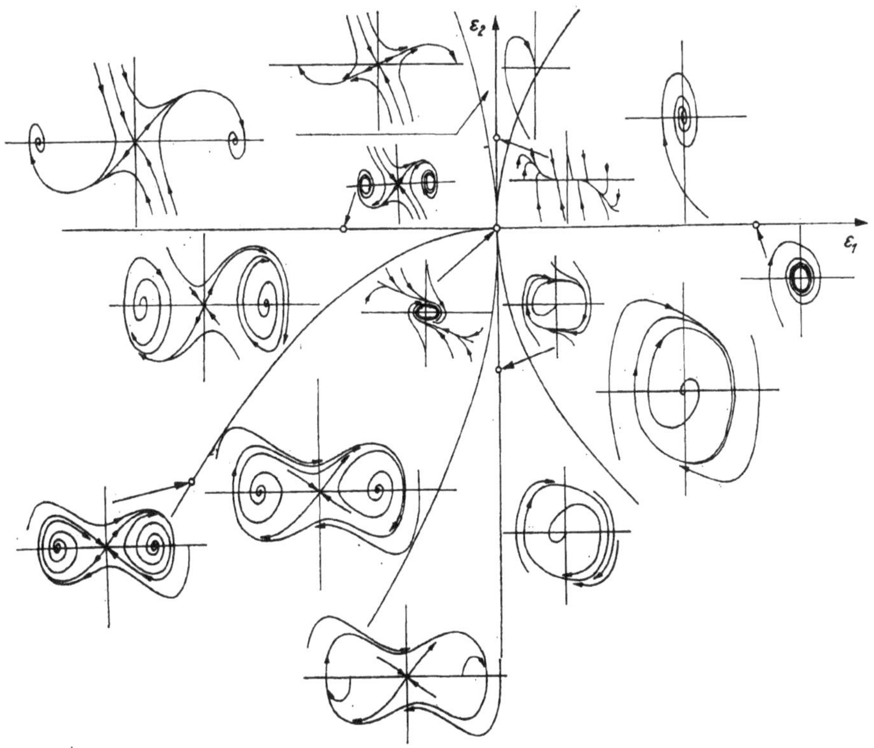

Abb. 2. Aufteilung der Parameterebene ε_1, ε_2 in Bereiche gleichen qualitativen Verhaltens mit den zugehörigen Phasenportraits und den Phasenportraits für die kritischen Parameterwerte, die strukturell instabilen Systemen entsprechen

lich tritt beim Überschreiten der Ordinate von rechts nach links eine Sattelpunktverzweigung auf, während beim Überschreiten der Abszisse von oben nach unten eine Hopfverzweigung ([7] Seite 227) auftritt. Die beiden Parabeln, die im 1. und 4. bzw. im 2. und 3. Quadranten liegen, trennen die reellen von den konjugiert komplexen Eigenwerten. Interessant ist noch jene Trennlinie, die nur im 3. Quadranten liegt und für die ein System mit einer geschlossenen Sattelpunktschleife auftritt. Zur Berechnung dieser Linie wird ein Verfahren von F. Takens ([4]) verwendet. Dazu schreibt man (4) als System

$$\dot{x}_1 = x_2\,, \qquad \dot{x}_2 = -\varepsilon_1 x_1 - \varepsilon_2 x_2 - x_1^3 - x_2^3 \tag{6}$$

und transformiert (6) mittels dreier neuer Parameter δ_1, δ_2 und s nach den folgenden Beziehungen

$$x_1 = s^{1/3}\xi_1\,, \quad \varepsilon_1 = s^{2/3}\delta_1\,, \quad \tau = \bar{\tau}s^{-1/3}\,, \quad x_2 = s^{2/3}\xi_2\,, \quad \varepsilon_2 = s^{1/3}\delta_2\,, \quad (\;)^0 = \frac{\partial}{\partial\bar{\tau}} \tag{7}$$

auf das System

$$\begin{aligned} \mathring{\xi}_1 &= \xi_2 = F(\xi_1, \xi_2)\,, \\ \mathring{\xi}_2 &= -\delta_1\xi_1 - \delta_2\xi_2 - \xi_1^3 - s\xi_2^3 = G(\xi_1, \xi_2)\,. \end{aligned} \tag{8}$$

(8) ist für $\delta_2 = s = 0$ ein Hamiltonsches System, das aus der Hamiltonfunktion

$$H = \frac{\xi_2^2}{2} + \delta_1\frac{\xi_1^2}{2} + \frac{\xi_1^4}{4} \tag{9}$$

hergeleitet werden kann. Führt man nun Polarkoordinaten für die Parameter δ_2 und s gemäß

$$\delta_2 = r\cos\varphi\,, \qquad s = r\sin\varphi \tag{10}$$

ein, so lautet die Bedingung für das Auftreten der Sattelpunktschleife ([4])

$$\int_B f(\xi_1, \xi_2, \varphi)\,\mathrm{d}\xi_1\,\mathrm{d}\xi_2 = 0\,, \quad \text{auf} \quad \partial B\colon H = 0\,, \tag{11}$$

wobei B der von der Sattelpunktschleife ∂B des Hamiltonschen Systemes eingeschlossene Bereich ist und f durch

$$f(\xi_1, \xi_2, \varphi) = \lim_{r\to 0}\frac{1}{r}\left[\frac{\partial F}{\partial\xi_1} + \frac{\partial G}{\partial\xi_2}\right] = (-\cos\varphi - 3\sin\varphi\xi_2^2) \tag{12}$$

gegeben ist. Wertet man das Integral (11) aus, erhält man

$$\tan\varphi = -\frac{35}{12}\frac{1}{\delta_1^2},$$

und wenn man nach (7) wieder auf die ursprünglichen Parameterwerte ε_1, ε_2 zurückgeht, ergibt sich

$$\varepsilon_1^2 = -\frac{35}{12}\varepsilon_2\,.$$

Literatur

1 Arnold, V. I., Lectures on Bifurcations in Versal Families, Russian Math. Survey **27** (1972), 54—123.
2 Arnold, V. I., Loss of Stability of Self-Oscillations Close to Resonance and Versal Deformations of Equivariant Vector Fields, Funct. Anal. Appl. **11** (1977), 85—92.
3 Holmes, P.; Marsden, J. E., Dynamical Systems and Invariant Manifolds, in: New Approaches to Nonlinear Problems in Dynamics (P. Holmes, ed.), SIAM, Philadelphia 1980.
4 Holmes, P.; Rand, D., Phase Portraits and Bifurcations of the Non-Linear Oscillator $\ddot{x} + (\alpha + \gamma x^2)\,\dot{x} + \beta x + \delta x^3 = 0$, Int. J. Non-linear Mechanics, **15** (1980), 449—458.
5 Parkinson, G. V.; Brooks, N. P. H., On the Aeroelastic Instability of Bluff Cylinders, J. Appl. Mech. **28** (1961), 252—258.
6 Magnus, K., Schwingungen, B. G. Teubner-Verlag, Stuttgart 1961.
7 Hirsch, M. W.; Smale, S., Differential Equations, Dynamical Systems and Linear Algebra, Academic Press, New York/London 1974.

Anschrift: Dipl. Ing. R. Scheidl, Prof. Dr. H. Troger, Institut für Mechanik, TU-Wien, A-1040 Wien, Karlsplatz 13, Österreich

ZAMM 62, T 75 – T 76 (1982)

H.-D. SCHRÄPEL

Bewegungsinvarianten kanonischer Systeme

Herrn Professor Dr. U. Wegner zum 80. Geburtstag gewidmet

Bei den HAMILTONschen Gleichungen

$$\dot{q}_k = \frac{\partial H}{\partial p_k}, \qquad \dot{p}_k = -\frac{\partial H}{\partial q_k}, \qquad H = H(q_v, p_v) \tag{1}$$

können die Lage- und Impulskoordinaten q_j, p_j unabhängig und fast beliebig transformiert werden. Die transformierten Bewegungen

$$Q_k = Q_k(q_v, p_v, t)\,, \qquad P_k = P_k(q_v, p_v, t)\,, \qquad k = 1, \ldots, n$$

genügen genau dann wieder kanonischen Dgln., wenn die LAGRANGEschen Klammern [1]

$$\frac{\partial P_v}{\partial p_k}\frac{\partial Q_v}{\partial q_i} - \frac{\partial P_v}{\partial q_i}\frac{\partial Q_v}{\partial p_k} = \delta_{ki}\,, \qquad \frac{\partial P_v}{\partial p_k}\frac{\partial Q_v}{\partial p_i} - \frac{\partial P_v}{\partial p_i}\frac{\partial Q_v}{\partial p_k} = \frac{\partial P_v}{\partial q_k}\frac{\partial Q_v}{\partial q_i} - \frac{\partial P_v}{\partial q_i}\frac{\partial Q_v}{\partial q_k} = 0 \tag{2}$$

oder die POISSONschen Klammern [1]

$$\frac{\partial p_k}{\partial P_v}\frac{\partial q_i}{\partial Q_v} - \frac{\partial p_k}{\partial Q_v}\frac{\partial q_i}{\partial P_v} = \delta_{ki}\,, \qquad \frac{\partial p_k}{\partial P_v}\frac{\partial p_i}{\partial Q_v} - \frac{\partial p_k}{\partial Q_v}\frac{\partial p_i}{\partial P_v} = \frac{\partial q_k}{\partial P_v}\frac{\partial q_i}{\partial Q_v} - \frac{\partial q_k}{\partial Q_v}\frac{\partial q_i}{\partial P_v} = 0 \tag{3}$$

oder die symmetrischen Beziehungen [2]

$$\frac{\partial Q_k}{\partial q_j} = \frac{\partial p_j}{\partial P_k}, \qquad \frac{\partial P_k}{\partial p_j} = \frac{\partial q_j}{\partial Q_k}, \qquad \frac{\partial Q_k}{\partial p_j} = -\frac{\partial q_j}{\partial P_k}, \qquad \frac{\partial P_k}{\partial q_j} = -\frac{\partial p_j}{\partial Q_k} \tag{4}$$

von allen Bewegungen erfüllt werden.
Die Beziehungen (2), (3) und (4) sind also gleichwertige Bedingungen. Sie können ineinander überführt werden [2].

Auch kann eine kanonische Bewegung selbst als kanonische Transformation aufgefaßt werden [1], [3]. Die momentanen Lage- und Impulskoordinaten sind dann die transformierten Koordinaten und die Anfangswerte zur Zeit t_0 die alten Koordinaten. Aus den symmetrischen Beziehungen (4) wird nun

$$\frac{\partial q_k}{\partial q_{j0}} = \frac{\partial p_{j0}}{\partial p_k}, \qquad \frac{\partial p_k}{\partial p_{j0}} = \frac{\partial q_{j0}}{\partial q_k}, \qquad \frac{\partial q_k}{\partial p_{j0}} = -\frac{\partial q_{j0}}{\partial p_k}, \qquad \frac{\partial p_k}{\partial q_{j0}} = -\frac{\partial p_{j0}}{\partial q_k}, \qquad j, k = 1, \ldots, n\,. \tag{5}$$

Weiter liefern die partiellen Ableitungen der verallgemeinerten Koordinaten nach allen Anfangswerten auch eine Integralbasis

$$\begin{pmatrix} \frac{\partial q_1}{\partial q_{10}} & \cdots & \frac{\partial q_1}{\partial p_{n0}} \\ \vdots & \cdots & \vdots \\ \frac{\partial p_n}{\partial q_{10}} & \cdots & \frac{\partial q_n}{\partial p_{n0}} \end{pmatrix} \tag{6}$$

der kanonischen Variationsgleichungen [1], [2]

$$\dot{\xi}_k = \frac{\partial^2 H}{\partial p_k\,\partial q_v}\xi_v + \frac{\partial^2 H}{\partial p_k\,\partial p_v}\eta_v\,, \qquad \dot{\eta}_k = -\frac{\partial^2 H}{\partial q_k\,\partial q_v}\xi_v - \frac{\partial^2 H}{\partial q_k\,\partial p_v}\eta_v\,, \qquad H = H\big(\tilde{q}_v(t), \tilde{p}_v(t)\big)\,, \tag{7}$$

die durch Linearisierung der HAMILTONschen Gleichungen an der Stelle einer bestimmten Bewegung $\tilde{q}_v(t)$, $\tilde{p}_v(t)$ entstehen. Mit den partiellen Ableitungen (6) kann also auch die Stabilität der ungestörten Bewegung $\tilde{q}_v(t)$, $\tilde{p}_v(t)$ im Rahmen der 1. LJAPUNOWschen Methode erfaßt werden.

Außerdem bestimmt (6) genau die infinitesimalen kanonischen Transformationen, bei denen die HAMILTONsche Funktion H invariant bleibt [3]. Doch ist eine allgemeine analytische Integration der kanonischen Variationsgleichungen meistens recht schwierig und häufig sogar unmöglich. Theoretisch könnten zwar allein mit den LAGRANGEschen Klammern alle partiellen Ableitungen in der Integralbasis (6) oberhalb oder unterhalb der Hauptdiagonalen durch rationale Funktionen der anderen Ableitungen ausgedrückt werden, doch ist dieser Zusammenhang schon bei zwei Freiheitsgraden so kompliziert, daß damit ohne weitere Maßnahmen die Integration nicht vereinfacht wird. Auch die symmetrischen Beziehungen erleichtern allein im allgemeinen die Integration nicht. Erst bei Kenntnis 1. Integrale sind wesentliche Vereinfachungen möglich.

Satz: *Es sei $J(q_v, p_v, t)$ ein 1. Integral von (1). Dann sind die partiellen Ableitungen von J nach jedem Anfangswert für jede Bewegung konstant. In Formeln:*

$$\frac{\partial J(q_v, p_v, t)}{\partial q_{k0}} = \frac{\partial J}{\partial q_v}\frac{\partial q_v}{\partial q_{k0}} + \frac{\partial J}{\partial p_v}\frac{\partial p_v}{\partial q_{k0}} = \frac{\partial J^0}{\partial q_{k0}}, \qquad \frac{\partial J(q_v, p_v, t)}{\partial p_{k0}} = \frac{\partial J}{\partial q_v}\frac{\partial q_v}{\partial p_{k0}} + \frac{\partial J}{\partial p_v}\frac{\partial p_v}{\partial p_{k0}} = \frac{\partial J^0}{\partial p_{k0}}. \tag{8}$$

Der Beweis dieses Satzes ist einfach. Die Anfangswerte sind genau $2n$ 1. Integrale von (1) und jedes weitere 1. Integral kann deshalb auch als Funktion der Anfangswerte allein aufgefaßt werden [2].

Bei zeitunabhängiger HAMILTONscher Funktion (1) genügen auch die Anfangswerte kanonischen Dgln.

$$\dot{q}_{k0} = -\frac{\partial H^0}{\partial p_{k0}}, \qquad \dot{p}_{k0} = \frac{\partial H^0}{\partial q_{k0}}, \qquad H^0 = H(q_{v0}, p_{v0}), \tag{9}$$

die sich von (1) nur durch das Vorzeichen unterscheiden. Deshalb ist $J^* = J(q_{v0}, p_{v0}, -t)$ ein 1. Integral von (9), und die partiellen Ableitungen dieses Integrals nach den momentanen Lage- und Impulskoordinaten sind für jeden Anfangswert konstant. Weiter können die partiellen Ableitungen der Anfangswerte nach den verallgemeinerten Koordinaten mit den symmetrischen Beziehungen (5) sofort eliminiert werden. Dies liefert wieder lineare Beziehungen in den partiellen Ableitungen der kanonischen Bewegungen nach den Anfangswerten. In Formeln

$$\frac{\partial J^*}{\partial q_k} = \frac{\partial J^*}{\partial q_{v0}}\frac{\partial p_k}{\partial p_{v0}} - \frac{\partial J^*}{\partial p_{v0}}\frac{\partial p_k}{\partial q_{v0}} = \frac{\partial J}{\partial q_k}(q_v, p_v, -t_0), \qquad \frac{\partial J^*}{\partial p_k} = -\frac{\partial J^*}{\partial q_{v0}}\frac{\partial q_k}{\partial p_{v0}} + \frac{\partial J^*}{\partial p_{v0}}\frac{\partial q_k}{\partial q_{v0}} = \frac{\partial J}{\partial p_k}(q_v, p_v, -t_0). \tag{10}$$

Mit diesen Gleichungen kann eine beliebige Spalte der Integralbasis (6) durch eine Linearkombination der anderen Spalten ersetzt werden, und mit den Gleichungen (8) kann auch eine beliebige Zeile der Integralbasis durch eine Linearkombination der anderen Zeilen ersetzt werden. In den kanonischen Variationsgleichungen kann so mit jedem 1. Integral leicht eine Variable eliminiert werden, und die HAMILTONsche Funktion ist selber ein 1. Integral. Deshalb können bei einem Freiheitsgrad allein mit der HAMILTONschen Funktion von den vier unbekannten Ableitungen in der Integralbasis (6) drei Ableitungen eliminiert werden, und die vierte Ableitung kann durch ein einfaches Integral dargestellt werden. Besondere Erleichterungen treten bei zyklischen Systemen auf, da jeder zyklische Impuls auch ein 1. Integral ist. In den entsprechenden Zeilen und Spalten der Integralbasis stehen deshalb nur Nullen und jeweils eine Eins, wodurch auch die Auswertung anderer 1. Integrale und die Benutzung der Lagrangeschen Klammern wesentlich erleichtert wird.

Literatur

1 HAMEL, G., Theoretische Mechanik, Berlin/Heidelberg/New York 1967.
2 SCHRÄPEL, H.-D., Kanonische Transformationen, Lagrangesche und Poissonsche Klammern, ZAMM **60** (1980), 309–316.
3 GEIGER, H.; SCHEEL, K., Handbuch der Physik, Bd. V, Berlin 1927.

Anschrift: Priv.-Doz. Dr.-Ing. H.-D. SCHRÄPEL, Universität Stuttgart, Institut für Mechanik (Bauwesen), Pfaffenwaldring 7, D-7000 Stuttgart 80, BRD.

ZAMM 62, T 76 – T 77 (1982)

M. SOFER / H. BRAUCHLI

Tran siente Phänomene in mechanischen Systemen

Es wird ein ebenes Mehrfachpendel mit axialen Lagern untersucht, das sich mit gegebener Rotationsgeschwindigkeit $\Omega(t)$ um eine Vertikale durch den Aufhängepunkt dreht. K. MAGNUS [1] hat darauf hingewiesen, daß sich das Pendel bei einer plötzlich einsetzenden Rotation wider Erwarten in eine Form auslenkt, die einer höheren Eigenschwingung des linearisierten Systems entspricht. Werden die Lagerachsen exakt parallel vorausgesetzt, so kommen die Corioliskräfte nicht ins Spiel, und das Problem läßt sich formal als konservatives System mit zeitabhängigem Potential behandeln.

Zur Beschreibung des Systems wird eine Matrixschreibweise benutzt. Die Lagewinkel der einzelnen Pendel werden zu einem Vektor φ zusammengefaßt. Funktionen mit einem Vektorargument sind komponentenweise auszuführen. S und C seien Diagonalmatrizen mit Diagonalelementen $\sin \varphi_k$ bzw. $\cos \varphi_k$. Die Massenmatrix des Systems wird dann

$$M(\varphi) = CNC + SNS\,,$$

wenn N die von Geometrie und Massenverteilung abhängige Massenmatrix des um die Vertikale linearisierten Systems bezeichnet. k und die zugeordnete Diagonalmatrix K beschreiben das Potential der Schwerkraft. Damit finden wir als Lagrangefunktion

$$L(\varphi, \dot{\varphi}, t) = \tfrac{1}{2}\,\dot{\varphi}^T M \dot{\varphi} + \tfrac{1}{2}\,\Omega^2 \sin^T\varphi\, N \sin\varphi + k^T \cos\varphi$$

und daraus die Bewegungsdifferentialgleichungen

$$M\ddot{\varphi} + (SNC - CNS)\,\dot{\varphi}^2 + (K - \Omega^2 CN)\sin\varphi = 0\,.$$

Das linearisierte System lautet

$$N\ddot{\varphi} + (K - \Omega^2 N)\,\varphi = 0\,.$$

Dieses läßt sich diagonalisieren, indem man das Eigenwertproblem

$$Kv = \lambda N v$$

löst, das heißt aber, daß sich das Problem auf n skalare Gleichungen

$$\ddot{x}_k + [c_k - f(t)]\,x_k = 0\,,$$

überführen läßt. Das Verhalten der Lösungen dieser Gleichungen in Abhängigkeit vom Parameter c_k konnte analytisch auch für einfache $f(t)$ nicht ermittelt werden.

Kehren wir zum nichtlinearen Problem zurück. Wenn wir $\dot{\Omega}(t) = 0$ für $t \geqq t_0$ annehmen (d.h., wenn wir uns auf Anfahr-Phänomene beschränken), dann wird das Problem für $t \geqq t_0$ wirklich konservativ. Abb. 1 zeigt die Niveaulinien der Potentialfunktion im zweidimensionalen Fall für ein Ω, das größer als sämtliche Eigenfrequenzen des Systems ist. A, B, C und D sind Maxima; F, G, H sind Sattelpunkte; E ist ein Minimum. Da G tiefer als A und F liegt, kann eine Lösung, die in der Nähe vom Nullpunkt A mit kinetischer Energie Null anfängt, über F und G gehen, bevor sie ins Minimum E fällt. Dies entspricht aber dem beobachteten Phänomen: die Lösung verbleibt am Anfang eine Weile im zweiten (bzw. vierten) Quadranten. Die zugehörige Form entspricht nicht der ersten Eigenschwingung des linearen Problems.

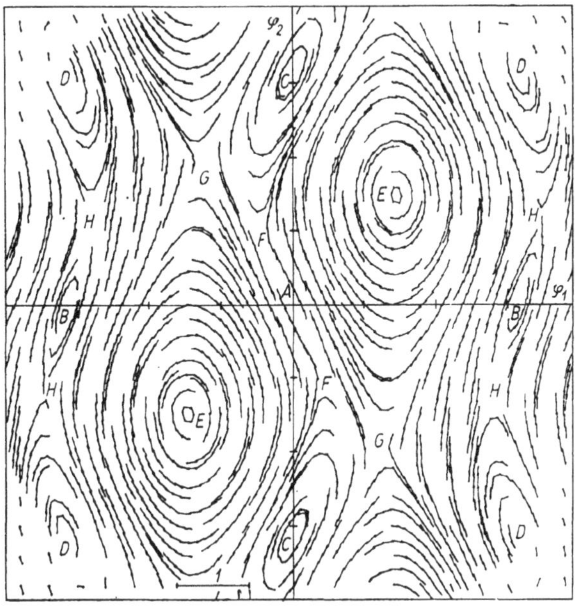

Abb. 1. Niveaulinien des Potentials für ein schnell rotierendes Doppelpendel

Es stellt sich die Frage, welche Anfangsbedingungen zum konservativen Problem nötig sind, um dieses Verhalten zu erzeugen. Die Bewegung des Aufhängepunktes wurde als eine horizontale Verschiebung $\alpha(t)$ angenommen, wobei $\alpha(t \geqq t_0) = 0$. Es ergeben sich folgende Bewegungsgleichungen

$$M\ddot{\varphi} + (SNC - CNS)\,\dot{\varphi}^2 + (K - \Omega^2 CN)\sin\varphi = -\ddot{\alpha}/g\;Ck\,.$$

Dieses System wurde im zweidimensionalen Fall numerisch simuliert. Dabei konnte der gesuchte Effekt für gewisse t_0 beobachtet werden, insbesondere wenn t_0 sehr klein gegenüber den Eigenperioden des Systems ist.

Das beobachtete Phänomen ist also im Rahmen dieses mathematischen Modells möglich; sein Erscheinen im Experiment ist aber als „zufällig" zu betrachten, da dazu relativ große Anfangsstörungen bei relativ großen Störungsgeschwindigkeiten nötig sind. Es ist auch denkbar, daß das Modell zu einfach zum Beschreiben dieses Effektes ist: bei nicht exakt parallelen Lagern oder bei nicht unendlicher Torsionssteifigkeit derselben trifft das formal konserative System nicht mehr zu.

Literatur

1 Magnus, K., Ebene Mehrfachpendel mit rotierender Schwingungsebene. Tagung über „Nichtlineare und rheolineare Schwingungssysteme", Oberwolfach, 28. 9.—3. 10. 1980.

Anschriften: Dipl. Ing. Miguel Sofer, Prof. Dr. Hans Brauchli, Institut für Mechanik, ETH-Zentrum, CH-8092 Zürich, Schweiz

ZAMM 62, T 78 – T 80 (1982)

D. TEICHMANN

Freie Schwingungen vorbelasteter gekrümmter Flächentragwerke

Zusammenfassung

Die Differentialgleichungen der Kinetik flacher Schalen für große Verschiebungen und kleine Drehungen werden aus dem Prinzip von D'ALEMBERT in der Lagrangeschen Fassung hergeleitet. Der Spannungs- und der Deformationszustand werden aus einem statischen Grundspannungszustand und einem kinetischen Nachbarzustand zusammengesetzt. Diese Betrachtungsweise erlaubt die Ermittlung von Eigenfrequenzen und Eigenschwingungsformen in Abhängigkeit von einer Vorbelastung. Für den Grenzfall verschwindender Eigenfrequenzen ergeben sich die Beulwerte und die Beulformen der Struktur. Das Schwingungsverhalten einiger Schalensegmente unter zunehmender Belastung wurde anschaulich in einem Computer-Trickfilm gezeigt.

Verzerrungs-Verschiebungs-Beziehungen

Die Grundgleichungen werden in einer koordinateninvarianten Darstellung in Anlehnung an [1] angegeben. Mit dem Krümmungstensor $b_{\alpha\beta}$ und den Verschiebungskomponenten u_α und w erhält man für den Verzerrungstensor und den Verkrümmungstensor der Mittelfläche einer flachen Schale

$$\varepsilon_{\alpha\beta} = \tfrac{1}{2}\,(u_\alpha|_\beta + u_\beta|_\alpha - 2b_{\alpha\beta}w + w|_\alpha w|_\beta)\,, \tag{1}$$

$$\varkappa_{\alpha\beta} = -w|_{\alpha\beta}\,. \tag{2}$$

Im Verzerrungstensor wird das wichtigste nichtlineare Glied berücksichtigt, damit für den Fall einer Vorlast die Stabilität der Schale berechnet werden kann.

Materialgleichungen

Der Elastizitätsmodul E und der Elastizitätstensor für isotropes Material

$$H^{\alpha\beta\mu\varrho} = \frac{1-\nu}{2}\,(a^{\alpha\mu}a^{\beta\varrho} + a^{\alpha\varrho}a^{\beta\mu}) + \nu a^{\alpha\beta}a^{\mu\varrho} \tag{3}$$

mit dem kontravarianten Metriktensor $a^{\alpha\beta}$ und der Querkontraktionszahl ν stellen einen linearen Zusammenhang zwischen den Spannungen und den Verzerrungen her. Aus den Spannungen erhält man durch Integration über die Schalendicke h den Normalkrafttensor und den Momententensor als äquivalente Schnittlasten der dünnen Schale

$$N^{\alpha\beta} = \frac{Eh}{1-\nu^2}\,H^{\alpha\beta\mu\varrho}\varepsilon_{\mu\varrho}\,, \qquad M^{\alpha\beta} = \frac{Eh^3}{12(1-\nu^2)}\,H^{\alpha\beta\mu\varrho}\varkappa_{\mu\varrho}\,. \tag{4}$$

Bewegungsgleichungen

Nach dem Prinzip von D'ALEMBERT in der Lagrangeschen Fassung sind die virtuellen Arbeiten der äußeren Kräfte und der Trägheitskräfte gleich den virtuellen Arbeiten der inneren Kräfte. Die äußeren virtuellen Arbeiten setzten sich zusammen aus der Arbeit der virtuellen Verschiebungen an den Randkräften $\boldsymbol{N}_R$ und aus der Arbeit der virtuellen Verschiebungen an den Flächenlasten $\boldsymbol{p}$

$$\delta W_ä = \oint \boldsymbol{N}_R \cdot \delta\boldsymbol{u}\,\mathrm{d}s + \iint \boldsymbol{p}\cdot\delta\boldsymbol{u}\,\mathrm{d}A\,. \tag{5}$$

Bei den virtuellen Arbeiten der Trägheitskräfte werden nur die translatorischen Trägheiten berücksichtigt. Die Dichte des Materials sei ϱ

$$\delta W_T = -\iint \varrho h\ddot{\boldsymbol{u}}\cdot\delta\boldsymbol{u}\,\mathrm{d}A\,. \tag{6}$$

Die inneren virtuellen Arbeiten sind die Arbeiten der virtuellen Verzerrungen an den Normal- und Schubkräften und die Arbeiten der virtuellen Verkrümmungen an den Momenten

$$\delta W_\sigma = \iint (N^{\alpha\beta}\,\delta\varepsilon_{\alpha\beta} + M^{\alpha\beta}\,\delta\varkappa_{\alpha\beta})\,\mathrm{d}A\,. \tag{7}$$

Mit Hilfe des Gaußschen Satzes wird das Prinzip umgeformt

$$\begin{aligned}&\oint \mathrm{d}s[n_\beta(N^{\alpha\beta} - N_R^{\alpha\beta})\,\delta u_\alpha + n_\alpha(N^{\alpha\beta}w|_\beta + M^{\alpha\beta}|_\beta)\,\delta w - n_\beta M^{\alpha\beta}\,\delta w|_\alpha] - \\ &- \iint \mathrm{d}A[N^{\alpha\beta}b_{\alpha\beta} + (N^{\alpha\beta}w|_\beta)|_\alpha + M^{\alpha\beta}|_{\alpha\beta} + p - \varrho h\ddot{w}]\,\delta w - \iint \mathrm{d}A[N^{\alpha\beta}|_\beta + p^\alpha - \varrho h\ddot{u}^\alpha]\,\delta u_\alpha = 0\,.\end{aligned} \tag{8}$$

Weil die virtuellen Verschiebungen δu_α und δw linear unabhängig und beliebig sind, müssen die eckigen Klammern unter den Integralen verschwinden. Unter dem Umlaufintegral werden die Randbedingungen beschrieben und unter den Flächenintegralen stehen nichtlineare Differentialgleichungen der flachen Schale.

Wenn man zwischen einem statischen Grundspannungszustand und einem kinetischen Nachbarzustand unterscheidet und dabei kleine Größen höherer Ordnung vernachlässigt, ergeben sich die linearisierten Differentialgleichungen der vorbelasteten Schale. Der Normalkrafttensor des Grundzustandes ist durch eine hochgestellte Null gekennzeichnet.

$$N^{\alpha\beta}|_\beta + p^\alpha = \varrho h \ddot{u}^\alpha , \qquad N^{\alpha\beta} b_{\alpha\beta} + (\overset{\circ}{N}{}^{\alpha\beta} w_\beta|)|_\alpha + M^{\alpha\beta}|_{\alpha\beta} + p = \varrho h \ddot{w} . \tag{9}$$

Die Statik, die Kinetik und die Stabilität der Schale können durch Vernachlässigung einzelner Terme für sich allein betrachtet werden. Für ebene Flächentragwerke verschwindet der Krümmungstensor $b_{\alpha\beta}$ und man erhält die entkoppelten Differentialgleichungen der Scheibe und der Platte.

Die Zeitfunktion läßt sich bei harmonischen Schwingungen abspalten. Nach dem Einsetzen der Materialgleichungen in physikalischen Komponenten ergeben sich schließlich drei gekoppelte Differentialgleichungen für die Amplituden der Verschiebungen $\hat{\boldsymbol{u}}$, die in einer Differentialoperatorenmatrix zusammengefaßt werden:

$$\boldsymbol{D}\hat{\boldsymbol{u}} = \begin{bmatrix} D^{uu} - \omega^2 & D^{uv} & D^{uw} \\ D^{vu} & D^{vv} - \omega^2 & D^{vw} \\ D^{wu} & D^{wv} & D^{ww} - \omega^2 \end{bmatrix} \begin{bmatrix} \hat{u} \\ \hat{v} \\ \hat{w} \end{bmatrix} = \boldsymbol{0} . \tag{10}$$

Numerische Lösungsverfahren

Für Schalensegmente mit verschiedenen Randlagerungen wurden die Differentialgleichungen mit einem verbesserten Differenzenverfahren integriert. Durch die Einführung von globalen Ritzansätzen in das Prinzip von D'ALEMBERT in der Lagrangeschen Fassung und mit einem Programmsystem nach der Finiten-Element-Methode wurden zur Absicherung zusätzliche Lösungen erzeugt.

Beim Differenzenverfahren wird die Differentialoperatorenmatrix in jedem Punkt eines Stützstellennetzes in Differenzensterne entwickelt. In einem homogenen Gleichungssystem werden die Differenzenausdrücke für jede Stützstelle spaltenweise hintereinander in jeder Zeile aufgeführt:

$$\begin{bmatrix} \boldsymbol{D}_{1,1} - \omega^2 \boldsymbol{1} & \boldsymbol{D}_{2,1} & \boldsymbol{D}_{3,1} & \ldots & \boldsymbol{D}_{1,2} & \boldsymbol{D}_{2,2} & \boldsymbol{D}_{3,2} & \ldots & \boldsymbol{D}_{m,n} \\ \boldsymbol{D}_{1,1} & \boldsymbol{D}_{2,1} - \omega^2 \boldsymbol{1} & \boldsymbol{D}_{3,1} & \ldots & \boldsymbol{D}_{1,2} & \boldsymbol{D}_{2,2} & \boldsymbol{D}_{3,2} & \ldots & \boldsymbol{D}_{m,n} \\ \boldsymbol{D}_{1,1} & \boldsymbol{D}_{2,1} & \boldsymbol{D}_{3,1} - \omega^2 \boldsymbol{1} & \ldots & \boldsymbol{D}_{1,2} & \boldsymbol{D}_{2,2} & \boldsymbol{D}_{3,2} & \ldots & \boldsymbol{D}_{m,n} \end{bmatrix} \begin{bmatrix} \hat{\boldsymbol{u}}_{1,1} \\ \hat{\boldsymbol{u}}_{2,1} \\ \hat{\boldsymbol{u}}_{3,1} \end{bmatrix} = \boldsymbol{0} . \tag{11}$$

Die Entwicklungspunkte liegen jeweils in der Diagonalen. Die Spaltenvektoren $\hat{\boldsymbol{u}}_{i,j}$ enthalten die Verschiebungsamplituden $\hat{u}, \hat{v}, \hat{w}$ für eine Stützstelle, und jedes $\boldsymbol{D}_{i,j}$ steht für eine Untermatrix der Dimensionen 3×3 analog zur Differentialoperatorenmatrix. Das Ganze ist ein spezielles Eigenwertproblem mit einer nicht symmetrischen Koeffizientenmatrix $\boldsymbol{K}$, der Eigenkreisfrequenz ω, der Einheitsmatrix $\boldsymbol{1}$ und dem Vektor der unbekannten Verschiebungsamplituden $\hat{\boldsymbol{r}}$:

$$(\boldsymbol{K} - \omega^2 \boldsymbol{1})\, \hat{\boldsymbol{r}} = \boldsymbol{0} . \tag{12}$$

Die Dimension der Koeffizientenmatrix ist bei zweidimensionalen Problemen beträchtlich. Wenn z.B. nur 9 Stützstellen in der einen und 15 Stützstellen in der anderen Koordinatenrichtung gewählt werden, so ergeben sich mit 3 Verschiebungen je Stützstelle 405 unbekannte Verschiebungen, also eine Koeffizientenmatrix mit 164025 Feldelementen, für die das Eigenwertproblem gelöst werden muß.

Eine andere Möglichkeit, Näherungslösungen zu erzeugen, besteht darin, globale Reihenansätze nach RITZ mit unbekannten Koeffizienten und bekannten Koordinatenfunktionen in das Prinzip von D'ALEMBERT in der Lagrangeschen Fassung einzusetzen. Die aus dem Prinzip hervorgehenden Integrale werden als Elemente einer elastischen Steifigkeitsmatrix $\boldsymbol{K}$, einer geometrischen Steifigkeitsmatrix $\boldsymbol{G}$ und einer Massenmatrix $\boldsymbol{M}$ aufgefaßt. Die Vorbelastung geht mit einem Belastungsfaktor $\mathring{n}$ in die geometrische Steifigkeitsmatrix ein. Die unbekannten Koeffizienten der Reihenansätze für die Verschiebungen sind in dem Vektor $\hat{\boldsymbol{r}}$ enthalten:

$$(\boldsymbol{K} + \mathring{n}\boldsymbol{G} - \omega^2 \boldsymbol{M})\, \hat{\boldsymbol{r}} = \boldsymbol{0} . \tag{13}$$

Ein allgemeines Eigenwertproblem mit dem gleichen Aufbau ergibt sich auch, wenn man lokale Ritzansätze für kleine Elemente (Finite-Element-Methode) einführt und diese zu einer Gesamtstruktur verknüpft. Die Steifigkeits-

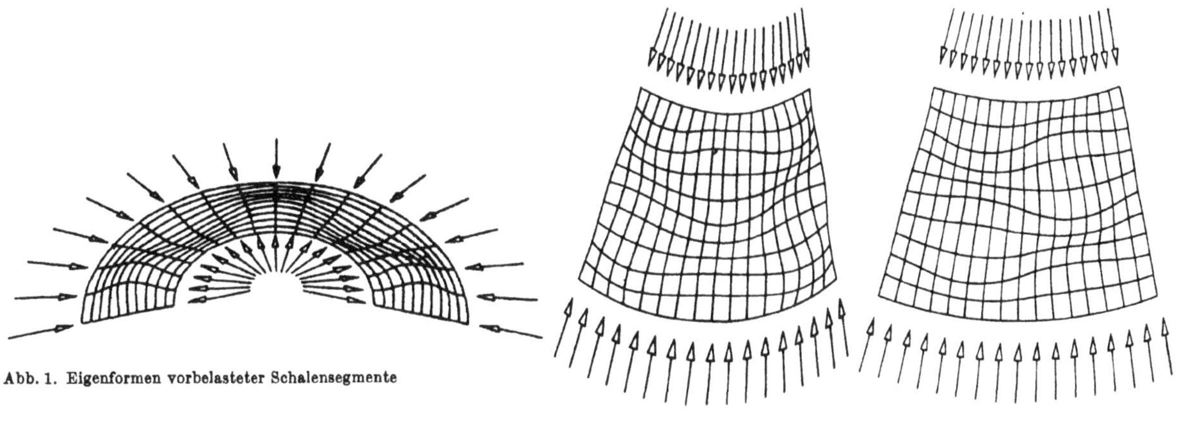

Abb. 1. Eigenformen vorbelasteter Schalensegmente

und Massenmatrizen sind in diesem Fall symmetrisch, und der Vektor $\hat{r}$ enthält die Knotenpunktverschiebungen. Die Schwingungen der unbelasteten Struktur erhält man für $\hat{n} = 0$, die Beulwerte ergeben sich, wenn die Eigenkreisfrequenz ω verschwindet.

Einige Eigenformen von vorbelasteten Kegelschalensegmenten, deren Schwingungsverhalten in einem Computer-Trickfilm gezeigt wurde, sind in Abb. 1 wiedergegeben. Der Einfluß der Belastung auf die Eigenfrequenzen soll an anderer Stelle ausführlich beschrieben werden.

Literatur

1 GREEN, A. E.; ZERNA, W., Theoretical Elasticity, Oxford, At the Clarendon Press, 2. edition, 1968.

Anschrift: DETLEF TEICHMANN, Institut für Mechanik, Fachbereich Luft- und Raumfahrttechnik, Hochschule der Bundeswehr München, Werner-Heisenberg-Weg 39, D-8014 Neubiberg, BRD

ZAMM 62, T 80 – T 82 (1982)

A. TRUCKENBRODT

Bewegungsverhalten und Regelung elastischer Industrieroboter-Arme

Industrieroboter mit elastischen Auslegearmen sind ein Musterbeispiel für „hybride Mehrkörpersysteme“: sie bestehen aus einer endlichen Anzahl von starren und elastischen Körpern, die durch masselose Elemente wie Gelenke, Stellmotoren, Federn, Dämpfer miteinander verbunden sind. Im folgenden werden die in [1] angegebenen allgemeinen Verfahren zur Berechnung hybrider Mehrkörpersysteme auf das Demonstrationsmodell eines einfachen Industrieroboter-Armes (Abb. 1) angewendet und die Brauchbarkeit der Methoden experimentell nachgewiesen.

Das Modell besteht aus einem elastischen Aluminiumbalken ① (Rechteckquerschnitt, Höhe/Breite = 10, Länge = 1 m, Masse = 0.71 kg), der auf einer um die vertikale Achse A drehbaren Aufspannplatte ② montiert ist. Greifmechanismus und Nutzlast des Roboters werden durch den fest mit dem Arm verbundenen starren Endkörper ③ (Masse = 10.0 kg) dargestellt. Der Gleichstrom-Direktantriebsmotor ④ erzeugt das Drehmoment $M(t)$ um die Achse A. Als Meßsignale stehen die Winkelstellung der Achse A bzw. ihre Geschwindigkeit sowie die Krümmung (Dehnmeßstreifen) an der Stelle $x = 0.1$ m zur Verfügung.

Bewegungsgleichungen

Als „hybride verallgemeinerte Koordinaten“ werden die Starrkörperkoordinate $\varphi(t)$ (Bewegung des unverformten Systems) sowie die elastischen Koordinaten $v(x, t)$ (Biegung), $\alpha(x, t)$ (Torsion) verwendet. Für die gegebenen Querschnittsabmessungen dürfen die Verformungen u und w nicht vollständig vernachlässigt werden; sie sind vielmehr rein kinematisch durch die „inneren“ Zwangsbedingungen

$$u(x, t) = -\tfrac{1}{2}\int_0^x v'^2 \,d\xi\,, \quad (\text{„Knicken“}) \tag{1}$$

$$w(x, t) = \int_0^x (x - \xi)\,\alpha v'' \,d\xi\,, \quad (\text{„Kippen“}) \tag{2}$$

($(.)' = \partial(.)/\partial x$) mit den verallgemeinerten Koordinaten v und α verknüpft. Zur Diskretisierung der verteilten Koordinaten wird ein RITZ-KANTOROVITCH-Ansatz

$$v(x, t) = \sum_{i=1}^{N_v} \bar{\bar{v}}_i(x)\,\bar{v}_i(t) = \bar{\bar{\boldsymbol{v}}}^T(x)\,\bar{\boldsymbol{v}}(t)\,, \qquad \dim\{\bar{\bar{\boldsymbol{v}}}, \bar{\boldsymbol{v}}\} = N_v; \tag{3}$$

$$\alpha(x, t) = \sum_{i=1}^{N_\alpha} \bar{\bar{\alpha}}_i(x)\,\bar{\alpha}_i(t) = \bar{\bar{\boldsymbol{\alpha}}}^T(x)\,\bar{\boldsymbol{\alpha}}(t)\,, \qquad \dim\{\bar{\bar{\boldsymbol{\alpha}}}, \bar{\boldsymbol{\alpha}}\} = N_\alpha\,, \tag{4}$$

durchgeführt; als Ansatzfunktionen $\bar{\bar{\boldsymbol{v}}}(x)$ bzw. $\bar{\bar{\boldsymbol{\alpha}}}(x)$ werden kubische B-Splines verwendet, die die geometrischen Randbedingungen $v(0, t) = v'(0, t) = \alpha(0, t) = 0$ erfüllen. Die folgenden Ergebnisse wurden mit

$$N_v = N_\alpha = 4 \tag{5}$$

ermittelt.

Unter Verwendung des Hamilton-Prinzips ergeben sich die diskretisierten Bewegungsgleichungen als System gewöhnlicher Differentialgleichungen der Ordnung $f = N_v + N_\alpha + 1 = 9$ für den Lagevektor $\boldsymbol{z}(t) = [\varphi(t), \bar{\boldsymbol{s}}^T(t)]^T$, $\bar{\boldsymbol{s}}(t) = [\bar{\boldsymbol{v}}^T(t), \bar{\boldsymbol{\alpha}}^T(t)]^T$:

$$\boldsymbol{M}\ddot{\boldsymbol{z}}(t) + \boldsymbol{D}\dot{\boldsymbol{z}}(t) + (\boldsymbol{K} - \dot{\varphi}^2\boldsymbol{M}_N)\,\boldsymbol{z}(t) = \boldsymbol{F}M(t); \tag{6}$$

die sehr kleine innere Dämpfung $\boldsymbol{D}\dot{\boldsymbol{z}}$ und die nichtlinearen Zentrifugalterme $\dot{\varphi}^2\boldsymbol{M}_N$ können vernachlässigt werden. Der Aufbau der Matrizen aus den Ansatzfunktionen ist [1] zu entnehmen.

Bewegungsverhalten freier Schwingungen

Die Lösungen des Eigenwertproblems

$$(-\omega^2\boldsymbol{M} + \boldsymbol{K})\begin{bmatrix}\tilde{\varphi}\\ \tilde{\boldsymbol{v}}\\ \tilde{\boldsymbol{\alpha}}\end{bmatrix} = \boldsymbol{0} \tag{7}$$

bestimmen näherungsweise die Eigenfrequenzen ω_l, $l = 1 \dots f$, und die Eigenfunktionen der elastischen Koordinaten; die inertialen Biege-Eigenfunktionen sind beispielsweise durch

$$\tilde{\tilde{y}}_l(x) = x\tilde{\varphi}_l + \bar{\bar{\boldsymbol{v}}}^T(x)\,\tilde{\boldsymbol{v}}_l \tag{8}$$

gegeben. Anhand der Eigenfunktionen können den Koordinaten v bzw. α bestimmte Eigenfrequenzen $\omega_{v1} \dots \omega_{v4}$, $\omega_{\alpha1} \dots \omega_{\alpha4}$ (nicht notwendig eindeutig) zugeordnet werden (Biegefrequenz, Torsionsfrequenz).

Wegen der durchgeführten Diskretisierung liefert (7) nur Näherungswerte für acht Eigenfrequenzen. In [1] sind mit Hilfe der singulären Störungsrechnung ermittelte Abschätzungen des durch Abbruch den des eigentlich unendlich-dimensionalen RITZ-Ansatzes verursachten Fehlers angegeben:

$$\frac{|\omega_{\text{exakt}} - \omega_{\text{Näh.}}|}{\omega_{\text{Näh.}}} \leqq \frac{1}{2}\,\frac{\omega_{\text{Näh.}}^2}{\omega_0^{*2}}\,; \tag{9}$$

die Bezugsfrequenz ω_0^* ist im vorliegenden Fall durch $\omega_0^* = (\omega_{v4})_{\varphi=0}$ gegeben. Es sei darauf hingewiesen, daß die Näherungs-Eigenfrequenzen nicht den acht niedrigsten Eigenfrequenzen entsprechen. Im vorliegenden Fall sind z. B. die (nicht approximierten) Eigenfrequenzen ω_{v5}, ω_{v6} kleiner als die (approximierte) Eigenfrequenz $\omega_{\alpha2}$:

$$\omega_{v5} < \omega_{v6} < \omega_{\alpha2}\,. \tag{10}$$

Zur experimentellen Überprüfung der Eigenschwingungskenngrößen wird der Frequenzgang des Demonstrationsmodells, d. h. die Antwort auf

$$M(t) = M_0 \sin \Omega t \tag{11}$$

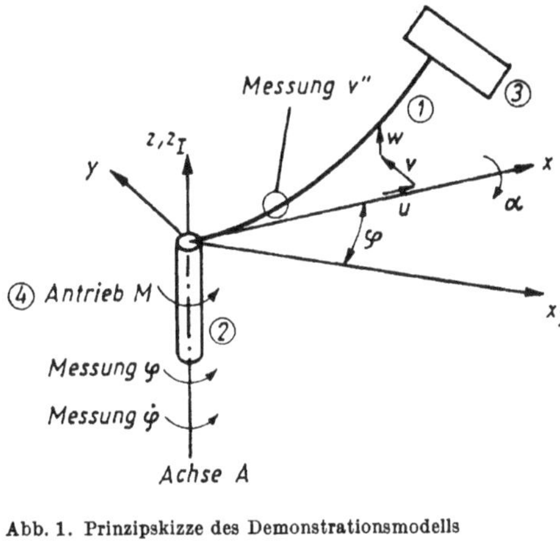

Abb. 1. Prinzipskizze des Demonstrationsmodells

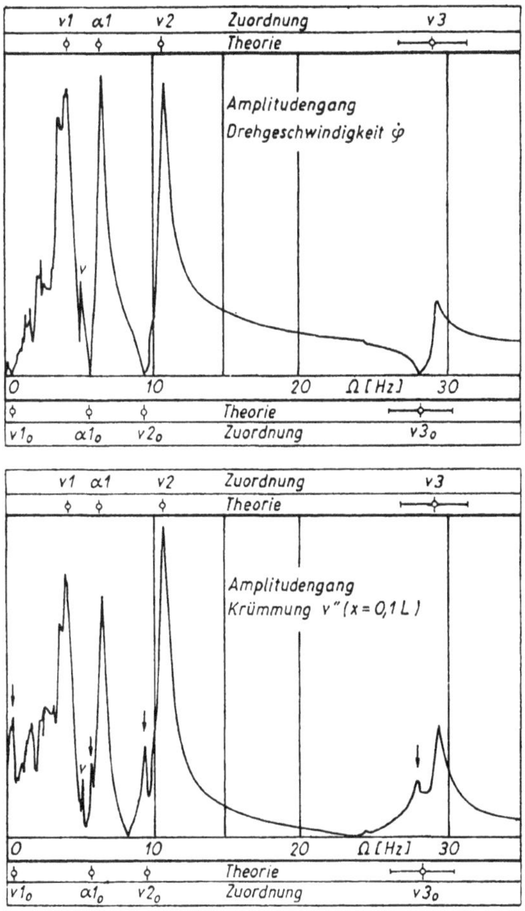

Abb. 2. Gemessene Amplitudenfrequenzgänge

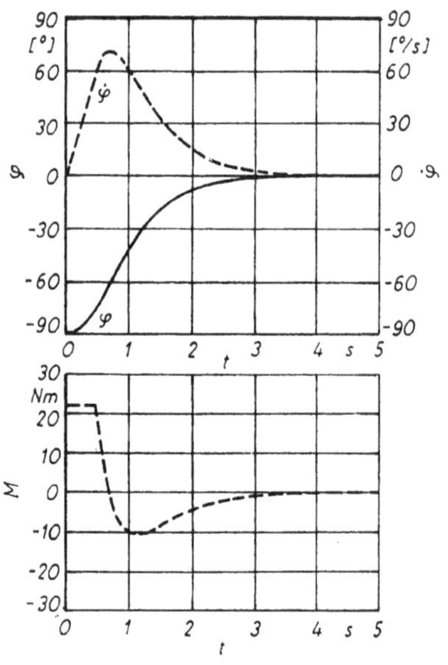

Abb. 3. Idealer Schwenkvorgang des starren Arms (Simulation)

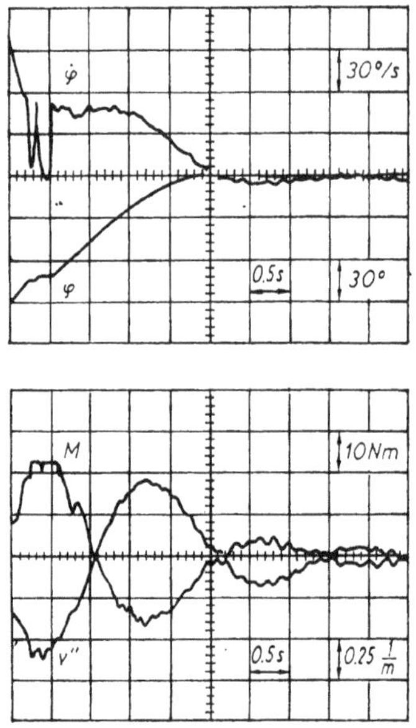

Abb. 4. Schwenkvorgang bei „Starrkörperregelung" (Experiment)

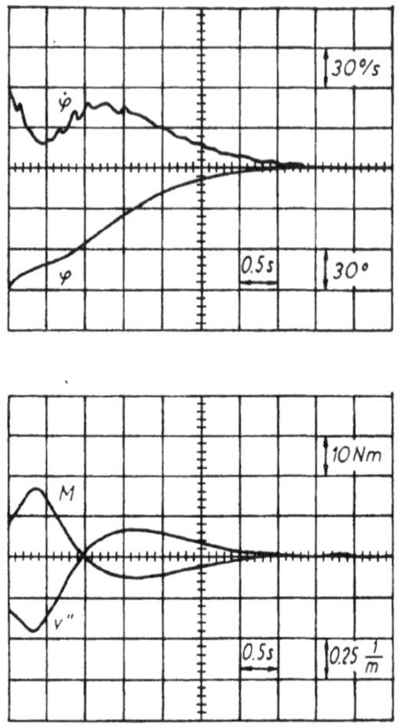

Abb. 5. Schwenkvorgang bei „Zustandsregelung" (Experiment)

herangezogen. In Abb. 2 sind die gemessenen Amplitudenfrequenzgänge im Arbeitsbereich des Antriebs 0 ... 35 Hz sowie die theoretischen Eigenfrequenzen und ihre Fehlerschranken (9) eingetragen. Fehlerbereiche innerhalb der Zeichengenauigkeit sind nicht angegeben. Die Resonanzstellen bestätigen sehr gut die theoretischen Eigenfrequenzen. In den Tilgungsstellen $v1_0$, $\alpha 1_0$, $v2_0$, $v3_0$ der Drehgeschwindigkeit $\dot{\varphi}$ verschwindet die Starrkörperbewegung; das Modell verhält sich wie ein eingespannter Balken. Die Tilgungsstellen von $\dot{\varphi}$ bestätigen deshalb die Eigenfrequenzen des rein elastischen Systems ($\varphi = 0$). Diese Frequenzen sind charakteristische Frequenzen des Balkens und führen daher zu Amplitudenüberhöhungen bei der Krümmung. Die gute Eignung der Spline-Ansatzfunktionen zeigt sich darin, daß zur hinreichend genauen Berechnung der ersten drei Biege-Eigenformen vier Ansatzfunktionen ausreichend sind.

Regelung einer typischen Schwenkbewegung

Das diskretisierte Modell (6) mit $\dot{\varphi}^2 \boldsymbol{M}_N = \boldsymbol{0}$ wird zum Entwurf der Regelung einer typischen Schwenkbewegung $\varphi(t = 0) = -90° \to \varphi = 0$ benützt. Die Zulässigkeit dieses Vorgehens wird in [2] untersucht. Zum Vergleich wird ein „Starrkörperregler"

$$M(t) = -k_1\varphi(t) - k_2\dot{\varphi}(t) \, , \tag{12}$$

herangezogen, der einem ideal starren Arm das Schwenkverhalten nach Abb. 3 erteilen würde. Die Anwendung des Starrkörperreglers auf das reale elastische System liefert jedoch unbrauchbares Schwenkverhalten (Abb. 4): Überschwingen des Endkörpers, große Verformungen, geringe Dämpfung der elastischen Bewegungen. Durch die Verwendung eines entsprechend ausgelegten Zustandsreglers

$$M(t) = -k_3\varphi(t) - k_4\dot{\varphi}(t) - k_5 s_1(t) - k_6\dot{s}_1(t) \, , \tag{13}$$

können diese Nachteile beseitigt werden, siehe Abb. 5. Die Koordinaten s_1, $\dot{s}_1$ sind „elastische Hauptkoordinaten", die aus den Messungen φ, $\dot{\varphi}$, v'' durch einen Zustandsminimalbeobachter rekonstruiert werden.

Literatur

1 TRUCKENBRODT, A., Bewegungsverhalten und Regelung hybrider Mehrkörpersysteme mit Anwendung auf Industrieroboter, Fortschritt-Ber. VDI-Z, Reihe 8, Nr. 33 (1980).

2 TRUCKENBRODT, A., Truncation Problems in the Dynamics and Control of Flexible Mechanical Systems, Proc. VIII. IFAC Weltkongreß, Kyoto/Japan (1981), Bd. 14, S. 60–65.

Anschrift: Dr.-Ing. ANDREAS TRUCKENBRODT, Friedastr. 1a, D-8000 München 71, BRD

ZAMM 62, T 83 – T 85 (1982)

M. Veenker

Der Einfluß von Schalenparametern auf das überkritische Verhalten teilweise gefüllter Halbkugelbehälter

In [1] wird das Stabilitätsproblem teilweise gefüllter Halbkugelbehälter untersucht, wie sie etwa beim Barkhausenbehälter (Abb. 1) Anwendung finden. Der Membranspannungszustand als Grundzustand liefert Normalkräfte (Abb. 2), deren negative Anteile in Umfangsrichtung zum Ausbeulen der Schale führen können.

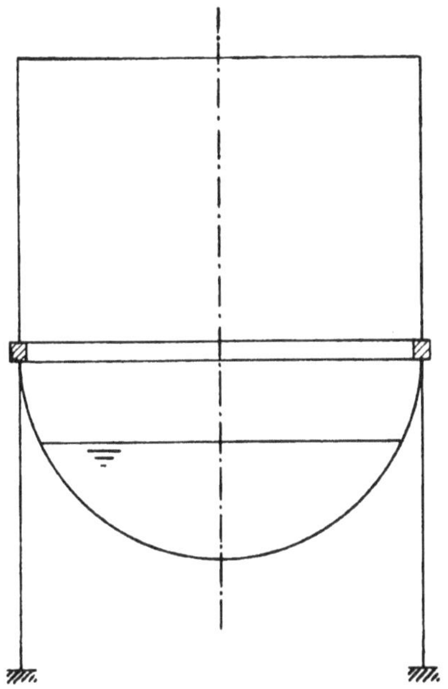

Abb. 1

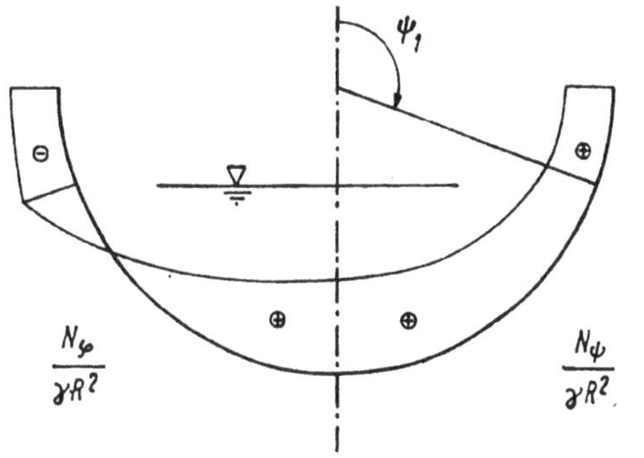

Abb. 2

Für die Untersuchung werden folgende Annahmen getroffen:

– es wird ideale Kugelgeometrie vorausgesetzt,
– die Wandstärke h ist konstant,
– die Schalen sind dünn ($R/h > 100$),
– das Material ist homogen und elastisch isotrop,
– Grundzustand ist der Membranspannungszustand.

Der Berechnung wird die Theorie flacher Schalen (Donnell/Marguerre) zugrunde gelegt. Das Problem wird durch zwei gekoppelte Differentialgleichungen in der Verschiebungsfunktion w und der Spannungsfunktion F beschrieben:

$$\Delta\Delta w + \frac{R}{B}\Delta F + \frac{R^4}{B}\{nl(F, w)\} - \frac{R^4}{B} Z = 0 , \qquad \Delta\Delta F - EhR\,\Delta w - Eh\{nl(w, w)\} = 0 . \tag{1}$$

$\{nl(F, w)\}$ steht für Ausdrücke, die aus der Betrachtung des Gleichgewichtes am verformten System resultieren, und $\{nl(w, w\}$ beinhaltet die nichtlinearen Terme aus den Verzerrungs-Verschiebungsbeziehungen [1].

Speziell für die Kugelschale lassen sich nach Wlassow [2] analog zu (1) zwei Differentialgleichungen höherer Genauigkeitsstufe angeben. Die geringfügige Verbesserung der Ergebnisse rechtfertigt jedoch nicht den erheblich höheren Arbeitsaufwand.

In der linearisierten Stabilitätstheorie ist es üblich, den Nachbarzustand durch Größen des Grundzustandes und Zusatzgrößen auszudrücken. Wenn in Anlehnung daran die Kräfte und Verformungen, die den gesamten überkritischen Zustand beschreiben, aus Größen des Grundzustandes (Index 0) und Änderungen dieser Größen ($\wedge$) ausgedrückt werden,

$$w = w_0 + \hat{w} , \qquad F = F_0 + \hat{F} , \tag{2}$$

entsteht das nichtlineare Gleichungssystem

$$\begin{gathered}\Delta\Delta w_0 + \frac{R}{B}\,\Delta F_0 + \frac{R^4}{B}\{nl(F_0, w_0)\} + \Delta\Delta\hat{w} + \frac{R}{B}\Delta\hat{F} + \frac{R^4}{B}\{nl(\hat{F}, \hat{w})\} + \\ + \frac{R^4}{B}\{nl(F_0, \hat{w})\} + \frac{R^4}{B}\{nl(\hat{F}, w_0)\} - \frac{R^4}{B} Z = 0 , \\ \Delta\Delta F_0 - EhR\,\Delta w_0 - Eh\{nl(w_0, w_0)\} + \Delta\Delta\hat{F} - EhR\,\Delta\hat{w} - Eh\{nl(\hat{w}, \hat{w})\} - \\ - Eh\{nl(w_0, \hat{w})\} - Eh\{nl(\hat{w}, w_0)\} = 0 .\end{gathered} \tag{3}$$

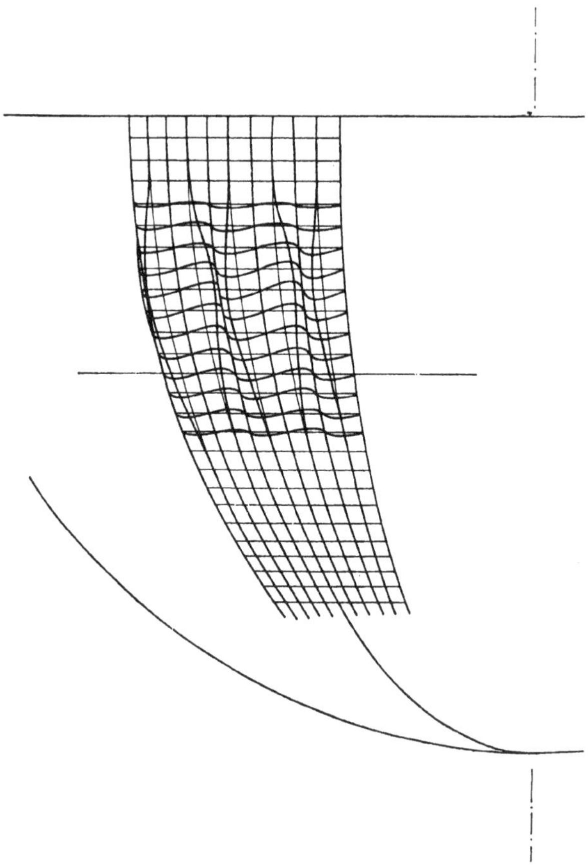

Abb. 3

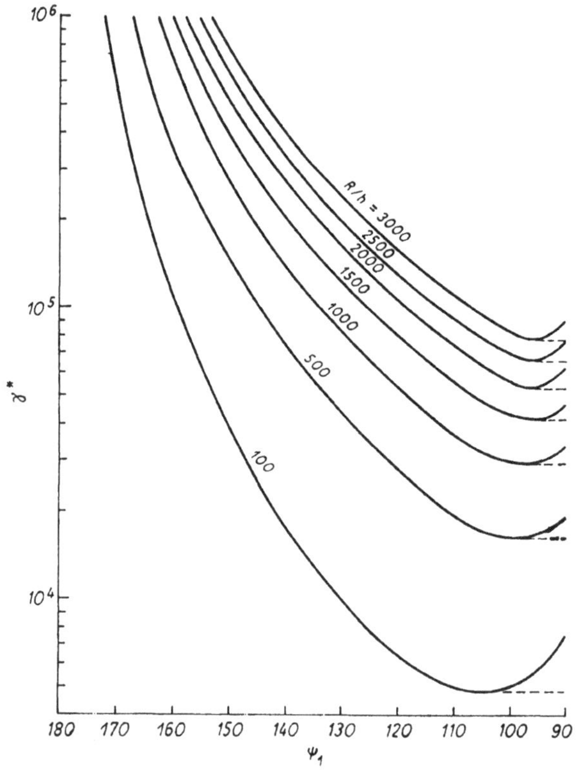

Abb. 4

Die Größen, die den Grundzustand beschreiben, stellen ein Gleichgewichtssystem dar und werden eliminiert. Bei Linearisierung und Vernachlässigung der Verformungen des Grundzustandes bleiben die unterstrichelten Ausdrücke übrig. Sie stellen das Eigenwertproblem dar. In diesem Fall lassen sich die Gleichungen noch zu einer Differentialgleichung höherer Ordnung zusammenfassen:

$$\Delta\Delta\Delta\hat{w} + 12\,\frac{R^2}{h^2}\,(1-\mu^2)\,\Delta\hat{w} + \frac{R^4}{B}\,\{nl(F_0,\,\hat{w})\} = 0\,. \tag{4}$$

Hier ist ersichtlich, daß in der linearisierten Stabilitätstheorie diese Schalen durch den Schalenparameter R/h und den Beulparameter $\gamma^* = \gamma R^4/B$ hinreichend beschrieben sind.

Die Differentialgleichungen werden numerisch gelöst mit dem Verfahren von Bubnov-Galerkin. Für die Ansatzfunktionen werden trigonometrische Funktionen gewählt. Die Darstellung eines gerechneten Beulfeldes (Eigenform) als Parallelprojektion (Abb. 3) zeigt gute Übereinstimmung mit Versuchsergebnissen. Aus der Berechnung der Eigenwerte lassen sich Beulkurven darstellen (Abb. 4). Es ist bemerkenswert, daß die Minima der Beulkurven stets bei $\psi_1 > 90°$ liegen. Darin wird die aussteifende Wirkung des Flüssigkeitsdruckes deutlich. Wegen der Vernachlässigung der Biegestörungen am Schalenrand ist zu empfehlen, die mit abnehmendem ψ_1 wieder ansteigenden Teile der Beulkurven nicht zu berücksichtigen und durch die gestrichelten Linien zu ersetzen. Der Prozeß der iterativen Lösung des nichtlinearen Gleichungssystems gestaltet sich schwierig bei der Wahl des Anfangslösungsvektors als Ausgangsgröße für den Iterationsprozeß. Es besteht nämlich die Möglichkeit, daß das Verfahren — abhängig von der Wahl des Anfangslösungsvektors — gegen eine völlig unsinnige Lösung konvergiert.

In den Differentialgleichungen (3) sind die Ausdrücke, die nur den Grundzustand enthalten, eliminiert. Der Beginn des Iterationsprozesses mit dem Anfangslösungsvektor $\boldsymbol{X}^{(0)} = \boldsymbol{0}$ führt damit zu der trivialen Lösung $f/h = 0$ (Stich/Wandstärke). In der Nähe der Eigenwerte sind nun Verzweigungen von der Lösung $f/h = 0$ zu suchen. Der Iterationsprozeß muß also mit einem Anfangslösungsvektor $\boldsymbol{X}^{(0)} \neq \boldsymbol{0}$ begonnen werden. Anschaulich geht damit das Lösungsverfahren von einer zufälligen Störverschiebung aus. Beim Durchführen der Rechnung führen beliebige Störverschiebungen stets zu unbrauchbaren Lösungen. Erst die Übernahme der Eigenformen aus der linearisierten Stabilitätstheorie als Anfangslösungsvektor führt zu richtigen Ergebnissen. Dieses Verfahren liefert einzelne Punkte der Kraft-Verformungskurven im überkritischen Bereich. Sie sind sehr gute Anfangslösungsvektoren für einen neuen Iterationsprozeß mit veränderter Laststufe.

Die gesamte Kurvenschar für den überkritischen Bereich ist in Abbildung 5 dargestellt. Jeweils eine Kurve gilt für eine feste Beulenzahl in Umfangsrichtung. Die Linien sind gestrichelt gezeichnet, wo die Gültigkeit der verwendeten Theorie fraglich wird. Die Rechnung liefert gleiche Ergebnisse wie Versuchsbeobachtungen an PVC-Schalen: es handelt sich eindeutig um ein „bösartiges“ Stabilitätsproblem. Die Schale kann in eine stabile, ausgebeulte Gleichgewichtslage umspringen, bevor ein Verzweigungspunkt erreicht wird.

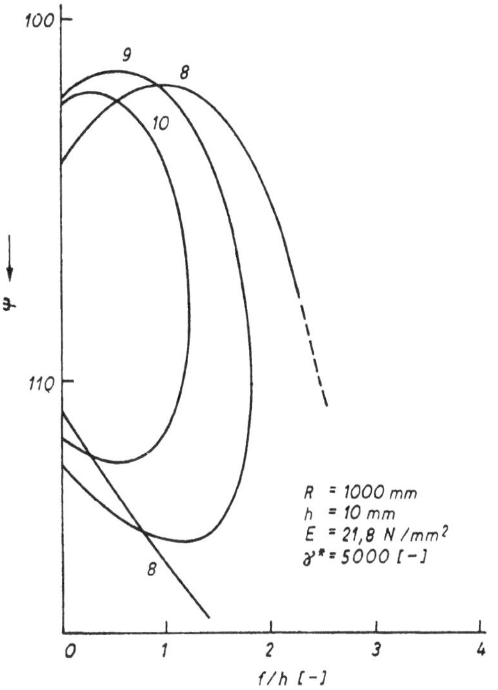

Abb. 5

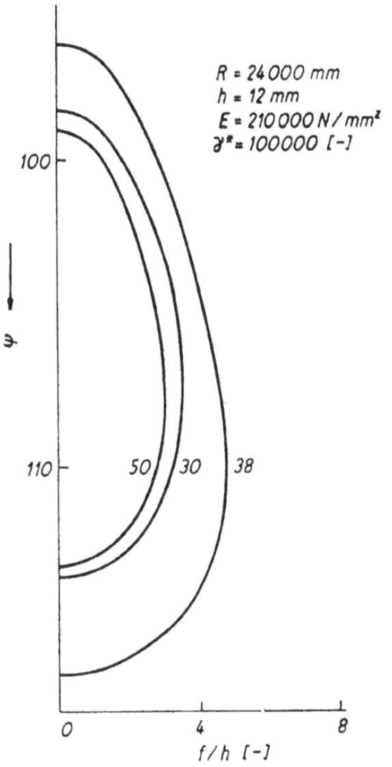

Abb. 6

In Abbildung 6 sind die Kraft-Verformungskurven einer Stahlschale aufgezeichnet. Soweit sich das aus der punktweisen Berechnung dieser Kurven ablesen läßt, haben sie im Verzweigungspunkt horizontale Tangenten und weisen damit auf ein gewöhnliches Stabilitätsproblem hin. Damit ist gezeigt, daß das hier untersuchte System zwar grundsätzlich ein „bösartiges" Stabilitätsverhalten zeigt, der Grad dieser „Bösartigkeit" aber stark durch die Schalengeometrie und -steifigkeit beeinflußt wird.

Es wäre nun interessant, wie in der linearisierten Stabilitätstheorie auch hier aus den Differentialgleichungen ablesen zu können, welche Parameter das überkritische Verhalten beeinflussen. Da sich die nichtlinearen Differentialgleichungen (3) aber nicht zu einer zusammenfassen lassen, ist das nicht möglich. Man kann diese Frage aber leicht durch numerische Parameterstudien beantworten. Dabei ergibt sich, daß wiederum nur R/h und γ^* einen Einfluß haben.

Im Beuldiagramm ist unten ($R/h = 100$, $\gamma^* = 5000$) eine Schale mit „bösartigem" Beulverhalten und oben ($R/h = 2000$, $\gamma^* = 100000$) eine Schale mit gewöhnlichem Stabilitätsverhalten zu finden. Für die Frage der Sicherheiten ist es wichtig, sich nicht mit einer phänomenologischen Untersuchung zufriedenzugeben, da man sonst weit auf der unsicheren oder unwirtschaftlichen Seite liegen kann.

Es ist möglich, daß die hier aufgezeigten Ergebnisse stark von dem speziellen Lastfall Flüssigkeitsfüllung abhängen; aber es ergibt sich der Hinweis, Rückschlüsse aus Nachbeulkurven grundsätzlich durch Parameterstudien und Versuche abzusichern.

Literatur

1 Veenker, M., Die Stabilität des teilweise gefüllten Halbkugelbehälters, Mitteilung des Instituts für Statik der Universität Hannover, Hannover 1981.
2 Wlassow, W. S., Allgemeine Schalentheorie und ihre Anwendung in der Technik, Akademie-Verlag, Berlin 1958.

Anschrift: Dr.-Ing. Manfred Veenker, Institut für Statik, Universität Hannover, Callinstr. 32, D-3000 Hannover 1, BRD

ZAMM 62, T 85 – T 88 (1982)

J. Wauer

Transiente Schwingungen gedämpfter örtlich verteilter Systeme unter Stoßanregung

Ist bei der Berechnung erzwungener Kontinuumsschwingungen Dämpfung im Spiel, ergeben sich in der Regel erhebliche Komplikationen, da man üblicherweise auch dann bei der klassischen reellwertigen Modalanalysis verbleibt. Am Beispiel viskoelastischer, federnd und gedämpft gelagerter Stäbe unter transienter Anregung soll hier gezeigt werden, wie man mit Hilfe

1. einer Anwendung der GREENschen Resolvente sowie
2. einer verallgemeinerten Modalanalysis auf der Basis Systeme erster Ordnung bezüglich der Zeit

derartige Schwierigkeiten vermeidet und recht einfach strenge formelmäßige Lösungen stationärer und instationärer Zwangsschwingungsvorgänge allgemein gedämpfter Kontinuumssysteme erzielen kann und zwar einmal im Frequenz-, zum anderen im Zeitbereich.

Betrachtet wird in Anlehnung an eine Schreibweise von KELKEL [1] ein inhomogenes Randwertproblem

$$\overline{\boldsymbol{M}}[\boldsymbol{q}]_{tt} + \overline{\boldsymbol{D}}[\boldsymbol{q}]_t + \overline{\boldsymbol{R}}[\boldsymbol{q}] = \overline{\boldsymbol{p}}(x, t)\,, \tag{1.1}$$

$$\left\{\frac{\partial^l}{\partial x^l}[\boldsymbol{q}(x_k, t)]\right\}^T \{\boldsymbol{D}_{kl}[\boldsymbol{q}(x_k, t)]_t + \boldsymbol{R}_{kl}[\boldsymbol{q}(x_k, t)]\} = 0\,, \qquad k = 0, 1\,, \qquad l = 0, 1, \dots, m-1 \tag{1.2}$$

für den gesuchten orts- und zeitabhängigen Lösungsvektor $\boldsymbol{q}(x, t)$. Die Massenmatrix $\overline{\boldsymbol{M}}$ sei in der Form

$$\overline{\boldsymbol{M}} = (\overline{m}_{ij})\,, \qquad \overline{m}_{ij} = \overline{m}_{ij0}(x) \tag{2.1}$$

einschränkend eine reellwertige, symmetrische, positiv definite Koeffizientenmatrix bzw. fehle in den dynamischen Randbedingungen völlig; im übrigen werden für die Differentialoperatoren in Matrizenform

$$\begin{aligned}
\overline{\boldsymbol{D}} &= (\overline{d}_{ij})\,, & \overline{d}_{ij} &= \sum_{k=0}^{m} \frac{\partial^k}{\partial x^k}\left[\overline{d}_{ijk}(x)\frac{\partial^k}{\partial x^k}\right],\\
\overline{\boldsymbol{R}} &= (\overline{r}_{ij})\,, & \overline{r}_{ij} &= \sum_{k=0}^{m} \frac{\partial^k}{\partial x^k}\left[\overline{r}_{ijk}(x)\frac{\partial^k}{\partial x^k}\right],\\
\boldsymbol{D}_{kl} &= (d_{ijkl})\,, & d_{ijkl} &= \sum_{n=l+1}^{m} \frac{\partial^{n-l-1}}{\partial x^{n-l-1}}\left[d_{ijn}(x_k)\frac{\partial^n}{\partial x^n}\right] + (-1)^{k+l} d_{kl}\frac{\partial^l}{\partial x^l},\\
\boldsymbol{R}_{kl} &= (r_{ijkl})\,, & r_{ijkl} &= \sum_{n=l+1}^{m} \frac{\partial^{n-l-1}}{\partial x^{n-l-1}}\left[r_{ijn}(x_k)\frac{\partial^n}{\partial x^n}\right] + (-1)^{k+l} r_{kl}\frac{\partial^l}{\partial x^l}, \qquad l = 0, 1, \dots, m-1
\end{aligned} \tag{2.2}$$

allein reelle Koeffizienten vorausgesetzt. Eine große Klasse dynamischer Systeme mit verteilten Systemen ist damit erfaßt, insbesondere auch in Begleitung sowohl äußerer als auch innerer Dämpfungsmechanismen, wo PILKEY/STRENKOWSKI [2] noch unterschiedliche Lösungswege einschlagen.

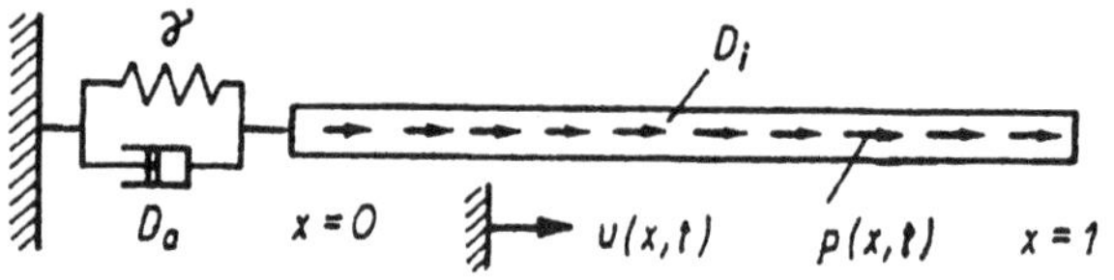

Bild 1. Längsschwingender Stab

Ein einfaches Beispiel ist ein viskoelastischer (D_i) Stab, wie er in Bild 1 in dimensionsloser Schreibweise dargestellt ist. Durch eine orts- und zeitabhängige Erregung $p(x, t)$ möge er, der bei $x = 0$ federnd (γ) und gedämpft (D_a) gelagert und bei $x = 1$ frei von Kräften ist, zu orts- und zeitabhängigen Längsschwingungen $u(x, t)$ angeregt werden. Das zugehörige Randwertproblem lautet

$$\begin{aligned}
&u_{tt} - 2D_i\frac{\partial^2}{\partial x^2}u_t - \frac{\partial^2}{\partial x^2}u = p(x, t)\,,\\
&2\left(D_a - D_i\frac{\partial}{\partial x}\right)u_t(0, t) + \left(\gamma - \frac{\partial}{\partial x}\right)u(0, t) = 0\,, \qquad \frac{\partial}{\partial x}u(1, t) = 0\,,
\end{aligned} \tag{3}$$

wobei tiefgestellte t wie schon in (1) Zeitableitungen bezeichnen. Wie der Vergleich mit (1) und (2) zeigt, gehen die dort eingeführten Matrizen und Vektoren jetzt in skalare Größen

$$\begin{aligned}
&\overline{\boldsymbol{M}} = \overline{M} = 1\,, \quad \overline{\boldsymbol{D}} = \overline{D} = -2D_i\frac{\partial^2}{\partial x^2}, \quad \overline{\boldsymbol{R}} = \overline{R} = -\frac{\partial^2}{\partial x^2}, \quad \boldsymbol{q} = q = u\,,\\
&\boldsymbol{D}_{00} = D_{00} = 2\left(D_a - D_i\frac{\partial}{\partial x}\right), \quad \boldsymbol{R}_{00} = R_{00} = \gamma - \frac{\partial}{\partial x}\,, \quad \boldsymbol{D}_{10} = D_{10} = 0\,, \quad \boldsymbol{R}_{10} = R_{10} = \frac{\partial}{\partial x}
\end{aligned} \tag{4}$$

über, die Ordnungszahl m besitzt den Wert Eins.

Für eine Diskussion im Frequenzbereich betrachtet man zweckmäßig das LAPLACE-transformierte, zeitfreie Randwertproblem

$$\begin{aligned}
&(\overline{\boldsymbol{M}}s^2 + \overline{\boldsymbol{D}}s + \overline{\boldsymbol{R}})\,[\boldsymbol{Q}] = \overline{\boldsymbol{P}}(x)\,, \qquad \boldsymbol{Q}(x, s) = \mathcal{L}\{\boldsymbol{q}(x, t)\}\,, \qquad \overline{\boldsymbol{P}}(x, s) = \mathcal{L}\{\overline{\boldsymbol{p}}(x, t)\}\,,\\
&\left\{\frac{\partial^2}{\partial x^2}[\boldsymbol{Q}(x_k, s)]\right\}^T \{(\boldsymbol{D}_{kl}s + \boldsymbol{R}_{kl})[\boldsymbol{Q}(x_k, s)]\} = 0\,, \qquad k = 0, 1\,, \qquad l = 0, 1, \dots, m-1
\end{aligned} \tag{5}$$

mit hier und im folgenden stets vorausgesetzten homogenen Anfangsbedingungen. Seine Lösung erhält man wohl am einfachsten in der Integralform

$$\boldsymbol{Q}(x, s) = \int_0^1 \boldsymbol{G}(x, z, s) \cdot \overline{\boldsymbol{P}}(z, s)\, \mathrm{d}z \tag{6}$$

mit Hilfe der GREENschen Resolventen $\boldsymbol{G}(x, z, s)$, die im Gegensatz zu klassischen Problemstellungen [3] hier jetzt allerdings infolge des Dämpfungseinflusses für eine Kategorie von Randwertaufgaben angegeben werden muß, deren Koeffizienten sowohl von s als auch s^2 abhängen [4]. Liegt speziell kein örtlich verteilter, sondern ein z. B bei $x = a$ konzentierter Eingriff der Erregung vor, erhält man als Ergebnis

$$\boldsymbol{Q}(x,s) = \boldsymbol{G}(x, a, s) \cdot \overline{\boldsymbol{P}}(a, s)\,, \tag{7}$$

so daß sich eine Integration erübrigt.

Verfolgt man den dargestellten Rechengang an Hand des längsschwingenden Stabes beispielsweise unter Einwirkung einer Sprungfunktion $p(x, t) = P_0 \cdot \delta(x - 1) \cdot \sigma(t)$ bei $x = 1$, so ergibt sich für die Spektraldarstellung $U(x, i\omega)$ des Stabausschlages $U(x, s)$ nach einiger Rechnung

$$U(x, i\omega) = -\frac{P_0}{i\omega} \frac{1}{\alpha \cos \varkappa + \varkappa \sin \varkappa} \left[\frac{\alpha \sin^2 \varkappa + \cos^2 \varkappa}{\varkappa} \sin \varkappa x + \cos \varkappa x\right],$$
$$\varkappa = \frac{\omega}{\sqrt{1 + 2iD_i\omega}}, \qquad \alpha = \frac{\gamma + 2iD_a\omega}{1 + 2iD_i\omega}. \tag{8}$$

Die daraus ableitbare Amplitudendichte $|U(x, i\omega)|$ gibt zwar — und dies gilt auch im allgemeinen — interessante Aufschlüsse über Frequenzinhalte des Zwangsschwingungssignals, ersetzt aber oftmals nicht eine notwendige Darstellung im Zeitbereich. Um auch dafür eine Lösung zu finden, wird eine verallgemeinerte Modalanalysis vorgeschlagen. Der Schlüssel zu einer einfachen Behandlung gedämpfter Kontinuumssysteme in diesem Sinne liegt wie bei diskreten Schwingungssystemen (s. z. B. [5]) im Übergang auf Systeme erster Ordnung [6]. Für ein spezielles Beispiel aus dem Gebiet schwingender Kontinua hat dies WEDIG [7] unlängst wohl erstmals gezeigt.

Ausgangspunkt für entsprechende eigene Überlegungen ist das Randwertproblem (1) zweiter Ordnung in der Zeit. Durch Linksmultiplikation der Bewegungsgleichung (1.1) mit $\overline{\boldsymbol{M}}^{-1}$ erhält man die „Normal“-Form

$$[\boldsymbol{q}]_{tt} + \boldsymbol{D}[\boldsymbol{q}]_t + \boldsymbol{R}[\boldsymbol{q}] = \boldsymbol{p}(x, t) + \text{R.B. } (1.2) \tag{9}$$

des Randwertproblems (1). Mit

$$\boldsymbol{y} = [\boldsymbol{q}, \boldsymbol{q}_t]^T, \qquad \boldsymbol{f} = [\boldsymbol{0}, \boldsymbol{p}]^T, \qquad \boldsymbol{A} = \begin{bmatrix} \boldsymbol{0} & \boldsymbol{E} \\ -\boldsymbol{R} & -\boldsymbol{D} \end{bmatrix} \tag{10}$$

— analoge Definitionen lassen sich auch für die Randbedingungen festlegen — gelingt die Überführung in ein äquivalentes System erster Ordnung

$$[\boldsymbol{y}]_t = \boldsymbol{A}[\boldsymbol{y}] + \boldsymbol{f}(x, t)\,, \quad \left\{\frac{\partial^l}{\partial x^l} [\boldsymbol{y}(x_k, t)]\right\}^T \{\boldsymbol{A}_{kl}[\boldsymbol{y}(x_k, t)]\} = 0\,, \quad k = 0, 1\,, \quad l = 0, 1, \dots, m - 1\,. \tag{11}$$

Zunächst ist das zugehörige Eigenwertproblem

$$\boldsymbol{A}[\boldsymbol{Y}] = \lambda[\boldsymbol{Y}]\,, \quad \left\{\frac{\partial^l}{\partial x^l} [\boldsymbol{Y}(x_k)]\right\}^T \{\boldsymbol{A}_{kl}[\boldsymbol{Y}(x_k)]\} = 0\,, \quad k = 0, 1\,, \quad l = 0, 1, \dots, m - 1 \tag{12}$$

zu diskutieren. Die bekannte bilineare GREENsche Identität mit verschwindendem Konjunkt

$$(\widetilde{\boldsymbol{Y}}, \boldsymbol{A}[\boldsymbol{Y}]) = (\boldsymbol{Y}, \widetilde{\boldsymbol{A}}[\widetilde{\boldsymbol{Y}}]) \tag{13}$$

liefert die adjungierte Eigenwertaufgabe inclusive Randbedingungen

$$\widetilde{\boldsymbol{A}}[\widetilde{\boldsymbol{Y}}] = \lambda[\widetilde{\boldsymbol{Y}}]\,, \quad \left\{\frac{\partial^l}{\partial x^l} [\widetilde{\boldsymbol{Y}}(x_k)]\right\}^T \{\widetilde{\boldsymbol{A}}_{kl}[\widetilde{\boldsymbol{Y}}(x_k)]\} = 0\,, \quad k = 0, 1\,, \quad l = 0, 1, \dots, m - 1\,. \tag{14}$$

Stimmt sie mit der ursprünglichen überein, liegt eine selbstadjungierte Eigenwertaufgabe vor. Wendet man den GREENschen Satz auf die Eigenfunktionen $\boldsymbol{Y}_n$ und $\widetilde{\boldsymbol{Y}}_m$ an, so gilt

$$(\widetilde{\boldsymbol{Y}}_m, \boldsymbol{A}[\boldsymbol{Y}_n]) = (\boldsymbol{Y}_n, \widetilde{\boldsymbol{A}}[\widetilde{\boldsymbol{Y}}_m])\,. \tag{15}$$

Da sicherlich gemäß (12) und (14) auch

$$\boldsymbol{A}[\boldsymbol{Y}_n] = \lambda_n \boldsymbol{Y}_n\,, \qquad \widetilde{\boldsymbol{A}}[\widetilde{\boldsymbol{Y}}_m] = \lambda_m \widetilde{\boldsymbol{Y}}_m \tag{16}$$

erfüllt sind, läßt sich nach Einsetzen von (16) in (15) zeigen, daß infolge

$$(\widetilde{\boldsymbol{Y}}_m, \boldsymbol{Y}_n) = 0\,, \qquad m \neq n\,, \tag{17}$$

die zu zwei verschiedenen Eigenwerten $\lambda_n \neq \lambda_m$ gehörenden Eigenfunktionen $\boldsymbol{Y}_n$ und $\widetilde{\boldsymbol{Y}}_m$ zueinander orthogonal sind.

Nunmehr ist es möglich, die gesuchten Zwangsschwingungen in Form eines gemischten RITZ-Ansatzes

$$\boldsymbol{y}(x, t) = \sum_n \boldsymbol{Y}_n(x) \cdot T_n(t) \tag{18}$$

nach den (bekannten) Eigenfunktionen $\boldsymbol{Y}_n(x)$ bei gesuchtem Zeitverhalten $T_n(t)$ zu entwickeln. Einsetzen des Ansatzes (18) in das inhomogene Randwertproblem (11), Bilden des Skalarproduktes mit der adjungierten Eigenfunktion $\tilde{\boldsymbol{Y}}_m(x)$ und Benutzen der Orthogonalitätsrelation (17) führt auf die entkoppelten Differentialgleichungen erster Ordnung

$$\frac{\mathrm{d}}{\mathrm{d}t} T_n - \lambda_n T_n = (\tilde{\boldsymbol{Y}}_n, \boldsymbol{f})/(\tilde{\boldsymbol{Y}}_n, \boldsymbol{Y}_n)\,, \qquad n = 1, 2, \ldots \tag{19}$$

für die Zeitfunktionen $T_n(t)$. Die Einzelgleichungen (19) können für verschiedene Lastfälle in der Regel recht einfach gelöst werden. Durch reelle Zusammenfassung und Überlagerung im Sinne des Reihenansatzes (18) erhält man dann die physikalische Gesamtlösung $\boldsymbol{y}(x, t)$. Zur Kontrolle kann man auch die modale Entwicklung für das LAPLACE-transformierte Randwertproblem im Bildbereich durchführen und zeigen, daß die mit Hilfe der GREENschen Resolvente gefundene Lösung sich nach Entwickeln in Reihenform mit dem Ergebnis der Modalanalysis als identisch erweist.

Auch die so dargestellte komplexwertige Modalanalysis soll am Beispiel des längsschwingenden Stabes wieder unter sprungförmiger Erregung bei $x = 1$ erprobt werden. Das beschreibende Randwertproblem (3) liegt schon in seiner Normalform (9) vor, so daß sofort die Überführung in ein System erster Ordnung (11) mit

$$\boldsymbol{y} = [u, u_t]^T\,, \qquad \boldsymbol{f}(x, t) = [0, P_0\delta(x - 1)\,\sigma(t)]^T\,,$$

$$\boldsymbol{A} = \begin{bmatrix} 0 & 1 \\ \frac{\partial^2}{\partial x^2} & 2D_i\frac{\partial^2}{\partial x^2} \end{bmatrix}, \quad \boldsymbol{A}_{00} = \begin{bmatrix} 0 & 1 \\ \frac{\partial}{\partial x} - \gamma & 2\left(D_i\frac{\partial}{\partial x} - D_a\right) \end{bmatrix}, \quad \boldsymbol{A}_{10} = \begin{bmatrix} 0 & 1 \\ -\frac{\partial}{\partial x} & 0 \end{bmatrix} \tag{20}$$

erfolgen kann. Das zugehörige Eigenwertproblem (12) stellt sich als selbstadjungiert heraus. Durch Anpassen an die Randbedingungen in (12) mit (20) lassen sich die Eigenfunktionen $\boldsymbol{Y}_n(x)$ in der Form

$$\boldsymbol{Y}_n(x) = [U_n, \lambda_n U_n]^T\,, \qquad U_n(x) = C_n(\mathrm{e}^{\varrho_n x} + \mathrm{e}^{\varrho_n(2-x)})\,, \qquad \varrho_n^2 = \frac{\lambda_n^2}{1 + 2D_i\lambda_n} \tag{21}$$

explizite angeben, wobei die komplexen Eigenwerte λ_n aus der streng gültigen Eigenwertgleichung

$$(2D_a\lambda + \gamma)\,(1 + \mathrm{e}^{2\varrho}) - (1 + 2D_i\lambda)\,\varrho(1 - \mathrm{e}^{2\varrho}) = 0 \tag{22}$$

zu berechnen sind. Die Entwicklung nach Eigenfunktionen führt dann zu den (19) entsprechenden Einzeldifferentialgleichungen

$$\frac{\mathrm{d}}{\mathrm{d}t} T_n - \lambda_n T_n = \lambda_n U_n(1)\, P_0\sigma(t)/(\boldsymbol{Y}_n, \boldsymbol{Y}_n)\,, \qquad n = 1, 2, \ldots \tag{23}$$

mit einfach auswertbarer rechter Seite. Beispielsweise das Faltungsintegral liefert schließlich die gesuchten Zeitfunktionen

$$T_n(t) = -U_n(1)\, P_0(1 - \mathrm{e}^{\lambda_n t})(\boldsymbol{Y}_n, \boldsymbol{Y}_n)\,, \tag{24}$$

so daß — zurückgehend auf den Ansatz (18) — auch die vollständige Lösung $\boldsymbol{y}(x, t)$ bzw. $u(x, t)$ des transienten Zwangsschwingungsvorganges im Zeitbereich gefunden ist.

Literatur

1 KELKEL, K., ZAMM **61** (1981), S. 62.
2 PILKEY, W; STRENKOWSKI, J., JAM **45** (1978), S. 877 und 46 (1979), S. 685.
3 COLLATZ, L., Eigenwertaufgaben mit technischen Anwendungen, 2. Aufl., Leipzig 1963.
4 WAUER, J., VDI-Berichte Nr. 381 (1980), S. 201.
5 NORDMANN, R., VDI-Berichte Nr. 269 (1976), S. 175.
6 GILLES, E. D., Systeme mit verteilten Parametern, München/Wien 1973.
7 WEDIG, W., ZAMM **60** (1980), S. 277.

Anschrift: Prof. Dr.-Ing. J. WAUER, Etzelstr. 6, D-7513 Stutensee 1, BRD

ZAMM 62, T 89 – T 91 (1982)

W. WEDIG

Schadensfrüherkennung — Theorie und Praxis der stochastischen Rißidentifikation

1. Stochastisch angeregter Rißschwinger

Zur Unfallverhütung sollen Methoden entwickelt werden, die es gestatten, im Betriebszustand einen Anriß im Tragwerk zu erkennen und die Rißausbreitung zu messen ohne jede Kenntnis, wo sich der Riß befindet. Eine Möglichkeit hierzu bietet die Korrelationsanalyse der stochastischen Tragwerksschwingungen, die im Betriebszustand stets vorhanden sind.

Der vorliegende Beitrag erklärt das Prinzip dieser Korrelationsanalyse am nichtlinearen Modell des zufällig angeregten Rißschwingers mit einem Freiheitsgrad und einer einfachen bilinearen Federkennlinie, die in Abb. 1 skizziert ist. Die zugehörigen Bewegungsgleichungen lauten:

$$\begin{aligned} &\ddot{X}_t + 2D\omega_1\dot{X}_t + \omega_1^2 X_t = \sigma\dot{W}_t \quad \text{für} \quad X_t \geqq 0\,, \\ &\ddot{X}_t + 2D\omega_1\dot{X}_t + \omega_1^2(1-\gamma)\,X_t = \sigma\dot{W}_t \quad \text{für} \quad X_t \leqq 0\,. \end{aligned} \tag{1}$$

Demnach wird der Rißschwinger durch zwei lineare, stückweise geltende Differentialgleichungen beschrieben. Für $X_t \geqq 0$ schließt sich der Riß, so daß die ungerissene Eigenkreisfrequenz ω_1 vorliegt. Für negative Auslenkungen $X_t \leqq 0$ öffnet sich der Riß, und die Steifigkeit der elastischen Rückstellung wird um γ vermindert. Das LEHRsche Dämpfungsmaß D beschreibt eine äußere Dämpfung, die von γ unabhängig ist.

Die konkrete Aufgabe besteht nun darin, im Falle einer mittelwertfreien Zufallsanregung, die z. B. durch weißes Rauschen $\dot{W}_t$ mit der Intensität σ vorgegeben wird, Schätzverfahren zu entwickeln, mit denen man beide Frequenzquadrate messen kann, um mit ihrer Differenz bezogen auf ω_1^2 auch unmittelbar den Steifigkeitsverlust γ anzugeben.

2. Erste Schätzungen der Systemfrequenzen

Für erste analytische Untersuchungen des Frequenzverhaltens von (1) benutzen wir den linearen Filter

$$\ddot{Z}_t + 2D_m\omega_m\dot{Z}_t + \omega_m^2 Z_t = 2\sqrt{D_m\omega_m}\, X_t\,, \tag{2}$$

dessen stationäre Spektraldichteverteilung sich für kleine Dämpfungen $D_m \to 0$ um die mittlere Filterfrequenz ω_m deltaförmig konzentriert. Wie in [1] gezeigt, liefert dann der Quadratmittelwert von $\dot{Z}_t$ eine konsistente spektrale Schätzung für jeden linearen Eingangsprozeß X_t.

Wenn mit X_t der Lösungsprozeß des nichtlinearen Rißschwingers zu analysieren ist, kann man nach [2] zunächst die zugehörigen stationären GAUSSverteilungen für beide Bereiche der bilinearen Kennlinie aufstellen und sie dann nach einer stetigen Anpassung über den gesamten Zustandsbereich integrieren, um den oben erwähnten Quadratmittelwert zu berechnen. Nach einem Grenzübergang mit $D_m \to 0$ und $\omega_m = \omega$ erhält man schließlich das Spektrum des Rißschwingers

$$S_{xx}(\omega) = \frac{\sigma^2}{1+\sqrt{1-\gamma}}\left[\frac{\sqrt{1-\gamma}}{(\omega_1^2-\omega^2)^2+(2D\omega_1\omega)^2} + \frac{1}{[\omega_1^2(1-\gamma)-\omega^2]^2+(2D\omega_1\omega)^2}\right] \tag{3}$$

und nach einer Fourier-Transformation auch die zugehörige Korrelationsfunktion von der Form

$$\begin{aligned} R_{xx}(\tau) = {}& \frac{\sigma^2\exp(-D\omega_1\tau)}{4D\omega_1^3(1+\sqrt{1-\gamma})}\left[\sqrt{1-\gamma}\left(\cos\omega_1\sqrt{1-D^2}\tau + \frac{D}{\sqrt{1-D^2}}\sin\omega_1\sqrt{1-D^2}\tau\right) + \right. \\ & \left. + \frac{1}{1-\gamma}\left(\cos\omega_1\sqrt{1-\gamma-D^2}\tau + \frac{D}{\sqrt{1-\gamma-D^2}}\sin\omega_1\sqrt{1-\gamma-D^2}\tau\right)\right]. \end{aligned} \tag{4}$$

Damit ist auch die Korrelationsfunktion der Schwinggeschwindigkeit $\dot{X}_t$ bekannt. Für $\tau = 0$ führen beide auf die Quadratmittelwerte

$$E(X_t^2) = \frac{\sigma^2}{4D\omega_1^3}\left(1 + \frac{1}{1-\gamma} - \frac{1}{\sqrt{1-\gamma}}\right), \qquad E(\dot{X}_t^2) = \frac{\sigma^2}{4D\omega_1} \tag{5}$$

der beiden Zustandsprozesse des nichtlinearen Rißschwingers.

Für die stochastische Rißidentifikation sind folgende zwei Eigenschaften wichtig. Der Quadratmittelwert der Schwingungsauslenkung nimmt mit größer werdendem Steifigkeitsverlust γ zu, der Erwartungswert der Schwinggeschwindigkeit bleibt dagegen von γ völlig unbeeinflußt. Diese Invarianz wurde in [3] auch experimentell bestätigt. Im Spektrum (3) erkennt man ebenfalls eine invariante Eigenschaft. Es enthält zwei Resonanzen, eine tiefere mit der gerissenen Eigenkreisfrequenz $\omega_1\sqrt{1-\gamma}$ und eine höhere mit ω_1, welche zur oberen Federkennlinie gehört. Die höhere Resonanz des Rißschwingers erfährt also nicht die übliche Frequenzverschiebung.

3. Experimentelle Messungen der Systemfrequenzen

Ein Vergleich zwischen den oben angegebenen Schätzungen und experimentellen Messungen wird in Abb. 3 gezeigt. Die ausgezogenen Linien sind gemessene Ergebnisse, die punktierten Linien sind Auswertungen von (3) und (4) für den Datensatz $\gamma = 0{,}6$, $D = 0{,}1$ und $\omega_1 = 10\ \mathrm{s}^{-1}$ bzw. $f_1 = 1{,}59$ Hz. Für die Korrelationsfunktionen R_{xx} gilt die unten angegebene Zeitskala $0 \leqq \tau \leqq 1{,}5$ sec. Für die Spektren S_{xx} steht die zugehörige Frequenzskala $0 \leqq f \leqq 3$ Hz oben. Die experimentellen Messungen wurden mit 1000 Mittelungen digital durchgeführt. Der nichtlineare Rißschwinger (1) wurde auf einem Analogrechner simuliert. Als Erregung wurde ein Rauschgenerator mit einer Streuung von 3 V und einer Grenzfrequenz von 5 kHz benutzt.

Man erkennt, daß die geschätzte Korrelationsfunktion nur bis zur halben Periode $\tau \leqq 0{,}4$ sec mit der Messung gut übereinstimmt. Nach größeren Korrelationszeiten ergeben sich zu große Abweichungen. Entsprechend hierzu ist auch der Vergleich im Frequenzbereich zu bewerten. Insbesondere ist das oben angeführte Frequenzphänomen nicht mehr zu erkennen. Vielmehr besitzt der stochastische Rißschwinger nur eine Resonanz mit der üblichen Frequenzverschiebung hier zu $f_R = 1{,}20$ Hz. Sie entspricht einer Periode $T_R = 1/f_R = 0{,}83$ sec, die im Korrelationsbereich an dem zweiten Maximum deutlich festzustellen ist.

Natürlich werden diese erheblichen Abweichungen zunächst durch Unterschiede in der zufälligen Erregung verursacht. In der praktischen Simulation liegt physikalisches Rauschen vor, das eine wohldefinierte Gaußverteilung mit beschränkter Varianz besitzt. Die analytische Schätzung benutzt dagegen die Theorie der Gauss-Markow-Prozesse mit weißem Rauschen $\dot{W}_t$ als Grundmodell, dessen Verteilungsdichte wegen der unbeschränkten Variation im klassischen probabilistischen Sinne nicht definiert ist.

Um aber dennoch das für die stochastische Rißidentifikation wichtige Frequenzphänomen zu realisieren, wird nun folgendes nichtlineare Identifikationsverfahren vorgeschlagen. Wie in Abb. 1 gezeigt, wird das gemessene Schwingungssignal X_t nicht direkt und global analysiert, sondern erst mittels zweier Komparatoren nichtlinear in die

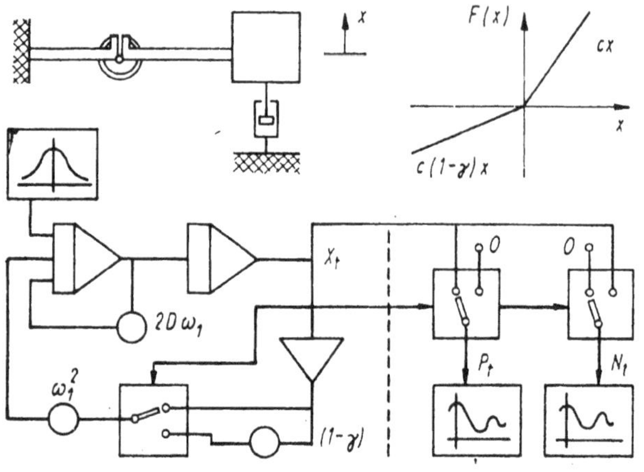

Abb. 1. Simulation des nichtlinearen Rißschwingers

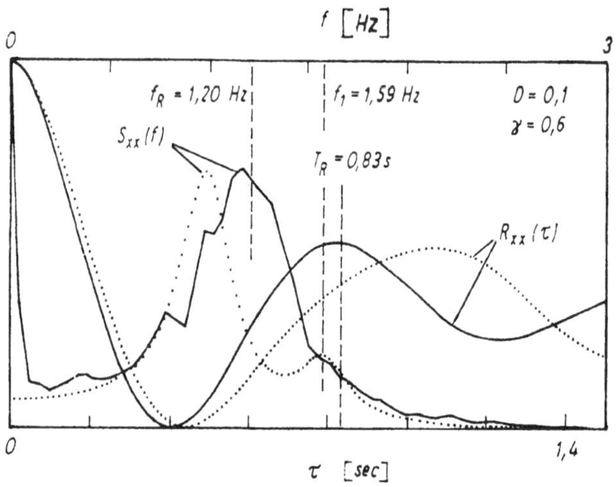

Abb. 2. Vergleich zwischen Schätzung und Messung

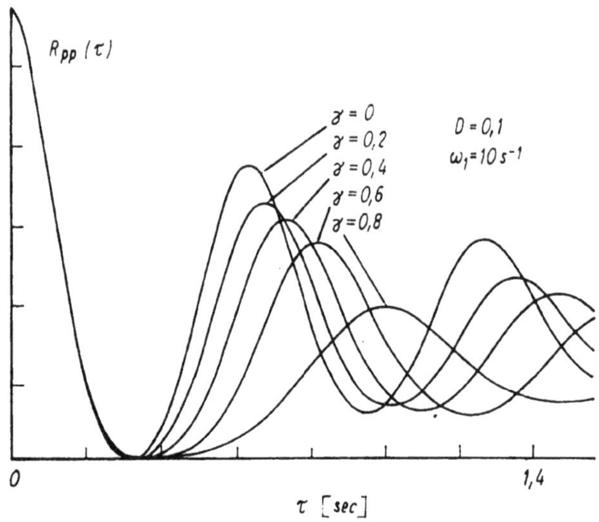

Abb. 3. Korrelationsfunktion des positiven Prozesses

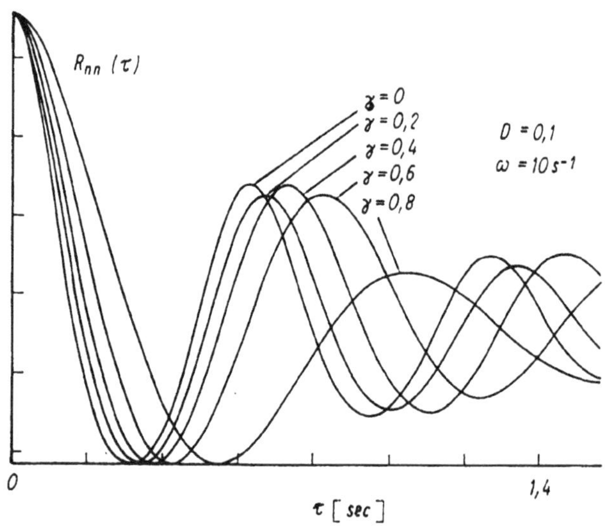

Abb. 4. Korrelationsfunktion des negativen Prozesses

Prozesse N_t und P_t aufgetrennt:

$$P_t = \begin{cases} X_t & \text{für} \quad X_t \geqq 0\,, \\ 0 & \text{für} \quad X_t \leqq 0\,, \end{cases} \qquad N_t = \begin{cases} 0 & \text{für} \quad X_t \geqq 0\,, \\ X_t & \text{für} \quad X_t \leqq 0\,. \end{cases} \tag{6}$$

Beide Prozesse werden dann a-posteriori mit je einem Korrelator getrennt analysiert. Die zugehörigen Meßergebnisse sind in den Abbildungen 3 und 4 für die Rißparameter $\gamma = 0$, 0,2, 0,4, 0,6 und 0,8 aufgezeichnet.

Man erkennt, daß die Korrelationsfunktionen R_{pp} des positiv abgeschnittenen Prozesses P_t in der ersten halben Periode invariant bleiben. Dagegen erhöht sich die Periodendauer des negativ abgeschnittenen Meßsignals mit größer werdendem Steifigkeitsverlust γ. Dies entspricht dem oben angeführten Frequenzphänomen und kann daher für die stochastische Rißidentifikation auch bei realistischen Erregerprozessen herangezogen werden.

Literatur

1 Wedig, W., Anwendung einer Spektralfiltertechnik zur Identifikation linearer und nichtlinearer Systeme, Ing.-Arch. Heft 1, 1981.
2 Wedig, W., The integration of nonlinear stochastic systems and its application to the damage identification, (ZAMM 61 1981), 7–20.
3 Wedig, W.; Bräutigam H., Schadensfrüherkennung beim angerissenen Biegeschwinger — Rißidentifikation durch Spektralanalyse zweier Resonanzen, VDI-Berichte Nr. 381, 1980.

Anschrift: Prof. Dr.-Ing. W. Wedig, Asternweg 5a, D-7513 Stutensee-Bl., BRD

ZAMM 62, T 91 – T 93 (1982)

B. Weyh

Beitrag zur Stabilitätsuntersuchung zeitvarianter Systeme

Für lineare zeitvariante Systeme wird mit Hilfe linearer konstanter Koordinatentransformationen der Bereich der Stabilitätsaussage eines einfachen hinreichenden Kriteriums asymptotischer Stabilität wesentlich vergrößert. Die Vorgehensweise basiert allein auf den bekannten Elementen der Stabilitätsuntersuchung konstanter Systeme und ist anwendbar auf alle Probleme mit beschränkter Zustandsmatrix.

Es gilt der Satz: Die triviale Lösung des Systems n-ter Ordnung

$$\vec{y}' = A(t)\,\vec{y}\,, \qquad (\;)' = \mathrm{d}/\mathrm{d}t\,, \tag{1}$$

mit beschränkter Zustandsmatrix $A(t)$ ist gleichmäßig asymptotisch stabil, bzw. gleichmäßig instabil, wenn für die Eigenwerte λ der Matrix $H(t) = A(t) + A^T(t)$ gilt: $\lambda_{\max}(t) < 0$, bzw. $\lambda_{\min}(t) > 0$ für alle $t \in [0, \infty)$.

Diese hinreichende Stabilitäts- bzw. Instabilitätsbedingung kann als Folgerung aus den Ungleichungen von Wazewski [2] angesehen oder aus der verallgemeinerten Ljapunowschen Matrizen-Differentialgleichung abgeleitet werden [1].

Wie bereits an einfachsten Beispielen gezeigt werden kann, liefert die formale Anwendung dieses hinreichenden Kriteriums im allgemeinen keine oder eine auf sehr kleine Parameterbereiche beschränkte Aussage. Ausgangspunkt für eine modifizierte Anwendung des hinreichenden Kriteriums stellt das variante lineare System (1) mit aufgespaltener Zustandsmatrix

$$A(t) = A_0 + \tilde{A}(t) \tag{2}$$

dar, wobei

A_0 — konstant, regulär, diagonalähnlich

$\tilde{A}(t)$ — variant bezüglich t, beschränkt

vorausgesetzt werden soll.

Wegen der Diagonalähnlichkeit des zugeordneten Systems mit konstanten Koeffizienten läßt sich immer ein Biorthonormalsystem von Eigenvektoren bestimmen [3], das die konstante Matrix A_0 in die Diagonalmatrix ihrer n Eigenwerte

$$\Lambda = L^T A_0 R \tag{3}$$

überführt, wobei L bzw. R die Matrix der spaltenweise angeordneten normierten Links- bzw. Rechtseigenvektoren darstellt.

Wird das vollständige System (1) auf die Hauptrichtungen des zugeordneten konstanten Systems transformiert, so ergibt sich das im allgemeinen komplexe Differentialgleichungssystem n-ter Ordnung

$$\vec{z}' = B(t)\vec{z} \quad \text{mit } B(t) = \Lambda + L^T\tilde{A}(t)\,R\,. \tag{4}$$

Die charakteristische Matrix $H(t)$, deren zeitabhängige Eigenwerte für eine Stabilitätsaussage herangezogen werden, muß jetzt aus der Zustandsmatrix $B(t)$ und ihrer konjugiert transportierten $B^*(t)$ gebildet werden. Durch Aufspalten der Matrix $B(t)$ in Real- und Imaginärteil ergibt sich die anschauliche Darstellung

$$H(t) = 2\Lambda_{\mathrm{Re}} + [L^T\widetilde{A}(t)\,R]_{\mathrm{Re}} + [L^T\widetilde{A}(t)\,R]_{\mathrm{Re}}^T + i\{[L^T\widetilde{A}(t)\,R]_{\mathrm{Im}} - [L^T\widetilde{A}(t)\,R]_{\mathrm{Im}}^T\}\,, \tag{5}$$

aus der klar zu erkennen ist, daß der Realteil symmetrisch und der Imaginärteil schiefsymmetrisch ist. $H(t)$ gehört damit zur Klasse der hermiteschen Matrizen, ihre Eigenwerte sind rein reell. Die Stabilitätsuntersuchung beruht jetzt auf der Betrachtung des maximalen und minimalen Eigenwertes von (5) in einem „ausreichenden Zeitintervall" (z. B. $[0, T]$ für T-periodische Systeme). Haben sie im gesamten Intervall immer gleiches Vorzeichen, so ist eine Aussage möglich. Bei verschiedenen Vorzeichen, selbst für $[t - \varepsilon, t + \varepsilon]$ mit beliebig kleinem $\varepsilon \neq 0$, ist keine Aussage möglich. Aus (5) läßt sich ebenfalls ablesen, daß für den Grenzübergang $\widetilde{A}(t) \to 0$ das Kriterium bezüglich asymptotischer Stabilität nicht nur hinreichend, sondern auch notwendig ist. Werden variante Elemente $\tilde{a}_{ij}(t)$ von kleiner Größenordnung zugelassen, so ist mit einer Aussage zu rechnen, sofern das zugeordnete System mit konstanten Koeffizienten asymptotisch stabil oder vollständig instabil ist.

Die formale Anwendung des hinreichendenden Kriteriums auf die MATHIEU'sche Differentialgleichung

$$x'' + 2cx' + (a + 2q\cos 2t)\,x = 0 \tag{6}$$

liefert bei Verwendung der Zustandskoordinaten (x, x') im gesamten Parameterraum $c \geqq 0, a, q$ keine Aussage. Nach vorheriger Hauptachsentransformation bezüglich des konstanten Systems ergeben sich für $c^2 < a$ die zeitvarianten Eigenwerte der charakteristischen Matrix zu

$$\lambda_{1/2}(t) = -2[c \pm q\cos 2t/\sqrt{a - c^2}]\,. \tag{7}$$

Sind ihre Maximalwerte $\lambda_{1\max}, \lambda_{2\max} < 0$ im Zeitintervall $[0, \pi]$, so liegt asymptotische Stabilität vor. Nullsetzen der Werte liefert die — neben den tatsächlichen Instabilitätsbereichen — im Bild 1 dargestellte schraffierte Grenzebene. Sie gehört selbst nicht mehr zum darunterliegenden Bereich der Stabilitätsaussage.

Die bezüglich kleiner Drehschwingungsausschläge x_i, $i = 1, 2$ linearisierten Bewegungsgleichungen eines einfachen Modells einer Kolbenmaschine lauten in dimensionsloser Form

$$\begin{aligned}(1 - q_1\cos t)\,x_1'' + [(1 + \beta)\,\delta + q_1\sin t]\,x_1' - \delta x_2' + [(1 + \gamma)\,\varkappa^2 + \tfrac{1}{2}q_1\cos t]\,x_1 - \varkappa^2 x_2 = 0\,,\\ [1 - q_2\cos(t + 2\alpha)]\,x_2'' + [\delta + q_2\sin(t + 2\alpha)]\,x_2' - \delta x_1' + [\varkappa^2 + \tfrac{1}{2}q_2\cos(t + 2\alpha)]\,x_2 - \varkappa^2 x_1 = 0\,.\end{aligned} \tag{8}$$

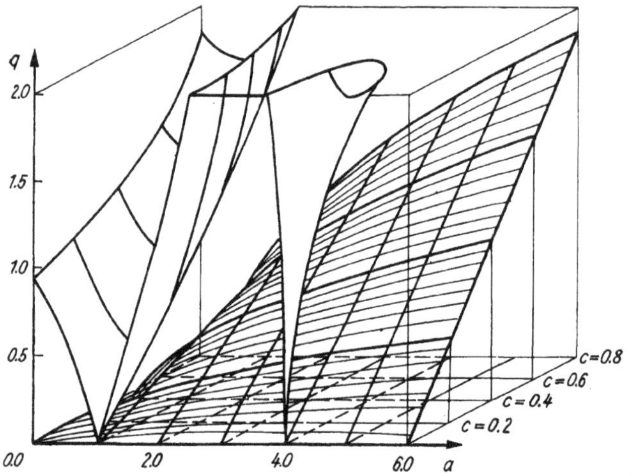

Bild 1. Instabilitätsbereiche und das Gebiet der Stabilitätsaussage für die MATHIEUsche Differentialgleichung

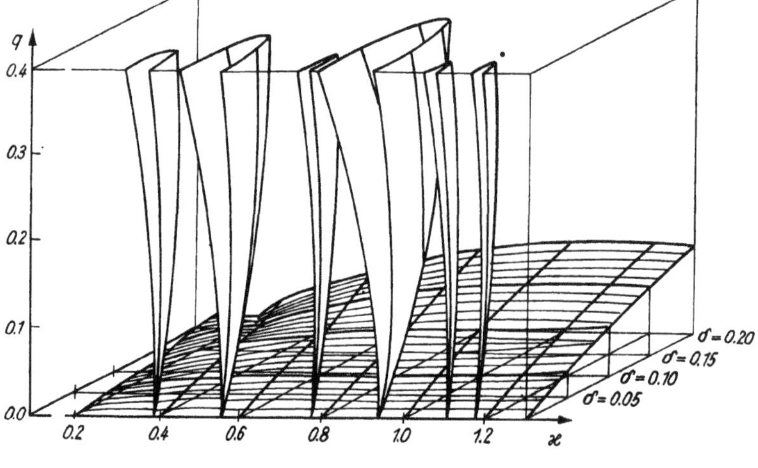

Bild 2. Instabilitätsbereiche 1. und 2. Art sowie das Gebiet der Stabilitätsaussage für einen Zwei-Massen-Drehschwinger ($\alpha = 90°$, $\beta = 1$, $\gamma = 1{,}5$)

Die Instabilitätsgebiete 1. und 2. Art, deren Stabilitätsgrenzen mit Hilfe der exakten Theorie von FLOQUET direkt berechnet wurden, sind in der Stabilitätskarte Bild 2 dargestellt. Aufgetragen ist dabei die Schwankungsamplitude $q = q_1 = q_2$ über dem Steifigkeitsparameter $\varkappa$ und dem Dämpfungskoeffizienten δ. Im Vergleich dazu ist die numerisch ermittelte Grenzebene der Stabilitätsaussage eingezeichnet.

Literatur

1 MÜLLER, P. C., Stabilität und Matrizen, Springer Verlag, Berlin/Heidelberg/New York 1977, S. 140–147.
2 WAZEWSKI, T., Sur la limitation des intégrales des systèmes d'équations différentielles linéaires ordinaires, Studia Mathematica 10 (1948), S. 48–59.
3 ZURMÜHL, R., Matrizen, Springer Verlag, Berlin/Göttingen/Heidelberg 1964, S. 155–157.

Anschrift: Dipl.-Ing. BERNHARDT WEYH, Universität-Gesamthochschule Duisburg, Fachbereich 7, Mechanik, Lotharstraße 65, D-4100 Duisburg, BRD

ZAMM 62, T 93 – T 95 (1982)

U. WITTEK

Imperfektionsempfindlichkeit der Kreiszylinderschale unter Manteldruck

Die auf KOITER zurückgehende *Anfangsnachbeulanalyse* liefert bekanntlich asymptotisch exakte Aussagen über das überkritische Verhalten idealer und geometrisch imperfekter Strukturen in *unmittelbarer Nachbarschaft* der kritischen Indifferenzlast.

Eine Stabilitätsberechnung allgemeiner Schalen unter Ausschluß der inkrementellen linearen Membranwirkungen im Verzweigungszustand beschreibt hingegen als *dehnungslose Beultheorie* einen für den *tiefen Nachbeulbereich* gültigen Grenzzustand, der in Bezug auf die Wirkung von geometrischen Imperfektionen als eine untere Grenze für die Stabilitätslast angesehen werden kann.

Verknüpft man beide Stabilitätskonzepte, indem innerhalb der Anfangsnachbeultheorie die linearen Membranwirkungen reduziert berücksichtigt werden, so beinhaltet dieses Konzept der *reduzierten Membranbeulung* die Möglichkeit, Durchschlagslasten imperfekter Schalen mit unterschiedlichen geom. Imperfektionen durch eine reduzierte Indifferenzberechnung zu ermitteln.

Am Beispiel der Kreiszylinderschale unter Manteldruck wird dargestellt, wie sich derart ermittelte theoretische Abminderungsfaktoren in Abhängigkeit der Geometriehauptparameter zwischen 0,75 und 1,00 ergeben und welche Imperfektionsamplituden diesen Grenzwerten zugeordnet sind.

Innerhalb der Anfangsnachbeulanalyse folgt die überkritische Tragfähigkeit der idealen Schale λ im Verhältnis zur Indifferenzlast λ_k der Reihenentwicklung

$$\lambda/\lambda_k = 1 + \lambda_1 \cdot \varepsilon + \lambda_2 \cdot \varepsilon^2 , \tag{1}$$

wobei λ_1 und λ_2 über die Theorie zu ermittelnde Nachbeulparameter und ε die auf die Wanddicke bezogene Beulamplitude darstellen. Für die Kreiszylinderschale unter Manteldruck ergab sich in [2] der Nachbeulparameter λ zu Null; das symmetrische Nachbeulverhalten wird durch Betrag und Vorzeichen von λ_2 als Funktion des Parameters $Z = \sqrt{(1-\nu^2)}\,\frac{L^2}{Rh}$ bestimmt. Der stärkste Lastabfall ergab sich dabei zu

$$\lambda_2 = -0{,}36 . \tag{2}$$

Für einen linearen Grundzustand zeigte KOITER, daß geometrische Imperfektionen in Form des kritischen Beulmusters die Grenztragfähigkeit am stärksten reduzieren. Das für symmetrische Beulvorgänge maßgebende Imperfektionsgesetz — Abhängigkeit der Durchschlagslast λ_d von der auf die Wanddicke bezogenen Vorbeulamplitude ε_0 — lautet dann

$$\left(1 - \frac{\lambda_d}{\lambda_k}\right)^{3/2} = \frac{3\sqrt{3}}{2} \cdot \sqrt{-\lambda_2 \varepsilon_0^2}\,\frac{\lambda_d}{\lambda_k}, \tag{3}$$

und mit (2)

$$\left(1 - \frac{\lambda_d}{\lambda_k}\right)^{3/2} = 1{,}56\,|\varepsilon_0|\,\frac{\lambda_d}{\lambda_k}. \tag{4}$$

Es sei betont, daß die Gültigkeitsgrenze bezüglich der Größe der Beuldeformation ε bzw. der Vorbeulamplitude ε_0 unbestimmt bleibt, weshalb die Ergebnisse der Anfangsnachbeulanalyse nur qualitativen Charakter besitzen.

Innerhalb des Konzepts der „reduzierten Membranbeulung“ [1] wird die Indifferenzberechnung der Schalen derart durchgeführt, daß sämtliche beim Stabilitätsprozeß beteiligten inkrementellen Biegewirkungen (λ_B) vollständig, die schalenspezifischen krümmungsbedingten inkrementellen Membraneffekte (λ_M) jedoch nur reduziert berücksichtigt werden,

$$\lambda_k = \lambda_B + r \cdot \lambda_M \quad \text{mit} \quad 0 \leqq r \leqq 1 . \tag{5}$$

Die beulmechanische Motivation für eine derart reduzierte Indifferenzberechnung ergibt sich aus der Tatsache, daß der negative Nachbeulparameter λ_2 ausschließlich durch lineare Membraneffekte des Indifferenzpunktes [1] gebildet wird. Aus (3) erkennt man daher die beulmechanische Äquivalenz von geometrischen Imperfektionen (ε_0) und linearem Membranpotential (λ_2). Hieraus ergibt sich die Möglichkeit, Durchschlagslasten imperfekter Schalen als reduzierte Verzweigungslasten perfekter Schalen zu ermitteln

$$\lambda_d(\varepsilon_0) = \lambda_k(r) = \lambda_B + r(\varepsilon_0)\,\lambda_M , \tag{6}$$

mit der besonderen Eigenschaft der unteren Grenzabschätzung der Stabilität für $r = 0$ zu

$$\min \lambda_d = \lambda_B . \tag{7}$$

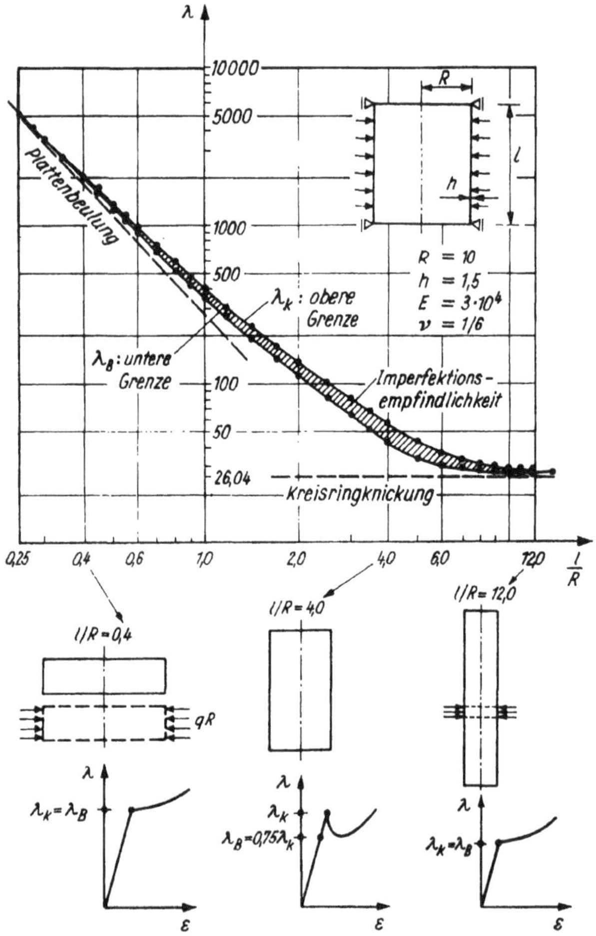

Abb. 1. Imperfektionsempfindlichkeit aus dem Konzept der reduzierten Membranbeulung ($r = 0$)

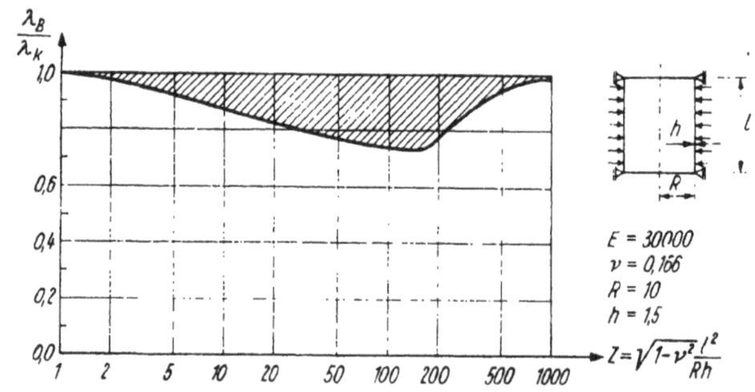

Abb. 2. Abminderungsfaktor λ_B/λ_k

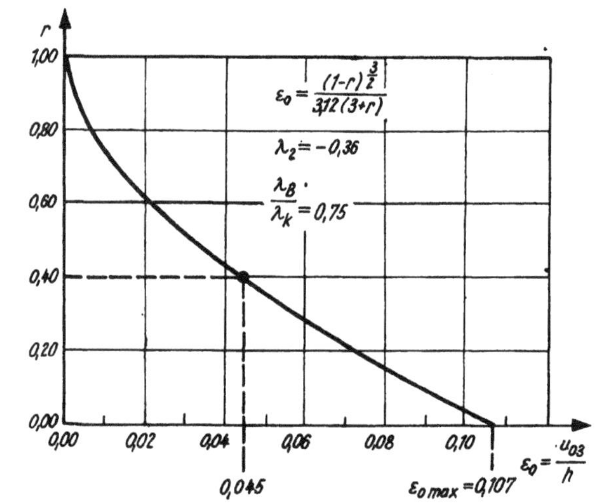

Abb. 3. Korrelation zwischen Membranreduktionsfaktor r und Vorbeulamplitude ε_0

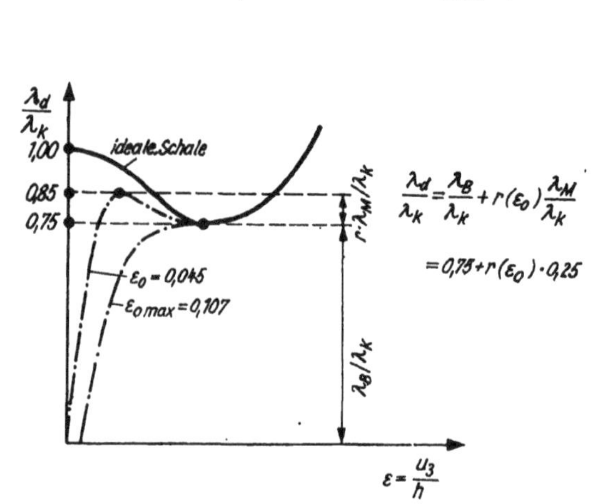

Die Trennung der Stabilitätslastanteile in inkrementelle Biege- und Membranwirkungen lautet für das bekannte FLÜGGEsche Beulergebnis [4] der Kreiszylinderschale unter Manteldruck

$$\lambda_M = \frac{\varkappa^4}{R(\varkappa^2 + m^2)(m^2 - 1)} \cdot Eh \tag{8}$$

$$\lambda_B = \frac{(\varkappa^2 + m^2)^2 \cdot (\varkappa^2 + m^2 - 1)^2 + 2(1 - \nu)\,\varkappa^2(\varkappa^4 - m^4)}{R^3(\varkappa^2 + m^2)^2 \cdot (m^2 - 1)} \cdot \frac{Eh^3}{12(1 - \nu^2)} \tag{9}$$

mit $\varkappa = \frac{\pi R}{L}$ und m der Beulwellenzahl in Ringrichtung.

Die Auswertung von (8) und (9) in Abb. 1 und Abb. 2 definiert die Imperfektionsempfindlichkeit der Kreiszylinderschale unter Manteldruck und führt zu Abminderungsfaktoren zwischen 1,00 und 0,75. Es sei betont, daß das hier angewandte Konzept selbstverständlich die Grenzfälle der Plattenbeulung bzw. Kreisringknickung richtig wiedergibt: in beiden Fällen handelt es sich bekanntermaßen um a priori dehnungslos ausbeulende Fälle ($\lambda_M \equiv 0$), die daher imperfektionsunempfindlich sind und einen Abminderungsfaktor $\lambda_B/\lambda_k = 1{,}00$ liefern.

In der Stahlbau-Richtlinie 013 [3] wird sowohl für kurze als auch lange Zylinder ein Abminderungsfaktor von 0,7 vorgeschlagen, d. h. die positiven Eigenschaften der Kreiszylinder in diesem Bereich bleiben dort unberücksichtigt. Das aber bedeutet, daß kein gleiches Sicherheitsniveau mit dieser Vorschrift erzielt wird.

Verknüpft man das Imperfektionsgesetz (4) mit dem Konzept der reduzierten Membranbeulung (6), (7) unter Zugrundelegung der maximalen Imperfektionsempfindlichkeit von $\lambda_B/\lambda_k = 0{,}75$, so erhält man die für (6) notwendige Korrelation zwischen Reduktionswert r und Imperfektionsamplitude ε_0

$$\varepsilon_0 = \frac{(1 - r)^{3/2}}{3{,}12(3 + r)} . \tag{10}$$

Damit lassen sich, wie in Abb. 3 dargestellt, Durchschlagslasten imperfekter Schalen durch eine reduzierte Indifferenzberechnung nach (6) ermitteln. Die für die untere Grenze der Stabilitätslast ($r = 0$, $\lambda_B/\lambda_k = 0{,}75$) maßgebende ungünstigste Vorbeulamplitude $\varepsilon_{0\,\mathrm{max}}$ beträgt dabei nur etwa 10% der Schalenwanddicke, bei Annahme einer Vorbeulverteilung, die dem kritischen Beulmuster affin ist!

Literatur

1 WITTEK, U., Beitrag zum Tragverhalten der Strukturen bei endlichen Verformungen unter besonderer Beachtung des Nachbeulmechanismus dünner Flächentragwerke, Techn.-wiss. Mitt. Nr. 80-1, Institut f. Konstr. Ing. bau, Ruhr-Universität Bochum 1980.

2 BUDIANSKY, B.; AMAZIGO, J. C., Initial post-buckling behavior of cylindrical shells under external pressure, Journ. Math. Phys. 47 (1968), S. 233–235.

3 DAST-Richtlinie 013: Beulsicherheitsnachweis für Schalen, Stahlbau-Verlags GmbH, Köln 1980.

4 GIRKMANN, K., Flächentragwerke, Springer-Verlag Wien 1963.

Anschrift: Priv.-Doz. Dr.-Ing. UDO WITTEK, Institut für Konstruktiven Ingenieurbau, Ruhr-Universität Bochum, Universitätsstraße 150, D-4630 Bochum, BRD

ZAMM 62, T 95 – T 98 (1982)

P. WRIGGERS

Zur Berechnung von Stoßvorgängen zwischen Kugelschalen

1. Einleitung

Eine Betrachtung von Stoßprozessen, die nicht mit Hilfe der elementaren Stoßtheorie erfolgt, führt auf ein nichtlineares Problem, bei dem die elastischen Eigenschaften der stoßenden Körper in die Berechnungen einzubeziehen sind. Die Körper berühren sich während der Stoßphase nicht nur in einem Punkt, sondern es bildet sich eine a priori unbekannte zeitlich veränderliche Kontaktzone aus, in der die Kontaktspannungen übertragen werden. Bei der Berechnung derartiger Stoß- und Kontaktprobleme treten Randbedingungen in Form von Ungleichungen auf, was einen Iterationsalgorithmus bei der Lösung erforderlich macht.

Unter den Voraussetzungen einer geometrisch linearen Theorie, der Vernachlässigung von Reibung in den Kontaktflächen und einer Wahl der Aufprallgeschwindigkeit, bei der keine plastischen Deformationen entstehen, kann basierend auf der Finite-Element-Methode ein allgemeines Verfahren zur Lösung von Stoß- und Kontaktproblemen [1] angegeben werden, das hier zur Durchleuchtung des Stoßvorganges zwischen Kugelschalen herangezogen wird.

2. Gleichungen für Stoß-Kontaktprobleme

Die den Berechnungen zugrunde liegenden Schalengleichungen beruhen auf der ersten konsistenten Näherung der linearen Schalentheorie. Es wurden axisymmetrische Schalenelemente nach [2] verwendet. Die Diskretisierung des gewöhnlichen Randwertproblems führt auf ein System gewöhnlicher Differentialgleichungen in der Zeit

$$\boldsymbol{M}\ddot{\boldsymbol{v}} + \boldsymbol{K}\boldsymbol{v} = \boldsymbol{f}, \tag{1}$$

zu dem noch die Anfangsbedingungen

$$\boldsymbol{v}_0 = \boldsymbol{v}(t = 0) \quad \text{und} \quad \dot{\boldsymbol{v}}_0 = \dot{\boldsymbol{v}}(t = 0) \tag{2}$$

hinzukommen. Im Fall von Stoß-Kontaktproblemen sind zusätzlich in der Kontaktzone Ungleichungsrandbedingungen einzuhalten. Zum einen können in der Kontaktzone keine Zugspannungen auftreten,

$$\boldsymbol{t} \cdot \boldsymbol{n} \leqq 0, \tag{3}$$

und zum anderen sei die Penetration eines Körpers in den anderen ausgeschlossen (Bild 1)

$$u_N^1 + u_N^2 - \Delta X_N \leqq 0, \qquad \Delta X_N = (\boldsymbol{X}^1 - \boldsymbol{X}^2) \cdot \boldsymbol{n}, \qquad u_N^1 = \boldsymbol{u} \cdot \boldsymbol{n}. \tag{4}$$

Die zeitliche Integration der Bewegungsgleichung (1) erfolgt mit einem numerischen Integrationsverfahren — dem NEWMARK-Verfahren.

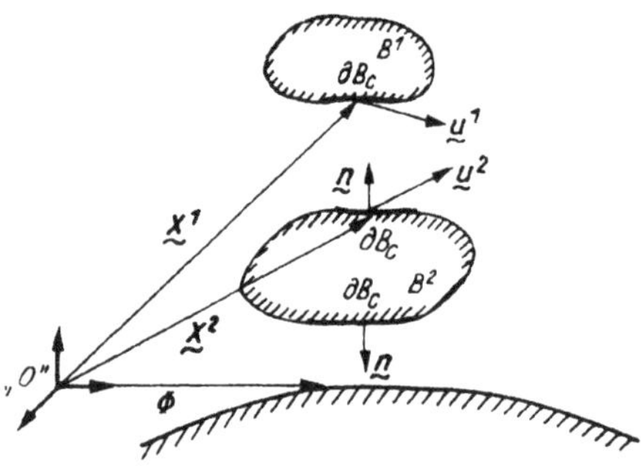

Bild 1. Kinematik in der Kontaktzone

3. Iterationsalgorithmus

Die Iteration startet in jedem Zeitschritt mit der im vorhergehenden Zeitschritt berechneten Kontaktzone. Aus der Ungleichung (4) wird dann die Matrizengleichung [1]

$${}^{t+\Delta t}\boldsymbol{v}_c^1 + \boldsymbol{X}_c^1 = \boldsymbol{D}^T({}^{t+\Delta t}\boldsymbol{v}_c^2 + \boldsymbol{X}_c^2). \tag{5}$$

Daraus lassen sich jetzt die zugehörigen Kontaktkräfte bestimmen ($\boldsymbol{D}$ ist eine Transformationsmatrix, die auftritt, wenn die Kontaktknoten der einzelnen Körper nicht zusammenfallen). Die Gleichungen des NEWMARK-Verfahrens [3]

$${}^{t+\Delta t}\boldsymbol{v} = \hat{\boldsymbol{F}}({}^{t+\Delta t}\boldsymbol{f} + \boldsymbol{M}\,{}^t\boldsymbol{g})$$

mit

$$\hat{\boldsymbol{F}} = \left(\boldsymbol{K} + \frac{1}{\alpha\,\Delta t^2}\boldsymbol{M}\right)^{-1}, \qquad {}^t\boldsymbol{g} = \left(\frac{1}{\alpha\,\Delta t^2}\,{}^t\boldsymbol{v} + \frac{1}{\alpha\,\Delta t}\,{}^t\dot{\boldsymbol{v}} + \left(\frac{1}{2\alpha} - 1\right){}^t\ddot{\boldsymbol{v}}\right) \tag{6}$$

in (5) eingesetzt ergeben unter Beachtung des Reaktionsprinzipes

$${}^{t+\Delta t}\boldsymbol{f}_c^2 = -\boldsymbol{D}\,{}^{t+\Delta t}\boldsymbol{f}_c^1 \tag{7}$$

ein Gleichungssystem für den Kontaktkraftvektor ${}^{t+\Delta t}\boldsymbol{f}_c^1$.

Nach der Bestimmung der Kontaktkräfte läßt sich jetzt Gleichung (3) überprüfen. Im Fall von auftretenden Zugspannungen wird an der betreffenden Stelle der Kontakt gelöst und mit der geänderten Kontaktzone wird bei Gleichung (5) fortgefahren. Dies wird solange fortgesetzt, bis nur noch Druckspannungen in der Kontaktzone vorhanden sind. Danach wird mit den neuen Kontaktkräften ${}^{t+\Delta t}\boldsymbol{f}_c$ nach Gleichung (6) das zugehörige Verschiebungsfeld berechnet und mittels Gleichung (4) überprüft. Wird eine Penetration durch (4) angezeigt, so ist die Kontaktzone entsprechend zu vergrößern und mit (5) fortzufahren. Sind die Verschiebungsrandbedingungen überall eingehalten, so ist die Kontaktiteration innerhalb eines Zeitschrittes abgeschlossen.

4. Beispiele

Es sei der Stoß einer Kugelschale gegen eine starre Wand betrachtet (Bild 2). Bild 3 zeigt den Stoßkraftverlauf, der durch Integration der Kontaktspannungen über die Kontaktfläche erhalten wurde. Bild 4 gibt für einige Zeitpunkte die Normalspannungen im Kontaktbereich wieder. Im Gegensatz zu einer Vollkugel tritt bei Kugelschalen die maximale Spannung am Rand der Kontaktzone auf.

Als zweites Beispiel sei ein Stoßvorgang betrachtet, bei dem gleichzeitig zwei örtlich voneinander getrennte Kontaktzonen auftreten (Bild 5). Die Stoßkraftverläufe zwischen den Kugelschalen B^1 und B^2 und zwischen der

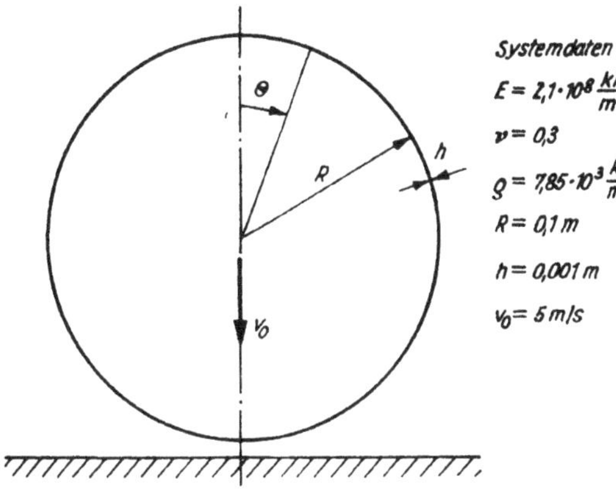

Bild 2. Stoßvorgang einer Kugelschale

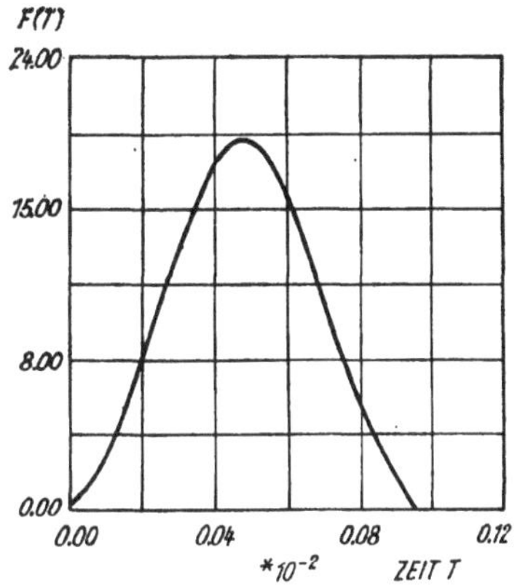

Bild 3. Stoßkraftverlauf

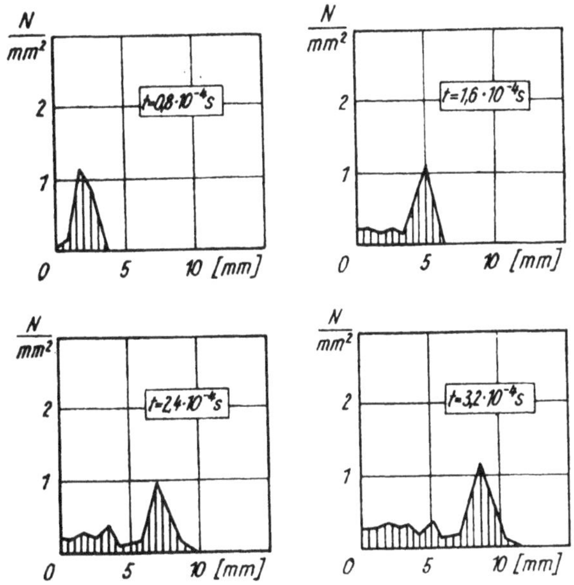

Bild 4. Kontaktspannungen in der Kontaktzone

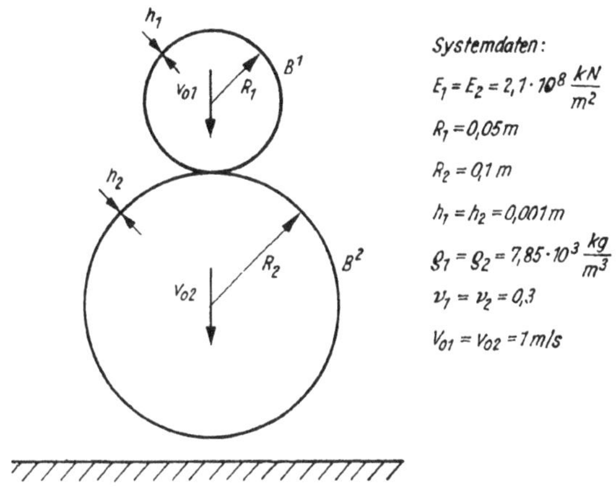

Bild 5. Stoßvorgang zweier Kugelschalen

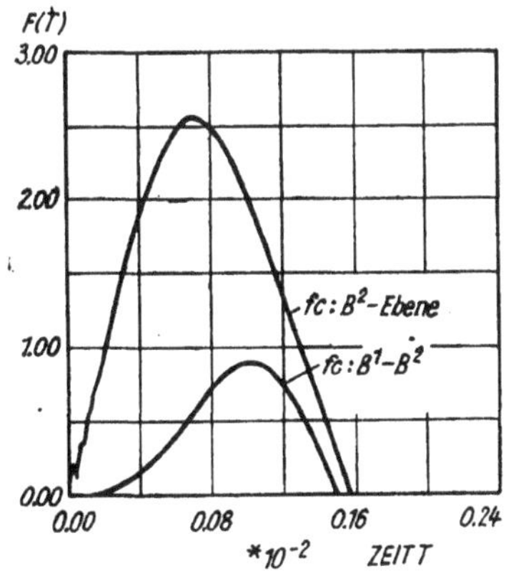

Bild 6. Stoßkraftverlauf

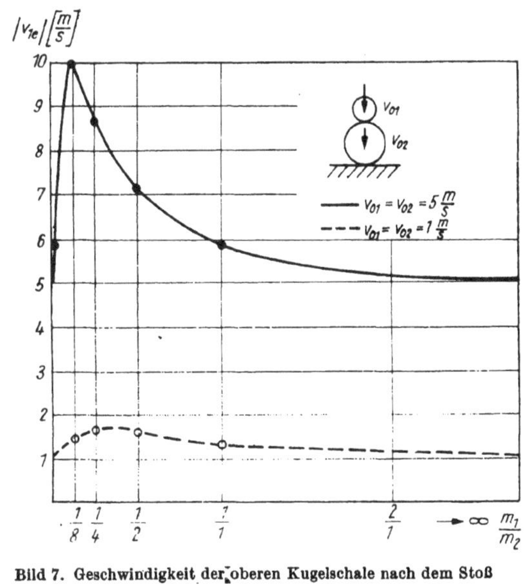

Bild 7. Geschwindigkeit der oberen Kugelschale nach dem Stoß

unteren Kugelschale B^2 und der Ebene sind im Bild 6 dargestellt. Ein Auftragen der Geschwindigkeit der oberen Kugelschale nach dem Stoß über dem Massenverhältnis m_1/m_2 (Bild 7) zeigt, daß ein Maximum dieser Geschwindigkeit in Abhängigkeit vom Massenverhältnis und der Aufprallgeschwindigkeit auftritt.

Literatur

1 WRIGGERS, P., Zur Berechnung von Stoß- und Kontaktproblemen mit Hilfe der Finite-Element-Methode, Diss., Hannover, 1981.
2 JONES, R. E.; STROME, D. R., Direct stiffness method analysis of shells of revolution utilizing curved elements. AIAA J. 4 (1966), 1519–1525.
3 NEWMARK, N. M., A method of computation for structural mechanics, Proc. ASCE 85, EM 3 (1959), 67–94.

Anschrift: Dr.-Ing. P. WRIGGERS, Lehrgebiet f. Baumechanik, Universität Hannover, Callinstr. 32, D-3000 Hannover, BRD

ZAMM 62, T 98 – T 100 (1982)

K. ZEMAN

Ermittlung der Lösungsverzweigungen eines Sattelschleppers bei stationärer Kurvenfahrt

Es wird ein einfaches Modell eines Sattelschleppers mit drei Freiheitsgraden, nämlich der Schwimmgeschwindigkeit v, der Gierwinkelgeschwindigkeit ω und dem Knickwinkel φ zwischen Anhänger- und Zugfahrzeugachse betrachtet. Die Parameter des Systems sollen der Lenkwinkel δ und die Fahrgeschwindigkeit V sein (Abb. 1).

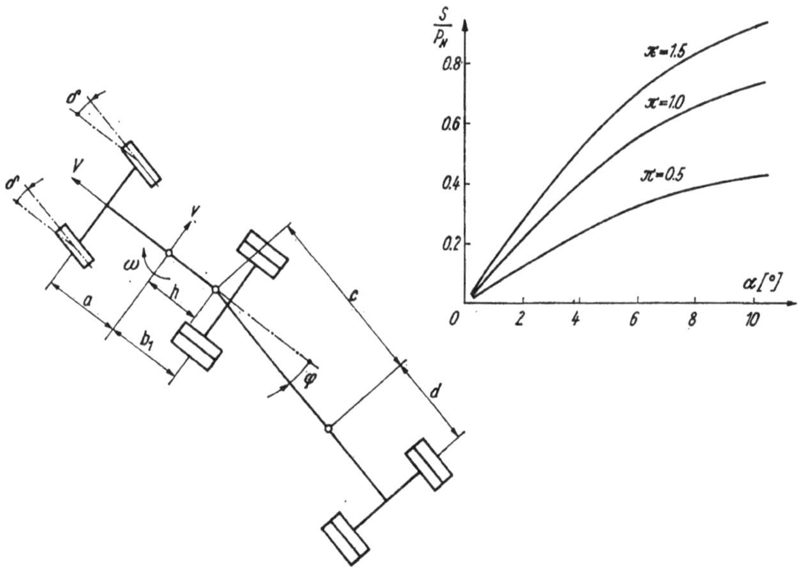

Abb. 1. Modell des Sattelschleppzuges mit drei Freiheitsgraden

Um den Rechenaufwand gering zu halten, werden nur die Nichtlinearitäten des Reifenkennfeldes berücksichtigt, während die Beschleunigungs- und Dralländerungsvektoren sowie die Schräglaufwinkel in v, ω, φ und δ linearisiert werden. Außerdem werden die Winkelfunktionen des Lenkwinkels δ und des Knickwinkels φ linearisiert. Es werden nun die Bewegungsgleichungen, die z. B. aus [1] übernommen werden können, für die stationäre Kurvenfahrt spezialisiert und das Reifenkennfeld für das Rad i durch folgende nichtlineare Funktion approximiert:

$$\frac{S_i(\pi_i, \alpha_i)}{P_{Ni}} = [a_1\pi_i + a_2\pi_i^2] \operatorname{tgh}(b\alpha_i) + a_3\pi_i\alpha_i\,. \tag{1}$$

Hierin ist S_i die Seitenführungskraft, α_i der Schräglaufwinkel, $\pi_i = P_i/P_{Ni}$ ein dimensionsloser „Belastungsgrad", wobei P_i die Aufstandskraft und P_{Ni} eine „Normlast" bedeuten; a_1, a_2, a_3, b sind Reifenparameter, die aus einem gemessenen Reifenkennfeld ermittelt werden. Ein typisches LKW-Reifenkennfeld ist in Abb. 1 rechts dargestellt.

(1) enthält noch die unbekannten Aufstandskräfte $P_1 \ldots P_6$, die aus Schwerpunkt- und Drallsatz sowie der Kenntnis der Federung des statisch unbestimmten Zugfahrzeuges berechnet werden können. Die Linearisierung der Schräglaufwinkel ergibt für die Vorderachse

$$\alpha_1 \doteq \alpha_2 = x_1 = \delta - \frac{v}{V} - \frac{a\omega}{V}.$$

Für $x_2 = \alpha_3 \doteq \alpha_4$ und $x_3 = \alpha_5 \doteq \alpha_6$ erhält man ähnliche Ausdrücke.

Verwendet man als neue Variable die Winkel x_1, x_2, x_3, so läßt sich die stationäre Kurvenfahrt durch drei algebraische Gleichungen ähnlicher Bauart beschreiben, von denen hier nur die dritte angeschrieben wird:

$$g_3 = \mathrm{tgh}\,(bx_3)\,[f_{311} + f_{312}V_D^4(\delta + x_2 - x_1)^2] + f_{313}x_3 - (1-\beta)\,V_D^2(\delta + x_2 - x_1) = 0\,. \tag{2}$$

Dabei sind die f_{ijk} Abkürzungen, die Reifenparameter und Abmessungen enthalten, $\beta = M_0/(M_0 + M_1)$ ein Massenverhältnis und V_D eine dimensionslose Fahrgeschwindigkeit.

Das Gleichungssystem lautet in vektorieller Schreibweise

$$\boldsymbol{g}(\boldsymbol{x}, \delta, V_D) = \boldsymbol{0} \tag{2'}$$

und gibt implizit die gesuchte Gleichgewichtsfläche $\boldsymbol{x} = \boldsymbol{x}(\delta, V_D)$ an. Zu ihrer Ermittlung werden Schnitte $V_D =$ = const. betrachtet, die für festes V_D durch

$$\boldsymbol{g}(\boldsymbol{x}, \delta) = \boldsymbol{0}\,, \tag{3}$$

beschrieben werden. Gesucht ist die Schnittkurve $\boldsymbol{x} = \boldsymbol{x}(\delta)$, zu deren Bestimmung die Fortsetzungsmethode (Continuation Method) vorteilhaft angewendet werden kann [2]. Dabei wird hier folgendermaßen vorgegangen: Die Geradeausfahrt ($\delta = x_1 = x_2 = x_3 = 0$) ist für alle V_D eine Lösung des Gleichungssystems (2'). Von diesem Punkt ausgehend, wird die Kurve $\boldsymbol{x} = \boldsymbol{x}(\delta)$ „fortgesetzt" durch Berechnung des Tangentenvektors $\boldsymbol{t}(s)$ (mit s als Bogenlänge) an diese Kurve und Fortschreiten entlang $\boldsymbol{t}$ um Δs. Dieser Vorgang wird mehrmals wiederholt, und nach einigen Schritten wird mittels eines Iterationsverfahrens ein Korrektorschritt durchgeführt. Dazu werden als neuer

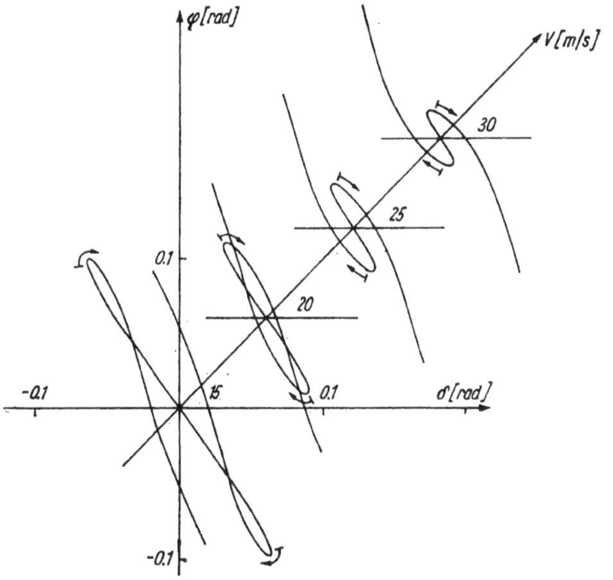

Abb. 2a. Schnitte V = const. durch die Gleichgewichtsfläche $\varphi = \varphi(\delta, V_D)$. Die Lösungen zwischen den Umkehrpunkten sind stabil, außerhalb der Umkehrpunkte instabil. Die Pfeile geben die Kippgrenze des Fahrzeuges an

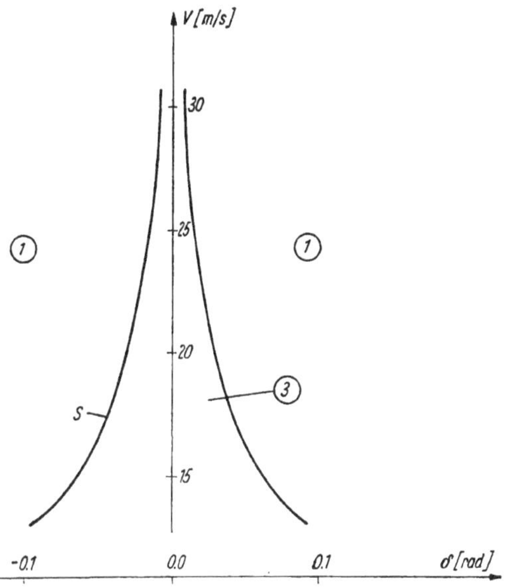

Abb. 2b. Verzweigungsmenge S (Projektion aller Verzweigungspunkte bzw. Umkehrpunkte in die Parameterebene (δ, V_D), [3]) trennt Bereiche unterschiedlichen Systemverhaltens (hier: verschiedener Anzahl von Gleichgewichtslagen)

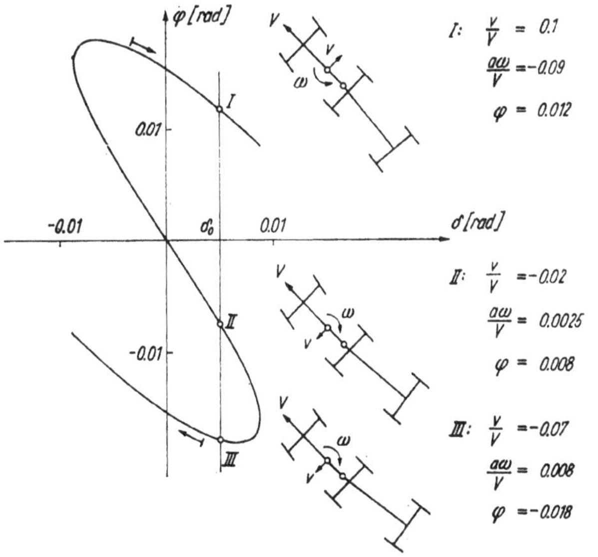

Abb. 3. Die drei Fahrzustände für V = 30 m/s und $\delta = \delta_0$: Fahrzustand I liegt bereits jenseits der Kippgrenze, II ist stabil, während III ein instabiler Zustand ist

Parameter die Bogenlänge s eingeführt und im weiteren keine Unterscheidung zwischen $\boldsymbol{x}$ und δ gemacht. Definiert man als $\boldsymbol{z}^T = (x_1, x_2, x_3, \delta)$, so kann (3) in der Form

$$\boldsymbol{g}(\boldsymbol{z}(s)) = \boldsymbol{0} \tag{4}$$

geschrieben werden.

Differenziert man (4) nach s, so erhält man

$$\begin{bmatrix} g_{1,1} & g_{1,2} & g_{1,3} & g_{1,4} \\ g_{2,1} & g_{2,2} & g_{2,3} & g_{2,4} \\ g_{3,1} & g_{3,2} & g_{3,3} & g_{3,4} \end{bmatrix} \dot{\boldsymbol{z}} = \boldsymbol{0}\,, \tag{5}$$

mit $\dot{\boldsymbol{z}}^T = (\dot{z}_1, \dots, \dot{z}_4)$, wobei $(\dot{})$ die Ableitung nach s bedeutet. Dies sind drei homogene, lineare Gleichungen für die vier Unbekannten $\dot{z}_1 \dots \dot{z}_4$. Gibt man nun die k-te Komponente von $\dot{\boldsymbol{z}}$ vor, schreibt also die k-te Spalte des Gleichungssystems (5) als Inhomogenität auf die rechte Seite, so lassen sich im allgemeinen, wie noch gezeigt wird, die anderen Komponenten von $\dot{\boldsymbol{z}}$ aus dem jetzt inhomogenen System berechnen. Normiert man diesen Vektor noch, so hat man den gesuchten Einheitstangentenvektor $\boldsymbol{t}$, entlang dem man nun um Δs fortschreitet. Der oben beschriebene Vorgang wird nun, wie schon erwähnt, mehrmals wiederholt und nach einigen Schritten ein Korrektorschritt durchgeführt.

In einem Verzweigungspunkt mit abzweigender Lösung (branching point) funktioniert die Fortsetzungsmethode nicht, da der Rang der Matrix in (5) kleiner als 3 ist, daher keine eindeutige Lösung für $\boldsymbol{t}$ aus (5) existiert. In einem Umkehrpunkt (limit point) treten jedoch keine Schwierigkeiten auf, da der Rang der obigen Matrix 3 ist und daher $\boldsymbol{t}$ eindeutig durch (5) bestimmt ist. Dies folgt auch aus der Überlegung, daß der Umkehrpunkt von der Projektionsrichtung abhängig ist, während der Verzweigungspunkt mit abzweigender Lösung bei jeder Projektionsrichtung erhalten bleibt.

Die Ergebnisse der Berechnungen sind für einen 18*t*-Sattelschleppzug mit Zwillingsbereifung an der Hinterachse des Zugfahrzeuges sowie der Anhängerachse in den Abbildungen 2 und 3 dargestellt.

Literatur

1 JINDRA, F., Tractor and Semi-Trailer Handling, Automobile Engineer, October 1963, S. 438–446.

2 MEHRA, R. K.; CARROLL, J. V., Bifurcation Analysis of Aircraft High Angle-of-Attack Flight Dynamics, in: New Approaches to Nonlinear Problems in Dynamics (ed. by P. HOLMES), Philadelphia 1980.

3 POSTON, T.; STEWART, I., Catastrope Theory and its Applications, Pitman Publ., London/San Francisco/Melbourne 1978.

Anschrift: Dipl.-Ing. K. ZEMAN, Institut für Mechanik, TU Wien, A-1040 Wien, Karlsplatz 13, Österreich

SEKTION ELASTO- UND PLASTOMECHANIK

SECTION MECHANICS OF ELASTIC AND PLASTIC BODIES

ZAMM 62, T 101 – T 102 (1982)

N. AKSEL / H. BUGGISCH

Über das Problem des Kontakts zwischen einer starren Kugel und einem viskoelastischen Halbraum

In diesem Beitrag wird das Problem des Kontaktes zwischen einer starren, glatten, bewegten Kugel und einem viskoelastischen Halbraum behandelt. Abb. 1 zeigt die Geometrie des Problems mit den zugehörigen Bezeichnungen. Der Verformungsvorgang wird dabei als quasistatisch angenommen. Dies ist gültig für Kontaktzeiten T_s, die sehr viel größer sind als die Laufzeit einer Welle über eine Distanz von der Größenordnung des Kugelradius. Dann reduziert sich die Bewegungsgleichung zu der statischen Gleichgewichtsbedingung

$$\operatorname{div} \boldsymbol{\sigma} = 0 \,. \tag{1}$$

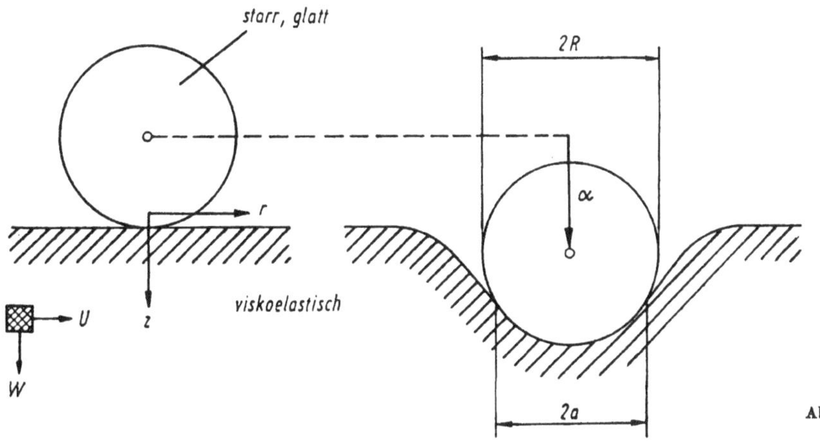

Abb. 1. Geometrie und Bezeichnungen

Die kinematische Gültigkeitsgrenze der Theorie ist durch die Voraussetzung $\frac{a}{R} \ll 1$ festgelegt. Das so skizzierte Problem wurde von verschiedenen Autoren (z. B. [3], [4]) mit Hilfe der LAPLACE-Transformationstechnik behandelt. Leider liefert diese Methode keine einfachen, geschlossenen Lösungen, so daß z. B. die analytische Berechnung von Stoßzahlen fast unmöglich erscheint. Aus diesem Grund beschreiten wir einen anderen Weg.

Es wird postuliert, daß das linear-viskoelastische Material sich „fast-elastisch" verhält. Dies trifft in drei Fällen zu. Erstens im Fall kurzer Stoßdauer T_s, zweitens im Fall langer Stoßdauer (beide gemessen an der Relaxationszeit T_R) und drittens (unabhängig von der Kontaktzeit) im Fall „konstitutiv schwachviskoelastischer" Materialien. In jedem dieser Fälle kann man die Spannungs-Dehnungs-Beziehung in Form der Gleichung (2) schreiben, wobei δ ein kleiner Parameter („Viskoelastizitätsparameter") ist:

$$\boldsymbol{\sigma} = \underbrace{2\mu \boldsymbol{\varepsilon} + \lambda \operatorname{Sp} \boldsymbol{\varepsilon} \boldsymbol{I}}_{\text{elastischer Anteil}} + \underbrace{\delta \int_0^\infty \{2\hat{\mu}(t')\, \boldsymbol{\varepsilon}(t - t') + \hat{\lambda}(t') \operatorname{Sp} \boldsymbol{\varepsilon}(t - t')\, \boldsymbol{I}\}\, \mathrm{d}t'}_{\text{Gedächtnisanteil}} \,. \tag{2}$$

Dabei sind μ und λ im Fall kurzer Stoßzeit die momentanelastischen LAMÉ-Konstanten; δ hat dann die Größenordnung T_s/T_R. Im Fall langer Stoßdauer sind μ und λ die gleichgewichtselastischen Konstanten, und $\delta = 0\,(T_R/T_s)$. Wenn das Material „konstitutiv schwachviskoelastisch", [1], [2] ist, ist δ aufgrund der Materialeigenschaft für alle T_s klein.

Das Problem soll mit Hilfe einer Störungsrechnung in δ gelöst werden. Dabei dient die HERTZsche Lösung des „zugeordneten" elastischen Problems als nullte Näherung. Schwierigkeiten macht dabei die Formulierung der Randbedingung: Innerhalb des Kontaktradius (dessen Zeitabhängigkeit für den viskoelastischen Stoß nicht a priori bekannt ist) hat man Verschiebungsrandbedingungen, außerhalb Spannungsrandbedingungen. Diese Schwierigkeit, die eine Zuordnung des viskoelastischen Problems zu einem elastischen erschwert, wird umgangen, indem man den Kontaktradius anstelle der Zeit als unabhängige Variable einführt. Dafür muß die Zeit als Funktion des Kontaktradius mitberechnet werden. Somit kann man die abhängigen Variablen des Problems nach dem kleinen Viskoelastizitätsparameter δ entwickeln.

Für das Radialverschiebungsfeld gilt z. B.

$$u(r, z, a; \delta) \sim u^H(r, z, a) + \delta u^1(r, z, a) .$$

Entsprechende Ansätze werden für alle übrigen Variablen des Problems gemacht, insbesondere auch für die Zeit

$$t(a; \delta) \sim t^H(a) + \delta t^1(a) .$$

Das Materialgesetz liefert mit den Störansätzen die Abhängigkeit des Zusatzspannungstensors $\boldsymbol{\sigma}^1$ von der Zusatzdeformation $\boldsymbol{\varepsilon}^1$ und von der HERTZschen Deformation $\boldsymbol{\varepsilon}^H$

$$\boldsymbol{\sigma}^1 = \underbrace{2\mu\boldsymbol{\varepsilon}^1 + \lambda \operatorname{Sp} \boldsymbol{\varepsilon}^1 \boldsymbol{I}}_{\sigma^{1e}} + \underbrace{\int_0^\infty \{2\hat{\mu}(t')\, \boldsymbol{\varepsilon}^H(t^H(a) - t') + \hat{\lambda}(t') \operatorname{Sp} \boldsymbol{\varepsilon}^H(t^H(a) - t')\, \boldsymbol{I}\}\, dt'}_{\sigma^{1H}} . \tag{3}$$

Die Zusatzspannungen ergeben sich als Summe aus einem Anteil $\boldsymbol{\sigma}^{1e}$ der durch das HOOKEsche Gesetz mit der Zusatzdehnung $\boldsymbol{\varepsilon}^1$ verknüpft ist, und einem Anteil $\boldsymbol{\sigma}^{1H}$, der durch die bekannte Geschichte des zugeordneten HERTZschen Verschiebungsfeldes festgelegt ist.

Die Gleichgewichtsbedingung $\operatorname{div} \boldsymbol{\sigma} = 0$ liefert mit den Störansätzen unter Ausnutzung der Tatsache, daß das HERTZsche Verschiebungsfeld für sich allein im Gleichgewicht ist, eine Differentialgleichung für das zusätzliche Dehnungsfeld $\boldsymbol{\varepsilon}^1$

$$\operatorname{div} \{2\mu\boldsymbol{\varepsilon}^1 + \lambda \operatorname{Sp} \boldsymbol{\varepsilon}^1 \boldsymbol{I}\} = \operatorname{grad} \int_0^\infty \hat{\chi}(t') \operatorname{Sp} \boldsymbol{\varepsilon}^H(t^H(a) - t')\, dt' \quad \text{mit} \quad \hat{\chi} = \frac{\hat{\mu}\lambda - \mu\hat{\lambda}}{\mu} . \tag{4}$$

Das ist ein „elastisches" Problem mit einem Volumenkraftfeld, das ein Potential besitzt.

Die kinematische Randbedingung für die vertikale Zusatzverschiebung w^1 besagt, daß w^1 innerhalb des Kontaktradius von r unabhängig ist, aber natürlich von der Zeit und somit vom momentanen Kontaktradius abhängt

$$w^1 = \alpha^1(a) . \tag{5}$$

Die Spannungsrandbedingungen für die zusätzlichen Spannungen ergeben sich zu

$$\sigma^1_{zz} = 0 \quad \text{für} \quad z = 0 , \quad r > a , \qquad \sigma^1_{rz} = 0 \quad \text{für} \quad z = 0 , \quad 0 \leqq r < \infty \tag{6}$$

(Glattheit der Kugel!).

Wegen der Aufspaltung von $\boldsymbol{\sigma}^1$ in einen zu bestimmenden elastischen Anteil $\boldsymbol{\sigma}^{1e}$ und ein durch den HERTZschen Vergleichsstoß determinierten Anteil $\boldsymbol{\sigma}^{1H}$ folgen aus den Randbedingungen (6) die Randbedingung (7) für $\boldsymbol{\sigma}^{1e}$:

$$\sigma^{1e}_{zz} = -\sigma^{1H}_{zz} \quad \text{für} \quad z = 0 , \quad r > a , \qquad \sigma^{1e}_{rz} = 0 \quad \text{für} \quad z = 0 , \quad 0 \leqq r < \infty . \tag{7}$$

Somit wurde das Problem reduziert auf ein „elastisches" Problem für die erste Näherung (Korrekturfeld) mit der Differentialgleichung (4) und den zugehörigen Randbedingungen (5) und (7).

Ohne auf die Rechnung einzugehen, seien einige Resultate mitgeteilt: Für die Eindringphase (Kontaktradius wächst monoton) ergibt sich für α^1 in Übereinstimmung mit der Literatur [3], [4]

$$\alpha^1(a) \equiv 0 .$$

Die Normalspannung im Kontaktkreis berechnet sich zu

$$\sigma^1_{zz}\Big|_{\substack{z=0\\ r<a}} = \int_0^\infty \hat{y}(t')\, \sigma^H_{zz}(t^H(a) - t')\Big|_{z=0}\, dt'$$

mit

$$\hat{y}(t') = \frac{-(\mu + \lambda)\,\hat{\chi}}{(2\mu + \lambda)\,\mu} + \frac{(\hat{\mu} + \hat{\lambda})}{(\mu + \lambda)} .$$

Für die Rückzugsphase (Kontaktradius nimmt monoton ab) ergibt sich eine von Null verschiedene zusätzliche Eindringtiefe und eine zusätzliche Normalspannung, die man leicht aus dem zugehörigen elastischen Fall bestimmen kann.

Literatur

1 BUGGISCH, H., Nonlinear Waves. In: Theoretical and Applied Mechanics, Proceedings of the XVth International Congress of Theoretical and Applied Mechanics, University of Toronto, Canada; ed. F. P. J. RIMROTT and B. TABARROCK, North Holland Publishing Company-Amsterdam, New York, Oxford; 1980, S. 57—66.

2 BUGGISCH, H., Resonanzschwingungen eines Kontinuums mit einem relaxierenden inneren Freiheitsgrad. Z. Angew. Math. u. Mech. **59** (1979), T 122—T 123.

3 TING, T. C. T., The Contact Stresses Between a Rigid Indenter and a Viscoelastic Half-Space. J. Appl. Mech. **33** (1966), 845—854.

4 GRAHAM, G. A. C., The Contact Problem in the Linear Theory of Viscoelasticity. Int. J. Engng. Sci. **3** (1965), 27—46..

Anschriften: Prof. Dr. HANS BUGGISCH und Dipl.-Ing. NURI AKSEL, Institut für Mechanische Verfahrenstechnik und Mechanik, Bereich Angewandte Mechanik, Universität Karlsruhe (TH), Postfach 6380, D-7500 Karlsruhe 1, BRD

ZAMM 62, T 103 – T 105 (1982)

L. Belke

Zur numerischen Behandlung instationärer Vorgänge

1. Einleitung

Die Zustandsgrößen bei komplizierten Anfangs-Randwertaufgaben lassen sich, insbesondere bei Berücksichtigung von Nichtlinearitäten, oft nur näherungsweise ermitteln. Zur Algebraisierung eines Problems führt man eine Orts- und eine Zeitdiskretisierung durch, zweckmäßig von einem Variationsprinzip ausgehend. In [1] wird dies ausführlich am Beispiel der linear elastischen dünnen Platte endlicher Durchbiegung gezeigt. Nach der Formulierung des d'Alembertschen Prinzips werden die Verschiebungsmethode (VM) und eine gemischte Methode (GM) gemäß Hellinger und Reissner betrachtet. Ebenso werden die Variationsgleichungen für das instationäre Wärmeleitproblem (wie in [2] behandelt) angegeben. Mit der virtuellen Arbeit der Trägheitskräfte δA^t und dem Verschiebungsfunktional $F(t; \boldsymbol{u})$ sowie dem gemischten Funktional $\bar{I}[t; \boldsymbol{u}, \boldsymbol{\sigma}]$ erhält man symbolisch folgende Variationsgleichungen:

$$\text{VM:} \quad \delta F[t; \boldsymbol{u}] - \delta A^t = 0 \quad \text{mit geometrischen Nebenbedingungen}, \tag{1}$$

$$\text{GM:} \quad \delta \bar{I}[t; \boldsymbol{u}, \boldsymbol{\sigma}] - \delta A^t = 0 \quad \text{ohne Nebenbedingungen}, \tag{2}$$

wobei t die Zeit und $\boldsymbol{u}$ bzw. $\boldsymbol{\sigma}$ die Spaltenmatrizen der Verschiebungs- bzw. Kraftgrößen bedeuten.

2. Ortsdiskretisierung (Eulersche Methode bzw. Finite-Differenzen-Energie-Methode (FDEM))

Die Diskretisierung mittels FDEM erfolgt hier aus zwei Gründen:

1. Es sollen möglichst einfache Ansätze verwendet werden, um bei n Stützstellen Systemmatrizen der Dimension $n \times n$ zu erhalten;

2. Es ist auf gleichmäßige Rasterung zu achten, da die Ortselementlängen die Wahl des Zeitintegrationsschritts bestimmen und dadurch Genauigkeit und Stabilität der Rechnung beeinflussen (siehe hierzu [3]).

Führt man in den Gleichungen (1) bzw. (2) eine äquidistante Elementeinteilung durch und bezeichnet man mit $q_{(ij)}$ eine Zustandsgröße im Element (ij) und mit ij eine Stützstelle, kann man z. B. folgende einfachen Ansätze wählen:

$$\text{Funktionen:} \quad q_{(ij)} = q_{ij} \tag{3}$$

$$\text{1. Ableitung z. B. nach } x\text{:} \quad \frac{\partial q_{(ij)}}{\partial x} = \frac{1}{\Delta x}(q_{ij} - q_{i-1j}), \tag{4}$$

$$\text{2. Ableitung z. B. nach } x\text{:} \quad \frac{\partial^2 q_{(ij)}}{\partial x^2} = \frac{1}{\Delta x^2}(q_{i-1j} - 2q_{ij} + q_{i+1j}), \tag{5}$$

Nach Durchführen sämtlicher Variationen folgen die Gleichungssysteme (siehe hierzu [4]):

$$\text{VM:} \quad \boldsymbol{M} \cdot \ddot{\boldsymbol{u}} + \boldsymbol{K}(\boldsymbol{u}) \cdot \boldsymbol{u} = \hat{\boldsymbol{Q}}, \tag{6}$$

$$\text{GM:} \quad -\boldsymbol{D} \cdot \boldsymbol{\sigma} + \boldsymbol{B}_1(\boldsymbol{u}) \cdot \boldsymbol{u} = \boldsymbol{0} \tag{7}$$

und

$$(\boldsymbol{B}_1(\boldsymbol{u}))^T \cdot \boldsymbol{\sigma} + \boldsymbol{M} \cdot \ddot{\boldsymbol{u}} + \boldsymbol{B}_2(\boldsymbol{\sigma}) \cdot \boldsymbol{u} = \hat{\boldsymbol{Q}}. \tag{8}$$

Elimination von $\boldsymbol{\sigma}$ in Gleichung (8) über Gleichung (7) liefert

$$\boldsymbol{M} \cdot \ddot{\boldsymbol{u}} + \boldsymbol{B}(\boldsymbol{u}) \cdot \boldsymbol{u} = \hat{\boldsymbol{Q}}, \tag{9}$$

also wieder eine Verschiebungsformulierung. Im einzelnen bedeuten: $\boldsymbol{u}, \boldsymbol{\sigma}$ und $\hat{\boldsymbol{Q}}$ — die Spaltenmatrizen der Verschiebungs-, der Kraftgrößen und der äußeren Lasten, $\boldsymbol{M}$ — die Massenmatrix und $\boldsymbol{K}(\boldsymbol{u})$, $\boldsymbol{D}$, $\boldsymbol{B}_1(\boldsymbol{u})$, $\boldsymbol{B}_2(\boldsymbol{\sigma})$ und $\boldsymbol{B}(\boldsymbol{u})$ Systemmatrizen. Mit dem Ansatz (3) erhält man diagonale Matrizen $\boldsymbol{M}$ und $\boldsymbol{D}$. Dies bedeutet bei der GM eine rekursive Formel (7) zur Ermittlung der Schnittkräfte und somit eine erhebliche Einsparung an Speicherbedarf.

3. Zeitdiskretisierung

Bei Systemen mit vielen Freiheitsgraden erfolgt die Zeitintegration praktisch nur mit Einschrittverfahren. Schließt man immer instabile Verfahren aus, so kann man in vier Kategorien einteilen: die explizit bedingt bzw. bedingungslos stabilen und die implizit bedingt bzw. bedingungslos stabilen Verfahren. Ersetzt man Gleichung (6) nach Einführen der Hilfsgröße $\boldsymbol{v}$ durch

$$\boldsymbol{M} \cdot \dot{\boldsymbol{v}} + \boldsymbol{K}(\boldsymbol{u}) \cdot \boldsymbol{u} = \hat{\boldsymbol{Q}} \tag{10}$$

und

$$\dot{\boldsymbol{u}} = \boldsymbol{v}, \tag{11}$$

so kann man aus Taylorreihen für $\boldsymbol{u}$ und $\boldsymbol{v}$ Zeitintegrationsverfahren vom Differenzen- und NEWMARK-Typ herleiten. Man erhält zum Zeitpunkt $k + 1$:

$$\boldsymbol{u}_{k+1} = \boldsymbol{u}_k + \Delta t \dot{\boldsymbol{u}}_k + \Delta t^2 \ddot{\boldsymbol{u}}_k \frac{1-\alpha}{2} + \Delta t^2 \ddot{\boldsymbol{u}}_{k+1} \frac{\alpha}{2} \tag{12}$$

$$\boldsymbol{v}_{k+1} = \boldsymbol{v}_k + \Delta t (\dot{\boldsymbol{v}}_k (1-\gamma) + \gamma \dot{\boldsymbol{v}}_{k+1}) , \tag{13}$$

mit $0 \leqq \alpha \leqq 1$ und $0 \leqq \gamma \leqq 1$ als freien Parametern. Für $\alpha = 0$ und $\gamma = 1/2$ folgt der zentrale Differenzenquotient (ZDQ), ein explizit bedingt stabiles Verfahren, für $\alpha = 2\beta$ stellen Gleichungen (12) und (13) das NEWMARK-Verfahren dar, ein implizites Verfahren, das für $\beta \geqq 1/4$ und $\gamma = 1/2$ bedingungslos stabil ist.

4. Beispiele

4.1. Balken unter zeitlich nichtperiodischer Last, nichtlineare Theorie

Abbildung 1 zeigt die Mittendurchbiegungen eines beidseitig eingespannten Balkens, der durch eine plötzlich aufgebrachte Einzellast beansprucht wird. Die Zeitintegration wurde für $\Delta t = 30\ \mu s$ mit dem NEWMARK-Verfahren ($\beta = 1/4$, $\gamma = 1/2$), einem RUNGE-KUTTA-Verfahren 4. Ordnung und dem ZDQ durchgeführt. Der ZDQ (Stabilitätsgrenze $\Delta t = 33\ \mu s$) ist dem programmtechnisch wesentlich aufwendigeren RUNGE-KUTTA-Verfahren (Stabi-

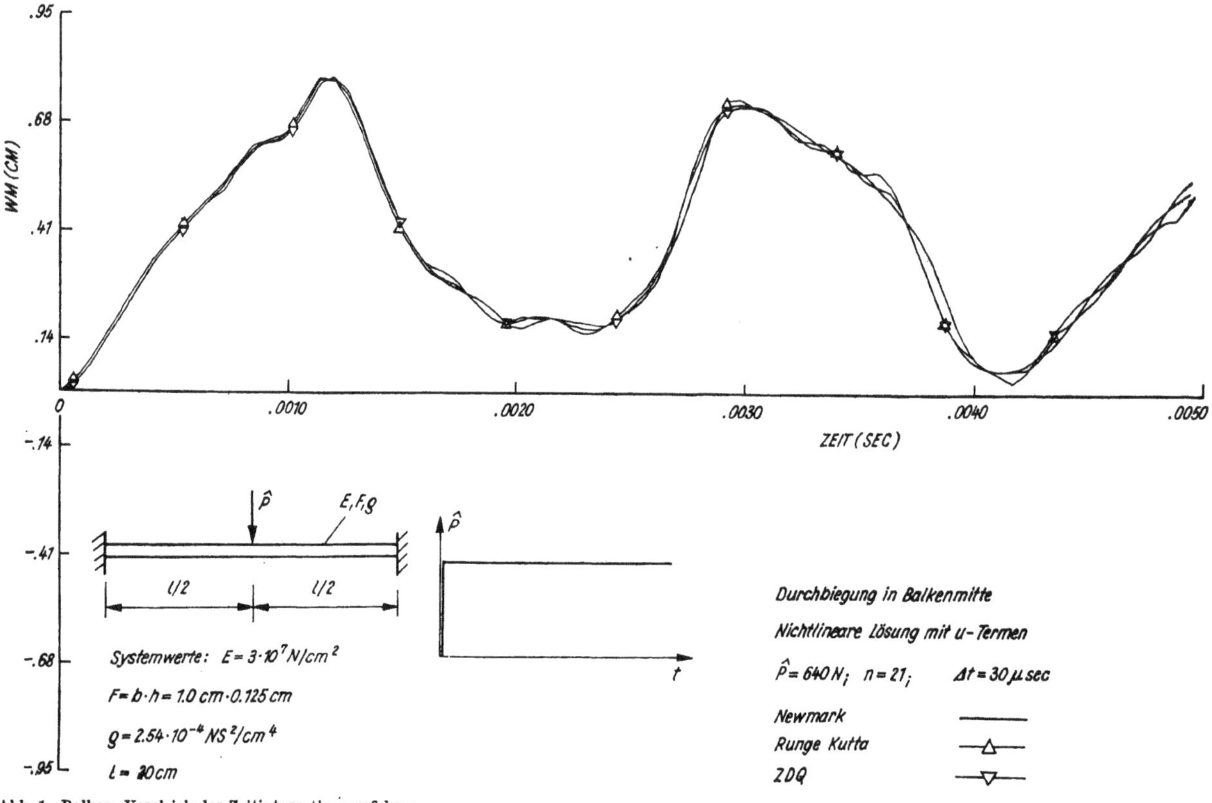

Abb. 1. Balken, Vergleich der Zeitintegrationsverfahren

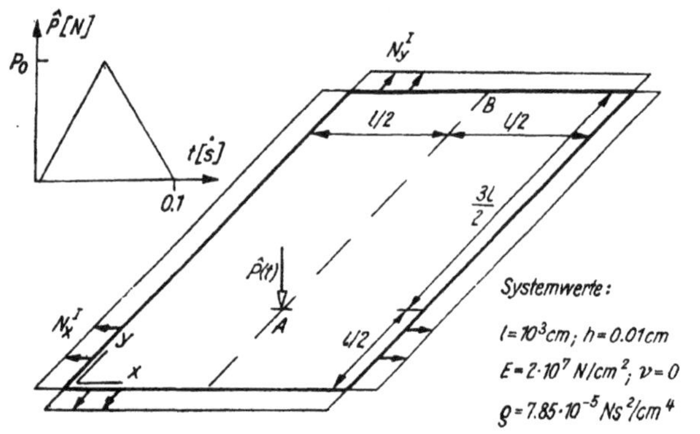

Abb. 2. Beidseitig vorgespannte Membran mit Einzellast in A

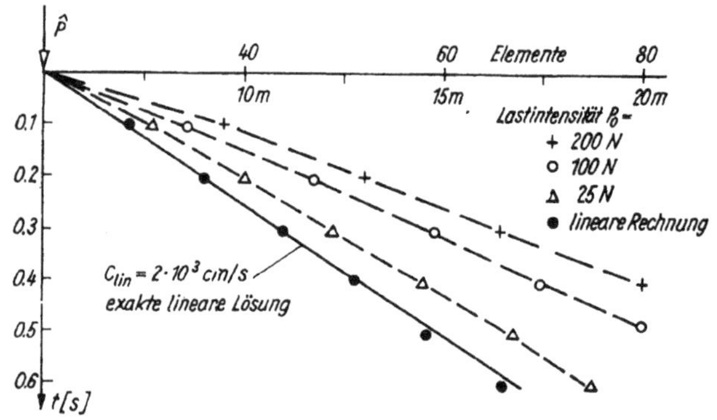

Abb. 3. Ausbreitung der Wellenfront in Abhängigkeit der Laststärke P_0; Vorspannung $N^I = 3{,}14 \cdot 10^3$ N/cm

litätsgrenze $\Delta t = 42\ \mu s$) vorzuziehen. Das Newmark-Verfahren läßt wesentlich größere Zeitschritte zu, wegen der Matrizeninversionen und Iterationen zu jedem Zeitschritt sind ihm aber bei zunehmender Zahl der Unbekannten von der Wirtschaftlichkeit her Grenzen gesetzt.

4.2. Wellenausbreitung in einer ebenen, vorgespannten Membran, nichtlineare Theorie

Betrachtet wird eine allseitig gehaltene, zweiachsig vorgespannte ($N_x^I = N_y^I = N^I$), ebene Rechteckmembran. Es werden nur Vertikalverschiebungen berücksichtigt. Die Ausbreitung einer Wellenfront, erregt durch einen Einzellastimpuls in Punkt A, wird in Abhängigkeit der Lastintensität ermittelt (siehe Abb. 2). Die Membran wird durch 80×40 quadratische Elemente ortsdiskretisiert, die Zeitintegration erfolgt mit dem ZDQ für $\Delta t = 1 \cdot 10^{-3}$ s. Verfolgt man die Ausbreitung der Wellenfront längs der in Abb. 2 skizzierten Symmetrieachse von Punkt A bis zum Randpunkt B, so erkennt man in Abb. 3 die Abhängigkeit der Ausbreitungsgeschwindigkeit von der Lastintensität. Mit zunehmender Laufzeit nähert sich die Ausbreitungsgeschwindigkeit der linearen Geschwindigkeit c_{lin} an, da mit wachsender Entfernung vom Erregerherd die Verschiebungen, und somit die nichtlinearen Effekte, abklingen.

Literatur

1 Belke, L., Zur numerischen Behandlung instationärer Vorgänge, Diss. Stuttgart, 1980.
2 Reddy, J. N., On mixed finite element approximations in continuum mechanics; Theory and practice, Int. Congr. Theor. Appl. Mech., Den Haag 1976.
3 Engquist, B.; Kreiss, H.-O., Difference and finite element methods for hyperbolic differential equations, Comp. Meth. Appl. Mech. Eng., 17/18 (1979), S. 581—596.
4 Bufler, H., Zur Struktur der Gleichungen der Elastokinetik und Elastostabilität, Z. Angew. Math. u. Mech. 59, 2 (1979), S. 73—78.

Anschrift: Dr.-Ing. Lothar Belke, Heckenweg 63, D-8520 Erlangen, BRD

ZAMM 62, T 105 – T 106 (1982)

A. Bertram

Zur Problematik von Funktionszusammenhängen in der Materialtheorie

Die Einteilung in abhängige und unabhängige Variablen in Materialgleichungen stellt in der Physik ein Problem dar. Selbst in der Mechanik ist die Frage, ob die Spannungen von den Deformationen abhängen oder umgekehrt, nicht grundsätzlich beantwortbar, nicht einmal für alle wichtigen Materialklassen individuell. So existiert beispielsweise bei starr-idealplastischen Materialien weder in der einen noch in der anderen Richtung ein funktionaler Zusammenhang.

Verfolgen wir das Ziel, eine allgemeine Materialtheorie zu entwickeln, ohne wichtige Materialklassen von vornherein auszuschließen, so bleibt uns nichts anderes übrig, als den Funktionsbegriff zu verallgemeinern auf Korrespondenzen (Relationen):

Sei P die Prozeßklasse in der unabhängigen Variablen (z. B. die Deformationsprozesse); sei T linearer Raum endlicher Dimension, der „Basisraum" der abhängigen Variablen (z. B. die Menge der Spannungstensoren); sei Σ die Menge der nicht-leeren und abgeschlossenen Teilmengen von T, der „Hyperraum" der abhängigen Variablen.

Dann ist die verallgemeinerte Materialfunktion $F: P \to \Sigma$ eine Funktion, die jedem Prozeß die Menge der möglichen Werte der abhängigen Variablen zuordnet.

Damit sind wir in der Lage, das *Prinzip des Determinismus* allgemein auszusprechen, ohne zwischen Materialien mit oder ohne innere Zwangsbedingungen unterscheiden zu müssen: Am Ende eines Deformationsprozesses sind die möglichen Spannungen als Element von Σ eindeutig bestimmt.

Um topologische Aussagen über die Materialfunktion machen zu können, wie man sie beispielsweise bei Relaxationsvorgängen benötigt, wollen wir die Standard-Uniformität U_T vom Basisraum T auf den Hyperraum Σ verallgemeinern.

Sei $V_\varepsilon \in U_T$ eine ε-Nachbarschaft und $M \in \Sigma$. Wir definieren:

$$V_\varepsilon(M) := \{c \in T \mid \exists a \in M, (a, c) \in V_\varepsilon\} \subset T ,$$

$$\tilde{V}_\varepsilon := \{(A, B) \in \Sigma \times \Sigma \mid A \subset V_\varepsilon(B) \wedge B \subset V_\varepsilon(A)\} .$$

Dann bildet $\bigcup_\varepsilon \tilde{V}_\varepsilon$ eine Nachbarschaftsfilterbasis auf $\Sigma \times \Sigma$, die eine Uniformität U_Σ auf Σ determiniert (und damit auch eine Topologie auf Σ) (s. Bourbaki, S. 227, Bertram, S. 62).

Für den Spezialfall, daß der Basisraum T eine (mit der linearen Struktur verträgliche) Metrik d besitzt, wird die Uniformität U_Σ auch durch die Hausdorffsche Quasi-Metrik D erzeugt, die folgendermaßen definiert ist:

$$D(A, B) := \max \left\{\sup_{a \in A} \inf_{b \in B} d(a, b), \sup_{b \in B} \inf_{a \in A} d(a, b)\right\} ,$$

für alle $A, B \in \Sigma$ (s. HAUSDORFF, S. 290).

Der uniforme Raum (Σ, U_Σ) hat folgende Eigenschaften:

Satz 1: *Die Uniformität des Hyperraumes Σ ist verträglich mit der des Basisraumes T, d. h.*

$$(a, b) \in V_\varepsilon \in U_T \Leftrightarrow (\{a\}, \{b\}) \in \tilde{V}_\varepsilon \in U_\Sigma ,$$

für alle $a, b \in T$ (s. MICHAEL).

Satz 2: *Der Hyperraum (Σ, U_Σ) ist (wie auch der Basisraum) vollständig und separiert.* (s. KURATOWSKI, S. 314, und BERTRAM, S. 65 ff.)

Satz 3: Anwendung auf klassische Zwangsbedingungen (gemäß der Darstellung der Spannungen bei Materialien mit inneren Zwängen bei TRUESDELL/NOLL sect. 30):

Seien $N_i \in T$, $i = 1, \ldots, n$, $T_{E_1}, T_{E_2} \in T$ mit der Normalisierung $Sp(T_{Ej} \cdot N_i) = 0$ für $i = 1, \ldots, n$ und $j = 1, 2$ und

$$\tilde{T}_1 = \left\{T_1 = T_{E_1} + \sum_{i=1}^{n} q_i N_i \mid q_i \in R\right\},$$

$$\tilde{T}_2 = \left\{T_2 = T_{E_2} + \sum_{i=1}^{n} p_i N_i \mid p_i \in R\right\}.$$

Dann gilt:

$$(\tilde{T}_1, \tilde{T}_2) \in \tilde{V}_\varepsilon \in U_\Sigma \Leftrightarrow (T_{E_1}, T_{E_2}) \in V_\varepsilon \in U ,$$

wobei U die Standarduniformität des linearen Unterraums der Extra-Spannungen ist (s. BERTRAM S. 68).

Literatur

BOURBAKI, N., Topologie générale, Hermann, Paris 1965.
BERTRAM, A., Materielle Systeme mit inneren Zwangsbedingungen, Diss. TU Berlin 1980
HAUSDORFF, F., Grundzüge der Mengenlehre, Chelsea Publ. Comp., New York 1949.
MICHAEL, E., Topologies on Spaces of Subsets, Trans. Am. Math. Soc. 71 (1951), S. 153–182.
KURATOWSKI, C., Topologie, Bd. 1, Warschau 1952. 3. Aufl.
TRUESDELL, C.; NOLL, W., The non-linear field theories of mechanics, Handbuch der Physik Vol. III/3 (ed. S. FLÜGGE), Berlin/Heidelberg/New York 1965
BERTRAM, A., Material Systems — a Framework for the Description of Materials in Continuum Physics, Arch. Rat. Mech. Anal. (in Vorbereitung).

Anschrift: Dr.-Ing. ALBRECHT BERTRAM, TU Berlin, 2. Institut für Mechanik, Jebensstr. 1, 1000 Berlin(West) 12.

ZAMM 62, T 106 – T 109 (1982)

R. DE BOER / W. EHLERS

Die Form der konstitutiven Gleichungen elastisch-inelastischer Kontinua

1. Einleitung

Feste Körper weisen in vielen Fällen neben elastischem und elastisch-plastischem Verhalten auch explizit von der Zeit abhängende Deformationen auf. Von diesen sogenannten viskoelastischen und viskoplastischen Effekten wird der gerade für dynamische Beanspruchungen wichtige Sonderfall des *rate-sensitiven* oder verzerrungsgeschwindigkeitsabhängigen Materialverhaltens, der das Einsetzen ebenso wie die Größe nichtelastischer Verzerrungen von den Verzerrungsgeschwindigkeiten abhängig macht [2], herausgegriffen. Verzerrungsgeschwindigkeitsabhängige Verformungen sollen zusammen mit den bei statischen Beanspruchungen auftretenden elastisch-plastischen Deformationen durch die Theorie elastisch-inelastischer Kontinua beschrieben werden.

Während die Stoffgleichungen für elastische Werkstoffe im Rahmen einer allgemeinen Materialtheorie hergeleitet werden können, ist diese Vorgehensweise für elastisch-inelastische Werkstoffe, wie die jüngsten Diskussionen in der Literatur [3] zeigen, sehr umstritten. Daher behält die klassische Methode, nämlich den elastischen Bereich durch eine skalarwertige Tensorfunktion gegenüber dem inealstischen Bereich abzugrenzen, ihre Gültigkeit.

Im Hinblick auf die numerische Behandlung von Randwertproblemen sowie zur Analyse von Verzweigungsproblemen werden die Stoffgleichungen elastisch-inelastischen Materials inkrementell angegeben.

Bezüglich der Ableitungen dieser konstitutiven Gleichungen treffen wir folgende Annahmen:

1. Der symmetrische Anteil $\boldsymbol{D}$ des Geschwindigkeitsgradienten sei additiv in einen elastischen und einen inelastischen Anteil aufspaltbar:

$$\boldsymbol{D} = \boldsymbol{D}_E + \boldsymbol{D}_p . \tag{1.1}$$

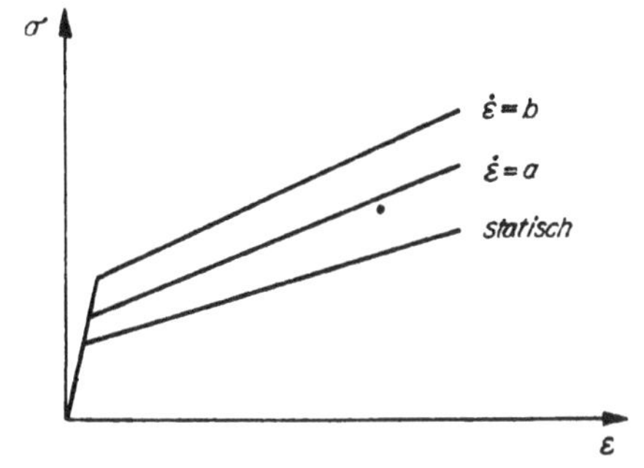

Bild 1. Verzerrungsgeschwindigkeitsabhängige Werkstoffkennlinien bei linearer Verfestigung (a = konst., b = konst.)

2. Es wird stabiles Werkstoffverhalten vorausgesetzt, d. h. im einaxialen Zugversuch haben die von konstanten Verzerrungsgeschwindigkeiten abhängenden Werkstoffkennlinien jeweils eine positive Steigung.

3. Der elastische Bereich sei durch eine skalarwertige Zwangsbedingung begrenzt.

4. Im Rahmen einer inkrementellen Betrachtungsweise werden die die viskosen Effekte auslösenden Verzerrungsgeschwindigkeiten als nicht explizit von der Zeit abhängende Belastungsgrößen aufgefaßt, um so zu einer möglichst einfachen Beschreibung dieses komplizierten Materialverhaltens zu gelangen.

2. Konstitutive Gleichungen elastischer Kontinua

Unter Beachtung der verschiedenen Prinzipe der allgemeinen Materialtheorie kann eine mögliche Form der Stoffgleichung für den elastischen Punkt durch

$$\boldsymbol{T} = \boldsymbol{F}\hat{\boldsymbol{A}}(\boldsymbol{C})\,\boldsymbol{F}^T\,, \tag{2.1}$$

angegeben werden. In (2.1) sind $\boldsymbol{T}$ der CAUCHYsche Spannungstensor, $\boldsymbol{F}$ der materielle Deformationsgradient, $\boldsymbol{C}$ der rechte GREENsche Deformationstensor und $\hat{\boldsymbol{A}}$ eine tensorwertige Auswirkungsfunktion in Abhängigkeit von $\boldsymbol{C}$.

Zur praktischen Berechnung elastischer Formänderungen im Rahmen einer geometrisch-nichtlinearen Theorie sowie zur Beschreibung elastisch-inelastischer Deformationen ist es unumgänglich, die Stoffgleichung in den Inkrementen zu formulieren. Dieses Vorgehen führt von (2.1) analog zu [4] unter Beachtung der JAUMANNschen Zeitableitung $\mathring{\boldsymbol{T}}$ auf die Darstellung

$$\mathring{\boldsymbol{T}} = \overset{4}{\boldsymbol{A}}\boldsymbol{D} \tag{2.2}$$

mit

$$\overset{4}{\boldsymbol{A}}\boldsymbol{D} = \boldsymbol{D}\boldsymbol{T} + \boldsymbol{T}\boldsymbol{D} + 2\boldsymbol{F}\left[\frac{\partial\hat{\boldsymbol{A}}(\boldsymbol{C})}{\partial\boldsymbol{C}}\,(\boldsymbol{F}^T\boldsymbol{D}\boldsymbol{F})\right]\boldsymbol{F}^T\,. \tag{2.3}$$

Zur Kennzeichnung des rein elastischen Verhaltens wird schließlich die Indizierung

$$\mathring{\boldsymbol{T}} = \overset{4}{\boldsymbol{A}}_E\boldsymbol{D}_E\,, \tag{2.4}$$

eingeführt.

3. Konstitutive Gleichungen inelastischer Kontinua

Die Herleitung der Stoffgleichung für die inelastischen Deformationsanteile $\boldsymbol{D}_p$ setzt die Existenz einer Fließbedingung, eines Verfestigungsgesetzes und eines Fließgesetzes voraus, das als konstitutive Gleichung $\mathring{\boldsymbol{T}}$ und $\boldsymbol{D}_p$ durch eine lineare Abbildung voneinander abhängig macht.

Gleichzeitig als Fließbedingung und Verfestigungsgesetz wird die skalarwertige Tensorfunktion

$$F(\boldsymbol{T}, \boldsymbol{N}, k) \leqq \Phi(\boldsymbol{D}) \tag{3.1}$$

eingeführt, die im Rahmen einer endlichen Theorie nur objektive Größen miteinander verknüpfen darf. In (3.1) ist $\boldsymbol{N}$ ein Stofftensor, der anisotrope Effekte beschreiben soll, während die skalarwertige Tensorfunktion $\Phi(\boldsymbol{D})$ sowie die Größe k aus dem einaxialen Zugversuch zu bestimmende Materialkenngrößen darstellen. Im Gegensatz zum rein plastischen Verhalten wird F in (3.1) nicht mit Null, sondern mit der deformationsgeschwindigkeitsabhängigen Funktion $\Phi(\boldsymbol{D})$ verglichen, um die verzerrungsgeschwindigkeitsabhängige Erhöhung der aktuellen Fließgrenze gegenüber dem statischen Verhalten zu kennzeichnen.

Ist (3.1) per Gleichheitszeichen erfüllt, so folgt als Konsistenzbedingung

$$\dot{F} = \frac{\partial F}{\partial \boldsymbol{T}}\cdot\mathring{\boldsymbol{T}} + \frac{\partial F}{\partial \boldsymbol{N}}\cdot\mathring{\boldsymbol{N}} + \frac{\partial F}{\partial k}\dot{k} = 0\,. \tag{3.2}$$

Bei der Herleitung von (3.2) ist vorausgesetzt, daß man nur solche Verfestigungsgesetze benutzt, bei denen die Größen $\frac{\partial F}{\partial \boldsymbol{T}}$ und $\frac{\partial F}{\partial \boldsymbol{N}}$ objektiv und symmetrisch sowie die Ausdrücke $\frac{\partial F}{\partial \boldsymbol{T}}\boldsymbol{T}$ und $\frac{\partial F}{\partial \boldsymbol{N}}\boldsymbol{N}$ symmetrisch sind.

Ferner gilt im Rahmen einer inkrementellen Betrachtungsweise vereinfachend $\dot{\Phi} = 0$, da die als Belastungsgröße aufzufassende Funktion $\Phi(\boldsymbol{D})$ nicht explizit von der Zeit abhängt, sondern lediglich die zu den jeweiligen Deformationsgeschwindigkeiten gehörende Materialkennlinie fixiert.

Die Voraussetzung stabilen Materialverhaltens führt, wie in [1] ausführlich beschrieben, bei Beachtung der verschiedenen Laständerungsfälle auf die konstitutive Gleichung

$$\boldsymbol{D}_p = \begin{cases} \boldsymbol{0} & \text{für } \dfrac{\partial F}{\partial \boldsymbol{T}} \cdot \mathring{\boldsymbol{T}} < 0 \quad \text{(Entlastung)}, \\ \boldsymbol{0} & \text{für } \dfrac{\partial F}{\partial \boldsymbol{T}} \cdot \mathring{\boldsymbol{T}} = 0 \quad \text{(neutrale Spannungsänderung)}, \\ \overset{4}{\boldsymbol{P}}{}^{-1} \mathring{\boldsymbol{T}} & \text{für } \dfrac{\partial F}{\partial \boldsymbol{T}} \cdot \mathring{\boldsymbol{T}} > 0 \quad \text{(Belastung)} \end{cases} \tag{3.3}$$

mit

$$\overset{4}{\boldsymbol{P}}{}^{-1} = -\frac{1}{l}\left[\left(\overset{4}{\boldsymbol{L}}{}^{T} \frac{\partial F}{\partial \boldsymbol{N}} + \boldsymbol{H} \frac{\partial F}{\partial k}\right) \otimes \frac{\partial F}{\partial \boldsymbol{T}}\right]. \tag{3.4}$$

In (3.4) sind l eine positive skalare Größe und $\overset{4}{\boldsymbol{L}}$ ein Tensor zur Beschreibung der Materialeigenschaften, während $\boldsymbol{H}$ aus dem jeweiligen Verfestigungsgesetz über den Zuwachs der inelastischen Arbeit hergeleitet werden kann. Um die Abhängigkeit der Größe $\boldsymbol{D}_p$ von den durch $\boldsymbol{D}$ gekennzeichneten Verzerrungsgeschwindigkeiten darzustellen, kann $\overset{4}{\boldsymbol{P}}{}^{-1}$ über die im einzelnen benutzten Verfestigungsgesetze mit der Funktion $\Phi(\boldsymbol{D})$ gekoppelt werden.

4. Konstitutive Gleichungen elastisch-inelastischer Kontinua

Setzt man in die axiomatisch eingeführte Zerlegung (1.1) die konstitutiven Beziehungen (2.4) für die elastischen und (3.3) für die inelastischen Anteile von $\boldsymbol{D}$ ein, so erhält man unter Voraussetzung der Invertierbarkeit von $\overset{4}{\boldsymbol{A}}_E$ die erste endgültige Form einer konstitutiven Beziehung elastisch-inelastischer Kontinua

$$\boldsymbol{D} = \overset{4}{\boldsymbol{A}}{}^{-1} \mathring{\boldsymbol{T}} \tag{4.1}$$

mit

$$\overset{4}{\boldsymbol{A}}{}^{-1} = \overset{4}{\boldsymbol{A}}{}_E^{-1} + \overset{4}{\boldsymbol{P}}{}^{-1}. \tag{4.2}$$

Um eine zu (4.1) inverse Darstellung zu finden, wird (4.1) unter Beachtung von (3.3) ausgeschrieben und anschließend skalar mit $\overset{4}{\boldsymbol{A}}{}_E^T \dfrac{\partial F}{\partial \boldsymbol{T}}$ multipliziert. Man erhält

$$\frac{\partial F}{\partial \boldsymbol{T}} \cdot \mathring{\boldsymbol{T}} = \frac{\boldsymbol{D} \cdot \overset{4}{\boldsymbol{A}}{}_E^T \dfrac{\partial F}{\partial \boldsymbol{T}}}{1 - \dfrac{1}{l}\left(\overset{4}{\boldsymbol{L}}{}^{T} \dfrac{\partial F}{\partial \boldsymbol{N}} + \boldsymbol{H} \dfrac{\partial F}{\partial k}\right) \cdot \overset{4}{\boldsymbol{A}}{}_E^T \dfrac{\partial F}{\partial \boldsymbol{T}}}. \tag{4.3}$$

Wendet man nun auf (4.1) den Elastizitätstensor $\overset{4}{\boldsymbol{A}}_E$ an und löst nach $\mathring{\boldsymbol{T}}$ auf, so folgt schließlich unter Beachtung von (4.3) das inverse Stoffgesetz

$$\mathring{\boldsymbol{T}} = \overset{4}{\boldsymbol{A}} \boldsymbol{D} \tag{4.4}$$

mit

$$\overset{4}{\boldsymbol{A}} = \overset{4}{\boldsymbol{A}}_E + \frac{\overset{4}{\boldsymbol{A}}_E \left(\overset{4}{\boldsymbol{L}}{}^{T} \dfrac{\partial F}{\partial \boldsymbol{N}} + \boldsymbol{H} \dfrac{\partial F}{\partial k}\right) \otimes \overset{4}{\boldsymbol{A}}{}_E^T \dfrac{\partial F}{\partial \boldsymbol{T}}}{l - \overset{4}{\boldsymbol{A}}{}_E^T \cdot \left[\left(\overset{4}{\boldsymbol{L}}{}^{T} \dfrac{\partial F}{\partial \boldsymbol{N}} + \boldsymbol{H} \dfrac{\partial F}{\partial k}\right) \otimes \dfrac{\partial F}{\partial \boldsymbol{T}}\right]}. \tag{4.5}$$

5. Schlußbemerkungen und Ausblick

Die für elastisch-inelastische Kontinua eingeführten Stoffgesetze (4.1) und (4.4) stellen nur eine von mehreren Möglichkeiten dar, im Rahmen der endlichen Theorie Formänderungsgesetze zu beschreiben.

Die axiomatisch eingeführte und bei der Herleitung der Konsistenzbedingung benutzte vereinfachende Annahme $\dot{\Phi}(\boldsymbol{D}) = 0$ wird bei einer inkrementellen Darstellungsweise als ausreichend genau betrachtet. Sie läßt bei der numerischen Behandlung jedoch nur iterative Verfahren zu, da in jedem neuen Belastungsschritt die Größe $\boldsymbol{D}$ in der Skalarfunktion $\Phi(\boldsymbol{D})$ aus dem vorangegangenen Belastungsschritt benutzt werden muß. Gibt man diese Näherung auf, so erhält man als Stoffgleichung nicht mehr nur eine lineare Abbildung zwischen $\mathring{\boldsymbol{T}}$ und $\boldsymbol{D}$, sondern dann muß die Jaumannsche Ableitung von $\boldsymbol{D}$ ebenfalls in der konstitutiven Gleichung Berücksichtigung finden.

Über so entstehende tensorielle Differentialgleichungen soll später noch berichtet werden.

Literatur

1 DE BOER, R.; EHLERS, W., Grundlagen der isothermen Plastizitäts- und Viskoplastizitätstheorie, Forschungsberichte aus dem Fachbereich Bauwesen der Universität-GH-Essen, Heft 14 (1980).
2 HAUSER, F. E.; SIMMONS, J. A.; DORN, J. E., Strain rate effects in plastic wave propagation, Technical Report No. 3, University of California (June 1960).
3 RIVLIN, R. S., Some Comments on the Endochronic Theory of Plasticity.
VALANIS, K. C., On the Substance of RIVLIN's Remarks on the Endochronic Theory.
RIVLIN, R. S., Comments on "On the Substance of RIVLIN's Remarks on the Endochronic Theory" by K. C. VALANIS, Int. J. Solids Structures Vol. 17 (1981) pp. 231–268.
4 TRUESDELL, C.; NOLL, W., The Non-Linear Field Theories of Mechanics, Handbuch der Physik, Band III/3, Springer-Verlag, Berlin/Heidelberg/New York (1965).

Anschrift: Prof. Dr.-Ing. R. DE BOER; Dipl.-Ing. W. EHLERS, Fachgebiet Mechanik, FB 10, Universität-GH-Essen, Universitätsstr. 15, D-4300 Essen 1, BRD

ZAMM 62, T 109 – T 111 (1982)

J. BRAUNER / K. HERRMANN / F. FALK

Eine Methode zur Behandlung von Verbundwerkstoffen als Gesamtsystem mit räumlich variablen elastischen Konstanten

A) Der Verbundwerkstoff als heterogenes Gesamtsystem

Der Verbundwerkstoff wird durch ein einziges heterogenes Gesamtsystem mit räumlich variablen elastischen Konstanten $\mathbf{C}(\vec{x})$ (Tensor 4. Stufe) repräsentiert. $\mathbf{C}(\vec{x})$ spalten wir in einen konstanten und einen räumlich variablen Anteil $\mathbf{C}_0$ bzw. $\Delta\mathbf{C}(\vec{x})$ auf:

$$\mathbf{C}(x) = \mathbf{C}_0 + \Delta\mathbf{C}(\vec{x}) . \tag{1}$$

Die Feldvariablen sind die Spannungs- und Verzerrungstensoren $\boldsymbol{\sigma}$ und $\boldsymbol{\varepsilon}$. Sie berechnen sich aus einem einzigen Satz von Feldgleichungen eines elastisch heterogenen Systems gemäß

$$\operatorname{Div} \boldsymbol{\sigma} = \vec{F} , \qquad \operatorname{Ink} \boldsymbol{\varepsilon} = \boldsymbol{\eta} , \qquad \boldsymbol{\sigma} = [\mathbf{C}_0 + \Delta\mathbf{C}(\vec{x})] : \boldsymbol{\varepsilon} \qquad (2.1), (2.2), (2.3)$$

mit der Randbedingung

$$\vec{n} \cdot \boldsymbol{\sigma} = \vec{A} , \tag{2.4}$$

$\vec{F}$ und $\vec{A}$ bedeuten die äußere Volumen- und Oberflächenkraftdichte, $\boldsymbol{\eta}$ den Inkompatibilitätstensor.

Dieses Vorgehen bildet eine Alternative zur Beschreibung des Verbundmaterials als ein System, das aus vielen in sich elastisch homogenen Teilgebieten aufgebaut ist. Für jedes dieser Gebiete muß dann gesondert eine eigene elastische Feldgleichung einschließlich der Randbedingungen an den Bereichsgrenzen aufgestellt werden.

B) Anschauliches Lösungsverfahren

Zur Lösung der Feldgleichungen (2) des heterogenen Systems wenden wir eine auf KRÖNER und Mitarbeiter [1, 2] zurückgehende Methodik an. Hierbei wird die Lösung für das heterogene System aufgebaut aus Lösungen zugeordneter Feldgleichungen eines geeignet gewählten homogenen Systems.

1. Lösungsschritt

Im 1. Schritt werden anstelle der gesuchten Variablen $\boldsymbol{\sigma}$, $\boldsymbol{\varepsilon}$ des heterogenen Systems die Variablen $\boldsymbol{\sigma}_1$, $\boldsymbol{\varepsilon}_1$ eines zugeordneten homogenen Systems mit dem Modul $\mathbf{C}_0$ berechnet. Dabei sollen dieselben Spannungsquellen $\vec{F}$, $\vec{A}$ und $\boldsymbol{\eta}$ wie im Verbundwerkstoff wirksam sein. Die Feldgleichungen des homogenen Systems lauten

$$\operatorname{Div} \boldsymbol{\sigma}_1 = \vec{F} , \qquad \operatorname{Ink} \boldsymbol{\varepsilon}_1 = \boldsymbol{\eta} , \qquad \boldsymbol{\sigma}_1 = \mathbf{C}_0 : \boldsymbol{\varepsilon}_1 \qquad (3.1), (3.2), (3.3)$$

mit der Randbedingung

$$\vec{n} \cdot \boldsymbol{\sigma}_1 = \vec{A} . \tag{3.4}$$

2. Lösungsschritt

$\boldsymbol{\varepsilon}_1$ und $\boldsymbol{\sigma}_1$ werden jetzt als bekannte Größen angesehen. Im 2. Schritt stellen wir zuerst Gleichungen für die Unterschiede $\Delta\boldsymbol{\varepsilon}_1$ und $\Delta\boldsymbol{\sigma}_1$ zwischen der wahren Lösung $\boldsymbol{\varepsilon}$ und $\boldsymbol{\sigma}$ und dem berechneten Anteil $\boldsymbol{\varepsilon}_1$ und $\boldsymbol{\sigma}_1$ auf. Es gilt:

$$\Delta\boldsymbol{\sigma}_1 = \boldsymbol{\sigma} - \boldsymbol{\sigma}_1 , \qquad \Delta\boldsymbol{\varepsilon}_1 = \boldsymbol{\varepsilon} - \boldsymbol{\varepsilon}_1 . \tag{4}$$

Durch Einsetzen der Gl. (4) in die Gl. (2) unter Berücksichtigung der Gl. (3) gewinnt man ein Gleichungssystem für $\Delta\boldsymbol{\varepsilon}_1$, $\Delta\boldsymbol{\sigma}_1$. Der Übergang zu einer neuen Variablen $\boldsymbol{\sigma}_1^*$ gemäß der Definition

$$\boldsymbol{\sigma}_1^* = \Delta\boldsymbol{\sigma}_1 - \Delta\mathbf{C}(\vec{x}) : \boldsymbol{\varepsilon}_1 \tag{5}$$

gestattet dann die Berechnung von $\Delta\boldsymbol{\varepsilon}_1$, $\boldsymbol{\sigma}_1^*$ aus einer Feldgleichung eines heterogenen Systems mit der Oberflächen- und Volumenkraftdichte $\vec{A}_1$ bzw. $\vec{F}_1$ sowie einer verschwindenden Inkompatibilitätsverteilung

$$\operatorname{Div} \boldsymbol{\sigma}_1^* = -\operatorname{Div}\,(\Delta\mathbf{C}(\vec{x}) : \boldsymbol{\varepsilon}_1) := \vec{F}_1\,, \qquad \operatorname{Ink} \Delta\boldsymbol{\varepsilon}_1 = 0\,, \qquad \boldsymbol{\sigma}_1^* = [\mathbf{C}_0 + \Delta\mathbf{C}(\vec{x})] : \Delta\boldsymbol{\varepsilon}_1 \qquad (6.1), (6.2), (6.3)$$

mit der Randbedingung

$$-\vec{n}\cdot\boldsymbol{\sigma}_1^* = \vec{n}\cdot[\Delta\mathbf{C}(\vec{x}) : \boldsymbol{\varepsilon}_1] := \vec{A}_1\,. \tag{6.4}$$

Da die Gl. (6) denselben formalen Aufbau wie die Gl. (3) aufweisen, kann das im 1. Schritt angewandte Lösungsverfahren zu einer iterativen Berechnung der Verzerrungen $\boldsymbol{\varepsilon}$ im Verbundmaterial herangezogen werden (Tabelle 1).

Tabelle 1. Iterative Berechnung von $\boldsymbol{\varepsilon}$

Lösungsschritt	1.	2.	n.
wirksame Spannungsquellen	$\boldsymbol{\eta}$ $\vec{\mathbf{F}}$ $\vec{A}$	$\boldsymbol{\eta} = 0$ $\vec{\mathbf{F}}_1 = -\operatorname{Div}[\Delta\mathbf{C}(\vec{x}) : \boldsymbol{\varepsilon}_1]$ $\vec{A}_1 = -\vec{n}\cdot[\Delta\mathbf{C}(\vec{x}) : \boldsymbol{\varepsilon}_1]$	$\boldsymbol{\eta} = 0$ $\vec{\mathbf{F}}_{n-1} = -\operatorname{Div}[\Delta\mathbf{C}(\vec{x}) : \boldsymbol{\varepsilon}_{n-1}]$ $\vec{A}_{n-1} = \vec{n} - \cdot[\Delta\mathbf{C}(\vec{x}) : \boldsymbol{\varepsilon}_{n-1}]$
gesucht: Variable des heterogenen Systems	$\boldsymbol{\varepsilon}$	$\Delta\boldsymbol{\varepsilon}_1$	$\Delta\boldsymbol{\varepsilon}_{n-1}$
berechnet: Variable des homogenen Systems	$\boldsymbol{\varepsilon}_1$	$\boldsymbol{\varepsilon}_2$	$\boldsymbol{\varepsilon}_n$
Zerlegung	$\boldsymbol{\varepsilon} = \boldsymbol{\varepsilon}_1 + \Delta\boldsymbol{\varepsilon}_1$	$\Delta\boldsymbol{\varepsilon}_2 = \boldsymbol{\varepsilon}_1 + \Delta\boldsymbol{\varepsilon}_2$	$\Delta\boldsymbol{\varepsilon}_{n-1} = \boldsymbol{\varepsilon}_n + \Delta\boldsymbol{\varepsilon}_n$
	$\boldsymbol{\varepsilon} = \boldsymbol{\varepsilon}_1 + \boldsymbol{\varepsilon}_2 + \boldsymbol{\varepsilon}_3 + \dots$		$\boldsymbol{\varepsilon}_n + \Delta\boldsymbol{\varepsilon}_n$

Die gesuchte Verzerrung $\boldsymbol{\varepsilon}$ läßt sich somit als Summe von Lösungen zugeordneter Feldgleichungen für geeignete homogene Medien darstellen.

C) Systematisches Lösungsverfahren

Aus Gl. (2) erhält man durch Elimination der Spannungen $\boldsymbol{\sigma}$ über das Materialgesetz folgende Gleichung für die Verzerrungen $\boldsymbol{\varepsilon}$ im Verbundwerkstoff

$$\operatorname{Div}\,(\mathbf{C}_0 : \boldsymbol{\varepsilon}) = \vec{F} - \operatorname{Div}\,(\Delta\mathbf{C}(\vec{x}) : \boldsymbol{\varepsilon}) := \vec{F}^*\,, \qquad \operatorname{Ink} \boldsymbol{\varepsilon} = \boldsymbol{\eta}\,. \qquad (8.1), (8.2)$$

Mittels der Definition

$$\mathbf{C}_0 : \boldsymbol{\varepsilon} := \boldsymbol{\sigma}_0 \tag{8.3}$$

wird erreicht, daß die Gl. (8) Feldgleichungen eines elastisch homogenen Systems mit dem Elastizitätsmodul $\mathbf{C}_0$ darstellen. Das homogene System ist jedoch anderen von den Lösungen $\boldsymbol{\varepsilon}$ bzw. $\boldsymbol{\sigma}$ abhängenden Volumen- und Oberflächenkräften $\vec{F}^*$ und $\vec{A}^*$ unterworfen. Es gilt:

$$\vec{F}^* = \vec{F} - \operatorname{Div}\,(\Delta\mathbf{C}(\vec{x}) : \boldsymbol{\varepsilon})\,, \qquad \vec{A}^* = \vec{A} - \vec{n}\cdot[\Delta\mathbf{C}(\vec{x}) : \boldsymbol{\varepsilon}] = \vec{n}\cdot\boldsymbol{\sigma}_0\,. \qquad (9.1), (9.2)$$

Die Gl. (8) haben für $\boldsymbol{\eta} = 0$ die formale Lösung:

$$\boldsymbol{\varepsilon} = G(\vec{F}^*, \vec{A}^*)\,. \tag{10}$$

Da der Greensche Operator G des homogenen Mediums linear ist, folgt aus Gl. (10):

$$\boldsymbol{\varepsilon} = G(\vec{F}, \vec{A}) + G\big(\operatorname{Div}\,(\Delta\mathbf{C}(\vec{x}) : \boldsymbol{\varepsilon})\,,\ \vec{n}\cdot\Delta\mathbf{C}(\vec{x}) : \boldsymbol{\varepsilon}\big) = G(\vec{F}, \vec{A}) + \tilde{G}(\boldsymbol{\varepsilon}) = \hat{G}(\vec{F}, \vec{A}, \boldsymbol{\varepsilon})\,. \tag{11}$$

Wir erhalten für $\boldsymbol{\varepsilon}$ eine Lippmann-Schwinger-Dyson-Gleichung

$$(E - \tilde{G})\,\boldsymbol{\varepsilon} = G(\vec{F}, \vec{A})\,. \tag{12}$$

Die Lösung von Gl. (12) läßt sich in Form einer Neumannschen Reihe darstellen. Dabei geht man von einer Näherungslösung, z. B. von $\boldsymbol{\varepsilon}_0 = G(\vec{F}, \vec{A})$ aus, berechnet sich aus Gl. (11) einen neuen Wert für $\boldsymbol{\varepsilon}$ und erhält nach n Iterationsschritten:

$$\boldsymbol{\varepsilon}_n = \sum_{m=0}^{n} \tilde{G}^m(\boldsymbol{\varepsilon}_0)\,.$$

Literatur

1 KRÖNER, E., Berechnung der elastischen Konstanten des Vielkristalls aus den Konstanten des Einkristalls, Z. Phys. **151**, 504–518 (1958).
2 KOCH, H., Zur statischen Theorie der effektiven dielektrischen und elastischen Konstanten vielkristalliner Stoffe, Dissertation Stuttgart, 1975.

Anschriften: Dr. rer. nat. JUTTA BRAUNER, Prof. Dr. rer. nat. KLAUS HERRMANN, FB 10 · Fachgebiet Technische Mechanik, Universität-GH-Paderborn, Pohlweg 47–49, Postfach 1621, D-4790 Paderborn — Dr. rer. nat. FRITZ FALK, FB 6, Universität-GH-Paderborn, Warburger Str. 100, Postfach 1621, D-4790 Paderborn, BRD

ZAMM 62, T 111 – T 113 (1982)

O. BRUHNS / B. RANIECKI

Ein Schrankenverfahren bei Verzweigungsproblemen inelastischer Formänderungen

Viele reale Materialien zeigen im Bereich plastischer Formänderungen ein deutlich von der „Normalenregel" abweichendes Werkstoffverhalten. Dies gilt einerseits sicherlich für eine große Klasse von fels- oder bodenartigen Stoffen, andererseits aber auch für Metalle, z. B. in der Nähe von Lokalisationen oder unter adiabatischen Bedingungen. Zur Beschreibung solchen Materialverhaltens wurde in [1] ein nicht-assoziiertes plastisches Formänderungsgesetz eingeführt, mit Hilfe dessen sich das Stoffgesetz eines elastoplastischen Körpers in allgemeiner Form angeben läßt

$$\overset{\Delta}{\boldsymbol{\sigma}} = \boldsymbol{L}\boldsymbol{D} - \frac{\alpha}{H}(\boldsymbol{\Lambda}^f \cdot \boldsymbol{D})\boldsymbol{\Lambda}^g . \tag{1}$$

Dabei ist $H > 0$, $\boldsymbol{\sigma}$ die wahre (Cauchysche) Spannung und $\overset{\Delta}{\boldsymbol{\sigma}}$ eine beliebige (symmetrische) objektive Spannungsgeschwindigkeit. $\boldsymbol{D}$ ist der Tensor der Verzerrungsgeschwindigkeiten und

$$\alpha = \begin{cases} 1, & \boldsymbol{\Lambda}^f \cdot \boldsymbol{D} \geqq 0 . \\ 0, & \boldsymbol{\Lambda}^f \cdot \boldsymbol{D} < 0 \end{cases} \tag{2}$$

Unter der Voraussetzung $h = H - \boldsymbol{\Lambda}^f \cdot \boldsymbol{\mu}^g > 0$ läßt sich (1) invertieren

$$\boldsymbol{D} = \boldsymbol{M}\overset{\Delta}{\boldsymbol{\sigma}} + \frac{\alpha_1}{h}\boldsymbol{\mu}^g(\boldsymbol{\mu}^f \cdot \overset{\Delta}{\boldsymbol{\sigma}}) , \qquad \boldsymbol{M} = \boldsymbol{L}^{-1} ; \qquad \boldsymbol{\mu}^g = \boldsymbol{M}\boldsymbol{\Lambda}^g , \qquad \boldsymbol{\mu}^f = \boldsymbol{M}^T\boldsymbol{\Lambda}^f ,$$
$$\alpha_1 = \begin{cases} 1, & \boldsymbol{\mu}^f \cdot \overset{\Delta}{\boldsymbol{\sigma}} \geqq 0 \\ 0, & \boldsymbol{\mu}^f \cdot \overset{\Delta}{\boldsymbol{\sigma}} < 0 \end{cases} \tag{3}$$

mit $\boldsymbol{L}$ und $\boldsymbol{M}$ als elastischen Materialtensoren. $\boldsymbol{\Lambda}^f$ und $\boldsymbol{\mu}^f$ kennzeichnen dabei die Normalen an die Fließfläche, $\boldsymbol{\Lambda}^g$ und der dazu duale Tensor $\boldsymbol{\mu}^g$ geben in den entsprechenden Räumen die Richtung des plastischen Anteils der Verzerrungsgeschwindigkeit an. Für ein isotropes Material auf der Basis der klassischen DRUCKER-PRAGER-Fließbedingung für Böden gilt beispielsweise [2]

$$\boldsymbol{\mu}^g = \boldsymbol{\sigma}'/2\tau_e + \beta\boldsymbol{1}/3 , \qquad \boldsymbol{\sigma}' = \operatorname{dev}\boldsymbol{\sigma} , \qquad \boldsymbol{\mu}^f = \boldsymbol{\sigma}'/2\tau_e + \nu_0\boldsymbol{1}/3 , \qquad \tau_e^2 = \tfrac{1}{2}\boldsymbol{\sigma}' \cdot \boldsymbol{\sigma}' . \tag{4}$$

Dabei kennzeichnet β die Dilatanz des Materials, und ν_0 gibt den Winkel der inneren Reibung an. Für ein solches nicht-assoziiertes Materialverhalten sollen nun Aussagen über das Verzweigungsverhalten entsprechend deformierter Körper getroffen werden. Beispielhaft sollen dazu die Verzweigungslasten einer zylindrischen Probe im Triaxialversuch (Axialbelastung unter konstant gehaltenem Manteldruck) bestimmt werden.

In [1] wurden die Aussagen von HILL zur Untersuchung des Stabilitätsverhaltens elastoplastischer Körper auch auf Materialien übertragen, die — wie im vorliegenden Fall — nicht-assoziierten Formänderungsbeziehungen genügen. Als wesentliches Ergebnis dieser Untersuchungen kann festgehalten werden, daß anders als bei dem von HILL vorausgesetzten, aus einem Potential ableitbaren Materialverhalten der Normalenregel im Fall nicht-assoziierten Materialverhaltens ($\boldsymbol{\Lambda}^f \neq \boldsymbol{\Lambda}^g$) lediglich Verfahren zur Bestimmung von Schranken für die jeweiligen Verzweigungslasten angegeben werden können. Als Sonderfall ist hierin auch der von HILL behandelte Fall ($\boldsymbol{\Lambda}^f = \boldsymbol{\Lambda}^g$) enthalten. In diesem Fall liefern beide Schranken dasselbe Ergebnis.

Entsprechend dem Vorgehen von HILL [3] wird ein linearer Vergleichskörper definiert

$$\overset{\Delta}{\boldsymbol{\sigma}} = \boldsymbol{L}\boldsymbol{D} - \frac{1}{4rH}[(\boldsymbol{\Lambda}^g + r\boldsymbol{\Lambda}^f) \cdot \boldsymbol{D}](\boldsymbol{\Lambda}^g + r\boldsymbol{\Lambda}^f) , \tag{5}$$

mit der Eigenschaft, daß, wenn eine Lösung für diesen Vergleichskörper eindeutig ist, dann auch eine Verzweigung des zugrundeliegenden elastoplastischen Körpers ausgeschlossen werden kann. In diesem Sinne liefert (5) untere Schranken für die Verzweigungslast des zugrundeliegenden Problems. Der in dieser Aussage noch enthaltene

Parameter $r > 0$ kann nun so gewählt werden, daß diese untere Schranke möglichst optimal wird. Dazu setzen wir

$$r = \sqrt{\frac{\boldsymbol{\Lambda}^g \cdot \boldsymbol{\mu}^g}{\boldsymbol{\Lambda}^f \cdot \boldsymbol{\mu}^f}}. \tag{6}$$

Darüber hinaus läßt sich ferner ein zweiter linearer Körper definieren, indem — wie bei Stabilitätsuntersuchungen an der Normalenregel genügenden Werkstoffen — in (1) $\alpha = 1$ gesetzt wird, d. h. Entlastungen des Körpers ausgeschlossen werden

$$\overset{\Delta}{\sigma} = \boldsymbol{L}\boldsymbol{D} - \frac{1}{H}(\boldsymbol{\Lambda}^f \cdot \boldsymbol{D})\,\boldsymbol{\Lambda}^g. \tag{7}$$

Ein solcher Körper besitzt die Eigenschaft, daß, wenn im Laufe eines Belastungsprozesses eine erste Verzweigung möglich wird, damit dann auch die Eindeutigkeit der Deformationen des zugrundeliegenden Körpers verloren geht. Dementsprechend liefert (7) eine obere Schranke für die Verzweigungslast des zugrunde liegenden Problems.

Hierzu lassen sich nun noch einige allgemeinere Feststellungen treffen:

(i) Beide Körper liefern lineare Beziehungen zwischen Spannungsgeschwindigkeiten und Geschwindigkeitsgradienten und führen damit — im Rahmen der üblichen Voraussetzungen — auf ein lineares Zuwachs-Randwertproblem, das nach Abspalten der Grunddeformationen in ein lineares Eigenwertproblem übergeht.

(ii) Darüberhinaus ist das Stoffgesetz des linearen Vergleichskörpers (5) zudem auch aus einem Potential ableitbar, das dieselbe Struktur aufweist, wie das entsprechende Potential eines der Normalenregel genügenden Werkstoffes. Existieren daher bereits Lösungen bzw. Lösungsmethoden für ein Problem auf der Basis solcher der Normalenregel genügender Werkstoffe, so lassen sich diese Lösungen hier als untere Schranken für die Verzweigungslasten bei nicht-assoziiertem Werkstoffverhalten übernehmen, wenn wir darin ersetzen

$$\boldsymbol{\Lambda}^f = \boldsymbol{\Lambda}^g \to \frac{1}{2\sqrt{r}}(\boldsymbol{\Lambda}^g + r\boldsymbol{\Lambda}^f). \tag{8}$$

(iii) Im allgemeinen Falle ($\boldsymbol{\Lambda}^f \neq \boldsymbol{\Lambda}^g$) wird die Suche nach der Verzweigungslast eines Problems durch die Suche nach unteren bzw. oberen Schranken für diese Verzweigungslast ersetzt. Lediglich im bereits angesprochenen Sonderfall $\boldsymbol{\Lambda}^f = \boldsymbol{\Lambda}^g$ (Normalenregel), d. h. $r = 1$, liefern (5) und (7) identische Körper und damit die exakte Verzweigungslast.

Als Beispiel untersuchen wir das Verzweigungsverhalten einer zylindrischen Probe mit der Länge l und dem Radius a unter Axialbelastung σ_z und konstantem Manteldruck σ. In Zylinderkoordinaten gilt dann für die Spannungen im Grundzustand

$$\sigma_{rr} = \sigma_{\varphi\varphi} = -\sigma\,, \qquad \sigma_{zz} = \sigma_z\,.$$

Unter Beschränkung auf axialsymmetrische Deformationsmoden lassen sich die Feldgleichungen für das Geschwindigkeitsfeld der zusätzlichen Deformationen auf eine Gleichung vom Besselschen Typ für die Radialkomponente u reduzieren. Aus der Vielzahl von Lösungen des unter Berücksichtigung der Randbedingungen zu lösenden Eigenwertproblems seien hier nur zwei typische Ergebnisse auf der Basis

$$\sigma = 0; \qquad \nu = 0.3\,, \qquad \nu_0 = \tfrac{1}{2}\sqrt{3}\,, \qquad \beta = 0$$

herausgegriffen. Aufgetragen ist jeweils das Verhältnis G_T/G über der auf $2G$ bezogenen Verzweigungsspannung σ_z; und zwar einmal für sehr schlanke Proben (Bild 1) und zum anderen für gedrungene Proben (Bild 2). Für ein vorgegebenes — etwa aus einem Scherversuch vorab bestimmtes — Verhältnis G_T/G lassen sich aus diesen Bildern die unteren (obere Kurve) bzw. die oberen (untere Kurve) Schranken für die jeweiligen Verzweigungslasten ablesen. Als ein künftig noch zu behebender Nachteil dieses Schrankenverfahrens ist festzuhalten, daß bei den oben genannten Zahlenwerten und für Verhältnisse G_T/G etwa kleiner 0.2 keine zuverlässigen Aussagen mehr über die Verzweigungslasten getroffen werden können; und zwar weder im Zugbereich (necking) noch im Druckbereich (bulging).

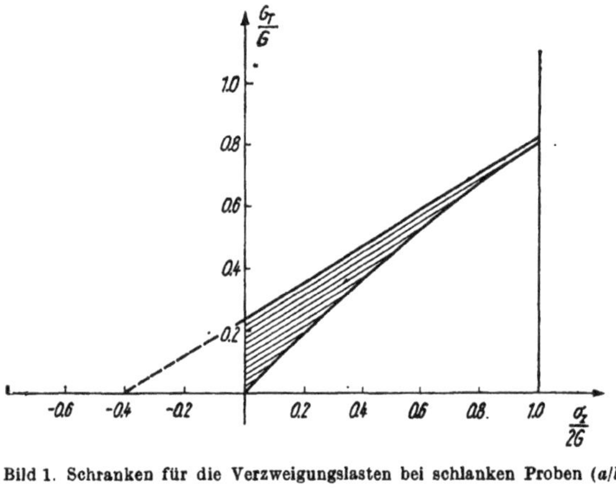

Bild 1. Schranken für die Verzweigungslasten bei schlanken Proben ($a/l \to 0$)

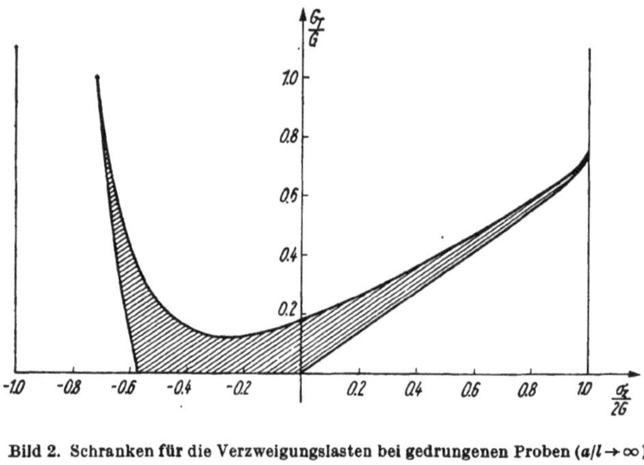

Bild 2. Schranken für die Verzweigungslasten bei gedrungenen Proben ($a/l \to \infty$)

Literatur

1 Raniecki, B.; Bruhns, O., Bounds to bifurcation stresses in solids with non-associated plastic flow law at finite strain, J. Mech. Phys. Solids **29** (1981), 153—172.
2 Rudnicki, J. W.; Rice, J. R., Conditions for the localisation of deformation in pressure-sensitive dilatant materials, J. Mech. Phys. Solids **23** (1975), 371—394.
3 Hill, R., A general theory of uniqueness and stability in elastic-plastic solids, J. Mech. Phys. Solids **6** (1958), 236—249.

Anschrift: Prof. Dr.-Ing. O. T. Bruhns, Fachgebiet Technische Mechanik (FB 15), Universität — Gesamthochschule Kassel —, Postfach 10 13 80, D-3500 Kassel, BRD

ZAMM 62, T 113 – T 114 (1982)

G. Brunk

Hinreichende Bedingungen für die Formulierung beobachter-invarianter Materialgleichungen

Als „Prinzip der materiellen Indifferenz" ist die Forminvarianz der Materialgleichungen gegen Euklidische Transformationen von Noll in den Rang eines Axioms erhoben worden, vgl. [1]. Arbeiten von I. Müller [2] sowie von Edelen und McLennan [3] auf der Grundlage der kinetischen Gastheorie begründeten Zweifel an der Allgemeingültigkeit dieses Prinzips. Die dabei aufgedeckten scheinbaren Widersprüche ließen sich jedoch durch eine Revision des bisher geübten Verständnisses des Prinzips beheben [4], [5]. Muschik [6] untersucht im vorliegenden Heft den Unterschied zwischen den Invarianzen gegen Beobachterwechsel sowie gegen Wechsel des Bewegungszustandes.

Unter einem Bezugssystem (BS) verstehen wir hier ein Kontinuum vorgegebener Bewegung (gegenüber einem festen, aber beliebigen Standardsystem) mit den materiellen Koordinaten $q = (q^1, q^2, q^3)$.

Der Bezugssystemwechsel

$$\mathscr{S} \to \hat{\mathscr{S}}: q \mapsto \hat{q} = \hat{h}_{\mathscr{S}}(q, t) \; ; \qquad \exists \hat{h}_{\mathscr{S}}^{-1}(\cdot, t) = : h_{\hat{\mathscr{S}}}(\cdot, t) \tag{1}$$

führt auf folgende Transformationen [4], [7] der Geschwindigkeit $\boldsymbol{v}$ und der Beschleunigung $\boldsymbol{a}$:

$$\boldsymbol{v} \mapsto \hat{\boldsymbol{v}} = \hat{\boldsymbol{v}}_q + \boldsymbol{v} \, , \qquad \boldsymbol{a} \mapsto \hat{\boldsymbol{a}} = \hat{\boldsymbol{a}}_q + 2\boldsymbol{v} \cdot \hat{\boldsymbol{K}}_q + \boldsymbol{a} \, . \qquad \text{(2a), (2b)}$$

Dabei gilt $\hat{\boldsymbol{K}}_q = \nabla \hat{\boldsymbol{v}}_q$ (Gradient der Führungsgeschwindigkeit) in deformierbaren BS, $\hat{\boldsymbol{K}}_q = \hat{\boldsymbol{\Omega}}_{\mathscr{S}} = -\hat{\boldsymbol{\Omega}}_{\mathscr{S}}^T$ (Winkelgeschwindigkeit) in starren BS („Rahmen") und $\hat{\boldsymbol{K}}_q \equiv \boldsymbol{0}$ sowie $\hat{\boldsymbol{a}} \equiv \boldsymbol{0}$ in Galilei-BS. Die Massenkräfte auf einen Probekörper kleiner Abmessungen haben in $\mathscr{S}$ die Form

$$\boldsymbol{P} = m(\boldsymbol{\gamma} + 2\boldsymbol{v} \cdot \boldsymbol{A}) =: m\boldsymbol{p} \, . \tag{3}$$

Das Feld $\boldsymbol{\gamma}$ ist in statischen Versuchen $(\boldsymbol{v} \equiv \boldsymbol{0})$, beispielsweise mit Hilfe von Federwaagen zu ermitteln, der Coriolis-Tensor $\boldsymbol{A}$ wird mit Hilfe von Wurfversuchen gefunden. Ist $\boldsymbol{p} \equiv \boldsymbol{0}$, so heißt das BS ein Inertialsystem. Aus der Impulsbilanz

$$\mathscr{S}: m\boldsymbol{a} = m\boldsymbol{p} + \boldsymbol{S} \quad \text{bzw.} \quad \hat{\mathscr{S}}: m\hat{\boldsymbol{a}} = m\hat{\boldsymbol{p}} + \hat{\boldsymbol{S}} \tag{4}$$

folgen mit der Setzung $\hat{\boldsymbol{S}} \equiv \boldsymbol{S}$ für die Flächenkraft und der invarianten Form $\hat{\boldsymbol{p}} = \hat{\boldsymbol{\gamma}} + 2\hat{\boldsymbol{v}} \cdot \hat{\boldsymbol{A}}$ für die Massenkraft, Gl. (3), die Transformationsbeziehungen

$$\hat{\boldsymbol{\gamma}} = \boldsymbol{\gamma} + 2\boldsymbol{v}_{\hat{q}} \cdot \boldsymbol{A} - \boldsymbol{a}_{\hat{q}} \, , \qquad \hat{\boldsymbol{A}} = \boldsymbol{A} - \boldsymbol{K}_{\hat{q}} \, . \tag{5}$$

Die Bewegung eines materiellen Körpers $\mathscr{B} = \{P\}$ wird im BS $\mathscr{S}$ durch die Funktion

$$q = \mathfrak{f}(\xi, t) \; ; \qquad \xi \equiv (\xi^1, \xi^2, \xi^3) \tag{6}$$

beschrieben. Die unabhängigen Stoffvariablen

$$\mathfrak{z} = (\mathfrak{f}, \boldsymbol{\gamma}, \boldsymbol{A}, \ldots) \tag{7}$$

und die abhängigen Stoffvariablen

$$\mathfrak{y} = (\boldsymbol{T}, \ldots) \quad (\boldsymbol{T} = \text{Spannungstensor}) \tag{8}$$

werden durch die Materialbeziehungen

$$\mathscr{S}: \mathfrak{y}(\xi, t) = \mathscr{F}\{\mathfrak{z}(\zeta, \tau)\} \quad \text{bzw.} \quad : \mathscr{S} = \hat{\mathscr{F}}\{\hat{\mathfrak{z}}(\zeta, \tau)\} \tag{9}$$

mit $\zeta \in U(\xi)$, $\tau \leqq t$ miteinander verknüpft; dabei werde eine a-priori Forminvarianz $\hat{\mathscr{F}}\{\cdot\} = \mathscr{F}\{\cdot\}$ grundsätzlich nicht postuliert. Bei BS-Wechsel unterliegen die Variablensätze $\mathfrak{y}$ und $\mathfrak{z}$ folgenden Transformationen

$$\mathfrak{y} \mapsto \hat{\mathfrak{y}} = \varphi_{\hat{\mathscr{S}}\mathscr{S}}(\mathfrak{y}) \, , \qquad \exists \varphi_{\hat{\mathscr{S}}\mathscr{S}}^{-1}(\cdot) =: \varphi_{\mathscr{S}\hat{\mathscr{S}}}(\cdot) \tag{10a}$$

und

$$\mathfrak{z} \mapsto \hat{\mathfrak{z}} = \psi_{\hat{\mathscr{S}}\mathscr{S}}(\mathfrak{z}) \, , \qquad \exists \psi_{\hat{\mathscr{S}}\mathscr{S}}^{-1}(\cdot) =: \psi_{\mathscr{S}\hat{\mathscr{S}}}(\cdot) \, . \tag{10b}$$

Daher gilt die Beziehung

$$\hat{\mathcal{F}}\{\cdot\} = \varphi_{\hat{\mathcal{S}}\mathcal{S}}(\mathcal{F}\{\psi_{\mathcal{S}\hat{\mathcal{S}}}(\cdot)\}) \,, \tag{11}$$

welche die Identifizierung des Materials durch verschiedene Beobachter ermöglicht („Identifizierungsempirem" [8]).

Definition 1: Wir nennen Bezugssysteme **absolut gleichberechtigt**, wenn Funktionenscharen $\varphi(\cdot\,;\cdot)$ und $\psi(\cdot\,;\cdot)$ existieren, so daß

$$\varphi_{\hat{\mathcal{S}}\mathcal{S}}(\cdot) = \varphi(\cdot\,; h_{\hat{\mathcal{S}}}(\hat{q}, \tau)) \,, \quad \forall \mathcal{S}, \hat{\mathcal{S}} \tag{12a}$$

und

$$\psi_{\hat{\mathcal{S}}\mathcal{S}}(\cdot) = \psi(\cdot\,; h_{\hat{\mathcal{S}}}(\hat{q}, \tau)) \,, \quad \forall \mathcal{S}, \hat{\mathcal{S}} \tag{12b}$$

mit $\tau \leqq t$ gilt.

Definition 2: Wir nennen Bezugssysteme **relativ** zum ausgezeichneten BS $\check{\mathcal{S}}$ **gleichberechtigt**, falls Funktionenscharen $\varphi(\cdot\,;\cdot)$ und $\psi(\cdot\,;\cdot)$ derart existieren, daß

$$\varphi_{\check{\mathcal{S}}\mathcal{S}}(\cdot) = \varphi(\cdot\,; h_{\check{\mathcal{S}}}(\check{q}, \tau)) \,, \quad \forall \mathcal{S} \tag{13a}$$

und

$$\psi_{\check{\mathcal{S}}\mathcal{S}}(\cdot) = \psi(\cdot\,; h_{\check{\mathcal{S}}}(\check{q}, \tau)) \,, \quad \forall \mathcal{S} \tag{13b}$$

mit $\tau \leqq t$ gilt.
Aus den Gln. (13) folgt sofort

$$\varphi_{\hat{\mathcal{S}}\mathcal{S}}(\cdot) = \varphi^{-1}(\varphi(\cdot\,; h_{\check{\mathcal{S}}}); \hat{h}_{\check{\mathcal{S}}}) = :\Phi(\cdot\,; \hat{h}_{\check{\mathcal{S}}}, h_{\check{\mathcal{S}}}) \tag{14a}$$

und

$$\psi_{\hat{\mathcal{S}}\mathcal{S}}(\cdot) = \psi^{-1}(\psi(\cdot\,; h_{\check{\mathcal{S}}}); \hat{h}_{\check{\mathcal{S}}}) =: \Psi(\cdot\,; \hat{h}_{\check{\mathcal{S}}}, h_{\check{\mathcal{S}}}) \,. \tag{14b}$$

Annahme: Das ausgezeichnete BS $\check{\mathcal{S}}$ sei der beobachtete materielle Körper $\mathcal{B}$ selbst („Ruhsystem"), dann gilt:

$$\check{\mathcal{S}} \equiv \mathcal{B} : \check{q} \equiv \xi \mapsto q = h_{\check{\mathcal{S}}}(\check{q}, t) \equiv f(\xi, t) \,. \tag{15}$$

Daraus folgt für die Materialbeschreibung im Ruhsystem

$$\check{\mathfrak{y}} = \check{\mathcal{F}}\{\psi(\mathfrak{z}; f)\} =: \mathcal{G}(\mathfrak{z}) \quad \text{bzw.} \quad \check{\mathfrak{y}} = \hat{\mathcal{F}}\{\psi(\hat{\mathfrak{z}}; \hat{f})\} = \mathcal{G}\{\hat{\mathfrak{z}}\} \,, \tag{16a), (16b}$$

denn die Bewegung f ist im Variablensatz $\mathfrak{z}$ enthalten. In beliebigen BS gilt

$$\mathcal{S} : \mathfrak{y} = \varphi^{-1}(\mathcal{G}\{\mathfrak{z}\}; f) =: \mathcal{H}\{\mathfrak{z}\} \,, \tag{17a}$$

$$\hat{\mathcal{S}} : \hat{\mathfrak{y}} = \varphi^{-1}(\mathcal{G}\{\hat{\mathfrak{z}}\}; \hat{f}) = \mathcal{H}\{\hat{\mathfrak{z}}\} \,. \tag{17b}$$

Die Annahme führt also auf die Forminvarianz $\hat{\mathcal{F}}\{\cdot\} = \mathcal{F}\{\cdot\} := \mathcal{H}\{\cdot\}$.

Dieses Ergebnis ergibt sich genauso im Falle **absolut gleichberechtigter** BS.

Die vorliegende Untersuchung ändert sich nicht, wenn in den Variablensätzen $\mathfrak{y}$ und $\mathfrak{z}$ anstelle der Tensoren die jeweiligen Komponenten treten, d. h. die Forminvarianz der Komponentengleichungen untersucht wird. Enthält der Satz $\mathfrak{z}$ der unabhängigen Variablen in diesem Falle die Metrik g_{ij}, so ist $\mathcal{H}\{\cdot\}$ eine der üblichen reduzierten Formen der Kontinuumsmechanik [7]. In der klassischen Mechanik ergibt sich das Auftreten der Metrik in den Komponentengleichungen aus der Abhängigkeit der Materialfunktionale von der Geometrie des BS und ihrer Invarianz gegen den Wechsel des starren Standardsystems, gegen das die verschiedenen BS miteinander verglichen werden [7]. Physikalisch bedeutet dies, daß das Material eine überlagerte Starrkörperbewegung nicht merkt (Prinzip der äquivalenten Bewegungen). Zugleich wird damit die Isotropie des Raumes, d. h. das Fehlen ausgezeichneter Richtungen, beschrieben. In der relativistischen Mechanik beschreibt die Metrik als Element von $\mathfrak{z}$ die Isotropie und erfaßt zugleich die Massenkräfte (anstelle von $\boldsymbol{\gamma}$ und $\boldsymbol{A}$).

Man kann zeigen, daß für Stoffe mit lokaler Materialbeschreibung, speziell für einfache Stoffe, die Beschränkung auf starre BS („Rahmen") zur Konstruktion invarianter Materialfunktionale ausreicht, während für die Untersuchung einfacher Stoffe ohne Erinnerungsvermögen und Massenkraftempfindlichkeit die Galilei-Systeme genügen.

Literatur

1 Noll, W., A Mathematical Theory of the Mechanical Behavior of Continuous Media, Arch. Rational Mech. Anal. **2** (1958/9), 197 bis 226.
2 Müller, I., On the Frame Dependence of Stress and Heat Flux, Arch. Rational Mech. Anal. **45** (1972), 241–250.
3 Edelen, D. G. B.; McLennan., Material Indifference: A principle or a convenience? Int. J. Engng. Sci. **11**, 813–817 (1973).
4 Brunk, G., Die Erweiterung des Prinzips der Rahmeninvarianz auf beliebig bewegte Beobachter, Habiliationsschrift TU Berlin — FB 9 (1976).
5 Brunk, G., Über Rahmeninvarianz und die Abhängigkeit der Spannungen und des Wärmeflusses von der Winkelgeschwindigkeit, ZAMM **58** (1978), T 201.
6 Muschik, W., Prinzip der Objektivität — Rahmenforderung oder Naturgesetz, ZAMM (1982), T 143 — 145.
7 Brunk, G., Die Formulierung von Materialgleichungen der Kontinuumsmechanik in beliebigen Bezugssystemen, ZAMM **57** (1977) T 110.
8 Muschik, W.; Brunk, G., Bemerkungen zur Objektivität und zur materiellen Indifferenz bei beliebigem Wechsel des Bezugssystems, ZAMM **57** (1977) T 108.

Anschrift: Prof. Dr.-Ing. Gerd Brunk, Technische Universität Berlin, 1. Institut für Mechanik, Sekr. C8, 1000 Berlin 12, Berlin (West)

ZAMM 62, T 115 – T 118 (1982)

F.-G. BUCHHOLZ / K. HERRMANN

Zur Anwendbarkeit finiter Elemente mit höheren Verschiebungsansätzen für die numerische Berechnung bruchmechanischer Kennwerte

1. Einleitung

Bei Verwendung der Finite Element Methode in Form der Steifigkeitsmethode ist bekannt [1], daß bei gleicher Anzahl von Freiheitsgraden der Gesamtstruktur die Wahl von Elementen mit Verschiebungsansätzen höherer Ordnung i. a. zu genaueren numerischen Ergebnissen führt als eine Strukturanalyse mit entsprechend größerer Elementzahl, aber Verschiebungsansätzen niedrigerer Ordnung. Diese Zusammenhänge werden bei unterschiedlichen Anwendungen durch numerische Effektivitätsanalysen im Hinblick auf eine optimale Element- und Netzwahl bestätigt [2]. Im Gegensatz dazu finden sich Hinweise in der Literatur, z. B. [3], nach denen bei der Berechnung bruchmechanischer Kennwerte in Abhängigkeit von der Rißlänge die Verwendung höherer Verschiebungsansätze zu deutlich schlechteren Ergebnissen führt. Die vorliegende Arbeit zeigt anhand der Untersuchung eines gekrümmten Grenzflächenrisses [4], daß die Ursachen hierfür in Interelementinkompatibilitäten auf der prospektiven Rißlinie liegen.

2. Finite Element Analysis

Im Sinne des mikromechanischen Konzeptes der Bruchmechanik beschränkt sich die Untersuchung auf die Analyse einer Einheitszelle (Abb. 1) aus einem faserverstärkten Verbundwerkstoff, in deren kreiszylindrischer Diskontinuitätsfläche sich der Grenzflächenriß ausbreitet. Ursache für das quasistatische Rißwachstum ist ein inhomogenes Wärmespannungsfeld, welches infolge der verschiedenen thermoelastischen Konstanten (Tab. 1) von Si-C-Faser

Tabelle 1. Thermoelastische Materialparameter für den Zweikomponentenverbund

Bezeichnung	Faser SiC	Matrix Al
Elastizitätsmodul E[Nmm^{-2}]	449.300	69.650
Poissonsche Querkontraktionszahl ν[1]	0,266	0,339
Linearer Wärmeausdehnungskoeffizient α[K^{-1}]	$4{,}5 \cdot 10^{-6}$	$2{,}4 \cdot 10^{-5}$

und Al-Matrix (Radienverhältnis $r_f/r_m = 1/10$) bei homogener Aufheizung des Verbundes um $\Delta T = 100$ °C entsteht. Die Lösung des zugehörigen gemischten Randwertproblems der Thermoelastizitätstheorie erfolgte in [4], wobei das Programmsystem ASKA auf der Rechenanlage PRIME 550 des Hochschulrechenzentrums der Universität Paderborn verwendet wurde. Abb. 2 zeigt die Netztopologie im Viertelquerschnitt der gerissenen Einheitszelle.

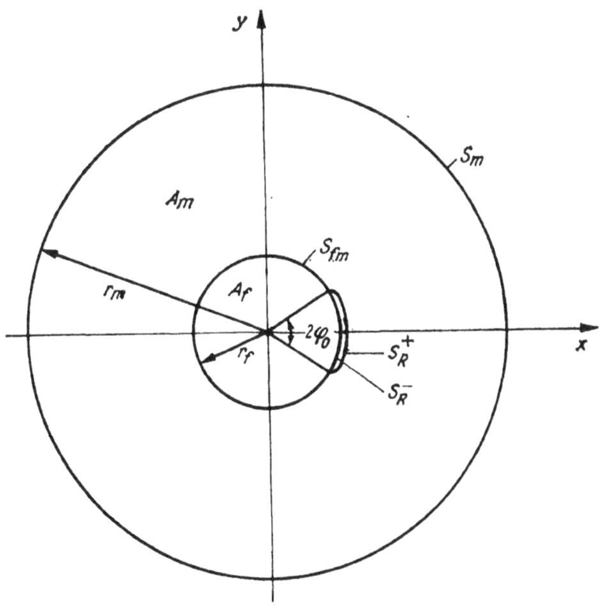

Abb. 1. Querschnitt der in der Faser/Matrix-Grenzfläche eingerissenen Einheitszelle

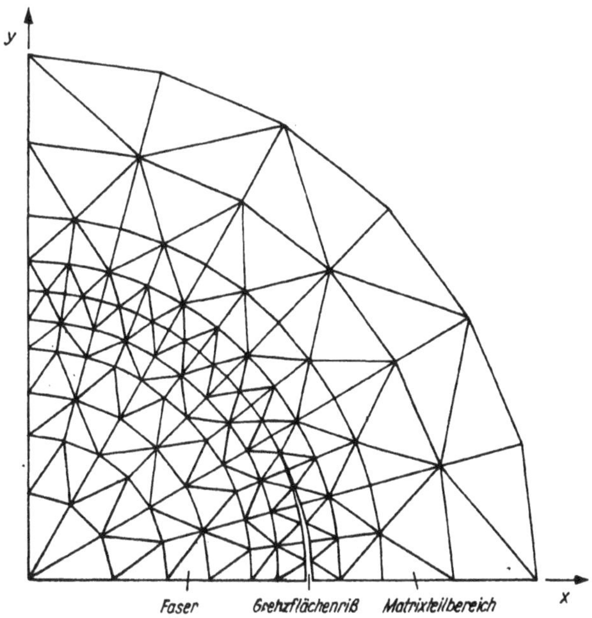

Abb. 2. Finite Element Netz des Viertelquerschnittes der gerissenen Einheitszelle

Als Elementtyp wurde das Dreieckelement TRIM 6 mit sechs Elementknoten und quadratischem Verschiebungsansatz gewählt. Die Berechnung der bruchmechanischen Kennwerte G_I und G_{II} in Abhängigkeit von der Rißlänge a bzw. vom Rißwinkel φ erfolgte in Verallgemeinerung des in [3] verwendeten Rißschließungsintegrals. Dieses Verfahren geht von dem Ansatz aus (für Rißverlängerung $\Delta a \ll a$), daß die an der Rißspitze auftretende Knotenpunktkraft $\boldsymbol{F}_f$ gerade ausreicht, um die Rißuferverschiebungen $\boldsymbol{u}_c$ und $\boldsymbol{u}_d$ der beiden unmittelbar hinter der Rißspitze liegenden Knotenpunkte c und d wieder rückgängig zu machen (Abb. 3).

3. Ergebnisse

Die nach dieser Methode ermittelten Energiefreisetzungsraten G_I und G_{II} zeigen bei Verwendung von TRIM 6-Elementen die in Abb. 4 erkennbaren Schwankungen. Deshalb erfolgte eine entsprechende Finite Element Vergleichsrechnung für den gezogenen Streifen endlicher Breite mit einem mittigen Griffith-Riß, für den numerische Werte einer analytischen Lösung für den Spannungsintensitätsfaktor K_I in [5] vorliegen (siehe Referenzlösung in Abb. 11). Sie ergab eine eindeutige Korrelation zwischen den Schwankungen in den numerischen Werten für K_I und den Rißspitzenlagen bei einem Eck- bzw. Zwischenknoten der Elementberandung, wie sie bei sukzessiver Rißverlängerung von Knoten zu Knoten entlang der Faser/Matrix-Grenzfläche entstehen. Eine genaue Analyse der

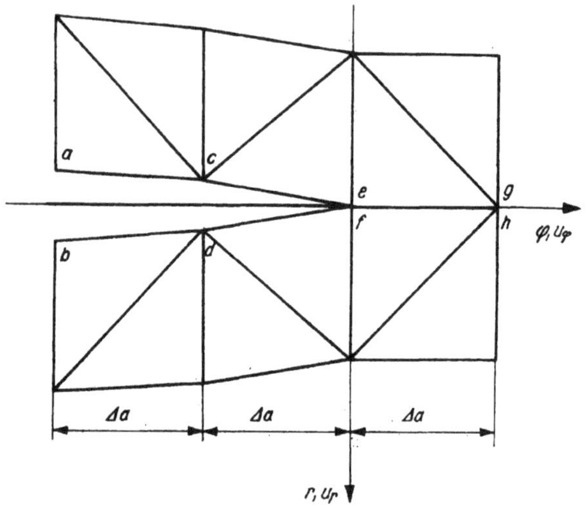

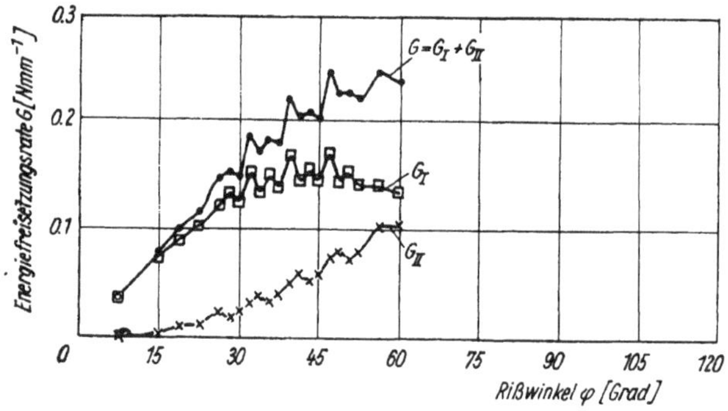

Abb. 4. Energiefreisetzungsraten in Abhängigkeit vom Rißwinkel φ für den gekrümmten Grenzflächenriß

◄ Abb. 3. Methode des Rißschließungsintegrals [3]

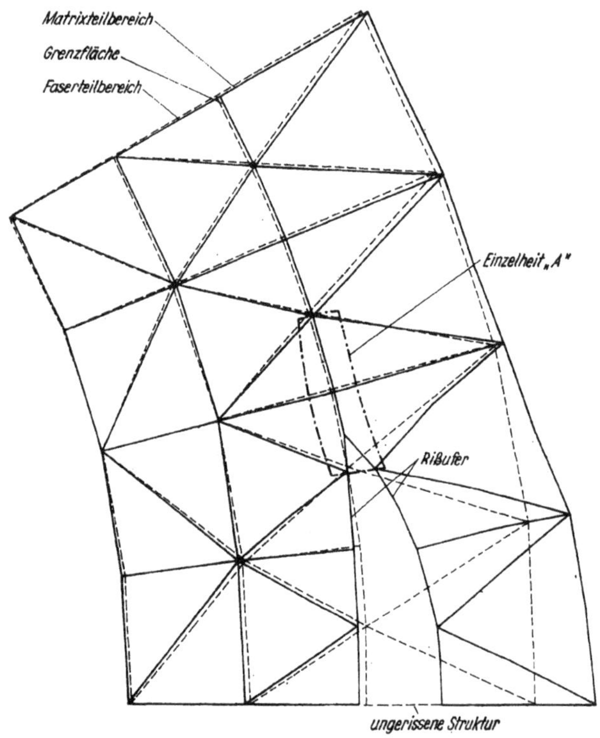

Abb. 5. Verschiebungsfeld für Rißwinkel $\varphi = 11{,}25°$, Rißspitzenposition: Zwischenknoten

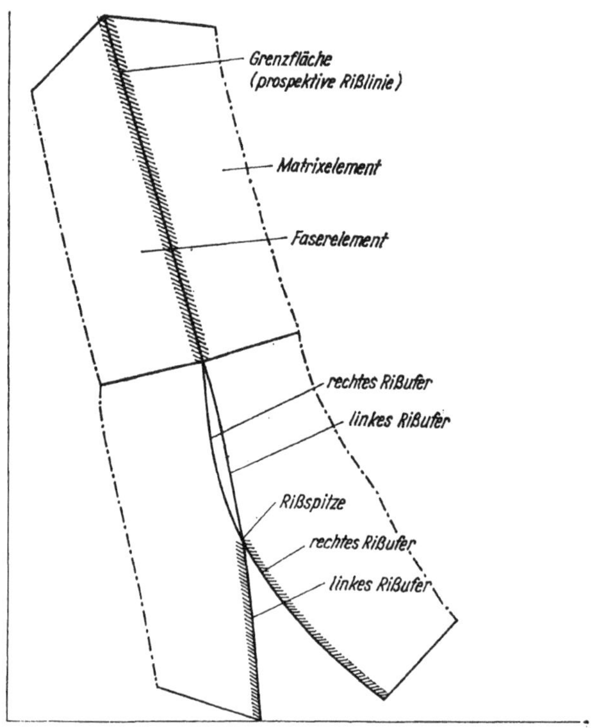

Abb. 6. Verschiebungsfeld für Rißwinkel $\varphi = 11{,}25°$, Einzelheit „A"

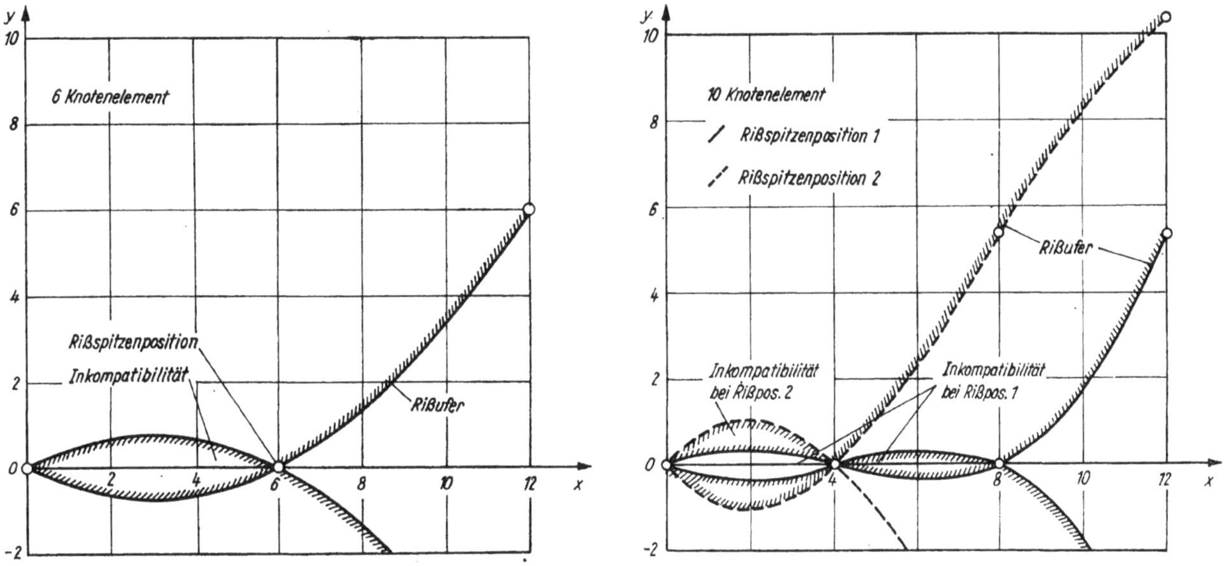

Abb. 7 u. 8. Prinzipieller Verlauf der Interelementinkompatibilitäten bei verschiedenen Elementtypen und Rißspitzenpositionen

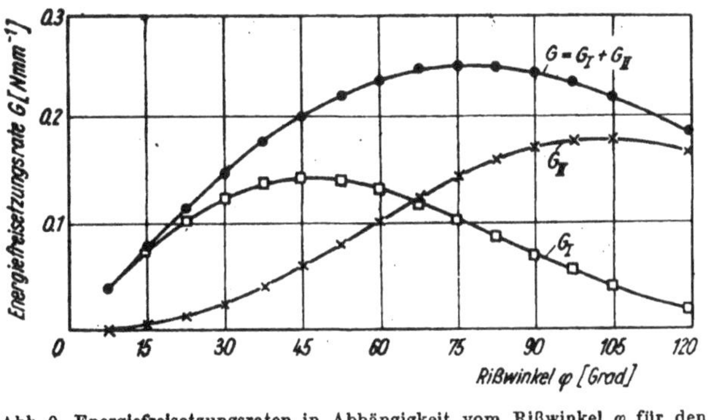

Abb. 9. Energiefreisetzungsraten in Abhängigkeit vom Rißwinkel φ für den gekrümmten Grenzflächenriß

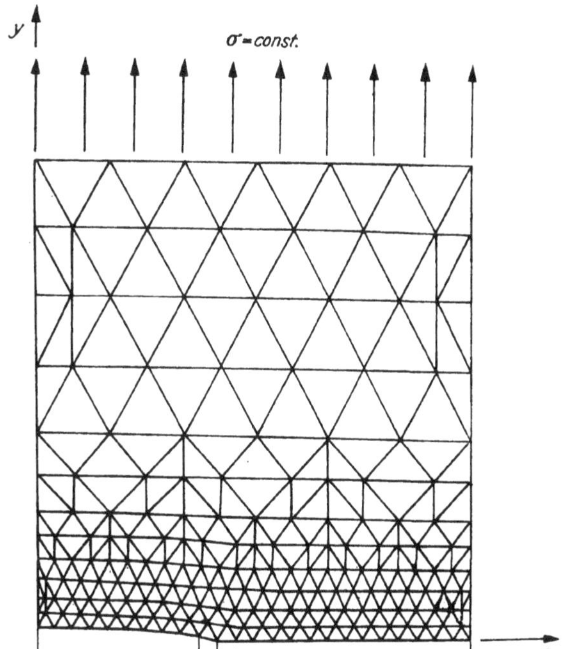

Abb. 10. Finite Element Netz mit TRIM 3-Elementen für den gezogenen Streifen mit mittigem Griffith-Riß

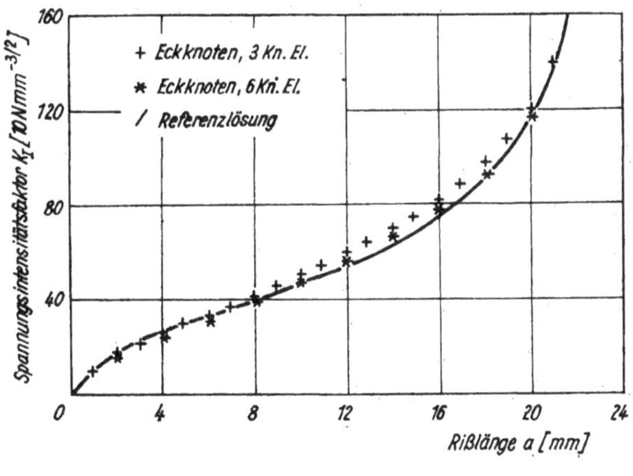

Abb. 11. Spannungsintensitätsfaktor in Abhängigkeit von der Rißlänge. Vergleich TRIM 3/TRIM 6-Element

Verschiebungsfelder der unmittelbar an der Rißspitze des gekrümmten Grenzflächenrisses liegenden Elemente (Abb. 5 und 6) lieferte folgendes Ergebnis.

Die Ursachen für die Schwankungen der numerischen Werte der bruchmechanischen Kenngrößen K oder G liegen in Interelementinkompatibilitäten auf der prospektiven Rißlinie. Diese treten bei Elementen mit Verschiebungsansätzen höherer Ordnung immer dann in Form von Durchdringungsbereichen (Abb. 6 und 7 sowie Rißspitzenposition 2 in Abb. 8) oder in Form von Durchdringungs- und Klaffungsbereichen auf (Rißspitzenposition 1 in Abb. 8), wenn die Rißspitze an einem Zwischenknoten einer Elementberandung liegt. In Abb. 9 sind die numerisch ermittelten Energiefreisetzungsraten G_I und G_{II} des sich quasistatisch ausbreitenden gekrümmten Grenzflächenrisses über dem Rißwinkel φ aufgetragen. Aufgrund der erläuterten Erkenntnisse fanden dabei die durch Interelementinkompatibilitäten beeinträchtigten Werte keine Berücksichtigung. Über ähnliche Ergebnisse bei anderen Elementtypen wird in [6] im Falle dynamischer Rißausbreitung berichtet.

4. Zusammenfassung

Die vorliegende Untersuchung zeigt, daß bei Verwendung von finiten Elementen mit Verschiebungsansätzen höherer Ordnung zur Berechnung bruchmechanischer Kennwerte immer dann Interelementinkompatibilitäten auftreten, wenn die Rißspitzen an Zwischenknoten der Elementränder liegen. Speziell die Vergleichsrechnung mit TRIM 3 und TRIM 6 Elementen für den mittigen Griffith-Riß ([4] sowie Abb. 10 und 11) verdeutlicht, daß die bekannten Vorteile höherer Verschiebungsansätze in gewohnter Weise zum Tragen kommen, wenn man von der Auswertung solcher Rißspitzenpositionen absieht.

Literatur

1 Zienkiewicz, O. C., The finite Element method in structural and continuum mechanics, Mc Graw-Hill Book Co., London 1967.
2 Schnack, E., VDI-Z. **119**, 1/2, S. 43–50 (1977).
3 Rybicki, E. F.; Kanninen, M. F., Eng. Fract. Mech. **9**, S. 931–938 (1977).
4 Buchholz, F.-G.; Herrmann, K.; Strathmeier, U. in: DVM-Bericht, 12. Sitzung AK Bruchvorgänge, Freiburg, 1980, S. 215 bis 222.
5 Isida, M. in: Sih, G. C (Ed.), Mechanics of Fracture, Vol. **1** (1973), Noordhoff Int. Publ., Leyden 1973, S. 56–130.
6 Mall, S.; Luz, J., Int. J. Fract. **16** R. 33–36 (1980).

Anschriften: Dr.-Ing. F.-G. Buchholz und Prof. Dr. rer. nat. K. Herrmann, FB 10 — Fachgebiet Technische Mechanik, Universität-GH-Paderborn, Postfach 1621, D-4790 Paderborn, BRD

ZAMM 62, T 118 – T 120 (1982)

H. Bufler

Zur Herleitung der Variationsungleichungen des reibungsfreien Kontaktproblems

Die numerische Lösung von Kontaktaufgaben erfordert eine geeignete Diskretisierung. Als Grundlage hierzu ist die variationelle Beschreibung des Problems besonders geeignet (s. [1]–[10]). Wegen der einseitigen Bindungen läuft diese auf Variationsungleichungen hinaus, denen bei hyperelastischem Materialverhalten Extremumsprinzipien äquivalent sind. Man unterscheidet hierbei die Verschiebungsmethode und die Kraftmethode, die jeweils in zwei verschiedenen Versionen dargestellt werden können: In der ersten kommen Integrale über die Kontaktfläche, in der zweiten auch räumliche Integrale über die beiden sich berührenden Körper (Stempel und Unterlage) vor.

Die Beiträge in der Literatur basieren auf der einen oder anderen der erwähnten Beschreibungen, wobei außerdem nach der Steifigkeit des Stempels (starr oder verformbar), nach der Größe des Kontaktgebietes (klein oder ausgedehnt), nach der Form der sich berührenden Körper (ebene oder gekrümmte Kontaktflächen) sowie nach der Art der Belastung (Kraft, Moment) spezialisiert wird.

Der Zweck der vorliegenden Arbeit besteht darin, unter möglichst allgemeinen Voraussetzungen (verformbarer Stempel, ausgedehntes Kontaktgebiet, gekrümmte Kontaktfläche, im Rahmen der Reibungsfreiheit mögliche beliebige Belastung) die relevanten Variationsungleichungen und Extremumsprinzipien in den beiden genannten Versionen systematisch herzuleiten. Die in der Literatur bekannten Darstellungen lassen sich als Sonderfälle herauskristallisieren.

Der erste Teil ist den materialunabhängigen Beziehungen gewidmet. Ausgegangen wird von den statischen und kinematischen Relationen (erste Version), in denen der Kontaktdruck p, die Summe der Eindrückungen ε, der anfängliche Spalt $\hat{e}$, die Starrkörperverschiebung des Stempels $\boldsymbol{d}$ sowie die resultierende Belastung $\hat{\boldsymbol{f}}$ und die Geometriematrix $\boldsymbol{B}$ vorkommen. Dabei wird angenommen, daß die Unterlage fixiert und der Stempel an seiner Oberfläche belastet werden. Mit den Bezeichnungen $\langle \hat{\boldsymbol{f}}, \boldsymbol{d} \rangle$ für das gewöhnliche Skalarprodukt beider Vektoren und $[p, \varepsilon] = \int_{S_p} p\varepsilon dS$ lauten dann das „gemischte Prinzip der virtuellen Arbeiten“

$$-[\varepsilon + \hat{e}, \delta p] - \langle \hat{\boldsymbol{f}}, \delta \boldsymbol{d} \rangle + \delta[\boldsymbol{B}\boldsymbol{d}, p] = -[\alpha, \delta p] \gtreqless 0 \quad (\alpha \text{ nichtnegativ}), \tag{1}$$

das „Prinzip der virtuellen Verschiebungen“

$$[p, \bar{\delta}\varepsilon] - \langle \hat{\boldsymbol{f}}, \bar{\delta}\boldsymbol{d} \rangle \geqq 0 \tag{2}$$

und das „Prinzip der virtuellen Kräfte“

$$-[\varepsilon, \tilde{\delta}p] - [\hat{e}, \tilde{\delta}p] \leqq 0 \,. \tag{3}$$

In (2) bedeuten $\bar{\delta}\varepsilon = \bar{\varepsilon} - \varepsilon$ und $\bar{\delta}d = \bar{d} - d$ die kinematisch zulässigen Variationen mit $\bar{\varepsilon}$ und $\bar{d}$ als den kinematisch zulässigen Größen; in (3) ist $\tilde{\delta}p = \tilde{p} - p$ die statisch zulässige Variation und $\tilde{p}$ der statisch zulässige Kontaktdruck.

Die Lösungsgrößen sind mit ε, d und p bezeichnet. Über die separat für Stempel und Unterlage formulierten Prinzipien der virtuellen Arbeiten ergibt sich nach Hinzunahme von (1) bzw. (2) bzw. (3) die zweite Version:

$$-\int_{V^A} e_{ij}^A\,\delta\sigma_{ij}^A \mathrm{d}V - \int_{V^B} e_{ij}^B\,\delta\sigma_{ij}^B\,\mathrm{d}V - \int_{S_q^A} q_i\,\delta u_i^A \mathrm{d}S +$$

$$+\,\delta\left\{\int_{V^A} u_{(i,j)}^A\sigma_{ij}^A\,\mathrm{d}V + \int_{V^B} u_{(i,j)}^B\sigma_{ij}^B\,\mathrm{d}V - \int_{S_u^B} u_i^B\sigma_{ij}^B n_j^B\,\mathrm{d}S - \int_{S_p}(n_i^A u_i^A + n_i^B u_i^B + \hat{e})\,p\,\mathrm{d}S\right\} \gtreqqless 0\,; \qquad (1^*)$$

$$\int_{V^A}\sigma_{ij}^A\bar{\delta}e_{ij}^A \mathrm{d}V + \int_{V^B}\sigma_{ij}^B\bar{\delta}e_{ij}^B \mathrm{d}V - \int_{S_p}\hat{q}_i\,\bar{\delta}u_i^A\,\mathrm{d}S \geqq 0\,; \qquad (2^*)$$

$$-\int_{V^A} e_{ij}^A\tilde{\delta}\sigma_{ij}^A\,\mathrm{d}V - \int_{V^B} e_{ij}^B\tilde{\delta}\sigma_{ij}^B\,\mathrm{d}V - \int_{S_p}\hat{e}\tilde{\delta}p\,\mathrm{d}S \leqq 0\,. \qquad (3^*)$$

Der Index A bezieht sich hierbei auf den Stempel und der Index B auf die Unterlage; Verschiebungs-, Verzerrungs- und Spannungsgrößen sind u_i, e_{ij} und σ_{ij}. Weiterhin werden die Spezialisierungen für einen starren Stempel betrachtet:

$$\varepsilon = w^B \ \text{(Eindrückung von } B\text{)}, \quad e_{ij}^A = 0\,, \qquad \int_{S_q^A}\hat{q}_i\,\bar{\delta}u_i^A\,\mathrm{d}S = \langle\hat{\boldsymbol{f}}, \bar{\delta}\boldsymbol{d}\rangle\,. \qquad (4)$$

Im zweiten Teil wird hyperelastisches Materialverhalten zugrunde gelegt. Dann gilt (für die erste Version)

$$p = \frac{\delta\pi_e}{\delta\varepsilon}; \quad \delta\pi_e = \left[\frac{\delta\pi_e}{\delta\varepsilon}, \delta\varepsilon\right]; \quad \pi_e(\varepsilon) + \pi_p(p) = [p, \varepsilon]\,; \quad \varepsilon = \frac{\delta\pi_p}{\delta p}, \qquad (5)$$

wobei $\pi_e(\varepsilon)$ und damit auch $\pi_p(p)$ als konvex angenommen werden. Mithin gehen (2) und (3) über in

$$J_e(\bar{\varepsilon}, \bar{\boldsymbol{d}}) \equiv \pi_e(\bar{\varepsilon}) - \langle\hat{\boldsymbol{f}}, \bar{\boldsymbol{d}}\rangle = \min\,, \qquad K(\tilde{p}) \equiv -\pi_p(\tilde{p}) - [\hat{e}, \tilde{p}] = \max\,, \qquad (6), (7)$$

wobei, wie man leicht nachrechnet,

$$\min J_e(\bar{\varepsilon}, \bar{\boldsymbol{d}}) = J_e(\varepsilon, \boldsymbol{d}) = \max K(\tilde{p}) = K(p)\,. \qquad (8)$$

Die komplementären Extremumsprinzipien (6), (7), (8) lassen sich auch direkt, d. h. ohne den Umweg über das Prinzip der virtuellen Verschiebungen und das Prinzip der virtuellen Kräfte, herleiten. Dazu greift man auf die gemischte Formulierung (1) zurück, die mit (5/4) übergeht in

$$\delta L(p, \boldsymbol{d}) \equiv \delta\{-\pi_p(p) - \langle\hat{\boldsymbol{f}}, \boldsymbol{d}\rangle - [\hat{e}, p] + [\boldsymbol{Bd}, p]\} = -[\alpha, \delta p]\,. \qquad (9)$$

Hierin ist $L(p, \boldsymbol{d})$ ein Sattelfunktional. Es zeigt sich, daß das Kontaktproblem durch folgende Beziehungen vollständig beschrieben werden kann:

$$\frac{\delta L}{\delta \boldsymbol{d}} = \boldsymbol{0}\,; \qquad p \geqq 0\,; \qquad \frac{\delta L}{\delta p} = -\alpha \leqq 0\,; \qquad p\frac{\delta L}{\delta p} = 0\,. \qquad (10)$$

Nach Noble und Sewell [11], [12] gilt dann (p^*, $\boldsymbol{d}^*$ beliebig)

$$J(p^*, \boldsymbol{d}^*) \equiv L(p^*, \boldsymbol{d}^*) - \left[\frac{\delta L}{\delta p^*}, p^*\right] = \min \qquad (11)$$

unter der Nebenbedingung $\frac{\delta L}{\delta p^*} \leqq 0$ sowie

$$K(p^*) \equiv L(p^*, \boldsymbol{d}^*) - \left\langle\frac{\delta L}{\delta \boldsymbol{d}^*}, \boldsymbol{d}^*\right\rangle = \max \qquad (12)$$

unter den Nebenbedingungen $\frac{\delta L}{\delta \boldsymbol{d}^*} = \boldsymbol{0}$, $p^* \geqq 0$

sowie

$$\min J = J(p, \boldsymbol{d}) = \max K = K(p)\,. \qquad (13)$$

Man überzeugt sich leicht davon, daß (11), (12) und (13) den Beziehungen (6), (7) und (8) entspricht. Insbesondere repräsentiert J_e bzw. J das Gesamtpotential und K das Gesamtkomplementärpotential.

Für die Formulierung gemäß der zweiten Version werden die zugehörigen Extremumsprinzipien auf analoge Weise hergeleitet. Die in der Literatur bekannten Darstellungen sind als Sonderfälle enthalten.

Literatur

1 Fichera, G., Boundary value problems of elasticity with unilateral constraints, in: Encyklopedia of Physics (ed. S. Flügge) Springer-Verlag Berlin (1972) Vol. VIa/2.

2 Duvaut, G.; Lions, J. L., Inequalities in mechanics and physics (transl. trom French), Springer-Verlag Berlin, Heidelberg, New York (1976).

3 Duvaut, G., Problems de contact entre corps solides deformables, in: Lecture notes in mathematics 503 (Applications of methods of functional analysis to problems in mechanics), Springer-Verlag Berlin, Heidelberg, New York (1976).

4 Kalker, J. J.; van Randen, Y., A minimum principle for frictionless elastic contact with application to non-Hertzian half space contact problems, J. Eng. Math. 6, 193–206 (1972).

5 Páczelt I., Solution of elastic contact problems by the finite element displacement method, Acta Technica Acad. Scient. Hung. 82, 353–375 (1976).

6 PANAGIOTOPOULOS, P. D., On the unilateral contact problem of structures with a non quadratic strain energy density, Int. J. Solids Struct. **13**, 253—261 (1977).
7 KRAVCHUK, A. S., Formulation of the problem of contact between several deformable bodies as a nonlinear programming problem, PMM **42**, 466—474 (1978).
8 KRAVCHUK, A. S., Duality in contact problems, PMM **43**, 887—892 (1979).
9 KIKUCHI, N.; SONG, Y. J., Contact problems involving forces and moments for incompressible linearly elastic materials, Int. J. Engng. Sci. **18**, 357—377 (1980).
10 NEČAS, J., Variational inequalities in elasticity and plasticity with application to SIGNORINI's problems and to flow theory of plasticity, ZAMM **60**, T 20—T 26 (1980).
11 NOBLE, B.; SEWELL, M. J., On dual extremum principles in applied mathematics, J. Inst. Math. Applic. **9**, 123—193 (1972).
12 SEWELL, M. J., The governing equations and extremum principles of elasticity and plasticity generated from a single functional, part I., J. Struct. Mech. 2, 1—32 (1973).

Anschrift: Prof. Dr.-Ing. H. BUFLER, Institut für Mechanik (Bauwesen), Universität Stuttgart, D 7000 Stuttgart 80, Pfaffenwaldring 7, BRD

ZAMM 62, T 120 – T 122 (1982)

M. ČANAK

Grundgleichungen des momentefreien Spannungszustandes einer elastischen Schale und Methode der verallgemeinerten areolären Reihen

I

Die Gleichung des momentefreien Spannungszustandes einer Schale hat die Form

$$\frac{1}{\sqrt{f}} \frac{\partial \sqrt{f}\, T^{\alpha\beta}}{\partial x^\alpha} + \Gamma^\beta_{\alpha\lambda} T^{\alpha\lambda} = X^\beta, \qquad (\beta = 1, 2), \qquad \pi_{\alpha\beta} T^{\alpha\beta} = Z, \tag{1}$$

wobei T^{11}, $T^{12} = T^{21}$, T^{22} die kontravarianten Komponenten des Krafttensors sind und X^1, X^2, Z vorgegebene Funktionen des Punktes (x^1, x^2) der Mittelfläche darstellen, die durch die vorgegebenen Oberflächen- und Volumenkräfte ausgedrückt werden. Dabei sind X^1, X^2 die kontravarianten Komponenten eines Vektors und Z ein Skalar.

In seiner Monographie [1] hat VEKUA gezeigt, daß sich die Gleichung (1) auf die Differentialgleichung

$$U'_{\bar{z}} - A(z)\, \bar{U} = F(z), \tag{2}$$

reduzieren läßt, wobei

$$A(z) = \Gamma^2_{12} + i\Gamma^1_{12} - \frac{1}{4K} K'_{\bar{z}} - \frac{1}{\sqrt{f}} (\sqrt{f})'_{\bar{z}},$$
$$F(z) = \frac{f}{2} \sqrt[4]{K} \left[X^1 - iX^2 - \frac{Z}{D} (\Gamma^1_{22} - i\Gamma^2_{22}) + \frac{i}{\sqrt{f}} \left(\frac{\sqrt{f} \cdot Z}{D} \right)'_v \right]. \tag{3}$$

M. ČANAK [2] hat den Begriff der areolären Reihe eingeführt. Eine areoläre Reihe ist eine komplexe Reihe folgender Form:

$$\sum_{k=0}^{\infty} \bar{z}^k \varphi_k(z),$$

wobei $\varphi_k(z)$ beliebige analytische Funktionen sind. Diesen Begriff aber können wir verallgemeinern auf Reihen der Form

$$\sum_{k=0}^{\infty} \varphi_k(z)\, \overline{\psi_k(z)},$$

wobei $\varphi_k(z)$ und $\psi_k(z)$ beliebige analytische Funktionen sind. Solche Reihen nennen wir *verallgemeinerte areoläre Reihen*. In der Praxis wird ihre Konvergenz durch Vergleich mit einer komplexen Majorante untersucht.

II

In dieser Arbeit löst man die Gleichung (2) durch die Methode der verallgemeinerten areolären Reihen. Dadurch wird auch die Bestimmung der kontravarianten Komponenten T^{11}, $T^{12} = T^{21}$, T^{22} des Krafttensors ermöglicht.

Nehmen wir an, daß die Koeffizienten $A(z)$ und $F(z)$ der Gleichung (2) in einem endlichen, einfach zusammenhängenden Gebiet T analytisch sind. Es sei $w_0(z)$ eine beliebige in T analytische Funktion, und nehmen wir an, daß die TAYLORsche Entwicklung für die Funktionen $A(z)$, $F(z)$ und $w_0(z)$ nur reelle Koeffizienten besitzt. Dann existieren solche positiven, reellen Zahlen $\alpha, \gamma, \delta, r$, daß

$$|w_0(z)| \leqq \alpha\,, \qquad |A(z)| \leqq \gamma\,, \qquad |F(z)| \leqq \delta\,, \qquad |z| \leqq r\,, \qquad (z \in T)\,.$$

Bilden wir zuerst folgende Funktionenfolgen

$$\varphi_0(z) = 1\,, \qquad \varphi_1(z) = \int_0^z w_0(z)\,dz\,, \qquad \varphi_2(z) = \int_0^z A(z)\,\varphi_0(z)\,dz\,, \ldots, \varphi_n(z) = \int_0^z A(z)\varphi_{n-2}(z)\,dz\,, \tag{4}$$

$$\beta_0(z) = z\,, \qquad \beta_1(z) = \int_0^z F(z)\,dz\,, \qquad \beta_2(z) = \int_0^z \beta_0(z)\,A(z)\,dz\,, \ldots, \qquad \beta_n(z) = \int_0^z A(z)\,\beta_{n-2}(z)\,dz\,. \tag{5}$$

Weiterhin bilden wir folgende verallgemeinerte areoläre Reihen:

$$\sum_{k=1}^{\infty} \varphi_{k-1}\overline{\varphi}_k\,, \qquad \sum_{k=1}^{\infty} \beta_{k-1}\overline{\beta}_k \tag{6), (7}$$

und untersuchen ihre Konvergenz. Für die Koeffizienten der Reihen (6) und (7) gelten folgende Ungleichungen:

$$|\varphi_1(z)| \leqq \alpha|z| \leqq \alpha r\,, \qquad |\varphi_2(z)| \leqq \gamma|z| \leqq \gamma r\,,$$
$$|\varphi_{2n-1}(z)| \leqq \gamma^{n-1}r^n\alpha\,, \qquad |\varphi_{2n}(z)| \leqq \gamma^n r^n\,,$$
$$|\beta_0(z)| \leqq r\,, \qquad |\beta_1(z)| \leqq \delta|z| \leqq \delta \cdot r\,, \qquad |\beta_2(z)| \leqq \gamma r^2\,,$$
$$|\beta_{2n-1}(z)| \leqq \gamma^{n-1}r^n\delta\,, \qquad |\beta_{2n}(z)| \leqq \gamma^n r^{n+1}\,.$$

Durch Ausnutzung dieser Ungleichungen erhalten wir

$$\left|\sum_{k=1}^{\infty} \varphi_{k-1}\overline{\varphi}_k\right| \leqq |\varphi_0|\,|\overline{\varphi}_1| + |\varphi_1|\,|\overline{\varphi}_2| + \ldots + |\varphi_{k-1}|\,|\overline{\varphi}_k| + \ldots \leqq$$
$$\leqq \alpha r(1 + \gamma r + \gamma^2 r^2 + \cdots + \gamma^{2n-1}r^{2n-1} + \ldots) = \frac{\alpha r}{1-\gamma r}, \qquad (\gamma r \leqq k < 1)\,. \tag{8}$$

$$\left|\sum_{k=1}^{\infty} \beta_{k-1}\overline{\beta}_k\right| \leqq |\beta_0|\,|\overline{\beta}_1| + |\beta_1|\,|\overline{\beta}_2| + |\beta_2|\,|\overline{\beta}_3| + \ldots + |\beta_{k-1}|\,|\overline{\beta}_k| + \ldots \leqq$$
$$\leqq \delta r^2(1 + \gamma r + \gamma^2 r^2 + \ldots + \gamma^{2n-1}r^{2n-1} + \ldots) = \frac{\delta r^2}{1-\gamma r}, \qquad (\gamma r \leqq k < 1)\,. \tag{9}$$

Nun ist nach (8) und (9) klar, daß die beiden areolären Reihen (6) und (7) für $\gamma r \leqq k < 1$ gleichmäßig konvergieren und daß sie zwei stetige, komplexe Funktionen

$$\varphi(z, \bar z) = \sum_{k=1}^{\infty} \varphi_{k-1}\overline{\varphi}_k\,, \qquad \beta(z, \bar z) = \sum_{k=1}^{\infty} \beta_{k-1}\overline{\beta}_k\,, \tag{10}$$

definieren. Konstruieren wir jetzt die Funktionenfolge

$$U_n = w_0 + \int_0^{\bar z} (A\overline{U}_{n-1} + F)\,d\bar z\,. \tag{11}$$

Aus Formel (11) erhalten wir leicht sukzessiv

$$U_1 = w_0 + F\bar z + A\overline{\varphi}_1\,,$$
$$U_2 = w_0 + F\bar z + A\overline{\varphi}_1 + A\varphi_1\overline{\varphi}_2 + A\beta_0\overline{\beta}_1\,,$$
$$U_n = w_0 + F\bar z + A\sum_{k=1}^{n} \varphi_{k-1}\overline{\varphi}_k + A\sum_{k=1}^{n-1} \beta_{k-1}\overline{\beta}_k\,. \tag{12}$$

Da die verallgemeinerten areolären Reihen (6) und (7) gleichmäßig konvergieren, so muß auch die Funktionenfolge (12) gleichmäßig konvergieren, d. h.

$$\lim_{n\to\infty} U_n(z, \bar z) = U(z, \bar z) = w_0 + F\bar z + A\sum_{k=1}^{\infty} \varphi_{k-1}\overline{\varphi}_k + A\sum_{k=1}^{\infty} \beta_{k-1}\overline{\beta}_k\,. \tag{13}$$

Die Funktion $U(z, \bar z)$ stellt die allgemeine Lösung der Gleichung (2) dar. Nämlich, wenn wir den Wert (13) und den Wert ihrer Ableitung

$$U'_{\bar z} = F + A\sum_{k=1}^{\infty} \varphi_{k-1}\overline{\varphi}'_{k\bar z} + A\sum_{k=1}^{\infty} \beta_{k-1}\overline{\beta}'_{k\bar z}\,, \tag{14}$$

in die Gleichung (2) einsetzen, so sehen wir leicht, daß die Koeffizienten der verallgemeinerten areolären Reihe au der linken Seite den entsprechenden Koeffizienten auf der rechten Seite gleich sind, d. h. die Funktion $U(z, \bar z)$ genügt der Gleichung (2). Die Formel (13) ordnet jeder beliebigen in T analytschen Funktion $w_0(z)$ eine in T reguläre, stetige Lösung der Gleichung (2) zu, wobei jeder derartigen Lösung eine einzige stetige analytische Funktion $w_0(z)$ entspricht.

Literatur

1 VEKUA, I. N., Systeme von Differentialgleichungen erster Ordnung vom elliptischen Typus mit einer Anwendung in der Theorie der Schalen, Berlin 1956.
2 ČANAK, M., Metode diferencijalnih i funkcionalnih jednačina za rešavanje nekih konturnih problema, Thesis, Beograd 1977.
3 GOLDENWEISER, A. L.; LURJE, A. I., Über die mathematische Theorie des Gleichgewichts elastischer Schalen, Angew. Math. Mech., XI, Nr. 5 (1947), 565–592.

Anschrift: Dr. MILOŠ ČANAK, Dozent an der Universität Beograd, 11000 Beograd, Brzakova 4, Jugoslawien

ZAMM 62, T 122 (1982)

F. A. EMMERLING

Nichtlineare Biegung von geschlitzten dünnwandigen Rohren

Abdruck einer ausführlicheren Fassung an anderer Stelle vorgesehen.

Anschrift: Prof. Dr.-Ing. F. A. EMMERLING, Institut für Mechanik, FB Luft und Raumfahrttechnik, HSBw München, Werner-Heisenberg-Weg 39, D-8014 Neubiberg, BRD

ZAMM 62, T 122 – T 124 (1982)

U. GAMER

Thermal Bending of Beams of Nonuniform Cross Section

1. Introduction

A beam exposed to a thermal moment $\Theta = \frac{1}{J} \int_A Tz \, dA$ suffers thermal deflection and, furthermore, thermal reactions if its supports are statically indeterminate [1]. The reactions of a beam of several sections of constant cross section can be calculated conveniently with the help of MOHR's method [2, 3]. The fictitious bending moment $\overline{M} = EJ_0w$ of the adjoint beam [4] has to be determined as a function of the fictitious distributed load $\bar{q} = M \frac{J_0}{J} + EJ_0\alpha\Theta$ according to

$$\frac{d^2\overline{M}}{dx^2} = -\bar{q}\,, \tag{1}$$

where w means displacement, M bending moment, and α the coefficient of linear thermal expansion. J_0 is an arbitrary reference moment of inertia.

In the following, the deflection and the reactions of a statically determinate (I) and two statically indeterminate beams (II and III) are derived (Fig. 1). The statically indeterminate problems are splitted into a thermal and a mechanical part.

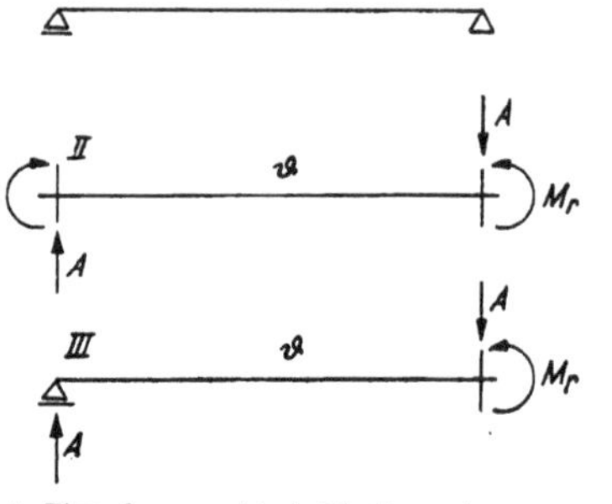

Fig. 1. Three beams subjected to thermal moment (instead of „M_1", „ϑ" read „M_l", „Θ")

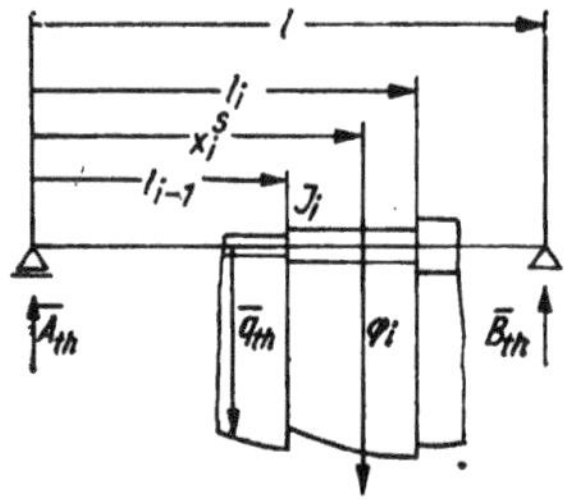

Fig. 2. Adjoint beam subjected to fictitious thermal load

2. Freely supported beam (Beam I)

The load $\bar{q}_{th} = EJ_0\alpha\Theta$ is discontinuous at the steps of the cross section (Fig. 2). Using the conditions of equilibrium one finds for $l_{i-1} \leqq x \leqq l_i$, $i = 1, 2, 3, \ldots$,

$$EJ_0 w'_{th} = \bar{A}_{th} - \sum_{k=1}^{i-1} \varphi_k - EJ_0\alpha \int_{l_{i-1}}^{x} \Theta \, d\xi \,, \tag{2}$$

$$EJ_0 w_{th} = x\bar{A}_{th} - \sum_{k=1}^{i-1} (x - x_k^s)\, \varphi_k - EJ_0\alpha \int_{l_{i-1}}^{x} (x - \xi)\, \Theta \, d\xi \,, \tag{3}$$

with

$$\varphi_k = EJ_0\alpha \int_{l_{k-1}}^{l_k} \Theta \, d\xi \,, \qquad x_k^s \varphi_k = EJ_0\alpha \int_{l_{k-1}}^{l_k} \Theta\xi \, d\xi \,.$$

l_0 equals zero, and l_n is the span l. Since the deflection vanishes at the right hand side support

$$\bar{A}_{th} = \sum_{k=1}^{n} \left(1 - \frac{x_k^s}{l}\right) \varphi_k \,. \tag{4}$$

The deflection w_{th} of the freely supported beam serves as the thermal part of the solution of the statically indeterminate beams.

3. Beam clamped at both ends (Beam II)

To the thermal deflection a deflection stemming from two end couples M_l and M_r is superposed. Their values are fixed so as to make zero the slope at the ends of the beam.

The mechanical load $\bar{q}_m = (M_l + Ax)\dfrac{J_0}{J_i}$, $l_{i-1} < x < l_i$, is a piecewise linear function of x (Fig. 3). The mechanical deflection and its slope become in the section $l_{i-1} \leqq x \leqq l_i$

$$EJ_0 w'_m = \bar{A}_m - M_l R_{i-1}^{\mathrm{I}} - A R_{i-1}^{\mathrm{II}} - \frac{J_0}{J_i}\left[M_l(x - l_{i-1}) + \frac{1}{2} A(x^2 - l_{i-1}^2)\right], \tag{5}$$

$$EJ_0 w_m = \bar{A}_m x - M_l R_{i-1}^{\mathrm{I}} x + M_l R_{i-1}^{\mathrm{II}} - A R_{i-1}^{\mathrm{II}} x + A R_{i-1}^{\mathrm{III}} +$$
$$+ \frac{J_0}{J_i}\left[-M_l(x - l_{i-1})\, x + \frac{1}{2} M_l(x^2 - l_{i-1}^2) - \frac{1}{2} A(x^2 - l_{i-1}^2)\, x + \frac{1}{3} A(x^3 - l_{i-1}^3)\right]. \tag{6}$$

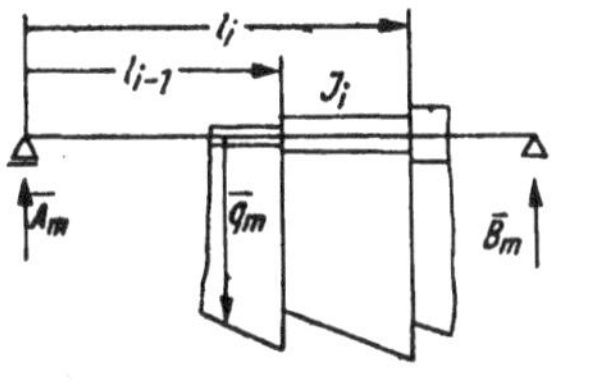

Fig. 3. Adjoint beam subjected to fictitious mechanical load

In the above equations

$$R_i^{\mathrm{I}} = \sum_{k=1}^{i} \frac{J_0}{J_k}(l_k - l_{k-1}) \,, \qquad R_0^{\mathrm{I}} = 0 \,,$$

$$2R_i^{\mathrm{II}} = \sum_{k=1}^{i} \frac{J_0}{J_k}(l_k^2 - l_{k-1}^2) \,, \qquad R_0^{\mathrm{II}} = 0 \,, \qquad 3R_i^{\mathrm{III}} = \sum_{k=1}^{i} \frac{J_0}{J_k}(l_k^3 - l_{k-1}^3) \,, \qquad R_0^{\mathrm{III}} = 0 \,.$$

From the boundary condition $x = l$, $w_m = 0$ there follows

$$\bar{A}_m = \left(R^{\mathrm{I}} - \frac{R^{\mathrm{II}}}{l}\right) M_l + \left(R^{\mathrm{II}} - \frac{R^{\mathrm{III}}}{l}\right) A \,. \tag{7}$$

The subscript n is omitted henceforth.

The condition of zero slope, $w'_{th} + w'_m = 0$, yields

$$\left(R^{\mathrm{I}} - \frac{R^{\mathrm{II}}}{l}\right) M_l + \left(R^{\mathrm{II}} - \frac{R^{\mathrm{III}}}{l}\right) A = -\sum_{k=1}^{n} \left(1 - \frac{x_k^s}{l}\right) \varphi_k \quad \text{for} \quad x = 0 \,, \tag{8}$$

$$-\frac{R^{\mathrm{II}}}{l} M_l - \frac{R^{\mathrm{III}}}{l} A = \sum_{k=1}^{n} \frac{x_k^s}{l} \varphi_k \quad \text{for} \quad x = l \tag{9}$$

with the results

$$M_l = \frac{R^{\mathrm{II}} \sum_{k=1}^{n} x_k^s \varphi_k - R^{\mathrm{III}} \sum_{k=1}^{n} \varphi_k}{R^{\mathrm{I}} R^{\mathrm{III}} - (R^{\mathrm{II}})^2}, \quad A = \frac{R^{\mathrm{II}} \sum_{k=1}^{n} \varphi_k - R^{\mathrm{I}} \sum_{k=1}^{n} x_k^s \varphi_k}{R^{\mathrm{I}} R^{\mathrm{III}} - (R^{\mathrm{II}})^2}. \tag{10),(11}$$

The deflection is the sum of w_{th} and w_m, (3) and (6), respectively. According to (7) and (8)

$$\bar{A}_m = -\sum_{k=1}^{n} \left(1 - \frac{x_k^s}{l}\right) \varphi_k . \tag{12}$$

4. Beam with a hinged movable support and a clamped end (Beam III)

The mechanical deflection and its slope are contained as special cases in (5) and (6)

$$EJ_0 w_m' = \left[\left(R^{\mathrm{II}} - \frac{R^{\mathrm{III}}}{l}\right) - R_{i-1}^{\mathrm{II}} - \frac{1}{2} \frac{J_0}{J_i} (x^2 - l_{i-1}^2)\right] A , \tag{13}$$

$$EJ_0 w_m = \left[\left(R^{\mathrm{II}} - \frac{R^{\mathrm{III}}}{l}\right) x - R_{i-1}^{\mathrm{II}} x + R_{i-1}^{\mathrm{III}} - \frac{1}{2} \frac{J_0}{J_i} (x^2 - l_{i-1}^2)\, x + \frac{1}{3} \frac{J_0}{J_i} (x^3 - l_{i-1}^3)\right] A . \tag{14}$$

The total slope at the clamped end vanishes, and (9) gives

$$A = -\frac{1}{R^{\mathrm{III}}} \sum_{k=1}^{n} x_k^s \varphi_k . \tag{15}$$

References

1 PARKUS, H., Mechanik der festen Körper, 2. Aufl., Springer, Wien 1966.
2 GAMER, U., Die Behandlung von temperaturmomentbelasteten Balken mit Hilfe der Mohrschen Analogie, Österreichische Ingenieur-Zeitschrift **14**, S. 336–337 (1971).
3 GAMER, U., Thermal Stress and Deflection of a Beam of Sectionally Constant Cross Section, Journal of Thermal Stresses **4**, (1981) (under press).
4 SZABÓ, I., Einführung in die Technische Mechanik, 8. Aufl., Springer, Berlin 1975.

Address: Prof. Dr. UDO GAMER, Institut für Mechanik, Technische Universität Wien, Karlsplatz 13, A-1040 Wien, Österreich

ZAMM 62, T 124 (1982)

N. K. GUPTA / B. P. AMBASHT

On Non-Uniform Deformation in Tension: An Experimental Study

Abdruck einer ausführlicheren Fassung an anderer Stelle vorgesehen.

Addresses: Dr. N. K. GUPTA, Department of Applied Mechanics, Indian Institut of Technology, New Dehli, India and Dr. B. P. AMBASHT, Department of Mechanical Engineering, Bihar Institut of Technology, Sindri, India

ZAMM 62, T 125 – T 128 (1982)

K. HERRMANN

Gemischtes Randwertproblem für einen Wärmespannungsriß in einem Zweikomponentenmedium mit viskoelastischer Matrix

1. Einleitung

Im Zusammenhang mit der Untersuchung des Bruchverhaltens von Polymeren hat die Anwendung der Bruchmechanik auf linear viskoelastische Materialien zunehmende Bedeutung erlangt. Zu diesem Problemkreis liegt gegenwärtig bereits eine umfangreiche Literatur vor, von der stellvertretend nur die Arbeiten [1, 2] genannt seien. Weiterhin wurde das Problem der Rißausbreitung in einer viskoelastischen Matrix mit elastischen Einschlüssen von KNAUSS und MUELLER [3] behandelt.

Im folgenden wird die quasistatische Ausbreitung eines Wärmespannungsrisses in der linear viskoelastischen Matrix eines aus zwei konzentrischen Kreiszylindern bestehenden unendlich langen Verbundbalkens behandelt. Letzterer besteht aus einem elastischen Gebiet $\Omega_f \supset \{[r, \varphi, z] \mid 0 \leqq r < r_f, 0 \leqq \varphi \leqq 2\pi, -\infty < z < +\infty\}$ mit den Materialkonstanten E_f, ν_f, α_f, das von einem linear viskoelastischen Gebiet $\Omega_m \supset \{[r, \varphi, z] \mid r_f \leqq r \leqq r_m, 0 \leqq \varphi \leqq 2\pi, -\infty < z < +\infty\}$ mit den temperaturabhängigen Materialwerten $E_m, \nu_m, \alpha_m, \vartheta_m$ umschlossen wird. Die in der Matrix durch einen radialen Riß geschwächte Verbundstruktur (vgl. Abb. 1) werde nun zur Zeit $t = t^*$ einer im Querschnitt $A_f \cup A_m$ gleichmäßigen Aufheizung von der Temperatur $T = T_a$ des spannungslosen Ausgangszustandes auf die Temperatur $T_f = T_m = T_0 \neq T_a$ unterworfen. Der Einfluß dieser konstanten Temperaturverteilung auf die quasistatische Ausbreitung des im Innern der viskoelastischen Matrix (Maxwell-Körper) startenden und auf den elastischen Einschluß zulaufenden radialen Risses wurde unter Einsatz bruchmechanischer Methoden untersucht.

2. Analysis

Bei Zugrundelegung der konstitutiven Gleichungen der linearen Viskothermoelastizitätstheorie für einen Maxwell-Körper, der Voraussetzung eines ebenen Verzerrungszustandes sowie unter Verwendung der Annahme, daß die Temperaturkonstanz im Zylinderquerschnitt erreicht wird, bevor ein merkliches Kriechen des viskoelastischen Materials einsetzt, wird man auf das folgende Anfangs-Randwertproblem geführt:

$$\sigma_{ij}(r, \varphi, 0) = 0\,, \quad i, j = r, \varphi\,, \quad \sigma_{rr}(r_m, \varphi, t) = \sigma_{r\varphi}(r_m, \varphi, t) = 0 \quad \text{auf } S_m\,, \tag{1), (2}$$

$$\sigma_{yy}(x, 0, t) = \sigma_{xy}(x, 0, t) = 0 \quad \text{auf} \quad S_c^+ \cup S_c^-\,, \quad [\sigma_{rr}(r, \varphi, t)]_{r=r_f} = 0\,, \quad [\sigma_{r\varphi}(r, \varphi, t)]_{r=r_f} = 0\,, \tag{3), (4}$$

$$[u_r(r, \varphi, t)]_{r=r_f} = 0\,, \quad [u_\varphi(r, \varphi, t)]_{r=r_f} = 0\,, \tag{5}$$

mit der nachstehenden Definition der Sprungrelationen an der Materialgrenzfläche S_{fm}:

$$[\tau(r, \varphi, t)]_{r=r_f} = \tau^f(r_f, \varphi, t) - \tau^m(r_f, \varphi, t)\,. \tag{6}$$

Eine analytische Näherungslösung des Anfangs-Randwertproblems (1)—(5) kann nun bei Verwendung der approximativen Lösung für das zugehörige gemischte Randwertproblem des inhomogenen elastischen Verbundzylinders [4] sowie bei Heranziehung des Korrespondenzprinzips der linearen Viskothermoelastizitätstheorie erhalten werden. Auf eine ausführliche Darstellung des Lösungsverfahrens muß an dieser Stelle aus Platzgründen verzichtet werden. Sie ist jedoch in einer demnächst erscheinenden Publikation [5] zu finden. Dabei ergab sich für den zeitabhängigen Spannungsintensitätsfaktor K_I^v eines vollständig in der viskoelastischen Matrix der Verbundstruktur eingebetteten Risses der nachstehende Ausdruck

$$K_I^v = \hat{B}(t)\,(2\pi a)^{1/2}\, r_f \left\{ r_m^{-1} + \frac{r_m\left(x_0 \mp \dfrac{a}{2}\right)}{\left(x_0^2 - \dfrac{a^2}{4}\right)^{3/2}} \right\} \tag{7}$$

wobei das obere Vorzeichen in der Gleichung (7) der rechten Rißspitze, das untere Vorzeichen der linken Rißspitze zugeordnet ist. Die Funktion $\hat{B}(t)$ ist durch den folgenden Ausdruck gegeben:

$$\hat{B}(t) = \mu_m \varrho (s_2 - s_1)^{-1} \left[(s_2 Q + R)\, e^{s_1 t} - (s_1 Q + R)\, e^{s_2 t}\right], \tag{8}$$

wobei zwecks Definition der in Gleichung (8) verwendeten Abkürzungen auf die bereits zitierte Arbeit [5] verwiesen sei.

3. Numerische Ergebnisse

Die numerischen Rechnungen wurden auf der Rechenanlage PRIME 550 der Universität Paderborn durchgeführt. Die Abbildungen 2—6 zeigen für die Verbundstrukturen Aluminiummatrix/E-Glas-, Bor- und Graphitfaser die

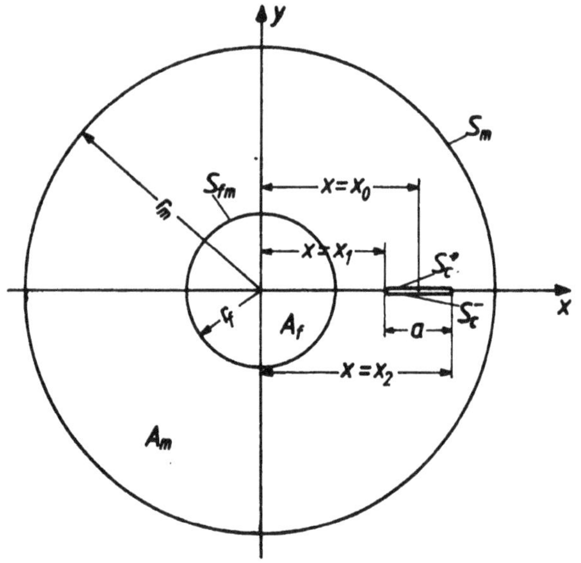

Abb. 1. Querschnitt der eingerissenen Zweikomponentenverbundstruktur

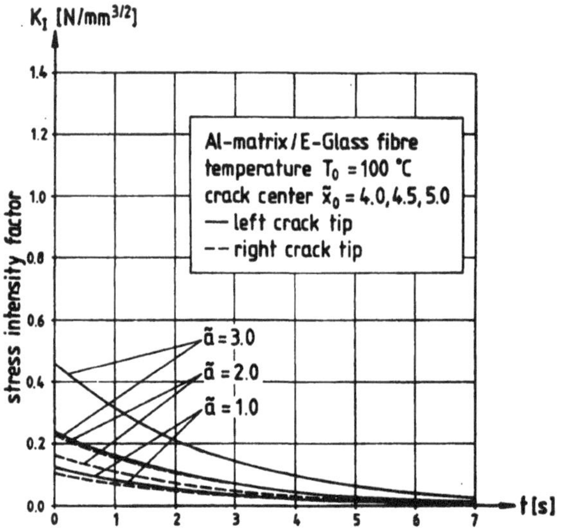

Abb. 2

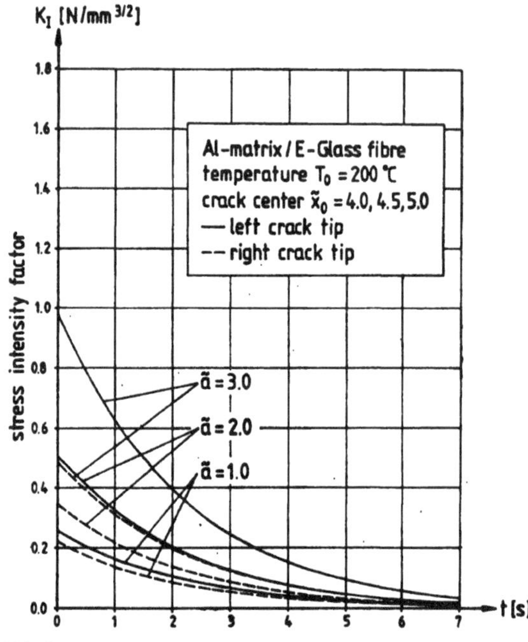

Abb. 3

Abb. 2—4. Spannungsintensitätsfaktor K_I in Abhängigkeit von der Zeit und der Rißlänge und mit der Temperatur T_0 als Parameter (Verbundstruktur Aluminiummatrix/E-Glasfaser)

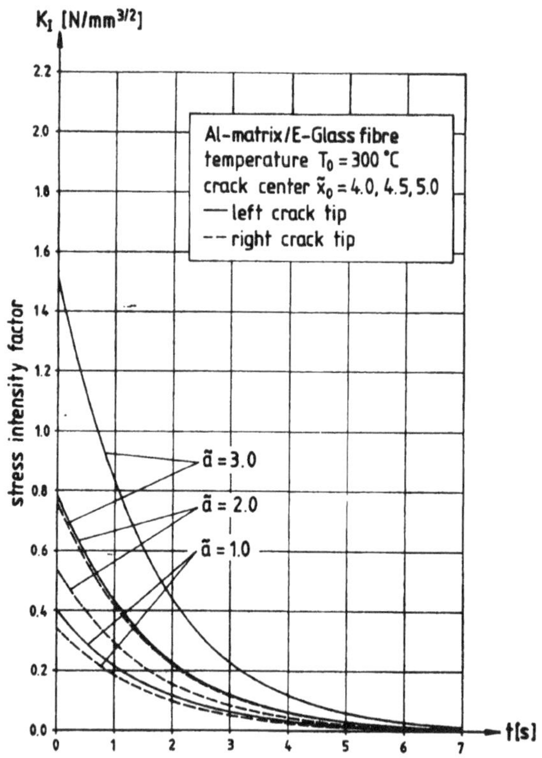

Abb. 4

Werte der Spannungsintensitätsfaktoren $K_I(x_1)$ und $K_I(x_2)$ als Funktionen der Zeit und der Rißlänge und mit der Temperatur T_0 als Parameter. Als Startpunkt der quasistatischen Rißausbreitung wurde dabei der Punkt $\tilde{x}_2 = x_2/r_f = 5{,}5$ auf der Symmetrielinie des in Abb. 1 gezeigten Querschnitts der jeweiligen Verbundstruktur angenommen, wobei die quasistatische Erweiterung des Wärmespannungsrisses in Richtung auf die Faser/Matrix-Grenzfläche S_{fm} erfolgen soll. Die numerischen Berechnungen wurden für ein Radienverhältnis $r_f/r_m = 0{,}1$ durchgeführt bei Wahl von $r_f \doteq 1$ mm als Einheitslänge. Zudem wurden die Spannungsintensitätsfaktoren unter Berücksichtigung der Temperaturabhängigkeit der in Tabelle 1 aufgeführten viskothermoelastischen Materialkennwerte bestimmt. Die Abb. 2—4 zeigen nun für die Verbundstruktur Aluminiummatrix/E-Glasfaser einen Abfall der Werte der Spannungsintensitätsfaktoren an beiden Rißspitzen mit zunehmender Zeit und abnehmender Rißlänge. Ferner gilt stets $K_I(x_1) > K_I(x_2)$. Eine Erhöhung der Temperatur T_0 führt auch zu einer Erhöhung der Werte der Spannungsintensitätsfaktoren an beiden Rißspitzen. Die Abb. 5—6 zeigen schließlich für eine Temperatur von $T_0 = 300$ °C die Ergebnisse entsprechender numerischer Auswertungen für die beiden Verbundstrukturen Aluminiummatrix/Borfaser sowie Aluminiummatrix/Graphitfaser. Ein Vergleich der in den Abb. 4—6 für eine Temperatur

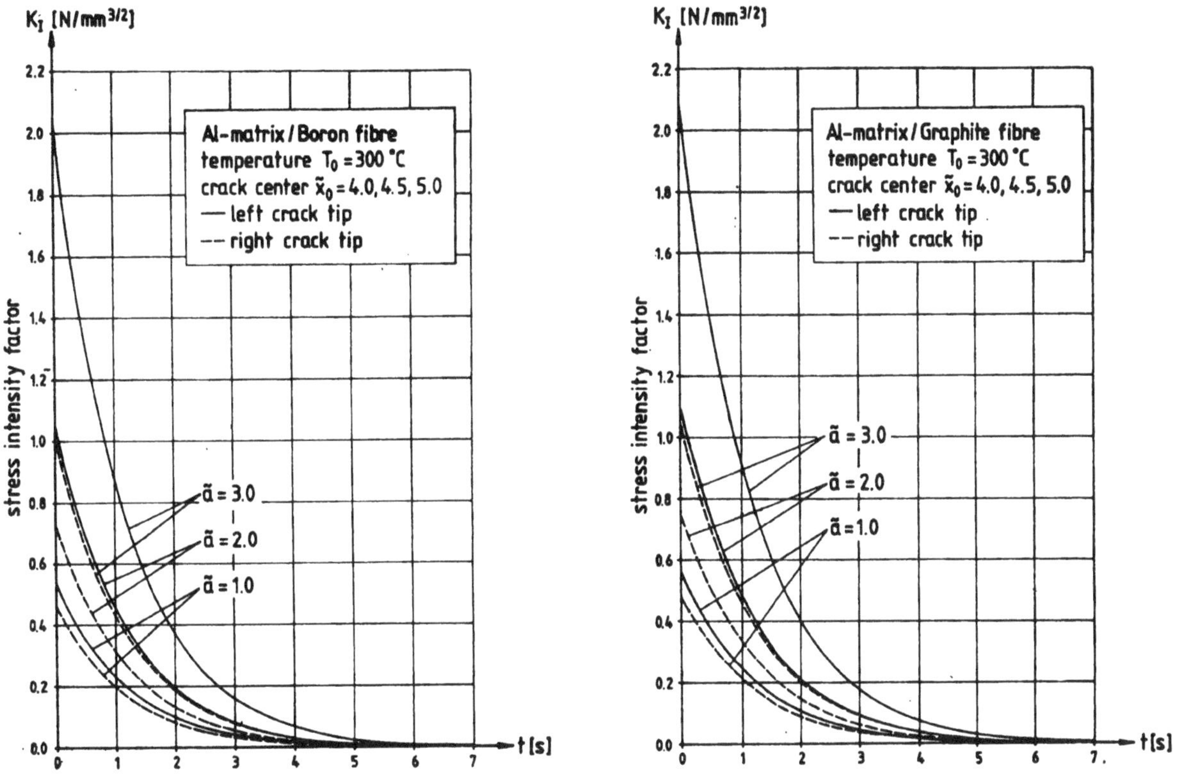

Abb. 5–6. Spannungsintensitätsfaktor K_I in Abhängigkeit von der Zeit und der Rißlänge für die beiden Verbundstrukturen Aluminiummatrix/Bor-, Graphitfaser

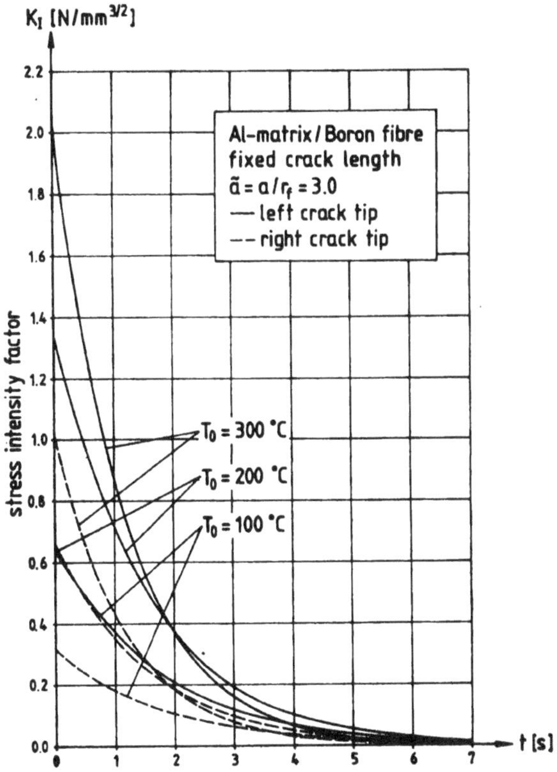

Abb. 7. Spannungsintensitätsfaktor K_I in Abhängigkeit von der Zeit und der Temperatur für eine feste Rißlänge $\tilde{a} = 3{,}0$ (Verbundstruktur Aluminiummatrix/Borfaser)

$T_0 = 300$ °C dargestellten Verläufe der Spannungsintensitätsfaktoren $K_I(x_1)$ bzw. $K_I(x_2)$ zeigt, daß für ansonsten übereinstimmende Parameter (Zeit, Rißlänge, Temperatur) eine Einlagerung des Fasermaterials in der Reihenfolge E-Glas, Bor, Graphit in die Aluminiummatrix für Zeiten $t \leqq 1{,}5$ s zu einer Steigerung der K_I-Werte führt, wobei sich allerdings für die beiden letztgenannten Fasermaterialien nur geringe Unterschiede ergeben. Für Zeiten $t > 1{,}5$ s ist dagegen eine Umkehrung dieses Trends zu beobachten. Die Abb. 7 zeigt schließlich für die Verbundstruktur Aluminiummatrix/Borfaser die K_I-Werte für einen Matrixriß mit der festen Rißlänge $\tilde{a} = a/r_f = 3{,}0$ in Abhängigkeit von Zeit und Temperatur. Aus den Kurven ist ersichtlich, daß infolge abnehmender Relaxationszeit ϑ_m der Matrix mit zunehmender Temperatur die in der Verbundstruktur entstandenen Wärmespannungen infolge des zeitabhängigen Relaxationsprozesses bei höherer Temperatur schneller als bei niedriger Temperatur abgebaut werden. Das zeigt z. B. ein Vergleich der Kurven für $T_0 = 200$ °C und $T_0 = 300$ °C.

Weitere Ergebnisse für die Verbundstruktur PMMA-Matrix/E-Glasfaser sind in der bereits zitierten Arbeit [5] zu finden.

Tabelle 1. Temperaturabhängige Materialkennwerte der Verbundstrukturen Aluminiummatrix/Bor-, E-Glas-, Graphitfaser

Matrix (Aluminium)				
T_0 [°C]	E_m [N/mm²]	α_m [$10^{-6}K^{-1}$]	ν_m [1]	ϑ_m [s]
100	67320	24.5	0.346	1.469
200	63600	26.5	0.352	1.288
300	59030	28.4	0.357	0.977
Fibre (Boron)				
T_0 [°C]	E_f [N/mm²]	α_f [$10^{-6}K^{-1}$]	ν_f [1]	ϑ_f [s]
100	400030	4.76	0.21	∞
200	400030	4.90	0.21	∞
300	400030	5.04	0.21	∞
Fibre (E-Glass)				
100 °C $\leqq T_0 \leqq$ 300 °C	E_f [N/mm²]	α_f [$10^{-6}K^{-1}$]	ν_f [1]	ϑ_f [s]
	71600	4.8	0.18	∞
Fibre (Graphite)				
100 °C $\leqq T_0 \leqq$ 300 °C	E_f [N/mm²]	α_f [$10^{-6}K^{-1}$]	ν_f [1]	ϑ_f [s]
	235440	3.0	0.27	∞

Literatur

1 KNAUSS, W. G., Appl. Mechs. Reviews **26**, 1 (1973).
2 SCHAPERY, R. A., Inelastic Behavior of Composite Materials (C. T. HERAKOVICH, Ed.), ASME, AMD-Vol. **13**, New York, 127 (1975).
3 KNAUSS, W. G.; MUELLER, H. K., Fracture of Composite Materials (G. C. SIH and V. P. TAMUZS, Eds.), Sijthoff and Noordhoff 203 (1979).
4 HERRMANN, K., Continuum Models of Discrete Systems (J. W. PROVAN, Ed.), University of Waterloo Press, 313 (1978).
5 HERRMANN, K., Mechanics Research Communications 8, 97 (1981).

Anschrift: Prof. Dr. KLAUS HERRMANN, FB 10 — Fachgebiet Technische Mechanik, Universität-GH-Paderborn, Postfach 1621, D-4790 Paderborn, BRD

ZAMM 62, T 128 (1982)

W. HÜBNER / F. A. EMMERLING

Axialsymmetrische große Deformationen einer elastischen Kegelschale

Abdruck einer ausführlicheren Fassung an anderer Stelle vorgesehen.

Anschrift: Dr.-Ing. W. HÜBNER, Prof. Dr.-Ing. F. A. EMMERLING, Institut für Mechanik, FB Luft- und Raumfahrttechnik, HSBw München, Werner-Heisenberg-Weg 39, D-8014 Neubiberg, BRD

ZAMM 62, T 129 – T 131 (1982)

H. Irschik

Eine Analogie zwischen Lösungen für schubstarre und schubelastische Platten

Bei Problemen der entkoppelten, linearen Thermoelastizitätstheorie erweist es sich bekanntlich oftmals als hilfreich, zur Berechnung Lösungen isothermer Aufgaben heranzuziehen. Im folgenden wird ein isothermes Problem behandelt, wo die umgekehrte Vorgangsweise angezeigt erscheint, nämlich jene Ingenieurapproximationen für homogene, isotrope, linear elastische sowie normalkraftfreie Platten konstanter Stärke h unter quasistatischer Querlast p, bei denen die Berücksichtigung des Querkrafteinflusses auf die Deformation zu einem gekoppelten Differentialgleichungssystem für die Querkräfte q und die Durchbiegungsfunktion w der folgenden Art führt:

$$K\Delta\Delta w = p - c_1 h^2 \Delta p; \qquad c_2 h^2 \Delta q_x - q_x = K\Delta w_{,x} + (c_1 - c_2)\, h^2 p_{,x}\,; \tag{1}$$

$$\text{für} \quad q_y \text{ analog}; \qquad K = Eh^3/12(1-\nu^2)\,,\ \Delta(\ ) = (\ )_{,xx} + (\ )_{,yy}\,.$$

Für Rotationen ω und Momente m gilt dann:

$$\omega_x = -w_{,x} + c_3 q_x/Gh; \qquad m_x = -K(w_{,xx} + \nu w_{,yy}) + 2c_2 h^2 q_{x,x} - (c_1 - 2c_2)\, h^2 p; \tag{2}$$

$$m_{xy} = -(1-\nu)\, K w_{,xy} + c_2 h^2 (q_{x,y} + q_{y,x}); \qquad \text{für} \quad \omega_y \text{ und } m_y \text{ analog}\,.$$

(x, y) ist ein kartesisches Koordinatensystem in der Plattenmittelebene; c sind theorieabhängige konstante Koeffizienten.

Beziehungen der Art (1) und (2) gehen auf E. Reissner zurück (vergl. [1], S. 34 bis S. 41), folgen aber auch — teilweise nach einigen Umformungen — aus Ableitungen von H. Hencky (verg. [1], S. 42 bis 51), K. Marguerre und H. T. Woernle ([2], S. 18 bis 23), sowie V. Panc ([1], S. 13 bis 33), um nur einige bekanntere (statische) Arbeiten zu nennen; jedoch stimmen auf Grund unterschiedlicher Annahmen und Definitionen die entsprechenden Werte für die Konstanten c nicht immer überein. Bei diesem Integrationsproblem sechster Ordnung, „schubelastische" Platte genannt, können im Gegensatz zur Kirchhoffschen Theorie „schubstarrer" Platten am Rand jeweils drei Bedingungen vorgeschrieben werden; die mathematische Bewältigung dieser Randwertaufgabe erfolgt nun klassischer Weise so, daß einer Partikulärlösung (P) von (1) eine Lösung des homogenen Gleichungssystems (H) zur Erfüllung der Randbedingungen überlagert wird (anders W. Wurmnest, [2], S. 203 bis 205 oder V. Panc, [1], S. 13 bis 33); dies führt nach M. Schäfer auf die Lösung der biharmonischen Gleichung für w^H und einer Helmholtzgleichung für eine Momentenfunktion Ψ (siehe [3], S. 170 bis 171). Da es im allgemeinen Fall nicht leicht ist, eine geeignete Partikularlösung w^P, q^P von (1) zu erraten, soll im folgenden eine mechanisch anschauliche Methode zum Auffinden solcher Lösungen angegeben und gezeigt werden, daß diese Vorgangsweise oft mit Vorteil angewendet werden kann beziehungsweise teilweise vollständig zum Ziel führt.

Ausgehend von der Differentialgleichung für w in (1), wo im Störglied auch noch die Laplace-Ableitung der Belastung steht, wird versucht, die Partikulärlösung aus der korrespondierenden Lösung der Kirchhoff-Theorie (*) und einer ideellen thermischen Biegelösung der schubstarren Platte (**) zusammenzusetzen. Zweckmäßiger Weise sollen Plattenbereich und mechanische Bezeichnung der Randbedingungen übereinstimmen.

Es wird also gesetzt

$$w^P = w^* + w^{**}\,, \qquad q_x^P = q_x^* + q_x^{**}\,, \qquad q_y^P = q_y^* + q_y^{**}\,, \tag{3}$$

wobei w^* eine entsprechende Lösung von $K\Delta\Delta w^* = p$ und w^{**} von $K\Delta\Delta w^{**} = -K\alpha(1+\nu)\,\Delta m_\theta^{**}$ ist (für Bezeichnungen vergleiche [4], S. 48). Das ideelle Temperaturmoment m_θ^{**} — erstes Moment einer gedachten Temperaturverteilung über den Querschnitt mit verschwindendem Mittelwert — wird dabei der eingeprägten Belastung proportional gesetzt: $m_\theta^{**} = c_1 h^2 p/K\alpha(1+\nu)$. Die entsprechenden Beziehungen für die Schnittgrößen der Kirchhoffschen Platte finden sich für den isothermen Fall beispielsweise in [3], S. 81 und für den thermischen Fall in [4], S. 48 bis 50. Mit ihrer Hilfe zeigt man leicht, daß der Ansatz (3) tatsächlich das Differentialgleichungssystem (1) erfüllt (dies gilt dann ebenfalls für die Gleichgewichtsbedingungen ([3], S. 80), wobei es sich als vorteilhaft erweist, daß in den Beziehungen zwischen thermischen Biegemomenten und Verschiebungsableitungen der schubstarren Platte auch das Temperaturmoment erscheint). Der Ansatz (3) ist aber auch in der Lage, die Übergangsbedingungen zu befriedigen, falls Belastungssprünge — das heißt Heavisidesche Sprungfunktionen in der Belastung — auftreten, was von einer kontinuierlichen homogenen Lösung nicht besorgt werden kann und wozu die (*)-Lösung allein nicht einmal in der Lage ist, wenn die Belastung abschnittsweise konstant ist. Durch den Ansatz (3) wird aber nicht nur allen mathematischen Forderungen entsprochen, sondern es wird auch ermöglicht, auf die umfangreiche Literatur über schubstarre Platten zurückgreifen zu können (für die thermoelastische Plattentheorie sei insbesondere auf die Monographien [4] und [5] hingewiesen). Nachfolgend sollen nun dementsprechend einige technisch interessante Plattenprobleme behandelt werden.

Der unendlich ausgedehnte Plattenbereich und polygonal berandete, allseits klemmschneidengelagerte Platten

Bei polygonal berandeten, allseits frei drehbar gelagerten Kirchhoff-Platten (die Klemmschneidenlagerung ist eine Erweiterung der frei drehbaren Lagerung, siehe [2], S. 210), sowie beim unendlich ausgedehnten schubstarren Plattenbereich gilt eine thermisch-isotherme Analogie [6], derzufolge die isotherme Momentensumme der thermischen Biegefläche entspricht, wenn die Gestaltsfunktionen von Belastung und Temperaturmoment übereinstimmen. Verwendet man diesen Satz, kann allgemein gezeigt werden, daß (siehe auch (2)):

$$q_x^P = q_x^*;\ \omega_x^P = -w^*_{,x} - (1 - c_3/6c_1(1-\nu))\, w^{**}_{,x}\ ;\quad m_x^P = m_x^* + (1 - 2c_2/c_1(1-\nu))m_x^{**};$$
$$m_{xy}^P = m_{xy}^* + (1 - 2c_2/c_1\,(1-\nu))\, m_{xy}^{**}\ ;\qquad \omega_y^P,\, m_y^P,\, q_y^P \text{ analog.}$$

Daraus ist ohne weiteres ersichtlich, daß der verwendete Ansatz (3) hier die vollständige Lösung darstellt; beim unendlichen Plattenbereich erfüllen die Lösungen der schubstarren Platte jede für sich die Bedingungen im Unendlichen, und auch bei der polygonalen klemmschneidengelagerten Platte, wo am Rand in einem lokalen (n, s) Koordinatensystem (n sei die Koordinate in Normalenrichtung) neben $w = 0$ und $m_n = 0$ noch $\omega_s = 0$ sein muß, sind die Randbedingungen erfüllt. Diese neue Analogie ($w \equiv w^* + w^{**}$, $q \equiv q^*$) gilt unabhängig von Grundrißgeometrie und Belastungsart. Behandelt man das Problem nach der (isothermen) KIRCHHOFFschen Theorie, liefert die Berechnung automatisch auch die Schubkorrektur für w, weil ja nach [6] unter Berücksichtigung von m_θ^{**} gilt, daß $w^{**} = c_1 h^2(m_x^* + m_y^*)/K(1+\nu)$. Was die (thermoelastischen) Korrekturterme bei Rotationen und Momenten in (4) betrifft, ist darauf hinzuweisen, daß diese nur in der REISSNERschen Theorie einen Beitrag geben; bei den anderen zitierten Theorien verschwinden die entsprechenden Vorfaktoren. Diese Abweichung kann auch qualitativ merkbar werden: beispielsweise hat W. NOWACKI ([5], S. 448 und 451) gezeigt, daß in den Ecken rechteckiger biegender heißer Flecke oder in den Ecken von Rechteckplatten unter konstantem Temperaturmoment der thermoelastische Momententensor der schubstarren Platte singulär wird, was auf die REISSNERsche Theorie durchschlagen muß. (Zur Kontrolle siehe V. L. GOLDBERG und M. A. SALERNO [7], wo allerdings nur der Mittelpunkt konstant belasteter Rechteckplatten untersucht ist; später haben R. C. KOELLER und F. ESSENBURG [8] Rechteckplatten nach einer modifizierten REISSNERschen Theorie — keine Berücksichtigung von Normalspannungen σ_z — behandelt und bei Momenten und Rotationen keine Korrekturen zur KIRCHHOFFschen Theorie erhalten).

Abschließend sei noch als Beispiel auf die Konstruktion der GREENschen Funktion w^F für die Durchbiegung zufolge einer Einzellast $F = 1$ eingegangen: diese muß — siehe Gleichung (4) — aus der entsprechenden Fundamentallösung für die biharmonische Gleichung mit NAVIERschen Grenzbedingungen am Bereichsrand (zufolge der isothermen KIRCHHOFF-Theorie) und jener für die LAPLACE-Gleichung mit DIRICHLETscher Randbedingung (zufolge der thermischen KIRCHHOFF-Theorie: $\Delta w^{**} = -(1+\nu)\,\alpha m_\theta^{**}$, siehe [6]) bestehen; für den unendlichen Plattenbereich vergleiche ein Ergebnis von R. P. NORDGREN [9].

Die Plattenbiegung zu zylindrischen und zentralsymmetrischen Flächen

Hier werden die partiellen Differentialgleichungen (1) zu gewöhnlichen und zeigen bei der zylindrischen Plattenstreifenbiegung formale Ähnlichkeit zur TIMOSHENKOschen Stabtheorie; in diesem Fall erfüllt die Partikulärlösung (3) die Randbedingungen am freien oder frei drehbar gelagerten Rand vollständig, nur beim starr eingespannten Rand ist $\omega_n^P \neq 0$. Eine Untersuchung des homogenen Gleichungssystems (1) zeigt jedoch, daß es genügt, einen Krempelmomentenangriff zu überlagern, der am Ort der Einspannung an einem drehbar gelagerten Rand wirkt und dessen Intensität sich aus der Forderung ergibt, daß dort $\omega_n^P + \omega_n^H = 0$.

Bei der zentralsymmetrischen Plattenbiegung erfüllt (3) nur mehr am freien Rand alle Bedingungen; beim eingespannten ($\omega_n^P \neq 0$) und beim frei drehbar gelagerten Rand ($m_n^P \neq 0$) reicht es aber wieder aus, sich mit Krempelmomenten zu behelfen. Das Verfahren bietet sich nicht nur bei Vollkreisplatten, sondern vor allem auch bei Kreisringplatten an (für die ideellen thermoelastischen Lösungen siehe insbesondere [4], S. 55).

Auch hier gilt also, daß die Lösung sich allein aus Anteilen zusammensetzen läßt, welche im Rahmen der KIRCHHOFFschen Theorie mechanische Bedeutung haben.

Schlußbemerkungen

Nachdem nun Aufgaben vorgestellt wurden, bei denen das Integrationsproblem sechster Ordnung zu einem vierter Ordnung degenerierte, soll noch angemerkt werden, daß der Ansatz (3) hinsichtlich der Randbedingungen auch dann mit Vorteil verwendet werden kann, wenn die SCHÄFERsche Momentenfunktion Ψ nicht verschwindet. Ein illustratives Beispiel hierzu ist der Halbstreifen unter konstanter Belastung mit Klemmschneidenlagerung an den langen Rändern und tatsächlich frei drehbarer Lagerung am kurzen Rand ($m_{ns} = 0$), für den in [2], S. 208 bis 216 bereits eine Näherungslösung angegeben ist. Die für (3) benötigten Funktionen können der Literatur entnommen werden ([3], S. 222 bzw. [5], S. 450), sie erfüllen alle Randbedingungen mit Ausnahme der letztgenannten, was die Aufgabe sehr erleichtert. Lösungen w^H und Ψ, welche die benötigten homogenen Bedingungen an den langen Rändern befriedigen, finden sich etwa in [3], S. 226 und 172 (das homogene Gleichungssystem (1) ist ja in der Literatur häufig untersucht). Die Freiwerte dieser Reihenansätze ergeben sich aus den Bedingungen am kurzen Rand; die Lösung ist geschlossen darstellbar und konvergiert gut. Der Rechenaufwand übersteigt das von der KIRCHHOFFschen Theorie her gewohnte Ausmaß kaum.

In diesem Sinn will die vorliegende Arbeit einen kleinen Beitrag leisten, das Rechnen mit schubelastischen Platten zu erleichtern und die dabei benötigten mathematischen Operationen mechanisch zu veranschaulichen; ausführliche Beispiele und zusätzliche Themenkreise sollen an anderem Ort vorgestellt werden.

Literatur

1 PANC, V., Theories of elastic plates, Noordhoff Int. Publ., Leyden 1975.
2 MARGUERRE, K.; WOERNLE, H.-T., Elastische Platten, B. I.-Wissenschaftsverlag, Mannheim-Wien-Zürich 1975.

3 TIMOSHENKO, S.; WOINOWSKY-KRIEGER, S., Theory of plates and shells, sec. ed., McGraw-Hill Book Comp., New York-Toronto-London 1959.
4 PARKUS, H., Thermoelasticity, sec. ed., Springer-Verlag, Wien-New York 1976.
5 NOWACKI, W., Thermoelasticity, Pergamon Press, Oxford-London-New York-Paris 1962.
6 IRSCHIK, H., Zur Berechnung thermisch belasteter, dünner, linear elastischer Platten, ZAMM 61, T 97—T 99 (1981).
7 SALERNO, V. L.; GOLDBERG, M. A., Effect of shear deformation on the bending of rectangular plates, J. Appl. Mech. 27, 54—58 (1960).
8 KOELLER, R. C.; ESSENBURG, F., Shear deformation in rectangular plates, Proc. IV. U. S. Nat. Congr. Appl. Mech., 555—559 (1962).
9 NORDGREN, R. P., On the method of Green's function in the thermoelastic theory of shallow shells, Int. J. Eng. Sci. 1, 279—308 (1963).

Anschrift: Dipl. Ing. HANS IRSCHIK, Institut für Allgemeine Mechanik, Technische Universität Wien, Karlsplatz 13, A-1040 Wien, Österreich

ZAMM 62, T 131 – T 132 (1982)

R. KIENZLER

Schematische Darstellung der Gleichungen der linearen Elastizitätstheorie

Die Anordnung der Verschiebungen u_i, der Verzerrungen γ_{ij}, der Spannungen τ^{ij} und der Volumenlasten p^i in Vektoren $\boldsymbol{u}$, $\boldsymbol{\gamma}$, $\boldsymbol{\tau}$ und $\boldsymbol{p}$ gestattet eine kompakte Schreibweise der Grundgleichungen der Elastizitätstheorie:

$$\text{Kinematik: } \boldsymbol{D}\boldsymbol{u} = \boldsymbol{\gamma}\,; \qquad \text{Gleichgewicht: } \boldsymbol{D}^*\boldsymbol{\tau} = \boldsymbol{p}\,;$$
$$\text{Elastizitätsgesetz: } \boldsymbol{\tau} = \boldsymbol{E}\boldsymbol{\gamma}\,. \tag{1}$$

$\boldsymbol{D}$ ist ein linearer Differentialoperator erster Ordnung, $\boldsymbol{D}^*$ dessen Adjungierte [1]. Die Dualität zwischen den geometrischen und statischen Feldgleichungen beruht letztlich auf der Existenz einer Bilinearform, die hier anschaulich als virtuelle Arbeit gedeutet werden kann [2]. Im Falle der linearen dreidimensionalen Elastizitätstheorie läßt sich $\boldsymbol{D}$ als Matrix schreiben, deren Elemente kovariante Ableitungen im Sinne von Operatoren beinhalten. $\boldsymbol{D}^*$ entspricht dann der Transponierten von $\boldsymbol{D}$, d. h. $\boldsymbol{D}^* = \boldsymbol{D}^T$. Im folgenden soll der Begriff Matrix weiterverwendet werden. $\boldsymbol{E}$ ist die symmetrische „Elastizitätsmatrix", deren Elemente aus Komponenten des Metriktensors und Elastizitätskonstanten bestehen.

Die Gleichungen (1) gelten im gesamten Gebiet G des elastischen Körpers. Hinzu treten kinematische bzw. dynamische Bedingungen für die Teile des Randes ∂G, auf denen die Verschiebungen $\hat{u}_i$ bzw. die Spannungen $\hat{t}^i$ vorgegeben sind:

$$u_i = \hat{u}_i \quad \text{bzw.} \quad \boldsymbol{u} = \hat{\boldsymbol{u}}\,, \qquad \tau^{ij} n_j = t^i = \hat{t}^i \quad \text{bzw.} \quad \boldsymbol{t} = \hat{\boldsymbol{t}}\,. \tag{2}$$

Die Inkompatibilitäten ϱ^{ij} und die Spannungsfunktionen ψ_{ij} schreiben sich mit dem Permutationstensor ε^{ijk}

$$\varrho^{ij} = \varepsilon^{ikm}\varepsilon^{jln}\gamma_{kl|mn}\,, \qquad \tau^{ij} = \varepsilon^{ikm}\varepsilon^{jln}\psi_{kl|mn}\,. \tag{3}$$

Nach [3] sind die Kompatibilitätsbedingungen erfüllt, wenn gilt

$$\boldsymbol{\varrho} = -[\varrho^{23}, \varrho^{31}, \varrho^{12}]^T = 0 \quad \text{in} \quad G\,, \qquad \boldsymbol{r} = [\varrho^{11}, \varrho^{22}, \varrho^{33}]^T = 0 \quad \text{auf} \quad \partial G\,. \tag{4}$$

Um Gleichungen analog zu (1) für die Kompatibilitätsbedingungen und Spannungsfunktionen angeben zu können, wird der Differentialoperator zweiter Ordnung (3) zerlegt in zwei Differentialoperatoren erster Ordnung, die hintereinander geschaltet werden. Mit Hilfe der schiefsymmetrischen Permutationsmatrix $\boldsymbol{P}$, deren Elemente Komponenten des Permutationstensors und kovariante Ableitungen enthalten, werden „permutierte Verzerrungen" $\tilde{\boldsymbol{\gamma}}$ und „permutierte Spannungen" $\tilde{\boldsymbol{\tau}}$ definiert,

$$\tilde{\boldsymbol{\gamma}} = \boldsymbol{P}^T\boldsymbol{\gamma}\,, \qquad \boldsymbol{\tau} = \boldsymbol{P}\tilde{\boldsymbol{\tau}}\,, \tag{5}$$

so daß gilt:

$$\boldsymbol{\varrho} = \boldsymbol{D}^T\tilde{\boldsymbol{\gamma}}\,, \qquad \tilde{\boldsymbol{\tau}} = \boldsymbol{D}\boldsymbol{\psi}\,. \tag{6}$$

$\boldsymbol{\psi} = [\psi^{23}, \psi^{31}, \psi^{12}]^T$ enthält als Komponenten die Spannungsfunktionen von MORERA. Die Bedingungen auf dem Rande ∂G sind

$$\boldsymbol{r}(\boldsymbol{\gamma}) = \hat{\boldsymbol{r}}\,, \qquad \boldsymbol{t}(\boldsymbol{\psi}) = \hat{\boldsymbol{t}}\,. \tag{7}$$

Physikalische Theorien lassen sich in sogenannte Klassifikationsschemata einordnen [4]. Kraftgrößen und Weggrößen treten einander gegenüber als duale Variable. Eine zusätzliche Symmetrie bzw. Dualität tritt zutage, wenn die Gleichungen (1), (2) und (5)—(7) in einem Schema angeordnet werden, das KRÄTZIG [5] für Flächentragwerke angegeben hat. Den Verschiebungen auf der Seite der Weggrößen entsprechen die Spannungsfunktionen auf der Seite der Kraftgrößen. In gleicher Weise korrespondieren die Inkompatibilitäten mit den Volumenlasten. Es zeigt sich überdies, daß die NAVIERschen Verschiebungsdifferentialgleichungen

$$\boldsymbol{D}^T\boldsymbol{E}\boldsymbol{D}\boldsymbol{u} = \boldsymbol{p} \tag{6}$$

formal die gleiche Struktur haben wie die BELTRAMIschen Differentialgleichungen für die Spannungsfunktionen

$$D^T H D \psi = \varrho \,.$$

Zwischen E und H gilt mit der Kehrmatrix E^{-1} die Beziehung

$$P^T E^{-1} P = H \,.$$

Das vollständige Schema und die Matrizen D, E und P werden in einer ausführlicheren Fassung im Ingenieur-Archiv angegeben.

Literatur

1 TONTI, E., A Mathematical Model for Physical Theories, Accad. Naz. Linc., Rend. Cl. Sc. Fis. Mat. Nat., Ser. 8, 52 (1972) S. 175 und 350.
2 BUFLER, H., Variationsgleichungen und finite Elemente; Bayer. Akad. Wiss., math.-naturw. Klasse (1975) 155–187.
3 WASHIZU, E., A note on the Conditions of Compatibility, J. Math. Phys. 36 (1958), 306–312.
4 TONTI, E., On the Formal Structure of Physical Theories, Instituto di Matematica del Politecnico di Milano, Milano 1975.
5 KRÄTZIG, W. B., Herleitung und Struktur konsistenter nichtlinearer und linearer Schalentheorien, in: Forschungs- und Seminarberichte aus dem Bereich der Mechanik der Technischen Universität Hannover, Bericht Nr. S 77/1, Hannover 1977.

Anschrift: Dr.-Ing. REINHOLD KIENZLER, Institut für Mechanik, Technische Hochschule Darmstadt, Hochschulstr. 1, D-6100 Darmstadt, BRD

ZAMM 62, T 132 – T 133 (1982)

K.-H. LAERMANN

Über die experimentelle Bestimmung der Rotation der Spannungshauptachsen in dünnen Platten bei überlagerten Spannungszuständen

Werden mittels Methoden der Spannungsoptik Spannungszustände experimentell untersucht, bei denen eine Rotation der Hauptachsen erfolgt und die Normalspannung über die Dicke des elastisch-isotropen Körpers veränderlich sind, so gelten die Beziehungen zwischen Spannungszustand und Doppelbrechung der ebenen Spannungsoptik nicht mehr, wie seit langem bekannt. Es hat deshalb eine Vielzahl unterschiedlicher Ansätze gegeben, z. B. von KUSKE, DRUCKER/MINDLIN, KAISER, RIERA und MARK, ABEN und jüngst von MÖNCH/ROENGVORAPHOJ, entsprechende Beziehungen für längs des Lichtweges variable Spannungszustände zu entwickeln.

Im folgenden soll nun für den speziellen Fall einer dünnen, auf Biegung beanspruchten Platte, in der gleichzeitig ein Membranspannungszustand herrscht, auf der Grundlage der Arbeiten von ABEN [1] der Nachweis geführt werden, daß aus den optischen Daten eines aus MOIRÉ-Verfahren und spannungsoptischem Reflexionsverfahren kombinierten Verfahrens [2] der Spannungszustand über die Plattendicke bestimmt werden kann.

Ausgehend von den MAXWELLschen elektromagnetischen Gleichungen [3] ergibt sich für den Lichtvektor $\hat{E}$ in einem nichtleitenden, unmagnetisierbaren, dielektrisch anisotropen Körper die Differentialbeziehung

$$\text{rot}\,(\text{rot}\,\hat{E}) = -\frac{1}{c^2}\cdot \varepsilon \cdot \ddot{\hat{E}} \tag{1}$$

mit dem Dielektrizitätstensor ε. Bei einfachen harmonischen Schwingungen kann die Zeitfunktion

$$\hat{E} = E \cdot \exp\,(-i\omega t) \tag{2}$$

eingeführt werden mit der Kreisfrequenz ω.

Die Komponenten des Vektors E sind damit nur noch abhängig von den geometrischen Koordinaten. Aus Gl. (1) folgt damit für eine ebene, monochromatische Welle, deren Fortpflanzungsrichtung parallel zur z-Achse eines rechtwinklig-kartesischen Koordinatensystems gerichtet ist,

$$\frac{d^2 E}{dz^2} = -\frac{\omega^2}{c^2}\cdot \varepsilon \cdot E = -k^2 \cdot \varepsilon \cdot E \,. \tag{3}$$

Die Lösung dieses Differentialgleichungssystems kann mit Hilfe einer Übertragungsmatrix U angegeben werden zu

$$E_z = U \cdot E_0 \tag{4}$$

mit E_0, dem Lichtvektor bei Eintritt in das Medium an der Stelle $z = z_0$.

Das Problem besteht nun darin, diese Matrix U zu bestimmen, die alle Informationen über das optische Stoffverhalten und den dieses Verhalten bestimmenden mechanischen Spannungszustand enthalten muß. An der Stelle des Lichteintritts wird E_0 auf ein Koordinatensystem bezogen, das gegen das ursprüngliche System um den Winkel φ_0 gedreht ist.

Mit den Transformationsmatrizen $\boldsymbol{R}$ kann dann $\boldsymbol{E}_0$ wie folgt auf $\boldsymbol{E}_u$ abgebildet werden:

$$\boldsymbol{E}_u = \boldsymbol{R}(-\varphi_u) \cdot \boldsymbol{U} \cdot \boldsymbol{R}(\varphi_0) \cdot \boldsymbol{E}_0 = \boldsymbol{G} \cdot \boldsymbol{E}_0 . \tag{5}$$

Die Winkel φ_0 und φ_u können nun so gewählt werden, daß $\boldsymbol{G}$ zu einer Diagonalmatrix wird,

$$\boldsymbol{G} = \begin{bmatrix} g_{11}, & 0 \\ 0, & g_{22} \end{bmatrix}. \tag{6}$$

Es sind dies die „charakteristischen Richtungen". Ist die Polarisationsrichtung des einfallenden linear polarisierten Lichtes parallel zur primären charakteristischen Richtung φ_0, so ist der austretende Lichtstrahl linear polarisiert in Richtung der sekundären charakteristischen Richtung φ_u [4], [5].

Bei einer Untersuchung im Reflexionspolariskop kann das Medium als optisch symmetrisch aufgefaßt werden. Die primäre und sekundäre charakteristische Richtung fallen in diesem Falle also zusammen, beobachtbar als „scheinbare Isokline". Für den Fall, daß die Rotation $\psi(z)$ der Spannungshauptrichtungen proportional der Differenz $(\sigma_1(z) - \sigma_2(z))$ der Hauptnormalspannungen ist, gilt [1]

$$\varphi = \tfrac{1}{2}(\psi_0 + \psi_u) \tag{7}$$

und weiterhin unter der Voraussetzung linear-elastischer Formänderungen und schwacher Doppelbrechung, d. h. rectilinearen Strahlenganges, das integrale WERTHEIMsche Gesetz. Die relative Phasenverschiebung, ausgedrückt durch die Isochromatenordnung Δ, ergibt sich damit zu

$$\Delta = \frac{2}{S} \int_{-h/2}^{+h/2} \left(\sigma_x(z) - \sigma_y(z)\right) \frac{dz}{\cos 2\psi(z)}. \tag{8}$$

In dünnen Platten mit großer Durchbiegung existiert nun näherungsweise ein solcher Spannungszustand. Der Biegespannungszustand kann experimentell mittels des LIGTENBERGschen MOIRÉ-Verfahrens aus den optischen Daten grad w bestimmt werden. Es wird nun in den diskreten Punkten i, j jeweils ein neues Koordinatensystem eingeführt, orientiert nach den Hauptachsen des Biegespannungszustandes $(\psi_{i,j}^M)$. Mit Q_{ij}, dem Verhältnis der Normalspannungsdifferenz des Membranspannungszustandes zur Differenz der Biegespannungen, lautet Gl. (8):

$$\Delta_{ij} = -\frac{h}{S} (\sigma_{x0}^M - \sigma_{y0}^M)_{ij} \cdot Q_{ij}^2 \cdot \tan^2 (2\psi_{ij}^N) \int_{x_{ij}^u}^{x_{ij}^0} \frac{(1 + x_{ij}^2)^{1/2}}{x_{ij}^3} \, dx_{ij} \tag{9}$$

mit

$$x_{ij} = Q_{ij} \cdot \tan (2\psi_{ij}^N)/(Q_{ij} + \xi) , \qquad \xi = \frac{2}{h} \cdot z .$$

Die charakteristische Richtung, bezogen auf die Hauptachsen des Biegespannungszustandes, ergibt sich nach Gl. (7) zu

$$\varphi_{ij} = \frac{1}{4} \arc\tan \frac{2Q_{ij} \cdot \tan (2\psi_{ij}^N)}{(Q_{ij}^2 - 1) - Q_{ij}^2 \tan^2 (2\psi_{ij}^N)}. \tag{10}$$

Im spannungsoptischen Versuch nach dem Reflexionsverfahren werden nun Δ_{ij} und φ_{ij} bestimmt, in die Gln. (9) und (10) eingesetzt und diese nach Q_{ij} und ψ_{ij}^N aufgelöst. Damit kann dann auch der Membranspannungszustand in der Platte vollständig bestimmt werden.

Literatur

1 ABEN, H., Integrated Photoelasticity, McGraw-Hill International Book Company, New York 1979.
2 LAERMANN, K. H., On the Experimental Analysis of Plates with Large Deflections, Proc. VIIth Canadian Congress on Applied Mechanics, Sherbrooke 1979.
3 BORN, M., Optik, Springer-Verlag, 3. Aufl. Berlin-Heidelberg-New York 1972.
4 DRUCKER, D. C.; MINDLIN, R. D., Stress Analysis by Three-Dimensional Photoelastic Methods, Journal Applied Physics 11 (1940).
5 ABEN, H., Optical Phenomena in Photoelastic Models by the Rotation of Principal Axes, Experimental Mechanics 6 (1966).

Anschrift: Prof. Dr.-Ing. KARL-HANS LAERMANN, Gesamthochschule Wuppertal, Fachbereich Bautechnik, D-56 Wuppertal 2, Pauluskirchstraße 7, BRD

ZAMM 62, T 134 – T 135 (1982)

T. Leko

On Torsion of Prismatical Beams with Longitudinal Cavities

The subject of this paper is a classical problem, generally considered a simple one. Given a prismatical beam loaded in torsion the stresses by the classical mathematical theory of elasticity are defined in an orthogonal coordinate system $OXYZ$ in the following form

$$\tau_{xz} = \alpha \left(\frac{\partial \psi}{\partial y} - y\right); \qquad \tau_{yz} = -\alpha \left(\frac{\partial \psi}{\partial x} - x\right) \tag{1}$$

where α is a constant proportional to the torsional moment and ψ a plane harmonic function satisfying the following boundary conditions

$$\psi_{\text{boundary}} = \frac{x^2 + y^2}{2} + C_i \,. \tag{2}$$

C_i are constants different along each boundary in the case where there are several boundaries. This problem is also known as the Dirichlet problem and is often referred to in physical terms as soap film or membrane analogy problem. The conjugate function φ related to ψ by Cauchy-Riemann equations

$$\frac{\partial \varphi}{\partial x} = \frac{\partial \psi}{\partial y}, \qquad \frac{\partial \varphi}{\partial y} = -\frac{\partial \varphi}{\varphi x} \tag{3}$$

is known as warping displacement of the cross-section. This warping displacement should be a continuous function otherwise the beam will exhibit dislocations or break in continuity. The two functions φ and ψ can be considered real and imaginary parts of an analytic function and the problem is to find this analytic function to be single-valued in the region of the cross-section of the beam. For simply-connected beam cross-section, this function is easily obtained by numerical methods which assure convergence. For multiply-connected cross-sections complications do arise. A harmonic function satisfying the boundary conditions (2) is not necessarily a real part of a single-valued analytic function and consequently the warping displacement is not continuous and is not acceptable on physical grounds. An analytic proof of such discontinuous warping function for a beam loaded in torsion, namely, the proof of non-existence of a single-valued analytic function for a triply-connected cross-section satisfying particular boundary conditions, is given here using the method published in [1].

We take the triply-connected cross-section in Fig. 1 consisting of three circles L_0, L_1, L_2 with respective radii R_0, R_1, R_2. Developing the boundary conditions (2) on L_0 and L_2 in Fourier series we obtain

$$\psi_{L_0}(\theta_0) = \sum_{n=0}^{\infty} A_n \cos(n\theta_0) = A_0 \tag{4}$$

$$\psi_{L_2}(\theta_2) = \sum_{n=0}^{\infty} C_n \cos(n\theta_2) = C_0 + eR_2 \cos\theta_2 \tag{5}$$

where A_n, C_n are the Fourier coefficients.

First we take an analytic function in the form of a Laurent's series around the center O_2

$$f(z_2) = \sum_{n=0}^{\infty} (C_n^* z_2^n + C_{-n}^* z_2^{-n}) \tag{6}$$

to obtain from the boundary conditions (5), ($n = 0, 1, \ldots, \infty$)

$$C_n^* R_2^n + C_{-n}^* R_2^{-n} = C_n \,. \tag{7}$$

From the conditions at the outer boundary (4) and the Laurent series around the center O, convergent in the ring $e + R_2 \leqq |z| \leqq R_0$

$$f(z) = \sum_{n=0}^{\infty} (A_n^* z^n + A_{-n}^* z^{-n}) \tag{8}$$

we obtain ($n = 0, 1, \ldots, \infty$)

$$A_n^* R_0 + A_{-n}^* R_0^{-n} = A_n \,. \tag{9}$$

To determine to coefficients A_n^*, A_{-n}^*, C_n^*, C_{-n}^* we need two more equations of the type (7) and (9). Using the coordinate transformation

$$z_2 = z - e \tag{10}$$

in (6) we obtain the Laurent series around the center O convergent in the ring $e + R_2 \leqq |z| \leqq R_0$

$$f(z) = \sum_{n=0}^{\infty} \{F_n(C_m^*, C_{-m}^*)\, z^n + F_{-n}(C_m^*, C_{-m}^*)\, z^{-n}\} \tag{11}$$

where F_n and F_{-n} are linear functions of C_m^* and C_{-m}^*, $(m = 0, 1, \dots, \infty)$. The justification to use the coordinate transformation (10) to arrive at the analytic continuation of the function (6) in form of the Laurent series (11) is given in [1] and the references cited there. Functions (11) and (8) have to be identical, so we obtain $(n = 0, 1, \dots, \infty)$

$$F_n(C_m^*, C_{-m}^*) = A_n\,, \qquad F_{-n}(C_m^*, C_{-m}^*) = A_{-n}\,. \tag{12), (13}$$

We assume that the system (7), (9), (12), (13) is such that the boundary values (4) and (5) at L_0 and L_2 completely determine the analytic function $f(z)$. When this is the case, there are no coefficients in the series expansion left to satisfy the conditions of the remaining boundary L_1. Whence, the solution to the boundary value problem as defined in (2) and having continuous warping displacement generally does not exist. The general assumption [2]—[7] that a single-valued analytic function whose real part satisfies the torsion boundary conditions always exists, is erroneous.

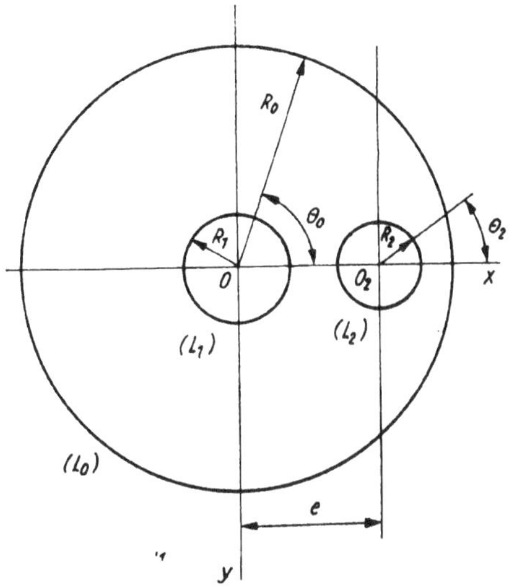

Fig. 1

References

1 Leko, T. D., On the solution of plane problems for elastic plates with holes, ZAMM 60, pp. T 138—T 140 (1980).
2 Jaswon, M. A.; Ponter, A. R., An integral equation solution on the torsion problem, Proc. R. Soc., London A 237, pp. 273—246 (1963).
3 Payne, L. E.; Sperb, R. P., Some superadditivity results in the torsion problem for multiply connected cross sections, Journal of Elasticity 5, pp. 141—147 (1975).
4 Windisch, E., Eine numerische Methode zur Lösung des Torsionsproblems, Acta Mechanica 4, pp. 191—199 (1967).
5 Bhargava, R. D.; Puranik, S. S., Torsion problem for elastic cylinder with holes, Comp. Meths. Appl. Mech. Eng. 21, pp. 63—74 (1980).
6 Lanchon, H., Sur la solution du problème de torsion elastoplastique d'une barre cylindrique de section multiconnexe, C. R. Acad. Sc. Paris 271, pp. A 1137—A 1140 (1970).
7 Fichera, G., Sul problema di Dini-Neumann nel piano, Publicaziono dell'istituto nazionale per le applicaziono del calcolo, Roma 186 (1947).

Anschrift: Toma Leko, 3350 Martha Custis Drive, Alexandria, VA 22302, USA

ZAMM 62, T 135 — T 138 (1982)

J. Lenz

Die axial belastete, elastische Kegelschale auf starrem Innenkegel

Sowohl im Maschinenbau (Kegelpreßsitz, Abb. 1) als auch in der Zahnprothetik (Konuskronen-Teleskop, Abb. 2) sind Verankerungssysteme in Gebrauch, welche aus einem „inneren" Kegelstumpf und einer „äußeren" Kegelschale bestehen, die im spannungsfreien Zustand exakt aufeinander passen. Wird die Schale auf den Stumpf gedrückt, so kann das System aufgrund der in der Kontaktfläche geweckten Haftungskräfte arretieren, falls der Kegelwinkel α einen durch die Haftungsziffer μ_0 bestimmten Maximalwert nicht überschreitet.

Zur Untersuchung des Haft- und Festigkeitsverhaltens derartiger Verankerungssysteme wird folgendes Modell benutzt: Ein unendlich ausgedehnter, elastisch verformbarer Hohlkegel (Schubmodul G, Querkontraktionszahl ν) sitzt auf einem gleichfalls unendlich ausgedehnten, starren Vollkegel und ist an der Spitze durch eine axiale Kraft F

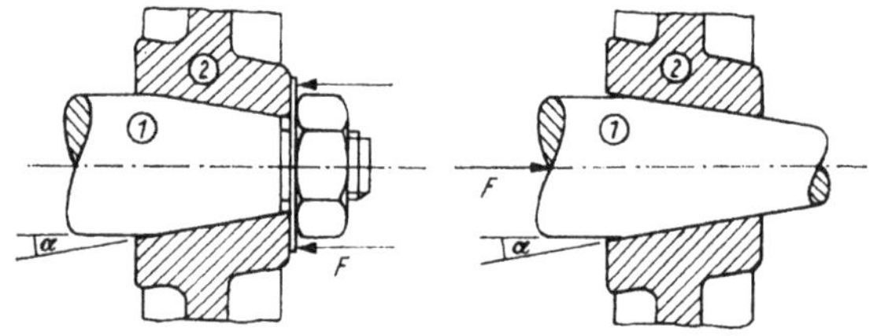

Abb. 1. Kegelpreßsitz als Wellen-Naben-Verbindung (1: Welle, 2: Nabe); links Einpreßkraft durch Schraubenverbindung, rechts durch axialen Arbeitsdruck

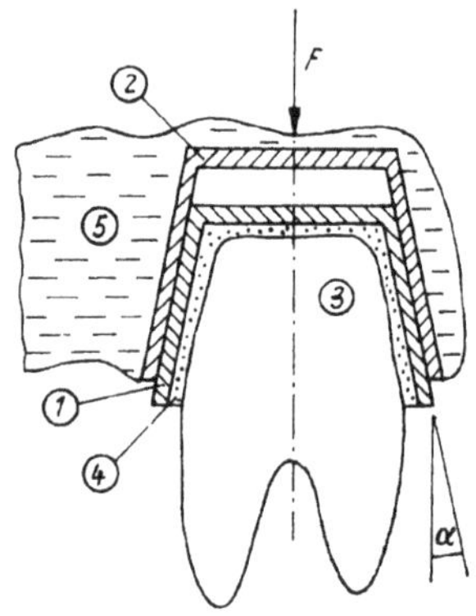

Abb. 2. Konuskronen-Teleskop (1: Innenkegel aus Dentallegierung, 2: Außenkegel aus Dentallegierung, 3: Zahnstumpf, 4: Zahnzement, 5: Brücke oder Prothese)

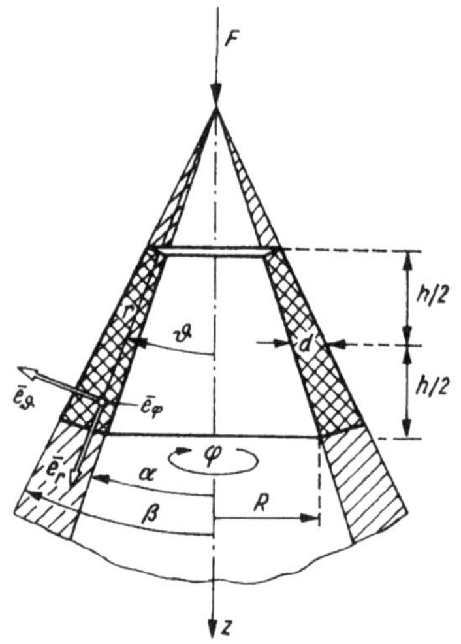

Abb. 3. Veranschaulichung der Geometrie des Ersatzmodells (α: Innenwinkel, β: Außenwinkel, h: Höhe, R: Basisinnenradius, d: mittlere Wandstärke der Schale) und der benutzten Kugelkoordinaten (r, ϑ, φ)

belastet (Abb. 3). Bei Abwesenheit von Volumenkräften genügt das Verschiebungsfeld $\boldsymbol{u}(\boldsymbol{r})$ des Hohlkegels im Gleichgewichtsfall der elastischen Grundgleichung

$$\Delta \boldsymbol{u} + \frac{1}{1-2\nu} \operatorname{grad} \operatorname{div} \boldsymbol{u} = \boldsymbol{o} . \tag{1}$$

Gesucht ist diejenige Lösung

$$\boldsymbol{u}(\boldsymbol{r}) = u_r(r, \vartheta, \varphi)\, \boldsymbol{e}_r + u_\vartheta(r, \vartheta, \varphi)\, \boldsymbol{e}_\vartheta + u_\varphi(r, \vartheta, \varphi)\, \boldsymbol{e}_\varphi \tag{2}$$

von (1) in Kugelkoordinaten (r, ϑ, φ) (Abb. 3), die der Rotationssymmetrie des Problems

$$u_r = u_r(r, \vartheta,) , \qquad u_\vartheta = u_\vartheta(r, \vartheta,) , \qquad u_\varphi = 0 \tag{3}$$

Rechnung trägt und die Randbedingungen

$$u_\vartheta(r, \vartheta = \alpha) = 0 ; \tag{4}$$

$$\sigma_{\vartheta\vartheta}(r, \vartheta = \beta) = 0 , \qquad \sigma_{r\vartheta}(r, \vartheta = \beta) = 0 ; \qquad \boldsymbol{u}(r \to \infty, \vartheta) = \boldsymbol{o} , \qquad \boldsymbol{\sigma}(r \to \infty, \vartheta) = \boldsymbol{0} . \tag{5), (6}$$

befriedigt. Der Spannungstensor $\boldsymbol{\sigma}$ ist dabei durch das HOOKEsche Materialgesetz

$$\boldsymbol{\sigma} = 2G \left\{ \frac{1}{2} [\operatorname{Grad} \boldsymbol{u} + (\operatorname{Grad} \boldsymbol{u})^T] + \frac{\nu}{1-2\nu} (\operatorname{div} \boldsymbol{u})\, \boldsymbol{1} \right\} \tag{7}$$

gegeben. Durch (4) wird garantiert, daß sich die Punkte des Kegelinnenmantels nur entlang der Oberfläche des starren Innenkegels bewegen. (5) beschreibt die Lastfreiheit des Kegelaußenmantels. (6) erzwingt, daß in unendlicher Entfernung von der Lasteinleitungsstelle sämtliche Verschiebungen und Spannungen verschwinden.

Spezielle, sog. singuläre Lösungen von (1) sind [1]:

1. die „Einzelkraft im Vollraum" $\boldsymbol{P} = P\boldsymbol{e}_z$:

$$\boldsymbol{u}_1 = \frac{P}{16\pi G(1-\nu)} \frac{1}{r} [4(1-\nu) \cos\vartheta\, \boldsymbol{e}_r - (3-4\nu) \sin\vartheta\, \boldsymbol{e}_\vartheta] , \tag{8}$$

2. Verteilungen von „Dehnungszentren" längs der negativen bzw. positiven z-Achse der Intensität A bzw. B:

$$\boldsymbol{u}_2 = A \operatorname{grad} \{\ln [r(1 + \cos\vartheta)]\} , \qquad \boldsymbol{u}_3 = B \operatorname{grad} \{\ln [r(1 - \cos\vartheta)]\} . \tag{9}$$

Die Überlagerung dieser drei Verschiebungsfelder liefert die Komponenten

$$\begin{aligned} u_r &= \frac{P}{4\pi G} \frac{\cos\vartheta}{r} + A \frac{1}{r} + B \frac{1}{r} , \\ u_\vartheta &= -\frac{(3-4\nu) P}{16\pi G(1-\nu)} \frac{\sin\vartheta}{r} - A \frac{\sin\vartheta}{r(1+\cos\vartheta)} + B \frac{\sin\vartheta}{r(1-\cos\vartheta)} , \qquad u_\varphi = 0 , \end{aligned} \tag{10}$$

welche die Symmetriebedingungen (3) bereits erfüllen. Die Randbedingung (4) erzwingt

$$-\frac{(3-4\nu)\,P}{16\pi G(1-\nu)}-\frac{A}{1+\cos\alpha}+\frac{B}{1-\cos\alpha}=0\,. \tag{11}$$

Zur Auswertung der Randbedingungen (5) werden die Spannungskomponenten $\sigma_{\vartheta\vartheta}$ und $\sigma_{r\vartheta}$ benötigt, die sich aus dem Stoffgesetz (7) mit Hilfe von (10) zu

$$\begin{aligned}\sigma_{\vartheta\vartheta}&=\frac{(1-2\nu)\,P}{8\pi(1-\nu)}\frac{\cos\vartheta}{r^2}+2GA\,\frac{\cos\vartheta}{r^2(1+\cos\vartheta)}-2GB\,\frac{\cos\vartheta}{r^2(1-\cos\vartheta)},\\ \sigma_{r\vartheta}&=\frac{(1-2\nu)\,P}{8\pi(1-\nu)}\frac{\sin\vartheta}{r^2}+2GA\,\frac{\sin\vartheta}{r^2(1+\cos\vartheta)}-2GB\,\frac{\sin\vartheta}{r^2(1-\cos\vartheta)}=\tan\vartheta\cdot\sigma_{\vartheta\vartheta}\end{aligned} \tag{12}$$

berechnen. Beide Bedingungen (5) liefern hiermit übereinstimmend

$$\frac{(1-2\nu)\,P}{8\pi(1-\nu)}+\frac{2GA}{1+\cos\beta}-\frac{2GB}{1-\cos\beta}=0\,. \tag{13}$$

Aus (11) und (13) folgt

$$\begin{aligned}A&=\frac{P}{32\pi G(1-\nu)}\,\frac{\sin^2\alpha\cdot\sin^2\beta}{\cos\alpha-\cos\beta}\left[\frac{3-4\nu}{1-\cos\beta}-\frac{1-2\nu}{1-\cos\alpha}\right],\\ B&=\frac{P}{32\pi G(1-\nu)}\,\frac{\sin^2\alpha\cdot\sin^2\beta}{\cos\alpha-\cos\beta}\left[\frac{3-4\nu}{1+\cos\beta}-\frac{1-2\nu}{1+\cos\alpha}\right].\end{aligned} \tag{14}$$

Die noch freie Konstante P wird durch die Bedingung des Kräftegleichgewichts in vertikaler Richtung

$$F=2\pi\int_\alpha^\beta(\sigma_{r\vartheta}\sin\vartheta-\sigma_{rr}\cos\vartheta)\,r^2\sin\vartheta\,\mathrm{d}\vartheta \tag{15}$$

zu

$$P=\frac{4(1-\nu)\,F}{\cos^3\alpha-\cos^3\beta+(1-2\nu)(\cos\alpha-\cos\beta)+(3-4\nu)\sin^2\alpha\cos\beta-(1-2\nu)\sin^2\beta\cos\alpha} \tag{16}$$

festgelegt. Einsetzen von (16) und (14) in (12) liefert

$$\begin{aligned}\sigma_{\vartheta\vartheta}&=\frac{P}{8\pi(1-\nu)}\,\frac{\cos\vartheta}{r^2}\left\{(1-2\nu)+\frac{\sin^2\alpha\cdot\sin^2\beta}{(\cos\alpha-\cos\beta)\sin^2\vartheta}\left[(3-4\nu)\frac{\cos\beta-\cos\vartheta}{\sin^2\beta}-\right.\right.\\ &\qquad\left.\left.-(1-2\nu)\frac{\cos\alpha-\cos\vartheta}{\sin^2\alpha}\right]\right\},\\ \sigma_{r\vartheta}&=\frac{P}{8\pi(1-\nu)}\,\frac{\sin\vartheta}{r^2}\left\{(1-2\nu)+\frac{\sin^2\alpha\cdot\sin^2\beta}{(\cos\alpha-\cos\beta)\sin^2\vartheta}\left[(3-4\nu)\frac{\cos\beta-\cos\vartheta}{\sin^2\beta}-\right.\right.\\ &\qquad\left.\left.-(1-2\nu)\frac{\cos\alpha-\cos\vartheta}{\sin^2\alpha}\right]\right\}.\end{aligned} \tag{17a}$$

Die übrigen (nicht-verschwindenden!) Spannungskomponenten ergeben sich dann aufgrund von (7) zu

$$\begin{aligned}\sigma_{rr}&=-\frac{P}{8\pi(1-\nu)}\,\frac{1}{r^2}\left\{(4-2\nu)\cos\vartheta+\frac{(3-4\nu)\sin^2\alpha-(1-2\nu)\sin^2\beta}{\cos\alpha-\cos\beta}\right\},\\ \sigma_{\varphi\varphi}&=\frac{P}{8\pi(1-\nu)}\,\frac{1}{r^2}\left\{(1-2\nu)\cos\vartheta+\frac{\sin^2\alpha\cdot\sin^2\beta}{(\cos\alpha-\cos\beta)\sin^2\vartheta}\left[(3-4\nu)\frac{1-\cos\beta\cos\vartheta}{\sin^2\beta}-\right.\right.\\ &\qquad\left.\left.-(1-2\nu)\frac{1-\cos\alpha\cos\vartheta}{\sin^2\alpha}\right]\right\}.\end{aligned} \tag{17b}$$

Wie man sieht, erfüllt die Lösung (10), (17) auch die Unendlichkeitsbedingung (6). Sie beschreibt, obwohl für das *unendlich* ausgedehnte System konstruiert, näherungsweise den Verschiebungs- und Spannungsverlauf in einer *endlichen* elastisch verformbaren Kegelschale, welche durch eine der Einzelkraft F statisch äquivalente Lastverteilung auf einen starren Innenkegel gedrückt wird (siehe doppelt schraffiert gezeichnetes Gebiet in Abb. 3). In der Tat klingen die Spannungen σ_{rr} und $\sigma_{r\vartheta}$ der konstruierten Lösung (vgl. (17)) mit $1/r^2$ ab, so daß die Bedingung der Lastfreiheit der Schalen*basis* bei hinreichend großer Schalenhöhe h mit guter Näherung erfüllt ist.

Mit Hilfe der aus (17) folgenden Normal- und Schubspannung am Innenmantel $\sigma_{\vartheta\vartheta}(r,\vartheta=\alpha)$ bzw. $\sigma_{r\vartheta}(r,\vartheta=\alpha)$ läßt sich sofort die Haftungsbedingung

$$\tan\alpha\leqq\mu_0 \tag{18}$$

herleiten. Die Lösung (17) bietet ferner — im Unterschied zu numerisch gewonnenen Lösungen — die Möglichkeit, bei konischen Teleskopsystemen die Parameterabhängigkeit der auftretenden Spannungen und Verschiebungen systematisch zu analysieren sowie die Fließlasten auf einfache Weise zu ermitteln [2].

Literatur

1 LURJE, A. I., Räumliche Probleme der Elastizitätstheorie, Akademie-Verlag, Berlin 1963.
2 LENZ, J., Ein mathematisches Modell zur Berechnung des Haft- und Festigkeitsverhaltens von konischen Teleskopkronen, Dtsch. zahnärztl. Z. (erscheint demnächst).

Anschrift: Dr. JÜRGEN LENZ, Institut für Theoretische Mechanik, Universität Karlsruhe, Kaiserstr. 12, D-7500 Karlsruhe 1, BRD

ZAMM 62, T 138 – T 139 (1982)

A. A. LIOLIOS

Upper and Lower Bounds in Unilateral and Nonlinear Structural Elastostatics

1. Introduction

Complementary variational principles and functional analysis methods have been previously used [1–3] in elasticity to provide upper and lower solution bounds, either global (e.g. for the strain energy) or local (for field quantities, e.g. displacements). This has been done for linear [3–5] as well as for geometrically nonlinear [6–7] bilateral problems, where the governing conditions are only equalities. Recently, the unilateral elasticity problems, governed by both equality and inequality-type conditions, have been treated by the variational inequality concept [8], [12]. This paper presents some possibilities for obtaining bounds in such unilateral and nonlinear structural elastostatic problems, described by piecewise-linear constitutive laws.

2. Problem Formulation in Function Space

For simplicity, the matrix notation is followed, as the transition to the tensor field description is trivial. The structure is discretized according to the finite element method. By application of the equivalence principle [9] and in a way similar to plasticity description [10], the behaviour laws of any unilateral (contact, friction, cable-like, holonomic plasticity etc.) problem for the unassembled structure can be written [11]

$$\boldsymbol{e} = \boldsymbol{\varepsilon} + \boldsymbol{\delta} + \boldsymbol{v}; \qquad \boldsymbol{\varepsilon} = \boldsymbol{E}^{-1}\boldsymbol{\sigma} \quad \text{or} \quad \boldsymbol{\sigma} = \boldsymbol{E}\boldsymbol{\varepsilon}, \tag{1a, b}$$

$$\boldsymbol{v} = \boldsymbol{U}\boldsymbol{\mu}; \qquad \boldsymbol{\psi} = \boldsymbol{U}^T\boldsymbol{\sigma} - \boldsymbol{M}\boldsymbol{\mu} - \boldsymbol{r}; \qquad \boldsymbol{r} \geqq \boldsymbol{0}, \tag{2a, b, c}$$

$$\boldsymbol{\mu} \geqq \boldsymbol{0}; \qquad \boldsymbol{\psi} \leqq \boldsymbol{0}; \qquad \boldsymbol{\mu}^T\boldsymbol{\psi} = 0, \tag{3a, b, c}$$

where $\boldsymbol{e}$, $\boldsymbol{\varepsilon}$, $\boldsymbol{\delta}$, $\boldsymbol{v}$ are respectively the total, elastic, dislocation (due to imposed initial strains and prescribed displacements) and unilateral (or deviated from linearity) "natural" strain vectors; $\boldsymbol{\sigma}$ is the total "natural" stress vector; $\boldsymbol{u}$ is the displacement vector; $\boldsymbol{\mu}$, $\boldsymbol{\psi}$, $\boldsymbol{r}$ are respectively the deformation, stress-reaction and resistance vectors of the unilateral constraints; $\boldsymbol{U}$ is the unilateral transformation rectangular matrix; and $\boldsymbol{E}$, $\boldsymbol{M}$ are the "natural" stiffness and unilateral interaction, positive definite, block-diagonal symmetric matrices. The same relations are valid for the piecewise linearised constitutive laws of a nonlinear hyperelastic material, softening or locking [11].

The equilibrium and compatibility conditions for the assembled structure are

$$\boldsymbol{C}^T\boldsymbol{\sigma} = \boldsymbol{p}, \qquad \boldsymbol{C}\boldsymbol{u} = \boldsymbol{e}, \tag{4), (5}$$

where $\boldsymbol{C}$ is the compatibility matrix and $\boldsymbol{p}$ is the load vector (due to body forces and surface tractions). If $\boldsymbol{r}$, $\boldsymbol{C}$, $\boldsymbol{U}$, $\boldsymbol{E}$, $\boldsymbol{M}$ are known and $\boldsymbol{p}$, $\boldsymbol{\delta}$ are properly given, the existence and uniqueness of the solution set $\boldsymbol{u}_0$, $\boldsymbol{e}_0$, $\boldsymbol{\varepsilon}_0$, $\boldsymbol{v}_0$, $\boldsymbol{\mu}_0$, $\boldsymbol{\sigma}_0$, $\boldsymbol{\psi}_0$ can be assured [8].

Each pair $\boldsymbol{\varepsilon}, \boldsymbol{\mu}$ (or $\boldsymbol{\sigma}$, $\boldsymbol{\psi}$) can fully describe an elastic state, with which an element $\boldsymbol{S}$ of a real HILBERT space $\mathcal{H}$ is now associated. As scalar product of two states $\boldsymbol{S}_1$ and $\boldsymbol{S}_2$ is defined the elastic-unilateral interaction energy

$$\boldsymbol{S}_1 \cdot \boldsymbol{S}_2 = \boldsymbol{\varepsilon}_1^T\boldsymbol{E}\boldsymbol{\varepsilon}_2 + \boldsymbol{\mu}_1^T\boldsymbol{M}\boldsymbol{\mu}_2 . \tag{6}$$

Then the squared norm $||\boldsymbol{S}||^2$ equals to the double complementary (or strain) deformation energy for a softening (or locking) hyperelastic material. Eqs. (1)–(6) and the virtual work principle yield further

$$\boldsymbol{S}_1 \cdot \boldsymbol{S}_2 = \boldsymbol{p}_1^T\boldsymbol{u}_2 - \boldsymbol{\sigma}_1^T\boldsymbol{\delta}_2 - (\boldsymbol{\psi}_1 + \boldsymbol{r})^T\boldsymbol{\mu}_2 . \tag{7}$$

Because of (3a, b) the solution state $\boldsymbol{S}_0$ must be sought in a convex subspace of $\mathcal{H}$. Usually $\boldsymbol{S}_0$ cannot be found analytically. Therefore two classes of admissible states are now introduced, which can be constructed numerically by the finite element method [11].

An elastic state $\boldsymbol{S}_\sigma$ with $\boldsymbol{\sigma}_\sigma$ and $\boldsymbol{\psi}_\sigma$ fulfilling (1b), (2), (3b) and (4) is called statically admissible. In contrary, an elastic state $\boldsymbol{S}_\gamma$ with $\boldsymbol{u}_\gamma$, $\boldsymbol{\varepsilon}_\gamma$, $\boldsymbol{e}_\gamma$, $\boldsymbol{\mu}_\gamma$ satisfying (1), (2), (3a) and (5) is called geometrically (or kinematically) admissible. Furthermore, the $\boldsymbol{\mu}_\gamma$ and $\boldsymbol{\psi}_\sigma$ of any pair $\boldsymbol{S}_\gamma$, $\boldsymbol{S}_\sigma$ are connected by (3c). Apparently the sets $\mathcal{H}_\sigma$ of all $\boldsymbol{S}_\sigma$ and $\mathcal{H}_\gamma$ of all $\boldsymbol{S}_\gamma$ are two convex subspaces of $\mathcal{H}$ with $\boldsymbol{S}_0 \equiv \mathcal{H}_\sigma \cap \mathcal{H}_\gamma$.

3. Global and Local Bounds

For two constructed states S_σ and S_γ eq. (7) provides

$$(S_0 - S_\sigma) \cdot (S_0 - S_\gamma) \leqq 0\,, \tag{8}$$

from which global bounds for $||S_0||^2 = S_0^2$ follow ([1], [11]):

$$|S_0^2 - \tfrac{1}{2}(S_\sigma^2 + S_\gamma^2)| \leqq \tfrac{1}{2} \cdot ||S_\sigma - S_\gamma|| \cdot ||S_\sigma + S_\gamma||\,. \tag{9}$$

In order to obtain local bounds for a geometric $F_\gamma(\xi)$ or a static $F_\sigma(\xi)$ field quantity at the point ξ, an appropriate GREEN state $\hat{S}$ is now introduced. Excluding the (singularity) point ξ, $\hat{S}$ fulfills (1)–(5) with $\hat{p} = 0$ and $\hat{\delta} = 0$ in such a way that (7) provides ([3], [11])

$$S_0 \cdot \hat{S} = F_\gamma(\xi) - \hat{\sigma}^T\delta - \mu_0^T(\hat{\psi} + r) = F_\sigma(\xi) + p^T\hat{u} - \hat{\mu}^T(\psi_0 + r)\,. \tag{10}$$

Usually $\hat{S}$, like S_0, cannot be found analytically. Therefore for $\hat{S}$ (in analogy with S_0) statically $\hat{S}_\sigma$ and geometrically $\hat{S}_\gamma$ admissible states are constructed numerically [11]. Then (10) provides

$$S_0 \cdot \hat{S}_\gamma = F_\gamma(\xi) - \delta^T\hat{\sigma}_\sigma - \mu_0^T(\hat{\psi}_\sigma + r)\,, \qquad S_0 \cdot S_\gamma = F_\sigma(\xi) + p^T\hat{u}_\gamma - \hat{\mu}_\gamma^T(\psi_0 + r)\,. \tag{11, (12)}$$

Subtracting (11), (12) and setting

$$F_0(\xi) = F_\gamma(\xi) - F_\sigma(\xi)\,; \qquad F_a(\xi) = p^T\hat{u}_\gamma + \delta^T\hat{\sigma}_\sigma \tag{13}$$

results in

$$S_0 \cdot (\hat{S}_\sigma - \hat{S}_\gamma) = F_0(\xi) - F_a(\xi) + \omega\,. \tag{14}$$

The last term $\omega = \hat{\mu}_\gamma^T(\psi_0 + r) - \mu_0^T(\hat{\psi}_\sigma + r)$, which has caused troubles in bounding procedures [11], can be eliminated by the special admissible choice

$$\hat{\mu}_\gamma = 0\,; \qquad \hat{\psi}_\sigma = -r \tag{15}$$

for $\hat{S}_\gamma$ and $\hat{S}_\sigma$ respectively. Then from (14) and SCHWARZ inequality the following local bounds for $F_0(\xi)$ are obtained

$$|F_0(\xi) - F_a(\delta) - \tfrac{1}{2}(S_\sigma + S_\gamma) \cdot (\hat{S}_\sigma - \hat{S}_\gamma)| \leqq \tfrac{1}{2}\,||S_\sigma - S_\gamma|| \cdot ||\hat{S}_\sigma - \hat{S}_\gamma||\,. \tag{16}$$

4. Concluding Remarks

Formulae (9) and (16) can provide improved numerical results by minimisation of $||S_\sigma - S_\gamma||^2$ and $||\hat{S}_\sigma - \hat{S}_\gamma||^2$. This constitutes a problem of convex (quadratic) optimisation. The presented procedure can be used as a basis for derivation of dual extremum principles or can be specialised in (or extended to) many other similar unilateral problems in elastomechanics and mathematical physics [11].

Acknowledgements

For valuable discussions and for offered hospitality the author thanks Prof. Dr.-Ing. H. STUMPF, Priv.-Doz. Dr. H. ANTES, and Dr. sci. ech. F. LABISCH of Lehrstuhl für Mechanik II, Ruhr-Universität Bochum, BRD.

References

1 SYNGE, J. L., The Hypercircle in Mathematical Physics, Cambridge University Press, 1957.
2 RIEDER, G., Eingrenzungen in der Elastizitäts- und Potentialtheorie, ZAMM 52 (1972), T 340—T 347.
3 STUMPF, H., Eingrenzungsverfahren in der Elastomechanik, Westdeutscher Verlag, Forschungsber. NRW Nr. 2116, Köln 1970.
4 SCHOMBURG, U., Lokale Eingrenzung bei Randwertproblemen der Elastizitätstheorie mit der Methode der finiten Elemente, Dissertation RWTH Aachen, 1972.
5 ANTES, H., Über Fehler und Möglichkeiten ihrer Abschätzung bei numerischen Berechnungen von Schalentragwerken, Habilitation, Ruhr-Universität Bochum, 1979.
6 LABISCH, F., Elastischer Zustand, Hilbertraum und Fehlernorm für das geometrisch nichtlineare Problem der Karmanschen Platte, ZAMM 57 (1977), T 123—T 126.
7 STUMPF, H., The derivation of dual extremum and complementary stationary principles in geometrical non-linear shell theory, Ingenieur-Archiv 48 (1979), 221—237.
8 PANAGIOTOPOULOS, P. D., Ungleichungsprobleme in der Mechanik, Habilitation RWTH Aachen, 1977.
9 NITSIOTAS, G., Die Berechnung statisch unbestimmter Tragwerke mit einseitigen Bindungen, Ingenieur-Archiv 41 (1971), 46—60.
10 MAIER, G., Quadratic Programming and Theory of Elastic-perfectly Plastic Structures, Meccanica 3 (1968), 265—273.
11 LIOLIOS, A., On Dual Extremum Principles and Two-sided Estimates in Unilateral Elastostatics, (under publication).
12 VELTE, W., Direkte Methoden der Variationsrechnung, B. G. Teubner, Stuttgart 1976.

Anschrift: Dr.-Ing. ASTERIOS A. LIOLIOS, Chair of Applied Statics, School of Technology, Aristotle-University of Thessaloniki, Greece

ZAMM 62, T 140 – T 142 (1982)

R. MASTEL / W. WEDIG

Quadratische Optimierung bei statisch unbestimmten Reibungsproblemen

Bei statisch unbestimmten Systemen mit kinematischen Randbedingungen lassen sich die Reaktionen mit dem Satz von MENABREA eindeutig bestimmen. Bei Tragwerken, deren Stützkräfte teilweise durch Reibung aufgebracht werden, treten anstelle der kinematischen Randbedingungen dynamische Randbedingungen in Form von Ungleichungen auf. Betrachtet man die Verlustarbeit der Reibkräfte als Effekt kleiner Größenordnung im Vergleich zur Formänderungsenergie, kann man fordern, daß sich im belasteten Zustand diejenigen Reaktionen einstellen, für die die potentielle Energie minimal wird.

Somit läßt sich die Berechnung der Reaktionen statisch unbestimmter Reibungsprobleme mit l-facher Reibung und weiteren k reibungsfreien Reaktionen als quadratische Optimierungsaufgabe formulieren. Die potentielle Energie

$$V = \boldsymbol{x}^T \boldsymbol{C} \boldsymbol{x} + \boldsymbol{p}^T \boldsymbol{x} + K \tag{1}$$

ist die Zielfunktion. Der Vektor $\boldsymbol{x}$ enthält die nach Bildung eines statisch bestimmten Hauptsystems verbleibenden Reaktionen. Die Elemente der Matrix $\boldsymbol{C}$ und des Vektors $\boldsymbol{p}$ sowie die bezüglich der zu berechnenden Reaktionen konstante Größe K werden über einen Koeffizientenvergleich der potentiellen Energie der Form (1) mit der des betrachteten konkreten Problems ermittelt. Zur exakten mathematischen Formulierung der Reibungsungleichungen müssen Vorzeichenbeschränkungen für die Reib- und Normalkräfte eingeführt werden, wodurch die praktische Berechnung aufgrund der entsprechenden Fallunterscheidungen sehr umfangreich werden kann. Zusammen mit den Reibungsungleichungen führen sie auf die linearen Restriktionen

$$\boldsymbol{A}\boldsymbol{x} \leqq \boldsymbol{b}\,, \qquad \boldsymbol{x} \geqq \boldsymbol{0}\,. \tag{2}$$

Für derartige Aufgaben stellt die Theorie der quadratischen Optimierung Methoden und Sätze zur Lösung des Problems zur Verfügung, so zum Beispiel den unter dem Namen KUHN-TUCKER-Satz bekannten, aus [2] entnommenen

Satz: *Ein zulässiger Vektor $\boldsymbol{x} \in R^n$ ist genau dann Lösung der quadratischen Optimierungsaufgabe*

$$\boldsymbol{x}^T \boldsymbol{C} \boldsymbol{x} + \boldsymbol{p}^T \boldsymbol{x} = \mathrm{Min}\,, \qquad \boldsymbol{A}\boldsymbol{x} \leqq \boldsymbol{b}\,, \qquad \boldsymbol{x} \geqq \boldsymbol{0}\,, \tag{3}$$

falls es Vektoren $\boldsymbol{y} \in R^m$, $\boldsymbol{u} \in R^m$, $\boldsymbol{v} \in R^n$ gibt, für die

$$\boldsymbol{A}\boldsymbol{x} + \boldsymbol{y} = \boldsymbol{b}\,, \qquad \boldsymbol{v} - 2\boldsymbol{C}\boldsymbol{x} - \boldsymbol{A}^T\boldsymbol{u} = \boldsymbol{p}\,, \qquad \boldsymbol{x}^T\boldsymbol{v} + \boldsymbol{y}^T\boldsymbol{u} = 0\,, \tag{4}$$

$$\boldsymbol{u} \geqq \boldsymbol{0}\,, \qquad \boldsymbol{v} \geqq \boldsymbol{0}\,, \qquad \boldsymbol{y} \geqq \boldsymbol{0} \tag{5}$$

gilt.

Als erstes Beispiel für ein statisch unbestimmtes Reibungsproblem wird eine Leiter auf rauhem Boden, die an einer ebenfalls rauhen Wand lehnt, behandelt (Abb. 1). Als Modell der Leiter wird ein Stab der Länge l, der Biegesteife EI und der Dehnsteife EA betrachtet. Die unter dem Winkel α angelehnte Leiter wird im Abstand a von der Wand durch eine vertikal nach unten wirkende Kraft belastet. Die vier Reaktionen müssen außer den Gleichgewichtsbedingungen

$$N_1 - R_2 = 0\,, \qquad N_2 + R_1 = F\,, \; lsN_2 - lcR_2 = Fa \tag{6}$$

mit $s = \sin\alpha$, $c = \cos\alpha$ die Reibungsungleichungen

$$|R_1| \leqq \mu_1 |N_1|\,, \qquad |R_2| \leqq \mu_2 |N_2| \tag{7}$$

erfüllen, woraus mit den zusätzlichen Vorzeichenbeschränkungen

$$R_1 \geqq 0\,, \qquad R_2 \geqq 0\,, \qquad N_1 \geqq 0\,, \qquad N_2 \geqq 0 \tag{8}$$

die Ungleichungen

$$R_1 \leqq \mu_1 N_1\,, \qquad R_2 \leqq \mu_2 N_2 \tag{9}$$

folgen. Wählt man R_1 als verbleibende statisch Unbestimmte und legt man bei der Berechnung der potentiellen Energie die Voraussetzungen der technischen Festigkeitslehre zugrunde, ergibt sich die dazugehörige quadratische Optimierungsaufgabe entsprechend (1) und (2)

$$\boldsymbol{x}^T \boldsymbol{C} \boldsymbol{x} + \boldsymbol{p}^T \boldsymbol{x} + K = \mathrm{Min}, \qquad \boldsymbol{A}\boldsymbol{x} \leqq \boldsymbol{b}\,, \qquad \boldsymbol{x} \geqq \boldsymbol{0} \tag{10}$$

mit

$$\boldsymbol{x} = [R_1]\,, \qquad \boldsymbol{C} = [l/2EAc^2]\,, \qquad \boldsymbol{p} = [F(a/s - l)/EAc^2]\,,$$

$$K = \frac{1}{2} F^2 \left\{ \left(s - \frac{a}{l}\right)^2 \left(\frac{as}{EAc^2} + \frac{1}{3EI}\left(\frac{a}{s}\right)^3\right) + \left(l - \frac{a}{s}\right) \cdot \left(\frac{1}{EAc^2}\left(1 - \frac{as}{l}\right)^2 + \frac{1}{3EI}\left(\frac{a}{l}\right)^2 \left(l - \frac{a}{s}\right)^2\right) \right\},$$

$$\boldsymbol{A}^T = \left[1 + \mu_1 \frac{s}{c}, \mu_2 - \frac{s}{c}, 1, 1\right], \qquad \boldsymbol{b}^T = \left[\mu_1\left(\frac{s}{c} - \frac{a}{lc}\right), \mu_2 - \frac{s}{c} + \frac{a}{lc}, 1 - \frac{a}{ls}, 1\right] F\,.$$

Die graphische Lösung dieser Optimierungsaufgabe für eine bestimmte Lage a des Kraftangriffspunktes zeigt Abb. 1. Als Schnittpunkt der Wirkungslinien der Last $\boldsymbol{F}$ sowie derjenigen Widerstandskräfte $\boldsymbol{W}_1 = \boldsymbol{R}_1 + \boldsymbol{N}_1$ und $\boldsymbol{W}_2 = \boldsymbol{R}_2 + \boldsymbol{N}_2$, die den Gleichgewichtsbedingungen und den Reibungsungleichungen genügen und die die potentielle Energie zum Randminimum machen, ist der Punkt 0 auf der oberen Begrenzungslinie des Reibkegels für den Wandstützpunkt markiert. Mit Hilfe des zitierten Satzes läßt sich einfach beweisen, daß für

$$ls(s/c - \mu_2)(1 + \mu_1\mu_2)^{-1} < a < ls, \qquad R_1 = \mu_1 N_1 = \mu_1(s/c - a/lc)(1 + \mu_1 s/c)^{-1} F \tag{11}$$

die optimale Lösung von (10) ist, welche stets auf ein Randminimum der potentiellen Energie führt. Die restlichen Reaktionen werden aus (6) ermittelt.

Zum qualitativ gleichen Ergebnis kommt man für $a > ls$, wie der graphischen Lösung der dazugehörigen quadratischen Optimierungsaufgabe (Abb. 2) entnommen werden kann.

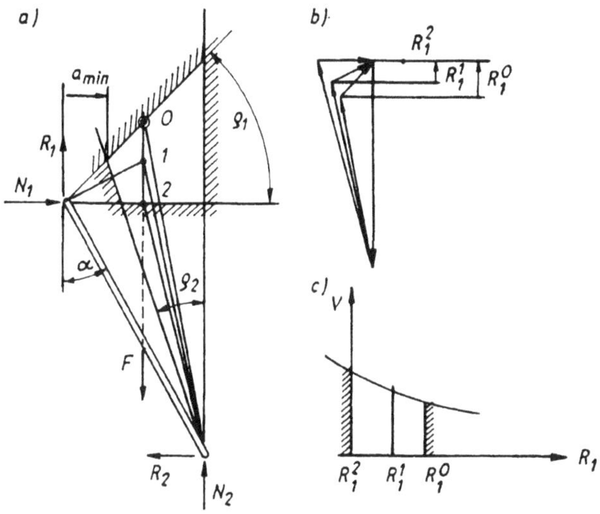

Abb. 1. a) Lageplan mit zulässigem Gebiet, b) Kräfteplan, c) qualitativer Verlauf der potentiellen Energie für das Leiterproblem mit $a < ls$

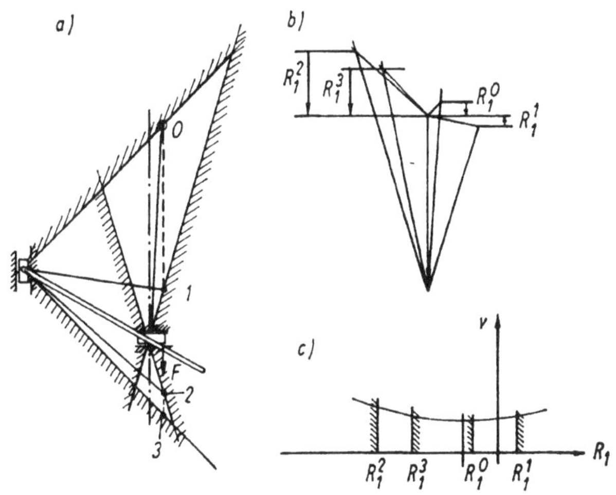

Abb. 2. a) Lageplan mit zulässigem Gebiet b) Kräfteplan, c) qualitativer Verlauf der potentiellen Energie für das Leiterproblem mit $a > ls$

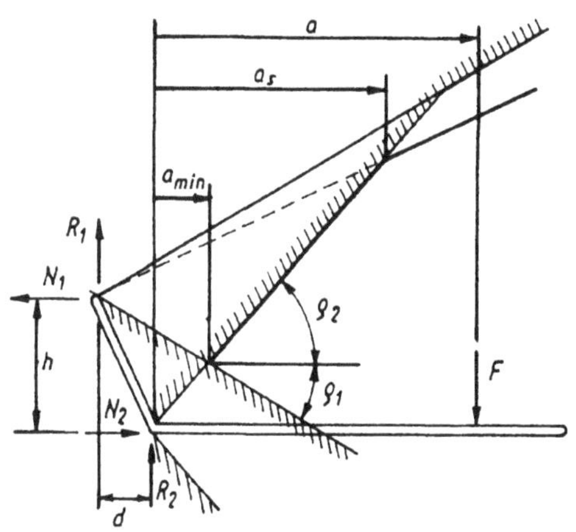

Abb. 3. Lageplan, zulässiges Gebiet und optimale Lösung des Steigeisenproblems

Ein weiteres einfaches Beispiel ist das Steigeisen (Abb. 3), für das neben Randminima nun auch relative Minima mit verschwindender Steigung die optimale Lösung darstellen. Gilt für den Abstand a des Kraftangriffspunktes vom rechten Stützpunkt

$$(h - \mu_1 d)(\mu_1 + \mu_2) < a < (1 + (d/h)^2)\, h(\mu_2 - d/h)^{-1}, \tag{12}$$

so führt die optimale Lösung

$$R_2 = \mu_2 N_2 = \mu_2(d + a)(h + \mu_2 d)^{-1} F \tag{13}$$

auf ein Randminimum der potentiellen Energie. Für

$$a > (1 + (d/h)^2)\, h(\mu_2 - d/h)^{-1} \tag{14}$$

läßt sich die optimale Lösung

$$R_2 = R_{2\text{opt}} = (1 + ad/(h^2 + d^2))\, F \tag{15}$$

aus $\partial V/\partial R_2 = 0$ berechnen, was einem relativen Minimum der potentiellen Energie entspricht. Die Ortslinie des Schnittpunktes der drei Wirkungslinien der Kräfte $\boldsymbol{W}_1 = \boldsymbol{R}_1 + \boldsymbol{N}_1$, $\boldsymbol{W}_2 = \boldsymbol{R}_2 + \boldsymbol{N}_2$ und $\boldsymbol{F}$ verläuft für (12) längs der oberen Begrenzungslinie des Reibkegels für den rechten Stützpunkt und knickt für (14) in das zulässige Gebiet ein.

Literatur

1 Hamel, G., Elementare Mechanik, Verlag und Druck von B. G. Teubner, Leipzig/Berlin 1922.
2 Collatz L.; Wetterling, W., Optimierungsaufgaben, Springer-Verlag, Berlin/Heidelberg/New York 1966.

Anschrift: Dipl.-Ing. R. Mastel, Institut für Technische Mechanik, Universität Karlsruhe, Kaiserstr. 12, D-7500 Karlsruhe, BRD; Professor Dr.-Ing. W. Wedig, Institut für Technische Mechanik, Universität Karlsruhe, Kaiserstr. 12, D-7500 Karlsruhe, BRD

ZAMM 62, T 142 – T 143 (1982)

I. M. Mihovsky

Plane Strain Plastic Deformation of a Porous Medium

Introduction

Plastic deformation processes in real porous materials are known often to result in a specific type of strain localization by formation of dilational bands [1]. A process of rapid change in the porosity is observed within these thin bands with, as a rule, consequent fracture along surfaces situated within the bands. To find out the possible mechanisms of formation of such bands is a problem of obvious interest. This problem forms the matter of the present short communication.

1. Basic Assumptions

A standard dilational approach [2, 3] is applied in the following, i.e. use is made of the assumption that the porous material under consideration obeys an yield condition of the form

$$3s_{ij}s_{ij}/2 + \alpha^2(\theta)\,\sigma^2 - \beta^2(\theta)\,\sigma_s^2 = 0\,, \qquad (i, j = 1, 2, 3) \tag{1}$$

and that the concept of the associated flow rule applies with the yield function serving as a plastic potential. This implies the following relations between the stresses σ_{ij} and the plastic strain rates ξ_{ij}:

$$\xi_{ij} = \lambda[\sigma_{ij} - (1 - 2\alpha^2/9)\,\sigma\delta_{ij}]\,, \qquad (i, j = 1, 2, 3) \tag{2}$$

where $\sigma = \sigma_{ij}\delta_{ij}/3$ is the mean stress, $s_{ij} = \sigma_{ij} - \sigma\delta_{ij}$, σ_s is the tensile yield stress of the matrix material, λ is a nonnegative factor, δ_{ij} is the Kronecker delta, α and β are functions of the porosity θ. Expressions for the latter functions are proposed in [2, 3].

2. Scheme of Analysis and Basic Results

Let $0x_1x_2$ be the plane of deformation and σ_1, σ_2 be the principal stresses in this plane. It could be then easily verified that the assumptions just accepted together with the considered condition of plane strain ($\xi_{33} = \xi_{3i} = 0$, $i = 1, 2$) result in the conclusion that the yield condition, eqn. (1), is presented in the (σ_1, σ_2)—plane by the ellipse

$$\left.\begin{matrix}\sigma_1\\ \sigma_2\end{matrix}\right\} = \frac{\beta\sigma_s}{\sqrt{3}\sin\varphi}\cos(\omega \mp \varphi) \tag{3}$$

where

$$\operatorname{tg}\varphi = \alpha\sqrt{3}/(9 + \alpha^2)^{1/2}\,, \qquad \cos\omega = \sigma\alpha(9 + \alpha^2)^{1/2}/3\beta\sigma_s\,. \tag{4}$$

According to eqs. (3), (4) the dimensions of the yield ellipse depend in an obvious way upon the current porosity values which actually means that the porosity itself may play both hardening or softening role. The angle ω, eqs. (4), defines the position over the yield ellipse of the point which in the stress space presents the state of stress in a given point of the porous body. This angle depends on the current porosity as well.

Certain analogy with the classical plane stress plasticity problem for perfectly-plastic incompressible materials is obvious, cf. [4]. In the latter case the ellipse is fixed and $\varphi = \pi/6$.

A standard procedure (cf. [4]) shows that the stress state in a point of a given body is hyperbolic, parabolic or elliptic depending upon whether the angle ω satisfies one of the three conditions

$$(\varphi < |\omega| < \pi - \varphi)\,, \qquad (|\omega| = \varphi \text{ or } |\omega| = \pi - \varphi) \text{ or } (|\omega| < \varphi \text{ or } \pi - \varphi < |\omega| < \pi)\,,$$

respectively. Two nonorthogonal families of real characteristics exist in the first two cases with equations

$$dx_2/dx_1 = \operatorname{tg}(\varepsilon \pm \psi) \tag{5}$$

where ε is the angle between the σ_1-direction and the axis $0x_1$ and the angle ψ is introduced through the relation

$$\cos 2\psi = \operatorname{ctg}\omega/\operatorname{ctg}\varphi\,. \tag{6}$$

The stresses acting along the characteristics are found to follow the simple relation

$$\sigma_{tt} = \sigma_{nn} \cos 2\varphi \tag{7}$$

where t and n denote the tangential and normal directions in a point of a characteristic line.

Simple considerations show further that the characteristics of the velocity field coincide with these of the stress field, eqs. (5), and that velocity discontinuities are possible only along the characteristic directions. Moreover, in contrast to the classical plane strain problem, discontinuities in the normal velocity component v_n are possible in the considered case of a plastically compressible material as in the classical plane stress problem. Since a porous medium with a plastically incompressible matrix material is considered then, because of the standard definition $\xi_{nn} = \partial v_n/\partial n$ and the obvious relation $\xi_{nn} + \xi_{tt} = \dot{\theta}/(1 - \theta)$ with $\dot{\theta}$ being the rate of porosity change, a discontinuity in the v_n velocity is just equivalent to a rapid change in the porosity or, in other words, to the formation of a dilational band. The latter may thus appear only along the characteristic directions.

Of special interest are the parabolic states of stress when $|\omega| = \varphi$ or $|\omega| = \pi - \varphi$. In these cases both families of characteristics converge into one ($\psi = 0$, eqn. (6)) and according to the associated flow rule a regime of deformation with $|\xi_{nn}| \to \infty$ developes along the lines of a parabolic stress state. This means that with the very appearance of such lines the latter transform into dilational bands. The situation is analogous to the one observed in the classical plane stress problem where the occurrence of lines of parabolic state of stress results in the well known „necking“ (cf. [4]) along the same lines.

3. Example

It should be mentioned that when applying the approach described above to solving concrete problems one has as a rule to treat the problems numerically. Useful closed form solutions could be obtained by means of acceptable simplifying assumptions. For example the known concept of a rigid-plastic body could be used in the presence of stress concentrators.

Following this concept consider the problem of expansion of a cylindrical hole in an infinite porous medium under internal presure. The analysis shows then that at a value $p = \beta(\theta_0)\, \sigma_s/\sqrt{3} \sin \varphi_0$ (θ_0 being the initial porosity, $\varphi_0 = \varphi(\theta_0)$) of the applied pressure a parabolic state of stress occurs over the edge of the hole where a rapid decrease in the porosity (free plastic dilation) takes simultaneously place. The edge of the hole transforms thus into a dilational band within which as it should be expected the fracture process initiates.

Acknowledgements

The support of the Alexander von Humboldt Foundation is greatfully acknowledged.

References

1 Berg, C. A., Plastic Dilation and Void Interaction. In: Kanninen, M. F. et al. (Ed.), Inelastic Behaviour of Solids, Mc Graw-Hill 1970.
2 Green, R. J., A Plasticity Theory for Porous Solids, Int. J. Mech. Sci. **14** (1970), p. 215—224.
3 Shima, S., Ph. D. Dissertation, Kyoto University 1975.
4 Kachanov, L. M., Foundations of the Theory of Plasticity, North-Holland Publ. Comp. Amsterdam/London 1971.

Anschrift: Dr. Ivan M. Mihovsky, Sofia University, Dept. Math. and Mechanics, PO Box 373, Sofia 1090, Bulgaria

ZAMM 62, T 143 – T 145 (1982)

W. Muschik

Prinzip der Objektivität, Rahmenforderung oder Naturgesetz?

„Bis heute gibt es keine klare Formulierung des relativistischen Prinzips der Objektivität“ [1] und damit ist auch die Bedeutung nichtrelativistischer Formulierungen zweifelhaft [2, 3]. Daher soll hier eine sowohl im Relativistischen als auch im Nichtrelativistischen gültige Analyse des Prinzips gegeben werden.

Eine Menge von Bezugssystemen $\mathcal{B}$ wird Beobachter genannt, wenn zwischen je zwei dieser Bezugssysteme eine beobachterinvariante Transformation [4] der Orts- und Zeitkoordinaten besteht:

$$\hat{x}^a \equiv (\hat{x}^\alpha, \hat{t}) = f^a(x^\alpha, t), \qquad \exists f^{-1}, \qquad \alpha = 1, 2, 3 \tag{1}$$

mit

$$\partial \hat{x}^\alpha / \partial t = 0, \tag{2}$$

wobei die die Bezugssysteme kennzeichnenden Basissysteme gemäß

$$\hat{e}_k(\hat{x}^a) = g_k^j e_j(x^a) \tag{3}$$

und Tensorkomponenten wie üblich gemäß

$$\hat{A}^k = (g^{-1})_l^k A^l, \ldots \tag{4}$$

transformiert werden. Physikalische Größen sind daher als auf Beobachter eingeschränkte Tensoren darstellbar („private" Tensorformulierung)

$$\boldsymbol{A} = A^k \boldsymbol{e}_k = \hat{A}^k \hat{\boldsymbol{e}}_k = \ldots, \tag{5}$$

$$\boldsymbol{W} = W^{ik} \boldsymbol{e}_i \boldsymbol{e}_k = \hat{W}^{ik} \hat{\boldsymbol{e}}_i \hat{\boldsymbol{e}}_k = \ldots. \tag{6}$$

Ein Beobachterwechsel $\mathcal{B} \to \mathcal{B}^*$

$$x^{*a} = f^a(x^a), \qquad \partial x^{*\alpha}/\partial t \neq 0 \tag{7}$$

bewirkt i. a. eine Transformation der Tensoren

$$(\boldsymbol{A}^*, \boldsymbol{W}^*, \ldots) = B(\boldsymbol{A}, \boldsymbol{W}, \ldots), \tag{8}$$

$$\exists B^{-1}, \quad \text{i. a.} \quad B \neq 1. \tag{9}$$

Eine beobachterunabhängige Zeit τ (die absolute Zeit der nichtrelativistischen Physik oder die materielle Eigenzeit [5]) gestattet die übliche Definition von Prozessen und deren Geschichten und damit die Formulierung von Materialabbildungen $\mathcal{L}$ und $\mathcal{L}^*$ für die verschiedenen Beobachter $\mathcal{B}$ und $\mathcal{B}^*$

$$\mathcal{B}\ : x^a\colon\ \mathfrak{z}(\tau) = \mathcal{L}(\mathfrak{y}^\tau(\cdot)), \tag{10}$$

$$\downarrow f^a \quad \downarrow B \qquad \downarrow \tilde{B}^{-1}$$

$$\mathcal{B}^*\colon x^{*a}\colon \mathfrak{z}^*(\tau) = \mathcal{L}^*(\mathfrak{y}^\tau(\cdot)). \tag{11}$$

Hierbei sind $\mathfrak{y}$ bzw. $\mathfrak{z}$ die Mengen der Tensoren des thermokinematischen bzw. kalorodynamischen Prozesses in $\mathcal{B}$. Für den Wechsel B des Beobachters $\mathcal{B} \to \mathcal{B}^*$ gilt das Identifizierungsempirem [5]:

$$\mathcal{L}^* = B\mathcal{L}\tilde{B}. \tag{12}$$

Existiert nun genau eine Tensorformulierung für alle Beobachter, d. h. $B = 1$ gemäß (8), so heißt die Theorie kovariant, und man erhält die ZAREMBA-JAUMANN-Form des Prinzips der Objektivität

$$\mathcal{L}^* = \mathcal{L}. \tag{13}$$

Werden nun zwei gegeneinander bewegte Stoffe $\mathcal{L}$ und $\mathcal{L}'$ in $\mathcal{B}$ betrachtet,

$$\mathcal{B}\colon x^a\colon \mathfrak{z}(\tau) = \mathcal{L}(\mathfrak{y}^\tau(\cdot)), \tag{14}$$

$$\downarrow \chi_\tau \ \downarrow H_\tau \qquad \downarrow ?$$

$$\mathcal{B}\colon x'^a\colon \mathfrak{z}'(\tau) = \mathcal{L}'(\mathfrak{y}'^\tau(\cdot)), \tag{15}$$

so wird ihre Identität durch die für alle $\mathfrak{y}^\tau(\cdot)$ bestehende Beziehung

$$\exists H_{(\cdot)}\colon \mathcal{L}' = H_\tau \mathcal{L} \tilde{H}_{(\cdot)} \tag{16}$$

definiert. Die beiden Beobachter werden nun so gewählt, daß $\mathcal{B}$ in x^a und $\mathcal{B}^*$ in x'^a materiell ruhen. Für die zugehörigen Basen gilt dann

$$\boldsymbol{e}_k^*(x'^a) = G_\tau \cdot \boldsymbol{e}_k(x^a), \tag{17}$$

und aus (12) und (16) folgt

$$\mathcal{L}'^* = BH_\tau \mathcal{L} \tilde{H}_{(\cdot)} \tilde{B}. \tag{18}$$

Die HOOKE-POISSON-CAUCHY-Form der Objektivität ist durch

$$G_\tau = BH_\tau, \qquad \tilde{G}_{(\cdot)} = \tilde{H}_{(\cdot)} \tilde{B} \tag{19}$$

definiert. Wegen der daraus folgenden Beziehung für die Matrizen von $\mathcal{L}$ und $\mathcal{L}'^*$

$$L^{ik} = L'^{*ik} \tag{20}$$

bedeutet (19), daß $\mathcal{B}$ und $\mathcal{B}^*$ als Ruhbeobachter, obgleich beliebig zueinander bewegt, komponentenweise dasselbe Material feststellen. Genau diese Aussage und damit die HPC-Form der Objektivität ist bestritten worden, wogegen die ZJ-Form für kovariante Theorien wegen des unverzichtbaren Identifizierungsempirems gültig ist.

	2 Beobachter	2 Stoffe
Definition	Identifizierungs-empirem	Identität bewegter Materialien
Rahmen-forderung	Kovarianz ZJ-Form	Objektivität HPC-Form

Literatur

1 LIANIS, G.; PAPASTAVRIDIS, J. G., The Proper Rigid Frame and the Principle of Objectivity, Nuovo Cim. 38B, 37–60 (1977).
2 EDELEN, D. G. B.; MCLENNAN, J. A., Material Indifference: A Principle or a Convenience, Int. J. Engng. Sci. 11, 813–817 (1973).
3 MÜLLER, I., On the Frame Dependence of Electric Current and Heat Flux in a Metal, Acta Mechanica 24, 117–128 (1976).
4 SCHMUTZER, E., Relativistische Physik, Teubner, Leipzig 1968, III § 3. A.
5 MUSCHIK, W.; BRUNK, G., Bemerkungen zur Objektivität und zur materiellen Indifferenz bei beliebigem Wechsel des Bezugssystems, ZAMM 57, T 108–110 (1977).

Anschrift: Prof. Dr. W. MUSCHIK, Institut für Theoretische Physik, Sekr. HAD 1, Technische Universität Berlin, Hardenbergstr. 4–5, 1000 Berlin(West) 12

ZAMM 62, T 145 – T 147 (1982)

U. PAHNKE

Eine geschlossene Lösung und ihre Eindeutigkeit bei Reibkopplung elastischer Körper am Beispiel mehrteiliger Eisenbahnbrücken mit Temperaturänderung

Bei der temperaturbedingten Längenänderung von Eisenbahnbrücken werden Schubkräfte in Längsrichtung der Brücke über das Schotterbett auf die durchgehend geschweißten Schienen übertragen. Diese Schubkräfte zwischen Schiene und Brücke entstehen nach den meßbaren Längsverschiebewiderstandsgesetzen (LWG) der (Abb. 1), welche ausgeprägte nichtlineare Eigenschaften aufweisen und von Imponderabilien der Witterung und der Belastung abhängen. Zur Nachrechnung gemessener Verläufe und Spitzenwerte der Schienenlängskraft infolge der Temperaturänderung von Eisenbahnbrücken sind linearisierte LWG als konstante, lineare Koppelgesetze wegen großer Relativverschiebungen zwischen Schiene und Brücke häufig nicht geeignet [1, 2]. Beim Ansatz COULOMBscher Reibung als Koppelgesetz zwischen der längselastischen Schiene und der Brücke ergeben sich dagegen um so bessere Näherungslösungen, je länger das Tragwerk ist [2, 3].

Bei stark unterschiedlichen Stützweiten kann ein System mehrteiliger Überbauten gewählt werden, die alle mit horizontalen Gleitlagern versehen sind, um die Schienenlängsspannung aus Temperaturänderung der Überbauten unter den zulässigen Werten zu halten (Abb. 2). Maßnahmen zur Längskraftreduzierung sind grundsätzlich zu ergreifen, denn die vielfältig aus Verkehrslasten beanspruchte Schiene weist bereits aus ihrer eigenen Temperaturänderung ΔT_s so große Längskräfte auf, daß insbesondere zur Erhaltung der Knicksicherheit des Gleises nur relativ kleine zusätzliche Längskräfte auf Brücken aus deren Temperaturänderung ΔT_B, Bremsen und Anfahren entstehen dürfen. Auftretende Horizontalkräfte aus dem Bremsen und Anfahren lassen sich auf solchen gleitend gelagerten Brücken zum Teil durch elastische RSB-Stäbe [4], an welchen die Überbauten befestigt sind, oder durch Kriechkopplungen zwischen den Überbauten, die als Dämpfer [5] oder durch ein spezielles Elastometer [6] wirken, bis in die Endwiderlager weiterleiten. Unvermeidlich sind dagegen die zusätzlichen Schienenlängskräfte aus der Temperaturänderung der Überbauten ΔT_B. Analytische Methoden zu ihrer Berechnung in dem hochgradig statisch unbestimmten System (Abb. 2) wurden in [7 und 2] gezeigt. Sie sind beim Ansatz COULOMBscher Reibung oft sehr viel weniger aufwendig als numerische Verfahren. Besonders einfache ingenieurmäßige Lösungen für den Längskraftverlauf in den Schienen ergeben sich bei gleitend gelagerten Brückensystemen (Abb. 2) aus einem Verschiebungsansatz unter der praktisch gegebenen Voraussetzung, daß der Brückenquerschnitt sehr viel größer als der Schienenquerschnitt ist. Von der gesuchten Lösung lassen sich nach [2] folgende charakteristische Merkmale angeben:

1. Der Längskraftverlauf in der Schiene ist stückweise linear.

2. Die Knickpunkte im Längskraftverlauf der Schiene liegen an den Überbauenden und im mittleren Bereich der Überbauten, wo die Relativverschiebungen zwischen Schiene und Brücke gleich Null werden.

3. Die Steigung der Geradenstücke wird durch die Größe der COULOMBschen Reibwerte q auf der Brücke und q_1 auf dem Damm bestimmt.

4. Für die extremen Temperaturänderungen der Brücke max $\Delta T_B \approx \pm 30$ K weisen die Lösungen mit realen Reibwerten q und Schienenlängssteifigkeiten $E_S \cdot A_S$ bei Überbaulängen $25\text{ m} < l_i < 80\text{ m}$ bezüglich der Schienenlängsspannung einen Zusammenhang mit den Überbaulängen l_i von ΔT_B auf; denn für diese l_i ändert sich der Längskraftverlauf in der Schiene ab einem $|\Delta T_B| < \max |\Delta T_B|$ nicht mehr, weil außer in Überbaumitte das Durchrutschen stattfindet.

5. Bezüglich des Vorzeichens weist die Lösung Symmetriebedingungen mit dem Vorzeichen von ΔT_B auf.

Darüber hinaus verlangen die Gleichgewichtsbedingungen wegen der Gleitlager nach Abb. 2, daß die unbekannte Schienenlängskraft P an allen Überbauenden gleich groß ist. Solange die Überbaulängen (für $l_i \lessapprox 80$ m) keinen trapezförmigen Verlauf der Schienenlängskraft hervorrufen (dieser Fall wurde in [2] gelöst), lassen sich unabhängig

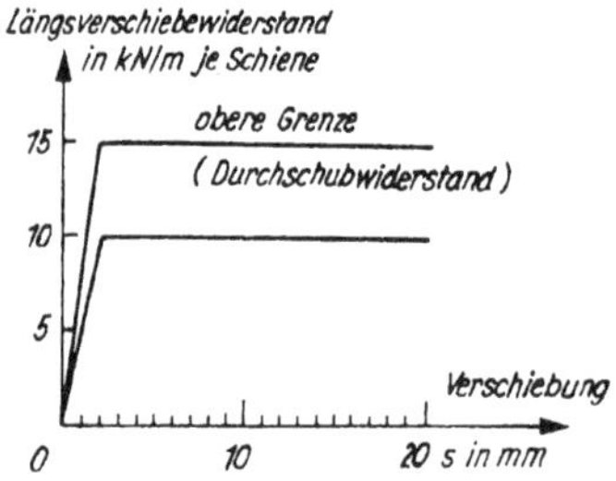

Abb. 1. Idealisierte Längsverschiebewiderstandsgesetze

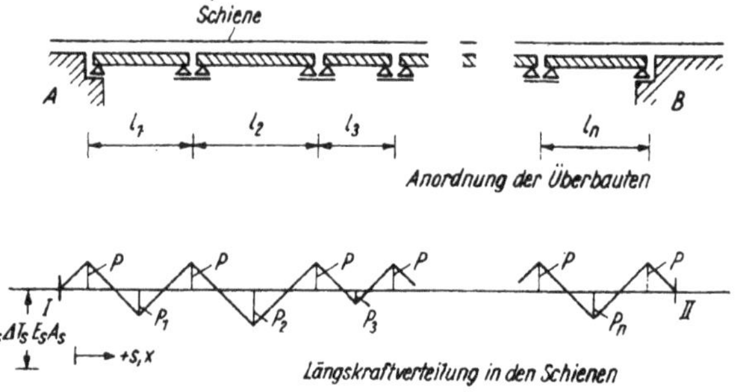

Abb. 2. Verschieblich gelagerte Brücke mit Längskraftverteilung in den Schienen aus dem Lastfall Temperaturänderung der Überbauten

vom Vorzeichen des ΔT_B aber für $|\Delta T_B| = \max |\Delta T_B|$ mit Hilfe der noch unbekannten Schienenlängskraft P an den Überbauenden die Beträge der Schienenlängskraft P_i in den Überbaumitten berechnen. Die Beträge sind wegen der Möglichkeit beider Vorzeichen von ΔT_B anzusetzen und es bestehe keine andere Belastungsvorgeschichte oder ein Zwischenzustand

$$|P_i| = ||P| - q \cdot l_i/2| \,. \tag{1}$$

Zur Einhaltung der Kompatibilitätsbedingungen muß für die Dehnungen der Schiene $\mathscr{E}_S$ zwischen den Punkten I und II der Abb. 2 gelten, daß

$$\int_{I}^{II} \mathscr{E}_{S(x)}\, dx = s_{II} - s_I = \Delta_S = 0 \tag{2}$$

ist, wenn der reine Lastfall ΔT_B vorliegt. Ist $P_{(x)}$ die Schienenlängskraft an der Stelle x, so folgt wegen $\mathscr{E}_{S(x)} = P_{(x)}/E_s \cdot A_s$ aus dieser Kompatibilitätsbedingung, daß das Integral über die Schienenlängskraftfläche gleich Null ist. Für jede axiale äußere Belastung auf einem geraden Stab, der an seinen Enden starr gehalten ist, gilt ohnehin, daß das Integral über seine Längskraftfläche gleich Null ist, sofern in ihm Quellenfreiheit vorliegt (z. B. $\Delta T_S = 0$). Setzt man diese Bedingung als Funktion der Extremwerte der Schienenlängskräfte P und P_i für die n Überbauten an, so ergibt sich für das Längskraftintegral nach Abb. 2 unabhängig vom Vorzeichen des ΔT_B:

$$0 = n \cdot P^2/q + P^2/q_1 - \sum_{i=1}^{n} P_i^2/q \,. \tag{3}$$

Hierin stellt nach Abb. 2 der erste Term den Flächeninhalt der Dreiecke an den Überbauenden, der zweite den der Dreiecke auf dem Damm und der dritte den der Dreiecke in den Überbaumitten dar. Die P_i in (3) lassen sich durch Einsetzen von (1) in (3) eliminieren und man erhält dadurch und nach Auflösung einer quadratischen Gleichung in $|P|$:

$$|P| = -q_1 \sum_{i=1}^{n} l_i/2 \pm \sqrt{\left(q_1 \sum_{i=1}^{n} l_i/2\right)^2 + q q_1 \cdot \sum_{i=1}^{n} l_i^2/4} \,. \tag{4}$$

Der Betrag von P läßt in dieser Gleichung nur das positive Vorzeichen zu. Die Eindeutigkeit des Ergebnisses ist also über das $|P|$ aus (1) und damit über die physikalische Aussage von Punkt 5. definiert, daß bei im übrigen unveränderten Parametern eine Symmetrie der Längskraftzustände für positive und negative Temperaturänderung ΔT_B erhalten bleiben soll. Werden Zugkräfte in der Schiene positiv definiert, so läßt sich das Vorzeichen von P bezüglich des Vorzeichens ΔT_B rein anschaulich nach Abb. 2 definieren, so daß sich mit (4) ergibt:

$$P = -\frac{\Delta T_B}{|\Delta T_B|} \cdot \left[-q_1 \sum_{i=1}^{n} l_i/2 + \sqrt{\left(q_1 \sum_{i=1}^{n} l_i/2\right)^2 + q q_1 \sum_{i=1}^{n} l_i^2/4}\,\right] . \tag{5}$$

Dieser geschlossenen Lösung des physikalisch nichtlinearen Problems ist noch die Gleichung für die Verschiebung der Überbauten infolge ΔT_B hinzuzufügen, die bei der möglichst zwängungsfreien Anordnung von Befestigungsstellen elastischer Stäbe zur Bremskraftabtragung benötigt wird. Infolge ΔT_B verschiebt sich (aus den vorherigen Überlegungen hergeleitet) die Mitte des i-ten Überbaus um

$$s_i = -\left[q P^2/2q_1 + P^2 \cdot (2i - 1)/2 - \sum_{k=0}^{i-1} P_k^2 - P_i^2/2\right] \cdot \Delta T_B / |\Delta T_B|\, q \cdot E_S \cdot A_S \quad \text{mit} \quad P_0 = 0 \,, \tag{6}$$

wobei für die Zählrichtung von i die positive x-Richtung nach Abb. 2 einzuhalten ist. Absolute Ruhepunkte der Überbauten bei ΔT_B und damit zwängungsfreie Befestigungspunkte für Stäbe zur Bremskraftabtragung liegen in den Abständen $x_i = -s_i/\alpha_B \cdot \Delta T_B$ von den Überbaumitten.

Das hier gewählte Beispiel ist insofern von Bedeutung, als sich an ihm die Eindeutigkeit von Lösungen anders aufgelagerter Brückensysteme demonstrieren läßt. Da wegen beliebiger Längen l_i keine Symmetrie der Spitzenwerte in Abb. 2 und Gleichung (5) vorausgesetzt wurde, sondern lediglich die Vorzeichensymmetrie nach Punkt 5, kann darauf geschlossen werden, daß auch bei beliebiger Anordnung fester Auflager in Lastfall ΔT_B nur eine Lösung existiert. Für andere Klassen des Reibungsproblems elastischer Körper wurde die Eindeutigkeit in [8, 9] nachgewiesen.

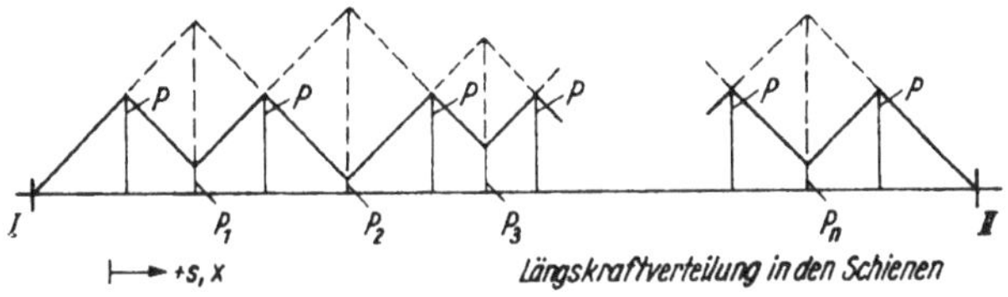

Abb. 3. Längskraftverlauf in der Schiene bei einer Abstandsänderung Δs der beiden Endscheiben A und B in Abb. 2

Hätten wir unter Vernachlässigung der Symmetriebedingung in (1) und (4) das P statt $|P|$ zugelassen, so hätte auch das negative Wurzelvorzeichen aus (4) eine Lösung geliefert, für die aber die Kompatibilitätsbedingung (2) und (3) nicht gilt und das Integral der Schienenlängskraftfläche ungleich Null wird. Der Vollständigkeit halber wollen wir auch für diesen erdbebenähnlichen Lastfall $s_{II} - s_I = \Delta s \neq 0$ nach Abb. 3 mit gegenseitiger translatorischer Starrkörperverschiebung der beiden Dammbereiche die Lösung für die Schienenlängskraft angeben. Ist $\Delta s > 0$ bei Vergrößerung des Abstandes der beiden Dammbereiche und wird eine Zugkraft in der Schiene $P > 0$ definiert, so gewinnt man nach Abb. 3 für $\Delta s_{(P)}$ folgende Gleichung:

$$E_S \cdot A_S \cdot \Delta s = \left[P^2/q_1 + |P| \sum_{i=1}^{n} l_i \pm q \cdot \sum_{i=1}^{n} (l_i/2)^2\right] \cdot P/|P| \,, \tag{7}$$

in der der erste Term des Klammerausdruckes aus dem Dammbereich, der zweite aus der konstanten Dehnung der Schiene auf der Brückengesamtlänge und der dritte aus den n Überbaubereichen stammt. Da das Vorzeichen dieses dritten Termes von der Belastungsvorgeschichte abhängt, kann es nur aus der aktuellen Situation definiert werden und liefert insofern eine Mehrdeutigkeit der Lösung. Zwischenzustände mit mehr als einem Neigungswechsel je Überbau in der Längskraftfläche sind in (7) nicht enthalten. Der Betrag von P im zweiten Term der Klammer ist hier wegen der Vorzeichensymmetrie von P und Δs einzuführen. Nach Umformung von (7) und Auflösung der quadratischen Gleichung in P erhält man mit $\Delta s \cdot P/|P| = |\Delta s|$ zunächst das Ergebnis für $|P|$, womit das Wurzelvorzeichen definiert ist, und hat bei der expliziten Darstellung von P das Vorzeichen von Δs so anzuordnen, daß die folgende Gleichung entsteht:

$$P = \left[-q_1 \sum_{i=1}^{n} l_i/2 + \sqrt{\left(q_1 \sum_{i=1}^{n} l_i/2\right)^2 \mp q q_1 \sum_{i=1}^{n} l_i^2/4 + |\Delta s| \, E_S A_S}\,\right] \cdot \Delta s/|\Delta s| \,. \tag{8}$$

Zwei Ergebnisse von (8) sind in Abb. 3 qualitativ dargestellt.

Literatur

1 Pahnke, U., Die Bedeutung der Nichtlinearität im Längsverschiebewiderstandsgesetz für die Berechnung von Längskraftzuständen auf Eisenbahnbrücken, Seminar Fahrweg spurgeführter Fernverkehr Rad/Schiene-Technik, Berichte. Augsburg Mai 1979, Copyright: DEC, Frankfurt (M) 1979, S. 113–123.
2 Pahnke, U., Lineare und nichtlineare Statik der Längskraft auf Eisenbahnbrücken ohne Schienenauszüge, Forschungsprogramm des Bundesministeriums für Forschung und Technologie, Vorhaben „R/S-Brücken" TV 7514a, Thema 61, Dok.-Nr. DB 061046 im BZA München vom 30. 09. 78, S. 1–243.
3 Jüptner, G., Massivbrücken für das Rad/Schiene-System, Literaturstelle wie [1], S. 145–154.
4 Gerlich, K.; Pahnke, U., Wechselwirkung Brücke-Gleis bei Abtragung von Längskräften, ETR 30 (1981), 225–229.
5 Müller, Th.; Cichocki, Eisenbahnbrücke über die Drau (Jauntalbrücke), Der Stahlbau 31 (1962), 378–381.
6 Pahnke, U., Brücke, Deutsches Patent N. 2637182, int. Cl. E 01 D 1/00, Seiten 1–4.
7 Pahnke, U., Berechnung von axial beanspruchten Schienen und Dübeln, Z. Angew. Math. und Mech. 57 (1977), T 128–T 129.
8 Panagiotopoulos, P., Ungleichungsprobleme in der Mechanik, Habilitationsschrift Aachen 1977, S. 1–289.
9 Panagiotopoulos, P., Dynamic and Incremental Variational Principles, Differential Inclusions and Their Applications to Co-Existent Phases Problems, Acta Mechanica 40 (1981), S. 85–107.

Anschrift: Dr.-Ing. Ulf Pahnke, Bundesbahn-Zentralamt München, Arnulfstr. 19, 8000 München 2, BRD

ZAMM 62, T 147 – T 149 (1982)

P. D. Panagiotopoulos

Superpotentials in the Sense of Clarke and in the Sense of Warga and Applications

J. J. Moreau studied in 1968 [1] convex potentials, generally non-differentiable, which he called *superpotentials* (∂f). They lead to variational inequality problems and allow for the study of many non-smooth problems in Mechanics. In the meantime the notion of subdifferential of convex analysis, which is closely related to Moreau's superpotential, has been generalized by Clarke for non-convex functionals. Another notion has been introduced also by Warga for the treatment of non-smooth optimization problems. The first is called *"generalized gradient"* ($\bar{\partial} f$) and the second *"derivate container"* (Λf). For the theory used and for additional literature the reader is referred to [2],

[3], [4]. If x is a "*force*" and z is a "*flux*" we consider dissipative laws of the form

$$z \in \bar{\partial} f(x)\,, \qquad z \in \Lambda f(x)\,, \quad \text{resp.}\,, \tag{1a, b}$$

where f is a given functional. For the law (1a) $f\colon R^n \to [-\infty, +\infty]$ is a lower semi-continuous functional called "*superpotential in the sense of* CLARKE" and for $f(x) \neq \infty$ at x

$$\bar{\partial} f(x) = \{z \in R^n \mid (z, -1) \in N_{\text{epi}\,f}(x, f(x))\} \tag{2}$$

where N denotes the normal cone to the closed set epi f. $\bar{\partial} f(x)$ is a closed and convex set. If $f^\uparrow(x, y)$ denotes the "*upper subderivative*" of f at x in the direction y (cf. [4] p. 61) then

$$\bar{\partial} f(x) = \{z \in R^n \mid f^\uparrow(x, y) \geqq \langle y, z\rangle \quad \text{for all } y \in R^n\}\,. \tag{3}$$

$\bar{\partial} f$ is related to the notion of "substationarity": f is said to be "*substationary at* x", if there does not exist any direction y of approximately uniform descent (d.a.u.d.) at x (cf. [4] p. 101). If f is Lipschitzian at x, then the law (1a) can be approximated by classical potential laws since $\bar{\partial} f(x)$ is identified with the convex hull of the set

$$\{z \mid \exists x_k \to x \text{ such that } f \text{ is differentiable at } x \text{ and } \operatorname{grad} f(x_k) \to z\}\,.$$

If $f \in C^1$, $\bar{\partial} f(x) = \{\operatorname{grad} f(x)\}$, if f is convex (resp. concave) then $\bar{\partial} f = \partial f$ (resp. $\bar{\partial} f = -\partial(-f)$) i.e. we obtain Moreau's superpotential. In the law (1b) f is called "*superpotential in the sense of* WARGA" and is assumed to be a Lipschitz continuous functional on R^n. *Then*

$$\Lambda f(x) = \bigcap_{\varepsilon > 0} \Lambda^\varepsilon f(x)\,. \tag{4}$$

Here $\Lambda^\varepsilon f(x)$ is a derivate container of f, if

a) *for every $\varepsilon > 0$ and every compact set $V \subset R^n$ a sequence $\{f_i\}$, $f_i \in C^1$, can be determined such that for $i \geqq i(\varepsilon, V)$ and $a \leqq a(\varepsilon, V)$, $|x - x_1| < a$ implies*

$$\operatorname{grad} f_i(x) \in \Lambda^\varepsilon f(x_1) \tag{5}$$

and

b) *with $\varepsilon' > \varepsilon$ there holds $\Lambda^{\varepsilon'}(fx) \supset \Lambda^\varepsilon f(x)$* [3].

In order to study non-linear relations between fluxes and forces, ZIEGLER [5], [6] developed a theory generalizing Onsager's theory and GERMAIN ([7], p. 52) combined this theory with Moreau's superpotential and introduced the hypothesis of normal dissipation [7], [8]. Here we introduce two generalizations (H1 and H2) of this *hypothesis*:

H1 (resp. H2): There exists a superpotential in the sense of CLARKE (resp. of WARGA) such that during a real thermodynamic process the force x is related to the flux z by the law 1a (resp. 1b). By the second principle of thermodynamics the intrinsic specific dissipation $D = \langle z, x\rangle$ must always satisfy the inequality

$$D = \langle z, x\rangle \geqq 0\,. \tag{6}$$

Moreover, the stability assumption of ZIEGLER ([5], p. 132) can be postulated in order to exclude instabilities. If f is quadratic, H1 and H2 lead to the classical Onsager relation. *In case of* H1, *for a given force x, there exist a flux z, i.e. $\bar{\partial} f(x) \neq \emptyset$, if and only if the vector 0 is not a d.a.u.d. at x. If f is the indicator I of a closed set $C \neq \emptyset$, then* $f^\uparrow(x, y) = I_{T_C(x)}(x)$ ($T_C(x)$ is the tangent case to C at x) and

$$z \in \bar{\partial} f(x) = N_C(x)\,. \tag{7}$$

The geometrical meaning of H1 (resp. H2) and especially of (7) is obvious. If for instance $f = \max\{\varphi_i,$ $i = 1, \ldots, n\}$ and $S_i = \{x \mid f = \varphi_i\}$, where φ_i is smooth, then for $x \in S_i \cap S_j$, $\bar{\partial} f(x) = \operatorname{co}(\operatorname{grad} \varphi_1(x), \operatorname{grad} f_2(x))$ (co is the convex envelope). A direct result of H1 is, that, *if the flux z is given, the force x makes the functional g*

$$g(x', z) = -f(x') + \langle x', z\rangle \tag{8}$$

substationary at $x' = x$.

We call $g(z)$ the "*subconjugate potential*" to $f(x')$. If f is convex, $g(\cdot, z)$ has a maximum and (8) reduces to the principle of "maximum dissipation rate" [5].

Further some applications are given:

1) With the notation of [8] we assume that

$$\left(\frac{DP}{Dt} P^{-1}, -\frac{Da}{Dt}\right) \in \bar{\partial} f(R, A)\,, \qquad \left(\frac{DP}{Dt} P^{-1}, -\frac{Da}{Dt}\right) \in \Lambda f(R, A)\,, \quad \text{resp.} \tag{9a, b}$$

(9a) resp. (9b) constitute further generalizations of the "standard generalized materials" [8]. If C (yield criterion) is a closed convex subset of $R \times A$, $0 \in C$ and $f = I_C$, (9a) yields the inequality (3) of [8] (p. 48) expressing Hill's maximum work principle. If C is non-convex (see e.g. [9]) but closed, (9a) takes the form

$$\left(\frac{DP}{Dt} P^{-1}, -\frac{Da}{Dt}\right) \in N_C(R, A)\,, \tag{10}$$

i.e. the normality (in the sense of CLARKE) still holds. It is interesting that, if C is the intersection of the domains $F_i(R, A) \leqq 0$ $i = 1, \ldots, n$, $F_i \in C^1$, then (10) yields

$$\left(\frac{DP}{Dt} P^{-1}, -\frac{Da}{Dt}\right) = \sum_{i=1}^{n} \lambda_i \left(\frac{\partial F_i}{\partial R}, \frac{\partial F_i}{\partial A}\right), \qquad \lambda_i \geqq 0\,, \qquad \lambda_i F_i = 0\,, \tag{11}$$

and Hill's principle is replaced, due to (8), by the assertion that

$$g(R^*, A^*) = \operatorname{tr}\left(R^{*T} \frac{DP}{Dt} P^{-1}\right) - A^* \frac{da}{dt} \quad \text{is substationary on } C \text{ at } (R, A) . \tag{12}$$

The nonconvexity of a yield surface is possible ([9]) both for stable and unstable materials with non-linear elastic response depending on the plastic deformation. Then normality holds and (10) describes the law in all the corners of the yield surface.

2) In the framework of a holonomic theory a law of the form

$$\varepsilon \in \bar{\partial} w_1(\sigma) \left(\text{resp. } \varepsilon \in \Lambda w_1(\sigma)\right) \quad \text{or} \quad \sigma \in \bar{\partial} w_2(\varepsilon) \left(\text{resp. } \sigma \in \Lambda w_2(\varepsilon)\right) \tag{13}$$

may be introduced. Here σ is the stress and ε the strain tensor of a body Ω. Suppose that the displacement $u = 0$ on the boundary Γ of Ω and that $\sigma \in \bar{\partial} w_2(\varepsilon)$ holds. Then (3) combined with the variational equality $\left(\varepsilon_{ij}, \sigma_{ij} \in L^2(\Omega),\right.$ $\left. u_i \in \mathring{H}^1(\Omega), f_i \in L^2(\Omega)\right)$

$$\int_\Omega \sigma_{ij}\left(\varepsilon_{ij}(v) - \varepsilon_{ij}(u)\right) d\Omega = \int_\Omega f_i(v_i - u_i) \, d\Omega \quad \text{for all} \quad v \in [\mathring{H}^1(\Omega)]^3 \tag{14}$$

yields the "*hemi-variational inequality*"

$$\int_\Omega w_2^\dagger(\varepsilon(u), \varepsilon(v - u)) \, d\Omega \geqq \int_\Omega f_i(v_i - u_i) \, d\Omega \quad \text{for all} \quad v \in [\mathring{H}(\Omega)]^3 \tag{15}$$

if $w_2^\dagger \in L^1(\Omega)$. If w_2 is convex, $w_2^\dagger(\varepsilon(u), \varepsilon(v - u))$ is replaced by $w_2(\varepsilon(v)) - w_2(\varepsilon(u))$ and (15) is a variational inequality.

3) In dynamic problems (1a) and (1b) give rise to differential inclusions. So if m is a mass-point at the point $x \in R^3$ and is subjected to the applied force K and to the reaction $z \in \bar{\partial} f(x)$ (resp. $z \in \Lambda f(x)$), then the motion is governed by the differential inclusions

$$m\ddot{x} - K \in \bar{\partial} f(x) \quad \text{resp.} \quad m\ddot{x} - K \in \Lambda f(x) . \tag{16}$$

If f is smooth enough the superpotential laws (1a) and (1b) are replaced by potential ones giving rise to differential equations, or, in the case of (15), to variational equalities. This is the basic idea for their numerical treatment. Both laws (1a) and (1b) may describe wide classes of dissipative phenomena (non-smothness, jumps, non-monotonicity). For some phenomena, (1a) is more adequate than (1b) and vice-versa. For a comparison of the features of $\bar{\partial} f$ and Λf the reader is referred to [3].

References

1 Moreau, J. J., La notion de sur-potentiel et les liaisons unilatérales en élastostatique, C. R. Acad. Sci. Paris **267** A (1968), 954—957.

2 Clarke, F. H., Generalized gradients and applications, Trans. Amer. Math. Soc. **205** (1975), 247—262.

3 Warga, J., Derivate Containers, Inverse Functions and Controllability, in Calculus of Variations and Control Theory. (ed. by D. L. Rusell), Acad. Press 1978.

4 Rockafellar, R. T., La théorie des sous-gradients et ses application à l'optimization, Les presses de l'université de Montréal 1979.

5 Ziegler, H., Some extremum principles in irreversible thermodynamics, in „Progress in Solid Mechanics" (eds. I. N. Sheddon, R. Hill), North-Holland Publ. Co. 1963.

6 Ziegler, H., Discussion of some objections to thermomechanical orthogonality, Ing.-Archiv **50** (1981), 149—164.

7 Germain, P., Cours de mécanique des millieux continus. I, Masson, Paris 1973.

8 Halphen, B.; Nguyen, G. S., Sur les matériaux standards généralisés, J. de Mécanique **14** (1975), 39—63.

9 Palmer, A. C.; Maier, G.; Drucker, D. C., Normality relations and convexity of yield surfaces for unstable materials or structural elements, J. Appl. Mech. **24** (1967), 464—470.

Anschrift: Prof. Dr. P. D. Panagiotopoulos, School of Technology, Aristotelian University, Thessaloniki/Greece — Institut of of Techn. Mechanics, RWTH Aachen, D-5100 Aachen/BRD

ZAMM 62, T 149 – T 152 (1982)

R. Parkitny

Erstarrung von elastischem Material

1. Grundgleichungen

Betrachten wir einen dreidimensionalen, kontinuierlichen Körper, welcher der Erstarrung unterliegt. Er wird durch eine verrückende Erstarrungsfläche geteilt. Auf einer Seite der Erstarrungsfläche befindet sich eine feste und auf der anderen Seite eine flüssige Phase. Materielle Punkte des Körpers identifizieren wir mit Hilfe der Raumkoordinaten x^α. Die Erstarrungszeit t der einzelnen Punkte des Körpers, welche die Stelle x^α einnehmen, beschreibt eine Gleichung

$$t = \psi(x^\alpha) . \tag{1}$$

Übergehend zur Bestimmung der Deformation der festen Phase betrachten wir ein lineares Element Δx^α des Körpers der Konfiguration B_t (Bild 1). Dieses Element erscheint in dem erstarrten Teil des Körpers im Zeitpunkt $t = \psi(x^\alpha + \Delta x^\alpha)$. Ausgehend von der Definition der infinitesimalen Deformation der festen Phase (vgl. [3]) erhalten wir Beziehungen für die Verzerrungstensorkomponenten, deren linearer Teil die folgende Form hat [4, 5]:

$$\varepsilon_{\alpha\beta} = \tfrac{1}{2}(u_{\alpha,\beta} + u_{\beta,\alpha} + \dot{u}_\alpha|_{\psi(x^\alpha)}\psi_{,\beta} + \dot{u}_\beta|_{\psi(x^\alpha)}\psi_{,\alpha}) , \tag{2}$$

wobei $\dot{u}_\alpha$ eine Materialableitung der Verschiebung ist und

$$\dot{u}_\alpha|_{\psi(x^\alpha)} = \dot{u}_\alpha(x^\alpha, \psi(x^\alpha)) .$$

Man kann beweisen, daß [5]

$$u_{\alpha,\beta}|_{\psi(x^\alpha)} + \dot{u}_\alpha|_{\psi(x^\alpha)}\psi_{,\beta} = 0 . \tag{3}$$

Nach Einsetzen von (3) in (2) erhalten wir

$$\varepsilon_{\alpha\beta} = \tfrac{1}{2}(u_{\alpha,\beta} + u_{\beta,\alpha} - u_{\alpha,\beta}|_{\psi(x^\alpha)} - u_{\beta,\alpha}|_{\psi(x^\alpha)}) . \tag{4}$$

Die Spannungen in der festen Phase des Körpers drücken wir aus als Summe der Spannungen $\tau^{\alpha\beta}$, entstanden im Verlauf der Abkühlung im erstarrenden Teil des Körpers, und der Spannungen $\underset{0}{\tau}^{\alpha\beta}$, übertragen im Erstarrungsmoment von der flüssigen zur festen Phase. Die Spannungen $\tau^{\alpha\beta}$ entstehen infolge der Deformation des erstarrenden Teils des Körpers im Zeitintervall $\langle\psi(x^\alpha), t)$, das ergibt

$$\tau^{\alpha\beta} = \int_{\psi(x^\alpha)}^{t} \dot{\tau}^{\alpha\beta}\, dt . \tag{5}$$

Die Gleichgewichtsgleichungen lauten

$$\tau^{\alpha\beta}_{,\beta} + \underset{0}{\tau}^{\alpha\beta}_{,\beta} + \varrho F^\alpha = 0 , \tag{6}$$

wobei ϱ die Dichte der festen Phase, F^α die Koordinaten des Vektors der Massenkräfte beider Phasen bedeuten.

Übereinstimmend mit Vorschlägen in den Arbeiten [2, 5] nehmen wir folgende Form des Spannungstensor an:

$$\underset{0}{\tau}^{\alpha\beta} = \delta^{\alpha\beta} p , \tag{7}$$

wobei $p = p(x^\alpha, t)$ der Druck in der flüssigen Phase ist. Aus der Gleichgewichtsbedingung für die Flüssigkeit,

$$\delta^{\alpha\beta} p_{,\beta} + \varrho_l F^\alpha = 0 , \tag{8}$$

erhalten wir

$$\dot{\tau}^{\alpha\beta}_{,\beta} = 0 \tag{9}$$

und die Randbedingung auf der Erstarrungsfläche in der Form

$$(\dot{\tau}^{\alpha\beta}|_{\psi(x^\alpha)} - \delta^{\alpha\beta}\dot{p}|_{\psi(x^\alpha)})\, n_\alpha = [\![\varrho]\!]\, wF^\alpha , \tag{10}$$

wobei n_α die Koordinaten eines Vektors normal zur Erstarrungsfläche, w die Erstarrungsgeschwindigkeit und $[\![\delta]\!] = \varrho - \varrho_l$, ϱ_l Dichte der flüssigen Phase bedeuten.

Es ist hier hinzuzufügen, daß das Postulat (7), teilweise in [5] begründet, auch in den grundlegenden Arbeiten [6, 7, 9] bestätigt wird, in welchen für die Flüssigkeit $p = 0$ angenommen ist.

Bei Gußstücken werden oft linear-elastische Eigenschaften angenommen, das ergibt

$$\dot{\tau}^{\alpha\beta} = G(\delta^{\alpha\gamma}\delta^{\beta\delta} + \delta^{\alpha\delta}\delta^{\beta\gamma} + \frac{2\nu}{1-2\nu}\delta^{\alpha\beta}\delta^{\gamma\delta})\,\dot{\varepsilon}_{\gamma\delta} - 2G\frac{1+\nu}{1-2\nu}\alpha\delta^{\alpha\beta}\dot{T} . \tag{11}$$

In den Arbeiten [6, 7, 9] wurden auch viskoelastische und plastische Eigenschaften des erstarrenden Materials beachtet.

Aus (9), (11) und (4) erhalten wir

$$\dot{u}^{\alpha\beta}_{,\beta} + \frac{1}{1-2\nu}\dot{u}^{\beta\alpha}_{,\beta} - 2\frac{1+\nu}{1-2\nu}\alpha\dot{T}^{\alpha}_{,} = 0 , \tag{12}$$

sowie die Randbedingung (10), in Verschiebungen ausgedrückt, zu

$$G(\dot{u}^{\beta,\alpha}|_{\psi(x^\alpha)} + \dot{u}^{\alpha,\beta}|_{\psi(x^\alpha)}n_\beta + \frac{2\nu G}{1-2\nu}\dot{u}^{\beta}_{,\beta}|_{\psi(x^\alpha)}n^\alpha = \delta^{\alpha\beta}\dot{p}|_{\psi(x^\alpha)}n_\beta + 2G\frac{1+\nu}{1-2\nu}\alpha\dot{T}|_{\psi(x^\alpha)}n^\alpha + [\![\varrho]\!]\, wF^\alpha . \tag{13}$$

2. Berechnungen

Die Spannungen bestimmen wir für eine erstarrende Scheibe (Gußstück) der Wanddicke $2l$, eingegrenzt durch eine Gußform der Dicke b, welche auf der inneren Seite mit einer Isolierschicht der Dicke δ bedeckt ist und welche die Wärmeleitfähigkeit λ besitzt (Bild 2). In den Berechnungen wurden die thermischen Eigenschaften durch den

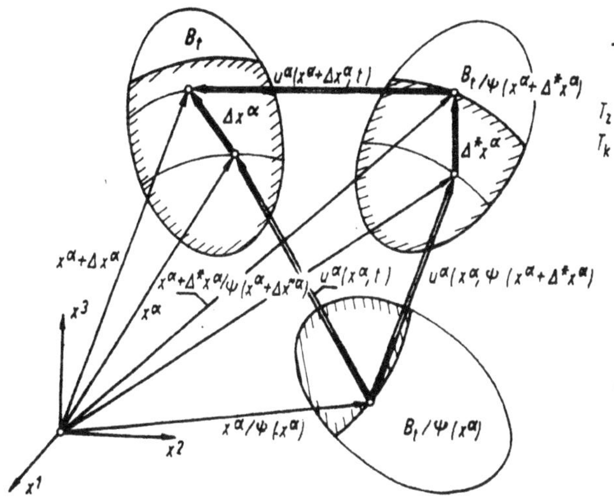

Bild 1

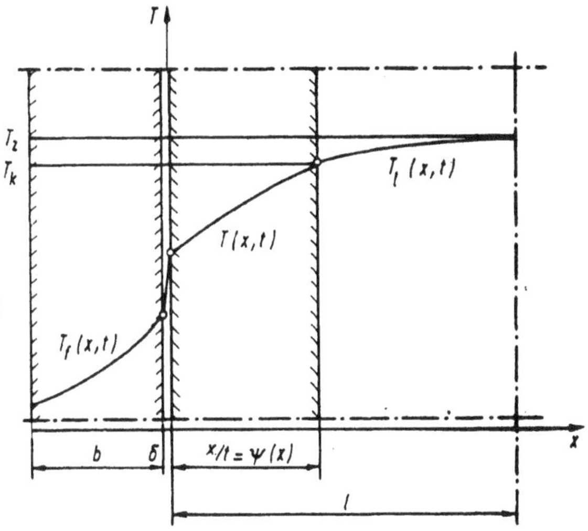

Bild 2

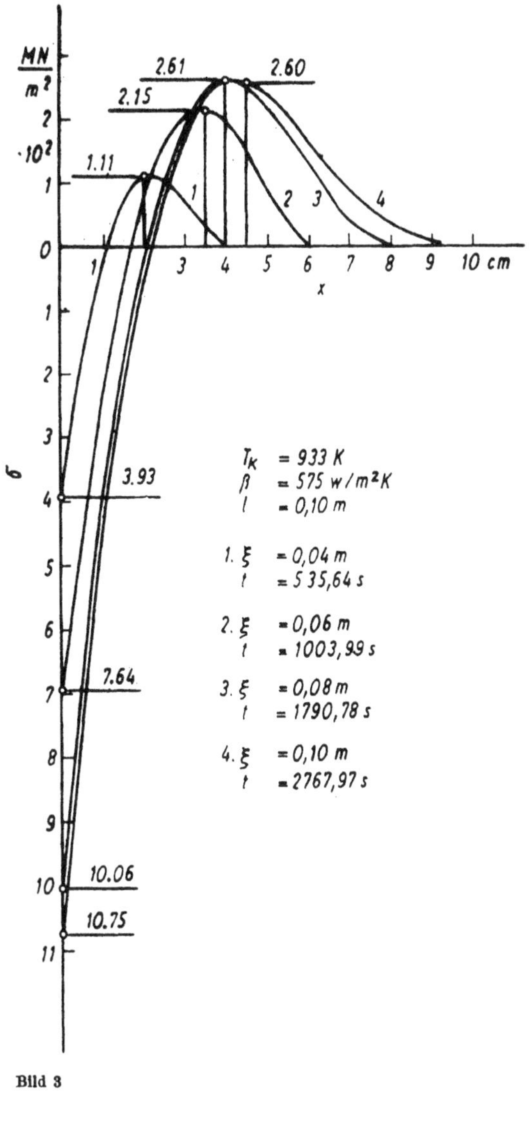

Bild 3

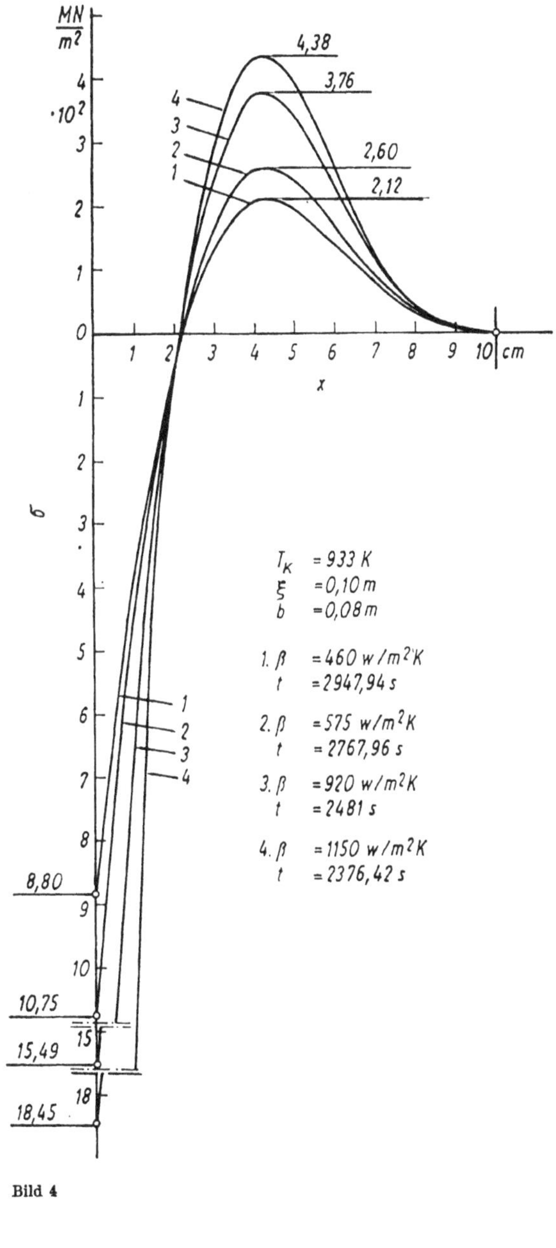

Bild 4

Koeffizienten $\beta = \frac{\lambda}{\delta}$ charakterisiert. Es wurde eine Anfangstemperatur der Flüssigkeit von $T_z > T_k$ angenommen, wobei T_k die Erstarrungstemperatur bedeutet. Die Anfangstemperatur der Gußform beträgt T_p. In einzelnen Bereichen des Systems gelten die klassischen Leitfähigkeitsgleichungen [1], wobei auf der äußeren Fläche der Gußform eine Randbedingung dritter Art und auf der Berührungsfläche der Gußform mit dem Gußstück (anfangs flüssiger, später fester Phase) eine Randbedingung vierter Art angenommen werden. Die Kontinuitätsbedingung auf der Erstarrungsfläche, im Zeitpunkt der Entstehung der festen Phase, berücksichtigt auch die Erstarrungswärme (L) [8].

Für die Wärmeleitungs- und Spannungsprobleme wurde das Differenzenverfahren angewendet und für variable b, β, T_z und T_p wurde eine Reihe von Spannungsverteilungen berechnet. Die Bilder 3 und 4 geben Beispiele für Spannungsverteilungen an. Die Berechnungen wurden für Aluminium durchgeführt, es wurde angenommen:

$$T = 933\,[\mathrm{K}], \quad L = 390\,[\mathrm{kJ/kg}] \quad \alpha = 83 \cdot 10^{-6}\left[\frac{\mathrm{m}^2}{\mathrm{s}}\right], \quad a_l = 40 \cdot 10^{-6}\left[\frac{\mathrm{m}^2}{\mathrm{s}}\right],$$

$$\left(a = \frac{\lambda}{c\varrho}\right), \quad a_f = 17{,}8 \cdot 10^{-6}\left[\frac{\mathrm{m}^2}{\mathrm{s}}\right], \quad \lambda = 261\,[\mathrm{w/mK}], \quad \lambda_l = 104\,[\mathrm{w/mK}],$$

$$\lambda_f = 45\,[\mathrm{w/mK}], \quad T_p = 373\,[\mathrm{K}], \quad E = 4{,}5 \cdot 10^2\,[\mathrm{MPa}] \quad E_f = 2 \cdot 10^5\,[\mathrm{MPa}],$$

$$\nu = 0{,}3, \quad G = \frac{E}{2(1+\nu)}, \quad \alpha = 30 \cdot 10^{-6}, \quad \alpha_f = 11{,}9 \cdot 10^{-6}.$$

Literatur

1 CARSLAW, H. S.; JAEGER, I. C., Conduction of heat in solids, University Press, Oxford 1947.
2 ČEBANOVA, T. S., O rasčete termičeskich naprjaženij v processe kristallizacjii, Mechanika tverdego tela, 1968 No 3, s. 63–72.
3 GREEN, A. E.; ZERNA, W., Theoretical Elasticity, At the Clarendon Press, Oxford 1954.
4 PARKITNY, R., Stress in growing solids, Bulletin de L'Academie Polonaise des Sciences, Sér. sci. tech. 24 (1976) S. 453–461.
5 PARKITNY, R., Gußspannungen, Erstarrungstadium (in polnischer Sprache), Zeszyty Naukowe Politechniki Czestochowskiej, Praca habilitacyjna No 15, Częstochowa 1977.
6 RIEDER, G., Zur Entstehung und Berechnung der Gußspannungen, Z. Angew. Math. u. Mech. 45 (1965) H. 4, S. 153–170.
7 RIEDER, G., On the stresses in bodies solidifying from the melt, In: W. K. NOWACKI (Ed), Progress in thermoelasticity, VIIIth European Mechanics Colloquium, Warszwa 1967, s. 209–217.
8 RUDDLE, R. W., The solidification of castings. Institute of Metals, London 1957.
9 WEINER, I. H.; BOLEY, B. A., Elasto-plastic thermal stresses in a solidifying body, J. Mech. Phys. Solids. 11 (1963) s. 145–154,

Anschrift: Dr. RYSZARD PARKITNY, Politechnika Częstochowska, ul. Deglera 35, 42-201 Częstochowa, Polen

ZAMM 62, T 152 – T 154 (1982)

T. PEUSER

Dynamische Spannungsanalyse rißbehafteter Scheiben

Die Analyse dynamischer Probleme der Bruchmechanik, wie zum Beispiel dynamisch belasteter, rißbehafteter Scheiben, führte bisher nur in wenigen Sonderfällen zu analytischen Lösungen [1, 2]. Zur numerischen Lösung solcher Probleme wurde daher ein Finites Differenzen-Verfahren entwickelt, mit dessen Hilfe zweidimensionale dynamische Zustände untersucht werden können. Probleme des ebenen Verzerrungszustandes, des ebenen Spannungszustandes und des nichtebenen Schubspannungszustandes können mit diesem Verfahren behandelt werden.

Der ebene Verzerrungszustand ist durch die NAVIERschen Bewegungsgleichungen

$$c_1^2\frac{\partial^2 u}{\partial x^2} + c_2^2\frac{\partial^2 u}{\partial y^2} + (c_1^2 - c_2^2)\frac{\partial^2 v}{\partial x\,\partial y} = \frac{\partial^2 u}{\partial t^2}, \qquad c_1^2\frac{\partial^2 v}{\partial y^2} + c_2^2\frac{\partial^2 v}{\partial x^2} + (c_1^2 - c_2^2)\frac{\partial^2 u}{\partial x\,\partial y} = \frac{\partial^2 v}{\partial t^2}, \tag{1}$$

das HOOKEsche Werkstoffgesetz, die kinematischen Beziehungen und die Kompatibilitätsbedingungen bestimmt. Hier sind u und v die Verschiebungen in Richtung der kartesischen Koordinaten x und y zur Zeit t; c_1 und c_2 sind die Longitudinal- und Transversalwellengeschwindigkeiten.

Der ebene Spannungszustand ist formal, bis auf Änderungen in den Materialkostanten, durch die gleichen Beziehungen bestimmt. Im Fall des nichtebenen Schubspannungszustandes reduzieren sich die Bewegungsgleichungen auf eine Differentialgleichung für die Verschiebung in Richtung der Koordinate z. Entsprechend ändern sich die weiteren Bestimmungsgleichungen dieses Zustandes, da von den Spannungskomponenten lediglich die Schubspannungen τ_{xz} und τ_{yz} von Null verschieden sind.

Für Rißprobleme lassen sich Nahfeldlösungen angeben, die das mechanische Verhalten in der Umgebung einer Rißspitze charakterisieren. Für zum Riß symmetrische Probleme des ebenen Verzerrungszustandes sind die Nahfeldlösungen der Verschiebungen in Zylinderkoordinaten r und φ durch

$$\begin{aligned} u(r, \varphi, t) &= \frac{(1+\nu)\, K_I(t)}{E} \sqrt{\frac{r}{2\pi}} \cos\frac{\varphi}{2} (3 - 4\nu - \cos\varphi) , \\ v(r, \varphi, t) &= \frac{(1+\nu)\, K_I(t)}{E} \sqrt{\frac{r}{2\pi}} \sin\frac{\varphi}{2} (3 - 4\nu - \cos\varphi) \end{aligned} \tag{2}$$

gegeben [3]. E und ν sind der Elastizitätsmodul und die Querkontraktionszahl. Diese Lösungen gelten nur für den Fall des stationären, d. h. nicht laufenden Risses. Für instationäre Risse lassen sich ähnliche Lösungen angeben, die dann aber zusätzlich von der momentanen Rißgeschwindigkeit abhängen [3]. Die Spannungen sind im Nahfeld von der Art $r^{-1/2}$ singulär, und der Spannungsintensitätsfaktor $K_I(t)$ ist ein Maß für die Intensität der Feldgrößen in der Umgebung der Rißspitze.

Zur Analyse von Problemen mit instationären Rissen benötigt man zusätzlich zu den schon genannten Gleichungen ein Bruchkriterium, das Auskunft darüber gibt, unter welchen Bedingungen sich ein Riß ausbreitet. Das sogenannte K-Konzept geht von einem Bruchkriterium der Form

$$K_I(t) = K_{IC} \tag{3}$$

aus. Das heißt, Bruch tritt dann ein, wenn der momentane Spannungsintensitätsfaktor $K_I(t)$ gleich einem kritischen Materialkennwert K_{IC} ist. K_{IC} kann, wie experimentelle Untersuchungen zeigen [4], von der momentanen Rißgeschwindigkeit abhängen. Eine andere Möglichkeit ist das Griffithsche Bruchkriterium, das davon ausgeht, daß Rißfortschritt dann eintritt, wenn die Energiefreisetzungsrate $G(t)$ gleich dem kritischen Materialkennwert G_C ist:

$$G(t) = G_C \, . \tag{4}$$

Für den ebenen Spannungszustand und nichtebenen Schubspannungszustand gelten anstelle von (2) und (3) analoge Gleichungen, während das Griffithsche Bruchkriterium unabhängig von diesen Zuständen immer in der Form (4) gilt.

Zur Lösung solcher, durch die Gleichungen (1) sowie die zugehörigen Anfangs- und Randbedingungen definierten, Anfangsrandwertprobleme wurde ein Finites Differenzen-Verfahren entwickelt. Aus der hiermit für diskrete Zeiten bestimmten Lösung kann mittels der Nahfeldlösungen (2) der zeitliche Verlauf von $K_I(t)$ bestimmt werden. Ist zu einem Zeitpunkt die Bedingung (3) oder (4) erfüllt, so wird der Riß um eine Gitterweite verlängert. Auf diese Weise erhält man für das gesamte betrachtete Zeitintervall, in dem eine Lösung des Anfangsrandwertproblems gesucht wird, die zeitliche Änderung des Ortes der Rißspitze. Das benutzte Verfahren ist auf eine geradlinige Rißausbreitung beschränkt.

Im folgenden sollen an drei Beispielen für stationäre und instationäre Risse die erhaltenen Ergebnisse diskutiert werden. Abbildung 1 zeigt einen Vergleich von experimentell gemessenem [5] und numerisch berechnetem Spannungsintensitätsfaktor für die Kerbschlagbiegeprobe. Im betrachteten Zeitbereich ist der Riß noch stationär. Die vorhandenen Differenzen lassen sich durch die Unterschiede zwischen numerischem Modell und Experiment erklären. Die Berechnung erfolgte unter der Annahme eines ebenen Spannungszustandes.

Die zeitliche Änderung der Rißlänge in einem Rechteckgebiet mit Innenriß zeigt Abbildung 2 für drei verschiedene konstante Werte der Rißzähigkeit $K_{IC}/K_{I,\,\mathrm{Stat}}$. Die Berechnung erfolgte hier unter Annahme des ebenen Verzerrungszustandes und unter Verwendung des Bruchkriteriums (3). Mit steigender Rißzähigkeit K_{IC} wird die Rißausbreitung verlangsamt, und für den größten gewählten Wert von K_{IC} kommt es vorübergehend zum Rißarrest. Die zeitliche Rißverlängerung eines halbunendlichen Risses in einem unendlichen Kontinuum zeigt Abbildung 3

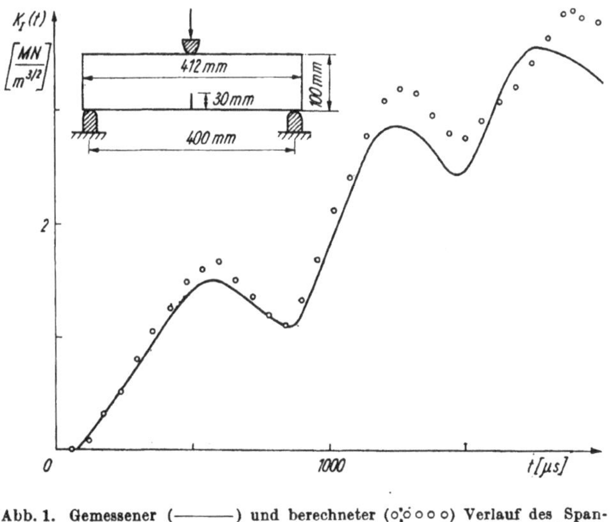

Abb. 1. Gemessener (———) und berechneter (o o o o o) Verlauf des Spannungsintensitätsfaktors $K_I(t)$ für eine Kerbschlagbiegeprobe aus Araldit B

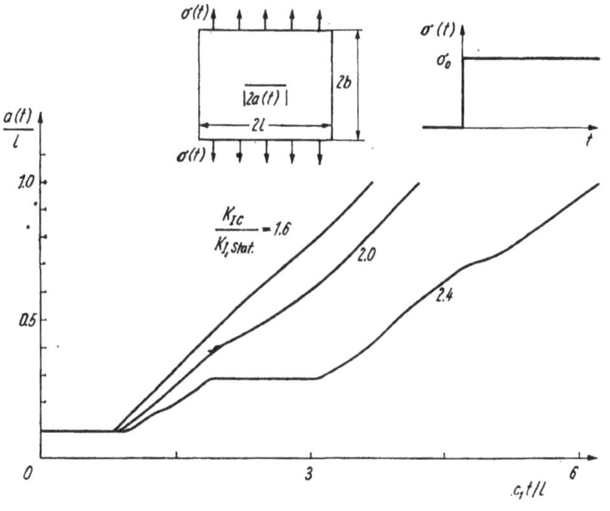

Abb. 2. Zeitlicher Verlauf der Rißlänge einer Innenrißprobe ($l : b : a(0) = 100 : 60 : 9{,}5$, $\nu = 0.25$)

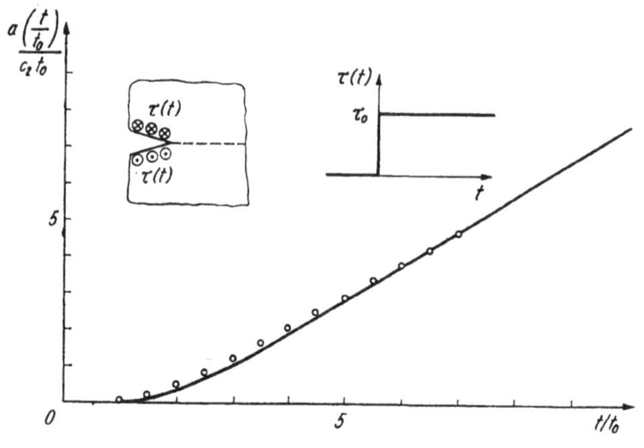

Abb. 3. Numerisch (ooooo) und analytisch (———) berechnete zeitliche Änderung der Rißspitze für einen nichtebenen Schubspannungszustand ($\nu = 0.25$)

für den nichtebenen Schubspannungszustand. Der halbunendliche Riß wird in diesem Fall zur Zeit $t = 0$ längs der Rißflanken durch τ_0 belastet. Zur Zeit $t = t_0$ beginnt der Riß sich auszubreiten. Die Abbildung zeigt einen Vergleich mit den analytischen Ergebnissen von Kostrov [1]. Der Vergleich ist nur für Zeiten t kleiner $6t_0$ möglich, da bei den numerischen Ergebnissen, die an endlichen Proben bestimmt wurden, dann Randeffekte berücksichtigt werden müssen. Bei diesem Problem wurde das Griffithsche Bruchkriterium (4) unter Annahme eines konstanten Wertes

$$G_C = \frac{4(1+\nu)\,\tau_0^2 c_2 t_0}{\pi E} \tag{5}$$

verwendet.

Bestimmt man $G(t)$ aus der Nahfeldlösung des nichtebenen Schubspannungszustands in Abhängigkeit vom Spannungsintensitätsfaktor $K_{III}(t)$, so kann das Griffithsche Bruchkriterium (4) in ein Bruchkriterium der Form (3) überführt werden. Der zugehörige kritische Wert K_{IIIC} ist dann von der Rißgeschwindigkeit v abhängig:

$$K_{IIIC} = \frac{4}{\sqrt{2\pi}}\,\tau_0 \sqrt{c_2 t_0}\,\sqrt[4]{1 - \frac{v^2}{c_2^2}}\,. \tag{6}$$

Für die numerische Berechnung kann dann das Bruchkriterium in der Form (3) unter Berücksichtigung von (6) verwendet werden.

Literatur

1 Kostrov, B. V., Unsteady propagation of longitudinal shear cracks, J. Appl. Math. Mech. **30** (1966), 1241–1248, Original in russisch in: PMM, **30** (1966), 1042–1049.

2 Eshelby, J. D., The elastic field of a crack extending non-uniformly under general anti-plane loading, J. Mech. Phys. Solids **17** (1969), 177–199.

3 Rice, J. R., Mathematical analysis in the mechanics of fracture, in: Liebowitz, H. (Ed.), Fracture, Vol. II, Academic Press, New York/London 1968, S. 191–311.

4 Kalthoff, J. F.; Beinert, J.; Winkler, S., Analysis of fast running and arresting cracks by the shadow optical method of caustics, in: Lagarde, A. (Ed.), Optical methods in mechanics of solids. Proc. Symp. IUTAM, Poitiers, 10. bis 14. 9. 1979, Sijthoff & Noordhoff, Alphen aan den Rijn (NL) 1981, S. 497–508.

5 Böhme, W.; Kalthoff, J. F.; Winkler, S., Modelluntersuchungen zu dynamischen Effekten beim Kerbschlagbiegeversuch in: Deutscher Verband für Materialprüfung e. V. DVM (Ed.), Vorträge der 12. Sitzung des Arbeitskreises Bruchvorgänge, DVM, Berlin 1981

Anschrift: Dipl.-Ing. T. Peuser, Technische Hochschule Darmstadt, Institut für Mechanik IV, Hochschulstr. 1, D-6100 Darmstadt, BRD

ZAMM 62, T 154 – T 156 (1982)

W. Pietraszkiewicz

Determination of Displacements from Given Strains in the Non-Linear Continuum Mechanics

According to Cauchy's theorem [1] the deformation near a continuum particle my be produced by successive superposition of a rigid-body translation $\boldsymbol{u}$, a pure stretch $\boldsymbol{U}$ and a rigid-body rotation $\boldsymbol{R}$. When the displacement field $\boldsymbol{u}$ is given, the fields $\boldsymbol{U}$, $\boldsymbol{R}$ and the Lagrangian strain field $\boldsymbol{E} = \frac{1}{2}(\boldsymbol{U}^2 - \boldsymbol{1})$ can easily be calculated. In this report we shall discuss the inverse problem: the determination of $\boldsymbol{u}$ from given $\boldsymbol{E}$.

Let $\boldsymbol{p} = x^k(\theta^i)\, \boldsymbol{i}_k$ and $\bar{\boldsymbol{p}} = y^k(\theta^i)\, \boldsymbol{i}_k = \boldsymbol{p} + \boldsymbol{u}$, $i, k = 1, 2, 3$, be position vectors of a continuum particle in the reference and deformed configurations, respectively. Here $\boldsymbol{i}_k$ is the common orthonormal basis, attached to an origin O of three-dimensional Euclidean space, while θ^i are the curvilinear convected coordinates. Let $\boldsymbol{g}_i = \partial\boldsymbol{p}/\partial\theta^i \equiv \boldsymbol{p}_{,i}$ and $\bar{\boldsymbol{g}}_i = \bar{\boldsymbol{p}}_{,i}$ be the natural base vectors while $g_{ij} = \boldsymbol{g}_i \cdot \boldsymbol{g}_j$ and $\bar{g}_{ij} = \bar{\boldsymbol{g}}_i \cdot \bar{\boldsymbol{g}}_j$ the covariant components of the metric tensors, with determinants $g = |g_{ij}|$ and $\bar{g} = |\bar{g}_{ij}|$, of the respective configurations. Components of the symmetric Lagrangian strain tensor are defined by

$$E_{ij} = \tfrac{1}{2}(\bar{g}_{ij} - g_{ij}) = \tfrac{1}{2}(u_{i|j} + u_{j|i} + g^{mn}u_{i|m}u_{j|n}) \tag{1}$$

where $(\ )_{|j}$ means the covariant derivative in the reference metric.

Let all geometric quantities of the reference configuration be known. Assume also to have given six functions $E_{ij} = E_{ij}(\theta^k)$. In the reference configuration choose a point $P = P(\theta^i)$ and a reference point P_0 at which $\theta^i = 0$, for convenience. Then at P we have $\boldsymbol{E} = E_{ij}\boldsymbol{g}^i \otimes \boldsymbol{g}^j$. In what follows $\boldsymbol{u}$ is determined form $\boldsymbol{E}$ in three successive steps.

In the first step, $\boldsymbol{U}$ is calculated from $\boldsymbol{E}$ by pure algebra. Since $\boldsymbol{U}$ is positive definite, symmetric and co-axial with $\boldsymbol{E}$, it takes the diagonal form $\boldsymbol{U} = \sum_r \sqrt{1 + 2E_r}\ \boldsymbol{h}_r \otimes \boldsymbol{h}_r$ where E_r and $\boldsymbol{h}_r$ are three eigenvalues and eigenvectors of $\boldsymbol{E}$ satisfying the set of equations $\boldsymbol{E}\boldsymbol{h}_r = E_r\boldsymbol{h}_r$ (no sum over r).

In the second step, the field $\boldsymbol{R}$ is determined from $\boldsymbol{E}$ and $\boldsymbol{U}$. Note that during the deformation process $\boldsymbol{R}\boldsymbol{U} = \bar{\boldsymbol{g}}_i \otimes \boldsymbol{g}^i$ in convected coordinates. Differentiating the relation with respect to the coordinates, we obtain after ransformations that $\boldsymbol{R}$ should satisfy the following system of the linear first-order differential equations

$$\boldsymbol{R}_{,j} = \boldsymbol{R}\boldsymbol{K}_j\,, \qquad \boldsymbol{K}_j = (\boldsymbol{U}\boldsymbol{A}_j - \boldsymbol{U}_{,j})\,\boldsymbol{U}^{-1}\,, \qquad \boldsymbol{A}_j = (\bar{G}^k_{ij} - G^k_{ij})\,\boldsymbol{g}_k \otimes \boldsymbol{g}^i\,. \tag{2), (3}$$

Here G^k_{ij} and $\bar{G}^k_{ij}$ are the Christoffel symbols of the second kind associated with the reference and deformed metrics, respectively. The symbols $\bar{G}^k_{ij}$ are calculated in terms of E_{ij} and the reference metric according to [2]

$$\bar{G}^k_{ij} = G^k_{ij} + \bar{g}^{kl}(E_{li|j} + E_{lj|i} - E_{ij|l})\,, \qquad \bar{g}^{il} = \frac{1}{2}\,\frac{g}{\bar{g}}\,\varepsilon^{ijk}\varepsilon^{lmn}(g_{jm} + 2E_{jm})\,(g_{kn} + 2E_{kn})\,,$$
$$\frac{\bar{g}}{g} = \frac{1}{2}\,\varepsilon^{ijk}\varepsilon^{lmn}(g_{il} + 2E_{il})\,(g_{jm} + 2E_{jm})\,(g_{kn} + 2E_{kn}) \tag{4}$$

where ε^{ijk} are the components of the skew-symmetric Ricci permutation tensor. Also note that $\boldsymbol{K}_j$ are skew-symmetric, $\boldsymbol{K}_j^T = -\boldsymbol{K}_j$, which follows from the identity $(\boldsymbol{R}^T\boldsymbol{R})_{,j} = \boldsymbol{0}$ and (2).

The proper orthogonal tensor $\boldsymbol{R}$ is uniquely described only by three independent scalar functions, such as, for example, Euler angles. Thus, (2) are equivalent to nine independent scalar differential equations. Integrability conditions $\boldsymbol{R}_{,ij} - \boldsymbol{R}_{,ji} = \boldsymbol{0}$ of (2) take the form [8]

$$\boldsymbol{K}_{i,j} - \boldsymbol{K}_{j,i} + \boldsymbol{K}_j\boldsymbol{K}_i - \boldsymbol{K}_i\boldsymbol{K}_j = \boldsymbol{0}\,. \tag{5}$$

With the use of Cartesian coordinates it was shown in [3] that when (5) are satisfied, the Riemann-Christoffel tensor of the deformed configuration vanishes as well. The conditions (5), which are the alternative form of compatibility conditions for finite strains, are equivalent to six independent scalar differential equations and assure the existence of three scalar functions describing $\boldsymbol{R}$ which is the solution of (2).

Along a curve connecting P_0 and P, defined by $\theta^i = \theta^i(t)$ with $t = 0$ at P_0, from (2) we obtain

$$\frac{\mathrm{d}\boldsymbol{R}}{\mathrm{d}t} = \boldsymbol{R}\boldsymbol{K}\,. \tag{6}$$

The general solution of (6) can be constructed in analogy to the corresponding matrix differential equation [5] in the form $\boldsymbol{R} = \boldsymbol{R}_0\boldsymbol{R}_t$, where $\boldsymbol{R}_0$ is an arbitrary constant proper orthogonal tensor and $\boldsymbol{R}_t$ is the matrizant of (6) defined by the tensor series

$$\boldsymbol{R}_t = \boldsymbol{1} + \int_0^t \boldsymbol{K}(\tau)\,\mathrm{d}\tau + \int_0^t \left[\int_0^\tau \boldsymbol{K}(\tau_1)\,\mathrm{d}\tau_1\right]\boldsymbol{K}(\tau)\,\mathrm{d}\tau + \dots \tag{7}$$

For some specific forms of $\boldsymbol{K} = \boldsymbol{K}(t)$ effective analytic and numerical methods were developed [5]. Also note that (6) has exactly the same structure as the equation describing the motion of a rigid body about a fixed point. Therefore, the methods of solutions developed in analytic mechanics may be of assistance in solving (6) for problems related to the continuum deformation. In particular, 20 cases are known [6] for which the exact general or particular solution of (6) can be constructed in a closed form.

According to (3), only the tensors $\boldsymbol{K}_j$ along the coordinate lines are calculated. Let us choose a specific integration path $P_0P'P''P$ connecting P_0 with P. The path consists of three subsequent parts of the coordinate lines: along P_0P' there is $\theta^2 = 0$ and $\theta^3 = 0$, along $P'P''$ there is $\theta^1 = \text{const}$ and $\theta^3 = 0$, while along $P''P$ there is $\theta^1 = \text{const}$ and $\theta^2 = \text{const}$. Solving (2) along the specific integration path we obtain

$$\boldsymbol{R} = \boldsymbol{R}_0\boldsymbol{R}_1\boldsymbol{R}_2\boldsymbol{R}_3 \tag{8}$$

where $\boldsymbol{R}_1 = \boldsymbol{R}_1(\theta^1, 0, 0)$, $\boldsymbol{R}_2 = \boldsymbol{R}_2(\theta^1, \theta^2, 0)$, $\boldsymbol{R}_3 = \boldsymbol{R}_3(\theta^i)$ are matrizants of the corresponding differential equations along the subsequent parts of the integration path. For some specific forms of the fields $\boldsymbol{K}_j$ the matrizants $\boldsymbol{R}_j$ can be constructed analytically or even in the closed form [5, 6].

In the third step, the position vector $\bar{p}$ is determined from already known U and R. With already known $\bar{g}_i = RUg_i$, we obtain the differential equations

$$\bar{p}_{,i} = \bar{g}_i . \tag{9}$$

Integrability conditions $\bar{p}_{,ij} - \bar{p}_{,ji} = 0$ of (9) lead to the conditions $(\bar{G}^k_{ij} - \bar{G}^k_{ji})\, \bar{g}_k = 0$, which geometrically mean [4] that the torsion tensor $\bar{S}^k_{ij} = \bar{G}^k_{ij} - \bar{G}^k_{ji}$ of the deformed configuration should vanish. Since $\bar{G}^k_{ij}$ are calculated as in $(4)_1$, the conditions are identically satisfied for any symmetric E_{ij}.

At the subsequent parts of the integration path $P_0P'P''P$, the solution of (9) can be given through quadratures in the form

$$\bar{p} = \bar{p}_0 + \int_0^{\theta^1} \bar{g}_1(\xi, 0, 0)\, d\xi + \int_0^{\theta^2} \bar{g}_2(\theta^1, \eta, 0)\, d\eta + \int_0^{\theta^3} \bar{g}_3(\theta^1, \theta^2, \zeta)\, d\zeta . \tag{10}$$

Combining (10) and (8) together with $u_0 \equiv \bar{p}_0 - p$, we obtain the final relation

$$u = u_0 + R_0 \Bigg[\int_0^{\theta^1} R_1(\xi, 0, 0)\, U(\xi, 0, 0)\, g_1(\xi, 0, 0)\, d\xi + R_1 \int_0^{\theta^2} R_2(\theta^1, \eta, 0)\, U(\theta^1, \eta, 0)\, g_2(\theta^1, \eta, 0)\, d\eta + $$
$$+ R_1R_2 \int_0^{\theta^3} R_3(\theta^1, \theta^2, \zeta)\, U(\theta^1, \theta^2, \zeta)\, g_3(\theta^1, \theta^2, \zeta)\, d\zeta \Bigg] . \tag{11}$$

The displacement field u is determined from the strain field E by the relation (11) to within a rigid-body translation u_0 and a rigid-body rotation R_0. In case of infinitesimal deformation the relation (11) can be reduced [9] to the formula of CESARO [7].

References

1 TRUESDELL, C.; NOLL, W., The non-linear field theory, in: Handbuch der Physik, vol. III/3, Springer-Verlag, Berlin/Heidelberg/New York 1965.
2 PIETRASZKIEWICZ, W., Finite rotations and Lagrangean description in the non-linear theory of shells, Polish Scientific Publishers, Warszawa/Poznań 1979.
3 SHIELD, R. T., The rotation associated with large strains, SIAM J. Appl. Math., 23, 3, 483–491 (1973).
4 LOVELOCK, D.; RUND, H., Tensors, differential forms and variational principles, J. Wiley & Sons, New York 1975.
5 GANTMACHER, F. R., The theory of matrices, Chelsea P. Co., New York 1960.
6 GORR, G. V.; KUDRYASHOVA, L. V.; STEPANOVA, L. V., Classical problems of rigid-body dynamics, development and present state (in Russian), Naukova Dumka, Kiev 1978.
7 CESÁRO, E. Sulle formole del Volterra, fundamentali nella teoria della distorsioni elastiche, Rend. Napoli, 12, 3a, 311–321 (1906).
8 BADUR, J.; PIETRASZKIEWICZ, W., On non-classical forms of compatibility conditions in continuum mechanics, Proc. IV. Symp. on Trends in Appl. Pure Math. to Mech., Bratislava 1981 (in print)
9 PIETRASZKIEWICZ, W.; BADUR, J., Finite rotations in the description of continuum deformation (submitted to Int. J. Engg. Sci.)

Anschrift: Doc. dr habil. inż. WOJCIECH PIETRASZKIEWICZ, Instytut Maszyn Przepływowych PAN, ul. Gen. J. Fiszera 14, 80-952 Gdańsk, Poland

ZAMM 62, T 156 – T 158 (1982)

W. PIETRASZKIEWICZ / M. SZWABOWICZ

Hu-Washizu Variational Functional for the Lagrangian Geometrically Nonlinear Theory of Thin Elastic Shells

The classical version of the Lagrangian geometrically nonlinear theory of thin elastic shells [1–3] allowed global variational formulation, in terms of various free functionals, within moderate rotations only [4]. In order to allow global variational formulation of the Lagrangian nonlinear theory of shells undergoing unrestricted (finite) rotations, some modified variables should be introduced [5].

Let the deformation of the shell middle surface be described by the usual surface strain tensor $\gamma_{\alpha\beta}$ and the modified tensor of change of curvature $\chi_{\alpha\beta}$ defined by

$$\gamma_{\alpha\beta} = \tfrac{1}{2}\,(\bar{a}_{\alpha\beta} - a_{\alpha\beta}) , \qquad \chi_{\alpha\beta} = -\left(\sqrt{\frac{\bar{a}}{a}}\, \bar{b}_{\alpha\beta} - b_{\alpha\beta}\right) + b_{\alpha\beta}\, \gamma^{\varkappa}_{\varkappa} . \tag{1}$$

Here $a_{\alpha\beta}$, $b_{\alpha\beta}$ and $\bar{a}_{\alpha\beta}$, $\bar{b}_{\alpha\beta}$ are components of metric and curvature tensors of the shell middle surface in the reference (undeformed) and in the deformed configurations $\mathcal{M}$ and $\bar{\mathcal{M}}$, respectively, with determinants $a = |a_{\alpha\beta}|$ and $\bar{a} = |\bar{a}_{\alpha\beta}|$. By definition (1), $\gamma_{\alpha\beta}$ are quadratic polynomials and $\chi_{\alpha\beta}$ are third-order polynomials in the displacements $u = u^\alpha a_\alpha + wn$ where a_α are base vectors of $\mathcal{M}$ and $n = \frac{1}{\sqrt{a}}\, a_1 \times a_2$ is the unit normal to $\mathcal{M}$.

The deformation of the shell boundary element can be described entirely by the displacement vector $u = u_\nu v + u_t t + wn$ of the undeformed boundary curve $\mathcal{C}$ and by the components along $\mathcal{C}$ of the unit normal to $\bar{\mathcal{M}}$, the vector $\bar{\boldsymbol{n}} = n_\nu \boldsymbol{\nu} + n_t \boldsymbol{t} + n\boldsymbol{n}$, where $\boldsymbol{t}$ is the unit tangent to $\mathscr{C}$ and $\boldsymbol{\nu} = \boldsymbol{t} \times \boldsymbol{n}$. Under the KIRCHHOFF-LOVE constraints only $\boldsymbol{u}$, n_ν are independent variables, while $n_t = n_t(\boldsymbol{u}, n_\nu)$ and $n = n(\boldsymbol{u}, n_\nu)$ must be satisfied.

Let us consider now a thin shell in equilibrium. For any additional infinitesimal displacement field $\delta\boldsymbol{u} = \delta u^\alpha \boldsymbol{a}_\alpha + \delta w\boldsymbol{n}$ subject to geometric constraints, the internal virtual work (IVW) should be equal to the external virtual work (EVW). Here IVW is performed by the internal Lagrangian stress resultants $N^{\alpha\beta}$ and the stress couples $M^{\alpha\beta}$ on the variations of their conjugate strain measures. EVW is performed by the external surface load $\boldsymbol{p} = p^\alpha \boldsymbol{a}_\alpha + p\boldsymbol{n}$, the resultant boundary force $\boldsymbol{N} = N_\nu \boldsymbol{\nu} + N_t \boldsymbol{t} + N\boldsymbol{n}$ and the resultant boundary couple $\boldsymbol{k}$ on the variations of the corresponding displacement variables. From IVW = EVW we obtain the incremental Lagrangian principle of virtual displacements [1—3]

$$\iint_{\mathscr{M}} (N^{\alpha\beta}\delta\gamma_{\alpha\beta} + M^{\alpha\beta}\delta\chi_{\alpha\beta})\, dA = \iint_{\mathscr{M}} \boldsymbol{p}\cdot\delta\boldsymbol{u}\, dA + \int_{\mathscr{C}_f} (\boldsymbol{N}\cdot\delta\boldsymbol{u} + \boldsymbol{k}\cdot\delta\boldsymbol{\Omega}_t)\, ds \tag{2}$$

where $\boldsymbol{\Omega}_t$ is the total finite rotation vector of the boundary.

Note, that $\boldsymbol{k}$ is by definition tangent to the deformed middle surface along the boundary curve $\bar{\mathscr{C}}$ and therefore depends upon the boundary deformation. In the Lagrangian shell theory it is more convenient [5] to replace $\boldsymbol{k}$ by the equivalent external boundary static moment $\boldsymbol{H} = H_\nu \boldsymbol{\nu} + H_t \boldsymbol{t} + H\boldsymbol{n}$, where $\boldsymbol{k} = \bar{\boldsymbol{n}} \times \boldsymbol{H}$. Then, after transformations, (2) takes the form

$$-\iint_{\mathscr{M}} (\boldsymbol{T}^\beta|_\beta + \boldsymbol{p})\cdot\delta\boldsymbol{u}\, dA + \int_{\mathscr{C}_f} [(\boldsymbol{P} - \boldsymbol{P}^*)\cdot\delta\boldsymbol{u} + (M - M^*)\,\delta n_\nu]\, ds + \sum_k (\boldsymbol{F}_k - \boldsymbol{F}_k^*)\cdot\delta\boldsymbol{u}_k = 0 \tag{3}$$

where expressions for $\boldsymbol{T}^\beta = \boldsymbol{T}^\beta(N^{\alpha\beta}, M^{\alpha\beta}, \boldsymbol{u})$, $\boldsymbol{P} = \boldsymbol{P}(N^{\alpha\beta}, M^{\alpha\beta}, \boldsymbol{u}, n_\nu)$, $M = M(M^{\alpha\beta}, \boldsymbol{u}, n_\nu)$, $\boldsymbol{F}_k = \boldsymbol{F}_k(M^{\alpha\beta}, \boldsymbol{u}, n_\nu)$, $\boldsymbol{P}^* = \boldsymbol{P}^*(\boldsymbol{N}, \boldsymbol{H}, \boldsymbol{u}, n_\nu)$, $M^* = M^*(\boldsymbol{H}, \boldsymbol{u}, n_\nu)$ and $\boldsymbol{F}_k^* = \boldsymbol{F}_k^*(\boldsymbol{H}, \boldsymbol{u}, n_\nu)$ are given in [5].

From (3) follow the equilibrium equations $\boldsymbol{T}^\beta|_\beta + \boldsymbol{p} = \boldsymbol{0}$ in $\mathscr{M}$, the static boundary conditions $\boldsymbol{P} = \boldsymbol{P}^*$ and $M = M^*$ along $\mathscr{C}_f$ and the static corner conditions $\boldsymbol{F}_j = \boldsymbol{F}_j^*$ in each corner point M_j of $\mathscr{C}_f$. The relations are satisfied for unrestricted strains and rotations, an arbitrary material behaviour and arbitrary external surface and boundary loads.

Under small elastic strains and within the first-approximation shell theory there exists a quadratic shell strain energy function $\Sigma = \frac{1}{2} H^{\alpha\beta\lambda\mu}\left(\gamma_{\alpha\beta}\gamma_{\lambda\mu} + \frac{h^2}{12}\chi_{\alpha\beta}\chi_{\lambda\mu}\right)$, where $H^{\alpha\beta\lambda\mu}$ are the components of the modified elasticity tensor [2]. In this case the specific internal virtual work in (2) can be expressed as a variation of the shell strain energy function: $N^{\alpha\beta}\delta\gamma_{\alpha\beta} + M^{\alpha\beta}\delta\chi_{\alpha\beta} = \delta\Sigma(\gamma_{\alpha\beta}, \chi_{\alpha\beta})$. Let us also assume $\boldsymbol{p}, \boldsymbol{N}$ and $\boldsymbol{H}$ to be dead, i.e. their directions to be constant during the shell deformation. In this case there exist potentials [5, 6] of the external loads $\Phi(\boldsymbol{u}) = -\boldsymbol{p}\cdot\boldsymbol{u}$ and $\Psi(\boldsymbol{u}, n_\nu) = -\boldsymbol{N}\cdot\boldsymbol{u} - \boldsymbol{H}\cdot(\bar{\boldsymbol{n}} - \boldsymbol{n})$ such that their variations constitute the specific external virtual work. Therefore, the incremental Lagrangian principle of virtual displacements (2) can be transformed into the global variational principle $\delta I = 0$ for the functional

$$I = \iint_{\mathscr{M}} [\Sigma(\gamma_{\alpha\beta}, \chi_{\alpha\beta}) - \boldsymbol{p}\cdot\boldsymbol{u}]\, dA - \int_{\mathscr{C}_f} [\boldsymbol{N}\cdot\boldsymbol{u} + \boldsymbol{H}\cdot(\bar{\boldsymbol{n}} - \boldsymbol{n})]\, ds \tag{4}$$

where the strain-displacement relations $\gamma_{\alpha\beta} = \gamma_{\alpha\beta}(\boldsymbol{u})$, $\chi_{\alpha\beta} = \chi_{\alpha\beta}(\boldsymbol{u})$ in $\mathscr{M}$, geometric boundary conditions $\boldsymbol{u} = \boldsymbol{u}^*$, $n_\nu = n_\nu^*$ along $\mathscr{C}_u$, geometric corner conditions $\boldsymbol{u}_i = \boldsymbol{u}_i^*$ in each corner M_i of $\mathscr{C}_u$ and the geometric constraint relations $n_t = n_t(\boldsymbol{u}, n_\nu)$, $n = n(\boldsymbol{u}, n_\nu)$ along $\mathscr{C}_f$ have to be imposed as subsidiary conditions.

Introducing the subsidiary conditions of I into the functional itself by means of the Lagrange multiplier method we obtain the free functional

$$\begin{aligned} I_1 = &\iint_{\mathscr{M}} \{\Sigma(\gamma_{\alpha\beta}, \chi_{\alpha\beta}) - \boldsymbol{p}\cdot\boldsymbol{u} - N^{\alpha\beta}[\gamma_{\alpha\beta} - \gamma_{\alpha\beta}(\boldsymbol{u})] - M^{\alpha\beta}[\chi_{\alpha\beta} - \chi_{\alpha\beta}(\boldsymbol{u})]\}\, dA - \\ &- \int_{\mathscr{C}_f} \{\boldsymbol{N}\cdot\boldsymbol{u} + \boldsymbol{H}\cdot(\bar{\boldsymbol{n}} - \boldsymbol{n}) - \lambda_t[n_t - n_t(\boldsymbol{u}, n_\nu)] - \lambda[n - n(\boldsymbol{u}, n_\nu)]\}\, ds - \\ &- \int_{\mathscr{C}_u} [\boldsymbol{P}\cdot(\boldsymbol{u} - \boldsymbol{u}^*) + M(n_\nu - n_\nu^*)]\, ds - \sum_i \boldsymbol{F}_i\cdot(\boldsymbol{u}_i - \boldsymbol{u}_i^*)\,. \end{aligned} \tag{5}$$

The functional I_1 is defined in terms of the following independent free variables subject to variations: three displacements $\boldsymbol{u}$ in $\mathscr{M}$, four displacement variables $\boldsymbol{u}, n_\nu$ along $\mathscr{C}_u$, three displacements $\boldsymbol{u}_i$ in each corner M_i of $\mathscr{C}_u$, six strain components $\gamma_{\alpha\beta}$ and $\chi_{\alpha\beta}$ in $\mathscr{M}$, six displacement variables $\boldsymbol{u}, n_\nu, n_t, n$ along $\mathscr{C}_f$, six Lagrange multipliers $N^{\alpha\beta}$, $M^{\alpha\beta}$ in $\mathscr{M}$, two Lagrange multipliers λ_t and λ along $\mathscr{C}_f$, four Lagrange multipliers $\boldsymbol{P}$ and M along $\mathscr{C}_u$, and three Lagrange multipliers $\boldsymbol{F}_i$ in each corner point M_i of $\mathscr{C}_u$. The associated variational principle $\delta I_1 = 0$ states that among all the possible values of the variables, which are not restricted by any subsidiary conditions, the actual solution renders the functional I_1 stationary.

Taking the variation of I_1 we obtain as its stationarity conditions all the basic relations: equilibrium equations, static boundary and corner conditions, strain-displacement relations, geometric boundary and corner conditions together with additional relations for the Lagrange multipliers: constitutive equations $N^{\alpha\beta} = hH^{\alpha\beta\lambda\mu}\gamma_{\lambda\mu}$, $M^{\alpha\beta} = \frac{h^2}{12}H^{\alpha\beta\lambda\mu}\chi_{\lambda\mu}$ in $\mathscr{M}$, the definitions for $\boldsymbol{P}$ and M along $\mathscr{C}_u$, the definitions for $\boldsymbol{F}_i$ in M_i of C_u, and the definitions $\lambda_t = H_t$, $\lambda = H$ along $\mathscr{C}_f$.

The functional I_1 is the HU-WASHIZU variational functional for the Lagrangian geometrically nonlinear theory of thin elastic shells undergoing unrestricted rotations. Following [4] a number of other free functionals and associated Lagrangian variational principles may be generated.

References

1 PIETRASZKIEWICZ, W., Introduction to the Non-Linear Theory of Shells, Ruhr-Universität, Mitt. Inst. f. Mech. Nr. 10, Bochum, Mai 1977, 1–154.
2 PIETRASZKIEWICZ, W., Finite Rotations and Lagrangian Description in the Non-Linear Theory of Shells, Polish Sci. Publ., Warszawa-Poznań 1979.
3 PIETRASZKIEWICZ, W., Finite rotations in the non-linear theory of thin shells, in: Thin Shell Theory, New Trends and Applications, OLSZAK W., Ed., CISM Courses and Lectures No 240; Springer-Verlag, Wien-New York 1980, 153–208.
4 SCHMIDT, R.; PIETRASZKIEWICZ, W., Variational principles in the geometrically non-linear theory of shells undergoing moderate rotations, Ingenieur-Archiv, 50, 3, 187–201 (1981).
5 PIETRASZKIEWICZ, W.; SZWABOWICZ, M., Entirely Lagrangian nonlinear theory of thin shells, Archives of Mechanics, 33, 2 (1981), 273–288.
6 SZWABOWICZ, M., On the potential boundary loads in the nonlinear theory of thin shells, Trans. Inst. Fluid-Flow Mach. Gdańsk (in print).

Anschrift: Doc. dr hab. inż. WOJCIECH PIETRASZKIEWICZ and mgr inż. MAREK SZWABOWICZ, Instytut Maszyn Przepływowych PAN, ul. Gen. J. Fiszera 14, 80-952 Gdańsk, Poland.

ZAMM 62, T 158 – T 159 (1982)

N. POLIATZKY / W. MUSCHIK

Gegenbeispiel von I. Müller, hyperbolische Wärmeleitungsgleichung und Objektivität in 4-dimensionaler Kontinuumstheorie

Dreidimensionale Wärmeleitung

Es wird ein isotropes Material in einem Inertialsystem betrachtet. Für einen materiell angehefteten Ruhbeobachter $\mathcal{B}$ ist daher die Matrix der Materialabbildung ein Vielfaches der Einheitsmatrix

$$L^{ik} = \lambda(x^\alpha)\,\delta^{ik}\,, \qquad \alpha = 1, 2, 3\,. \tag{1}$$

Wird das betrachtete Material gegen das Inertialsystem beschleunigt bewegt, so ermittelt ein materiell angehefteter Ruhbeobachter B die Materialmatrix L'^{*ik}. Falls nun die HOOKE-POISSON-CAUCHY-Form des Prinzips der Objektivität gilt, folgt [1]

$$L'^{*ik} = L^{ik}\,, \tag{2}$$

d. h. beide Beobachter stellen isotropes Materialverhalten fest. Nun hat I. MÜLLER [2, 3] an einem mit einem idealen Gas gefüllten Zylinder, dessen Achse geheizt wird, durch kinetische Überlegungen gezeigt, daß die Wärmestromdichte für $\mathcal{B}$ nicht mehr parallel zum Temperaturgradienten sein kann (es tritt eine Azimutalkomponente der Wärmestromdichte auf). Daher ist die HPC-Form der Objektivität im Gegensatz zur ZJ-Form (Kovarianz) [1] nicht gültig. Auch in einer 4-dimensionalen Formulierung läßt sich wegen der komponentenweisen Gleichheit in (2) die HPC-Objektivität nicht retten.

Vierdimensionale Wärmeleitung

Die Motivierung zu einer 4-dimensionalen Formulierung der Kontinuumsphysik besteht in ihrer Kovarianz, da sich die ZJ-Objektivität nur in kovarianten Theorien formulieren läßt [1]. Während z. B. die Geschwindigkeit im Dreidimensionalen gegen EUKLIDsche Transformation bekanntlich nicht kovariant ist,

$$v^{*\alpha} = Q^\alpha_\beta v^\beta + \dot{Q}^\alpha_\beta x^\beta + \dot{c}^\alpha\,, \tag{3}$$

gilt dies aber im Vierdimensionalen

$$\begin{pmatrix} v^* \\ 1 \end{pmatrix} = \begin{pmatrix} Q & \dot{Q}X + \dot{C} \\ 0 & 1 \end{pmatrix} \begin{pmatrix} v \\ 1 \end{pmatrix} \tag{4}$$

oder in Komponenten für die 4-Geschwindigkeit

$$z^a = Q^a_b z^b\,, \qquad a, b = 1, \dots, 4\,. \tag{5}$$

Für einen Ruhbeobachter $\mathcal{B}$ wird wegen $v^\alpha = 0$ die 4-Geschwindigkeit gemäß (4)

$$\mathcal{B} : z = e_4\,. \tag{6}$$

Mit

$$\nabla = (\partial/\partial x^\alpha, \partial/\partial t) \tag{7}$$

wird

$$\nabla \cdot \varrho u \boldsymbol{z} = \operatorname{div} \varrho u \boldsymbol{v} + \partial(\varrho u)/\partial t , \tag{8}$$

$$\nabla \boldsymbol{z} = \begin{pmatrix} \operatorname{grad} \boldsymbol{v} & 0 \\ 0 & 0 \end{pmatrix} . \tag{9}$$

Daher wird die 3-dimensionale Bilanzgleichung für die spezifische innere Energie u

$$\partial(\varrho u)/\partial t = -\operatorname{div}(\boldsymbol{q} + \varrho u \boldsymbol{v}) + \hat{T} : \operatorname{grad} \boldsymbol{v} \tag{10}$$

in 4-Formulierung

$$\nabla \cdot \varrho u \boldsymbol{z} = -\nabla \cdot \boldsymbol{W} + P : \nabla \boldsymbol{z} , \tag{11}$$

wobei P der 4-dimensionale Spannungstensor und

$$\nabla \cdot \boldsymbol{W} = \operatorname{div} \boldsymbol{w} + \partial w^4/\partial t = \operatorname{div} \boldsymbol{q} \tag{12}$$

ist. Für B folgt aus (11)

$$-\nabla \cdot \boldsymbol{W} = \partial(\varrho u)/\partial t . \tag{13}$$

Als Zustandsraum wird der von den Variablen

$$(T, \dot{T}, \operatorname{grad} T, \varrho = \text{const}) \equiv (\cdot) \tag{14}$$

aufgespannte gewählt, und als konstitutive Gleichung in B

$$\boldsymbol{w} = \lambda(\cdot) \operatorname{grad} T, \qquad w^4 = w^4(\cdot); \qquad \lambda < 0 \tag{15}$$

angesetzt. Aus (13) folgt

$$-\operatorname{div}(\lambda \operatorname{grad} T) - \partial w^4/\partial t = \partial(\varrho u)/\partial t . \tag{16}$$

Hieraus ergibt sich die physikalische Bedeutung der Dichte w^4: Für homotherme Prozesse (grad $T \doteq 0$) beschreibt w^4 den heat-supply. Nach kurzer Zwischenrechnung ergibt sich aus (16) eine hyperbolische Wärmeleitungsgleichung [4] mit endlicher Wärmeausbreitungsgeschwindigkeit, die für $w^4 \to 0$ über alle Grenzen wächst:

$$\partial T/\partial t = \lambda_0 \Delta T - \alpha^i \partial^2 T/\partial t \, \partial x^i - \tau \, \partial^2 T/\partial t^2 , \tag{17}$$

wobei

$$\lambda_0 := -\lambda/C_p > 0 , \qquad \alpha^i = (1/C_p) \, \partial w^4/\partial(\partial T/\partial x^i) , \qquad \tau = (1/C_p) \, \partial w^4/\partial(\partial T/\partial t) > 0 . \qquad (18), (19), (20)$$

Die Ausbreitungsgeschwindigkeit ist

$$V_0 = \sqrt{\lambda_0/\tau} . \tag{21}$$

Literatur

1 Muschik, W., Prinzip der Objektivität, Rahmenforderung oder Naturgesetz? ZAMM **62,** T 143–T 145 (1982).
2 Müller, I., On the Frame Dependence of Stress and Heat Flux, Arch. Rat. Mech. Anal. **45,** 241–250 (1972).
3 Müller, I., The Ideal Gas — Prototype of a Generalized Medium, Symposium held at the University of Calgary, August 1–3, 1979: Recent Developments in the Theory and Application of Generalized and Oriented Media, Ed. P. G. Glockner, M. Epstein, D. J. Malcolm, p. 132.
4 Poliatzky, N., Differentialgeometrische Formulierung einer Thermodynamik mit lokalem Gleichgewicht, Diplomarbeit TU Berlin 1981.

Anschrift: Prof. Dr. W. Muschik, Institut für Theoretische Physik, Sekr. HAD 1, Technische Universität Berlin, Hardenbergstr. 4–5, 1000 Berlin 12, Berlin(West)

ZAMM 62, T 159 – T 161 (1982)

J. Pöpplau

Die Berechnung einer Bingham-Rohrströmung mit einem variablen Finite-Elemente-Netz

Die laminare Druckströmung eines verallgemeinerten newtonschen Fluides durch ein zylindrisches Rohr mit dem Querschnitt Ω wird dadurch beschrieben, daß die Geschwindigkeit $u(x, y)$ senkrecht auf Ω das Funktional

$$J(u) = \iint_{\Omega} \left(\tfrac{1}{2} \Phi(I) - ku\right) dx \, dy \tag{1}$$

mit der Wandhaftbedingung

$$u = 0 \text{ auf } \partial\Omega$$

minimal macht (Bild 1). Dabei ist

k der Druckgradient entlang des Rohres,

$I = (\operatorname{grad} u)^2$,

$\Phi(I)$ eine vom Materialgesetz abhängige Funktion.

Einen Stoff, der erst bei einer bestimmten Fließspannung τ_f anfängt zu fließen, dann aber linear mit einer Scherviskosität η_0 fließt, bezeichnet man als BINGHAM-Fluid. Dies ist das einfachste Modell eines viskoplastischen Körpers. Das Funktional lautet dann

$$J_B(u) = \iint_\Omega \left(\frac{\eta_0}{2} I + \tau_f \sqrt{I} - ku\right) \mathrm{d}x\, \mathrm{d}y\,. \tag{2}$$

Dieses Funktional ist zwar konvex, aufgrund der Wurzel aber nicht differenzierbar und eben diese Wurzel führt zu weiteren unangenehmen Eigenschaften bei der numerischen Lösung. Gewisse qualitative Eigenschaften der Lösung, sowie Existenz und Eindeutigkeit sind z. B. in [2] und [3] diskutiert.

Im eindimensionalen Fall Kreisrohr bzw. ebener Kanal läßt sich die Gleichgewichtsbedingung integrieren, und man erhält eine lineare Spannungsverteilung. Daraus folgt unter Beachtung des Stoffgesetzes eine Geschwindigkeitsverteilung, die sich aus einem starren Kernbereich und einem newtonsch fließenden Außenbereich in Form einer Parabel zusammensetzt. Im zweidimensionalen Fall besteht diese Lösungsmöglichkeit nicht mehr. Deshalb soll das obige Funktionalminimierungsproblem numerisch gelöst werden.

Die Diskretisierung des unendlich dimensionalen Optimierungsproblems (2) wird mit isoparametrischen finiten Elementen durchgeführt [1]. Die hier verwendeten 4—9-Knotenelemente sind stetig auf Ω und zeichnen sich durch große Variabilität aus. Das endlichdimensionale Optimierungsproblem lautet dann

$$\sum_{\text{Elemente}} \int_{-1}^{+1}\int_{-1}^{+1} \left\{\frac{\eta_0}{2} \frac{P(r, s)}{\det J(r, s)} + \tau_f \sqrt{P(r, s)} - ku(r, s) \det J(r, s)\right\} \mathrm{d}r\, \mathrm{d}s \to \min$$

mit

$$P(r, s) = \left(\Sigma y_i^e \frac{\partial h_i}{\partial s} \Sigma u_i^e \frac{\partial h_i}{\partial r} - \Sigma y_i^e \frac{\partial h_i}{\partial r} \Sigma u_i^e \frac{\partial h_i}{\partial s}\right)^2 + \left(\Sigma x_i^e \frac{\partial h_i}{\partial r} \Sigma u_i^e \frac{\partial h_i}{\partial s} - \Sigma x_i^e \frac{\partial h_i}{\partial s} \Sigma u_i^e \frac{\partial h_i}{\partial r}\right)^2,$$

$$\det J(r, s) = \Sigma x_i^e \frac{\partial h_i}{\partial r} \Sigma y_i^e \frac{\partial h_i}{\partial s} - \Sigma x_i^e \frac{\partial h_i}{\partial s} \Sigma y_i^e \frac{\partial h_i}{\partial r},$$

$$u(r, s) = \Sigma u_i^e h_i(r, s)\,. \tag{3}$$

Die $h_i(r, s)$ sind polynomiale Formfunktionen in einem Referenzelement in der r, s-Ebene, die x_i^e, y_i^e die Elementknotenkoordinaten und die u_i^e die unbekannten Geschwindigkeiten an den Knoten. Der Ausdruck (3) wird auch als Zielfunktion $Q(u_i^e)$ bezeichnet und das Problem lautet:

Minimiere $Q(u_i^e)$ unter Beachtung der Randbedingungen!

Die Integration in (3) soll mit der einfachen und schnellen Gauss-Legendre-Integration durchgeführt werden, wobei sich 3×3 bzw. 4×4 Integrationspunkte für quadratische Probleme ($\tau_f = 0$) als hinreichend genau erwiesen haben [1].

Da auch (3) nicht differenzierbar ist, wird die Minimierung mit einer ableitungsfreien Suchstrategie, einer (10, 100)-Evolutionsstrategie nach RECHENBERG-SCHWEFEL [4], [5] durchgeführt. Auf deren Funktionsweise kann hier nicht eingegangen werden.

Als erstes Testproblem wird das eigentlich eindimensionale Kreisrohr zweidimensional gerechnet. Die Einstellgrößen η_0, k und der Radius R werden gleich Eins gesetzt, so daß ein Kernradius von

$$r_K = 2 \frac{\tau_f}{k}$$

zu erwarten ist. Zur Berechnung wird ein 1/4-Kreis in 21 8-Knotenelemente mit 81 Knoten und 68 Freiheitsgraden eingeteilt.

Während das Ergebnis für ein newtonsches Fluid ($\tau_f = 0$) leicht erzielbar ist, ergeben sich für $\tau_f \neq 0$ Schwierigkeiten. Das Optimierungsverfahren kommt sehr langsam voran. Ein möglicher Grund dafür liegt in der Integration der Wurzel in (3), denn $P(r, s)$ ist für 8-Knotenelemente ein Polynom 6. Grades in r- und s-Richtung. Für die Integration dieses hyperelliptischen Flächenintegrals ist 4×4-Integration nicht ausreichend, wenn P Nullstellen hat, und eben diese Nullstellen treten beim Übergang vom Kernbereich in den Fließbereich auf. Selbst 8×8-Integration führt nicht immer zu befriedigenden Ergebnissen. Das dadurch entstehende „Rauschen" behindert die Optimierung. Da aber die Integration die innerste Schleife des Verfahrens ist, soll die schnelle und einfache Gauss-Legendre-Integration mit möglichst niedriger Integrationsordnung beibehalten werden.

Ein möglicher Ausweg ist in Bild 2 dargestellt. Die Elementierung setzt sich zusammen aus einem Kernbereich mit einem Geschwindigkeitsfreiheitsgrad, dafür aber variablen Abmessungen (fett gezeichnete Knoten) und einem Außenbereich. Das Netz wird in jedem Iterationsschritt neu generiert. Durch diese Elementierung wird der Diskretisierungsfehler mit minimiert und auch der Integrationsfehler zumindest in der Nähe der Lösung klein gehalten, da die Nullstelle dann ja gerade auf dem variablen Elementrand liegen muß. Die Ergebnisse sind dann auch

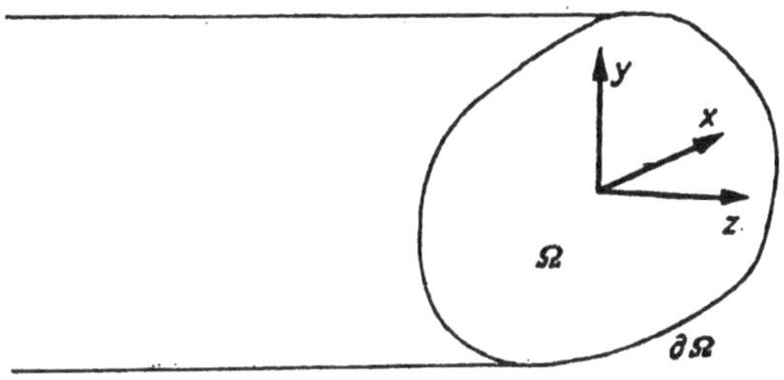

Bild 1. Lösungsgebiet

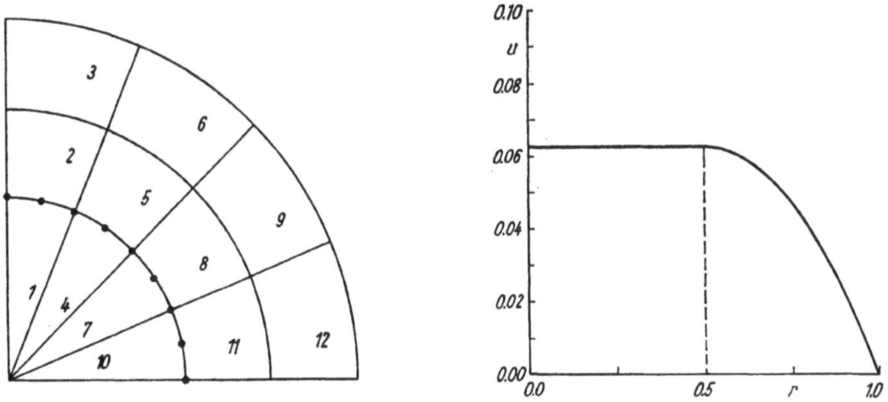

Bild 2. Variables Finite-Elemente-Netz; Kreisrohrströmung mit $\tau_f = 0{,}25$

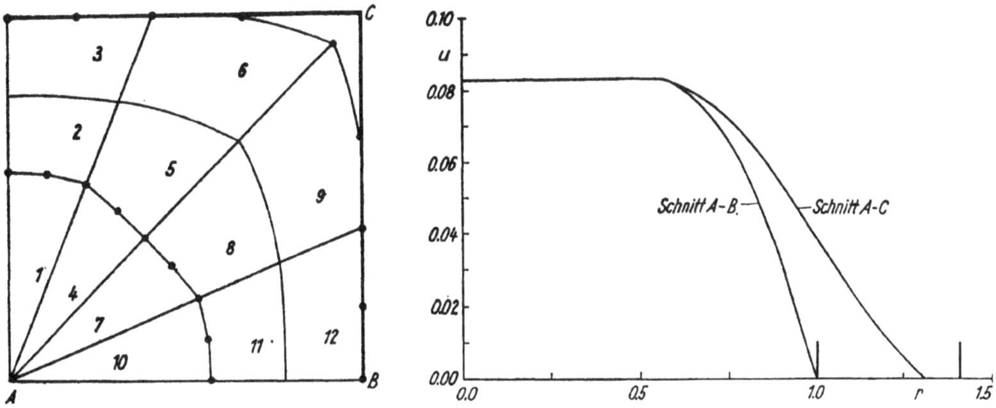

Bild 3. Variables Finite-Elemente-Netz; Quadratrohrströmung mit $\tau_f = 0{,}25$

so gut, daß eine Abweichung vom analytischen Ergebnis nirgends größer als 0,5% ist. Die Integrationsordnung ist 2×2 im Kern- bzw. 3×3 im Außenbereich.

Die Erweiterung der Berechnung auf nichtkreisförmigeQuerschnitte geht folgendermaßen vor sich: Auch der äußere Elementrand wird variabel gehalten, allerdings verbieten Ungleichungsrestriktionen den Knoten ein Überschreiten der Rohrgrenze. Die Ergebnisse, in Bild 3 dargestellt, sind allerdings aufgrund der groben Elementierung noch mit Vorsicht zu betrachten.

Das dargestellte Verfahren hat den entscheidenden Nachteil, daß es sehr langsam ist. Die Rechenzeiten betragen auf einer PRIME 350 mehrere Stunden. Dementgegen steht allerdings, daß es sich bei dem behandelten Problem um eine nichtdifferenzierbare, nichtkonvexe, nichtlineare, mit Rauschen behaftete Zielfunktion mit Ungleichungsrestriktionen handelt, deren Berechnung allein bereits ca. 0,5 sec. benötigt. Die Evolutionsstrategie benötigt nur die Funktionsauswertung von (3) als FUNCTION. Das führt auf eine sehr einfache Handhabung des Verfahrens. Außerdem sei abschließend bemerkt, daß es sich bei der (10, 100)-Evolutionsstrategie um einen Parallelalgorithmus handelt und von daher die Behandlung auf Seriellrechnern einen großen Zeitnachteil darstellt.

Literatur

1 Bathe, K. J.; Wilson, E. L., Numerical methods in finite element analysis, Prentice Hall, Englewood Cliffs, New Jersey 1976.
2 Duvaut, G.; Lions, J. L., Inequalities in Mechanics and Physics, Springer-Verlag, Berlin-Heidelberg-New York 1976.
3 Mosolov, P. P.; Miasnikov, V. P., Variational methods in the theory of the fluidity of a viscous plastic medium, PMM 29, 468 to 492, 1965.
4 Rechenberg, I., Evolutionsstrategie, Frommann-Holzboog, Stuttgart 1973.
5 Schwefel, H. P., Evolutionsstrategie und numerische Optimierung, Dissertation, TU Berlin, Berlin 1975.

Anschrift: Dipl.-Ing. Jens Pöpplau, Institut für Strömungslehre und Strömungsmaschinen, Hochschule der Bundeswehr, Holstenhofweg 85, D-2000 Hamburg 70, BRD

ZAMM 62, T 162 – T 163 (1982)

G. Rieder

Die Herleitung der Spannungsfunktionen der Schale (des Rahmentragwerks) aus den Nullspannungsfunktionen des räumlichen Körpers (der Schale)

Spannungsfunktionen sind skalare, vektorielle oder tensorielle Funktionen, aus denen Spannungsfelder abgeleitet werden, die die homogene Gleichgewichtsbedingung erfüllen, so wie die aus Verschiebungen abgeleiteten Dehnungsfelder die homogene Kompatibilitätsbedingung erfüllen. Für Nullspannungsfunktionen verschwindet auch die Spannung selbst, so wie für ein Verschiebungsfeld, das einer starren Bewegung entspricht, die Dehnung verschwindet. Wir leiten nun aus den Unstetigkeiten eines Feldes im Raum (auf der Fläche), das stückweise aus Nullspannungsfunktionen besteht, die Spannungsfunktionen einer Schalenfläche (einer Balkenlinie) ab.

Mit Hilfe des Schaeferschen Krustenschalenmodells gelangt man an Hand der Perettischen Integrale zu einer mechanischen Deutung der Komponenten des räumlichen Spannungsfunktionentensors von Beltrami auf der Schalenfläche. Es erscheinen nach entsprechender Abänderung der Indizierung die bekannten Biege- und Drillmomente der Schalentheorie und außerdem noch Cosseratsche Momentenspannungen in der Schalenfläche um die Normale als Achse; für physikalisch reale Kirchhoffsche Schalen sind diese letzteren zu Null zu setzen. Mit Hilfe der Normalableitungen gewinnt man dann die Membranspannungen und Querkräfte in der Schalenfläche.

Geht man von räumlichen Nullspannungsfunktionen aus, so ist der Raum um die Schalenfläche spannungsfrei, die Schale selbst also lastfrei, und wir haben die allgemeinsten Spannungsfunktionen der Schale. Räumliche Nullspannungsfunktionen haben die Form eines Deformators, werden also in derselben Weise aus einem erzeugenden Vektorfeld abgeleitet wie der Dehnungstensor aus dem Verschiebungsfeld; als Spannungsfunktionen einer Schale mit Cosseratschen Momentenspannungen um die Normale erscheinen nun die drei Komponenten des erzeugenden Vektors sowie die die Normalableitungen der beiden Komponenten in der Schalenfläche. Diese beiden Normalableitungen entfallen bei der Kirchhoffschen Schale, bei der die genannten Momentenspannungen zu Null gesetzt werden. Die Spannungsfunktionen haben somit dieselbe Form wie die aus einer Verschiebung abgeleiteten Dehnungen und ihre Normalableitungen in der Schalenfläche; dem Nullsetzen der genannten Momentenspannungen entspricht bei den Schalenverformungen die Einführung der Bernoullischen Hypothese, mit dem Nullsetzen der Schubverformungen senkrecht zur Schalenfläche also der Übergang von einer Reissnerschen zu einer Krichhoffschen Schalentheorie. Auf diese Analogie zwischen den statischen und den geometrischen Schalengleichungen hat bereits Günther aufmerksam gemacht [1].

Der nächste Schritt ist nun die Entwicklung von Spannungsfunktionen für Balkenlinien aus den Nullspannungsfunktionen der Schalenfläche. Aus der Analogie zu den geometrischen Schalengleichungen schließt man nun, daß die Nullspannungsfunktionen der Schale die Form eines Vektorfeldes haben, das in der geometrischen Analogie einer starren Bewegung entspricht. Hat das Spannungsfunktionenfeld in einem berandeten Schalenstück diese Form und verschwindet es außerhalb des Randes, so verschwinden die Spannungen überall auf der Schale mit Ausnahme des Randes selbst, der jetzt als ein geschlossener Balken mit Längs- und Querkräften, Biege- und Drillmomenten erscheint.

Für ein beliebiges ebenes oder räumliches Netzwerk von Balken (Rahmentragwerk) erhält man nun eine Spannungsfunktionendarstellung aller Beanspruchungsgrößen, die der Kräftefreiheit auf den Balken und den inneren Knoten entsprechen, indem man (wenigstens) einem vollständigen System von den Balken aufgespannter Flächen jeweils eine starre Bewegung zuordnet; aus den Sprüngen der „analogen Verschiebungen“ auf jeder Balkenlinie ergeben sich dann ihre Schnittkräfte und Momente.

Wir erhalten auf diese Weise eine vollständige Analogie zu einem räumlichen Netzwerk Volterrascher Versetzungen und Disklinationen; in der Tat sind diese durch die einer starren Bewegung entsprechenden Verschiebungssprünge bestimmt, die in den von den Versetzungs- und Disklinationslinien aufgespannten Flächen auftreten [2, 3, 4]. In derselben Weise wie den Burgers- und den Drehvektor einer Versetzungs- und Disklinationslinie, nämlich durch einen um die Linie zusammengezogenen Umlauf und Addition aller Beiträge der durchstoßenen Flächen, bestimmt man auch den Schnittkraft- und den Schnittmomentenvektor einer Balkenlinie. Und genau wie die Quellenfreiheit von Burgersvektor und Drehvektor an den Knoten des Versetzungs- und Disklinationsnetzes, nämlich durch Umläufe um die Linien auf einer um den Knoten zusammengezogenen Kugel, weist man das Gleichgewicht eines Knotens im Rahmentragwerk nach.

Zerlegt man nun noch die Beanspruchung eines einzelnen Balkens im Raum in sechs, in der Ebene in drei einfache Gleichgewichtssysteme, beim geraden Balken entsprechend konstanter Längskraft, konstanten Biege- und Drillmomenten und zwei bzw. einer Kombination von Querkraft und linear verlaufendem Biegemoment, so läßt sich zur Spannungsberechnung im Rahmentragwerk ein Maschen- bzw. Schnittmengenverfahren entwickeln von derselben Form, wie es in der Elektrotechnik als Verfahren der Kreisströme bekannt ist. Nur treten an die Stelle der skalaren Ströme und Spannungen der Elektrotechnik nunmehr geometrische und statische Motoren, also Kinematen und Dynamen.

Für hochgradig statisch unbestimmte Rahmentragwerke dürfte dieses Maschenverfahren effektiver sein als das übliche Knotenverfahren, zu dessen Anwendung erst ein statisch bestimmtes Hauptsystem zu ermitteln ist. Dies hat bereits Wieghardt um die Jahrhundertwende für den Sonderfall des ebenen Fachwerks mit gelenkigen Knoten bemerkt. Diese Überlegungen stellen also eine Erweiterung auf das räumliche Rahmentragwerk dar. Sie ist für das ebene Rahmentragwerk mit biegesteifen Knoten ausgearbeitet in [5, 6]. Im übrigen wird auf [7] verwiesen.

Literatur

1 GÜNTHER, W., Analoge Systeme von Schalengleichungen, Ing.-Archiv **30** (1961), S. 160–186.
2 AUGUST, M., Theorie statistischer Versetzungen, Teubner-Verlag, Leipzig 1966.
3 KRÖNER, E., Kontinuumstheorie der Versetzungen und Eigenspannungen, Springer-Verlag, Berlin 1958.
4 ANTHONY, K.-H., Die Theorie der Disklinationen, Archive Rat. Mech. Anal. **39** (1970), S. 43.
5 RIEDER, G., On MAXWELL's, KLEIN's and WIEGHARDT's Stress Functions for Discontinuous Media, Rozprawy Enżynierskie — Engineering Transactions **27** : 1 (1979), S. 3–36.
6 RIEDER, G., Mechanik, Umdruck zur Vorlesung, zu beziehen über R. Frankenne, Schreibwaren, Templergraben 48, D-5100 Aachen.
7 RIEDER, G., Some Remarks on Stress Functions for Discrete Structures in Space, Prof. KONDO zum 70. Geburtstag gewidmet, Int. J. Engng. Sci. **19** (1981), 1711–1718.

Anschrift: Prof. Dr. rer. nat. GEORG RIEDER, Institut für Technische Mechanik der Technischen Hochschule Aachen, D-5100 Aachen, Templergraben 64, BRD

ZAMM 62, T 163 – T 164 (1982)

L. SCHMIDT

Wärmespannungen bei bielastischer Werkstoffcharakteristik

Mit den Mitteln der klassischen entkoppelten Thermoelastizität wird ein dickwandiger, allseitig frei verschieblicher „langer" Hohlzylinder untersucht, der innen gemäß einem Exponentialgesetz monoton aufgeheizt wird und auf dessen Außenseite das Newtonsche Abkühlungsgesetz den Wärmeübergang beschreibt.

Bei der Ermittlung der sich aufgrund des instationären Temperaturfeldes ergebenden Spannungen wird — außer der Rotationssymmetrie — vorausgesetzt, daß alle auftretenden Spannungskomponenten von der Axialkoordinate unabhängig sind. Aufgrund der Annahmen wird das Zylinderkoordinatensystem zum Spannungshauptachsensystem.

Es soll untersucht werden, wie eine „bielastische" Werkstoffkennlinie das Spannungsfeld beeinflußt. Dies bedeutet, daß für den einaxialen Zug-Druck-Versuch das nichtlinear-elastische Verhalten, wie es z. B. bei porösen Medien beobachtet wird, durch *zwei* „Hookesche" Geraden unterschiedlicher Steigung (entsprechend einem „Zug-" E^+ und einem „Druckmodul" E^-) angenähert wird. Analog zum klassischen Hookeschen Gesetz wird dies auf ein dreidimensionales Hauptachsensystem verallgemeinert [1], [2]:

$$\varepsilon_{ij} = a_{ij}\sigma_j + \alpha\vartheta \quad \text{mit} \quad a_{ij} = \begin{cases} \begin{array}{c|c|l} i = j & i \neq j & \\ \hline 1/E^+ & -\nu^+/E^+ & \text{für} \quad \sigma_j \geqq 0 \\ 1/E^- & -\nu^-/E^- & \text{für} \quad \sigma_j < 0 \end{array} \end{cases} \tag{1}$$

(Summation über j!).

Darin bedeuten α den linearen Wärmeausdehnungskoeffizienten und ϑ die Übertemperatur gegenüber dem spannungsfreien Zustand.

Da außerhalb der Hauptdiagonalen der Nachgiebigkeitsmatrix (a_{ij}) nur Ausdrücke der Form $-\nu/E$ auftreten, muß aus Gründen der Reziprozitätsbedingung $(a_{ij} = a_{ji})$ gefordert werden:

$$\frac{\nu^-}{\nu^+} = \frac{E^-}{E^+} =: q\,, \tag{2}$$

mithin also alle Glieder von (a_{ij}) außerhalb der Hauptdiagonalen gleich sind. Der als Steifigkeitsparameter bezeichnete Quotient q gibt außerdem also das Verhältnis der Quer*dilatations*- zur Quer*kontraktions*zahl an. Die wichtige Beziehung (2) und ihre Begründung werden bereits in [1] erwähnt; aber eine wesentliche Folgerung daraus wurde nicht erkannt. Aus der axiomatischen Forderung nämlich, daß ein Elementarquader unter allseitig gleicher Druckbeanspruchung eine Volumenver*minderung* erfahren muß, folgt mit (2) ein maximal zulässiger Steifigkeitsparameter bei vorgegebener Querkontraktionszahl:

$$q < \frac{1}{2\nu^+}\,. \tag{3}$$

Und gerade diese Verknüpfung (3) erwies sich für die weitere analytische Behandlung des Problems als eminent wichtig, speziell hinsichtlich zweier Aspekte, wie im folgenden zu erläutern sein wird. —

Unter den zugrunde gelegten Voraussetzungen reduziert sich das beschreibende Gleichungssystem im wesentlichen auf die folgende gewöhnliche Differentialgleichung für die Radialspannung:

$$\sigma_r'' + \frac{3}{r}\,\sigma_r' + \frac{1-\mu^2}{r^2}\,\sigma_r = -K\,\frac{\vartheta'}{r}\,, \tag{4}$$

nach deren Lösung die übrigen unbekannten Funktionen sukzessive durch Einsetzen aus algebraischen Gleichungen bestimmbar sind.

Die in (4) auftretenden Abkürzungen sind wie folgt definiert:

$$\mu = \sqrt{\frac{m_1 m_3 - \nu^{+2}}{m_2 m_3 - \nu^{+2}}} \qquad K = \frac{(m_3 + \nu^+)\,E^+\alpha}{m_2 m_3 - \nu^{+2}} \quad \text{mit} \quad m_i = E^+ a_{ii} = \begin{cases} 1 & \text{für} \quad \sigma_i \geqq 0 \\ 1/q & \text{für} \quad \sigma_i < 0 \end{cases} \quad (i = 1, 2, 3 \mathrel{\hat{=}} r, \varphi, z)\,. \tag{5}$$

Aufgrund der Ungleichung (3) läßt sich sagen, daß die μ für alle q, ν^+-Paarungen *positive* reelle Zahlen sind. Nur mit dieser Erkenntnis können eindeutige analytische Lösungen angegeben werden.

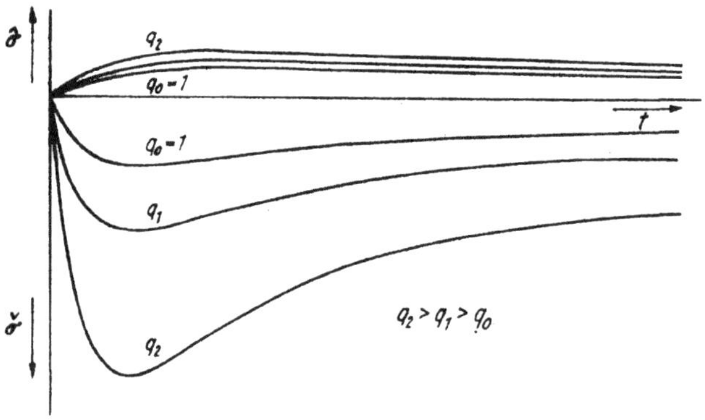

Abb. 1. Zeitlicher Verlauf der Extremspannungen bei Variation des Steifigkeitsparameters

Da die Ausdrücke μ und K je nach Spannungsvorzeichenkonstellation verschieden ausfallen, müssen die Lösungen bereichsweise erstellt werden, womit sich die Zahl der Integrationskonstanten entsprechend erhöht. Die weitere Bedeutung von (3) besteht nun darin, daß sich nur mit dieser Ungleichung Stetigkeitsbedingungen herleiten lassen, die in einer entsprechenden Zahl von Übergangsbedingungen an den Bereichsgrenzen münden. In dem sich damit ergebenden Gleichungssystem werden alle linear auftretenden Unbekannten eliminiert, was auf zwei gekoppelte transzendente Gleichungen für die Radialkoordinaten der Nulldurchgänge von Tangential- und Axialspannung führt. Diese treten als Potenzen mit irrationalen Exponenten sowie als Integrationsgrenzen auf. Nach ihrer iterativen Bestimmung durch Intervallschachtelung sind auch die Spannungen (und die Radialverschiebung) explizit bekannt.

Der zeitliche Verlauf der Extremspannungen (Axialspannung an den Rändern), das im Sinne der Festigkeitsbeurteilung bei instationärer Beanspruchung wohl aussagekräftigste Diagramm, ist schematisch wiedergegeben. Der Verlauf ist in Zug- und Druckzone ähnlich, nur auf der erwärmten Innenseite stärker ausgeprägt: nach einem anfänglichen Maximum der Beträge asymptotisches Abfallen gegen einen stationären Wert.

Bemerkenswert ist, daß sich bei Erhöhung der Drucksteifigkeit außer den wie erwartet betragsmäßig ansteigenden Druckspannungen auch die *Zug*spannungen leicht erhöhen. Andererseits ist der Anstieg der Druckspannungen — zumindest bei kleineren Querkontraktionszahlen — nicht so stark, wie man es dem Faktor q entsprechend erwarten würde. Zunehmende Querkontraktion bewirkt qualitativ das Gleiche, verstärkt also die Wirkung des Steifigkeitsparameters.

Die zum Ausdruck kommenden Effekte erhöhter *Drucksteifigkeit* sind insbesondere im Hinblick auf die geringe *Zugfestigkeit* derjenigen Werkstoffe bemerkenswert, die das hier diskutierte Materialverhalten aufweisen.

Literatur

1 Ambarzumjan, S. A.; Chatschatrjan, A. A., The basic equations of the theory of elasticity for materials with different tensile and compressive strengths, Mechanics of Solids 1 (1966), H. 2, S. 29—34.

2 Kamiya, N., Non-stationary thermal stress in a bimodulus sphere, Mech. Res. Comm. 4 (1977), S. 51—56.

Anschrift: Dr.-Ing. Lothar Schmidt, Institut für Technische Mechanik, Technische Universität Clausthal, Graupenstraße 3, D-3392 Clausthal-Zellerfeld, BRD

ZAMM 62, T 165 – T 167 (1982)

R. SCHMIDT

On Variational Formulations in the General Geometrically Non-Linear First Approximation Theory of Thin Elastic Shells

1. Introduction and basic equations

In literature variational principles have been given for several geometrically non-linear Kirchhoff-Love type theories of plates and shells undergoing small strains and moderate rotations (e.g. [1–7]). Here we derive variational principles which account for arbitrary rotations and yield as stationarity conditions the equations of the general Lagrangian first-approximation theory of thin elastic shells derived recently in [8].

We adopt as far as possible the notation which has been used in [8]. Let $\mathcal{M}$ be the undeformed shell middle surface with base vectors $\boldsymbol{a}_\alpha$, unit normal vectors $\boldsymbol{n}(a_{\alpha\beta} = \boldsymbol{a}_\alpha \cdot \boldsymbol{a}_\beta,\ a = \det(a_{\alpha\beta}),\ b_{\alpha\beta} = \boldsymbol{a}_{\alpha,\beta} \cdot \boldsymbol{n})$, and distributed surface load $\boldsymbol{p}$. By $\mathcal{C}$ we denote the boundary curve with length parameter s, unit tangents $\boldsymbol{t}$ and normals $\boldsymbol{\nu}$. Let $\mathcal{C}_u$ be the part of $\mathcal{C}$ where the displacement $\boldsymbol{u} = u^\alpha \boldsymbol{a}_\alpha + w\boldsymbol{n}$ or the rotational parameter n_ν [8] is prescribed to be $\boldsymbol{u}^*$ or n_ν^*. $\mathcal{C}_f$ denotes the part of $\mathcal{C}$ where a distributed force $\boldsymbol{T}_\nu^* = T_{\nu\nu}^* \boldsymbol{\nu} + T_{t\nu}^* \boldsymbol{t} + T_{n\nu}^* \boldsymbol{n}$ or static moment [8] $\boldsymbol{H}_\nu^* = H_{\nu\nu}^* \boldsymbol{\nu} + H_{t\nu}^* \boldsymbol{t} + H_{n\nu}^* \boldsymbol{n}$ is prescribed. The latter performs a work $\boldsymbol{H}_\nu^* \cdot (\bar{\boldsymbol{n}} - \boldsymbol{n})$, where $\bar{\boldsymbol{n}} = n^\alpha \boldsymbol{a}_\alpha + n\boldsymbol{n} = n_\nu \boldsymbol{\nu} + n_t \boldsymbol{t} + n\boldsymbol{n}$ is the unit normal of the deformed surface. We shall denote the displacement and rotation variables by $u = (\boldsymbol{u}, n_\nu)$, the shell strain measures by $\varepsilon = (\gamma_{\alpha\beta}, \chi_{\alpha\beta})$, the shell stress measures by $\sigma = (N^{\alpha\beta}, M^{\alpha\beta})$ and a set of independent Lagrange multipliers by $f = (\boldsymbol{P}, \boldsymbol{M}, \boldsymbol{F})$.

Then, within the accuracy of the first approximation of the strain energy function Σ, the non-linear boundary value problem is described by the following set of equations, which consists of constitutive equations (CE), inverted constitutive equations (IC), strain-displacement relations (SD) in M, geometric boundary conditions (GB) on $\mathcal{C}_u$, geometric corner conditions (GC) at each corner point $M_i \in \mathcal{C}_u$, equilibrium equations (EQ) in $\mathcal{M}$, static boundary conditions (SB) on $\mathcal{C}_f$ and static corner conditions (SC) at each corner point $M_j \in \mathcal{C}_f$ [8]:

$$\text{CE:}\quad N^{\alpha\beta} = \frac{\partial \Sigma}{\partial \gamma_{\alpha\beta}} = h H^{\alpha\beta\lambda\mu} \gamma_{\lambda\mu}, \qquad M^{\alpha\beta} = \frac{\partial \Sigma}{\partial \chi_{\alpha\beta}} = \frac{h^3}{12} H^{\alpha\beta\lambda\mu} \chi_{\lambda\mu}\,; \tag{1.1}$$

$$\text{IC:}\quad \gamma_{\alpha\beta} = \frac{\partial \Sigma_c}{\partial N^{\alpha\beta}} = \frac{1}{h} E_{\alpha\beta\lambda\mu} N^{\lambda\mu}, \qquad \chi_{\alpha\beta} = \frac{\partial \Sigma_c}{\partial M^{\alpha\beta}} = \frac{12}{h^3} E_{\alpha\beta\lambda\mu} M^{\lambda\mu}\,; \tag{1.2}$$

$$\Sigma = \frac{h}{2} H^{\alpha\beta\lambda\mu} \left(\gamma_{\alpha\beta}\gamma_{\lambda\mu} + \frac{h^2}{12} \chi_{\alpha\beta}\chi_{\lambda\mu}\right), \qquad \Sigma_c = \frac{1}{2h} E_{\alpha\beta\lambda\mu} \left(N^{\alpha\beta}N^{\lambda\mu} + \frac{12}{h^2} M^{\alpha\beta}M^{\lambda\mu}\right), \tag{1.3}$$

$$H^{\alpha\beta\lambda\mu} = \frac{E}{2(1+\nu)} \left(a^{\alpha\lambda}a^{\beta\mu} + a^{\alpha\mu}a^{\beta\lambda} + \frac{2\nu}{1-\nu} a^{\alpha\beta}a^{\lambda\mu}\right), \qquad H^{\alpha\beta\gamma\varkappa} E_{\gamma\varkappa\lambda\mu} = \frac{1}{2} (\delta^\alpha_\lambda \delta^\beta_\mu + \delta^\alpha_\mu \delta^\beta_\lambda)\,; \tag{1.4}$$

$$\text{SD:}\quad \gamma_{\alpha\beta} = \gamma_{\alpha\beta}(u)\,, \qquad \gamma_{\alpha\beta}(u) = \tfrac{1}{2}(\bar{a}_{\alpha\beta} - a_{\alpha\beta}) = \tfrac{1}{2}(l^\lambda_{\cdot\alpha} l_{\lambda\beta} + \varphi_\alpha\varphi_\beta - a_{\alpha\beta})\,, \tag{1.5}$$

$$\chi_{\alpha\beta} = \chi_{\alpha\beta}(u)\,,$$

$$\chi_{\alpha\beta}(u) = -\left(\sqrt{\frac{\bar{a}}{a}}\,\bar{b}_{\alpha\beta} - b_{\alpha\beta}\right) + b_{\alpha\beta}\gamma^\lambda_\lambda = (m^\lambda|_\beta - b^\lambda_\beta m)\, l_{\lambda\alpha} + (b_{\lambda\beta}m^\lambda + m^\lambda|_\beta)\,\varphi_\alpha + b_{\alpha\beta}(1 + \gamma^\lambda_\lambda)\,; \tag{1.6}$$

$$m_\mu = \sqrt{\frac{\bar{a}}{a}}\, n_\mu = \varepsilon^{\alpha\beta}\varepsilon_{\lambda\mu}\varphi_\alpha l^\lambda_{\cdot\beta}\,, \qquad m = \sqrt{\frac{\bar{a}}{a}}\, n = \frac{1}{2}\varepsilon^{\alpha\beta}\varepsilon_{\lambda\mu} l^\lambda_{\cdot\alpha} l^\mu_{\cdot\beta}\,, \tag{1.7}$$

$$\varphi_\alpha = w_{,\alpha} + b^\lambda_\alpha u_\lambda\,, \qquad l_{\alpha\beta} = a_{\alpha\beta} + \varphi_{\alpha\beta}\,, \qquad \varphi_{\alpha\beta} = u_\alpha|_\beta - b_{\alpha\beta} w\,; \tag{1.8}$$

$$\text{GB:}\quad \boldsymbol{u} = \boldsymbol{u}^*\,, \qquad n_\nu = n_\nu^*\,; \qquad \text{GC:}\quad \boldsymbol{u} = \boldsymbol{u}^* \ \text{at}\ s = s_{ui} - 0 \ \text{and}\ s = s_{ui} + 0\,; \qquad (1.9),\ (1.10)$$

$$\text{EQ:}\quad \boldsymbol{T}^\beta|_\beta(u,\sigma) + \boldsymbol{p} = \boldsymbol{0}\,, \quad \text{where}\quad \boldsymbol{T}^\beta(u,\sigma) = T^{\lambda\beta}\boldsymbol{a}_\lambda + T^\beta \boldsymbol{n}\,, \tag{1.11}$$

$$T^{\lambda\beta} = l^\lambda_{\cdot\alpha}(N^{\alpha\beta} + a^{\alpha\beta}b_{\varkappa\varrho}M^{\varkappa\varrho}) + (m^\lambda|_\alpha - b^\lambda_\alpha m)\, M^{\alpha\beta} + $$
$$+ \varepsilon^{\alpha\beta}\varepsilon^{\lambda\mu}\{l_{\mu\alpha}[(\varphi_\varkappa M^{\varkappa\varrho})|_\varrho + l_{\gamma\varkappa}b^\gamma_\varrho M^{\varkappa\varrho}] - \varphi_\alpha\,[(l_{\mu\varkappa}M^{\varkappa\varrho})|_\varrho - \varphi_\varkappa b_{\mu\varrho}M^{\varkappa\varrho}]\}\,, \tag{1.12}$$

$$T^\beta = \varphi_\alpha(N^{\alpha\beta} + a^{\alpha\beta}b_{\varkappa\varrho}M^{\varkappa\varrho}) + (m|_\alpha + b^\lambda_\alpha m_\lambda)\, M^{\alpha\beta} + \varepsilon^{\alpha\beta}\varepsilon^{\lambda\mu} l_{\lambda\alpha}[(l_{\mu\varkappa}M^{\varkappa\varrho})|_\varrho - \varphi_\varkappa b_{\mu\varrho}M^{\varkappa\varrho}]\,; \tag{1.13}$$

$$\text{SB:}\quad \boldsymbol{P}(u,\sigma) = \boldsymbol{P}^*\,, \qquad M(u,\sigma) = M^*\,, \quad \text{with components} \tag{1.14}$$

$$\begin{bmatrix} P_\nu(u,\sigma) \\ P_t(u,\sigma) \\ P_n(u,\sigma) \end{bmatrix} = \begin{bmatrix} T_{\nu\nu} \\ T_{t\nu} \\ T_{n\nu} \end{bmatrix} + (R_{t\nu} n - R_{n\nu} n_t)\,\frac{1}{D} \begin{bmatrix} k_\nu \\ k_t \\ k_n \end{bmatrix} - \frac{\mathrm{d}}{\mathrm{d}s}\left\{(R_{t\nu} n - R_{n\nu} n_t)\,\frac{1}{D} \begin{bmatrix} n_\nu \\ n_t \\ n \end{bmatrix}\right\}, \tag{1.15}$$

$$\begin{bmatrix} P_\nu^* \\ P_t^* \\ P_n^* \end{bmatrix} = \begin{bmatrix} T_{\nu\nu}^* \\ T_{t\nu}^* \\ T_{n\nu}^* \end{bmatrix} + (H_{t\nu}^* n - H_{n\nu}^* n_t)\,\frac{1}{D} \begin{bmatrix} k_\nu \\ k_t \\ k_n \end{bmatrix} - \frac{\mathrm{d}}{\mathrm{d}s}\left\{(H_{t\nu}^* n - H_{n\nu}^* n_t)\,\frac{1}{D} \begin{bmatrix} n_\nu \\ n_t \\ n \end{bmatrix}\right\}, \tag{1.16}$$

$$M(u,\sigma) = R_{\nu\nu} + FR_{t\nu} + KR_{n\nu}\,, \qquad M^* = H^*_{\nu\nu} + FH^*_{t\nu} + KH^*_{n\nu}\,; \tag{1.17}$$

$$T_{\nu\nu} = T^{\alpha\beta}\nu_\alpha\nu_\beta\,, \qquad T_{t\nu} = T^{\alpha\beta}t_\alpha\nu_\beta\,, \qquad T_{n\nu} = T^\beta\nu_\beta\,, \tag{1.18}$$

$$R_{\nu\nu} = \sqrt{\frac{\bar a}{a}}\, M^{\alpha\beta}l^\lambda_{\cdot\alpha}\nu_\lambda\nu_\beta\,, \qquad R_{t\nu} = \sqrt{\frac{\bar a}{a}}\, M^{\alpha\beta}l^\lambda_{\cdot\alpha}t_\lambda\nu_\beta\,, \qquad R_{n\nu} = \sqrt{\frac{\bar a}{a}}\, M^{\alpha\beta}\varphi_\alpha\nu_\beta\,, \tag{1.19}$$

$$k_\nu = \varkappa_t n_t - \tau_t n\,, \qquad k_t = \sigma_t n - \varkappa_t n_\nu\,, \qquad k_n = \tau_t n_\nu - \sigma_t n_t\,, \tag{1.20}$$

$$c_\nu = u_{\nu,t} + \tau_t w - \varkappa_t u_t\,, \qquad c_t = 1 + u_{t,t} + \varkappa_t u_\nu - \sigma_t w\,, \qquad c_n = w_{,t} + \sigma_t u_t - \tau_t u_\nu\,, \tag{1.21}$$

$$D = c_n n_t - c_t n\,, \qquad F = \frac{1}{D}(c_\nu n - c_n n_\nu)\,, \qquad K = -\frac{1}{D}(c_\nu n_t - c_t n_\nu)\,, \tag{1.22}$$

$$\begin{bmatrix} n_t(u) \\ n(u) \end{bmatrix} = \frac{-1}{c_t^2 + c_n^2}\left\{c_\nu n_\nu \begin{bmatrix} c_t \\ c_n \end{bmatrix} + \sqrt{(c_t^2 + c_n^2)(1 - n_\nu^2) - c_\nu^2 n_\nu^2}\begin{bmatrix} c_n \\ -c_t \end{bmatrix}\right\}, \tag{1.23}$$

SC: $\boldsymbol{F}(u,\sigma) = \boldsymbol{F}^*$ at $s = s_{fj} - 0$ and $s = s_{fj} + 0$, with components (1.24)

$$\begin{bmatrix} F_\nu(u,\sigma) \\ F_t(u,\sigma) \\ F_n(u,\sigma) \end{bmatrix} = (R_{t\nu}n - R_{n\nu}n_t)\frac{1}{D}\begin{bmatrix} n_\nu \\ n_t \\ n \end{bmatrix}, \quad \begin{bmatrix} F^*_\nu \\ F^*_t \\ F^*_n \end{bmatrix} = (H^*_{t\nu}n - H^*_{n\nu}n_t)\frac{1}{D}\begin{bmatrix} n_\nu \\ n_t \\ n \end{bmatrix}. \tag{1.25}$$

Here, h is the shell thickness, E and ν are Young's modulus and Poisson's ratio, δ^α_β and $\varepsilon^{\alpha\beta}$ are the Kronecker and permutation symbol, respectively. A comma and a vertical bar denote partial and covariant differentiation and σ_t, τ_t and $\varkappa_t$ are the normal curvature, geodesic torsion and geodesic curvature of $\mathscr{C}$, respectively.

2. Variational principles

Note that this general boundary value problem differs basically from those of the simplified theories treated in [1—7] by the fact that the effective external boundary loads $\boldsymbol{P}^*$, M^* and $\boldsymbol{F}^*$ depend on the displacement and rotation variables u (see also [6] for a physical interpretation). Hence, their first variations are not zero, even if we assume now that the distributed boundary force $\boldsymbol{T}^*_\nu$ and static moment $\boldsymbol{H}^*_\nu$, as well as the surface load $\boldsymbol{p}$, are dead loads. Therefore, in this case the functional for the Hu-Washizu principle takes the form

$$I_1(u,\varepsilon,\sigma,f) = \iint_{\mathscr{M}} \{\Sigma(\varepsilon) - \boldsymbol{p}\cdot\boldsymbol{u} - N^{\alpha\beta}[\gamma_{\alpha\beta} - \gamma_{\alpha\beta}(u)] - M^{\alpha\beta}[\chi_{\alpha\beta} - \chi_{\alpha\beta}(u)]\}\, dA - B(u,f)\,, \tag{2.1}$$

$$B(u,f) = \int_{\mathscr{C}_f} \{\boldsymbol{T}^*_\nu\cdot\boldsymbol{u} + H^*_{\nu\nu}n_\nu + H^*_{t\nu}n_t(u) + H^*_{n\nu}[n(u) - 1]\}\, ds + \int_{\mathscr{C}_u}\{\boldsymbol{P}\cdot(\boldsymbol{u} - \boldsymbol{u}^*) + M(n_\nu - n^*_\nu)\}\, ds + $$
$$+ \sum_i \{[\boldsymbol{F}\cdot(\boldsymbol{u} - \boldsymbol{u}^*)]|_{s_{ui}+0} - [\boldsymbol{F}\cdot(\boldsymbol{u} - \boldsymbol{u}^*)]|_{s_{ui}-0}\}\,. \tag{2.2}$$

By using the relations [8]

$$\begin{bmatrix} \delta n_t(u) \\ \delta n(u) \end{bmatrix} = \begin{bmatrix} n \\ -n_t \end{bmatrix}\frac{1}{D}(k_\nu\delta u_\nu + k_t\delta u_t + k_n\delta w + n_\nu\delta u_{\nu,t} + n_t\delta u_{t,t} + n\delta w_{,t}) + \begin{bmatrix} F \\ K \end{bmatrix}\delta n_\nu \tag{2.3}$$

it can be proved after rather lengthy operations that $\delta I_1 = 0$ yields CE, EQ and SD as Euler equations and that its natural boundary conditions are SB, SC, GB, GC together with relations which identify the variables f as internal effective boundary force and moment (BF) $\boldsymbol{P} = \boldsymbol{P}(u,\sigma)$, $M = M(u,\sigma)$ and corner force (CF) $\boldsymbol{F} = \boldsymbol{F}(u,\sigma)$, respectively, on $\mathscr{C}_u$. After some involved transformations by means of partial integration and the divergence theorem I_1 may be transformed into

$$J_1(u,\varepsilon,\sigma,f) = -\iint_{\mathscr{M}}\{N^{\alpha\beta}\gamma_{\alpha\beta} + M^{\alpha\beta}\chi_{\alpha\beta} - \Sigma(\varepsilon) + [\boldsymbol{T}^\beta|_\beta(u,\sigma) + \boldsymbol{p}]\cdot\boldsymbol{u} + $$
$$+ N^{\alpha\beta}\Phi_{\alpha\beta} + M^{\alpha\beta}(\psi_{\alpha\beta} + \eta_{\alpha\beta})\}\, dA + C(u,\sigma,f)\,, \tag{2.4}$$

$$C(u,\sigma,f) = \int_{\mathscr{C}}\{\boldsymbol{T}^\beta(u,\sigma)\,\nu_\beta\cdot\boldsymbol{u} + M_{\nu\nu}m^\beta\nu_\beta + M_{t\nu}m^\beta t_\beta\}\, ds - B(u,f)\,. \tag{2.5}$$

J_1 has the same stationarity conditions as I_1 and may be called the functional for Hu's principle of generalized total complementary energy. Here $\Phi_{\alpha\beta}$ and $\psi_{\alpha\beta}$ are the non-linear parts of $\gamma_{\alpha\beta}$ and $\chi_{\alpha\beta}$, and $\eta_{\alpha\beta}$ denotes all highest (i.e. third) order polynomial terms of $\chi_{\alpha\beta}$:

$$\Phi_{\alpha\beta} = \tfrac{1}{2}(\varphi_\alpha\varphi_\beta + \varphi^\lambda_{\cdot\alpha}\varphi_{\lambda\beta})\,, \qquad \psi_{\alpha\beta} = \chi_{\alpha\beta}(u) + \varphi_\alpha|_\beta + b^\lambda_\alpha\varphi_{\lambda\beta}\,, \tag{2.6}$$

$$\eta_{\alpha\beta} = \varepsilon^{\varkappa\varrho}\varepsilon^{\lambda\mu}\,[\tfrac{1}{2}(\varphi_{\lambda\varkappa}\varphi_{\mu\varrho})|_\beta\,\varphi_\alpha - (\varphi_\varkappa\varphi_{\mu\varrho})|_\beta\,\varphi_{\lambda\alpha} - \tfrac{1}{2}\,b^\gamma_\beta\varphi_{\lambda\varkappa}\varphi_{\gamma\alpha}\varphi_{\mu\varrho} - b_{\lambda\beta}\varphi_\alpha\varphi_\varkappa\varphi_{\mu\varrho}]\,. \tag{2.7}$$

The boundary integrals C are given here in the most simple form. After rather lengthly operations which must be omitted here, they may be put into such a form that certain static boundary relations of the problem appear to be included into the functional by displacement and rotation variables u as Lagrange multipliers.

Eliminating the strain measures from I_1 and J_1 by IC we obtain

$$I_2(u,\sigma,f) = \iint_{\mathscr{M}}\{-\Sigma_c(\sigma) + N^{\alpha\beta}\gamma_{\alpha\beta}(u) + M^{\alpha\beta}\chi_{\alpha\beta}(u) - \boldsymbol{p}\cdot\boldsymbol{u}\}\, dA - B(u,f)\,, \tag{2.8}$$

$$J_2(u,\sigma,f) = -\iint_{\mathscr{M}}\{\Sigma_c(\sigma) + N^{\alpha\beta}\Phi_{\alpha\beta} + M^{\alpha\beta}(\psi_{\alpha\beta} + \eta_{\alpha\beta}) + [\boldsymbol{T}^\beta|_\beta(u,\sigma) + \boldsymbol{p}]\cdot\boldsymbol{u}\}\, dA + C(u,\sigma,f) \tag{2.9}$$

with stationarity conditions EQ, SD (u, σ), SB, SC, BF, CF, GB and GC. I_2 is the functional for the HELLINGER-REISSNER principle.

If simultaneously the strain and stress measures are eliminated from the variational procedure by using CE and SD, we obtain

$$I_3(u, f) = \iint_{\mathcal{M}} \{\Sigma(u) - \boldsymbol{p} \cdot \boldsymbol{u}\} \, dA - B(u, f) , \tag{2.10}$$

$$J_3(u, f) = -\iint_{\mathcal{M}} \{\Sigma(u) + N^{\alpha\beta}(u) \, \Phi_{\alpha\beta} + M^{\alpha\beta}(u) \, (\psi_{\alpha\beta} + \eta_{\alpha\beta}) + [\boldsymbol{T}^{\beta}|_{\beta}(u) + \boldsymbol{p}] \cdot \boldsymbol{u}\} \, dA + C(u, f) \tag{2.11}$$

with EQ(u), SB(u), SC(u), BF(u), CF(u), GB and GC as stationarity conditions. I_3 is the functional for the generalized principle of stationary total potential energy.

Following [6, 7] from these functionals one may derive a family of related functionals with or without subsidiary conditions.

References

1 REISSNER, E., J. Math. Phys. 32 (1953), S. 129–135.
2 WANG, C.-T., NACA TN 2620, 1952.
3 STUMPF, H., Proc. Joint Symp. IUTAM/IMU, Marseilles 1975, S. 500–510.
4 STUMPF, H., Ing.-Arch. 48 (1979), S. 221–237.
5 STEIN, E., Proc. 3rd IUTAM Symp. Shell Theory, Tbilisi 1978, S. 509–535.
6 SCHMIDT, R., Systematic derivation of variational principles for geometrically non-linear theories of shells undergoing moderate rotations, Diss. Ruhr-Universität Bochum 1980, Engl. transl. to be publ.
7 SCHMIDT, R.; PIETRASZKIEWICZ, W., Ing.-Arch. 50 (1981), S. 187–201.
8 PIETRASZKIEWICZ, W.; SZWABOWICZ, M. L., Lagrangian nonlinear theory of thin shells, Archives of Mechanics, in print.

Anschrift: Dr.-Ing. RÜDIGER SCHMIDT, Institut für Mechanik, Ruhr-Universität Bochum, Universitätsstraße 150, D-4630 Bochum, BRD

ZAMM 62, T 167 – T 170 (1982)

E. SCHNACK / R. DRUMM

Zur exakten Erfassung des Randspannungsvektors bei der Hybridspannungsmethode

Die Hybridspannungsmethode hat sich als effektives numerisches Verfahren der Elastostatik erwiesen [1]. Die Vorteile im Vergleich zu konkurrierenden Verfahren werden besonders deutlich, wenn es um die Behandlung von Spannungskonzentrationsproblemen geht [2]. Werden an der Oberfläche Randspannungen eingeleitet, so hat man mit dieser Methode die Möglichkeit, den Randspannungsvektor exakt zu erfassen. Mit den Gleichungen der linearen Elastostatik, d. h. der Gleichgewichtsbedingung

$$\tau_{km,k} + \varrho f_m = 0 \tag{1}$$

und der Kinematikbeziehung

$$e_{km} = \tfrac{1}{2} \, (v_{k,m} + v_{m,k}) \, , \tag{2}$$

wobei der Inkompatibilitätstensor verschwindet,

$$i_{rs} = 0 \, , \tag{3}$$

erhält man die Gleichung für das Prinzip der virtuellen Arbeit in Matrizenschreibweise,

$$\overset{v}{W}_a = \{F_\mu\}^T \{u_\mu\} + \{M_\mu\}^T \{\varphi_\mu\} + \int_{\partial V} \{p\}^T \{u\} \, dA + \int_{(V)} \{f\}^T \varrho \{u\} \, dV = \int_{(V)} \{\sigma\}^T \{\varepsilon\} \, dV \tag{4}$$

(Spaltenmatrizen sind durch { }, Rechteckmatrizen durch [ ] gekennzeichnet; $\{ \}^T$ bzw. $[ ]^T$ sind die transponierten Matrizen).

$\overset{v}{W}_a$ stellt die äußere virtuelle Arbeit dar, die sich mittels der Statikgruppe aus Einzelkräften, Einzelmomenten, dem Randspannungsvektor und der Volumenkraft ergibt. Die Kinematikgruppe wird durch die Verschiebungs- und die Verdrehwinkelmatrix erfaßt. Die virtuelle äußere Arbeit ist gleich der virtuellen Verzerrungsarbeit, die sich aus dem Produkt von Spannungs- und Verzerrungsmatrix errechnet.

Nach Abb. 1 wird eine Diskretisierung des Kontinuums vorgenommen, so daß Teilbereiche V_n mit dem Rand ∂V_n entstehen. Für den Fall, daß keine Volumenkräfte und auch keine singulären Spannungen (Kräfte und Momente) vorkommen, werden folgende Interpolationsmatrizen angesetzt, und zwar für V_n wie folgt: Die Spannungsmatrix $\{\sigma_0\}$ wird so konstruiert, daß (1) gilt, und die Randspannungsmatrix auf dem Teilrand ∂V_s verschwindet:

$$\{p_0\} = 0 \text{ auf } \partial V_s . \tag{5}$$

Hierbei gilt

$$\partial V_n = \partial V_0 + \partial V_s . \tag{6}$$

Die Randspannungsmatrix $\{p_0\}$ folgt aus

$$p_m = \tau_{km} n_k \quad \text{(Gleichgewichtsbedingung des Randes)}, \tag{7}$$

während die Verschiebungsmatrix $\{u_V^0\}$ sich durch Integration aus der Verzerrungsmatrix errechnet, da (3) erfüllt ist. Zusätzlich wird die Spannungsmatrix $\{\sigma_s\}$ angesetzt, die der Bedingung genügt:

$$\{p_s\} = \{\bar{p}_s\} \quad \text{auf} \quad \partial V_s . \tag{8}$$

Die Randspannungsmatrix $\{p_s\}$ und die Verschiebungsmatrix $\{u_V^s\}$ werden analog zu $\{p_0\}$ und $\{u_V^0\}$ bestimmt. Für den Rand ∂V_n wird eine Randverschiebungsverteilung

$$\{u_{\partial V}\} = [N]\,\{\mathrm{d}\} \tag{9}$$

formuliert, wodurch automatisch Interelementkompatibilität gewährleistet ist. Weitergehende Forderungen sind das Erreichen von Kompatibilität zwischen $\{u_V\}$ und $\{u_{\partial V}\}$ sowie des Elementgleichgewichts bei Berücksichtigung des Randspannungsvektors. Es ist nur integrale Kompatibilität über das allgemeine Prinzip der virtuellen Arbeit erzielbar, d. h. man setzt die „verallgemeinerte Kompatibilitätsbedingung" an

$$\int_{\partial V} \{p\}^T \{u_{\partial V}\}\,\mathrm{d}A = \int_V \{\sigma\}^T \{\varepsilon\}\,\mathrm{d}V = \int_{\partial V} \{p\}^T \{u_V\}\,\mathrm{d}A , \tag{10}$$

mit $\{p\} = \{p_0\}$ erhält man

$$\int_{\partial V_0} \{p_0\}^T (\{u_{\partial V}\} - \{u_V\})\,\mathrm{d}A = 0 \quad \text{(1. Kompatibilitätsbedingung)} . \tag{11}$$

Mit $\{p\} = \{p_s\}$ ergibt sich

$$\int_{\partial V_n} \{p_s\}^T (\{u_{\partial V}\} - \{u_V\})\,\mathrm{d}A = 0 \quad \text{(2. Kompatibilitätsbedingung)} . \tag{12}$$

Das Elementgleichgewicht ergibt sich über das Prinzip der virtuellen Arbeit als „verallgemeinerte Gleichgewichtsbedingung"

$$\int_{\partial V_s} \{p_s\}^T \{u_{\partial V}\}\,\mathrm{d}A = \int_{\partial V_n} \{p\}^T \{u_V\}\,\mathrm{d}A . \tag{13}$$

(13) führt bei Beachtung der Kompatibilitätsbedingungen (11) und (12) zu:

$$\int_{\partial V_0} (\{p_0\}^T + \{p_s\}^T)\,\{u_{\partial V}\}\,\mathrm{d}A = 0 . \tag{14}$$

Tong, Pian und Lasry [3] verwenden mittels eines Funktionals nur die 1. Kompatibilitätsbedingung (11) und die Gleichgewichtsbeziehung (14), wie die Variation von Π zeigt,

$$\delta\Pi = \int_{\partial V_0} \{\delta p_0\}^T (\{u_{\partial V}\} - \{u_V\})\,\mathrm{d}A + \int_{\partial V_0} (\{p_0\}^T + \{p_s\}^T)\,\{\delta u_{\partial V}\}\,\mathrm{d}A = 0 . \tag{15}$$

Neben (9) werden folgende Ansatzformulierungen vorgenommen:

$$\{\sigma_0\} = [P_0]\,\{\beta_0\} \to \{p_0\} = [R_0]\,\{\beta_0\}, \{u_V^0\} = [L_0]\,\{\beta_0\} , \tag{16}$$

$$\{\sigma_s\} = [P_s]\,\{\beta_s\} \to [p_s] = \{R_s\}\,\{\beta_s\}, \{u_V^s\} = [L_s]\,\{\beta_s\} . \tag{17}$$

Diese Ansätze führen für den Vorschlag [3] zu

$$\Big\langle \{\beta_0\}^T \underbrace{\int_{\partial V_0} [R_0]^T [N]\,\mathrm{d}A}_{[T_0]} + \{\beta_s\}^T \underbrace{\int_{\partial V_0} [R_s]^T [N]\,\mathrm{d}A}_{[T_{0_s}]} \Big\rangle \{\delta d\} = 0 \quad \text{und} \tag{18}$$

$$\{\delta\beta_0\}^T \Big\langle \underbrace{\int_{\partial V_0} [R_0]^T [N]\,\mathrm{d}A}_{[T_0]} \{d\} - \underbrace{\int_{\partial V_0} [R_0]^T [L_0]\,\mathrm{d}A}_{[H_0]} \{\beta_0\} - \underbrace{\int_{\partial V_0} [R_0]^T [L_s]\,\mathrm{d}A}_{[H_{0_s}]} \{\beta_s\} \Big\rangle = 0 . \tag{19}$$

(19) in (18) eingesetzt führt zu

$$\underbrace{[T_0]^T [H_0]^{-1} [T_0]}_{[\tilde{k}]} \{d\} = \underbrace{([T_0]^T [H_0]^{-1} [H_{0s}] - [T_{0s}]^T)\,\{\beta_s\}}_{\{\tilde{F}\}} , \tag{20}$$

wobei $\{\tilde{F}\}$ sich als numerisch instabil erwiesen hat und außerdem keine Information von $\{u_{\partial V}\}$ für den Rand ∂V_s erzeugt wird. Ein neuer Vorschlag, der beide Kompatibilitätsbedingungen (11) und (12) enthält, behebt die genannten Mängel. (11) und (12) führen zu

$$\{\beta\}^T \Big\langle \underbrace{\int_{\partial V_n} \begin{bmatrix} [R_0]^T \\ [R_s]^T \end{bmatrix} [[L_0]\,[L_s]]\,\mathrm{d}A}_{[H]} \{\beta\} - \underbrace{\int_{\partial V_n} \begin{bmatrix} [R_0]^T \\ [R_s]^T \end{bmatrix} [N]\,\mathrm{d}A}_{[T]} \{d\} \Big\rangle = 0 , \tag{21}$$

also

$$\{\beta\} = [H]^{-1}\,[T]\,\{d\} \quad \text{mit} \quad \det[H] \neq 0\,. \tag{22}$$

Die Gleichgewichtsbedingung nach (13) fordert bei Beachtung der Kompatibilitätsbedingungen (11) und (12)

$$\int_{\partial V_s} \{\bar{p}_s\}^T \{u_{\partial V}\}\, \mathrm{d}A = \int_{\partial V_n} \{p\}^T \{u_{\partial V}\}\, \mathrm{d}A\,, \tag{23}$$

also

$$\underbrace{\int_{\partial V_s} \{\bar{p}_s\}^T [N]\, \mathrm{d}A}_{\{F\}^T} \{d\} = \{\beta\}^T [T]\,\{d\}\,. \tag{24}$$

Mit (22) erhält man

$$\{\mathrm{d}\}^T (\{F\} - \underbrace{[T]^T [H]^{-1} [T]}_{[k]} \{d\}) = 0\,. \tag{25}$$

(24) erzeugt eine numerisch stabile Knotenkraftmatrix, außerdem besteht nun eine Information über die Interpolierende der Verschiebungsverteilung $\{u_{\partial V}\}$ auf ∂V_s. Desweiteren ergibt sich eine einfachere programmtechnische Verwirklichung als beim Verfahren nach [3]. Die hohe Genauigkeit des neuen Verfahrens zur exakten Berücksichtigung des Randspannungsvektors zeigen das LAMÉ-Problem (Bild 2, Tafel 1), sowie das Beispiel der unendlich ausgedehnten Scheibe mit stark gekrümmter Ellipsenlochform unter konstantem Innendruck (Bild 3, Tafel 2).

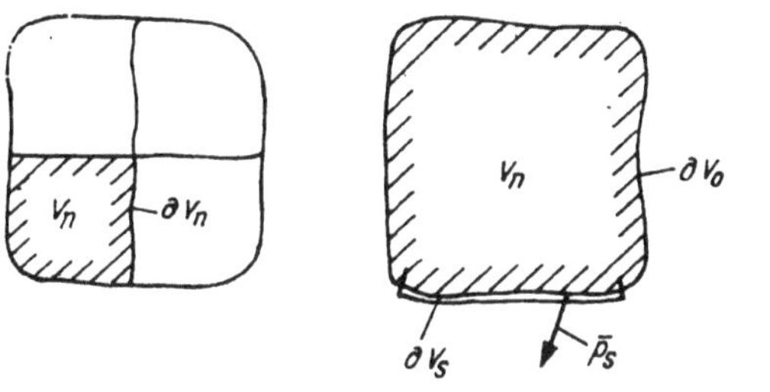

Bild 1. Zur Diskretisierung des Bereichs

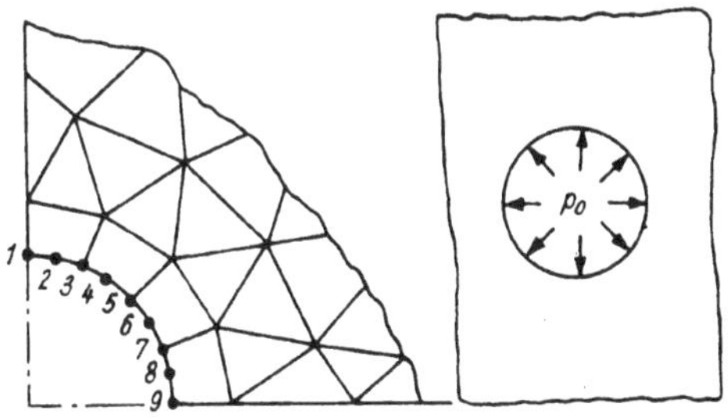

Bild 2. Unendlich ausgedehnte Scheibe mit Kreisloch unter Innendruck

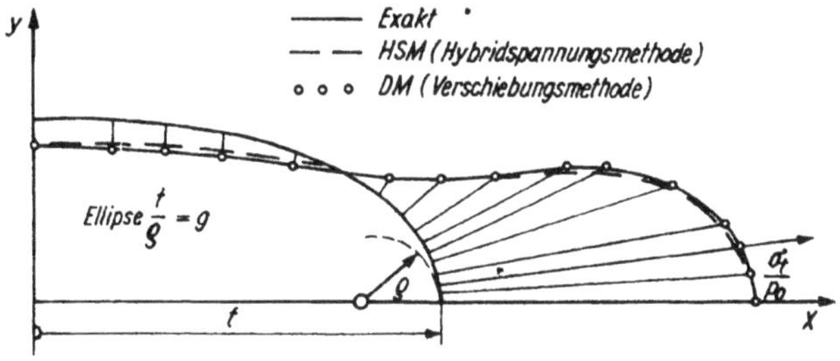

Bild 3. Unendliche Scheibe mit scharf gekrümmtem Ellipsenloch unter konstantem Innendruck p_0

Tafel 1: Ergebnisse für die Tangentialspannung und die Radialverschiebung mit Fehlerangaben

Knoten	$\frac{\sigma_t}{p_0}$	$\left\lvert\frac{\Delta\sigma_t}{p_0}\right\rvert \cdot 100\%$	$u_r \cdot 10^5$	$\left\lvert\frac{\Delta u_r}{u_r}\right\rvert \cdot 100\%$
1	0.9913	0.9	0.6178	0.2
2	0.9982	0.2	0.6227	0.6
3	0.9936	0.7	0.6174	0.2
4	0.9978	0.3	0.6223	0.5
5	0.9966	0.4	0.6166	0.4
6	0.9999	0.0	0.6209	0.3
7	0.9962	0.4	0.6232	0.7
8	1.0034	0.3	0.6202	0.2
9	0.997	0.3	0.6154	0.6

Tafel 2: Ergebnisse des Beispiels nach Bild 3 (*) UNIVAC 1108)

	exakt	HSM	Fehler%	DM	Fehler%
$\frac{\sigma_t^{max}}{p_0}$	5.0	4.952	0.9	4.930	1.4
$\frac{\sigma_t^{min}}{p_0}$	−0.333	−0.339	1.7	−0.327	1.8
$\left\lvert\frac{\Delta\sigma_t}{\sigma_t^{max}}\right\rvert$ (%)		1.1		6.53	
Rechenz. (min)*		3.0		27.00	

Literatur

1 Schnack, E., Beitrag zur Berechnung rotationssymmetrischer Spannungskonzentrationsprobleme mit der Methode der finiten Elemente. Diss. Techn. Univ. München 1973.
2 Schnack, E., Effektivitätsuntersuchung für numerische Verfahren bei Festigkeitsberechnungen. VDI-Z Bd. 119 (1977), Nr. 1/2, 43–50.
3 Tong, P., Pian, T. H. H.; Lasry, S. J., A hybrid element approach to crack problems in plane elasticity, Int. J. num. Meth. Engng. 7, 297–308 (1973).

Anschrift: Prof. Dr.-Ing. E. Schnack, Dipl.-Ing. R. Drumm, Lehrstuhl und Institut für Mechanik/Festigkeitslehre, Universität Karlsruhe (T. H.), Kaiserstraße 12, D-7500 Karlsruhe 1, BRD

ZAMM 62, T 170 – T 171 (1982)

J. Siefer

Objektivität bei großen Deformationen

Als groß sollen hier solche Deformationen bezeichnet werden, die nicht mehr allein durch den Verschiebungsvektor charakterisiert werden können, sondern bei denen der Deformationsweg eine Rolle spielt. Wie bei den Fluiden kann also das Verschiebungsfeld nicht mehr mit dem Geschwindigkeitsfeld identifiziert werden. Die Bewegung des Körpers $\mathcal{B}$ ist eine Transformation $\chi\colon \mathcal{B} \times I \to \mathbb{R}^3$ einer Umgebung $U(\mathcal{B}) \subset \mathbb{R}^3$ beziehungsweise in der Raumzeit $\mathfrak{X}\colon \mathcal{B} \times I \to \mathbb{R}^3 \times I$ mit $\mathfrak{X} := (\chi, \mathrm{id}_I)$. Das momentane Geschwindigkeitsfeld bezeichne ich mit v, das Tangentenfeld der Bewegung jedoch mit V. Dabei ist $v(Q, t)$ der Geschwindigkeitsvektor im materiellen Punkt Q zur Zeit t, während $V(Q, t)$ ein Vierervektor ist, dessen erste Komponenten mit v übereinstimmen, während die letzte Komponente die Zeitrichtung berücksichtigt.

Im folgenden sollen die Felder Spannung und Verzerrung betrachtet werden.

Die Spannung ist eine Größe, die über ein Flächenstück F integriert den resultierenden Kraftvektor ergibt:

$$K = \int_F \sigma .$$

Daher ist sie beschreibbar als Flächendichte mit Vektorkomponenten, d. h. als vektorwertige Zweiform. Damit ist der Spannungstensor per definitionem intrinsisch.

Als Verzerrungsmaß wird üblicherweise die Differenz der Metriktensoren im verformten und unverformten Zustand benutzt. Dabei stellt die Metrik das Skalarprodukt auf dem Tangentialraum $\mathcal{T}$ des Körpers $\mathcal{B}$ dar, $g(u, v)$, u, v Vektoren des Tangentialraumes. Diese Differenz ist hier durch einen geeigneten Grenzwert zu ersetzen. Dazu studieren wir das Verhalten von Tensorfeldern bei der Deformation, d. h. wir untersuchen, wie sich die Felder längs den Trajektorien der Bewegung, also längs der Bahn eines materiellen Teilchens ändern.

Jeder materielle Punkt hat zu jeder Zeit seinen eigenen Tangential-(Geschwindigkeits-)raum, zwischen denen zunächst keine Differenzbildung definiert ist. Erst durch die Bewegung, die die Lage zur Zeit t_0 und zur Zeit t_1 in Beziehung bringt, wird ein Vergleich ermöglicht.

Die Beziehung liefert in unserem Fall der Fluß der Bewegung

$$\psi_s(Q, t) := \left(\chi(\chi_t^{-1}Q, t + s), t + s\right),$$

ψ_s gibt an, wie sich die Lage des Körpers zur Zeit t im Intervall s entwickelt,

$$\psi_s\colon (B_t, t) \to (B_{t+s}, t + s) .$$

ψ_s induziert auf $\mathcal{T}$ und seinem Dual $\mathcal{T}'$ Abbildungen

$$\psi_s^*\colon \mathcal{T}'_{\psi_s(Q,t)} \to \mathcal{T}'_{(Q,t)} \quad \text{und} \quad \psi_{s*}\colon \mathcal{T}_{(Q,t)} \to \mathcal{T}_{\psi_s(Q,t)} .$$

Die Übertragung auf Tensorräume beliebigen Typs erfolgt komponentenweise. In Koordinaten: (kontravariante Basisvektoren werden mit ∂x_i, kovariante mit dx^j bezeichnet)

$$\psi_{s*}(t^i_{jk}\partial x_i\, dx^j\, dx^k) = t^i_{jk} \cdot \psi_s^{-1}\psi_{s*}\partial x_i\, \psi_s^{*-1}\, dx^j\, \psi_s^{*-1}\, dx^k = t^i_{jk} \cdot \psi_s^{-1} F_i^m \partial y_m\, F^{-1}{}^j_n\, dy^n\, F^{-1}{}^k_p\, dy^p ,$$

wobei F der Gradient von ψ_s ist: $F^i_j := \dfrac{\partial \psi_s^i}{\partial x_j}$ und y^i die Koordinaten im Punkt $\psi_s(Q, t)$ sind.

Ist jetzt V der Transfer der Bewegung χ mit dem Fluß ψ_s, dann wird der Differentialquotient

$$\lim_{s\to 0} \frac{1}{s} [\psi_s^{*-1}\mathbf{T}(\psi_s(Q, t)) - \mathbf{T}(Q, t)]$$

mit $L_V\mathbf{T}$ bezeichnet und die Lie-Derivierte von $\mathbf{T}$ bezüglich dem Transfer V (bzw. der Bewegung χ) genannt. Sie ist additiv in V und $\mathbf{T}$ und genügt der Leibnizregel

$$L_V(\mathbf{S} \otimes \mathbf{T}) = (L_V\mathbf{S}) \otimes \mathbf{T} + \mathbf{S} \otimes L_V\mathbf{T} .$$

Will man daher einen Koordinatenausdruck für die Lie-Derivierte haben, so genügt die Kenntnis ihrer Wirkung auf Funktionen, auf kovariante und auf kontravariante Vektoren. Ist $V = V^i\partial x_i + \partial t$, dann gilt

für Funktionen f $\qquad L_V f = V(f) = V^i \frac{\partial f}{\partial x_i} + \frac{\partial f}{\partial t}$,

für kovariante Vektoren dx^j $\qquad L_V\, dx^j = dV^j = \frac{\partial V^j}{\partial x_i}\, dx^i$,

für kontravariante Vektoren ∂x_j $\qquad L_V \partial x_j = -\frac{\partial V^i}{\partial x_j}\, dx^i$.

Aus der Definition folgt nun, daß die Lie-Derivierte immer dann verschwindet, wenn die Änderung des Tensorfeldes durch die Bewegung induziert wird. Damit liegen die Voraussetzungen für die Formulierung invarianter Materialgesetze vom Ableitungstyp vor. Wir halten uns dabei stellvertretend an die Forderungen von OLDROYD [2] aus dem Jahre 1950: The form of the completely general equations must be restricted by the requirement that the equations describe properties independent of the frame of reference ... . Moreover only those tensorquantities need be considered, which have a significance for the material element independent of its motion as a whole in space.

Die erste Forderung verlangt die Invarianz gegenüber einem Wechsel des Bezugssystems. Hinreichend hierfür ist aber die hier gewählte koordinatenfreie Definition von Spannung und Metrik als Differentialform bzw. Tensorfeld.

Die zweite Forderung verschärft die erste dahingehend, daß nur solche Größen betrachtet werden, die sich relativ zur tatsächlichen Bewegung ändern. Als Maß für diese Größen bietet sich aber genau die Ableitung nach dem aktuellen Geschwindigkeitsfeld, d. h. die Lie-Derivierte an, und offenbar ist das auch die Definition der OLDROYDschen "Convected Differentiation with Respect to Time".

Ist z. B. $\sigma^i_j \partial x_i\, dx^j$ der CAUCHYsche Spannungstensor (über den Zusammenhang mit der hier eingeführten vektorwertigen 2-Form s. [3]) und $V = V^k\partial x_k + \partial t$ der Transfer, dann ist

$$L_V \sigma^i_j \partial x_i\, dx^j = \left(\frac{\partial \sigma^i_j}{\partial t} + V^k \frac{\partial \sigma^i_j}{\partial x_k} - \sigma^k_j \frac{\partial V^i}{\partial x_k} + \sigma^i_k \frac{\partial V^k}{\partial x_j}\right) \partial x_i\, dx^j \qquad (*)$$

die Lie-Derivierte bezüglich V. Schränkt man die Bewegung auf eine reine Rotation ein, so werden die $\frac{\partial V^i}{\partial x_j}$ zu den Komponenten des Spintensors, und die Formel (*) wird zur JAUMANNschen Zeitableitung. Bezieht man sich jedoch auf die aktuelle Bewegung, so ergibt sich die convected differentiation nach OLDROYD.

Für den Metriktensor $g = dX^i\, dX^i$ in cartesischen Koordinaten oder $g = g_{ik}\, dx^i\, dx^k$ in allgemeinen Koordinaten erhält man beziehungsweise

$$L_V\, dX^i\, dX^i = \left(\frac{\partial V^k}{\partial X_i} + \frac{\partial V^i}{\partial V_k}\right) dX^i\, dX^k,$$

$$L_V g_{ik}\, dx^i\, dx^k = \left(V^j \frac{\partial g_{ik}}{\partial x_j} + g_{jk} \frac{\partial V^j}{\partial x_i} + g_{ij} \frac{\partial V^j}{\partial x_k}\right) dx^i\, dx^k.$$

Ersetzt man hier, was im Falle infinitesimaler Deformationen richtig ist, das Transferfeld V durch das Verschiebungsfeld U, so wird $L_U g = 2E$, E der GREENsche Verzerrungstensor, und bleibt man beim aktuellen Bewegungszustand, so gilt für beliebige Deformationen $L_V g = 2\dot{E}$.

Literatur

1 CHOQUET; DE WITT; DILLARD, Analysis, Manifolds and Physics, North Holland 1977.
2 OLDROYD, J. G., Formulation of rheological equations of state, Proc. Roy. Soc. Ser. A 200 (1950).
3 SIEFER, J., Zur Konstruierbarkeit von Variationsfunktionalen, Diss. Hannover 1978, Forsch. u. Sem. bericht aus dem Bereich der Mechanik der Univ. Hannover F 79/2.

Anschrift: Dr.-Ing. JÖRG SIEFER, Institut für Mathematik, Universität Hannover, Welfengarten 1, D-3000 Hannover, BRD

ZAMM 62, T 172 – T 175 (1982)

G. Thomas

Eine Eigenschaft Reissnerscher Plattenaufgaben

Herrn Prof. Dr. phil., Dr.-Ing. E. h. U. Wegner zum 80. Geburtstag gewidmet.

Es wird ein Modellproblem betrachtet (Fig. 1): Die dünne, homogene, isotrope Quadratplatte $\bar{\Omega}$ sei längs der Berandung $\partial\Omega$ ihrer neutralen Ebene gelenkig gelagert und werde im Bereich $\bar{\omega} \subset \bar{\Omega}$ durch die eingeprägte Kraftdichte $\hat{p}(\bar{\boldsymbol{x}})$ belastet. Bei Zugrundelegung der Reissnerschen Theorie [5] führt diese Aufgabe zu folgendem Randwertproblem [6]:

$$\left.\begin{aligned}
&\left.\begin{aligned}
&N\Delta^2 w(\bar{\boldsymbol{x}}) = \left(1 - \frac{2(2-\nu)}{5(1-\nu)} H^2\Delta\right)\hat{p}(\bar{\boldsymbol{x}}) && (1)\\
&\Delta\psi(\bar{\boldsymbol{x}}) - \tfrac{5}{2}\,\psi(\bar{\boldsymbol{x}}) = 0 && (2)
\end{aligned}\right\}\ \forall \bar{\boldsymbol{x}} \in \Omega\\
&w(\bar{\boldsymbol{x}}) = M^{nn}(\bar{\boldsymbol{x}}) = M^{nt}(\bar{\boldsymbol{x}}) = 0 \quad \forall \bar{\boldsymbol{x}} \in \partial\Omega && (3)\\
&[\boldsymbol{M}, \boldsymbol{Q}]\,(\bar{\boldsymbol{x}}) = \gamma(w, \psi, \hat{p})\,(\bar{\boldsymbol{x}}) && (4)
\end{aligned}\right\}\ (\mathrm{M})$$

(Bezeichnungen: $w(\bar{\boldsymbol{x}})$: Reissnerscher Durchbiegungsmittelwert, $\psi(x)$: Querkraftfunktion [6], $\boldsymbol{M}$, $\boldsymbol{Q}$: Schnittgrößen, n: normal bzw. t: tangential zu $\partial\Omega$, ν: Querdehnzahl, N: Plattensteifigkeit).

Ein auf Fourierentwicklungen basierender Lösungsvorschlag für (M) von Schäfer [6] mit speziellem $\hat{p}(\bar{\boldsymbol{x}})$ wurde in verschiedenen Arbeiten (z. B. [1]) für beliebiges, $\bar{\Omega}$-periodisches $\hat{p}(\bar{\boldsymbol{x}})$ verallgemeinert und stellt die in (M) aufscheinenden Felder wie folgt dar ($c()$: cos(), $s()$: sin(), $\mathfrak{C}()$: $\mathfrak{Cos}$ (), $\mathfrak{S}()$: $\mathfrak{Sin}()$):

$$\left.\begin{aligned}
&\hat{p}(\bar{\boldsymbol{x}}) = \sum_{m,n=1}^{\infty} \hat{p}_{mn} c\left(m\pi \frac{\bar{x}^1}{a}\right) c\left(n\pi \frac{\bar{x}^2}{a}\right); \qquad w(\bar{\boldsymbol{x}}) = w^*(\bar{\boldsymbol{x}}) + \Phi(\bar{\boldsymbol{x}})\\
&w^*(\bar{\boldsymbol{x}}) = \sum_{m,n=1}^{\infty} w_{mn} c\left(m\pi \frac{\bar{x}^1}{a}\right) c\left(n\pi \frac{\bar{x}^2}{a}\right); \qquad \Delta^2\Phi(\bar{\boldsymbol{x}}) = 0 \qquad m, n = 1, 3, 5 \ldots\\
&\Phi(\bar{\boldsymbol{x}}) = \sum_{m=1}^{\infty} \Phi_m(\bar{\boldsymbol{x}}); \qquad \psi(\bar{\boldsymbol{x}}) = \sum_{n=1}^{\infty} \psi_n(\bar{\boldsymbol{x}})
\end{aligned}\right\} \tag{5}$$

$$\left.\begin{aligned}
&\Phi_m(\bar{\boldsymbol{x}}) = c\left(m\pi\frac{\bar{x}^1}{a}\right)\left[A_m \mathfrak{C}\left(m\pi\frac{\bar{x}^2}{a}\right) + B_m\left(m\pi\frac{\bar{x}^2}{a}\right)\right] + c\left(m\pi\frac{\bar{x}^2}{a}\right)\left[a_m\mathfrak{C}\left(m\pi\frac{\bar{x}^1}{a}\right) + b_m\cdot\left(m\pi\frac{\bar{x}^1}{a}\right)\mathfrak{S}\left(m\pi\frac{\bar{x}^1}{a}\right)\right]\\
&\psi_n(\bar{\boldsymbol{x}}) = C_n \cdot s\left(n\pi\frac{\bar{x}^1}{a}\right)\mathfrak{S}(\Lambda_n\bar{x}^2) + c_n \cdot s\left(n\pi\frac{\bar{x}^2}{a}\right)\mathfrak{S}(\Lambda_n\bar{x}^1), \qquad \Lambda_n = \left[\left(n\frac{\pi}{a}\right)^2 + 10/h^2\right]^{1/2}.
\end{aligned}\right\} \tag{6}$$

Einsetzen der Beziehungen (6) in die Gleichungen von (M), wobei weitere Fourierentwicklungen vorzunehmen sind, führt zunächst zu einem unendlichen linearen inhomogenen Gleichungssystem der Form

$$\bar{\boldsymbol{K}}[C_1, C_3, \ldots, c_1, c_3, \ldots]^T = [\bar{r}_1, \bar{r}_3, \ldots, \bar{r}_1, \bar{r}_3 \ldots]^T \Rightarrow \bar{\boldsymbol{K}}\boldsymbol{c} = \bar{\boldsymbol{r}} \tag{7}$$

für die in $\psi(\bar{\boldsymbol{x}})$ enthaltenen Koeffizienten C_n, c_n, aus denen sich die (A_m, a_m, B_m, b_m) berechnen lassen. Der Abbruch der Fourierreihe bei $\bar{n}$ und die Transformation des Systems (7) mittels einer Diagonalmatrix $\boldsymbol{D}_1$ führt schließlich zu

$$\boldsymbol{D}_1\bar{\boldsymbol{K}}\boldsymbol{c} = \boldsymbol{D}_1\bar{\boldsymbol{r}} \Rightarrow \boldsymbol{K}\boldsymbol{c} = \boldsymbol{r}\,, \tag{8}$$

$$\begin{bmatrix}
d_{11} & \bullet & \ldots & \bullet & b_{11} & b_{13} & \ldots & 1\\
\bullet & d_{33} & \ldots & \bullet & b_{31} & b_{33} & \ldots & 1\\
\vdots & \vdots & \vdots & \vdots & \vdots & \vdots & \ldots & \vdots\\
\bullet & \bullet & \ldots & d_{\bar{n}\bar{n}} & b_{\bar{n}1} & b_{\bar{n}3} & \ldots & 1\\
b_{11} & b_{13} & \ldots & 1 & d_{11} & \bullet & \ldots & \bullet\\
b_{31} & b_{33} & \ldots & 1 & \bullet & d_{33} & \ldots & \bullet\\
\vdots & \vdots & \ldots & \vdots & \vdots & \vdots & \vdots & \bullet\\
b_{\bar{n}1} & b_{\bar{n}3} & \ldots & 1 & \bullet & \bullet & \ldots & d_{\bar{n}\bar{n}}
\end{bmatrix} = \begin{bmatrix}\boldsymbol{D} & \boldsymbol{B}\\ \boldsymbol{B} & \boldsymbol{D}\end{bmatrix} = \boldsymbol{K}\,, \qquad \begin{bmatrix}
\varepsilon_1 & \varepsilon_3 & \ldots & 1\\
\varepsilon_1 & \varepsilon_3 & \ldots & 1\\
\vdots & \vdots & \vdots & \vdots\\
\varepsilon_1 & \varepsilon_3 & \ldots & 1
\end{bmatrix} = 0(\boldsymbol{B}) \tag{9), (10}$$

dem endlichen linearen System (8), dessen Koeffizientenmatrix $\boldsymbol{K}$ die in (9) dargestellte Struktur besitzt ($\bullet := 0$). $\boldsymbol{K}$ zeigt eine gewisse Symmetrie, die bei Rechteckplatten durch die unterschiedlichen geometrischen Aufgabenparameter verloren geht. Eine genauere Analyse der numerischen Wertigkeit der Elemente in den Untermatrizen $\boldsymbol{D}$ und $\boldsymbol{B}$ zeigt folgende Sachverhalte auf:

a) Die Relativwerte $(b_{jk}/b_{\bar{n}k})$ $(1 \leq j, k \leq \bar{n};\ j, k = 1, 3, \ldots \bar{n})$ sind beschränkt und
b) die Elemente b_{jk} genügen für $(1 \leq j, k, \leq \bar{n} - 2)$: $|b_{jk}| \ll 1$, $b_{jk} = b_{jk}(\mathrm{e}^{-\varphi(j,k)})$;
c) die Elemente $d_{ii} > 0$ $(1 \leq i \leq \bar{n},\ i = 1, 3, \ldots, \bar{n})$ bilden eine monoton wachsende Folge. (10) bildet eine übersichtliche Darstellung der Größenordnung der Elemente von $\boldsymbol{B}$.

Ein Satz von Schur gestattet die Berechnung der Determinante von $\boldsymbol{K}$ durch

$$\det(\boldsymbol{K}) = \det(\boldsymbol{D}^2 - \boldsymbol{D}\boldsymbol{B}\boldsymbol{D}^{-1}\boldsymbol{B}) = \det(\boldsymbol{D})\det(\boldsymbol{D} - \boldsymbol{B}\boldsymbol{D}^{-1}\boldsymbol{B}) \tag{11}$$

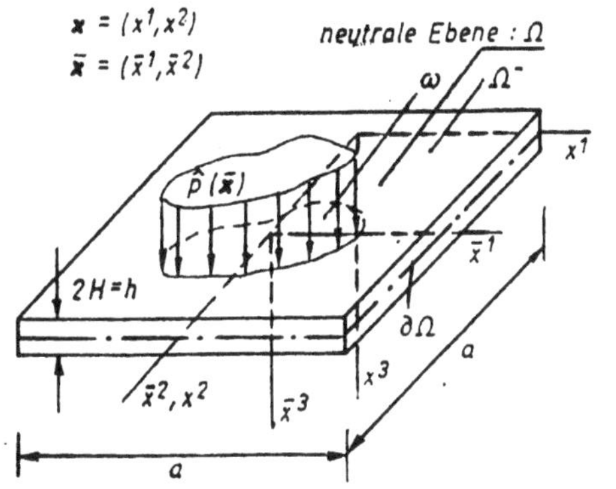

Fig. 1. Das Modellproblem

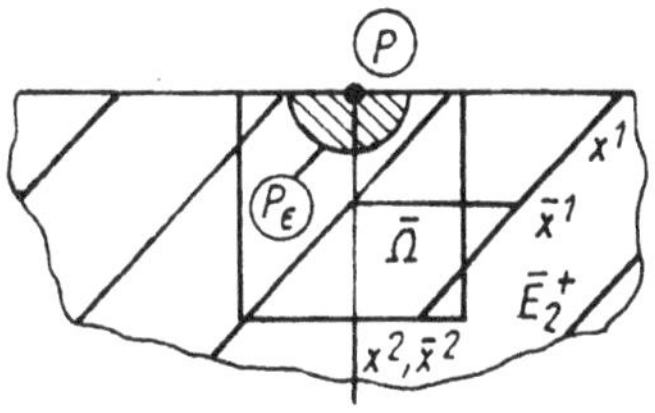

Fig. 2. Das Modellproblem auf $\bar{E}_2^+$

und diese Gleichung läßt folgende Schlüsse zu:

I) Da alle $b_{jk} \neq 0$ sind, ist nach einem Abschätzungssatz von GERSCHGORIN anzunehmen, daß der Eigenwert λ_i ($\{\lambda_i\}$ geordnet nach wachsenden Beträgen) von $(\boldsymbol{D} - \boldsymbol{B}\boldsymbol{D}^{-1}\boldsymbol{B})$ in einer Umgebung von $d_{ii}(1 \leqq i \leqq \bar{n})$ liegt, woraus

II) wegen c) die Aussagen

$$|\lambda_1| \lesseqgtr d_{11}\,, \qquad |\lambda_{\bar{n}}| \gtrless \mathrm{d}_{\bar{n}\bar{n}} \tag{12}$$

folgen.

III) Da die Determinante das Produkt der zugehörigen Matrizeneigenwerte ist, sind nach (11) die $\{d_{ii}\}$ Eigenwerte von $\boldsymbol{K}$, woraus man mit (12) eine Abschätzung für die TODDsche Konditionszahl der Matrix $\boldsymbol{K}$ erhält:

$$K_T(\boldsymbol{K}) = \min(|\lambda_1|, d_{11})/\max(|\lambda_{\bar{n}}|, d_{\bar{n}\bar{n}}) \leqq d_{11}/d_{\bar{n}\bar{n}}\,. \tag{13}$$

Längliche Formeln für die Elemente d_{ii} führen bei hinreichend großem $\bar{n}$ zu

$$K_T(\boldsymbol{K}) \leqq \varphi(\bar{n}, a/h)\,\mathrm{e}^{-(\pi/2)(\bar{n}-2)}\,, \qquad \bar{n}\text{: hinreichend groß}; \qquad \varphi(\bar{n}, a/h) \to 1 \quad \text{für} \quad \bar{n} \to \infty \tag{14}$$

einem Resultat, das auf einen numerisch instabilen Prozeß hinweist. Numerische Experimente [3] zeigen auch ein singuläres Verhalten der Koeffizientenmatrix $\boldsymbol{K}$; interessant ist in diesem Zusammenhang, daß $0(\det(K)) < 10^{-9}$ bereits bei $\bar{n} = 11$ berechnet wurde. Ähnlich starke numerische Instabilität ist dem Verfasser für Beispielrechnungen im Zusammenhang mit KIRCHHOFFschen Plattenaufgaben unbekannt (es kann gezeigt werden, daß die numerische Instabilität bei KIRCHHOFFschen Plattenaufgaben wesentlich schwächer ist [7]) und so muß die Möglichkeit — das Problem (M) mittels ungeeigneter Ansätze (5), (6) diskretisiert zu haben — erwogen werden. Dieser Verdacht ist durch das mit steigendem m, n einhergehende Anwachsen der $\mathfrak{Sin}()$, $\mathfrak{Cos}()$-Terme in (6) begründbar, aber es ergab sich bei der Suche nach stichhaltigeren Argumenten eine tieferliegende Ursache für das aufgezeigte instabile numerische Verhalten: Unter Berufung auf SAINT-VENANTS Prinzip kann man die REISSNERsche Plattenlösung in der Umgebung (P_ε) des Punktes $(\mathrm{P}) \in \partial\Omega$ (falls sie existiert) durch eine REISSNERsche Lösung im Gebiet $\bar{E}_2^+$ (die in (P) den Randbedingungen auf $\partial\Omega$ genügt, halbunendliche Platte) ersetzen. Für die analytische Untersuchung des in dieser Weise modifizierten Modellproblems $(\mathrm{M}\bar{E}_2^+)$ ist die Beschreibung der REISSNERschen Theorie durch drei Feldgleichungen zweckmäßig [4]:

$$\left.\begin{array}{l}
\begin{bmatrix}
\left\langle 1 - \frac{2}{5}H^2\left(\frac{2-\nu}{1-\nu}\,\partial_1^2 + \partial_2^2\right)\right\rangle & -\frac{2}{5(1-\nu)}H^2\,\partial_1\partial_2 & N\,\partial_1\Delta \\
-\frac{2}{5(1-\nu)}H^2\,\partial_1\partial_2 & \left\langle 1 - \frac{2}{5}H^2\left(\frac{2-\nu}{1-\nu}\,\partial_2^2 + \partial_1^2\right)\right\rangle & N\,\partial_2\Delta \\
\partial_1 & \partial_2 & 0
\end{bmatrix}
\begin{bmatrix} w \\ Q^1 \\ Q^2 \end{bmatrix}(\boldsymbol{x}) = \begin{bmatrix} 0 \\ 0 \\ -\hat{p}(\boldsymbol{x}) \end{bmatrix}, \quad \forall \boldsymbol{x} \in E_2^+ \quad (15) \\
w(\boldsymbol{x}) = M^{22}(\boldsymbol{x}) = M^{12}(\boldsymbol{x}) = 0, \quad \forall \boldsymbol{x} \in \partial E_2^+ (= x^1\text{-Achse}) \quad (16)
\end{array}\right\} (\mathrm{M}\,\bar{E}_2^+)\,.$$

Die drei gekoppelten partiellen Differentialgleichungen (15) können mit Hilfe der Unterdeterminantenmethode von WEIERSTRASS in zunächst drei entkoppelte partielle Differentialgleichungen für drei — vom Verfasser so bezeichnete — REISSNER-Funktionen $(\mathcal{R}_1, \mathcal{R}_2, \mathcal{R}_3)(\boldsymbol{x})$ umgeformt werden und diese wiederum gestatten infolge spezieller Eigenschaften ihrer Operatoren die Definition eines Primärproblems 4. Ordnung für die REISSNER-Funktion $\mathcal{R}_3^*(\boldsymbol{x})$ $(\check{p}(\boldsymbol{x}) = N^{-1}H^4\hat{p}(\boldsymbol{x}))$

$$\left.\begin{array}{l}
(H^2\Delta)^2\,\mathcal{R}_3^*(\boldsymbol{x}) = \check{p}(\boldsymbol{x})\,, \quad \forall \boldsymbol{x} \in E_2^+ \\[1ex]
\left.\begin{array}{l}
w(\mathcal{R}_3^*)(\boldsymbol{x}) = 0 \\
M^{22}(\mathcal{R}_3^*)(\boldsymbol{x}) = 0 \\
M^{12}(\mathcal{R}_3^*)(\boldsymbol{x}) \neq 0
\end{array}\right\} \forall \boldsymbol{x} \in \partial E_2^+
\end{array}
\left\{\begin{array}{ll}
(H^2\Delta)^2 & \mathcal{R}_3^*(\boldsymbol{x}) = \check{p}(\boldsymbol{x}) \\
\left\langle 1 - \frac{2(2-\nu)}{5(1-\nu)}H^2\Delta\right\rangle & \mathcal{R}_3^*(\boldsymbol{x}) = 0 \\
\{\partial_2^2 + \nu\langle 1 - \frac{2}{5}H^2\Delta\rangle\,\partial_1^2\} & \mathcal{R}_3^*(\boldsymbol{x}) = 0
\end{array}\right\} \mathcal{P}(\partial_1, \partial_2)\,\mathcal{R}_3^*(\boldsymbol{x}) = \boldsymbol{g}_3(\boldsymbol{x})\right\} (\mathrm{P}) \tag{17}$$

und eines Sekundärproblems 6. Ordnung für die REISSNER-Funktion $\mathcal{R}_1(\boldsymbol{x})$

$$\left.\begin{array}{l} \langle 1 - \frac{2}{5} H^2\Delta\rangle (H^2\Delta)^2 \mathcal{R}_1(\boldsymbol{x}) = 0 \qquad \forall \boldsymbol{x} \in E_2^+ \\ \left.\begin{array}{l} w(\mathcal{R}_1)(\boldsymbol{x}) = 0 \\ M^{22}(\mathcal{R}_1)(\boldsymbol{x}) = 0 \\ M^{12}(\mathcal{R}_1)(\boldsymbol{x}) = -M^{12}(\mathcal{R}_3^*)(\boldsymbol{x}) \end{array}\right\} \forall \boldsymbol{x} \in \partial E_2^+ \end{array}\right\} \Rightarrow$$

$$\Rightarrow \left.\begin{array}{ll} \langle 1 - \frac{2}{5} H^2\Delta\rangle (H^2\Delta)^2 & \mathcal{R}_1(\boldsymbol{x}) = 0 \\ \langle 1 - \frac{2}{5} H^2\Delta\rangle \partial_1 & \mathcal{R}_1(\boldsymbol{x}) = 0 \\ \{\langle 1 + \frac{2}{5} H^2\Delta\rangle \partial_2^2 + \nu\langle 1 - \frac{2}{5} H^2\Delta\rangle \partial_1^2\} \partial_1 & \mathcal{R}_1(\boldsymbol{x}) = 0 \\ \{\langle \partial_1^2 - \frac{2}{5} H^2\Delta\rangle - \nu\langle 1 - \frac{2}{5} H^2\Delta\rangle \partial_1^2\} \partial_2 & \mathcal{R}_1(\boldsymbol{x}) = -M^{12}(\mathcal{R}_3^*)(\boldsymbol{x}) \end{array}\right\} \left.\mathcal{S}(\partial_1, \partial_2)\, \mathcal{R}_1(\boldsymbol{x}) = \boldsymbol{g}_1(\boldsymbol{x}) \right\} (\mathrm{S}). \tag{18}$$

Existenzsätze partieller elliptischer Differentialgleichungen zeigen die Existenz eindeutiger Lösungen der Aufgaben (P) und (S) (Formulierungen (17) und (18)), wenn u. a. die sog. Überdeckungsbedingung (LOPATINSKI-SHAPIRO-Bedingung) der Randbedingungen [2] erfüllt ist. Die Erfüllung der Überdeckungsbedingung bei den Aufgaben (P) bzw. (S) sichert die Existenz einer umkehrbar eindeutigen Abbildung zwischen dem System der Randbedingungen von (P) bzw. (S) und dem System der Normalableitungen (dem sog. Trace-System) der Felder $\mathcal{R}_3^*(\boldsymbol{x})$ bzw. $\mathcal{R}_1(\boldsymbol{x})$. Ist die Bijektivität dieser Abbildung — getestet durch die Überdeckungsbedingung — in einem Randpunkt von ∂E_2^+ nicht gegeben, so können die homogenen Probleme von (P) bzw. (S) nichttriviale Lösungen besitzen, wodurch die Eindeutigkeit der Lösung von (M) verloren geht.

Die entsprechende Überprüfung der (M) zugeordneten Probleme (P) bzw. (S) zeigt, daß im Randpunkt $(P) \in \in \partial\Omega$ die Überdeckungsbedingung verletzt wird, wenn die eingeprägten Kräfte $\hat{p}(x^1, x^2)$ — definiert durch Fortsetzung auf $\overline{E}_2^+$ — bezüglich x^1 keine ganze analytische Funktion 1. Ordnung und festgelegten Typs darstellen. Die beim eingangs beschriebenen numerischen Beispiel durch Reihenabbruch bei $\overline{n}$ entstehende Belastungsfunktion (siehe (5)) $\hat{p}(\boldsymbol{x}, \overline{n})$ gehört zu dieser Funktionenklasse für hinreichend kleines $\overline{n}$; die numerische Lösung funktioniert in diesem Fall, wie auch SCHÄFERS Beispiel zeigt ($\overline{n} = 1$).

Eine systematische Untersuchung der in der Literatur gängigen Randbedingungen für gelenkige und eingespannte (REISSNER-)Plattenlagerung zeigt in jedem Fall die Verletzung der Überdeckungsbedingung, falls $\hat{p}(\boldsymbol{x})$ beliebig ist; bei starrer Plattenlagerung kann deshalb der oben dargestellte Effekt als eine charakteristische Eigenschaft REISSNERscher Plattenaufgaben angesehen werden. Das bei (M) beobachtete numerische Versagen der Reihenlösung ist folglich ein Symptom, und instabiles numerisches Verhalten müßte auch bei anderen Lösungsmethoden zu beobachten sein. (Die Anwendung gemischter FE-Methoden (Kräfte- und Verschiebungsgrößen werden approximiert) scheint das Lösungsverfahren weit über die durch Reihenlösungen erzielbaren Genauigkeiten hinaus zu stabilisieren.)

Eine analoge Untersuchung der gelenkigen und eingespannten Plattenlagerung im Rahmen der KIRCHHOFFschen Theorie ergab keine Verletzung der Überdeckungsbedingung, und Konditionszahlabschätzungen gängiger Reihenlösungen derartiger Aufgaben weisen auf numerisch einigermaßen stabile Lösungsprozesse hin.

Wie ist der dargestellte Effekt physikalisch begründbar und welche Erklärung hat das unterschiedliche Verhalten von REISSNERscher- und KIRCHHOFFscher Theorie gegenüber der Überdeckungsbedingung? Auf $\overline{E}_2^+$ soll eine elastische Schicht (im Sinne der dreidimensionalen infinitesimalen Elastizitätstheorie) unter dem auf dem endlichen Bereich $\omega^- \subset \Omega^-$ wirkenden Lastprofil $\hat{p}(\boldsymbol{x})$ betrachtet werden. Ω-periodische Fortsetzung von $\hat{p}(\boldsymbol{x})$ zu $p^*(\boldsymbol{x})$ auf $\overline{E}_2^+$ erlaubt die Darstellung von $\hat{p}(\boldsymbol{x})$ durch eine Fourierreihe:

$$\begin{aligned} \hat{p}(\boldsymbol{x}) &= T(x)\left(\sum_{m,n=1}^{\infty} \hat{p}_{mn} c\left(m\pi\frac{x^1}{a}\right) c\left(n\pi\frac{x^2}{a}\right)\right); \\ \hat{p}(\boldsymbol{x}) &= \sum_{m,n=1}^{\infty} \hat{p}_{mn} t_{mn}(\boldsymbol{x}); \end{aligned} \qquad T(\boldsymbol{x}) = \begin{cases} 1, \forall \boldsymbol{x} \in \overline{\Omega}, \\ 0, \forall \boldsymbol{x} \notin \overline{\Omega}. \end{cases} \tag{19}$$

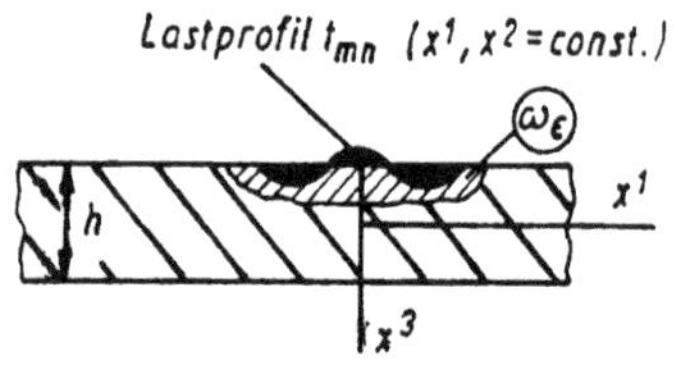

Fig. 3. Der Einfluß von $t_{mn}(\boldsymbol{x})$

SAINT-VENANTS Prinzip macht deutlich, daß der wesentliche Einfluß eines Lastprofils $t_{mn}(\boldsymbol{x})$ für hinreichend große m, n auf eine Umgebung (ω_ε) des Angriffsbereiches beschränkt sein wird; hieraus folgt für $m, n \to \infty$ ein schwindender Einfluß des Lastprofils $t_{mn}(\boldsymbol{x})$ auf definierte Mittelwerte von Verschiebungs- und Kraftgrößen. Umgekehrt wird sich durch Verschiebungsmittelwerte und Schnittgrößen allein das dreidimensionale Verschiebungsfeld nicht eindeutig festlegen lassen, wenn $\hat{p}(\boldsymbol{x})$ zu seiner Darstellung $t_{mn}(\boldsymbol{x})$ mit $m, n \to \infty$ benötigt. Die REISSNERsche Theorie approximiert auf $\overline{E}_2^+$ das Schichtverhalten stärker als die KIRCHHOFFsche Theorie und liefert damit eine einsehbare Erklärung für das unterschiedliche Verhalten beider Theorien gegenüber der Überdeckungsbedingung.

Literatur

1 GIRKMANN, K., Flächentragwerke, Springer-Verlag, 1963.
2 LIONS, J. L.; MAGENES, E.; Non-Homogeneous Bondary Value Problems and Applications, Vol. 1, Grundlehren der Mathematischen Wissenschaften, Vol. 181, Springer-Verlag, 1972.
3 MESCHKAT, R., Die Berechnung einer allseitig NAVIER-gelagerten Rechteckplatte nach der REISSNERschen Theorie, Diplomarbeit am Institut für Baustatik der Universität Stuttgart, WS 1966/67.
4 REISSNER, E., The effect of transverse shear deformation on the bending of elastic plates, Jour. Appl. Mech. **12**, (1945), pp. A-69 ... A-77.
5 REISSNER, E., On the theory of bending of elastic plates, Jour. Math. and Physics **23**, (1944), pp. 184–194.
6 SCHÄFER, M., Über eine Verfeinerung der klassischen Theorie dünner schwach gebogener Platten, ZAMM **32**, (1951), S. 161–171.
7 THOMAS, G., Zur REISSNERschen Plattentheorie, erscheint demnächst.

Anschrift: Dr.-Ing. G. THOMAS, Institut für Mechanik (Bauwesen), Universität Stuttgart, Pfaffenwaldring 7, D-7000 Stuttgart 80, BRD

ZAMM 62, T 175 – T 176 (1982)

D. WEICHERT

The Initial Boundary Value Problem for Elastic-Plastic Plates

1. Introduction

A method for the solution of the initial boundary value problem for elastic-plastic plates is presented. We assume generalized standard material model, based on the concept of generalized stress and strain [1] and the hypothesis of normal dissipation. Restricting to geometrical linear theory and using concept of two-dimensional representatives of three-dimensional fields the researched stress-field follows directly from the construction of the solution in appropriately chosen Hilbert spaces [4] of admissible stress-fields. Uniqueness and existence of the solution are assured. As illustration we determined the stress field in an elastic-perfectly plastic simply supported square plate under sinusoidal load.

2. Three-dimensional foundations

For every instant of time t_0 of the deformation process the following system of relations defines the mechanical behaviour of the considered body in every point $\boldsymbol{x} = (x_1, x_2, x_3, t) \in R^3 \times T$ with R^3 as Cartesian 3-dimensional space and T as space of time, V as volume of the body, B_u and B_s parts of boundary B with prescribed displacements and forces, resp.:

$$\begin{gathered} \boldsymbol{\varepsilon} = \operatorname{Grad}_s \boldsymbol{u} \quad \text{in} \quad V, \qquad \boldsymbol{u} = \boldsymbol{u}^* \quad \text{on} \quad B_u, \qquad \operatorname{Div} \boldsymbol{\sigma} = -\boldsymbol{f} \quad \text{in} \quad V, \qquad \boldsymbol{n} \cdot \boldsymbol{\sigma} = \boldsymbol{p} \quad \text{on} \quad B_s, \\ \boldsymbol{s} = \frac{\partial \psi(\boldsymbol{e}^e)}{\partial \boldsymbol{e}^e} \quad \text{in} \quad V, \quad \dot{\boldsymbol{e}}^p \in \delta\varphi(\boldsymbol{s}) \quad \text{in} \quad V, \qquad \boldsymbol{e}^e + \boldsymbol{e}^p = \boldsymbol{e} \quad \text{in} \quad V. \end{gathered} \tag{2.1}$$

Here $\boldsymbol{u}$ denotes displacement vector, $\boldsymbol{\sigma}$ stress tensor, $\boldsymbol{f}$ body forces, $\boldsymbol{p}$ surface forces, $\boldsymbol{n}$ surface normal vector, Grad_s symmetrized gradient operator, $\boldsymbol{e}^e = [\boldsymbol{\varepsilon}^e, \boldsymbol{\omega}]$ and $\boldsymbol{e}^p = [\boldsymbol{\varepsilon}^p, \boldsymbol{\varkappa}]$ denote generalized elastic and plastic strain, resp., with $\boldsymbol{\omega}$ and $\boldsymbol{\varkappa}$ as internal parameters [1] and $\boldsymbol{\varepsilon}$ as strain tensor. $\boldsymbol{s} = [\boldsymbol{\sigma}, \boldsymbol{\pi}]$ denotes generalized stress with $\boldsymbol{\pi}$ as internal parameters, $\psi(\boldsymbol{e}^e)$ denotes free-energy, assumed to be strictly convex and differentiable and plastic potential φ is the indicator-function of region C of plastically admissible stresses, assumed to be convex, lower semicontinuous attaining minimum equal to zero at the origin of stress space. The subdifferential $\delta\varphi$ [2, 4] is defined as the set of all subgradients of φ at $\boldsymbol{s}$. Superposed dot denotes rate of the corresponding quantity.

To this local formulation corresponds a global formulation [3]: Validity of relations (2.1) is extended to elements of appropriately chosen functional spaces. Here Hilbert space H of admissible time-differentiable functions is used and orthogonally decomposed with respect to the norm in H into subspaces H^ϱ and H^μ of statically and kinematically admissible functions resp., [4]. For given solution $\boldsymbol{s}^0$ of a problem, differing from the herein treated one only by its purely elastic behaviour it can be shown that actual generalized statically admissible stress $\boldsymbol{s}^\varrho \in H^\varrho$ minimizes uniquely the strictly convex functional Λ_0 if a solution exists:

$$\Lambda_0(\boldsymbol{s}^\varrho) = \Phi_0(\boldsymbol{s}^0 - \boldsymbol{s}^\varrho) - \langle \boldsymbol{s}^0 - \boldsymbol{s}^\varrho, \dot{\boldsymbol{s}}^\varrho \rangle_G + \Phi_0^*(\dot{\boldsymbol{s}}^\varrho) \geqq 0\,. \tag{2.2}$$

Here scalar-product $(\boldsymbol{a}, \boldsymbol{b})_G$, inducing the norm of H, is given by

$$\langle \boldsymbol{a}, \boldsymbol{b} \rangle_G = \int_{(V)} (a_{ij} L_{ijkl} b_{kl} + \alpha_n Z_{nm} \beta_m)\, \mathrm{e}^{-t}\, \mathrm{d}\boldsymbol{x}\, \mathrm{d}t\,, \tag{2.3}$$

where $\boldsymbol{L}$ and $\boldsymbol{Z}$ denote positive definite matrices of elastic and (linear) hardening coefficients [1], with $\boldsymbol{G} = [\boldsymbol{L}, \boldsymbol{Z}]$ and $m, n \in [1, 2, \dots r]$ where r denotes number of internal parameters. Global plastic potential Φ_0 and its polar potential Φ_0^* are defined by

$$\Phi_0(\boldsymbol{s}) = \lim_{c\to\infty} \int_{(V)} \varphi_c(\boldsymbol{x}, t)\, \mathrm{e}^{-t}\, \mathrm{d}\boldsymbol{x}\, \mathrm{d}t\,; \qquad \varphi_c = \begin{cases} 0 & \text{if} \quad \boldsymbol{s} \in C \\ c & \text{if} \quad \boldsymbol{s} \notin C\,, \end{cases}$$

$$\Phi^*(\dot{\boldsymbol{s}}) = \sup_{\boldsymbol{s}^* \in C_0} \langle \boldsymbol{s}^0 - \boldsymbol{s}^*, \dot{\boldsymbol{s}} \rangle_G\,, \tag{2.4}$$

where C_0 denotes the intersection of the effective domain C of Φ_0 and the plane $\boldsymbol{s}^0 + H^\varrho$ [4] and c is a finite positive real number.

3. Application to plates

Every differentiable three-dimensional field $\boldsymbol{\tau}(x_1, x_2, x_3, t)$ from the volume of the plate can be represented in two-dimensional region F, the midspan of the plate, by a set $\boldsymbol{T}^k = \{\boldsymbol{T}^{(k)}(x_1, x_2, t)\}$, $k = 1, 2, \ldots q$, $0 < q < \infty$ by use of Taylor-expansion:

$$\boldsymbol{T}^{(k)} = \frac{1}{k!} \frac{\partial^{k-1} \boldsymbol{\tau}}{(\partial x_3)^{k-1}} \bigg|_{x_3=0} \tag{3.1}$$

with the inverse relation

$$\boldsymbol{\tau} = \sum_{k=1}^{q} \boldsymbol{T}^k \cdot x_3^{k-1} + \boldsymbol{\tau}^R\,, \tag{3.2}$$

where we assume the influence of remainder $\boldsymbol{\tau}^R$ to be small of higher order. Introducing the matrix $\boldsymbol{m}$ of constant integration parameters

$$\boldsymbol{m} = m_{kl} = \int_{-h}^{+h} x_3^{k+l-2}\, \mathrm{d}x_3\,, \tag{3.3}$$

with h as half of the constant thickness of the plate, scalar-product (2.3) is transformed for thin plates into:

$$\langle\!\langle \boldsymbol{A}, \boldsymbol{B} \rangle\!\rangle_G = \int_{(F)} \sum_{k=1}^{q} \sum_{l=1}^{q} (A_{\alpha\beta}^{(k)} L_{\alpha\beta\gamma\delta} B_{\gamma\delta}^{(l)} m_{kl} + \alpha_m^{(k)} Z_{mn} \beta_n^{(l)} m_{kl})\, \mathrm{e}^{-t}\, \mathrm{d}x_1\, \mathrm{d}x_2\, \mathrm{d}t\,, \tag{3.4}$$

where Greek indices assume the values 1 and 2. Using this scalar-product we determine conditions for statical admissibility by use of orthogonality-condition

$$\langle\!\langle \boldsymbol{n}^\mu, \boldsymbol{n}^\varrho \rangle\!\rangle_G = 0\,, \tag{3.5}$$

where $\boldsymbol{n}^\mu$ and $\boldsymbol{n}^\varrho$ denote two-dimensional representatives of kinematically and statically admissible stresses $\dot{\boldsymbol{s}}(x_1, x_2, x_3, t)$. As there exists a unique relation between all two-dimensional respresentatives and three-dimensional quantities, all considerations of three-dimensional theory can be now directly applied to plate-problems and minimum principle (2.2) becomes:

$$\tilde{\Lambda}_0(\boldsymbol{n}^\varrho) = \sup_{\boldsymbol{n}^{\varrho*} \in \boldsymbol{n}^0 - \tilde{C}_0} \langle\!\langle \boldsymbol{n}^\varrho - \boldsymbol{n}^{\varrho*}, \dot{\boldsymbol{n}}^\varrho \rangle\!\rangle_G\,, \qquad \boldsymbol{n}^\varrho, \boldsymbol{n}^{\varrho*} \in \tilde{H}^\varrho\,, \tag{3.6}$$

where $\tilde{C}_0$, $\tilde{H}^\varrho$ and $\boldsymbol{n}^0$ denote region C_0, subspace H^ϱ and purely elastic solution, resp., expressed by two-dimensional representatives. For illustration in [5] we considered a homogeneous, isotropic, elastic-idealplastic simply supported square plate proportionally loaded by a sinusoidal load. Using appropriate test-functions $\boldsymbol{n}^\varrho$ we obtained for Tresca and von Mises yield conditions results for the researched stress-distribution of the plate by minimization of functional (3.6) which represents numerically a double optimization process in a constrained region. For numerical results we refer to [5].

References

1 Halphen, B.; Nguyen, Q. S., Sur les matéraux standard generalisés, J. de Mécanique, 14, 39—63, 1975.
2 Moreau, J. J., Séminaire sur les équations aux dérivées partielles, II, fonctionelles convexes, Montpellier, 1966—1967.
3 Rafalski, P., Solution of the elastic-viscoplastic boundary-value problem, Int. Engng. Sci., Vol. 17, pp. 193—197, 1977.
4 Rafalski, P., Minimum principles in plasticity, Mitteilungen aus dem Institut für Mechanik, Nr. 13, 1978.
5 Weichert, D., Variational formulation and solution of boundary-value problems in the theory of plasticity and application to plate problems, Mitteilungen aus dem Institut für Mechanik, Nr. 25, 1981.

Anschrift: Dr.-Ing. D. Weichert, Lehrstuhl für Mechanik II, Ruhr-Universität Bochum, Universitätsstr. 150 IA, D-4630 Bochum 1, BRD

ZAMM 62, T 177 – T 178 (1982)

H. WINTER

Ähnlichkeitsanalyse von Randwertproblemen aus der Kontinuumsmechanik

Für kanonisch aufspaltbare Randwertprobleme wird ein hinreichendes Kriterium hinsichtlich der Invarianzeigenschaften gegen Ähnlichkeitstransformationen angegeben. Die Theorie gestattet die Konstruktion einer Lösungsschar aus einer Einzellösung und hat eine wesentliche Kostenersparnis bei numerischen Parameterstudien zur Folge. Die Theorie ist z. B. anwendbar in der geometrisch linearisierten Kontinuumsmechanik, wenn ein isotropes Potenzstoffgesetz gegeben ist.

1. Einleitung

Die von S. LIE eingeführte Theorie der Invarianz unter Transformationsgruppen begründete eine umfassende Methode zur Lösung gewöhnlicher Differentialgleichungen. Bei partiellen Differentialgleichungen führen Invarianzbedingungen unter Transformationsgruppen in der Regel nur auf Einzellösungen, siehe z. B. G. W. BLUMAN et al. [1].

In diesem Aufsatz wird eine Klasse von nichtlinearen Randwertproblemen diskutiert, die die Konstruktion einer Schar von Lösungen aus einer Einzellösung zuläßt. Der bei der Konstruktion verwendete Invarianzbegriff beruht auf der Ähnlichkeit von Lösungen.

Für kanonisch aufspaltbare Randwertprobleme aus der Kontinuumsmechanik mit isotropem Stoffgesetz ist die Methode anwendbar, wenn das Stoffgesetz vom Potenztyp ist. Gewisse Parameterstudien sind somit analytisch durchführbar; die erforderliche Einzellösung kann z. B. numerisch erarbeitet werden.

2. Ähnlichkeitsklassen und Gruppeninvarianz

Randwertprobleme der Form

$$B^*L(Bu) = f \tag{1}$$

mit Randbedingungen

$$l_1u = t_1\,, \qquad l_2L(Bu) = t_2 \tag{2}$$

werden betrachtet.

Es sind B^* und B lineare Differentialoperatoren, L ein nichtlinearer Operator, l_1 und l_2 lineare Spuroperatoren, f, t_1 und t_2 gegebene Felder und u ein gesuchtes Feld. Mit den Hilfsfeldern ε und σ erhält man die kanonische Form

$$Bu = \varepsilon\,, \qquad L(\varepsilon) = \sigma\,, \qquad B^*\sigma = f\,, \qquad l_1u = t_1\,, \qquad l_2\sigma = t_2\,. \qquad (1'),\ (2')$$

Als Beispiel möge man sich die Gleichungen der geometrisch linearisierten Elastostatik mit gemischten Randbedingungen vorstellen.

Definition 1

Sei V ein Vektorraum über einem Körper $\mathbb{K}$. $v_1 \in V$ heiße ähnlich zu $v_2 \in V$ genau dann, wenn ein $\alpha \in \mathbb{K}$, $\alpha \neq 0$ existiert mit der Eigenschaft

$$\alpha v_1 = v_2\,. \qquad \square$$

Vermöge der Streckungen α, die eine Transformationsgruppe bilden, sind in V Äquivalenzklassen zueinander ähnlicher Elemente definiert, die Ähnlichkeitsklassen heißen.

Definition 2

Das kanonische Randwertproblem (1'), (2') *heiße gruppeninvariant genau dann, wenn die von einem Lösungstupel $(u, \varepsilon, \sigma, f, t_1, t_2)$ erzeugten Ähnlichkeitsklassen mindestens zwei Lösungstupel enthalten.* $\square$

Für den folgenden Satz, dessen Beweis nur die algebraischen Eigenschaften der betrachteten Operatoren benutzt und der der Kürze wegen entfällt, ist die verallgemeinerte Homogenität von L hinreichend.

Satz 1.

Falls eine skalare Funktion l mit der Eigenschaft

$$L(\alpha\varepsilon) = l(\alpha)\, L(\varepsilon)\,, \qquad \forall \varepsilon, \forall \alpha \tag{3}$$

existiert, ist das System (1'), (2') *gruppeninvariant. l heiße Einflußfunktion.* $\square$

Die Ähnlichkeitsklassen einer Lösung $(u, \varepsilon, \sigma, f, t_1, t_2)$ enthalten in diesem Falle alle Lösungen der Form $\big(\alpha u, \alpha\varepsilon, l(\alpha)\sigma, l(\alpha)f, \alpha t_1, l(\alpha)t_2\big)$.

3. Potenzstoffgesetze

Falls L ein isotropes Potenzstoffgesetz ist, d. h.

$$L(\varepsilon) = \Phi_0 \mathbf{1} + \Phi_1 \varepsilon + \Phi_2 \varepsilon^2 , \tag{4}$$

ε: Tensorfeld, Φ_i: skalare Funktionen,

$$\Phi_i = \sum_{j=1}^{\infty} A_{ij} I^{a_{ij}} II^{b_{ij}} III^{c_{ij}} ,$$

$A_{ij}, a_{ij}, b_{ij}, c_{ij}$: Konstanten,

I, II, III: 1., 2. und 3. Moment von ε,

$i = 0, 1, 2, \quad j = 1, 2 \ldots ,$

kann eine einfache hinreichende Bedingung für die Gruppeninvarianz formuliert werden.

Satz 2.

Isotrope Potenzstoffgesetze mit der Eigenschaft

$$a_{ij} + 2b_{ij} + 3c_{ij} = K - i, \quad K\text{: Konstante,} \tag{5}$$

$i = 0, 1, 2, \quad j = 1, 2 \ldots .$

besitzen die Einflußfunktion

$$l(\alpha) = \alpha^K . \quad \square \tag{6}$$

Beispiel:

Geometrisch linearisierte Elastostatik, pseudo-plastisches Stoffgesetz:

$$\sigma = 2G_0 II^{G_1} \left(\varepsilon + \frac{\nu}{1 - 2\nu} (\operatorname{tr} \varepsilon) \mathbf{1} \right)$$

G_0, G_1, ν: Stoffkonstanten.

Die Einflußfunktion lautet dann

$$l(\alpha) = \alpha^{2G_1 + 1} .$$

Das bedeutet im besonderen, daß das Kraft-Verschiebungsgesetz für einen Teil des Randes des Körpers ein Potenzgesetz mit Exponent $2G_1 + 1$ ist. □

Weitere Beispiele, auch für nichtlinear zähe Flüssigkeiten, siehe H. WINTER [2]. Die Notwendigkeit der Potenzstoffgesetze für die Gruppeninvarianz kann ebenfalls gezeigt werden und wird in einem späteren Aufsatz mit Anwendungsbeispielen aus dem Ingenieurbereich behandelt.

Literatur

1 BLUMAN, G. W.; COLE, J. D., Similarity Methods for Differential Equations, Springer-Verlag, N. Y./Heidelberg/Berlin 1974.

2 WINTER, H., Fließen von Tonböden: Eine mathematische Theorie und ihre Anwendung auf den Fließwiderstand von Pfählen, Veröffentl. des Instituts für Bodenmechanik und Felsmechanik, Universität Karlsruhe, Heft 82, 1979.

Anschrift: Dr.-Ing. HERMANN WINTER, Institut für Bodenmechanik und Felsmechanik, Universität Karlsruhe, D-7500 Karlsruhe, BRD

ZAMM 62, T 178 – T 180 (1982)

U. F. WODARZIK

Zur Hyperbolischen Wärmeleitungsgleichung in der Relativitätstheorie

Bekanntlich führt das Fouriersche Wärmeleitungsgesetz zusammen mit der Energiebilanz zu einer parabolischen Differentialgleichung für die Temperatur. Daraus folgt, daß sich thermische Wirkungen instantan ausbreiten. Eine relativistische Theorie der Thermodynamik irreversibler Prozesse sollte eigentlich dieses sogenannte Paradoxon der Wärmeleitung beseitigen. Vermöge der postulierten Existenz einer Wärmedichte (4-te Komponente eines Vierervektors, die im Ruhesystem nicht verschwindet) wird eine hyperbolische Gleichung für das Temperaturfeld hergeleitet.

Grundlage der relativistischen Thermo-Hydro-Dynamik bilden die folgenden Axiome, [1], [2].

Axiom 1: *Das Linienelement der Raum-Zeit ist*

$$ds^2 = -g_{ab}\,dx^a \cdot dx^b = c^2\,dt^2\left(1 - \frac{v^2}{c^2}\right), \qquad a, b = 1, 2, 3, 4\,, \qquad \operatorname{diag}\,(g_{ab}) = (1, 1, 1, -1)\,. \tag{1}$$

Daraus ergibt sich die Hydromechanische Vierergeschwindigkeit

$$\frac{dx^a}{ds} = V^a = \frac{\gamma}{c}(\vec{v}, c)\,, \qquad \gamma(\vec{v}) = \left(1 - \frac{v^2}{c^2}\right)^{-1/2}, \tag{2}$$

$\vec{v}$ ist das Geschwindigkeitsfeld der Flüssigkeit. Der Vierergradient ist

$$\partial_a := \left(\nabla, \frac{1}{c}\frac{\partial}{\partial t}\right), \qquad \partial^a = \left(\nabla, -\frac{1}{c}\frac{\partial}{\partial t}\right). \tag{3}$$

Der lokale Ruheraum ist definiert durch

$$V^a = (0, 0, 0, 1)\,, \qquad V_a = (0, 0, 0, -1)\,. \tag{4}$$

Jedes Viererobjekt kann eindeutig in Raum- und Zeitanteile aufgespalten werden [1]:

$$F^a = V^a F_{||} + h^a_b F^b\,, \qquad F_{||} := -V_b F^b\,, \qquad h^a_b = \delta^a_b + V^a \cdot V_b\,, \tag{5}$$

h^a_b ist ein Projektor der alle Raum-Zeit-Größen auf die Anteile reduziert, die senkrecht zur Vierergeschwindigkeit stehen. Die folgenden Formeln benötigen wir später [3]:

$$\partial^a = -V^a D + \partial^a_\perp\,, \qquad D := V_b \partial^b = \frac{\gamma}{c}\left(\vec{v} \cdot \nabla + \frac{\partial}{\partial t}\right), \qquad \partial^a_\perp := h^a_b \partial^b\,, \qquad h^a_b \cdot V_a = 0\,. \tag{6}$$

D ist die relativistische materielle Ableitung, die im Ruhesystem eines Flüssigkeitselementes in

$$D = \frac{1}{c}\frac{\partial}{\partial t} \tag{7}$$

übergeht, ferner

$$\partial_a \partial^a = \Box = \nabla - \frac{1}{c^2}\frac{\partial^2}{\partial t^2} = \partial_a(h^{ab}\partial^b) - D^2 - (\partial_a V^a)\,D\,, \qquad \partial^a D - D\partial^a = (\partial_a V_b)\,\partial^b\,. \tag{8}$$

Axiom 2: *Kontinuitätsgleichung der Materie*

$$N^a := nV^a\,, \qquad \partial_a N^a = 0 = Dn + n\partial_a V^a\,, \tag{9}$$

n ist die Ruhemassendichte.

Axiom 3: *Existenz eines symmetrischen Energie-Impuls-Tensors T^{ab}, der dem Impulssatz und Energiesatz genügt:*

$$\partial_a T^{ab} = 0\,. \tag{10}$$

Axiom 4: *Dissipationsprinzip* (2. *Hauptsatz der Thermodynamik*): *Existenz eines Entropie-Vierervektors S^a mit*

$$\partial_a S^a \geqq 0 \Leftrightarrow cnDs + \partial_a S^a_\perp = \sigma \geqq 0 \tag{11}$$

s ist die Entropiedichte, $S^a_\perp$ der Entropiestrom und σ die Entropieproduktion.

Nach [1] kann der Energie-Impuls-Tensor aufgespalten werden:

$$T^{ab} = wV^a \cdot V^b + \frac{1}{c}(q^a_\perp V^b + q^b_\perp V^a) + w^{ab}_\perp\,, \tag{12}$$

$w = n(\varepsilon + c^2)$, ε ist die (thermische) innere Energie, $q^a_\perp$ der raumartige Energiestrom, $w^{ab}_\perp$ der Spannungstensor. Die physikalische Bedeutung ergibt sich im Ruhestrom. Multiplikation von (10) mit der Vierergeschwindigkeit ergibt den 1. Hauptsatz (Energiesatz) der Thermodynamik

$$0 = nD\varepsilon + \frac{1}{c}(\partial_a q^a_\perp + q^a_\perp DV^a) + w^{ab}_\perp \partial_a V_b\,. \tag{13}$$

Für eine nichtviskose Flüssigkeit und der Annahme des lokalen Gleichgewichts (GIBBsche Fundamentalform):

$$TDs = D\varepsilon + pDv\,, \qquad v = \frac{1}{n}, \tag{14}$$

folgt die Entropiebilanz

$$nDs + \partial_a(q^a_\perp / c \cdot T) = -\frac{1}{cT^2}\,q^a_\perp(\partial_a T + TDV_a) \geqq 0\,. \tag{15}$$

(15) ist erfüllt für [1]:

$$q^a_\perp = -\lambda h^{ab}(\partial_b T + TDV_b)\,, \qquad q^a_\perp \cdot V_a = 0\,. \tag{16}$$

(16) ist das relativistische Fouriergesetz. Der Therm TDU_b ist relativistischen Ursprungs, er hängt mit der Trägheit der Energie zusammen. Im Ruhesystem besitzt (16) nur drei Komponenten, da (16) ein raumartiger Vektor ist. Setzen wir in üblicher Weise voraus:

$$V^a = \text{const}\,, \qquad \varepsilon = C \cdot T\,, \tag{17}$$

so folgt mit (8), (13) und (16)

$$nCcDT = \lambda(\Box T + D^2 T)\,. \tag{18}$$

Im Ruhesystem geht (18) über in

$$\frac{nC}{\lambda}\frac{\partial T}{\partial t} = \Delta T\,, \tag{19}$$

die klassische parabolische Gleichung für die Wärmeleitung.

$q^a_\perp$, siehe (16), ist sicher ein raumartiger Anteil eines Vierervektors q^a. Ohne die Zerlegung des Energie-Impuls-Tensors (12) zu zerstören, postulieren wir

$$q^a = q^a_{||} + q^a_\perp\,, \qquad q^a_{||} := \tau V_b c D q^b = -V_b \cdot q^b \neq 0\,. \tag{20}$$

(20) liefert in verträglicher, aber nicht eindeutigen Weise

$$q^b + \tau c D q^b = q^b_\perp = -\lambda h^{ba} \partial_a T\,. \tag{21}$$

(21) ist die relativistische Verallgemeinerung des bekannten MAXWELL-CATTANEO-Ansatzes [3], [4].

Mit (8), (13), (17) und (21) folgt die gewünschte Gleichung

$$\frac{nCc}{\lambda} DT + \frac{nC\tau}{\lambda} D^2 T = (\Box + D^2)\, T\,. \tag{22}$$

(22) schreibt sich im Ruhesystem

$$\frac{nC}{\lambda}\frac{\partial T}{\partial t} + \frac{nC\tau}{\lambda}\frac{\partial^2 T}{\partial t^2} = \Delta T\,. \tag{23}$$

Die Hyperbolizität in (23), d. h. der zweite Term auf der linken Seite ist relativistischen Ursprungs wegen des zeitartigen Fourieransatzes (21), denn es ist $q^a V_a \neq 0$.

Mit $v_T := (\lambda/nC\tau)^{1/2}$, wobei τ die Bedeutung einer Relaxationszeit besitzt, kann (22) auch in folgender Form geschrieben werden:

$$\Box T + \gamma^2 \left(\frac{1}{c^2} - \frac{1}{v_T^2}\right) \frac{\mathrm{d}^2}{\mathrm{d}t^2} T - \frac{nC\gamma}{\lambda} \frac{d}{\mathrm{d}t} T = 0\,. \tag{24}$$

(24) besitzt zwei charakteristische Geschwindigkeiten: c ist die Lichtgeschwindigkeit und v_T die Geschwindigkeit der „Temperaturwellen". Mit der Forderung der Hyperbolizität

$$\frac{1}{c^2} - \frac{1}{v_T^2} < 0\,,$$

folgt für die Relaxationszeit eine untere Grenze:

$$\tau > \lambda/(nCc^2)\,.$$

Schreibt man nun noch (21) explizit im Ruhesystem der Flüssigkeit, so folgt eine Eigenschaft für die Wärmedichte q^4 und der klassische MAXWELL-CATTANEO-Ansatz:

$$q^4 + \tau \frac{\partial q^4}{\partial t} = 0 \Rightarrow q^4(t) = q_0\, \mathrm{e}^{-t/\tau}\,, \qquad q^\alpha + \tau \frac{\partial q^\alpha}{\partial t} = -\lambda \frac{\partial T}{\partial x^\alpha}\,, \qquad \alpha = 1, 2, 3\,. \tag{25}$$

Literatur

1 ECKART, C., The Thermodynamics of Irreversible Processes, III. Relativistic Theory of the simple Fluid, Phys. Rev. **58** (1940), S. 919—924.

2 ISRAEL, W., Nonstationary Irreversible Thermodynamics: A Causal Relativistic Theory, Ann. Phys., **100** (1976), S. 310—331.

3 KRANYS', M., Relativistic Hydrodynamics with Irreversible Thermodynamics without the Paradox of Infinite Velocity of Heat Conduction, Nuovo Cim. **42** B (1966), S. 1175—1194.

4 CATTA'NEO, C., A Form of Heat Equation which eliminates the Paradox of Instantaneous Propagations, Acad., Sci., Paris **247** (1958), S. 431—433.

Anschrift: Dipl.-Phys. U. F. WODARZIK, Institut für Theoretische Physik HAD 1, Technische Universität Berlin, Hardenbergstraße 4—5, 1000 Berlin 12, Berlin (West)

ZAMM 62, T 181 – T 182 (1982)

B. ZASTRAU

Zur Behandlung von Spannungskonzentrationsproblemen bei Anwendung einer Mechanik von Nichtboltzmanntyp

Obwohl in manchen Augen durch die Anwendung des Verfahrens der Finiten Elemente auf die Probleme der Festigkeitsberechnung von Strukturen alle anstehenden Fragen beantwortet werden können, erscheint es insbesondere im Zusammenhang mit der Behandlung orientierter Kontinua notwendig, das theoretische Konzept zu überdenken und neue Lösungsstrategien bereitzustellen. Daneben gilt es zu überprüfen, inwieweit die Anwendung einer Kontinuumsbeschreibung, die im Sinne einer nichtBOLTZMANNschen Mechanik auf die Symmetrie des Spannungstensors verzichtet, dazu geeignet ist, Spannungssingularitäten oder -konzentrationen effektiver zu berechnen. Die aus der Literatur bekannte Ergebnisse auf der Grundlage einer COSSERATtheorie bzw. einer von ERINGEN vorgeschlagenen micropolar theory, vgl. [1], [2], geben jedoch keine klare Antwort darauf, denn für das Problem Lochscheibe unter einachsiger Zugbeanspruchung schwanken die Abminderungsfaktoren für die Spannungsspitzen zwischen 40% ([2]) und 1% ([1]).

Die hier vorgestellte Lösung basiert auf einer in Anlehnung an NAGHDI [3] hergeleiteten Direktortheorie, die sich dadurch auszeichnet. daß jedem materiellen Punkt einer Referenzfläche eine Gruppe vektorwertiger Direktoren zugeordnet wird. In [4] wird dieses Konzept auf das Kontinuum übertragen und durch Erweiterung der Beschreibung des Deformationszustands für die numerische Berechnung aufbereitet.

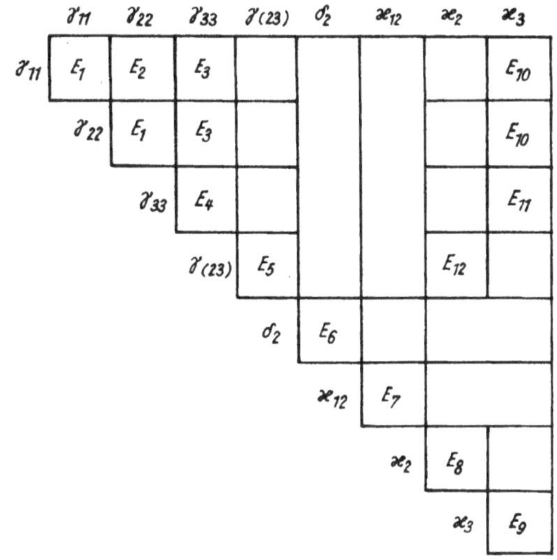

Bild 1. Reduziertes Materialgesetz — ebener Fall

Bild 1 zeigt den Elastizitätstensor für ein linearelastisches, transversalisotropes 1-Direktorkontinuum. Verwendet man $\boldsymbol{u}$ für den Vektor der Standardverschiebung und ${}^1\boldsymbol{u}$ für die Direktorverschiebung, wobei der einzige orthonormierte Direktor in 3-Richtung weist, so erhält man für eine dünne, in der 2-3-Ebene liegende Scheibe folgende Verzerrungsmaße

$$\gamma_{ij} = \tfrac{1}{2}\,(u_{i|j} + u_{j|i})\,, \qquad \delta_2 = {}^1u_2 - u_{3|2}\,, \tag{1), (2}$$

$$\varkappa_{12} = {}^1u_{2|2} - {}^1u_{3|3}\,, \qquad \varkappa_i = {}^1u_{3|i}\,. \tag{3), (4}$$

Die Spannungsverzerrungsbeziehungen ergeben sich mit ${}_1T^{ij}$ als Komponenten der Direktorspannung gemäß Bild 1 zu

$$T^{22} = E_2\gamma_{11} + E_1\gamma_{22} + E_3\gamma_{33} + E_{10}\varkappa_3\,, \qquad T^{33} = E_3\gamma_{11} + E_3\gamma_{22} + E_4\gamma_{33} + E_{11}\varkappa_3\,, \tag{5a, b, c}$$

$$T^{23} = E_5\gamma_{23} + E_{12}\varkappa_2\,,$$

$$T^{32} - T^{23} = E_6\delta_2\,, \tag{6}$$

$${}_1T^{22} = -E_7\varkappa_{12}\,, \qquad {}_1T^{32} = E_{12}\gamma_{23} + E_8\varkappa_2\,, \qquad {}_1T^{33} = E_{10}\gamma_{11} + E_{10}\gamma_{22} + E_{11}\gamma_{33} + E_9\varkappa_3\,. \tag{7a, b, c}$$

Die im folgenden diskutierten numerischen Ergebnisse beziehen sich auf eine Scheibe mit Normalkraftbelastung. Zum Verständnis der Auftragung muß zuvor die Bedeutung der gewählten Parameterkonstellationen erläutert werden.

Untersuchungen haben gezeigt, daß die Vorgabe von E_6 und E_7 in gleicher Größenordnung wie der Schubmodul (E_5) bei Verzicht auf die übrigen Beiträge zur Direktorsteifigkeit, d. h. im Verhältnis dazu kleinen Zahlenwerten für die Elastizitätskonstanten E_8 – E_{12}, zu einer COSSERATähnlichen Lösung führt. Erst wenn man in das Tragverhalten des Körpers alle Anteile der Direktoreigenschaft einbezieht, d. h. E_5 bis E_9 von gleicher oder ähnlicher Größe wählt, tragen die Direktoren entscheidend zur Gesamtsteifigkeit des Systems bei.

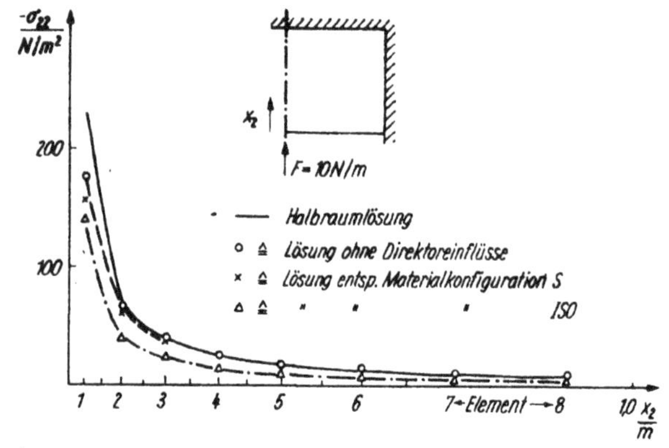

a)

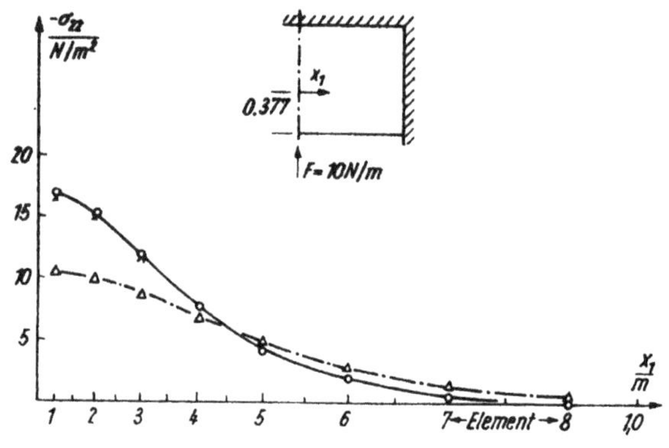

b)

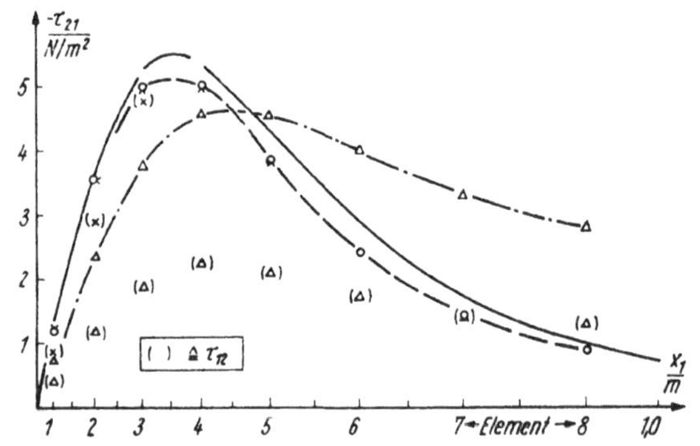

c)

Bild 2. Spannungsverläufe der Scheibe mit Einzelkraft bei Variation der Materialparameter

a) Normalspannung in Richtung der Last entlang der Symmetrielinie; b) Normalspannung in Richtung der Last entlang x_1 bei $x_2 = 0{,}377$; c) Schubspannung in Richtung der Last entlang x_1 bei $x_2 = 0{,}377$

Gegenübergestellt sind in Bild 2 die analytische Lösung des Halbraumproblems, eine FEM-Lösung im Rahmen der klassischen Mechanik sowie die mit S bezeichnete COSSERATähnliche und die mit ISO bezeichnete Lösung einer vollständigen Direktortheorie.

Während die FEM-Lösung in unmittelbarer Nähe der Lasteinleitungsstelle zu verfahrensbedingten Abweichungen führt, darf man bei der COSSERATähnlichen Lösung auf eine echte, wenn auch geringfügige, Abminderung der Spannungsspitze schließen. Allerdings nähert sich diese Lösung sehr schnell wieder dem Halbraumergebnis an. Eine signifikante, über den gesamten Bereich vorhandene Änderung des Spannungszustands wird erneut nur für die mit ISO bezeichnete Parameterkonfiguration erkennbar. Dies spiegelt sich auch in einer Darstellung der Spannungsverläufe quer zur Last wider. Durch die Einbeziehung der Direktorlängssteifigkeiten werden im Bereich der Kraft die Spannungsspitzen abgebaut und zur Lastabtragung entferntere Bereiche herangezogen. Zwar vermindert sich auch das Maximum der Schubspannung, doch entgegen der Vergleichslösung klingt der Verlauf wesentlich langsamer ab. Auch erkennt man, daß nur für die mit ISO bezeichnete „vollständige Direktorlösung" eine Unsymmetrie der Schubspannungen in größeren Strukturbereichen zu erwarten ist.

Das aufgeführte Ergebnis zeigt, daß es gelungen ist, Spannungskonzentrationsprobleme auch im Rahmen einer nichtBOLTZMANNschen Mechanik erfolgreich zu berechnen. Die Frage nach den Abminderungsfaktoren läßt sich hiermit nicht eindeutig klären. Für weitere Ergebnisse sei auf [4] verwiesen. Insgesamt sind jedoch zwei Dinge unbedingt zu beachten, nämlich, daß auch bei Anwendung nichtklassischer Theorien die Gleichgewichtsbedingungen stets erfüllt werden müssen. Abweichungen in den Spannungsverläufen lassen sich, wie auch in dem vorgestellten Beispiel erkennbar, auf Änderungen im Tragmechanismus zurückführen.

Literatur

1 KALONI, P. N.; ARIMAN, T., Stress Concentration Effects in Micropolar Elasticity, ZAMP 18 (1967), S. 136–141.
2 MINDLIN, R. D., Influence of Couple-Stresses on Stress Concentrations, Experimental Mechanics (1962), S. 1–7.
3 NAGHDI, P. M., The Theory of Shells and Plates, in: FLÜGGE, S. (Ed.), Handbuch der Physik Bd. VIa, 2, Springer-Verlag, Berlin/Heidelberg/New York 1972, S. 425–640.
4 ZASTRAU, B., Zur Berechnung orientierter Kontinua — Entwicklung einer Direktortheorie und Anwendung der Methode der Finiten Elemente, VDI Fortschrittsberichte, Düsseldorf 1981, 4 (60).

Anschrift: Dr.-Ing. B. ZASTRAU, Institut für Mechanik, Hochschule der Bundeswehr Hamburg, Holstenhofweg 85, D-2 Hamburg 70, BRD

ZAMM 62, T 183 – T 185 (1982)

F. ZIEGLER

Zur Wellenausbreitung in einer keilförmigen Oberflächenschicht eines elastischen Halbraumes

Das ebene Problem der von einer Linienquelle im Punkt ($x = 0, z = z_0$) in der Randschicht ausgehenden Zylinderwelle und ihrer Brechungen wurde für oberflächenparallele Trennschichten in [1] mit Hilfe der verallgemeinerten Strahlenintegrale gelöst. Um den Einfluß einer um α geneigten Materialtrennfläche auf die Ausbreitung zu beschreiben, soll wieder die Zylinderwelle nach ebenen Wellen entwickelt werden. Ihre Bildfunktion der zeitlichen Laplace-Transformation ist dann in gleichberechtigter Darstellung in zwei um den Winkel α verdrehten Koordinatensystemen (siehe Abb. 1):

$$\bar{\Phi}_0(s) = \bar{F}(s) \int_{-\infty}^{\infty} S(\xi) \exp [sg_0(\xi)] \, d\xi = \bar{F}(s) \int_{-\infty}^{\infty} S(\xi') \exp [sg_0'(\xi')] \, d\xi' \tag{1}$$

mit den Phasenfunktionen der ebenen Wellen

$$g_0 = i\xi x - \eta |z - z_0| , \qquad g_0' = i\xi'(x' - z_0 \sin \alpha) - \eta' |z' - z_0 \cos \alpha| \tag{2}$$

und der „symmetrischen" Quellenfunktion

$$S(\xi) = 1/\eta , \qquad S(\xi') = 1/\eta' , \tag{3}$$

wobei

$$\eta = (a^2 + \xi^2)^{1/2} , \qquad \eta' = (a^2 + \xi'^2)^{1/2} \tag{4}$$

und $a = c^{-1}$ die reziproke SH-Wellengeschwindigkeit in der Schicht I bedeuten.

Mit $x' = x \cos \alpha + z \sin \alpha , \qquad z' = -x \sin \alpha + z \cos \alpha$ (5)

folgt $g_0' = g_0$, wenn

$$\xi' = \xi \cos \alpha + i \eta \sin \alpha , \qquad \eta' = i\xi \sin \alpha + \eta \cos \alpha . \tag{6}$$

Damit ist auch die Amplitude der ebenen Welle in Gl. (1) gleich:

$$S(\xi') \, d\xi' = S(\xi) \, d\xi . \tag{7}$$

Die verallgemeinerten Strahlenintegrale für einen Strahl mit zwei Segmenten entweder mit Totalreflexion an der freien Oberfläche oder mit partieller Reflexion an der geneigten Materialtrennfläche können jetzt in klassischer Weise in entsprechenden randparallelen Koordinaten mit Hilfe der Reflexionskoeffizienten ebener Wellen angeschrieben werden:

Totalreflexion an der freien Oberfläche (1) liefert mit $R^{(1)} = -1$

$$\bar{\Phi}_{-0} = \bar{F} \int_{-\infty}^{\infty} S(\xi) \, R^{(1)} \exp [sg_{-0} (\xi)] \, d\xi \tag{8}$$

mit der neuen Phasenfunktion

$$g_{-0} = g_0(x_1, z_1 = 0, \xi) + i\xi(x - x_1) - \eta z = -z_0 \eta + i\xi x - \eta z . \tag{9}$$

Analog folgt für teilweise Reflexion an der Materialtrennfläche (2) mit $\zeta' = (a_1^2 + \xi'^2)^{1/2}$, $a_1 = c_1^{-1}$ als reziproker SH-Wellengeschwindigkeit im äußeren Halbraum und den Reflexionskoeffizienten ebener Wellen

$$R_{(2)}(\xi') = (\varrho_1 \eta' - \varrho \zeta') \, / \, (\varrho_1 \eta' + \varrho \zeta') , \tag{10}$$

ϱ und ϱ_1 sind die Massendichten in der Schicht I und im äußeren Halbraum,

$$\bar{\Phi}_1 = \bar{F} \int_{-\infty}^{\infty} S(\xi') \, R_{(2)}(\xi') \exp [sg_1'(\xi')] \, d\xi' . \tag{11}$$

Die neue Phasenfunktion im passenden gestrichenen Koordinatensystem ist dann, wenn die Dicke der Schicht, in $x = 0$ gemessen, h_0 beträgt,

$$g_1' = g_0'(x_1', z_1' = h_0 \cos \alpha, \xi') + i\xi_1'(x' - x_1') + (z' - z_1') \, \eta_1' = z_0 \eta - (\eta' + \eta_1') \, h_0 \cos \alpha + i\xi_1' x' + z' \eta_1' . \tag{12}$$

Dabei fordert die Randbedingung während der Reflexion die Gleichheit der scheinbaren Wellengeschwindigkeit in x'-Richtung, also auch $\xi' = \xi_1'$ und damit $\eta' = \eta_1'$.

Mit

$$\begin{aligned} \xi_1 &= \xi_1' \cos \alpha + i\eta_1' \sin \alpha = \xi \cos 2\alpha + i\eta \sin 2\alpha \\ \eta_1 &= i\xi_1' \sin \alpha + \eta_1' \cos \alpha = i\xi \sin 2\alpha + \eta \cos 2\alpha \end{aligned} \tag{13}$$

haben wir wieder Phaseninvarianz ein und derselben ebenen Welle gegen Koordinatendrehung durch $+\alpha$:

$$i\xi_1' x' + z' \eta_1' = i\xi_1 x + z\eta_1 \tag{14}$$

und damit die bereits „nichtklassische" Darstellung

$$g_1 = g_1' = z_0 \eta - 2\eta' h_0 \cos \alpha + i\xi_1 x + z\eta_1 = i\xi X_1 - \eta Z_1 , \tag{15}$$

mit den x, z-Projektionen X_1, Z_1 der „wahren“ Strahlenlänge in Richtung des von $S(0, z_0)$ ausgehenden Strahles. Mit Gl. (7) ist somit das Integral (11) auch

$$\bar{\Phi}_1 = \bar{F} \int_{-\infty}^{\infty} S(\xi)\, R_{(2)}\big(\xi'(\xi)\big) \exp\,[s g_1(\xi)]\, \mathrm{d}\xi\,. \tag{16}$$

Die partielle Reflexion von Φ_{-0}, Gl. (8), an der Trennfläche (2) erfolgt völlig analog: Gl. (7) erlaubt die Darstellung der einfallenden Welle in gestrichenen Koordinaten, und das verallgemeinerte Strahlenintegral eines Strahles mit drei Segmenten in Schicht I ist dann

$$\bar{\Phi}_{-1} = \bar{F} \int_{-\infty}^{\infty} S(\xi')\, R^{(1)} R_{(2)}(\xi') \exp\,[s g'_{-1}(\xi')]\, \mathrm{d}\xi'\,. \tag{17}$$

Die neue Phasenfunktion wird klassisch berechnet, $\xi' = \xi_1'$, $\eta' = \eta_1'$:

$$g'_{-1} = g'_{-0}(x_1', z_1' = h_0 \cos\alpha, \xi') + i\xi_1'(x' - x_1') + (z' - z_1')\,\eta_1' = -z_0\eta - (\eta' + \eta_1')\, h_0 \cos\alpha + i\xi_1' x' + z'\eta_1' \tag{18}$$

und in (x, z)-Empfängerkoordinaten umgerechnet:

$$g_{-1} = g'_{-1} = -z_0\eta - 2\eta' h_0 \cos\alpha + i\xi_1 x + z\eta_1 = i\xi X_1 - \eta Z_{-1}\,, \qquad Z_{-1} = Z_1 + 2z_0\,. \qquad (19), (20)$$

Damit ist auch Φ_{-1} durch Integration über die ungestrichene Variable ξ darstellbar:

$$\bar{\Phi}_{-1} = \bar{F} \int_{-\infty}^{\infty} S(\xi)\, R^{(1)} R_{(2)}\big(\xi'(\xi)\big) \exp\,[s g_{-1}(\xi)]\, \mathrm{d}\xi\,. \tag{21}$$

Gl. (16) und (21) repräsentieren Wellen, die zur freien Oberfläche einfallen und nach der Totalreflexion die Strahlenintegrale Φ_2 und Φ_{-2} bilden. Sie folgen analog zur Totalreflexion von Φ_0 zu Φ_{-0}.

Die eventuell anschließende partielle Reflexion erfordert die Darstellung im gestrichenen System mit der Gleichheit der lokalen Wellengeschwindigkeiten in x'-Richtung,

$$\begin{aligned} \xi_3' &= \xi_2' = \xi_2 \cos\alpha + i\eta_2 \sin\alpha = \xi \cos 3\alpha + i\eta \sin 3\alpha \\ \eta_3' &= \eta_2' = i\xi_2 \sin\alpha + \eta_2 \cos\alpha = i\xi \sin 3\alpha + \eta \cos 3\alpha\,. \end{aligned} \tag{22}$$

Dann ist $i\xi_2 x - z\eta_2 = i\xi_2' x' - z'\eta_2'$.

Transformiert man die ausgehenden Wellen $\Phi_{\mp 3}$ auf ungestrichene Empfängerkoordinaten, dann braucht man die weitere Invarianz

$$i\xi_3' x' + z'\eta_3' = i\xi_3 x + z\eta_3\,,$$

mit

$$\begin{aligned} \xi_4 &= \xi_3 = \xi_3' \cos\alpha + i\eta_3' \sin\alpha = \xi \cos 4\alpha + i\eta \sin 4\alpha \\ \eta_4 &= \eta_3 = i\xi_3' \sin\alpha + \eta_3' \cos\alpha = i\xi \sin 4\alpha + \eta \cos 4\alpha\,. \end{aligned} \tag{23}$$

Im Reflexionskoeffizienten $R_{(2)}(\xi_2') = (\varrho_1\eta_2' - \varrho\zeta_2') \,/\, (\varrho_1\eta_2' + \varrho\zeta_2')$ tritt die Wurzel $\zeta_2' = (a_1^2 + \xi_2'^2)^{1/2}$ auf, — sie ist nicht weiter reduzierbar.

Ein allgemeines Strahlenintegral kann nun definiert werden:

$$\bar{\Phi}_{\mp k} = \bar{F} \int_{-\infty}^{\infty} S(\xi)\, \pi_{\mp k} \exp\,[s g_{\mp k}(\xi)]\, \mathrm{d}\xi\,. \tag{24}$$

Das Produkt der Reflexionskoeffizienten enthält Wurzeln $\zeta_j' = (a_1^2 + \xi_j'^2)^{1/2}$,

$$\pi_{\mp k} = (\mp 1)\, R_{(2)}(\xi') R^{(1)} R_{(2)}(\xi_2') \ldots \begin{cases} R^{(1)} R_{(2)}(\xi_{k-2}')\, R^{(1)}\,, & k = 2, 4, 6 \ldots \\ R^{(1)} R_{(2)}(\xi_{k-1}')\,, & k = 1, 3, 5 \ldots \end{cases} \tag{25}$$

wobei

$$\left.\begin{aligned} \xi_{j+1}' &= \xi_j' = \xi \cos(j+1)\alpha + i\eta \sin(j+1)\alpha \\ \eta_{j+1}' &= \eta_j' = i\xi \sin(j+1)\alpha + \eta \cos(j+1)\alpha \end{aligned}\right\}\; j = 0, 2, 4 \ldots \tag{26}$$

Die Phasenfunktion in x, z-Projektionen erhält man zu

$$g_{\mp k} = i\xi X_k - \eta Z_{\mp k}\,, \tag{27}$$

wobei

$$\begin{aligned} X_k &= -2h_0 \cos\alpha \sum_{l=1,2}^{n/2} \sin(2l-1)\alpha + x \cos n\alpha - (-1)^k z \sin n\alpha\,, \\ Z_{\mp k} &= \pm z_0 + 2h_0 \cos\alpha \sum_{l=1,2}^{n/2} \cos(2l-1)\alpha + x \sin n\alpha + (-1)^k z \cos n\alpha\,, \\ n &= 2, 4, 6 \ldots \begin{cases} = k \\ = k+1 \end{cases}, \qquad n\alpha < \pi\,. \end{aligned} \tag{28}$$

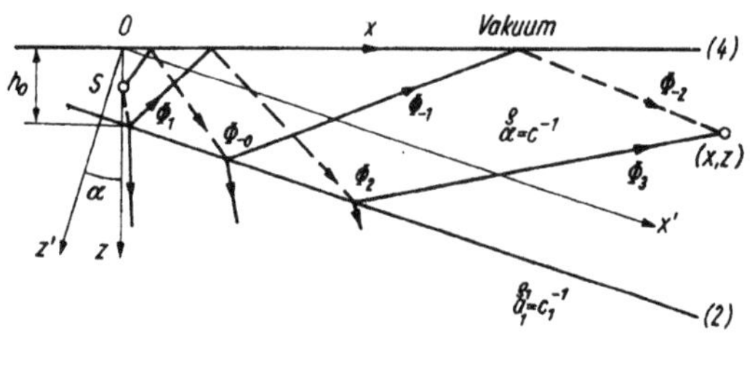

Abb. 1. Halbraum mit keilförmiger Randschicht. Sender S, Empfänger (x, z), Fermatscher Strahlengang der Wellen Φ_3 und Φ_{-2} (statt „(4)“ lies „(1)“)

Die Auswertung von Gl. (24) erfolgt mit Hilfe der CAGNIARDschen Methode aus der komplexen Abbildung $-t = g_{\mp k}(\xi)$. Die Integrale werden dabei für finite Beobachtungszeiten in endliche Integrale in der ξ-Ebene transformiert und numerisch integriert, siehe [2]. Die Signale werden nach Ankunftszeit geordnet und dann zur exakten Lösung bei festem Beobachter in (x, z) überlagert:

$$\Phi(t) = \Phi_0(t) + \sum_{k=-k_1}^{k_2} \Phi_k(t) \,. \tag{29}$$

Literatur

1 ZIEGLER, F., Eine systematische Beschreibung gepulster Wellen in geschichteten elastischen Körpern mittels verallgemeinerter Strahlenintegrale. ZAMM **60**, T 163–T 165, 1980.

2 PAO, Y. H.; GAJEWSKI, R. R., The generalized ray theory and transient response of layered elastic solids, in: Physical Acoustics (W. P. MASON and R. N. THURSTON, Eds.), **13**, Ch. 6, Academic Press, New York 1977.

Anschrift: Prof. Dr. FRANZ ZIEGLER, Institut für Allgemeine Mechanik der Technischen Universität Wien, Karlsplatz 13, A-1040 Wien, Oesterreich

SEKTION FLUIDMECHANIK

SECTION MECHANICS OF FLUID

ZAMM 62, T 186 – T 188 (1982)

M. Acrivlellis

Ermittlung des zeitlichen Ablaufs von mehrdimensionalen Strömungen höherer Turbulenzintensität

Detailierte Informationen über die turbulente Bewegung und den komplizierten Turbulenzmechanismus sind aus dem zeitlichen Ablauf der Strömungsparameter erhältlich, dessen Ermittlung für den technisch interessierenden Reynoldszahlbereich dem Experiment vorbehalten bleibt, wobei hier der Hitzdrahttechnik der Vorzug gegeben wurde. Der Anzahl der gesuchten Geschwindigkeitskomponenten entsprechend, sind zur eindeutigen Lösung drei Gleichungen bzw. drei simultane, unabhängige Messungen erforderlich, das Ziel also, den zeitlichen Ablauf der drei Geschwindigkeitskomponenten zu ermitteln, wird mit Hilfe einer Tripelsonde erreicht.

Bei der Konzeption der Tripelsonde sind mehrere Gesichtspunkte zu berücksichtigen. Die Sonde ist so zu konzipieren, daß die geometrische Anordnung ihrer drei Hitzdrähte einen Einsatzbereich nahe legt, der über die bisherige zulässige Turbulenzgrenz ehinausgeht, und Verfälschungen der Meßsignale durch das Arbeiten der Meßfühler im Totwassergebiet der eigenen Halterstifte oder der anderen Meßfühler oder deren Halterstifte weitgehend vermieden werden.

Ein weiterer Gesichtspunkt betrifft die Durchführung der Messungen. Die Tripelsonde muß so konzipiert werden, daß die Messungen unabhängig von der Stromlinienrichtung durchgeführt werden können. Probleme, die durch die Orientierung der Sonde in Richtung der Stromlinie bedingt sind, wie z. B. die Einschränkung auf Strömungen niedriger Turbulenzintensität und die meist undurchführbare Sondenorientierung bei mehrdimensionalen in Kanälen eingeschlossenen Strömungen, lassen sich durch stromlinienunabhängige Meßtechniken eliminieren.

An die Analyse der Hitzdrahtsignale wird die Forderung gestellt, sich keiner Annahmen und keiner Vernachlässigungen zu bedienen, da sonst von der rechnerischen Seite her Einschränkungen des Gültigkeitsbereiches der Analyse auf Strömungen niedriger Turbulenzintensität und die approximative Ermittlung der Strömungsparameter unumgänglich wären.

Um den instationären Geschwindigkeitsvektor vollständig beschreiben zu können, wird an die Tripelsonde die Forderung gestellt, neben den Beträgen der Geschwindigkeitskomponenten auch Informationen über deren Vorzeichen zu erhalten.

Schließlich werden an die Tripelsonde die in der Strömungsmeßtechnik nicht wegzudenkenden Forderungen nach hoher Empfindlichkeit der Sonde auf Geschwindigkeitsänderungen und guter räumlicher Auflösung gestellt.

In der Meßpraxis wird das Anemometer-Ausgangssignal E (Meßsignal) mit Hilfe analytischer Beziehungen für die Richtungsempfindlichkeit der Meßfühler und die Übertragungsfunktion des Anemometergerätes (Elektronik) ausreichend genau ermittelt. Unter Zugrundelegung der Rechnung der räumlichen Richtungscharakteristik von zylindrischen Hitzdrahtsonden [3] und einer linearen Übertragungsfunktion des Anemometergerätes (der Kürze wegen) erhält man das Meßsignal für eine α-schräge Sonde in einer beliebigen Meßposition ψ [1, 2] zu, Bild 1:

$$\begin{aligned} E^2/S^2 &= U^2(\cos^2\alpha + k^2\sin^2\alpha) + V^2(\sin^2\alpha\cos^2\psi + k^2\cos^2\alpha\cos^2\psi + h^2\sin^2\psi) + \\ &+ W^2(\sin^2\alpha\sin^2\psi + k^2\cos^2\alpha\sin^2\psi + h^2\cos^2\psi) + UV\sin 2\alpha(1-k^2)\cos\psi - \\ &- UW\sin 2\alpha(1-k^2)\sin\psi + VW(h^2 - k^2\cos^2\alpha - \sin^2\alpha)\sin 2\psi\,. \end{aligned} \tag{1}$$

Die Aufgabe lautet jetzt, drei Kombinationen von α und ψ derart zu finden, daß das aus der Gleichung (1) mit diesen α, ψ-Wertepaaren aufgestellte Gleichungssystem die Ermittlung der gesuchten Geschwindigkeitskomponenten ohne Annahmen und Vernachlässigungen gestattet. Die Tripelsonde, deren drei Meßfühler in einer Ebene, sogenannte Fühlerebene ($\alpha = 0°$), liegen und deren zwei Meßfühler senkrecht aufeinander stehen und der dritte Meßfühler mit der Winkelhalbierenden des rechten Winkels zusammenfällt ($\psi_1 = 0°$, $\psi_2 = 45°$, $\psi_3 = -45°$ (bzw. $\psi_1 = 90°$, $\psi_2 = 45°$, $\psi_3 = -45°$), löst die oben gestellte Aufgabe, Bild 2. Mit den obigen α, ψ-Werten ($\alpha_1 = 0°$ $\psi_1 = 0°$, $\alpha_2 = 0°$ $\psi_2 = 45°$, $\alpha_3 = 0°$ $\psi_3 = -45°$) erhält man das nicht-lineare Gleichungssystem:

$$E_1^2/S^2 = U^2 + k^2V^2 + h^2W^2\,, \tag{2}$$

$$E_2^2/S^2 = U^2 + 0{,}5(h^2 + k^2)(V^2 + W^2) + (h^2 - k^2)VW\,, \tag{3}$$

$$E_3^2/S^2 = U^2 + 0{,}5(h^2 + k^2)(V^2 + W^2) - (h^2 - k^2)VW\,. \tag{4}$$

Das Gleichungssystem (2) bis (4) läßt sich geschlossen lösen, man erhält die definitiven Auswertegleichungen zu:

$$\begin{aligned} &V^2 = \frac{1}{2(h^2 - k^2)}[(A^2 + B^2)^{1/2} + A]\,, \qquad W^2 = \frac{1}{2(h^2 - k^2)}[(A^2 + B^2)^{1/2} - A]\,, \\ &U^2 = E_1^2/S^2 - k^2V^2 - h^2W^2 \end{aligned} \tag{5}$$

und

$$VW = \frac{E_2^2 - E_3^2}{2(h^2 - k^2)}, \tag{6}$$

wobei $A = \dfrac{E_2^2 + E_3^2 - 2E_1^2}{S^2}$, $B = \dfrac{E_2^2 - E_3^2}{S^2}$ bedeuten.

Neben den Beträgen der Geschwindigkeitskomponenten sind zur vollständigen Beschreibung der instationären Geschwindigkeiten und zur Vermeidung von Auswertefehlern die Vorzeichen dieser Komponenten erforderlich. Hitzdrahtmessungen sind aber nur sinnvoll, wenn die Sonde in Richtung Meßfühler → Sondenhalterung angeströmt wird, d. h. wenn in dieser Richtung keine Rückströmung auftritt, was mit der größten Wahrscheinlichkeit in Richtung des Hauptstromes des Strömungsmediums der Fall sein wird. Im Institut für Strömungslehre und Strömungsmaschinen der Universität Karlsruhe wird daher die Fühlerebene gegenüber dem Hauptstrom des Strömungsmediums um einen Winkel von 45° angestellt, Bild 3. Es handelt sich dabei nur um eine grobe Anstellung. Dadurch sind die Vorzeichen der Geschwindigkeitskomponenten senkrecht und tangential zur Fühlerebene bekannt; das noch fehlende Vorzeichen der dritten Komponente wird aus der rechnerischen Bedingung (6) ermittelt.

Charakteristisch für die Tripelsonde ist das Anordnen aller Meßfühler in einer Ebene. Der instationäre Geschwindigkeitsvektor kann seine Richtung innerhalb einer Halbkugel, die sich über der Fühlerebene befindet, wechseln. Der Genauigkeit wegen muß jedoch die tangentiale und die tangentialnahe Anströmung der Fühlerebene

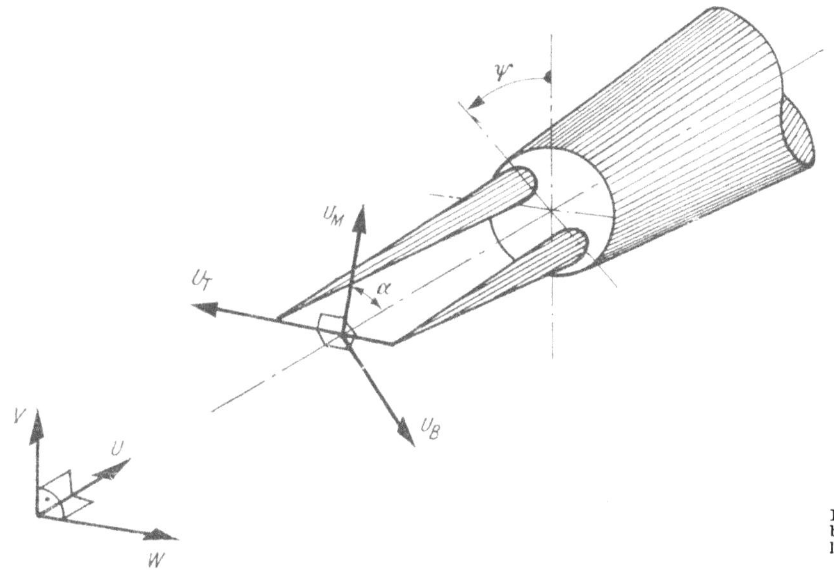

Bild 1. Die α-schräge Sonde in einer beliebigen Meßposition ψ (statt „U_M" lies „U_N")

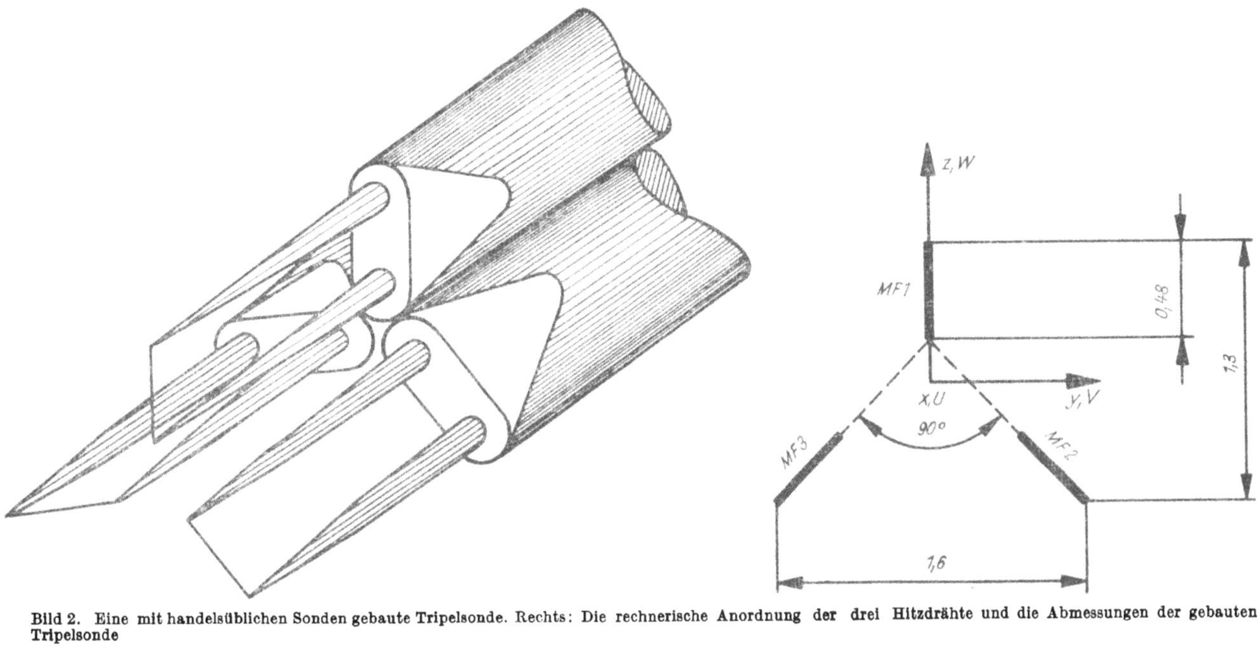

Bild 2. Eine mit handelsüblichen Sonden gebaute Tripelsonde. Rechts: Die rechnerische Anordnung der drei Hitzdrähte und die Abmessungen der gebauten Tripelsonde

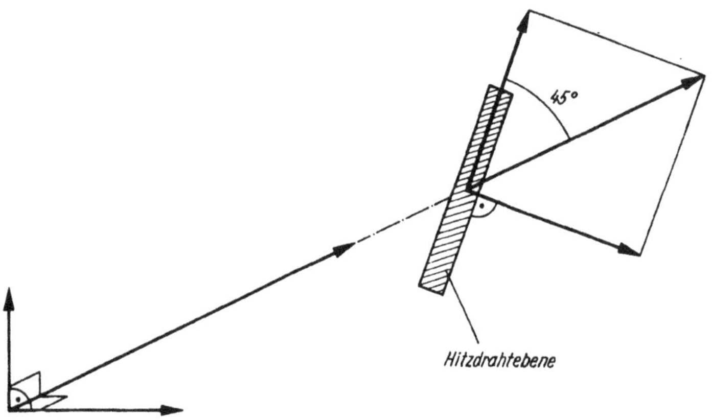

Bild 3. Anstellung der Fühlerebene gegenüber dem Hauptstrom des Strömungsmediums (statt „Hitzdrahtebene" lies „Fühlerebene")

vermieden werden. Der Einsatzbereich der Tripelsonde ist ein weit geöffneter Kegel, dessen Symmetrieachse mit der Normalen auf der Fühlerebene zusammenfällt. Durch die Anstellung der Fühlerebene um 45° wird einerseits die Ermittlung der Vorzeichen der Geschwindigkeitskomponenten und die maximale Empfindlichkeit der Sonde gegen Geschwindigkeitsänderungen erreicht, andererseits aber wird die eine Konusseite des Einsatzbereiches der Sonde um den Anstellwinkel verkleinert und die gegenüberliegende Konusseite um den gleichen Betrag vergrößert.

Die Herstellung der Sonde ist einfacher und genauer, die Kosten sind geringer, und eventuelle Reparaturen sind einfacher auszuführen.

Die Sonde weist auch die typischen Nachteile mehrdrähtiger Sonden auf, d. h. keine ideale räumliche Auflösung und eventuelle Verfälschungen der Meßsignale durch gegenseitige Beeinflußung der Hitzdrähte und Interferenz der Halterstifte. Durch das Anordnen aller Hitzdrähte in einer Ebene wurden durch die jetzt erreichte Miniaturisierung der Sonde ihre räumliche Auflösung wesentlich verbessert und die Gefahr des Verfälschens der Meßsignale erheblich reduziert.

Literatur

1 Acrivlellis, M., Auswertung von Hitzdrahtmessungen mehrdimensionaler Strömungen beliebiger Turbulenzintensität, Habilitation, Universität Karlsruhe 1979.

2 Acrivlellis, M., Measurements by means of triple-sensor probes, J. Phys. E: Sci. Instrum., Vol. **13**, 1980, S. 987–992.

3 Jørgensen, F. E., Directional Sensitivity of Wire and Fiber-film Probes, Disa-Information, No. 11, May 1971, S. 31–37.

Anschrift: Dr.-Ing. habil. Michael Acrivlellis, Institut für Strömungslehre und Strömungsmaschinen, Universität Karlsruhe Kaiser-Straße 12, D-7500 Karlsruhe 1, BRD

ZAMM 62, T 188 – T 190 (1982)

M. Acrivlellis / S. Cantrak / H. Jungbluth

Statistische Eigenschaften drallbehafteter Rohrströmungen

In dieser Arbeit wird eine drallbehaftete turbulente Rohrströmung im Anfangsquerschnitt ($x/R = 0$) und im Endquerschnitt ($x/R = 89.5$) betrachtet. Es wird die Entwicklung dieser Strömung und statistischer Parameter längs Rohrachse und Radius verfolgt. Die Geschwindigkeitsprofile im Anfangsquerschnitt sind mit den ausgezogenen, im Endquerschnitt mit den gestrichelten Linien gezeichnet, $\overline{U}$, $\overline{V}$ und $\overline{W}$ sind die zeitlich gemittelten Axial-, Radial- und Umfangskomponenten der Geschwindigkeit. Die Strömung besitzt am Anfang den Drallparameter $\Theta = 0.429$ und am Ende $\Theta = 0.174$, wobei $\Theta = \int_0^R rW^2U \, dr \Big/ \int_0^R rU^3 \, dr$ ist. Im Anfangsquerschnitt kommt die Verteilung der Umfangskomponente dem theoretischen Rankine-Wirbel-Modell nahe. Die Rohrlänge reicht nicht aus, um den Drall völlig abklingen zu lassen. Das ganze Strömungsfeld setzt sich grob zusammen aus Rohrwandgrenzschicht, Grundströmung, Trennschicht und Totwassergebiet im Kern (Bild 1). Das Vorhandensein der Trennschicht führt zu einer komplizierten Struktur dieser Strömung. Die in dieser Arbeit durchgeführte statistische Analyse unter Verwendung einer Hitzdrahttripelsonde und digitaler Datenverarbeitung gestattet einen tiefen Einblick in die Strömungsstruktur.

Bild 2 zeigt den Verlauf der statistischen Momente zweiter und dritter Ordnung. Die zentralen Momente zweiter Ordnung erreichen die maximalen Werte in der Trennschicht. Sie fallen zur Rohrachse und Grundströmung hin ab, um in der Wandnähe wieder zuzunehmen. Es zeigt sich, daß die radialen Geschwindigkeitsschwankungen am größten sind, abgesehen von der unmittelbaren Wandnähe. Das statistische Kreuzmoment $\overline{u^2v}$ stellt in den Momentengleichungen den turbulenten Diffusionsstrom von $\overline{u^2}$ in r-Richtung dar. Dem Verlauf der Kurve R_{u^2v}

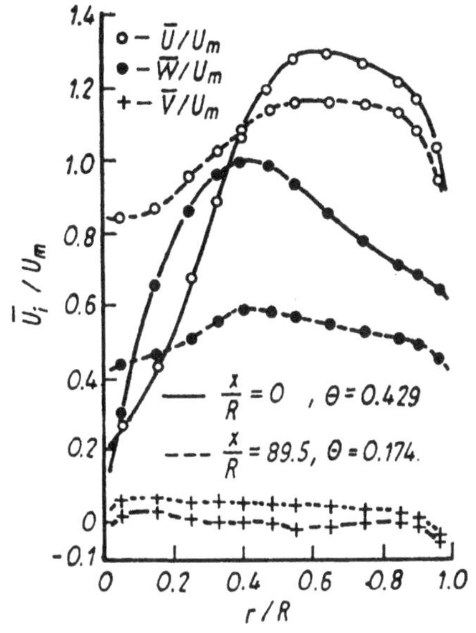

Bild 1. Mittlere Geschwindigkeiten

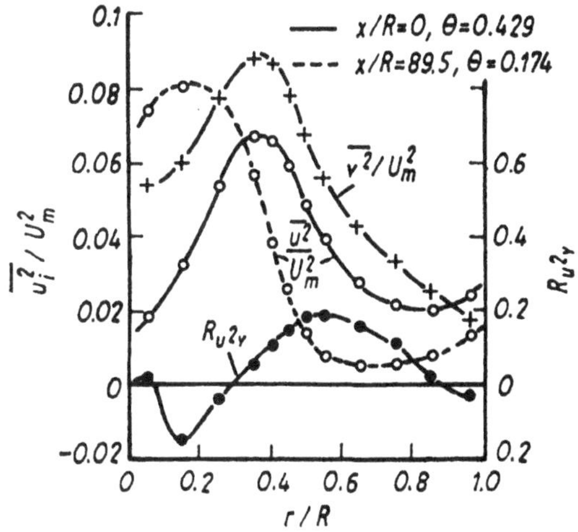

Bild 2. Statistische Momente zweiter und dritter Ordnung

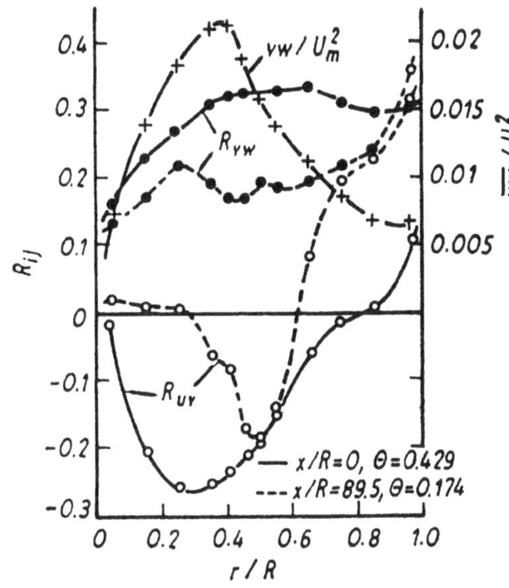

Bild 3. Kreuzmomente und Korrelationskoeffizienten

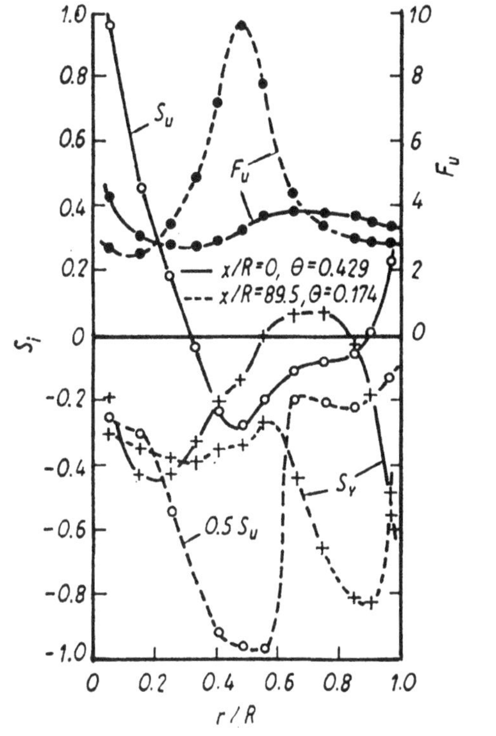

Bild 4. Statistische Momente höherer Ordnung

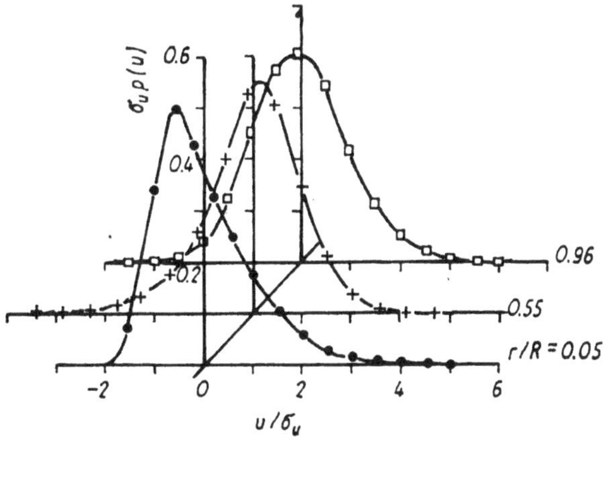

Bild 5. Wahrscheinlichkeits-Dichteverteilung

entspricht folgende physikalische Deutung der dritten Momente: im Kern ist grad u^2 positiv, deswegen ist der Transport der turbulenten kinetischen Energie in radialer Richtung zur Rohrachse hin gerichtet. Das Gegenteil ist im Gebiet der Grundströmung der Fall, in der radialer Transport von $\overline{u^2}$ aus der Trennschicht in die Grundströmung erfolgt. Das Moment R_{u^2v} wechselt das Vorzeichen noch einmal an der Wand, der turbulente Transport ist hier von der Wand zur Grundströmung gerichtet.

Bild 3 zeigt die Kreuzmomente und Korrelationskoeffizienten zweiter Ordnung. Es besteht ein starker Zusammenhang zwischen den zeitlich gemittelten Geschwindigkeiten $\overline{U_i}$ und den Schubspannungen $\overline{u_iu_j}$ bzw. deu Korrelationskoeffizienten R_{ij}. Die Schubspannungen $\overline{u_iu_j}$ haben die maximalen Werte in der Trennschicht und fallen insgesamt mit abnehmendem Drall ab. Der Korrelationskoeffizient R_{vw} bleibt immer positiv und der statistische Zusammenhang ist im Anfangsquerschnitt größer. Der Verlauf der Korrelation $\overline{uv}$ ist besonders charakteristisch: R_{uv} wechselt das Vorzeichen, was in Einklang mit dem komplizierten Strömungscharakter und dem turbulenten Austausch steht. Auf diese Weise wird die Strömung im Kern beschleunigt und das Geschwindigkeitsprofil $\overline{U}$ immer ausgeglichener. Im Endquerschnitt wird R_{uv} in einem größeren Bereich positiv und man erkennt deutlich die Tendenz von R_{uv}, den Verlauf einer drallfreien Strömung anzunehmen.

Bild 4 zeigt die höheren statistischen Momente. Die zentralen Momente dritter und vierter Ordnung für die Geschwindigkeitsschwankungen in axialer Richtung weisen ganz unterschiedliche Verläufe im Anfangs- und Endquerschnitt auf. Die positiven Werte für Skewness S_u im Anfangsquerschnitt entsprechen einem Energietransport von $\overline{u^2}$ in axialer Strömungsrichtung. Es ist besonders zu bemerken, daß der Zeichenwechsel von S_u genau dort passiert, wo F_u minimal ist. Die großen Werte für S_u und F_u im Endquerschnitt bei $r/R = 0.5$ zeigen eine erhebliche Asymmetrie der Wahrscheinlichkeitsverteilung auf die Seite negativer Geschwindigkeitsschwankungen u, aber vor allem das Vorhandensein vieler Schwankungen kleiner Größe. Skewness S_v ist überwiegend negativ, was dem radial zur Achse gerichteten turbulenten Diffusionsstrom entspricht.

Bild 5 zeigt die Wahrscheinlichkeitsdichteverteilung der Axialgeschwindigkeitsschwankungen in drei Punkten des Anfangsquerschnitts. Dieses Bild bestätigt die Aussage über den Mechanismus der turbulenten Transportprozesse in dieser Strömung. Im Kernbereich bei $x/R = 0.05$ und in der Wandnähe ($x/R = 0.96$) ist eine Asymmetrie auf die Seite positiver Schwankungen, in der Grundströmung auf die negativer Schwankungen vorhanden. Dafür sind die verschiedenen Ein- und Ausströmphasen in radialer Richtung verantwortlich.

Man kann schließen, daß die Abweichungen von der Gaußverteilung und die großen Werte der statistischen Momente auf den intermittierenden Strömungscharakter hinweisen. Es wurde gezeigt, daß der Mechanismus der turbulenten Transportprozesse in der Trennschicht und Wandnähe in engem Zusammenhang mit der Drallstärke steht.

Herr S. Cantrac dankt der Alexander-von-Humboldt-Stiftung für die Finanzierung seines zweijährigen Aufenthalts an der Universität Karlsruhe.

Anschrift: Dr. Hans Jungbluth, Institut für Strömungslehre und Strömungsmaschinen, Universität Karlsruhe, Kaiserstraße 12, D-7500 Karlsruhe, BRD

ZAMM 62, T 190 – T 192 (1982)

P. Alwardt / W. H. Isay

Zur Berechnung von Teilkavitation an Tragflügeln mit Methoden der Profiltheorie

1. Einführung

Kavitationserscheinungen am Tragflügel lassen sich mit Methoden der Profiltheorie beschreiben. Eine zusätzliche Quellen-Senkenbelegung q_η bildet die auf der Profilsaugseite ausgebildete Kavitationsschicht als eine Art Verdrängungskörper mathematisch nach. Außerdem beschreibt eine zusätzliche Wirbeldichte γ_η den infolge der Kavitationsschicht hervorgerufenen Effekt der veränderten Druckverteilung.

Die vorliegende Arbeit ist eine Kurzfassung eines IfS-Berichtes [1] und stellt die Theorie im Vergleich zu früheren Arbeiten ([2], [3] und [4]) so dar, daß physikalisch nicht interpretierbare und im Gegensatz zum Experiment stehende Singularitäten vermieden werden konnten. Die theoretischen Resultate werden in einer Auswahl mit Kavitationsbeobachtungen von Westphal [5] verglichen und diskutiert.

2. Das Integralgleichungssystem

Betrachtet wird ein mäßig dickes und gewölbtes Flügelprofil, dessen Sehne mit der x-Achse im Intervall $-A \leqq x \leqq A$ zusammenfällt. Vergleiche hierzu Abbildung 1. Mit u_0 und v_0 werden die Anströmgeschwindigkeiten in x- und y-Richtung bezeichnet. Der zugehörige Druck sei p_0, und δ_0 ist der Anstellwinkel. Im Bereich $C_A \leqq x \leqq C_E$

befindet sich auf der Saugseite des Profils eine Kavitationsschicht der Dicke $2\eta(x)$. $Y_S(x)$ ist die Skelettlinie, $Y_D(x)$ die Dickenlinie des Profils.

Unseren theoretischen Betrachtungen liegt die linearisierte Profiltheorie [6] zugrunde. Die durch die Kavitationsschicht hervorgerufenen Effekte in der Profilströmung werden durch die Zusatzbelegungen $\gamma_\eta(x)$ und $q_\eta(x)$ erfaßt, die sich unter folgenden Annahmen mittels eines Integralgleichungssystems bestimmen lassen: Erstens besagt die Strömungsrandbedingung, daß die Mittellinie $M(x) = Y_S(x) + \eta(x)$ eine Stromlinie ist, zweitens wird die Steigung der Mittellinie im Intervall $-A < x < A$ aus physikalischen Gründen als stetig angenommen und drittens soll im Kavitationsbereich auf der Saugseite Dampfdruck p_v herrschen. Der Kavitationsbeiwert σ_v und der Druckbeiwert c_p werden definiert durch $\sigma_v = 2(p_0 - p_v)/\varrho \cdot u_0^2$ und $c_p = 2(p_0 - p(x))/\varrho \cdot u_0^2$. Darin ist ϱ die Dichte des Strömungsmediums und $p(x)$ die Druckverteilung auf der Saugseite des nicht-kavitierenden Profils.

Mit Hilfe der oben gemachten Annahmen läßt sich das gesuchte Integralgleichungssystem zur Bestimmung der Zusatzbelegungen aufstellen (vgl. [1] und [7]):

$$-q_\eta(x) = \frac{1}{\pi} \int_{-A}^{A} \gamma_\eta(\xi) \frac{d\xi}{x - \xi}, \tag{1}$$

$$\sigma_v - c_p(x) = \frac{\gamma_\eta(x)}{u_0} + \frac{1}{\pi \cdot u_0} \int_{C_A}^{C_E} q_\eta(x) \frac{d\xi}{x - \xi}. \tag{2}$$

In diesen gekoppelten Gleichungen ist q_η grundsätzlich nur im Kavitationsbereich definiert. Die Zusatzwirbelbelegung γ_η kann alternativ entweder im gesamten Profilbereich oder nur auf den Kavitationsbereich beschränkt angenommen werden.

3. Lösung des Integralgleichungssystems

Das Integralgleichungssystem (1), (2) kann für folgende vier Fälle auf Lösungsmöglichkeiten untersucht werden:

a) $C_A = -A$, γ_η definiert für $-A \leqq x \leqq A$,

b) $C_A > -A$, γ_η definiert für $-A \leqq x \leqq A$,

c) $C_A = -A$, γ_η definiert für $C_A \leqq x \leqq C_E$,

d) $C_A > -A$, γ_η definiert für $C_A \leqq x \leqq C_E$.

Der Lösungsweg ist für die vier Fälle analog und kann dem Umfang dieser Arbeit entsprechend nur skizziert werden. Für Einzelheiten der Rechnung muß auf [1] verwiesen werden.

Gemäß der Theorie der Integralgleichungen [8] erhält man durch Inversion die Lösung von (1). Wird diese unter Erfüllung der KUTTAschen Abflußbedingung in (2) eingesetzt, so erhält man eine Integralgleichung für q_η, die unter gewissen Zusatzbedingungen gelöst werden muß. Dieses geschieht, indem die Integralgleichung für q_η mittels bestimmter Transformationen der Variablen in solch eine Form gebracht wird, daß diese durch Fourierapproximation exakt gelöst werden kann. Ist $q_\eta(x)$ bekannt, so läßt sich γ_η durch Einsetzen von $q_\eta(x)$ in die Lösung von (1) bestimmen.

Es zeigt sich, daß die Fälle a) und c) (Kavitationsbeginn an der Vorderkante) fast gleichwertige Resultate liefern; die durch den Einfluß der Kavitation bedingte Änderung der Auftriebsverteilung kann also weitgehend auf den Kavitationsbereich beschränkt angenommen werden. Beginnt die Kavitation hinter der Profilvorderkante, so kommt nur Fall b) als physikalisch sinnvolle Lösung in Frage. Sind die Zusatzbelegungen q_η und γ_η bekannt, so müssen nun weitere Bedingungen herangezogen werden, um die Kavitationsausdehnung näher zu bestimmen. Für den Fall $C_A = -A$ läßt sich mit der NISHIYAMA-Bedingung [4] eine Aussage der relativen Kavitationslänge als Funktion des Kavitations- und Druckbeiwertes herleiten. Bei $C_A \neq -A$ ist dieses Vorgehen nicht mehr möglich, da die der NISHIYAMA-Bedingung zugrunde liegende Vorstellung einer Stromlinie als Mittellinie der Kavitationsschicht nicht mehr zutrifft. Statt dessen wird zur Bestimmung des Kavitationsgebietes angenommen, daß der Kavitationsbeginn mit der Lage des jeweiligen Druckminimums der Druckverteilung $p(x)$ zusammenfällt.

4. Rechnungen und Diskussion

In Abbildung 2 sind für das Tragflügelprofil NACA 0015 beim Anstellwinkel $\delta_0 = 2°$ und für $C_A > -A$ (Fall b)) die theoretischen und experimentellen C_A- und C_E-Werte für verschiedene Kavitationsbeiwerte σ_v aufgetragen. Die C_A-Werte zeigen zwischen Theorie und Messung eine gute Übereinstimmung. Das Kavitationsende wird hingegen durch die Theorie im Vergleich zum Experiment um etwa 10% zu niedrig beschrieben. In diesem Bereich hat die Messung eine relativ große Unsicherheit.

Die Abbildung 3 zeigt für $C_A = -A$ (Fall a) und c)) für das gleiche Profil beim Anstellwinkel $\delta_0 = 6°$ die C_E-Werte für unterschiedliche Kavitationsbeiwerte. Die Kurven a und c zeigen die theoretischen Ergebnisse vom Fall a) und c). Die Kurve c ist von DIMAKOS [9] berechnet worden. Beide theoretische Kurven stimmen, wie von der Theorie gefordert werden, recht gut überein. Ebenfalls zeigt der Vergleich dieser Kurven mit dem Experiment eine gute Übereinstimmung.

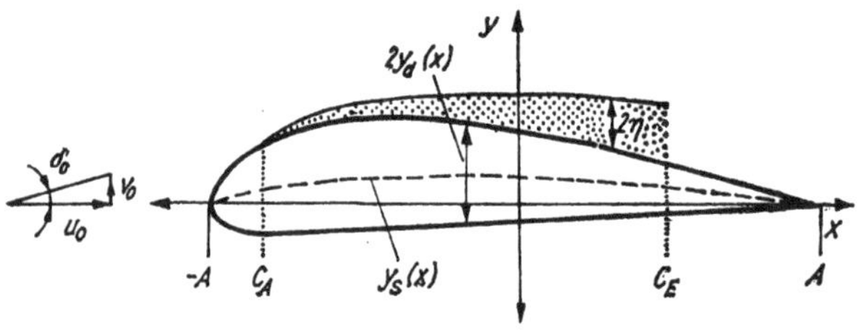

Abb. 1. Die Geometrie des Profils

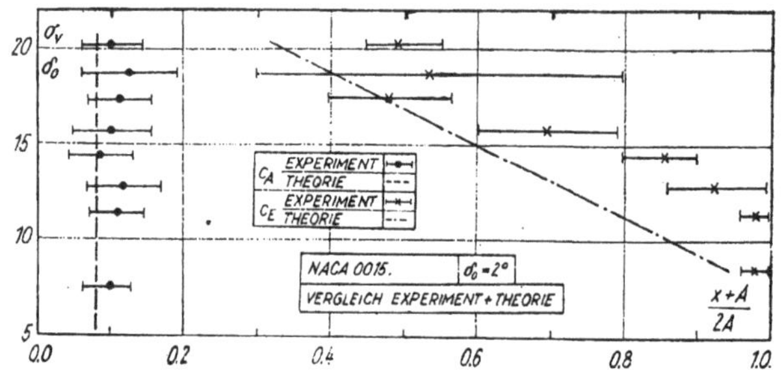

Abb. 2. Der Fall b) (Kavitationsbeginn hinter der Vorderkante). Die experimentellen Daten wurden [5] entnommen. Die Balken geben den Streubereich der Messungen an

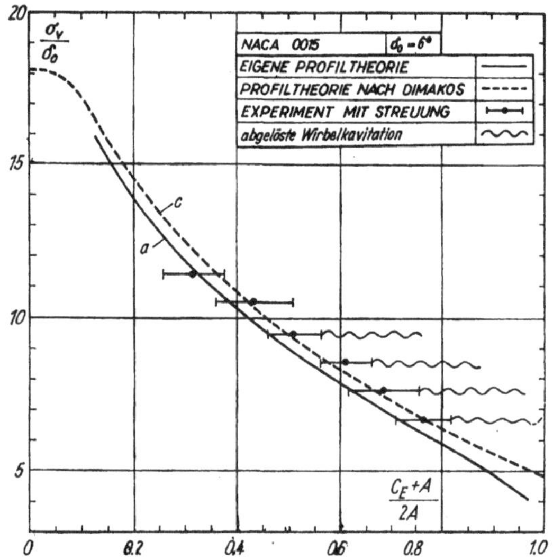

Abb. 3. Der Fall a) und c) (Kavitationsbeginn an der Vorderkante). Die Meßdaten wurden [5] entnommen

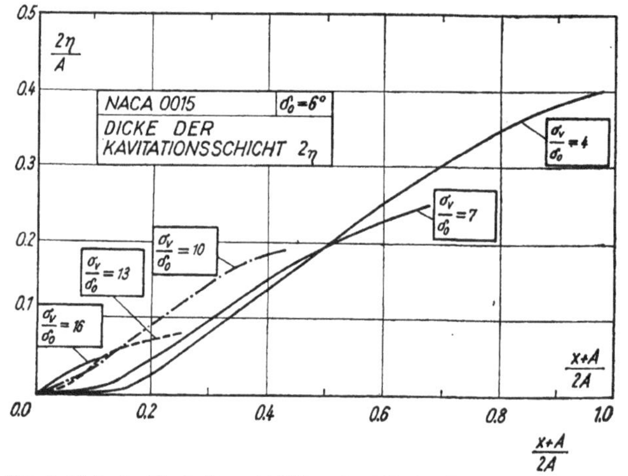

Abb. 4. Dicke der Kavitationsschicht berechnet für den Fall a)

Die Abbildung 4 gibt den berechneten Verlauf der Kavitationsschichtdicke 2η in Abhängigkeit von der relativen Profiltiefe an. Weitere theoretische Ergebnisse und Vergleiche mit Experimenten findet man in [1], [7].

Literatur

1 Alwardt, P.; Isay, W. H., Zur Behandlung von Teilkavitation an Flügeln mit Methoden der Profiltheorie, IfS-Berichte Nr. 399 (1980).
2 Chao, K. Y., Beiträge zur Berechnung von Kavitationserscheinungen an Strömungskörpern, IfS-Bericht Nr. 369 (1978).
3 Hanaoka, T., Linearized theory of cavity flow past a hydrofoil of arbitrary shape. Selected Papers from the Journ. of the Soc. of Nav. Architects of Japan Vol. 3 (1969).
4 Nishiyama, T.; Ito, J., Linearized theory of partially cavitated hydrofoils by singularity method, Techn. Rep. of the Tohoku University Vol. 42 (1977).
5 Westphal, N., Keimverteilungsmessungen mit dem Laser-Streulicht-Verfahren bei Tragflügel- und Propellerströmungen. IfS-Bericht Nr. 408 (1981).
6 Schlichting, H.; Truckenbrodt, E., Aerodynamik des Flugzeuges Bd. 1 und 2, 2. Aufl. Springer-Verlag Berlin-Heidelberg-New York 1967.
7 Isay, W. H., Kavitation, Schiffahrts-Verlag „Hansa" C. Schroedter & Co., Hamburg 1981.
8 Schmeidler, W., Integralgleichungen mit Anwendungen in Physik und Technik, Akad. Verlagsgesellschaft Geest und Portig Leipzig 1950.
9 Dimakos, D., Berechnungen von Kavitationserscheinungen an Strömungskörpern, IfS-Bericht 398 (1980).

Anschrift: Prof. Dr.-Ing. W. H. Isay, Universität Hamburg, Institut für Schiffbau, Lämmersieth 90, D-2000 Hamburg 60, BRD

ZAMM 62, T 192 – T 193 (1982)

G. Anestis

Kinematische Wellen beim Zentrifugieren von Suspensionen

Das Zentrifugieren von festen Teilchen in einer anfangs ruhenden Flüssigkeit unter dem Einfluß der Fliehkraft kann mit den Gleichungen für eindimensionale instationäre Zweiphasenströmungen beschrieben werden. Da für den Ablauf dieses Trennvorganges die dynamischen Effekte vernachlässigbar sind, reduziert sich die Bewegungsgleichung auf eine Funktionsbeziehung zwischen den abhängigen Veränderlichen des Problems (Konzentration α der festen Teilchen und Volumenstromdichte j). Mit dieser Funktionsbeziehung liefert die Kontinuitätsgleichung eine quasilineare partielle Differentialgleichung erster Ordnung und ermöglicht die Beschreibung des Trennvorganges mittels der Theorie der kinematischen Wellen. Unstetige Änderungen der Teilchenkonzentration (z. B. Unstetigkeitsfläche zwischen Suspension und klarer Flüssigkeit bzw. Sediment) werden als kinematische Stoßwellen beschrieben. Für die Wellenfronten und teilweise auch für die Stöße werden analytische Lösungen angegeben. Je nach dem Wert der Anfangskonzentration der Suspension und dem Verhältnis des Innen- zum Außenradius der Zentrifuge sind qualitativ verschiedene Abläufe der Fliehkraftsedimentation zu unterscheiden. Unter gewissen Bedingungen hängt die Konzentration in dem zwischen der klaren Flüssigkeit und dem Sediment liegenden Gebiet nicht vom Ort, sondern nur von der Zeit ab. Andere Anfangsbedingungen können dazu führen, daß im Verlauf des Sedimentationsvorganges zusätzliche kinematische Stöße im Inneren der Suspension entstehen.

Anschrift: Dipl.-Ing. Dr. techn. GEORG ANESTIS, Institut für Strömungslehre und Wärmeübertragung (Vorstand: Univ.-Prof. Dr. W. SCHNEIDER), Technische Universität Wien, Karlsplatz 13, A-1040 Wien, Österreich

ZAMM 62, T 193 – T 197 (1982)

M. BENIŠEK

Investigation of Shear Stresses for Turbulent Swirling Flow in Long Lined Circular Pipes

In this study the method of determination of shear stresses p_{rz} for turbulent and incompressible swirling flows is presented. This study is a continuation of [1] where the method of determination of the shear stresses $p_{r\varphi}$ in such flow is given.

All subsequent considerations are based on the REYNOLDS equation and continuity equation (equations (1) and (2) in [1]), where a body force can be neglected. Since the shear stresses are "built in" the REYNOLDS equations so they can be determined from there. This is the basic idea for our method of determination of shear stresses.

Cylindrical coordinate system is very convenient for the following consideration. If the REYNOLDS equation in z-direction is multiplied with $r\,\mathrm{d}r$ and integrated across the flow from r to R the equation (1) is obtained:

$$\int_r^R r\bar{c}_z \frac{\partial \bar{c}_z}{\partial z}\,\mathrm{d}r + \int_r^R r\bar{c}_r \frac{\partial \bar{c}_z}{\partial r}\,\mathrm{d}r = -\int_r^R \frac{1}{\varrho} r \frac{\partial p}{\partial z}\,\mathrm{d}r + \nu \int_r^R r\left[\frac{\partial^2 \bar{c}_z}{\partial z^2} + \frac{\partial^2 \bar{c}_z}{\partial r^2} + \frac{1}{r}\frac{\partial \bar{c}_z}{\partial r}\right]\mathrm{d}r -$$

$$-\int_r^R r\left[\frac{\partial}{\partial z}\overline{c_z'^2} + \frac{1}{r}\frac{\partial}{\partial r}\overline{r c_z' c_r'}\right]\mathrm{d}r \tag{1}$$

where

$$\varrho\nu\left(\frac{\partial \bar{c}_r}{\partial z} + \frac{\partial \bar{c}_z}{\partial r}\right) - \varrho\overline{c_r' c_z'} = p_{rz}\,. \tag{2}$$

Combining the analysis of order magnitude of members in REYNOLDS equation and experimental results of our investigation, the next assumptions (3) can be adopted:

$$\frac{\partial^2 \bar{c}_z}{\partial z^2} = 0\,; \qquad \frac{\partial \bar{c}_r}{\partial z} = 0\,. \tag{3}$$

On the base of the experimental results [2], [3] and [4] the assumption (4) can also be adopted:

$$\frac{\partial}{\partial z}\overline{c_z'^2} \approx 0\,. \tag{4}$$

The boundary conditions are:

$$\left.\begin{aligned} &\bar{c}_r = \bar{c}_u = \bar{c}_z = 0\,; \quad p_{rz} = p_{Rz}\,; \quad \varrho\overline{c_r' c_z'} = 0 \quad \text{for} \quad r = R \\ &\bar{c}_u = 0\,; \quad \frac{\partial p}{\partial r} = 0\,; \quad \frac{\partial \bar{c}_z}{\partial r} = 0\,; \quad p_{rz} = 0 \quad \text{for} \quad r = 0\,. \end{aligned}\right\} \tag{5}$$

Using the already mentioned conditions the equation (6) from (1) follows:

$$R\frac{p_{Rz}}{\varrho} - r\frac{p_{rz}}{\varrho} = \frac{\partial}{\partial z}\int_r^R r\left(\bar{c}_z^2 + \frac{\Delta p}{\varrho}\right)\mathrm{d}r - r\bar{c}_z\bar{c}_r = \frac{\partial}{\partial z} I_{rz} - r\bar{c}_z\bar{c}_r \tag{6}$$

where I_{rz} is the equivalent of the linear momentum for the swirling flow at the ring cross section from r to R, p_{rz} is the shear stress in the flow field, p_{Rz} is the shear stress on the inner wall of the circular pipe and Δp is the relative pressure according to atmospheric pressure.

For $r = 0$ and under the mentioned conditions (5) the wall shear stress (7) can be obtained:

$$p_{Rz} = \frac{\varrho}{R} \frac{\partial}{\partial z} \int_0^R r\left(\bar{c}_z^2 + \frac{\Delta p}{\varrho}\right) \mathrm{d}r = \frac{\varrho}{R} \frac{\partial}{\partial z} I_{0z} \tag{7}$$

where I_{0z} is the equivalent of the linear momentum for the swirling flow at any total cross section from O to R.

From (6) the shear stress in the flow field is

$$p_{rz} = \frac{R}{r} p_{Rz} - \frac{\varrho}{r} \frac{\partial}{\partial z} \int_r^R r\left(\bar{c}_z^2 + \frac{\Delta p}{\varrho}\right) \mathrm{d}r + \varrho \bar{c}_z \bar{c}_r \,. \tag{8}$$

It is very useful to introduce the part of the shear stress p_{rz}^d which is defined as

$$p_{rz}^d = \frac{R}{r} p_{Rz} - \frac{\varrho}{r} \frac{\partial}{\partial z} \int_r^R r\left(\bar{c}_z^2 + \frac{\Delta p}{\varrho}\right) \mathrm{d}r = \frac{R}{r} p_{Rz} - \frac{\varrho}{r} \frac{\partial}{\partial z} I_{rz} \,, \tag{9}$$

that is

$$p_{rz} = p_{rz}^d + \varrho \bar{c}_r \bar{c}_z \,. \tag{10}$$

For the case when the velocity $c_r = 0$, follows:

$$p_{rz} = p_{rz}^d \,. \tag{11}$$

Using the already mentioned conditions (3), (4), (5) and the conditions (5), (6) and (7) in [1], the general BOUSINESQ's assumption that the eddy viscosity depends on two variables r and z, on the base of REYNOLDS equation in φ-direction the exponential character of the shear stresses p_{rz} and p_{Rz} can be proved [5]. The result for the shear stress p_{Rz} on the inner wall of the pipe can be shown:

$$p_{Rz} = p_{Rz\infty} + C_{0z} \cdot \exp\left(D_{0z} \cdot z^*\right) \,; \qquad z^* = z/R \,, \tag{12}$$

where C_{0z} is the coefficient of the shear stress p_{Rz}, D_{0z} is the damping coefficient of the shear stress p_{Rz}, $p_{Rz\infty}$ is the shear stress on the inner wall of the full developed axial flow. The expression for $p_{Rz\infty}$ [6] is

$$p_{Rz\infty} = -\varrho \frac{\lambda}{8} \bar{c}_{zm}^2 \tag{13}$$

where λ is the friction factor, $\mathring{c}_{zm} = \mathring{q}/\pi R^2$, $\dot{q}$ is the flow rate.

The result for the part of the shear stress p_{rz}^d by the next expression (14) is given:

$$p_{rz}^d = p_{rz\infty} + C_{rz} \cdot \exp\left(D_{rz} \cdot z^*\right) \,, \tag{14}$$

where C_{rz} is the coefficient of the part shear stress p_{rz}^d, D_{rz} is the damping coefficient of the part shear stress p_{rz}^d and $p_{rz\infty}$ is the shear stress in the flow filed of the full developed axial flow. The expression for $p_{rz\infty}$ [7] is

$$p_{rz\infty} = \frac{r}{R} \cdot p_{rz\infty} = r^* \cdot p_{Rz\infty} \,; \qquad r^* = r/R \,. \tag{15}$$

The measurements in eleven cross sections, for the various REYNOLDS numbers ($\mathrm{Re} = \bar{c}_{zm} \cdot 2R/\nu$) and various swirling flow parameters Ω_{0R} [1], are performed to determine the values C_{rz} and D_{rz}. The purpose of the following consideration is determination the relations between the coefficients C_{rz} and D_{rz} with the flow entrance profile parameters.

The relation between the shear stresses $p_{R\varphi}$, p_{Rz} and the intensity of the swirl Θ in this study is determined (Fig. 1). The intensity of the swirl is defined as (16).

$$\Theta = \int_0^R r \overline{c_u^2 c_z} \, \mathrm{d}r \Big/ \int_0^R r \bar{c}_z^3 \, \mathrm{d}r \,. \tag{16}$$

The relation (17) can be adopted:

$$\frac{p_{R\varphi}}{p_{Rz}} = K_{0z} \cdot \Theta^{n_{0z}} \,. \tag{17}$$

By the method of the least squares the coefficients K_{0z} and n_{0z} of the function (17) are determined: $K_{0z} = 0.86$; $n_{0z} = 0.51$.

The shear stress $p_{R\varphi}$ in every cross section of the pipe by the methods which is pressented in [1] can be calculated.

The expression (18) and (19) are followed:

$$p_{Rz} = p_{R\varphi}/(K_{0z} \cdot \Theta^{n_{0z}}) \,; \qquad (p_{Rz})_0 = (p_{R\varphi})_0 / K_{0z} \Theta^{n_{0z}}_{z^*=0} \tag{18), (19}$$

where $(p_{Rz})_0$ and $(p_{R\varphi})_0$ are the shear stresses on the inner wall at the entrance of the pipe.

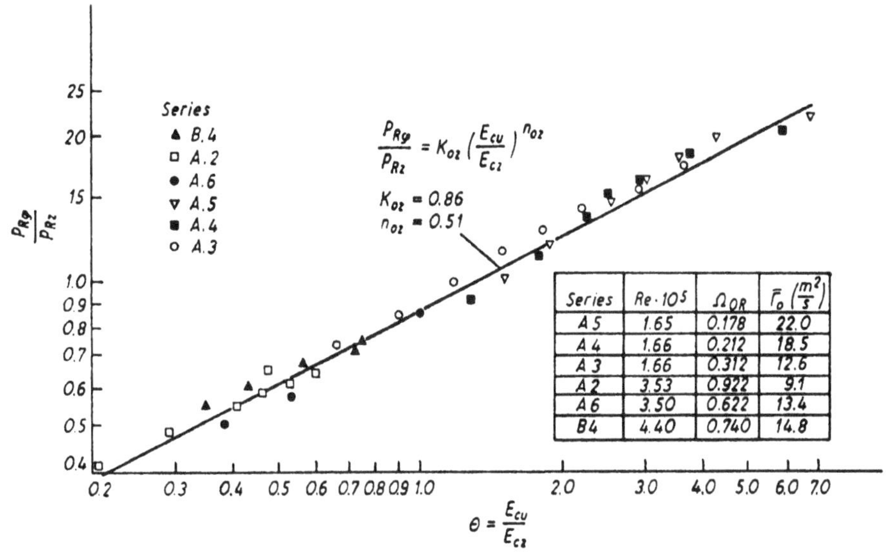

Fig. 1

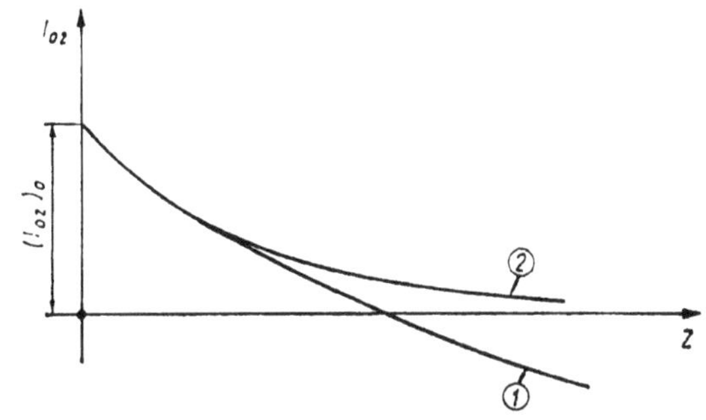

Fig. 2

The change of linear momentum I_{0z} along the pipe by te curve 1 (Fig. 2) is shown. This curve with the curve 2 at the entrance cross section can be approximated. The analytical expression for the curve 2 is

$$I_{0z} = A_{0z} \exp (B_{0z} \cdot z^*) \,. \tag{20}$$

The shear stresses p_{Rz} and $(p_{Rz})_0$ by the relations (21) and (22) can be expressed:

$$p_{Rz} = \frac{\varrho}{R^2} A_{0z} B_{0z} \exp (B_{0z} z^*) \; ; \qquad (p_{Rz})_0 = \frac{\varrho}{R^2} A_{0z} B_{0z} \,. \tag{21), (22}$$

From the relation (23) and (24), which express the change of the swirl flow parameter Ω_{zR} and the change of the shear stress $p_{R\varphi}$ on the inner wall along the pipe

$$\Omega_{zR} = \Omega_{0R} \exp (-B_{0\varphi} \cdot z^*) \; ; \qquad p_{R\varphi} = \frac{\varrho}{R^3} A_{0\varphi} B_{0\varphi} \exp (B_{0\varphi} \cdot z^*) \,, \tag{23), (24}$$

the relations (25) and (26) can be obtained:

$$p_{R\varphi} \cdot \Omega_{zR} = (p_{R\varphi})_0 \cdot \Omega_{0R} \; ; \; \frac{p_{R\varphi} \cdot \Omega_{zR}}{B_{0\varphi}} = \frac{(p_{R\varphi})_0 \, \Omega_{0R}}{B_{0\varphi}} = \frac{\varrho v^2}{16 R^2} Re^2 \tag{25), (26}$$

where $B_{0\varphi}$ is the damping coefficient of the average circulation ([5] and [8]).

Now, the shear stress $(p_{Rz})_0$ and value B_{0z} by the expressions (27) and (28) are given:

$$(p_{Rz})_0 = \frac{\varrho v^2}{16 R^2} \cdot \frac{B_{0\varphi} \cdot Re^2}{\Omega_{0R}} \cdot \frac{1}{K_{0z} \Theta^{n_{0z}}_{z^*=0}} \; ; \qquad B_{0z} = B_{0\varphi} \cdot \frac{v^2 \cdot Re^2}{16 \Omega_{0R} A_{0z}} \cdot \frac{1}{K_{0z} \Theta^{n_{0z}}_{z^*=0}} \,. \tag{27), (28}$$

The value C_{0z} by the expression (29) can be calculated. The expression (30) gives the relations between the values B_{0z} and D_{0z}:

$$C_{z0} = (p_{Rz})_0 - p_{Rz\infty} \; ; \qquad D_{0z} = B_{0z} \Big/ \left(1 - \frac{p_{Rz\infty}}{(p_{Rz})_0}\right) . \tag{29), (30}$$

Finally the expression (31) for the shear stress p_{Rz} on the inner wall of the pipe is obtained:

$$p_{Rz} = -\frac{\lambda}{8} \varrho \bar{c}^2_{zm} + \left(\frac{\varrho v^2}{16 R^2} \cdot \frac{B_{0\varphi} \cdot Re^2}{\Omega_{0R}} \cdot \frac{1}{K_{0z} \cdot \Theta^{n_{0z}}_{z^*=0}} + \frac{\lambda}{8} \varrho \bar{c}^2_{zm}\right) \cdot \exp \left(\frac{8}{1 - \lambda \varrho \bar{c}^2_{zm} / 8 p_{Rz\infty}} z^*\right) . \tag{31}$$

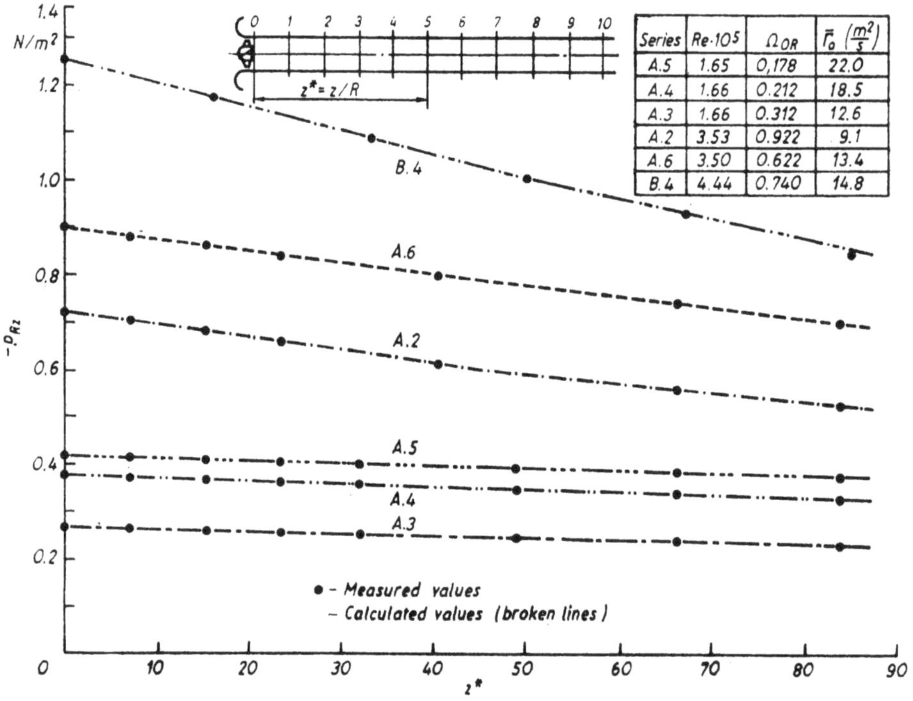

Fig. 3

In the Fig. 3 measured and calculated shear stresses p_{Rz} on the base of expression (31) are given. The shear stress on the wall longes for the shear stresses $p_{Rz\infty}$ on the wall of the full developed axial flow. The part of the shear stress p_{rz}^d on the same manner how it is done for the shear stress p_{Rz}, for every local pipe radius can be determined. The value I_{rz} in relation (9) can be expressed as

$$I_{rz} = A_{rz} \exp\,(B_{rz} \cdot z^*)\,; \qquad A_{rz} = \left[\int\limits_r^R r\left(\bar{c}_z^2 + \frac{\Delta p}{\varrho}\right) \cdot \mathrm{d}r\right]_{z^*=0} . \tag{32), (33}$$

The damping coefficient B_{rz} of the part of the shear stress p_{rz}^d by the relation (34) can be determined:

$$B_{rz} = B_{r\varphi} \frac{\nu^2 Re^2}{16 \cdot \Omega_{0R} A_{0z}} \cdot \frac{1}{K_{rz} \Theta_r^{n_{rz}}} \tag{34}$$

where Θ_r is the swirl intensity at the ring cross section from r to R.

$$\Theta_r = \left(\int\limits_r^R r\overline{c_u^2 c_z}\,\mathrm{d}r \Big/ \int\limits_r^R r\bar{c}_z^3 \mathrm{d}r\right)_{z^*=0} \tag{35}$$

K_{rz} and n_{rz} are the coefficients determined by the method of the least squares using the measuring values Θ_r, p_{rz}^d and p_{Rz}. The results are given in Fig. 4 and Fig. 5.

The part of the shear stress p_{rz}^d by the expression (36) can be shown:

$$p_{rz}^d = \frac{R}{r} p_{Rz} - \frac{\varrho}{Rr} A_{rz} B_{rz} \exp\,(B_{rz} \cdot z^*) \tag{36}$$

where coefficients D_{rz} and C_{rz} are presented by the expression (37) and (38):

$$D_{rz} = \frac{\varrho}{rR} \frac{1}{C_{rz}} (A_{0z} B_{0z}^2 - A_{rz} B_{rz}^2)\,; \qquad C_{rz} = \frac{R}{r} (p_{Rz})_0 - \frac{\varrho}{rR} A_{rz} B_{rz} - p_{rz\infty}\,. \tag{37), (38}$$

Introducing the nondimensional part of the shear stress $(p_{rz}^d)^*$, which is defined as

$$(p_{rz}^d)^* = p_{rz}^d / p_{Rz} = r^* + C_{rz}^* \exp\,(D_{rz}^* \cdot z^*)\,, \tag{39}$$

that is

$$(p_{rz}^d)^* = \frac{1}{r^*}\left(1 - \frac{A_{rz} B_{rz}}{A_{0z} B_{0z}}\right) - r^*\,, \tag{40}$$

and the coefficient of the nondimensional part of the shear stress C_{rz}^* (41) and the damping coefficient of nondimensional shear stress D_{rz}^* (42),

$$C_{rz}^* = \frac{1}{r^*}\left(1 - \frac{A_{rz} B_{rz}}{A_{0z} B_{0z}}\right) - r^*; \qquad D_{rz}^* = -\frac{1}{r^*} \frac{1}{C_{rz}^*} \frac{A_{rz} B_{rz}}{A_{0z} B_{0z}} (B_{rz} - B_{0z}) \tag{41), (42}$$

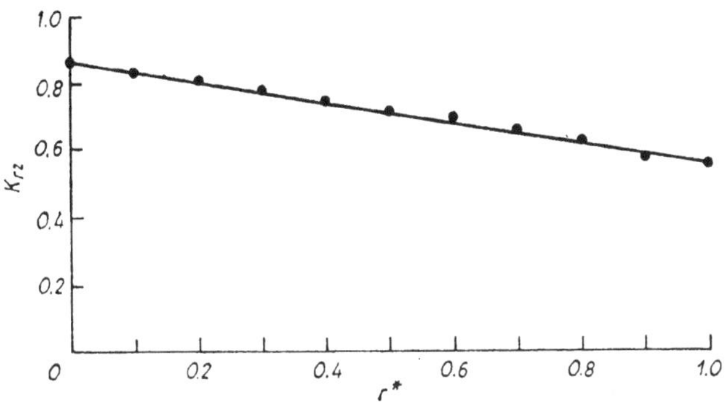

Fig. 4

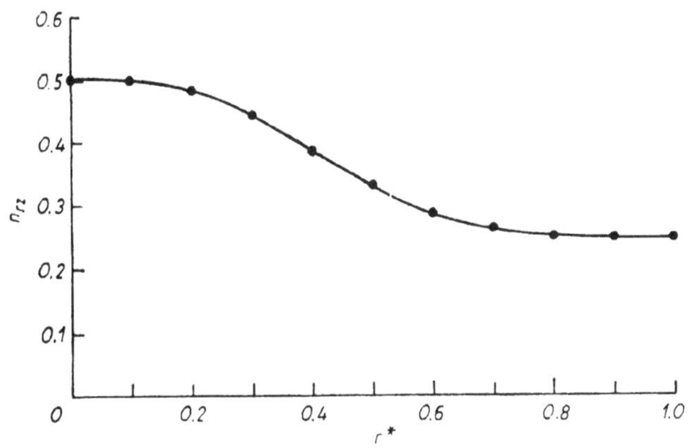

Fig. 5

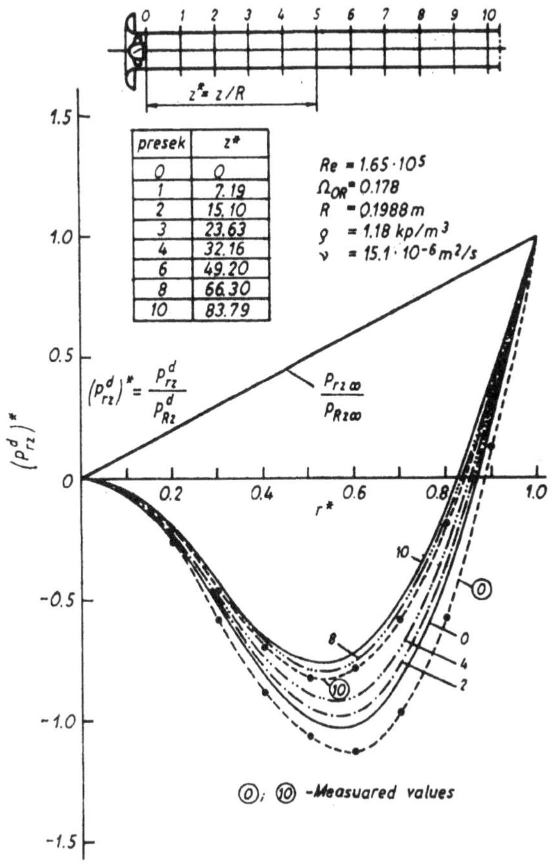

presek	z^*
0	0
1	7.19
2	15.10
3	23.63
4	32.16
6	49.20
8	66.30
10	83.79

Fig. 6

the expression (43) for the part of the shear stress p_{rz}^d can be obtained:

$$p_{rz}^d = p_{Rz}(p_{rz}^d)^* = [p_{Rz\infty} + C_{0z}\exp(D_{0z}\cdot z^*)]\cdot[C_{rz}^*\exp(D_{rz}^* z^*) + r^*]\,. \quad (43)$$

For example, in Fig. 6 the nondimensional part of the shear stress (p_{rz}^d) only for one measuring series is shown. It can be seen that the profiles of the shear stress are transformed along the pipe, longing for the profile of the shear stress of fully developed axial flow.

The short conclusion is: If the entrance profiles of velocities are known, the shear stresses p_{rz}^d and p_{Rz} in every point of the flow field can be calculated by the presented method.

References

1 Benišek, H. M., Investigation of turbulent stresses for swirling flow in long lined circular pipes, ZAMM **61** (1981).
2 Vulis, L. A.; Yarin, P. L., Aehrodinamika fakela, L. "Ehnergia", Leningrad (1978).
3 Ahmedov, B. R.; Balagula, B. T., Aehrodinamika zakruchennoi strui, M., "Ehnergia", Moskva (1977).
4 Ustimenko, P. B., Processy tubulentnogo perenosa vo vrashayushchsya techeniyah, "Nauka", Alma-Ata (1977).
5 Benišek, H. M., Investigation for the swirling flow in long lined circular pipes, doctoral thesis, Mechanical faculty University of Belgrade (1979).
6 Loitsyanski, L. G., Mehanika zhidkosty i gaza, Moskva (1973).
7 Sherstyuk, N. A., Turbulentnyj pogranichnyj sloj, „Ehnergiya", Moskva (1974).
8 Čantrak, M. S.; Benišek, H. M., Die charakteristischen aus den mittleren Geschwindigkeitsverteilungen ermittelten Größen der turbulenten Drallströmung in Rohren, ZAMM **62**, T 201—T 203 (1982).

Anschrift: Dr. Benišek Miroslav, dip. ing., Mašinski fakultet, 27 Marta 80, Beograd, Jugoslawien

ZAMM 62, T 198 – T 201 (1982)

K. BÜHLER / J. ZIEREP

Die Strömung im Spalt zwischen zwei rotierenden Kugeln mit Durchfluß

1. Einleitung

Im folgenden wird die zähe Strömung im Spalt zwischen zwei rotierenden Kugeln mit Durchfluß theoretisch und experimentell untersucht. Es stellt dies eine Erweiterung der Studien im abgeschlossenen Kugelspalt dar [1], [2]. Mit Durchfluß tritt eine charakteristische Unsymmetrie zwischen Nord- und Südhemisphäre auf [3]. Diese Strömungen sind sowohl von grundsätzlichem Interesse als auch von praktischer Bedeutung z. B. in der Meteorologie, Geophysik und im Strömungsmaschinenbau.

2. Elementare Lösungen und Überlagerung

In Bild 1 sind die Geometrie und die Geschwindigkeitsverteilungen bei Rotation der inneren Kugel dargestellt. Unter der Voraussetzung $u = w = 0$ und Berücksichtigung der Randbedingungen ergibt sich für die Umfangskomponente $v(r, \vartheta)$ die Beziehung (2.1). Sie entspricht einer Starrkörperrotation.

Randbedingungen:

$$r = R_1: u = w = 0\,, \quad v = R_1 \cdot \omega_1 \cdot \sin\vartheta\,; \quad r = R_2: u = w = 0\,.$$

$$v(r, \vartheta) = \frac{\omega_1 \cdot R_2}{(R_2/R_1)^3 - 1}\left[\left(\frac{R_2}{r}\right)^2 - \frac{r}{R_2}\right]\sin\vartheta\,, \qquad u(r, \vartheta) = -Re \cdot \frac{F_0'(r)}{r} \cdot \sin\vartheta \cdot \cos\vartheta \tag{2.1), (2.2}$$

$$w(r, \vartheta) = Re \cdot \frac{F_0(r)}{r^2} \cdot (2 - 3 \cdot \sin^2\vartheta)\,, \qquad \psi_0(r, \vartheta) = Re \cdot F_0(r) \cdot \sin^2\vartheta \cdot \cos\vartheta \tag{2.3), (2.4}$$

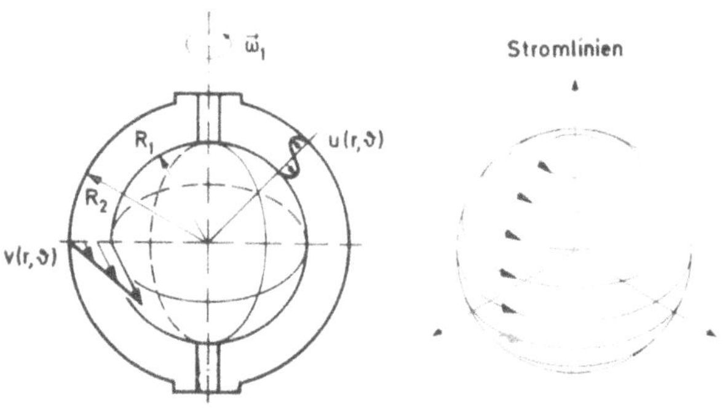

Bild 1. Primär- und Sekundärströmung

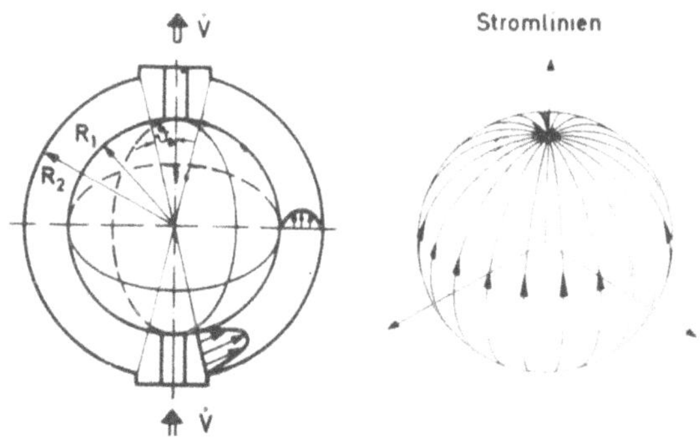

Bild 2. Quell-Senkenströmung

Aufgrund der Zentrifugalkräfte bildet sich ein dreidimensionales Stromfeld aus. Bei schleichender Strömung erhält man die Geschwindigkeitsverteilungen $u(r, \vartheta)$ nach (2.2) und $w(r, \vartheta)$ nach (2.3) durch Lösung eines inhomogenen Randwertproblems [4]. Die Amplituden sind sehr viel kleiner als die der Umfangskomponente. Für diese Bewegung läßt sich eine Stromfunktion $\psi_0(r, \vartheta)$ mit (2.4) bestimmen. Sie ist in dieser Näherung proportional zur Reynoldszahl $Re = R_1^2 \cdot \omega_1/\nu$. In Bild 2 ist die Geschwindigkeitsverteilung $u(r, \vartheta)$ für den nichtrotierenden Fall eingezeichnet. Aufgrund der zwischen Süd- und Nordpol angelegten Druckdifferenz Δp strömt ein bestimmter Volumenstrom $\dot V$ in der Meridianebene durch den sphärischen Spalt. Die Geschwindigkeit läßt sich für schleichende Strömungen in der Form (2.5) ermitteln. Die zugehörige Stromfunktion $\psi_1(r)$ ist durch (2.6) gegeben und nur von der radialen Koordinate r abhängig.

Randbedingungen:

$$u(R_1) = 0\,, \quad u(R_2) = 0\,, \quad v = w = 0\,,$$

$$u(r, \vartheta) = \frac{\Delta p}{\ln\dfrac{1 + \cos\vartheta_0}{1 - \cos\vartheta_0}} \cdot \frac{R_2}{2\mu} \cdot \left[\left(1 - \frac{r}{R_2}\right) + \frac{R_1}{R_2}\left(1 - \frac{R_2}{r}\right)\right]\frac{1}{\sin\vartheta}, \tag{2.5}$$

$$\psi_1(r) = \dot V \cdot F_1(r)\,. \tag{2.6}$$

Die Lösungen ergeben sich aus den linearisierten Navier-Stokes-Gleichungen für den Fall kleiner Reynoldszahlen. Deshalb ist eine lineare Überlagerung der Sekundärströmung (2.4) und der Quell-Senkenströmung (2.6) möglich. Die Stromlinien sowohl der einzelnen Lösungen als auch der Überlagerung sind in Bild 3 dargestellt. Die Trennfläche zwischen Nord- und Südhemisphäre, charakterisiert durch den Vorzeichenwechsel der Stromfunktion, ist

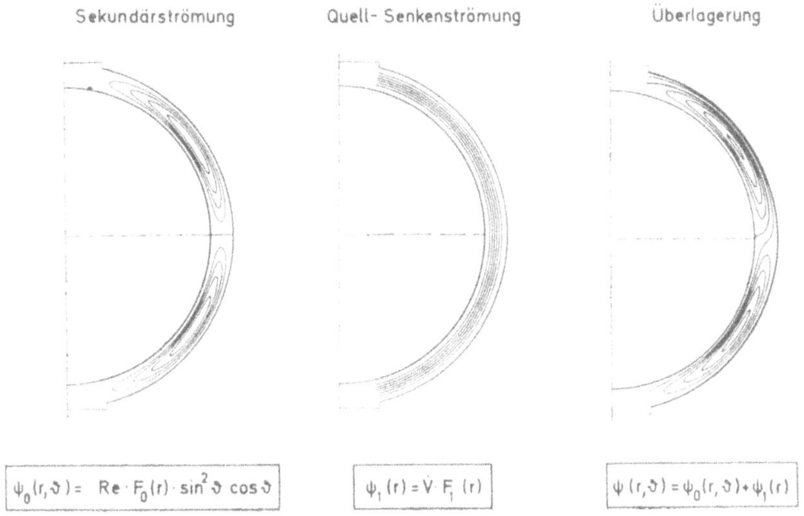

Bild 3. Überlagerung der Elementarlösungen

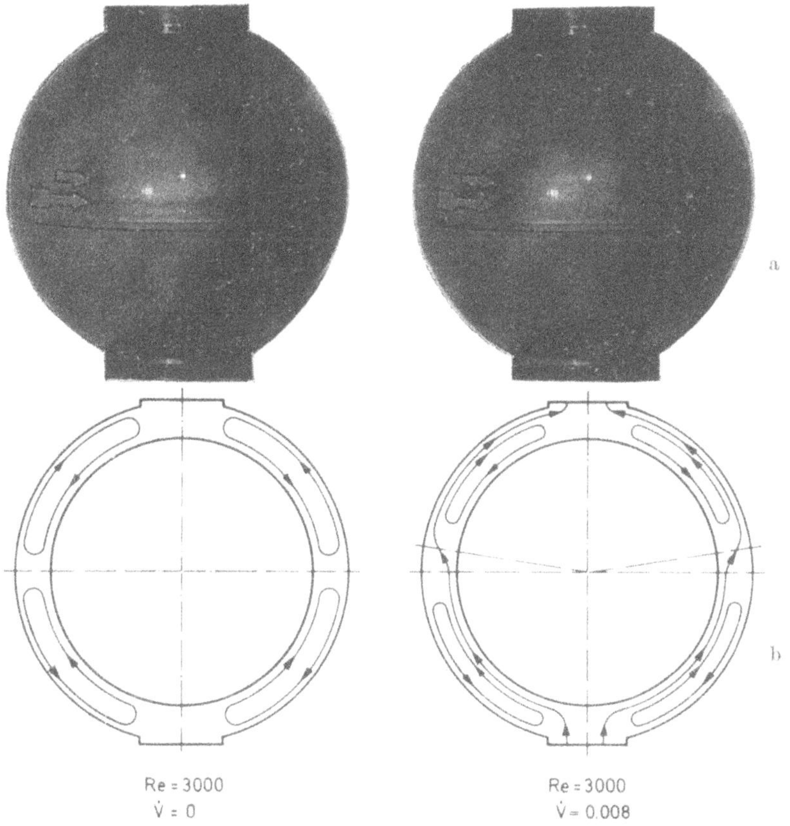

Bild 4. Strömung im Kugelspalt ohne und mit Durchfluß

nach oben verschoben und läßt sich mit der Beziehung (2.7) bei gegebenem Radius bestimmen.

$$\psi(r, \vartheta) = 0 \Rightarrow \quad \sin^2 \vartheta \cdot \cos \vartheta = -\frac{\dot{V} \cdot F_1(r)}{Re \cdot F_0(r)}. \tag{2.7}$$

Die Verschiebung ist proportional zum Volumenstrom $\dot{V}$, der wie die Stromfunktion ψ_0 mit $R_1^3 \cdot \omega_1$ dimensionslos gemacht wurde. In dem Fall, daß die äußere Kugel rotiert und die innere feststeht, kehrt sich bei der Sekundärströmung das Vorzeichen um und die Trennfläche wird nach unten verschoben. Das Stromlinienbild in Bild 3 läßt erkennen, daß die Trennfläche der beiden Hemisphären durchströmt wird.

3. Experimente

Für die Experimente wurde eine feststehende äußere Kugel aus Plexiglas und eine bewegliche innere aus Aluminium verwendet. Die Strömung wurde durch Aluminiumflitter sichtbar gemacht. Am Südpol wird ein Volumenstrom zu- und am Nordpol abgeführt. Der externe Kreislauf wird durch eine Pumpe aufrechterhalten. In Bild 4 sind die

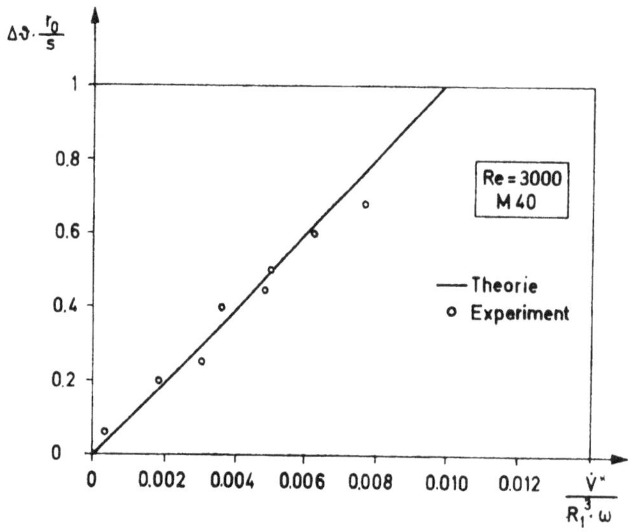

Bild 5. Verschiebung der Trennfläche in Abhängigkeit vom Volumenstrom

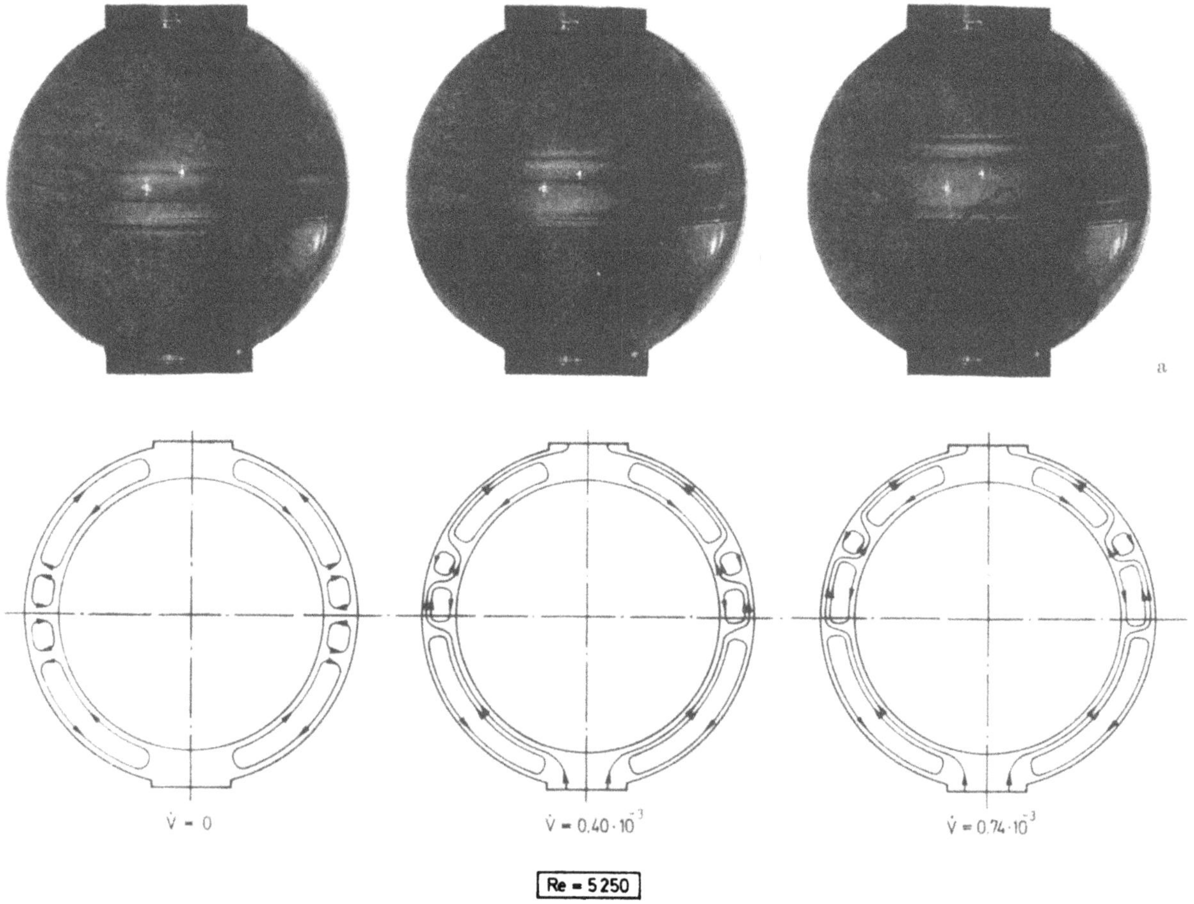

Bild 6. Sekundärströmung mit Taylor-Görtler Wirbeln und überlagertem Durchfluß

Ergebnisse dargestellt. Der große Pfeil zeigt die Äquatorebene und der Abstand zwischen den Pfeilen entspricht der Spaltweite $s = R_2 - R_1$. Die Skizzen zeigen den prinzipiellen Verlauf der Strömung. Links ist die zum Äquator symmetrische Sekundärströmung zu sehen, die durch die Rotation der inneren Kugel verursacht wird. Die Strömung verläuft in der Form geschlossener Stromlinien, die spiralförmig in der Nähe der inneren Kugel vom Pol zum Äquator und in der Nähe der äußeren Kugel zurück zum Pol verlaufen. Rechts in Bild 4 ist der Sekundärströmung ein Volumenstrom $\dot{V}$ überlagert. Die Trennebene zwischen Nord- und Südhemisphäre ist nahezu um eine Spaltbreite nach oben verschoben. Aufgrund der Durchströmung dieser Ebene ist die Trennungslinie nicht mehr so scharf ausgeprägt wie im linken Bild.

4. Vergleich von Theorie und Experiment

Die experimentellen Ergebnisse für die Verschiebung der Trennfläche zwischen Nord- und Südhemisphäre sind in Bild 5 über dem Volumenstrom aufgetragen. Die ausgezogene Kurve stellt das Ergebnis der Theorie dar. Mit zunehmendem Volumenstrom steigt die Verschiebung nichtlinear an. Für den untersuchten Bereich stimmen Theorie und Experiment recht gut überein.

5. Sekundärströmungen mit Wirbeln

Der Einfluß eines Volumenstromes auf Sekundärströmungen mit TAYLOR-GÖRTLER-Wirbeln ist in Bild 6 dargestellt. Dem Strömungszustand mit zwei Wirbeln, die am Äquator nach innen drehen, wie er im linken Bild zu sehen ist, wird ein Volumenstrom in meridionaler Richtung überlagert. Es zeigt sich wieder die Unsymmetrie zum Äquator. Die Wirbel werden in den Bereich der oberen Hemisphäre verschoben und ändern je nach Drehrichtung ihre Wellenlänge. Charakteristisch ist für diese rotationssymmetrischen Strömungszustände die Durchströmung der Trennflächen zwischen den Wirbeln.

Weitere, auch nicht rotationssymmetrische Strömungszustände wurden experimentell gefunden und werden zur Zeit untersucht.

Literatur

1 SAWATZKI, O.; ZIEREP, J., Das Stromfeld im Spalt zwischen zwei konzentrischen Kugelflächen, von denen die innere rotiert, Acta Mechanica **9**, S. 13–35 (1970).
2 WIMMER, M., Experimentelle Untersuchungen der Strömung im Spalt zwischen zwei-konzentrischen Kugeln, die beide um einen gemeinsamen Durchmesser rotieren, Dissertation Universität Karlsruhe 1974.
3 ZIEREP, J., Special Solutions of the Navier-Stokes Equations in the Case of Spherical Symmetry, erscheint in Revue Roumaine des Sciences Techniques-Serie des Mecanique Appliquee (1982).
4 RITTER, C. F., Berechnung der zähen, inkompressiblen Strömung im Spalt zwischen zwei konzentrischen, rotierenden Kugelflächen, Dissertation Universität Karlsruhe 1973.

Anschrift: Prof. Dr.-Ing. J. ZIEREP, Dr.-Ing. K. BÜHLER, D-7500 Karlsruhe 1, Kaiserstraße 12, Institut für Strömungslehre und Strömungsmaschinen, BRD

ZAMM 62, T 201 – T 203 (1982)

S. M. ČANTRAK / M. H. BENIŠEK

Die charakteristischen aus den mittleren Geschwindigkeitsverteilungen ermittelten Größen der turbulenten Drallströmung in Rohren

1. Einleitung

In der vorliegenden Arbeit wird der Einfluß der Strömungsparameter auf das Verhalten der Drallströmungen in langen Rohren untersucht. Zu diesem Zweck sind mehrere Messreihen durchgeführt worden, bei verschiedenen REYNOLDS-Zahlen, Anfangszirkulationen und Anfangsgeschwindigkeitsprofilen. Der Drall wurde mit einem axialen Ventilator mit verstellbaren Schaufeln erzeugt. Für die Geschwindigkeitsmessungen in langen kreisrunden Rohren mit konstantem Querschnitt wurden PRANDTL-Sonde und Zweilochwinkelsonde eingesetzt. Die experimentelle Untersuchung war auf die Messungen der mittleren Axial- und Umfangsgeschwindigkeiten eingeschränkt. Aufgrund dieser Meßergebnisse wurden die charakteristischen Größen ermittelt und einige Vorgänge in der Drallströmung physikalisch erklärt. Zunächst werden die folgenden charakteristischen Größen eingeführt:

$$\bar{\Gamma} = \frac{4\pi^2 \varrho}{\dot{m}} \int_0^R r^2 C_u C_z \, \mathrm{d}r \,, \qquad \Omega_{zR} = \dot{q}/R\bar{\Gamma} \,, \qquad \theta = \int_0^R r C_u^2 C_z \, \mathrm{d}r \Big/ \int_0^R r C_z^3 \, \mathrm{d}r \,, \tag{1), (2), (3}$$

$$\theta_{kZ} = (4\Omega_{zR}^2)^{-1} \, (1 - r_0^{*2}) \ln (1/r_0^*)^2 \,, \qquad \Phi = \theta/\theta_{kZ} \,. \tag{4), (5}$$

Benutzte Bezeichnungen: $\bar{\Gamma}$ Zirkulation, Ω_{zR} Strömungsparameter, θ Drallstärke, θ_{kZ} Drallstärke im Falle eines Potentialwirbels, Φ Ähnlichkeitsparameter, $r_0^* = r_0/R$ dimensionsloser Radius des Totwasserkerns, C_u und C_z mittlere Geschwindigkeitskomponenten in Umfangs- und axialer Richtung, $\dot{m}$ Massenstrom, R Rohrradius, $\dot{q} = \dot{m}/\varrho$ Volumenstrom, ϱ Dichte, r und z radiale und axiale Koordinate.

2. Analytische Gesetzmäßigkeiten und Analyse der Meßergebnisse

Die Zirkulationsgleichung läßt sich unter bestimmten Vernachlässigungen und Voraussetzungen in folgender Form

$$\bar{\Gamma}\partial\Gamma^*/\partial z^* + \Gamma^*\partial\bar{\Gamma}/\partial z^* = \alpha\bar{\Gamma}(\partial^2\Gamma^*/\partial r^{*2} - \partial\Gamma^*/r^*\partial r^*)/\mathrm{Re} \tag{6'}$$

schreiben, wobei $\Gamma^* = \Gamma/\bar{\Gamma} = 2\pi r C_u/\bar{\Gamma}$, $z^* = z/R$, $r^* = r/R$, $C_{zm} = \dot{q}/R^2\pi$, $\alpha = 2(\nu + \varepsilon_{r\varphi})/\nu C_z^*$, $\mathrm{Re} = 2C_{zm}R/\nu$ REYNOLDS-Zahl, $C_z^* = C_z/C_{zm}$, $\varepsilon_{r\varphi}$ Wirbelviskosität sind. Aus der allgemeinen Lösung der Gleichung (6′)

$$\Gamma_n^* = r^*[B_n J_1(a_n r^*) + C_n Y_1(a_n r^*)]\, A_n \bar{\Gamma}^{-1} \exp(-a_n^2 \alpha z^*/\mathrm{Re})$$

und bestimmten Randbedingungen erfolgt die Abnahme der Zirkulation nach der Beziehung

$$\bar{\Gamma} = \bar{\Gamma}_0 \exp(B_{0\varphi} z^*)\,, \qquad B_0 = -2a_0^2(\nu + \varepsilon_{r\varphi})/\nu C_z^* \mathrm{Re}\,, \tag{6}$$

wobei a_0 Konstante und $\bar{\Gamma}_0 = (\bar{\Gamma})_{z^*=0}$ Anfangszirkulation sind. Die Größen $\bar{\Gamma}_0$ und $B_{0\varphi}$ müssen experimentell ermittelt werden.

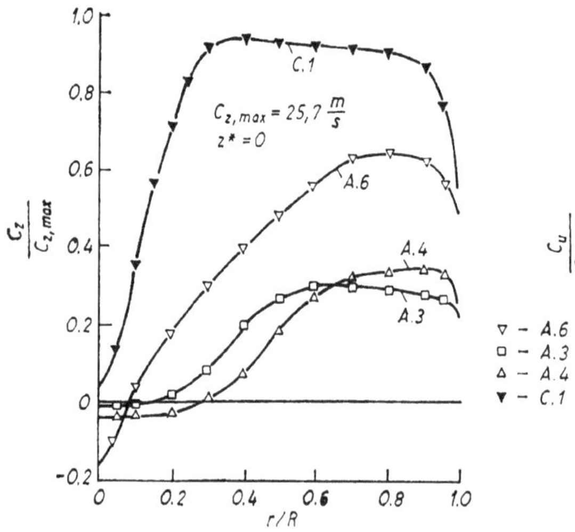

Bild 1

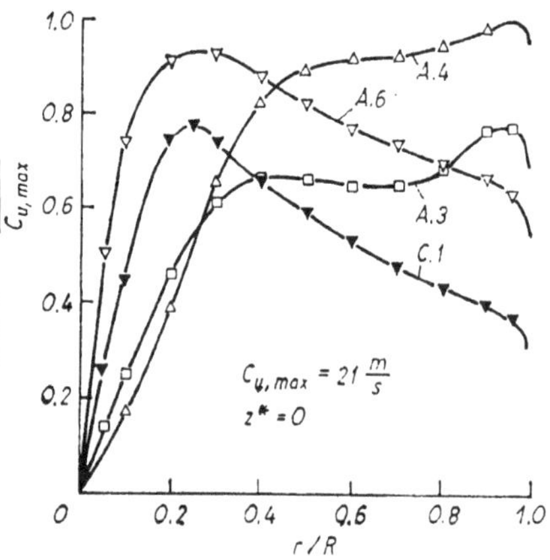

Bild 2

Um die gewonnene Gesetzmäßigkeit für die Zirkulationsänderung mit den Meßergebnissen vergleichen zu können, werden beispielhaft einige Geschwindigkeitsprofile im Anfangsquerschnitt ($z^* = 0$) in den beiden folgenden Bildern 1 und 2 gezeigt. Man sieht, daß die Verläufe der Umfangsgeschwindigkeiten bei diesen Meßreihen ganz unterschiedlich sind, was für die weitere Untersuchung besonders wichtig ist. Die Zirkulation $\bar{\Gamma}$ ist nun nach (1) zu berechnen. Die aus der numerischen Integration der ausgemessenen C_u- und C_z-Verteilungen ermittelten Zirkulationen sind für die verschiedenen Meßreihen und Querschnitte auf dem Bild 3 in [1] aufgetragen. Diese Ergebnisse zeigten, daß die Zirkulationsabnahme über der Rohrlänge nicht nur von der Anfangszirkulation und REYNOLDS-Zahl, sondern auch von den anderen Größen abhängt, was in Einklang mit (6) steht. Zu diesem Zweck wurden $\bar{\Gamma}_0$ und $B_{0\varphi}$ aus den Meßergebnissen nach der Methode der kleinsten Quadrate ermittelt. Nach einer in der Arbeit [2] durchgeführten Analyse der experimentellen und numerischen Daten wurde die Größe $B_{0\varphi}$ über die Drallstärke $\Omega_{0R} = (\Omega_{zR})_{z=0}$ aufgetragen. Bei dieser Untersuchung hat es sich herausgestellt, daß die Größe $B_{0\varphi}$ eine große Rolle spielt und ihr eine bestimmte physikalische Bedeutung zukommt. Es wurde in der vorliegenden Arbeit eingehend festgestellt, daß die Größe $B_{0\varphi}$ nicht nur von dem Strömungsparameter Ω_{0R} abhängt. Um dafür eine physikalische Erklärung finden zu können, wurde die nachfolgende Analyse durchgeführt und die Drallstärke θ über Ω_{zR} aufgetragen, was Bild 3 zeigt. Die Größen θ und Ω_{zR} sind nach (3) und (2) durch die numerische Integration ausgerechnet. Als Maß für die Energieverteilung und Ähnlichkeit des Geschwindigkeitsprofils C_u mit dem theoretischen RANKINE-Wirbel-Modell wurde der Ähnlichkeitsparameter Φ mit (5) definiert. Die große Abweichung Φ(Φ wurde nach (3), (4) und (5) berechnet) von Eins ist besonders deutlich zu sehen bei den Meßreihen A.5, A.4 und A.3, bei denen die Anfangsprofile für C_u (Bild 2) eine ganz andere Verteilung als rC_u = konst. aufweisen. Die Größe Φ hat eine wichtige physikalische Bedeutung und es wird sich zeigen, daß zwischen $B_{0\varphi}$, Ω_{0R} und Φ ein Zusammenhang besteht. Die weiter durchgeführte Analyse bestätigt, daß die Abhängigkeit zwischen $B_{0\varphi}$, Ω_{0R} und Φ in dieser Form $B_{0\varphi} = k\Omega_{0R}^m \Phi^n$ dargestellt werden kann.

Für alle Meßreihen sind die Größen k, m und n nach der Methode der kleinsten Quadrate ermittelt und im Bild 4 angegeben. Man kann annehmen, daß der gefundene Zusammenhang gut mit den Meßergebnissen übereinstimmt, wie es aus dem Bild 4 zu sehen ist.

Es wurde gezeigt, daß die kennzeichnenden Größen eine wesentliche Rolle bei den gesamten Umwandlungen der Energie und Geschwindigkeitsprofile in den drallbehafteten Strömungen bei veränderlichen REYNOLDS-Zahlen, Drallstärken und Anfangsgeschwindigkeitsverteilungen spielen.

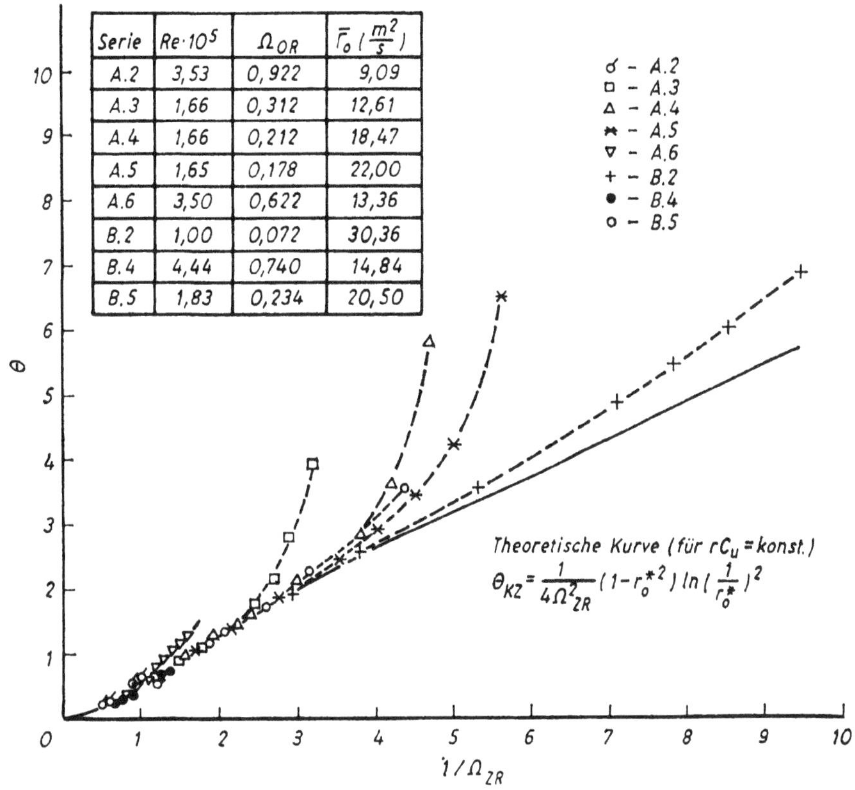

Serie	$Re \cdot 10^5$	Ω_{OR}	$\bar{\Gamma}_o\ (\frac{m^2}{s})$
A.2	3,53	0,922	9,09
A.3	1,66	0,312	12,61
A.4	1,66	0,212	18,47
A.5	1,65	0,178	22,00
A.6	3,50	0,622	13,36
B.2	1,00	0,072	30,36
B.4	4,44	0,740	14,84
B.5	1,83	0,234	20,50

Bild 3

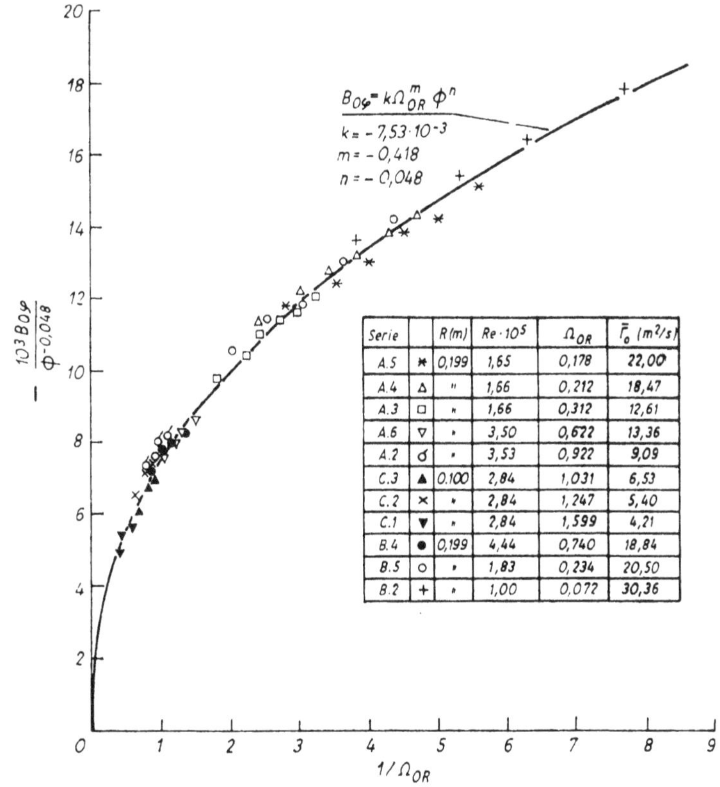

Serie		R (m)	$Re \cdot 10^5$	Ω_{OR}	$\bar{\Gamma}_o$ (m²/s)
A.5	✱	0,199	1,65	0,178	22,00
A.4	△	"	1,66	0,212	18,47
A.3	□	"	1,66	0,312	12,61
A.6	▽	"	3,50	0,622	13,36
A.2	ȯ	"	3,53	0,922	9,09
C.3	▲	0.100	2,84	1,031	6,53
C.2	×	"	2,84	1,247	5,40
C.1	▼	"	2,84	1,599	4,21
B.4	●	0,199	4,44	0,740	18,84
B.5	○	"	1,83	0,234	20,50
B.2	+	"	1,00	0,072	30,36

Bild 4

Literatur

1 Benišek, M.; Čantrak, S., Investigation the characteristics for unsteady swirling flow, (in Serbo-Croation), Proceedings of XVth Yugoslav Congress of Theoretical and Applied Mechanics, Kupari, 1981.

2 Benišek, M., Investigation of the swirling flow in long lined circular pipes, (in Serbo-Croation), Dissertation, Beograd, 1979.

Anschrift: Mag. Sc. Svetislav Čantrak und Dr. Sc. Miroslav Benišek, Mašinski fakultet, 27 marta 80, Beograd, Jugoslawien

ZAMM 62, T 204 – T 205 (1982)

K. Förster

Die Bedeutung des Restgliedabgleichs beim Entwurf von Randpunkt-Algorithmen

Wenn man an einem exakt lösbaren Beispiel, etwa der Ringleb-Strömung, numerische Lösungsverfahren für nichtlineare Differentialgleichungen testet (s. a. Förster [1]), so fällt auf, daß die Ergebnisse, die man bei Verwendung der exakten Randwerte erhält, durchweg wesentlich besser sind als bei Verwendung üblicher Randpunkt-Algorithmen; typisch ist der Faktor 15. M. a. W., das Genauigkeitspotential herkömmlicher Verfahren zur Feldberechnung ist erheblich größer als bisher angenommen, es wird jedoch durch vergleichsweise schlechte Randpunktberechnungen zerstört. Der Grund dafür muß in einem zwischen den Algorithmen für Feld und Rand bestehenden Unterschied zu finden sein; setzt man bei beiden gleiche Genauigkeitsordnung p voraus, so kann dieser nur in den Gliedern $(p+1)$. und höherer Ordnung in der Taylor-Entwicklung bestehen. Es scheint also sinnvoll, das Restglied der Ordnung $p+1$ für die zur Anwendung kommenden Algorithmen zu untersuchen.

Theoretische Untersuchung

Diese führen wie für das bekannte Lax-Wendroff-Richtmyer-Verfahren an der einfachen nichtlinearen Gleichung

$$u_t = a(u)\, u_x \tag{1}$$

durch. Die Taylor-Entwicklung ist, insbesondere wenn man zu Verfahrensordnungen $p \geqq 3$ übergeht, etwas mühsam; wir benutzen zur Unterstützung das MASYCA-System von Degen [2]. Im folgenden werden nur Ergebnisse mitgeteilt.

a) Der exakte Wert $\bar{u}_i^+ = u(x_i, t+k)$ hat vom Punkt (x_i, t) aus die Taylor-Entwicklung (bis $O(h^3)$ einschließlich):

$$\bar{u}_i^+ = u_i + hAu_x + \frac{h^2}{2}\{A^2u_{xx} + 2AA'u_x^2\} + \frac{h^3}{6}\{A^3u_{xxx} + 9A^2A'u_xu_{xx} + (6AA'^2 + 3A^2A'')\, u_x^3\} \tag{2}$$

mit

$$A := ak/h\,, \quad k = \Delta t\,, \quad h = \Delta x\,, \quad A' := \mathrm{d}A/\mathrm{d}u, \quad A'' := \mathrm{d}^2 A/\mathrm{d}u^2\,.$$

b) Der nach dem LWR-Verfahren:

1. Schritt: $u_{i+(1/2)} = \frac{1}{2}\,[u_{i+1} + u_i + \frac{1}{2}(A_{i+1} + A_i)\,(u_{i+1} - u_i)]$
2. Schritt: $u_i^+ = u_i + \frac{1}{2}(A_{i+(1/2)} + A_{i-(1/2)})\,(u_{i+(1/2)} - u_{i-(1/2)})$

berechnete Wert weist demgegenüber das Restglied

$$+\frac{h^3}{6}\left\{Au_{xxx} + \left(\frac{3}{2} + \frac{3A^2}{2}\right)A'u_xu_{xx} + \left[\frac{3A}{2}A'^2 + \left(\frac{3}{4} + \frac{3A^2}{4}\right)A''\right]u_x^3\right\} \tag{3}$$

auf.

c) Für die Konstruktion von Randpunktalgorithmen gibt es infolge $a = a(u)$ sehr viele Möglichkeiten. Wir stellen nur Ergebnisse dar, die mit derjenigen Algorithmenfamilie gewonnen wurden, die sich im zweiten Schritt ausschließlich der Werte $u_{1/2}$, $u_{3/2}$, $u_{5/2}$ aus dem ersten Verfahrensschritt bedient:

$$\begin{aligned} u_0^+ = u_0 &+ \beta[(1-\alpha)\, A_{1/2} + \alpha A_{3/2}]\,(u_{3/2} - u_{1/2}) + \\ &+ [(1-\alpha_1-\alpha_2)\, A_{1/2} + \alpha_1 A_{3/2} + \alpha_2 A_{5/2}]\,[(-\beta_1 - \beta_2)\, u_{1/2} + \beta_1 u_{3/2} + \beta_2 u_{5/2}]\,. \end{aligned} \tag{4}$$

Die Forderung $p = 2$ führt auf $\beta_2 = -1$, $\beta + \beta_1 = 3$ und $\alpha\beta + (\alpha_1 + 2\alpha_2)\,(\beta_1 - 2) = -\frac{1}{2}$, so daß die Familie dreiparametrig ist. Ihr Restglied lautet:

$$\begin{aligned} &+\frac{h^3}{6}\left\{-5Au_{xxx} + \left[-\frac{9}{2} + 6(\alpha_2(\beta_1 - 4) - \alpha_1) + \frac{3A^2}{2}\right]A'u_xu_{xx} + \right. \\ &\left. + \left[\frac{3A}{2}A'^2 + \left(-\frac{9}{4} + 6\alpha_2(\beta_1 - 2) + \frac{3A^2}{4}\right)A''\right]u_x^3\right\}. \end{aligned} \tag{5}$$

Dieses Restglied läßt sich nun mit (3) vollständig in Übereinstimmung bringen („Restgliedabgleich"), indem man

aa) über zwei der Parameter so verfügt, daß

$$\alpha_1 = -\beta_1/(2\beta_1 - 4) \quad \text{und} \quad \alpha_2 = 1/(2\beta_1 - 4) \quad \text{und}$$

bb) zum oben angegebenen Algorithmus (4) eine dritte Differenz, z. B. $A_0(u_3 - 3u_2 + 3u_1 - u_0)$, hinzufügt. (Physikalisch gesehen handelt es sich dabei um ein Dispersionsglied.)

Numerische Untersuchung

Diese haben wir am Beispiel einer Ringleb-Überschall-Kanalströmung zwischen den als feste Wände gedachten Stromlinien $\psi = 0.7$ und 0.8 durchgeführt. Für das in Abb. 1 skizzierte konturangepaßte polare Koordinatensy-

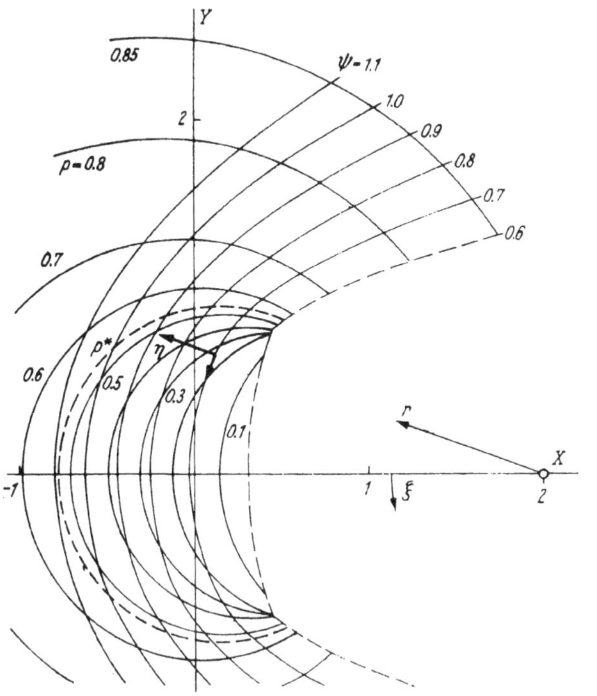

Abb. 1. Ausschnitt aus der Ringleb-Strömung, 1. Riemannsches Blatt. $\eta = 0$ für $\psi = 0.7$, $\eta = 1$ für $\psi = 0.8$

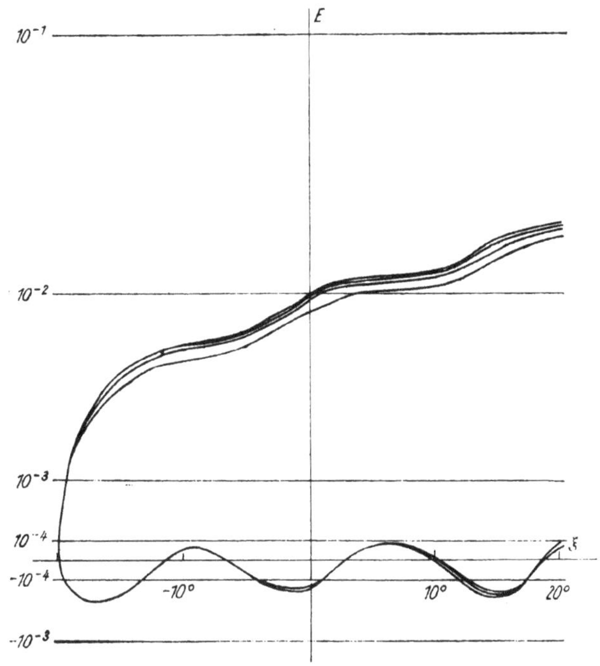

Abb. 2. Fehler des statischen Drucks längs $\psi = 0.8$ bei vollständigem (untere Gruppe) und unvollständigem Restgliedabgleich

stem gilt ein Gleichungssystem der Bauart

$$u_\xi = a(u, v)\, u_\eta + b(u, v)\, v_\eta\,, \qquad v_\xi = c(u, v)\, u_\eta + a(u, v)\, v_\eta + g(v)\,. \tag{6}$$

Als repräsentativ dargestellt wird der Fehler des statischen Drucks $E = (p/p_{\text{exakt}}) - 1$ entlang der Wand $\psi = 0.8$ und zwar in einem verzerrten Maßstab, der für $|E| = 0$ linear und für $|E| \to \infty$ logarithmisch ist.

Das Diagramm Abb. 2 zeigt zwei Gruppen von Kurven, die jeweils durch Variation des nach dem Abgleichschritt aa) allein übriggebliebenen Familienparameters entstanden. Ihre jeweils enge Nachbarschaft zeigt, daß die Terme vierter und höherer Ordnung keine wesentliche Rolle spielen. Die untere Kurvengruppe resultiert aus dem vollständigen Abgleich, die obere ergibt sich, wenn man die dritte Differenz (Abgleichschritt bb)) wegläßt, der Randalgorithmus also ein Restglied $+(h^3/6)\{-5Au_{xxx}\ldots\}$ aufweist. In diesem Fall akkumulieren sich die Fehler in heimtückischer, weil unauffälliger Weise, was bei vollständigem Abgleich nicht auftritt.

Von weiteren Ergebnissen, z. B. mit Randpunktalgorithmen, die auch die Werte u_0, u_1 usw. benützen, sei nur mitgeteilt, daß sie bei entsprechendem Restgliedabgleich weitgehend ähnliche Resultate liefern.

Als Gesamtergebnis unserer Untersuchung ist festzuhalten:

1. Unterschiede im Restglied zwischen zusammen verwendeten Algorithmen gleicher Genauigkeitsordnung können die Ursache überraschend großer Fehler sein;
2. Die theoretische Untersuchung der skalaren Gleichung (1) gibt die Verhältnisse am wesentlich komplizierteren System (6) recht gut wieder.

Literatur

1 Förster, K., (Ed.), Boundary algorithms for multidimensional inviscid hyperbolic flows, Notes Num. Fluid Mech. 1, Vieweg, Braunschweig/Wiesbaden 1978.

2 Degen, W., MASYCA — eine interaktive Kommandosprache zur symbolischen Manipulation mathematischer Formeln, Angew. Informatik 1 (1980), pp. 18–26.

Anschrift: Prof. Dr.-Ing. K. Förster, Institut für Aerodynamik und Gasdynamik, Universität Stuttgart, Pfaffenwaldring 21, D-7000 Stuttgart 80, BRD

ZAMM 62, T 206 – T 207 (1982

W. Frank

Untersuchungen über die Einfriereigenschaft von schallnahen Strömungen

Liepmann und Bryson [1] haben 1950 durch experimentelle Untersuchungen an Keilen festgestellt, daß sich für Anströmmachzahlen in der unmittelbaren Umgebung von 1 die Geschwindigkeitsverteilung auf den Keilen praktisch nicht mehr änderte, obwohl die Anströmmachzahl noch geringfügig variiert wurde. Diese Besonderheit bezeichnet man in der Literatur als das „Einfrieren" der schallnahen Strömungen. Zierep [2], [3] nutzt diese Eigenschaft zur Bestimmung des Kopfwellenabstandes bei einem spitzen, schlanken Körper in schallnaher Überschallströmung aus. Er setzt dabei jedoch voraus, daß die Einfriereigenschaft nicht nur, wie aus den Experimenten folgt, auf dem Körper erfüllt ist, sondern daß sie in gleicher Weise für die Geschwindigkeitsverteilung vor dem Körper gilt. Im folgenden soll nun nachgeprüft werden, inwieweit diese Voraussetzung zutrifft.

Ausgangspunkt der Untersuchungen ist dabei die schallnahe Umströmung des Guderley-Schnabelprofiles (s. z. B. [4]). Für dieses Profil ist für den Fall der Anströmmachzahl $M_\infty = 1$ die Geschwindigkeitsverteilung vor und auf dem Körper exakt bekannt. Mit Hilfe der Bilanzgleichungen soll nun untersucht werden, wie sich diese Geschwindigkeitsverteilungen für $M_\infty \gtrsim 1$ ändern. In diesem Fall entsteht nämlich vor dem Profil ein abgelöster Verdichtungsstoß, dessen Abstand von der Spitze sich mit der Anströmmachzahl ändert. Beschränken wir uns auf die Stromlinie, so folgt aus der Kontinuitätsgleichung für die Dichte ϱ und die Geschwindigkeit u:

$$M_\infty \gtrsim 1:\ \hat{\varrho} \cdot \hat{u} = \varrho_\infty u_\infty\,, \qquad M_\infty = 1:\ \varrho \cdot u = \varrho^* c^*\,, \tag{1), (2}$$

ϱ^*, c^* stellen die kritischen Werte für die Dichte und die Schallgeschwindigkeit dar. Die mit $(\hat{\ })$ versehenen Größen bezeichnen die Zustände hinter dem Stoß, der Index $(\ )_\infty$ charakterisiert die Anströmung. Da die Zustandsgrößen vor und hinter dem Stoß auf jeweils isentropem Wege in die zugehörigen Ruhewerte übergeführt werden können, folgt durch Division der Gleichungen (1), (2) und aus den Bilanzgleichungen für den senkrechten Stoß:

$$\frac{\hat{u}}{c^*}\left\{1-\frac{\varkappa-1}{2}\left(\frac{\hat{u}^2}{c^{*2}}-1\right)\right\}^{1/(\varkappa-1)}\cdot\frac{u_\infty}{c^*}\left\{1-\frac{\varkappa-1}{2}\left(\frac{c^{*2}}{u_\infty^2}-1\right)\right\}^{-1/(\varkappa-1)}=\left\{1-\frac{\varkappa-1}{2}\left(\frac{u^2}{c^{*2}}-1\right)\right\}^{1/(\varkappa-1)}\cdot\frac{u}{c^*}. \tag{3}$$

$\varkappa$ stellt dabei das Verhältnis der spezifischen Wärmen dar. Da das Guderley-Profil an der Spitze keinen Staupunkt hat, sondern dort unendlich dünn ist, muß die Geschwindigkeit an der Spitze immer einen endlichen Wert haben. Geht man in Gleichung (3) zur Profilspitze über, so folgt:

$$\frac{\hat{u}_{10}}{u_{10}}=\frac{u_\infty^2}{c^{*2}}\left\{1-\frac{\varkappa-1}{2}\left(\frac{c^{*2}}{u_\infty^2}-1\right)\right\}^{-2/(\varkappa-1)} \tag{4}$$

mit $\hat{u}_{10}$ als Geschwindigkeit an der Profilspitze bei $M_\infty \gtrsim 1$ und u_{10} entsprechend für $M_\infty = 1$. Da die Geschwindigkeitsverteilung bei $M_\infty \gtrsim 1$ gemäß der Transformationsgleichung

$$\frac{\hat{u}}{c^*}=\frac{\hat{u}_{10}}{u_{10}}\cdot\frac{u}{c^*} \tag{5}$$

mit der Geschwindigkeitsverteilung u/c^* bei Schallanströmung verknüpft werden kann, ist somit die Geschwindigkeit sowohl vor als auch auf dem Profil für $M_\infty \gtrsim 1$ bestimmt. Damit kann auch nachgeprüft werden, inwieweit die sogenannte „Einfriereigenschaft" erfüllt ist, denn für diesen Fall muß gelten:

$$\lim_{u_\infty \to c^*} \frac{\partial \hat{u}}{\partial u_\infty} \overset{!}{=} 0\,. \tag{6}$$

Setzt man (4) in (5) ein, differenziert nach u_∞ und führt den Grenzübergang $u_\infty \to c^*$ aus, so sieht man sofort, daß Gleichung (6) erfüllt ist. Damit ist nachgewiesen, daß die Einfriereigenschaft nicht nur *auf* dem Profil, wie dies bisher aus den Experimenten bekannt ist, erfüllt ist, sondern daß sie in gleicher Weise auch *vor* dem Profil gilt. Dies war bisher nicht bekannt und wurde auch verschiedentlich in der Literatur bezweifelt.

Die Abbildungen 1—3 zeigen einen Vergleich zwischen der theoretischen Geschwindigkeitsverteilung vor und auf einem Guderley-Schnabel mit 10% Dicke und entsprechenden Experimenten. Ebenfalls eingezeichnet ist die Lage der abgelösten Kopfwelle. Dieser Abstand wird auf folgende Weise bestimmt:

In unmittelbarer Umgebung der Staustromlinie stellt die Kopfwelle einen senkrechten Verdichtungsstoß dar. Somit gilt für den Geschwindigkeitssprung über den Stoß die Prandtl-Relation:

$$u_\infty \cdot \hat{u}_0 = c^{*2}\,,$$

wobei $\hat{u}_0$ die Geschwindigkeit unmittelbar hinter der Kopfwelle bedeutet. Damit läßt sich sofort in der Geschwindigkeitsverteilung vor dem Schnabel die Stoßlage bestimmen.

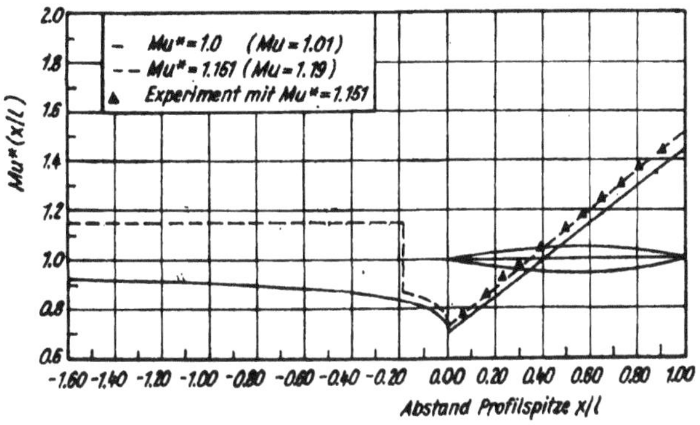

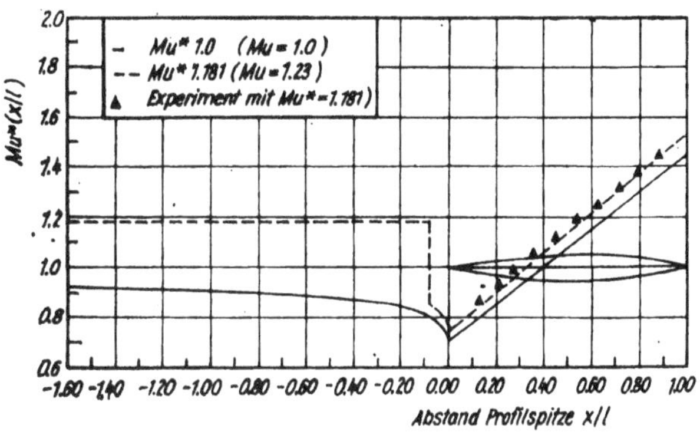

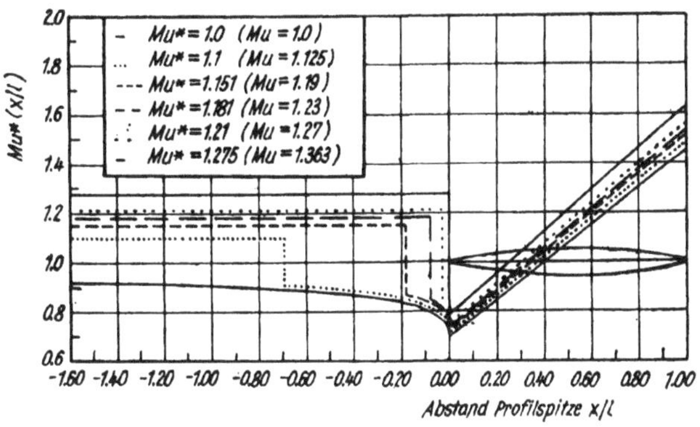

Abb. 1–3. Geschwindigkeitsverteilung vor und auf einem GUDERLEY-Schnabelprofil mit 10% Dicke ($Mu^* = M^*_\infty$, $Mu = M_\infty$)

Literatur

1 LIEPMANN, H. W.; BRYSON, A. E., Transonic Flow past Wedge Sections. J. Aeron. Sci. **17**, 745–755 (1950).
2 ZIEREP, J., Der Kopfwellenabstand bei einem spitzen, schlanken Körper in schallnaher Überschallanströmung. Acta Mech. **5**, 204–208 (1968).
3 ZIEREP, J., Theorie und Experiment bei schallnahen Strömungen. Übersichtsbeiträge zur Gasdynamik, Hrsg. E. LEITER und J. ZIEREP. Springer-Verlag Wien/New York. 117–162 (1971).
4 ZIEREP, J., Theoretische Gasdynamik. Verlag G. Braun, Karlsruhe, 343–347 (1976).

Anschrift: Privatdozent Dr.-Ing. habil. W. FRANK, Institut für Strömungslehre und Strömungsmaschinen, Universität Karlsruhe, Kaiserstraße 12, D-7500 Karlsruhe 1, BRD

ZAMM 62, T 207 – T 209 (1982)

CL. GÜNTHER

Zur Identifikation von Lösungsverzweigungen bei der Naturkonvektion in einer von unten beheizten, schmalen Hele-Shaw-Zelle

Die Bemühungen, den Übergang von laminarer zu turbulenter Strömung verstehen zu lernen, haben in den letzten Jahren dazu geführt, daß man verstärkt einfache und übersichtliche Strömungsanordnungen untersucht hat. Eine solche Geometrie mit wenig Freiheitsgraden stellt der von unten beheizte Hele-Shaw-Spalt dar. Es handelt sich hier um einen Fall einer von unten beheizten, dreidimensionalen rechteckigen Kavität mit adiabaten seitlichen Berandungen, die wesentlich höher als breit ist und deren Tiefe wesentlich kleiner ist als die beiden anderen räumlichen Ausdehnungen (Abb. 1). Man hat den von unten beheizten Hele-Shaw-Spalt in Experimenten untersucht [1], [2], [3], bei denen durch Plexiglasfenster hindurch die Strömung sichtbar bleibt und Temperaturfelder in der Zelle gemessen werden können. Dabei wurden für gewisse Bereiche überkritischer Rayleighzahlen jeweils interessante Folgen verschiedener Strömungsmuster gefunden. Zur Abstützung der Experimente von [1] und [2] wurde ein Teil derselben auf der Basis eines Modells nachgerechnet, bei dem man die Tatsache nützt, daß die Strömung in einer Hele-Shaw-Zelle im wesentlichen zweidimensional ist. Diese Annahme führt auf eine zweidimensionale Problemformulierung, bei der in den Impulsgleichungen jeweils sowohl ein viskoser sowie ein quasiporöser Reibungsterm auftritt.

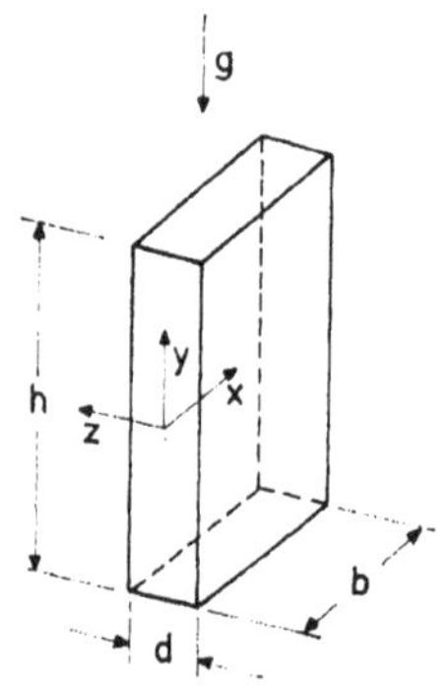

Abb. 1. Geometrische Abmessungen des schmalen Hele-Shaw-Behälters, $d \ll h$, $d \ll b$

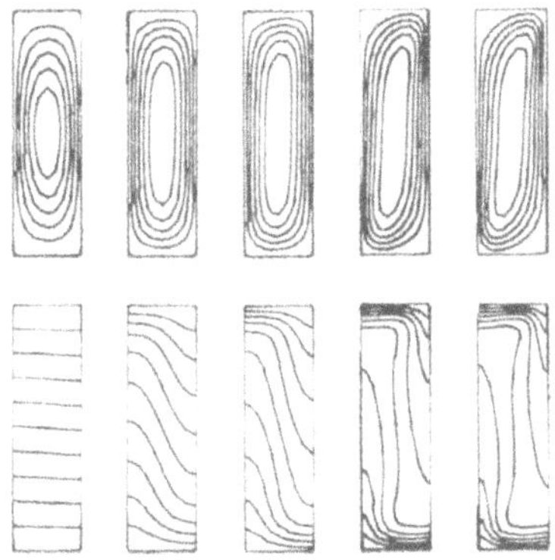

Abb. 2. Stationäre Rollen, Stromfunktion (oben) und Temperaturfeld (unten) für $Ra \cdot 10^{-6} = 1, 1.5, 2, 4, 5, 5.5$

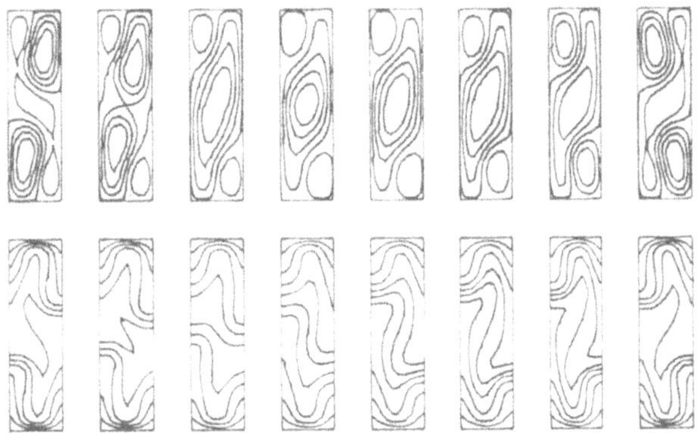

Abb. 3. Symmetrische Oszillation, $Ra = 6 \cdot 10^6$, Stromfunktion und Temperaturfeld

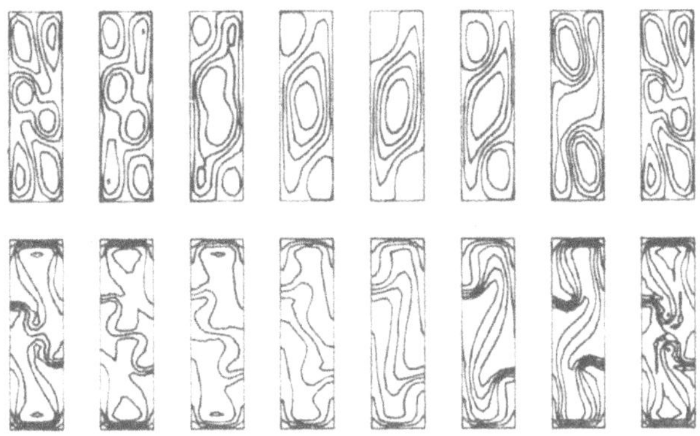

Abb. 4. Richtungsorientierte, inversionssymmetrische Oszillation, $Ra = 1{,}3 \times 10^7$, Stromfunktion und Temperaturfeld

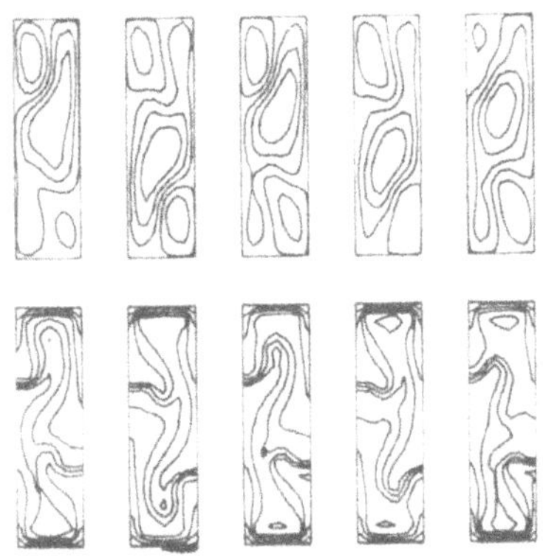

Abb. 5. Richtungsorientierte, nicht inversionssymmetrische Oszillation, $Ra = 1.45 \cdot 10^7$, Stromfunktion und Temperaturfeld

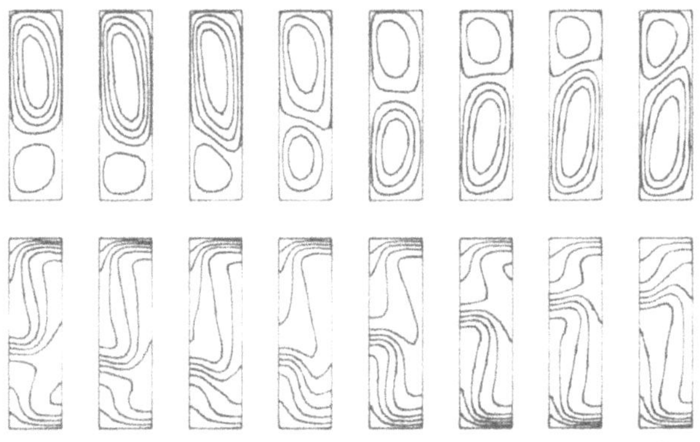

Abb. 6. Oszillierende Stockwerksdoppelrolle (richtungsorientiert, nicht inversionssymmetrisch), $Ra = 4.5 \cdot 10^6$, Stromfunktion und Temperaturfeld

Die sich ergebenden Gleichungen, welche die vier dimensionslosen Kennzahlen Ra (Rayleigh-Zahl), Pr (Prandtl-Zahl), H/B (Verhältnis Höhe zu Breite), H/d (Höhe zu Dicke) enthalten, wurden mit Hilfe eines Programmes zur Berechnung transienter, zweidimensionaler Naturkonvektion numerisch gelöst. Die Rechnungen wurden durchgeführt für festes $H/B = 3{,}5$, $H/d = 23{,}3$, $Pr = 38{,}46$; variiert wurde Ra. Berechnet wurde jeweils ein „eingeschwungener", stabiler Zustand.

Als kritische Rayleigh-Zahl wurde $Ra_c = 10^6$ gefunden. Durch schrittweises geringfügiges Vergrößern von Ra wurden — um ein stetiges Fortschreiten auf stabilen Lösungsästen zu simulieren — bis zu $Ra_2 = 5{,}8 \cdot 10^6$ stationäre Rollen, die zweierlei Drehsinn haben konnten, als stabile Lösungen gefunden (Abb. 2). Bei einer Vergrößerung von Ra über Ra_2 hinaus wurden periodische Oszillationen gefunden, welche nicht richtungsorientiert und inversionssymmetrisch waren (Abb. 3). Zwischen $Ra = 10^7$ und $Ra = 1{,}15 \cdot 10^7$ fand ein Übergang zu richtungsorientierten Oszillationen statt, die richtungsorientierte Strömungsform blieb für größere Ra bis $Ra = 1{,}6 \times 10^7$ erhalten (Abb. 4 für $Ra = 1{,}3 \cdot 10^7$). Um $Ra = 1{,}45 \cdot 10^7$ trat für einen kleinen Ra-Bereich eine zusätzliche Oszillation um die horizontale Mittelachse statt (Verlust der Inversionssymmetrie), welche für größere Ra ($\approx 1{,}5 \times 10^7$) wieder verschwand (Abb. 5).

Bei schrittweiser Verkleinerung von Ra, ausgehend von $Ra = 1{,}6 \cdot 10^7$, wurden fast alle schon zuvor gefundenen Lösungen wiedergefunden, der Rücksprung zu den stationären Rollen erfolgte erst bei $Ra = 4 \cdot 10^6$. Dazwischen trat in diesem Hysteresisbereich zwischen $Ra = 4{,}9 \cdot 10^6$ und $Ra = 4 \cdot 10^6$ noch ein weiterer Strömungstyp auf, die oszillierende Stockwerkdoppelrolle (Abb. 6).

Eine ausführliche Analyse der Symmetrieeigenschaften der numerisch gefundenen Lösungen [4], von denen die meisten auch in den Experimenten auftreten, zeigt, daß die Rechnung sieben Veränderungen der Strömungsform im untersuchten Bereich liefert. Dabei wird benützt, daß durch den Gewinn oder den Verlust einer Symmetrieeigenschaft mit sich änderndem *Ra* eine Veränderung der Strömungsform charakterisiert wird.

Literatur

1 Koster, J. N., Freie Konvektion in vertikalen Spalten, Dissertation Universität Karlsruhe, 1980, auch KfK-Bericht 3066.
2 Koster, J. N.; Müller, U., Vertically Staggered Patterns in Free Convective Flow, in: Recent Development in Theoretical and Experimental Fluid Mechanics, Müller, U.; Roesner, K. G.; Schmidt, B., eds., Springer, Berlin, 1979, pp. 367–375.
3 Putin, G. F.; Tkacheva, E. A., Experimental Investigation of Supercritical Convective Motions in a Hele-Shaw Cell, Izvestiya Akad. Nauk SSSR, Mekhanika Zhidkosti i Gaza, Vol. 14, 1, 1979, pp. 3–8.
4 Günter, Cl., Numerische Untersuchung der Naturkonvektion in einer von unten beheizten, schmalen Hele-Shaw Zelle KfK-Bericht 3142, 1981.

Anschrift: Dr. rer. nat. Cl. Günther, Kernforschungszentrum Karlsruhe, Institut für Reaktorbauelemente, Postfach 3640, D-7500 Karlsruhe 1, BRD

ZAMM 62, T 209 – T 211 (1982)

H.-O. Jeske / A. R. Wiedermann

Zur Relaminarisierung turbulenter Grenzschichten

1. Einleitung

Der maximale Massenstrom durch eine Düse wird im wesentlichen durch den Ruhezustand des Gases und den engsten Düsenquerschnitt bestimmt. Der maximale Massenstrom fließt, wenn im engsten Querschnitt die Machzahl $M = 1$ auftritt. Die Düse ist gesperrt. Der sich in der realen Strömung einstellende Massenstrom ist kleiner als der nach den idealen Bedingungen der isentropen Stromfadentheorie. Als Maß dafür wird der Minderleistungsfaktor c_D verwendet, der das Verhältnis vom realen zum idealen Massenstrom darstellt. Eine Ursache für die Verminderung des Durchsatzes liegt in der Form der Schallinie begründet, die in realen Düsen keine gerade Linie ist. Die Form der Linie $M = 1$ wird von der Geometrie der Düse beeinflußt. Eine weitere Herabsetzung des Massenstroms ergibt sich aus der Verdrängungswirkung der Grenzschicht an der Düsenwand, die den engsten Querschnitt verkleinert. Dieser Effekt hängt von der Reynoldszahl ab. Die vorliegende Arbeit beschäftigt sich mit dem Anteil an der Verkleinerung des Massenstromes, der durch die Verdrängungswirkung der Grenzschicht verursacht wird.

2. Die Berechnung der Druckverteilung und der Grenzschicht in der Düse

Die Druckverteilung in der Düse ist mittels einer instationären Formulierung der Eulerschen Gleichungen bestimmt worden. Die so berechnete Machzahl M_e an der Düsenwand findet Eingang in die Grenzschichtuntersuchungen, die mit zwei Integralverfahren durchgeführt werden.

Stratford und Beavers [1] haben ein Verfahren veröffentlicht, das eine explizite Darstellung der wichtigsten Grenzschichtgrößen ermöglicht. Sie gehen von der Annahme aus, daß eine Grenzschicht mit Druckgradient durch eine geeignete Koordinatentransformation auf eine Plattengrenzschicht zurückführbar ist. Die Kompressibilität und der Einfluß des Druckgradienten werden durch empirische Ansätze in die Gleichungen eingefügt. Von Stratford und Beavers werden Beziehungen für zwei verschiedene Bereiche der mit der transformierten Plattenkoordinate x_q gebildeten Reynoldszahl Re_{x_q} angesetzt. Für einen Bereich dieser Reynoldszahl ist es folgender Ausdruck für die Verdrängungsdicke δ_1:

$$\delta_1 = 0.046 \cdot (1 + 0.8 \cdot M_e^2)^{0.44} \cdot x_q \cdot \mathrm{Re}_{x_q}^{-1/5} . \tag{1}$$

Das zweite Grenzschichtverfahren ist das von Head [2] und Green, u. a. [3] entwickelte Integralverfahren. Es geht von drei gewöhnlichen Differentialgleichungen aus. Grundpfeiler des Verfahrens ist der bekannte Impulssatz für eine kompressible Grenzschicht. Durch Ansetzen der Impulsgleichung am Grenzschichtrand oder einer Integration der Kontinuitätsgleichung über die Grenzschicht entsteht nach Umformung eine Differentialgleichung für einen Entrainmentformparameter. Aus der Transportgleichung für die kinetische Energie der turbulenten Schwankungsbewegung wird eine Bestimmungsgleichung für einen Entrainmentfaktor E hergeleitet, so daß der Einfluß der Turbulenzstrukturen in die Rechnung eingeht. Ein Widerstandsgesetz und verschiedene Hilfsbeziehungen vervollständigen das Gleichungssystem.

Das für diese Untersuchungen relevante Ergebnis der Grenzschichtrechnung, die Verdrängungsdicke δ_1, ist mit dem Minderleistungsfaktor c_D bei rotationssymmetrischen Düsen wie folgt verknüpft:

$$c_D = \left(1 - \frac{\delta_1}{r_t}\right)^2 \tag{2}$$

r_t ist der Radius im Düsenhals. In Bild 1 sind die Ergebnisse der Grenzschichtrechnung in Abhängigkeit von der Reynoldszahl angegeben. Für Reynoldszahlen größer als Re $= 10^6$ ist die Übereinstimmung zwischen den Ergebnissen des Verfahrens von STRATFORD und BEAVERS und des Entrainmentverfahrens gut. Frühere Untersuchungen hatten ähnlich gute Übereinstimmungen gezeigt. Groß sind die Unterschiede im Bereich Re $\sim 10^5$. Zur Klärung dieser Diskrepanz sind in das Diagramm die Darstellung von zwei Ausdrücken aufgenommen, die STRATFORD in [4] für den Minderleistungsfaktor c_D bei laminaren und turbulenten Grenzschichten in der Düse angegeben hat. Die beiden Kurven weisen einen Schnittpunkt auf. Unterhalb des Schnittpunktes ist der Massenverlust durch die laminare Grenzschicht wesentlich größer als durch eine turbulente. Die Ergebnisse des Entrainmentverfahrens — wohlgemerkt für eine turbulente Grenzschicht — sind noch größer als die des laminaren Kriteriums von STRATFORD. Die Ursache für diese Abweichungen dürfte in einer Relaminarisierung der turbulenten Grenzschicht liegen.

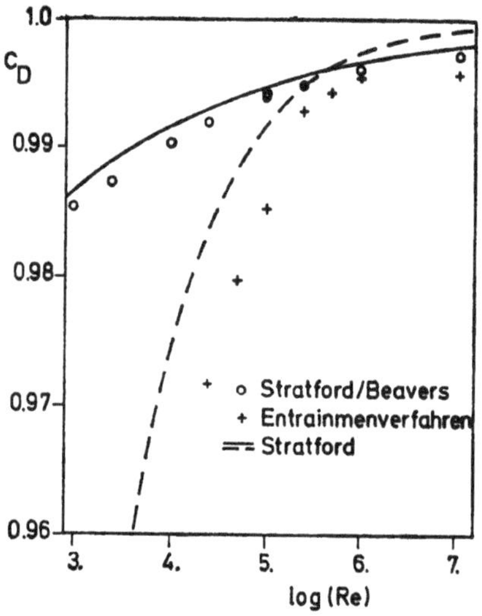

Bild 1. Darstellung des Minderleistungsfaktors c_D, aufgetragen über der mit dem Düsenhalsdurchmesser d_t gebildeten Reynoldszahl Re

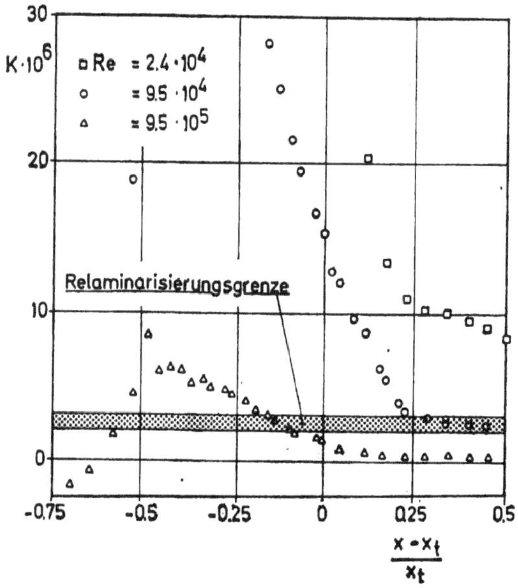

Bild 2. Relaminarisierungsfaktor K über einer dimensionslosen Lauflänge. Der Ursprung des Koordinatensystems ist in den Düsenhals gelegt (x_t: Abstand des Düsenhalses von der Eintrittsebene)

3. Die Relaminarisierung der Grenzschicht

Dieses Phänomen kann damit erklärt werden, daß der starke Druckabfall im vorderen Düsenbereich zu einem Erlöschen der Turbulenz und Anwachsen der laminaren Unterschicht führt. So weisen BACK, u. a. [5] durch die Ausmessung des Geschwindigkeitsprofils einer durch eine erweiterte Düse beschleunigten Strömung nach, daß bei Unterschreitung einer gewissen Reynoldszahl die Geschwindigkeitsverteilung innerhalb der Grenzschicht nicht mehr durch das logarithmische Gesetz für eine turbulente Grenzschicht beschrieben werden kann, sondern ein Profil aufweist, das dem aus der laminaren Theorie berechneten ähnlich ist. Dieser Übergang von der turbulenten in eine laminarähnliche Grenzschicht entzieht sich einer exakten Vorausberechnung, jedoch BACK, u. a. stellten fest, daß er auftritt, wenn eine charakteristische Kennzahl K (ν_e und u_e Zähigkeit und Geschwindigkeit am Grenzschichtrand)

$$K = \frac{\nu_e}{u_e^2} \cdot \frac{\mathrm{d}u_e}{\mathrm{d}x} \tag{3}$$

im Fall einer relaminarisierten Strömung höhere Werte als $2 \cdot 10^{-6}$ annimmt. Für drei verschiedene Reynoldszahlen ist der Parameter K in Abhängigkeit von der Lauflänge x in Bild 2 dargestellt. Er wurde aus den Ergebnissen der beiden Grenzschichtverfahren ermittelt. Während bei der größten Reynoldszahl die Grenzschicht nur in einem Bereich vor dem engsten Querschnitt relaminarisiert ist, tritt bei kleineren Reynoldszahlen vollständige Relaminarisierung auf, die vom Entrainmentverfahren durch die Berücksichtigung des Turbulenzmechanismus qualitativ richtig wiedergegeben wird.

Literatur

1 STRATFORD, B. S.; BEAVERS, G. S.; The Calculation of the Compressible Turbulent Boundary Layer in an Arbitrary Pressure Gradient — a Correlation of Certain Previous Methods. ARC-RM-3207. London: Aeronautical Research Council 1961.
2 HEAD, M. R.; Entrainment in the Turbulent Boundary Layer, ARC-RM-3152. London: Aeronautical Research Council 1968.

3 Green, J. E.; Weeks, D. J.; Brooman, J. W. F., Prediction of Turbulent Boundary Layers and Wakes in Compressible Flow by a Lag-Entrainment Method. ARC-RM-3791. London: Aeronautical Research Council 1973.
4 Hall, I. M.; Sutton, E. P.; Transonic Flow in Ducts and Nozzles; a Survey In: Symposium Transsonicum, Herausgegeben von Kl. Oswatitsch. Berlin, Göttingen, Heidelberg: Springer-Verlag 1964.
5 Back, L. H.; Cuffel, R. F.; Massier, P. F., Laminarization of a Turbulent Boundary Layer in Nozzle Flow. AIAA-Journal, Band 7, 4 (1969), 730–733.

Anschrift: Dr.-Ing. H.-O. Jeske, Dipl.-Ing. A. R. Wiedermann, Institut für Mechanik, Universität Hannover, Appelstr. 11, D-3000 Hannover, BRD.

ZAMM 62, T 211 – T 213 (1982)

K. R. Kirchartz / H. Oertel jun.

Zeitabhängige Zellularkonvektion

Im Rahmen dieser Arbeit wird die zeitliche Entwicklung einer Zellularkonvektionsströmung für den Fall untersucht, daß momentan eine Beschleunigung an ein thermisch geschichtetes Medium angelegt wird. Ein praktisches Interesse an dieser Fragestellung kommt aus dem Bereich der Weltraumtechnologie. Hier muß die Frage diskutiert werden, inwieweit die in einem Weltraumlabor stets vorhandenen zeitabhängigen Beschleunigungen sehr unterschiedlicher Amplitude und Richtung unerwünschte zeitabhängige Konvektionsströmungen induzieren können. In diesem Zusammenhang ist es bedeutsam, daß Zeitverhalten von Konvektionsströmungen zu untersuchen.

Als einfaches Modellsystem wählen wir die Zellularkonvektion in einem flachen, von unten beheizten und von oben gekühlten, rechteckförmigen Behälter. Im Schwerefeld der Erde wird dieses System bei einer kritischen Temperaturdifferenz instabil, d. h. der Grundzustand der Wärmeleitung geht über in einen Zustand mit Zellularkonvektion. Hierbei bildet sich ein regelmäßiges Muster von länglichen Rollen mit einem periodischen Wechsel von Auf- und Abtriebszonen. Die experimentelle und theoretische Untersuchung dieser Strömung wurde u. a. von Oertel [1] ausführlich beschrieben. Wie Abbildung 1 verdeutlicht, wollen wir im Rahmen dieser Arbeit das stationäre Schwerefeld der Erde ersetzen durch eine zeitabhängige Beschleunigung $b(t)$ in Form einer Sprungfunktion. Unter der Annahme eines überkritischen Temperaturgradienten wird sich für Zeiten $t > t_0$ eine Zellularkonvektionsströmung aufbauen. Wir wollen diskutieren, in welcher Form die Ausbildungszeit dieser Strömung von den eingehenden

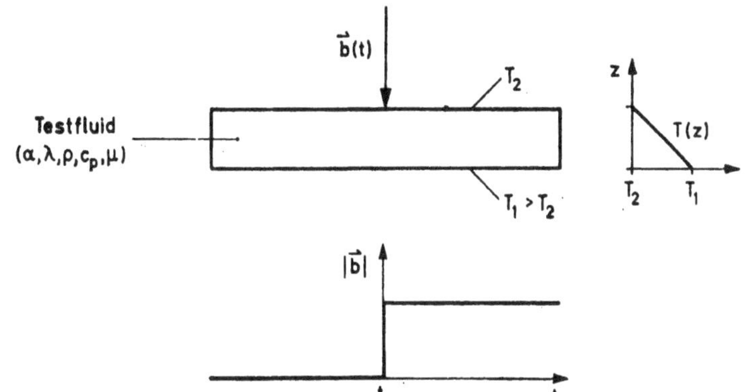

Abb. 1. Modellexperiment

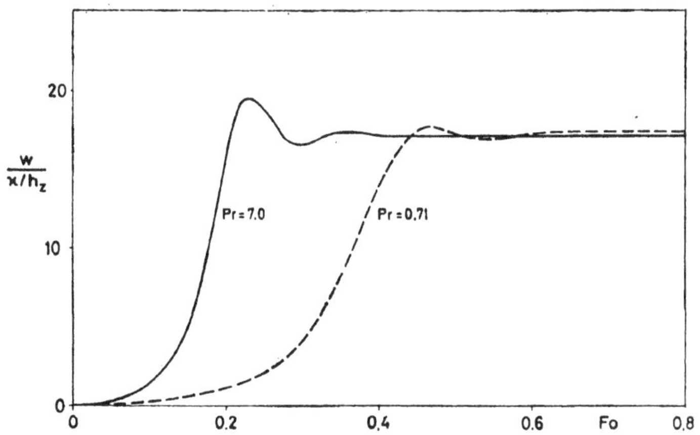

Abb. 2. Zeitlicher Verlauf der Vertikalgeschwindigkeit in einer Auftriebszone

Experimentparametern abhängt. Hierzu sind die vereinfachten Grundgleichungen der Kontinuumsmechanik für die Masse-, Impuls- und Energieerhaltung zu lösen. Als dimensionslose Kennzahlen treten die Rayleigh- und die Prandtlzahl auf. Hierbei bedeuten α der thermische Ausdehnungskoeffizient, g die angelegte Beschleunigung, $T_1 - T_2$ die Temperaturdifferenz, h_z die Schichthöhe, ν die kinematische Zähigkeit und $\varkappa$ die Temperaturleitzahl. Die dimensionslose Zeit t wird im Zusammenhang mit der Ausbildungszeit der Zellularkonvektion als eine Fourierzahl Fo bezeichnet. Das zeitliche Anwachsen der Strömungsamplitude wurde mit Hilfe eines expliziten zweidimensionalen Differenzenverfahrens berechnet. Abbildung 2 zeigt den zeitlichen Verlauf der Vertikalgeschwindigkeit w in einer Auftriebszone. Für kleine Zeiten steigt die Kurve etwa nach einer Exponentialfunktion an. Nach Erreichen der maximalen Strömungsamplitude führt anschließend eine gedämpfte Schwingung in den stationären Endzustand. Als Ausbildungszeit der Strömung wird das Erreichen der maximalen Strömungsamplitude definiert.

Grundgleichungen

$$\nabla \cdot \vec{v} = 0$$

$$\frac{1}{Pr}\left(\frac{\partial \vec{v}}{\partial t} + (\vec{v} \cdot \nabla)\vec{v}\right) = -\nabla p + \Delta \vec{v} + Ra\, T \vec{e}_z$$

$$\frac{\partial T}{\partial t} + (\vec{v} \cdot \nabla)\, T = \Delta T$$

Kennzahlen

$$Ra = \frac{\alpha g (T_1 - T_2)\, h_z^3}{\nu \varkappa}, \qquad Pr = \frac{\nu}{\varkappa}, \qquad Fo = \frac{\varkappa \cdot t'}{h_z^2}$$

Die experimentelle Untersuchung der instationären Zellularkonvektion wird durch die folgende Versuchsdurchführung realisiert: Zu Beginn wird die Versuchsmeßkammer von unten gekühlt und von oben beheizt, bis sich das geforderte lineare und überkritische Wärmeleitungsprofil ausgebildet hat. Aufgrund der *stabilen* Dichteschichtung ruht das Medium. Dreht man nun den Behälter um 180°, so kann man hierdurch näherungsweise das momentane Anlegen der Erdbeschleunigung an ein thermisch *instabil* geschichtetes Medium simulieren. Dabei müssen die Experimentparameter so gewählt werden, daß die durch den Drehvorgang induzierte Störung hinreichend klein ist. Mit Hilfe der Differentialinterferometrie kann man jetzt das zeitliche Anwachsen der Strömungsamplitude quantitativ messen. Abbildung 3 zeigt eine Serie von fünf Interferogrammen, die eine Aussage über die Amplitudenverteilung zu verschiedenen Zeiten erlaubt.

Das Ergebnis aus Rechnung und Experiment ist in der Abbildung 4 zusammengefaßt. Die Entwicklungszeit der Zellularkonvektion (Fo) ist als Funktion der Rayleighzahl für verschiedene Prandtlzahlen aufgetragen. Rechnung und Experiment zeigen übereinstimmend, daß mit zunehmender Rayleighzahl die Ausbildungszeit der Strömung kontinuierlich abnimmt. Ferner zeigt sich eine für Konvektionsströmungen typische Prandtlzahlabhängigkeit. Für $Pr \gtrapprox 7$ verschwindet der Einfluß der Prandtlzahl praktisch, während für $Pr \lessapprox 1$ die Ausbildung der Strömung zunehmend verlangsamt wird.

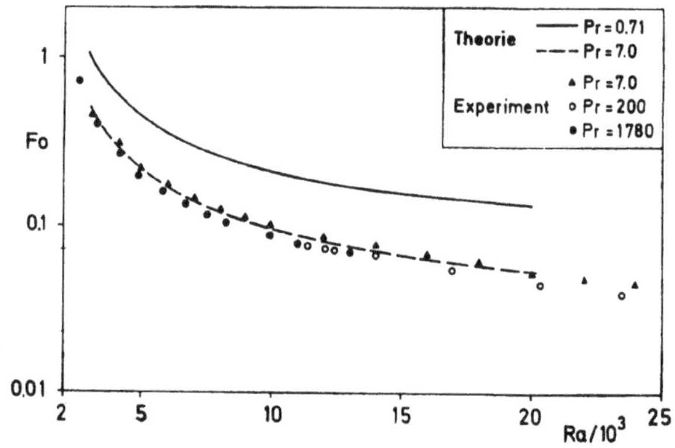

Abb. 4. Entwicklungszeit der Zellularkonvektion

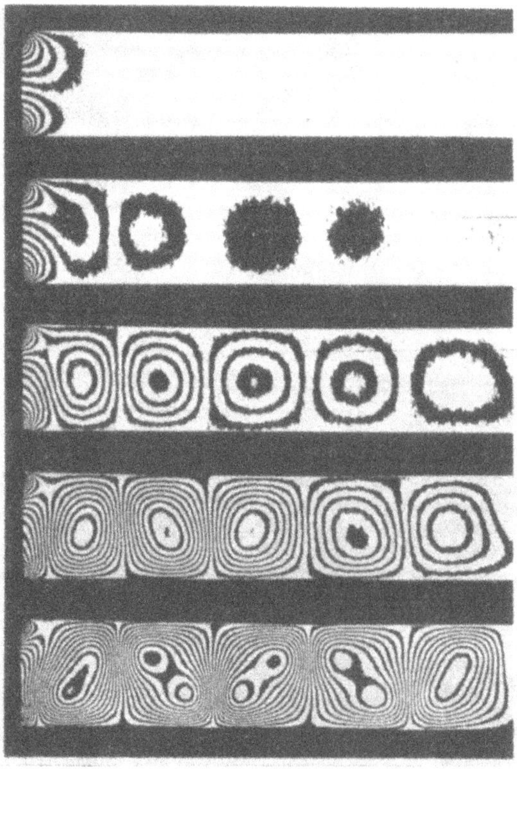

Abb. 3. Zeitliche Entwicklung der Zellularkonvektion in Silikonöl. $Ra = 4000$, $Pr = 1780$, $t(s)$: 40, 200, 300, 380, 550

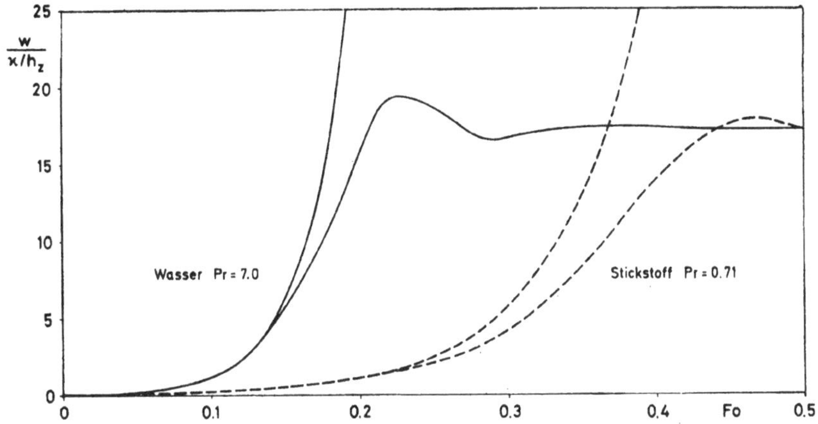

Abb. 5. Zeitlicher Verlauf der Vertikalgeschwindigkeit in einer Auftriebszone. Vergleich lineare/nichtlineare Lösung

In einem zweiten Schritt soll untersucht werden, inwieweit die lineare Theorie bereits wesentliche Aussagen über das Zeitverhalten von Konvektionsströmungen enthält. Wie Abbildung 5 zeigt, liefert die lineare Theorie für alle Zeiten ein exponentielles Anwachsen der Strömungsamplitude, was natürlich nur für kleine Zeiten mit der nichtlinearen Lösung übereinstimmt. Dennoch läßt sich zeigen, daß die charakteristische Anstiegszeit der linearen Lösung in einer direkten Beziehung zur bisher diskutierten Ausbildungszeit steht, d. h. für nicht zu hohe Rayleighzahlen ihr praktisch proportional ist. Dies konnte durch zwei unterschiedliche Lösungsverfahren bestätigt werden. Mit Hilfe eines Galerkinverfahrens hat KIRCHARTZ [2] für den Fall eines geschlossenen Behälters die zeitabhängigen linearen Grundgleichungen gelöst, während ZIEREP [3] für den Fall einer unendlich ausgedehnten Fluidschicht mit freien horizontalen Berandungen die folgende analytische Lösung angegeben hat (hierin bedeutet Fo_e die dimensionslose Zeit, in der die Strömungsamplitude um den Faktor e anwächst):

$$w(t) = w_0\, e^{\lambda t}, \qquad Fo_e = \frac{1}{\lambda} \cdot \frac{\varkappa}{h_z^2} = \frac{1}{-(Pr+1)\,\frac{3\pi^2}{4} + \sqrt{\left[(Pr+1)\,\frac{3\pi^2}{4}\right]^2 + \frac{Pr(Ra - Ra_c)}{3}}}\,.$$

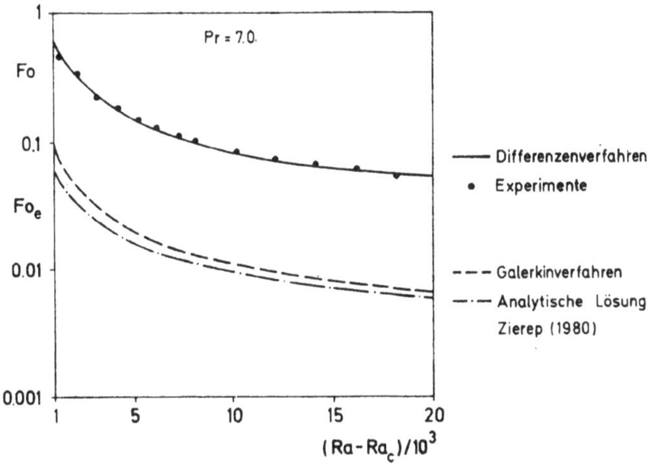

Abb. 6. Vergleich der verschiedenen Lösungen zum Zeitverhalten von Konvektionsströmungen

Abbildung 6 zeigt eine Zusammenstellung der einzelnen Lösungen. Bzgl. der nichtlinearen Lösung sowie der Experimente bezeichnet Fo die Zeit, in der die maximale Strömungsamplitude erreicht wird. Die Ergebnisse der linearen Theorie (Fo_e) beinhalten die Zeit, in der die Strömungsamplitude um den Faktor e anwächst. Ungeachtet der verschiedenen Definitionen und Randbedingungen zeigen alle drei Lösungen einen überraschend ähnlichen Verlauf einer charakteristischen Ausbildungszeit als Funktion der Rayleighzahl. Somit darf behauptet werden, daß die lineare Theorie — obwohl sie den zeitlichen Verlauf der Strömungsgrößen (s. Abb. 5) für große Zeiten nicht richtig zu beschreiben vermag — bereits näherungsweise den richtigen funktionalen Zusammenhang zwischen einer Ausbildungszeit der Zellularkonvektion sowie der Rayleigh- und Prandtlzahl enthält.

Literatur

1 OERTEL, jun. H., Thermische Zellularkonvektion, Habilitationsschrift Universität Karlsruhe (1979).
2 KIRCHARTZ, K.-R., Zeitabhängige Zellularkonvektion in horizontalen und geneigten Behältern, Diss. Universität Karlsruhe (1980).
3 ZIEREP, J., Lineare Theorie der instationären thermischen Konvektionsströmungen bei überkritischem Temperaturgradienten, Acta Mechanica **39**, 271–275 (1981).

Anschrift: Dr.-Ing. K.-R. KIRCHARTZ, Priv.-Doz. Dr.-Ing. habil. H. OERTEL jun., Institut für Strömungslehre und Strömungsmaschinen, Universität Karlsruhe, Kaiserstraße 12, D-7500 Karlsruhe, BRD

ZAMM 62, T 214 – T 215 (1982)

A. Kullen

Reibungswiderstand einer in einem Gehäuse rotierenden Scheibe bei hochviskosen Flüssigkeiten mit temperaturabhängiger Viskosität

Eine in einem Gehäuse rotierende Scheibe findet man z. B. in einer Kreiselpumpe in Form des Laufrades. Hier tritt in dem Spalt zwischen der Laufraddeckscheibe und dem Gehäuse eine Scherströmung auf, die durch Reibungswiderstand einen wesentlichen Teil der Gesamtverluste in einer solchen Pumpe verursacht. Der prozentuale Anteil an den Gesamtverlusten wird um so größer, je höher die Viskosität des Fördermediums ist. Daher ist die Vorherbestimmung der Reibungsverluste insbesondere bei hochviskosen Flüssigkeiten von großem technischen Interesse. Bei diesen Flüssigkeiten stellen sich kleine Reynolds-Zahlen ein, so daß laminare Strömung vorausgesetzt werden kann. Außerdem treten infolge von Dissipation beträchtliche Temperaturerhöhungen auf. Ist nun die Viskosität temperaturabhängig, so wird dadurch das Stromfeld und der Reibungswiderstand beeinflußt. Diese Wechselwirkung zwischen Strom- und Temperaturfeld wird als thermoviskose Kopplung bezeichnet.

Um den Reibungswiderstand zu berechnen, muß die Schubspannung $\tau_S = \eta_S \cdot \partial c_\varphi/\partial z$ an der Scheibenoberfläche bestimmt werden. Hierzu wird der Geschwindigkeitsgradient $\partial c_\varphi/\partial z$ aus den Navier-Stokes-Gleichungen und die Viskosität η_S aus der Energiegleichung und dem Viskositätsgesetz berechnet. Unter der Voraussetzung laminarer, stationärer rotationssymmetrischer Strömung einer Newtonschen Flüssigkeit lassen sich die Navier-Stokes-Gleichungen und die Kontinuitätsgleichung nach Einführung einer Stromfunktion Ψ und eines Wirbelvektors Ω in folgender dimensionsloser Form schreiben:
Bewegungsleichung der Hauptströmung:

$$\frac{\partial}{\partial R}(C_R C_\Phi) + \frac{\partial}{\partial Z}(C_Z C_\Phi) + 2\frac{C_R C_\Phi}{R}$$
$$= \frac{1}{\mathrm{Re}\,\Lambda^2} H \left\{\frac{\partial}{\partial R}\left[\frac{1}{R}\frac{\partial}{\partial R}(R C_\Phi)\right] + \Lambda^2 \frac{\partial^2 C_\Phi}{\partial Z^2}\right\} + \frac{2}{\mathrm{Re}\,\Lambda^2}\frac{\partial H}{\partial R}\frac{\partial C_\Phi}{\partial R} + \frac{1}{\mathrm{Re}}\frac{\partial H}{\partial Z}\frac{\partial C_\Phi}{\partial Z} - \frac{1}{\mathrm{Re}\,\Lambda^2}\frac{\partial H}{\partial R}\frac{\partial}{\partial R}(R C_\Phi)\,,$$

Wirbeltransportgleichung:

$$\frac{\partial}{\partial R}(C_R \Omega) + \frac{\partial}{\partial Z}(C_Z \Omega) - 2\frac{C_\Phi(\partial C_\Phi/\partial Z)}{R}$$
$$= \frac{1}{\mathrm{Re}\,\Lambda^2}\left\{\frac{\partial}{\partial R}\left[\frac{1}{R}\frac{\partial}{\partial R}(R H \Omega)\right] + \Lambda^2 \frac{\partial^2 (H\Omega)}{\partial Z^2}\right\} - \frac{2}{\mathrm{Re}\,\Lambda^2}\Omega\frac{\partial^2 H}{\partial R^2} +$$
$$+ \frac{2}{\mathrm{Re}\,\Lambda^2}\left[\frac{\partial C_Z}{\partial R}\left(\frac{\partial^2 H}{\partial Z^2} - \frac{1}{\Lambda^2}\frac{\partial^2 H}{\partial R^2}\right) + \frac{\partial^2 H}{\partial R\,\partial Z}\left(\frac{\partial C_R}{\partial R} - \frac{\partial C_Z}{\partial Z}\right)\right],$$

Poisson-Gleichung:

$$-\Lambda^2 \Omega R = R\frac{\partial}{\partial R}\left(\frac{1}{R}\frac{\partial \Psi}{\partial R}\right) + \Lambda^2 \frac{\partial^2 \Psi}{\partial Z^2}.$$

Die Energiegleichung und das Viskositätsgesetz lauten:
Energiegleichung:

$$\mathrm{Re}\,\mathrm{Pr}\left[\frac{1}{R}\frac{\partial}{\partial R}(R C_R \Theta) + \frac{\partial}{\partial Z}(C_Z \Theta)\right]$$
$$= \frac{1}{\Lambda^2 R}\frac{\partial}{\partial R}\left(R\frac{\partial \Theta}{\partial R}\right) + \frac{\partial^2 \Theta}{\partial Z^2} + 4H\left\{\left(\frac{\partial C_R}{\partial R}\right)^2 + \left(\frac{\partial C_Z}{\partial Z}\right)^2 + \frac{\partial C_R}{\partial R}\frac{\partial C_Z}{\partial Z} +\right.$$
$$\left. + \left(\frac{1}{\Lambda}\frac{\partial C_Z}{\partial R} + \frac{\Lambda \Omega}{2}\right)^2 + \frac{1}{4}\left[\Lambda^2\left(\frac{\partial C_\Phi}{\partial Z}\right)^2 + \left(R\frac{\partial}{\partial R}\left(\frac{C_\Phi}{R}\right)\right)^2\right]\right\},$$

Viskositätsgesetz:

$$H = \mathrm{e}^{-K_c \Theta}.$$

Um die Rechnung zu verallgemeinern, sind in den obigen Gleichungen folgende dimensionslose Größen eingeführt worden:

$$R = \frac{r}{r_a},\quad Z = \frac{z}{s},\quad \Lambda = \frac{r_a}{s},\quad C_R = \frac{c_r}{\omega r_a},\quad C_\Phi = \frac{c_\varphi}{\omega r_a},\quad C_Z = \frac{c_z}{s\omega},$$
$$\Omega = \frac{\xi_s}{\omega r_a},\quad \Psi = \frac{\psi}{\omega s r_a^2},\quad \Theta = \frac{\lambda(T - T_W)}{\eta_W(\omega s)^2},\quad \mathrm{Re} = \frac{\omega s^2}{\nu_W},\quad \mathrm{Pr} = \frac{\eta_W c_p}{\lambda},$$
$$H = \frac{\eta}{\eta_W},\quad K_c = \frac{\beta_T \eta_W (\omega s)^2}{\lambda}.$$

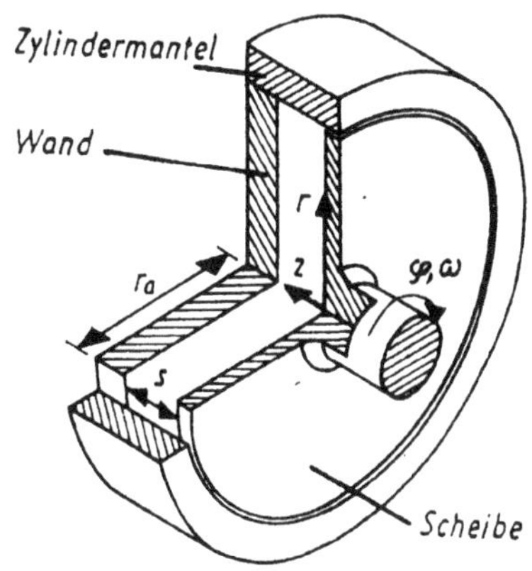

Bild 1. Modell mit Koordinatensystem und Bezeichnungen

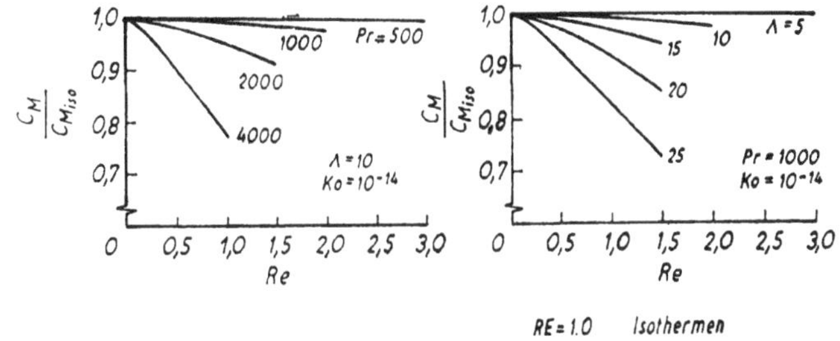

Bild 2. Drehmomentenabfall in Abhängigkeit von Re, Pr und Λ

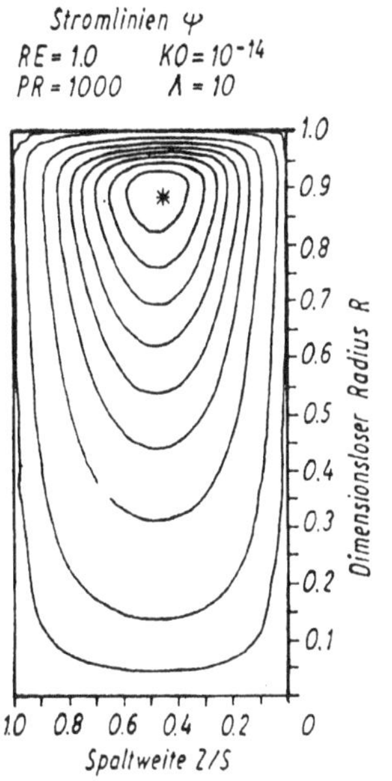

Bild 3. Stromlinien der Sekundärströmung

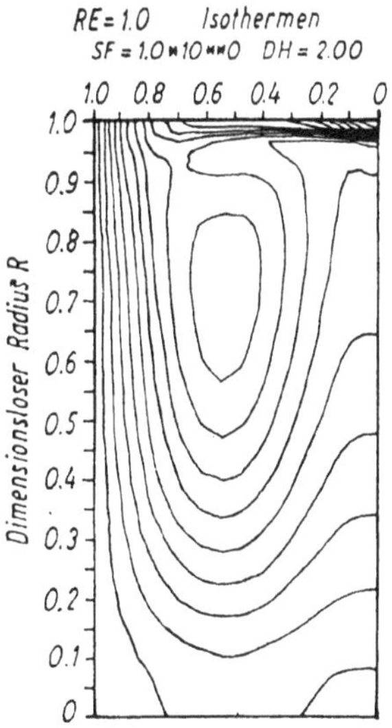

Bild 4. Isothermen

Die Lösung dieser partiellen Differentialgleichungen erfolgt mittels eines Differenzenverfahrens zweiter Ordnung, unter Verwendung folgender kinematischer und thermischer Randbedingungen:

Scheibe:

$$C_R = C_Z = \Psi = 0\,, \qquad C_\Phi = R\,, \qquad \Omega = -\frac{1}{R}\frac{\partial^2\Psi}{\partial Z^2}, \qquad \frac{\partial\Theta}{\partial Z} = 0\,;$$

Zylindermantel:

$$C_R = C_\Phi = C_Z = \Psi = 0\,, \qquad \Omega = -\frac{1}{\Lambda^2}\frac{\partial}{\partial R}\left(\frac{1}{R}\frac{\partial\Psi}{\partial R}\right), \qquad \frac{\partial\Theta}{\partial R} = 0\,;$$

Wand:

$$C_R = C_\Phi = C_Z = \Psi = 0\,, \qquad \Omega = -\frac{1}{R}\frac{\partial^2\Psi}{\partial Z^2}, \qquad \Theta = 0\,;$$

Drehachse:

$$C_R = C_\Phi = \Omega = \Psi = 0\,, \qquad \frac{\partial C_Z}{\partial R} = 0\,, \qquad \frac{\partial\Theta}{\partial R} = 0\,.$$

Als Ergebnis erhält man die Stromfeldgrößen und die Temperaturerhöhung in Abhängigkeit der Reynolds-Zahl Re, der Prandtl-Zahl Pr, dem Spaltweitenverhältnis Λ und der Temperaturkennzahl K_c. Der Einfluß dieser Kennzahlen auf das Reibmoment wurde untersucht. Hierzu zeigt Bild 2 einige Ergebnisse. Um den Einfluß der Viskositätsänderung infolge innerer Reibung auf das Drehmoment zu zeigen, ist hier der Drehmomentenbeiwert der thermoviskosen Strömung auf den der isoviskosen Strömung bezogen. Die Bilder 3 und 4 zeigen für eine Kennzahlenkombination die Sekundärströmung und die Isothermen.

Literatur

Kullen, A., Scheibenreibung bei hochviskosen Flüssigkeiten mit temperaturabhängiger Viskosität, Dissertation Karlsruhe (1978).

Anschrift: Dr.-Ing. Albrecht Kullen, Universität Karlsruhe, Institut für Strömungslehre und Strömungsmaschinen, Kaiserstraße 12, D-7500 Karlsruhe 1, BRD

ZAMM 62, T 216 – T 217 (1982)

O. Ohtmer

Effective Transient Compressible Flow Analysis in Pipe Networks

1. Summary of Analysis

The publication is based on [1] and the literature named there. The outlined procedures in [1] are limited to intransient incompressible flows. In this paper the analysis is extended to transient compressible flows.

Due to time-dependent flow rates the Newmark-Method published in [2] is used to approximate the accelerations in the time-integration scheme. The iteration procedure outlined in [1] to fulfill the equilibrium conditions must now be applied at each time step.

Due to small linear systems of equations being solved in each iteration step the whole procedure is very efficient compared with other methods.

2. The Governing Equation of the Mesh-Method for Transient Pipe-Flows in a Gravitational Field

In fig. 1 the same example is given as in [1] to illustrate the procedure. Equation (1) is an extension of (3) in [1]. The first term ($[B_G]\{\dot{q}^*\}$) is derivated from the time-dependent term in the well-known Euler *Differential Equation.* The vector $\{S\}$ on the right hand side of (1) takes gravitational effects into account. (For illustration see fig. 2) The vectors $\{P(t)\}$ and $\{Q(t)\}$ are now time-dependent.

$$[B_G]\{\dot{q}^*\} + [F_G]\{q^*\} = [C]^T\{\{P(t)\} - [F]\{Q(t)\} + \{S\}\} \tag{1}$$

with

$$[B_G] = [C]^T[B][C]; \qquad [F_G] = [C]^T[F][C];$$

$$[B] = \begin{bmatrix} B_1 & & 0 \\ & B_2 & \\ & & \ddots \\ 0 & & B_n \end{bmatrix}, \qquad [F] = \begin{bmatrix} F_1 & & 0 \\ & F_2 & \\ & & \ddots \\ 0 & & F_n \end{bmatrix}, \qquad \{S\} = \begin{Bmatrix} \varrho_1 L_1 \sin\beta_1 \\ \varrho_2 L_2 \sin\beta_2 \\ \cdots\cdots \\ \varrho_n L_n \sin\beta_n \end{Bmatrix} \cdot g;$$

n is the number of all members $i = 1, 2, 3, \ldots, n$;

$$B_i = \frac{4L_i}{\pi D_i^2}; \qquad F_i = \frac{8}{\pi^2} \frac{\left(\dfrac{L_i\lambda_i}{D_i} + K_v^i\right)}{\varrho_i D_i^4} Q_i;$$

$[C]$ is the transformation matrix containing the topology of the network; $\{q^*\}$ is the mesh flow rate vector $\left(\dfrac{\partial q^*}{\partial t} = \dot{q}^*\right)$; $\{p\}$ is the applied member pressure loss vector; $\{Q\}$ is the applied member flow rate vector; λ = tube resistance coefficient; ϱ = density [kg/m³]; L = tube length [m]; g = gravitational constant [m/sec²]; D = tube diameter [m]; p = pressure [Pa]; K_v = loss coefficient; Q = flow rate [kg/sec]; β = angle of flow member to horizontal.

The computation of pressure losses Δp in the "flow members" is described in [1] and the literature mentioned there. The density ϱ is assumed to be constant in each flow member within each time step Δt. The velocity v is defined by $v = \dfrac{4Q}{\varrho\pi D^2}$. The continuity law $\dfrac{\partial\varrho}{\partial t} = -\dfrac{\partial(v\varrho)}{\partial x}$ is fulfilled approximately. The density is given as a function of pressure in a diagram or for gases by the formula $\varrho = \dfrac{p}{RT}$; T = absolute temperature; R = gas constant.

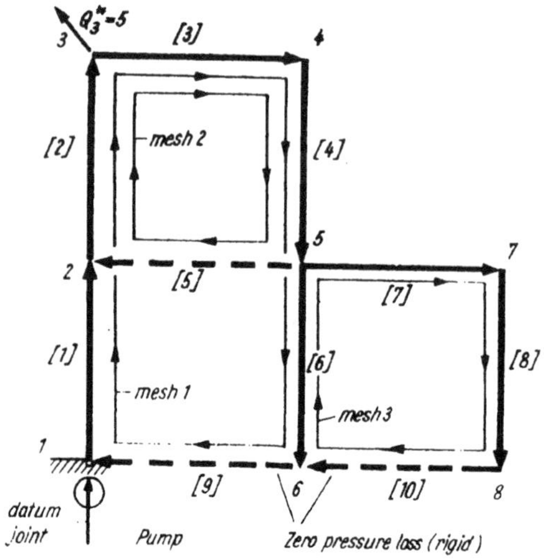

Fig. 1

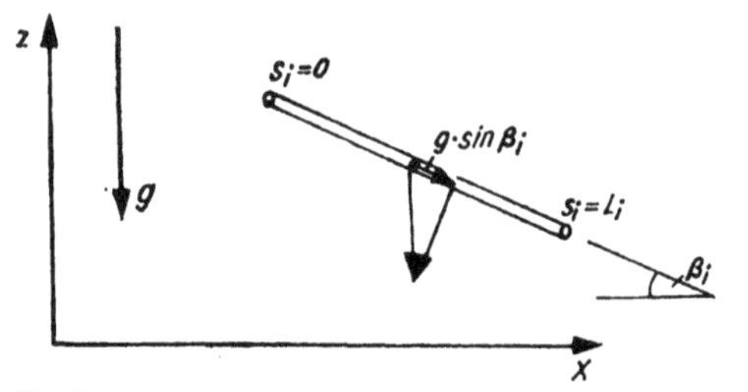

Fig. 2

3. Numerical Solution of the Nonlinear Equation for Transient Flows in Pipe-Networks by the Newton-Raphson Iteration Procedure in each Time Step using the Newmark Integration Scheme

Due to the NEWMARK constant-average-acceleration scheme in (2) the acceleration $\dot{q}^*_{t+\Delta t}$ in (1) at time $t + \Delta t$ can be replaced by q^*_t at time t and the flow rates $q^*_{t+\Delta t}$ and q^*_t at the times $t + \Delta t$ and t — (2) is illustrated in fig. 3 —

$$\delta \dot{q}^*_{t+\Delta t} = -\dot{q}^*_t(1-\delta) + \frac{1}{\Delta t}\left(q^*_{t+\Delta t} - q^*_t\right), \tag{2}$$

Linear acceleration method: $\delta = \frac{1}{2}$.

Applying (2) in (1) we obtain (3):

$$\left[[F_G] + \frac{1}{\delta\Delta t}[B_G]\right]\left\{q^*_{t+\Delta t}\right\} = [C]^T\left\{\left\{P_{t+\Delta t}\right\} + \{S\}\right\} - [C]^T[F]\left\{Q_{t+\Delta t}\right\} + [B_G]\left\{\left(\frac{1-\delta}{\delta}\right)\left\{\dot{q}^*_t\right\} + \frac{1}{\delta\Delta t}\left\{q^*_t\right\}\right\}. \tag{3}$$

The nonlinear equation in (3) is solved for the unknown vector $\left\{q^*_{t+\Delta t}\right\}$ applying the NEWTON-RAPHSON Procedure as described in [1].

With the computed mesh flow rate $\left\{q^*_{t+\Delta t}\right\}$, the derivation of the mesh flow rate $\left\{\dot{q}^*_{t+\Delta t}\right\}$ is obtained applying the NEWMARK formula in (2).

As mentioned in [1] no initial values are necessary to start the iteration procedure.

Applying the EULER-*Differential Equation* in (4) for the *Tree*-Structure the initial values $\dot{q}^*$ $(t = 0)$ can be computed $\left(q^*(t=0) = 0\right)$,

$$\frac{\partial v}{\partial t} + \frac{1}{\varrho}\frac{\partial p}{\partial s} + g \cdot \frac{\partial z}{\partial s} = 0\,. \tag{4}$$

With

$$\frac{\varrho\pi D^2}{4}\frac{\partial v}{\partial t}(t=0) = \dot{q}^*(t=0)$$

an approximation of the initial values $\dot{q}^*(t = 0)$ is given in (5) being illustrated in fig. 4,

$$\dot{q}^*(t=0) = \frac{\pi D_m^2}{4}\left(\frac{P_0 - P_u}{L_s} + g\varrho\frac{(H_0 - H_u)}{L_s}\right), \tag{5}$$

D_m = average tube diameter [m]; L_s = *TREE*-length; $P_0 - P_u$ = pressure difference; $H_0 - H_u$ = highness difference.

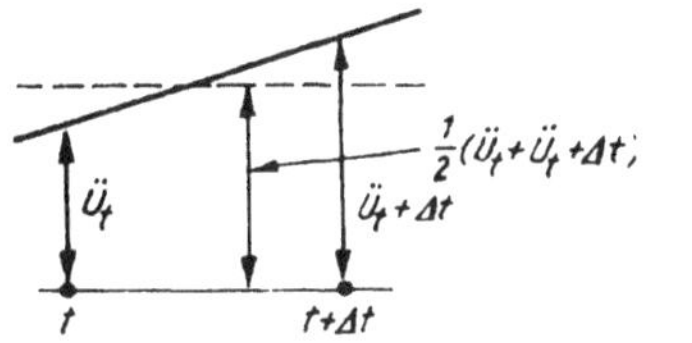

Fig. 3

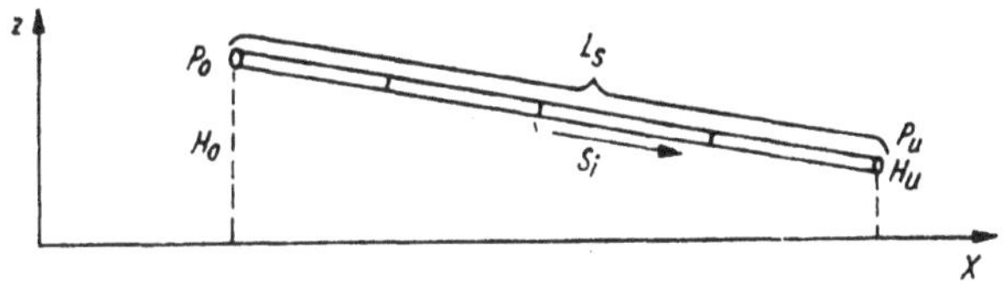

Fig. 4

Applying the mesh-method (see [1]) given flow rates can easily be taken into account on the right hand side of (3). To take into account special boundary conditions for the pressure (constant pressure between two joints) the mesh flow rates q_i^* must fulfill special kinematic constraint conditions. (In statics, applying the displacement-method those kinematic constraint conditions for the displacements are well known, e.g. rigid body motion within an elastic Finite Element Idealization)

4. Conclusion

The main advantages of the analysis as outlined are that no initial values for the member flow rate must be known, the iteration procedures converge rapidly and within each iteration step, only small systems of linear equations must be solved. Due to the fact that the loss coefficients of pressure must only be given in diagrams, arbitrary nonlinear networks can be analysed by the unchanged program system. A flow rate assumption may be specified in the input for a member of a mesh. Elastic pipes or damping effects can easily be taken into account.

References

1 OHTMER, O., Convergence of Iteration Procedures in the Nonlinear Analysis of Pipe Networks, ZAMM 61 (1981), T 300.
2 BATHE, K. J.; WILSON, E. L., Numerical Methods in Finite Element Analysis, Prentice Hall, Inc. 1976.

Address: Dr. ORTWIN OHTMER, Isergrimstraße 10, D-8000 München 83, BRD

ZAMM 62, T 218 – T 220 (1982)

S. I. PAI / S. MENON / Z. Q. FAN

Strong Shock Wave Propagation in a Mixture of a Gas and Dusty Particles with Counter Pressure

I. Introduction

When a strong shock is produced by a sudden release of energy in a mixture of a gas and solid particles, self-similarity solutions exist, if the surrounding medium is of a constant initial density and at rest with negligible counter pressure [1]. As the strong shock propagates, its strength will decay and gradually the counter pressure of the surrounding medium will not be negligible. If the counter pressure is not negligible, the flow field due to this shock wave will not follow the results of self-similarity solution. In this paper, we use the perturbation theory to discuss the first order solutions due to counter pressure. We consider the surrounding medium to be at rest with a constant density ϱ_1 and a constant pressure p_1 which is a small but not a negligible quantity. We introduce a perturbation parameter ε such that

$$\varepsilon = \frac{\Gamma p_1}{\varrho_1 D^2} \ll 1 \tag{1}$$

where $D(t)$ is the speed of the shock and Γ is the effective ratio of specific heats of the mixture of a gas and solid particles [2], which is defined as follows:

$$\Gamma = \frac{c_{pm}}{c_{vm}} = \gamma \frac{1 + \delta\beta/\gamma}{1 + \delta\beta} \tag{2}$$

where subscript m refers to the value of the mixture of the gas and solid particles, $\gamma = c_p/c_v$ of the gas, c_p is the specific heat of the gas at constant pressure and c_v is the specific heat of the gas at constant volume, $\delta = k_p/(1 - k_p)$, $\beta = c_{sp}/c_v$, c_{sp} is the specific heat of the solid particles and k_p is the mass concentration of the solid particles in the mixture which is related to the volume fraction Z of the solid particles in the mixture by the relation:

$$k_p = \frac{Z\varrho_{sp}}{\varrho} \tag{3}$$

where ϱ is the density of the mixture and ϱ_{sp} is the species density of the solid particles [2].

We expand the solutions of the flow variables of the flow field behind the shock wave in power series of $\varepsilon(t)$ such that

$$F(\eta, t) = f(\eta, \varepsilon) = f_0(\eta) + \varepsilon(t)\, f_1(\eta) + O(\varepsilon^2) \tag{4}$$

where $F(\eta, t)$ represents any one variable in our problem which is a function of the similarity variable η and time t. Since $\varepsilon(t)$ is a function of t, we may consider $F = f(\eta, \varepsilon)$. The similarity variable $\eta(y, t)$ is defined as:

$$\eta(y, t) = \frac{y}{y_2(t)} \tag{5}$$

where y is the one dimensional spatial coordinate of the flow field and $y_2(t)$ is the location of the shock front at time t, so that the shock wave speed $D(t)$ is

$$D(t) = \frac{\mathrm{d}y_2}{\mathrm{d}t} \cong D_0(1 + b\varepsilon) \tag{6}$$

and $f_0(\eta)$ is the similarity solution for which $\varepsilon(t)$ is negligible small and is given in reference 1 and $f_1(\eta)$ is the first order solution which we are going to find with the known function $f_0(\eta)$. It can be shown that $b \cong A/2$ where A is defined in Eq. (9) and given in table 1. Do is the shock wave speed of similarity solution.

II. Fundamental Equations

We consider one-dimensional unsteady equilibrium flow of a two-phase mixture of a gas and small solid particles after a sudden release of energy in the medium such that a strong shock is produced. The fundamental equations are

$$\frac{\partial \varrho}{\partial t} + \frac{\partial pU}{\partial y} = 0\,, \qquad \varrho\left[\frac{\partial U}{\partial t} + U\frac{\partial U}{\partial y}\right] = -\frac{\partial p}{\partial y}, \tag{7), (8}$$

$$\varrho\left[\frac{\partial}{\partial t} + U\frac{\partial}{\partial y}\right]\left[\frac{p}{\varrho}(1 - Z)\right] + (\Gamma - 1)\, p\frac{\partial U}{\partial y} = 0\,, \qquad p = \frac{1 - k_p}{1 - Z}\varrho RT\,, \tag{9), (10}$$

with the boundary conditions at the shock front $y = y_2$:

$$\varrho_1 D = \varrho_2(D - U_2)\,, \qquad -p_1 = \varrho_2 U_2(D - U_2) - p_2\,, \tag{11), (12}$$

$$\varrho_1 D\left[\frac{1}{(\Gamma - 1)}\frac{p_1}{\varrho_1}\right] - \frac{Z_1 D p_1}{\Gamma - 1} = \varrho_2(D - U_2)\left[\frac{1}{(\Gamma - 1)}\frac{p_2}{\varrho_2} + \frac{1}{2}U_2^2\right] - p_2 U_2 - \frac{Z_2(D - U_2)\, p_2}{\Gamma - 1}, \tag{13}$$

where ϱ, U, p and T are respectively the density, velocity pressure and temperature of the mixture, R is the gas constant of the gas, subscript 1 refers to the value in front of the shock and subscript 2 refers to the value immediately behind the shock. We assume $U_1 = 0$ i.e., the surrounding medium is at rest.

Now we define the non-dimensional variables:

$$i(\eta, \varepsilon) = \frac{U}{D}; \qquad j(\eta, \varepsilon) = \frac{\varrho}{\varrho_1}; \qquad k(\eta, \varepsilon) = \frac{p}{\varrho_1 D^2}. \tag{14}$$

In terms of the variables η and ε, eqns. (7) to (9) with the help of eq. (14), may be written as follows:

$$y_2 \frac{\partial \varepsilon}{\partial y_2} \frac{\partial j}{\partial \varepsilon} + (i - \eta) \frac{\partial j}{\partial \eta} + j \frac{\partial i}{\partial \eta} = 0, \qquad y_2 \frac{\partial \varepsilon}{\partial y_2} j \left(\frac{\partial i}{\partial \varepsilon} - \frac{i}{\varepsilon}\right) + (i - \eta) j \frac{\partial i}{\partial \eta} = -\frac{\partial k}{\partial \eta}, \tag{15), (16}$$

$$y_2 \frac{\partial \varepsilon}{\partial y_2} \cdot \left(\frac{\partial k}{\partial \varepsilon} - \frac{k}{\varepsilon}\right) + (i - \eta) \frac{\partial k}{\partial \eta} + \frac{\Gamma - Z}{1 - Z} k \frac{\partial j}{\partial \eta} + \frac{k}{1 - Z}\left[-y_2 \frac{\partial \varepsilon}{\partial y_2} Z_1 \frac{\partial j}{\partial \varepsilon} + \eta Z_1 \frac{\partial j}{\partial \eta} - i Z_1 \frac{\partial j}{\partial \eta}\right] = 0. \tag{17}$$

Since we consider only the first order correction due to counter pressure p_1 or ε, we may write

$$i(\eta, \varepsilon) = i_0(\eta) + \varepsilon(t)\, i_1(\eta) \tag{18}$$

and similar expressing for $j(\eta, \varepsilon)$ and $k(\eta, \varepsilon)$. In order to get the correct first order solution, we introduce, using KOROBEINIKOV's approach [3], the following expression

$$y_2 \frac{\partial \varepsilon}{\partial y_2} = \frac{\varepsilon}{1 + A\varepsilon + O(\varepsilon^2)} \cong (1 - A\varepsilon)\, \varepsilon. \tag{19}$$

The constant A depends on the non-dimensional parameters of our problem, i.e. k_p, γ and $G = \varrho_{sp}/\varrho_{g_1}$, where ϱ_{g_1} is the species density of the gas in the surrounding medium. For a given set of k_p, γ and G, the constant A is determined by the symmetry condition at $\eta = 0$.

The equations of the zeroth order variables, i_0, j_0, and k_0, and the corresponding boundary conditions are exactly those of self-similarity solutions of reference 1. The first order equations are:

$$j_1 + (i_0 - \eta)\, j_1' + i_1 j_0' + j_1 i_0' + i_1' j_0 = 0, \tag{20}$$

$$\tfrac{1}{2} i_1 j_0 - \tfrac{1}{2} [j_1 i_0 - A i_0 j_0] + (i_0 - \eta)\, j_1 i_0' + (i_0 - \eta)\, i_1' j_0 = 0, \tag{21}$$

$$(1 - Z_1 j_0)(i_0 - \eta)\, k_1' - Z_1(i_0 - \eta)\, j_1 k_0' + k_0' i_1 (1 - Z_1 j_0) + \Gamma k_1 i_0' + \Gamma k_0 i_1' + Z_1 k_0 j_1 + (1 - Z_1 j_0)\, A k_0 = 0 \tag{22}$$

with the boundary conditions

$$i_1(1) = -\frac{2}{\Gamma + 1}, \qquad j_1(1) = -\frac{2(\Gamma + 1)}{(\Gamma - 1 + 2Z_1)^2}, \qquad k_1(1) = -\frac{\Gamma - 1}{\Gamma(\Gamma + 1)} \tag{23), (24), (25}$$

where prime refers to differentiation with respect to η.

By symmetry condition, we have

$$i_1(0) = 0. \tag{26}$$

Eq. (26) is used to determine the constant A of eq. (19).

III. Numerical Solutions and Discussions

Both the governing equations of the zeroth order variables i_0, j_0 and k_0 and first order variables i_1, j_1 and k_1 with proper boundary conditions have been numerically integrated using the fourth-order Runge-Kutta method in the UNIVAC 1100/40 of the computer Science Center of the University of Maryland. The numerical results of the zeroth order solutions have been presented in [1]. Here, we present a few of the first order corrections in Figs. 1 to 3 which shows the effects of the variation of k_p. In Fig. 1, we see that the first order effect of counter pressure is to decrease the velocity of the flow field, i.e., $i_1(\eta)$ is negative. The magnitude of $i_1(\eta)$ increases with k_p for a given value of $\gamma = 1.4$ and $G = 1.0$. In Fig. 2, the first order correction of density due to the counter pressure is rather complicated. In general, near the shock front, the density is decreased but near the center of the flow field is increased. In Fig. 3, we see that the first order pressure corrections are opposite to those of density corrections. Table I shows some values of the constant A as functions of k_p, γ and G:

Table 1. Values of constant A as function of k_p, γ and G

γ	1.4	1.67	2.0	3.0	6.0	1.4	1.4	1.4	1.4	1.4
k_p	0.1	0.1	0.1	0.1	0.1	0.2	0.3	0.6	0.1	0.1
G	1	1	1	1	1	1	1	1	100	1000
A	2.396	2.313	2.256	2.175	2.110	2.714	3.127	5.649	2.160	2.160

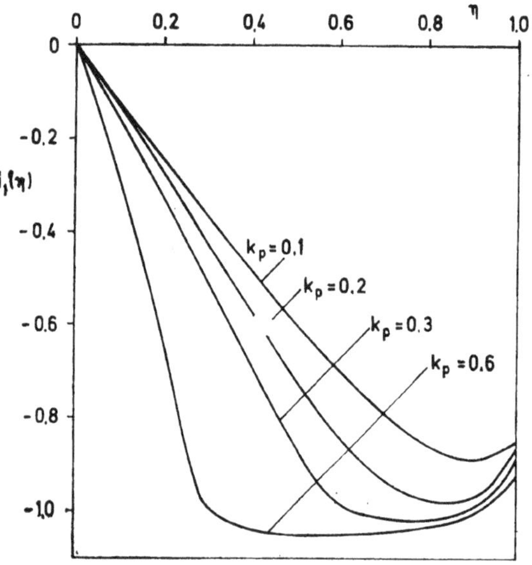

Fig. 1. The variation of first order velocity, correction $i_1(\eta)$ at $\gamma = 1.4$, $G = 1.0$ for various k_p

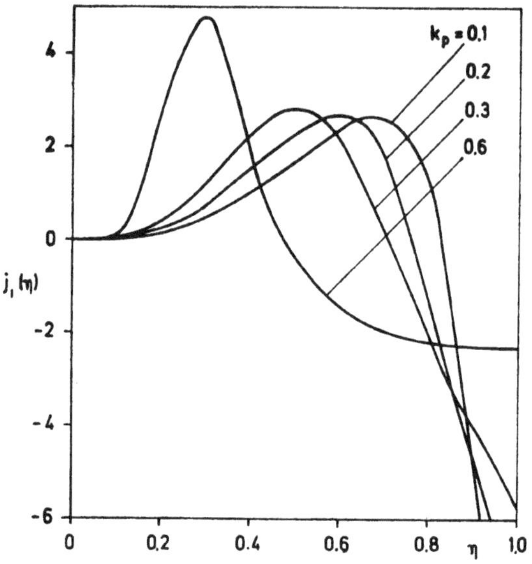

Fig. 2. The variation of first order density correction $j_1(\eta)$ at $\gamma = 1.4$ $G = 1.0$ for various k_p

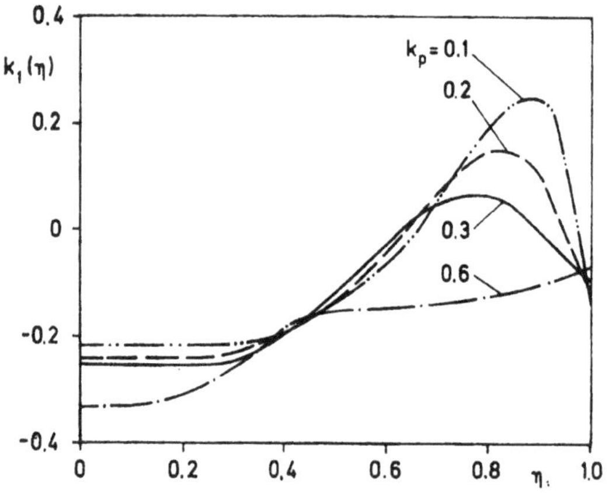

Fig. 3. The variation of first order pressure correction $k_1(\eta)$ at $\gamma = 1.4$, $G = 1.0$ for various k_p

References

1 PAI, S. I.; MENON, S.; FAN, Z. Q., Similarity solutions of a strong shock wave propagation in a mixture of a gas and dusty particles, International Journal of Engineering Science, Vol. 18, pp. 1365—1373, 1980.
2 PAI, S. I., Two-Phase Flow, ch.V., Vieweg Verlag, Braunschweig 1977.
3 KOROBEINIKOV, V. P., Problems in the theory of point explosion in gases, Proz. of the STEKLOV Institute of Mathematics No. 119, American Mathematics Society, 1976.

Address: Prof. S. I. PAI, Inst. for Physical Science and Technology and Aerospace Engineering Department, University of Maryland, College Park, Maryland 20742, USA

ZAMM 62, T 220 – T 222 (1982)

PHOOLAN PRASAD

A Note on the Kinematics of a Shock Front in Multi-Dimensions

For a hyperbolic wave, the kinematics of a wave front reduces to the theory of characteristic surfaces of the corresponding hyperbolic system of equations. The rays are related to the bicharacteristic curves. Given the initial position and the shape of the wave front, the same can be determined at any time by solving the bicharacteristic or ray equations. No such theory exists for a shock front, for which we do not know how to define "shock rays". The shock rays may deviate significantly from linear rays near a caustic.

In this note we develop the mathematical theory on the kinematics of a shock front in a polytropic gas. For simplicity we consider unsteady motion in two space dimensions only. Consider solution of the equations in a domain in (x, y, t)-space, sufficiently smooth except for a shock discontinuity represented by $\Psi(x, y, t) = 0$. The jump conditions across the shock are

$$[\varrho]\,\Psi_t + [\varrho u]\,\Psi_x + [\varrho v]\,\Psi_y = 0\,, \qquad [\varrho u]\,\Psi_t + [\varrho u^2 + p]\,\Psi_x + [\varrho uv]\,\Psi_y = 0\,, \tag{1), (2}$$

$$[\varrho v]\,\Psi_t + [\varrho uv]\,\Psi_x + [\varrho v^2 + p]\,\Psi_y = 0\,, \tag{3}$$

and

$$\left[\frac{1}{\gamma - 1}p + \frac{1}{2}\varrho q^2\right]\Psi_t + \left[\frac{\gamma}{\gamma - 1}up + \frac{1}{2}\varrho u q^2\right]\Psi_x + \left[\frac{\gamma}{\gamma - 1}vp + \frac{1}{2}\varrho v q^2\right]\Psi_y = 0\,, \tag{4}$$

where u, v are components of the fluid velocity, ϱ density, p pressure, γ ratio of specific heats, $q^2 = u^2 + v^2$ and $[f]$ represents the jump in f across $\Psi(x, y, t) = 0$ i.e. $[f] = f_r - f_l$, f_l and f_r being the values of f on the left and on the right of the shock. These equations are equivalent to the usual form of oblique shock relations used in gasdynamics. Using the formula $[fg] = f_r[g] + g_l[f]$, we can derive from (1)—(4) a system of four homogeneous relations in $[u]$, $[v]$, $[p]$ and $[\varrho]$. The condition for the existence of nontrivial values of the jumps satisfying these homogeneous relations leads after long operations to the PRANDTL relation

$$(u_l\Psi_x + v_l\Psi_y + \Psi_t)\,(u_r\Psi_x + v_r\Psi_y + \Psi_t) - a_{r,l}^2(\Psi_x^2 + \Psi_y^2) = 0 \quad \text{on} \quad \Psi(x, y, t) = 0\,, \tag{5}$$

where

$$a_{r,l}^2 = \frac{2}{\gamma + 1}a_l^2 + \frac{\gamma - 1}{\gamma + 1}(u_l\Psi_x + v_l\Psi_y + \Psi_t)^2/(\Psi_x^2 + \Psi_y^2)^{1/2}$$

$$= \frac{2}{\gamma + 1}a_r^2 + \frac{\gamma - 1}{\gamma + 1}(u_r\Psi_x + v_r\Psi_y + \Psi_t)^2/(\Psi_x^2 + \Psi_y^2)^{1/2} \tag{6}$$

und a is the local velocity of sound.

We continue the state on the left of the shock into the subdomain on the right as a continuously differentiable solution of the gasdynamic equations as far as possible. Similarly we continue the state on the right into the left subdomain. We retain the definition $[f] = f_r - f_l$ for the extended functions. This gives a three dimensional neighbourhood D of the surface $\Psi(x, y, t) = 0$ where all quantities with suffix l or r and also $a_{r,l}$ are known C^1 functions of three independent variables x, y and t. We now embed the original shock $\Psi(x, y, t) = 0$ in a one parameter family of shocks $\Phi(x, y, t) = c$ such that $\Psi = 0$ coincides with $\Phi = c$ for a particular value of the parameter c and Φ satisfies the partial differential equation (see COURANT and HILBERT, pp. 557—558)

$$(u_l\Phi_x + v_l\Phi_y + \Phi_t)\,(u_r\Phi_x + v_r\Phi_y + \Phi_t) - a_{r,l}^2(\Phi_x^2 + \Phi_y^2) = 0\,. \tag{7}$$

Note that the equation for Ψ i.e. (5) cannot be treated as a partial differential equation since it is to be satisfied on $\Psi(x, y, t) = 0$. (7) is satisfied identically for all x, y, t in D by another function $\Phi(x, y, t)$. We call (7) a *shock manifold equation.*

From (1) we get

$$u_r\Psi_x + v_r\Psi_y + \Psi_t = (\varrho_l/\varrho_r)\,(u_l\Psi_x + v_l\Psi_y + \Psi_t) \quad \text{on} \quad \Psi = 0\,.$$

Substituting in (5) we get

$$(u_l\Psi_x + v_l\Psi_y + \Psi_t)^2 - A_l^2(\Psi_x^2 + \Psi_y^2) = 0 \quad \text{on} \quad \Psi = 0\,.$$

Using the embedding theorem to this equation also we get another shock manifold equation

$$(u_l\Phi_x + v_l\Phi_y + \Phi_t)^2 - A_l^2(\Phi_x^2 + \Phi_y^2) = 0\,, \tag{8}$$

where $A_l^2 = (\varrho_r/\varrho_l)\,a_{r,l}^2$. Other forms of the shock manifold equation can also be derived with the help of the jump relations. The question arises — "are these different shock manifold equations equivalent?" We shall show equivalence of (7) and (8) by showing that their characteristic ordinary differential equations are equivalent.

We define a *shock ray* as the projection on (x, y)-plane of a characteristic curve of a shock manifold equation. Then for a forward facing shock, the shock ray equations according to (8) are

$$\frac{dx}{dt} = u_l + N_1A_l\,, \qquad \frac{dy}{dt} = v_l + N_2A_l\,, \tag{9}$$

and

$$\frac{dN_1}{dt} = -N_2\left\{N_1\left(N_2\frac{\partial u_l}{\partial x} - N_1\frac{\partial u_l}{\partial y}\right) + N_2\left(N_2\frac{\partial v_l}{\partial x} - N_1\frac{\partial v_l}{\partial y}\right) + \left(N_2\frac{\partial A_l}{\partial x} - N_1\frac{\partial A_l}{\partial y}\right)\right\}, \tag{10}$$

where N_1, N_2 are the components of the unit normal to the shock and are defined by $(N_1, N_2) = (\Phi_x, \Phi_y)/(\Phi_x^2 + \Phi_y^2)^{1/2}$.

Similarly we can write the shock ray equations according to the shock manifold equation (7). After some long algebraic operations and a result used after differentiation of (8) with respect to x we can show that these shock ray equations are exactly the same as (9) and (10). It is simpler to show the equivalence of the original characteristic equations of (7) and (8) in terms of

$$\frac{dx}{dt}, \frac{dy}{dt}, \frac{d\Phi_x}{dt} \quad \text{and} \quad \frac{d\Phi_y}{dt}.$$

The theory can be used for determining the motion and shape of the shock provided the solution behind the shock is known. We have shown (Ramanathan, Ravindran and Prasad) that for a class of weak shock problems, we can use an earlier theory by us (Prasad) to find the solution behind the shock and hence the motion of the shock.

Acknowledgement

This work has been completed with financial help from Alexander-von-Humboldt-Stiftung. I also thank Prof. J. Zierep for valuable discussion.

References

1 Courant, R., Hilbert, D., 1962, Methods of Mathematical Physics, Vol. 2., Interscience.
2 Ramanathan, T. M.; Ravindran, R.; Prasad, P., 1981, Kinematics of a weak shock front in multi-dimensions.
3 Prasad, P., 1975, J. Mathematical Anal. and Applic. 50. 470–482.

Anschrift: Prof. Dr. Phoolan Prasad, Institut für Strömungslehre, Universität Karlsruhe, Kaiserstraße 12, D-7500 Karlsruhe BRD

ZAMM 62, T 222 – T 224 (1982)

H. J. Rath

Peristaltische Strömung durch einen Kanal sternförmigen Querschnitts mit flexiblen Wänden

Unter Peristaltik versteht man allgemein fortschreitende Kontraktionswellen in elastischen Gefäßen, wodurch der Flüssigkeitsinhalt weitertransportiert wird. Das Prinzip der Peristaltik wird häufig in der biomedizinischen Technik zur Förderung von Blut oder anderen Flüssigkeiten eingesetzt [1]. Drei Kennzahlen beschreiben eine ebene peristaltische Strömung: das Amplitudenverhältnis $\varepsilon = b/a$, die Wellenordnung $\delta = a/\lambda$ und die Reynoldszahl $Re = a \cdot c/\nu$, wobei b die Amplitude der wandernden Welle, a die mittlere Kanalhöhe, c die Wellengeschwindigkeit, λ die Wellenlänge und ν die kinematische Zähigkeit der Flüssigkeit ist. Je nach den Größenordnungen der verschiedenen Kennzahlen können die Navier-Stokesschen Differentialgleichungen mehr oder weniger vereinfacht werden.

Es ist bekannt, daß der menschliche Harnleiter [2] im kontrahierten Zustand einen sternförmigen Strömungsquerschnitt aufweist (Bild 1). Für das mathematische Modell wird ein idealisierter Strömungsquerschnitt angenommen, dargestellt in Bild 2. Die wandernde Welle in z-Richtung kann durch die Funktion η beschrieben werden: $\eta = a + b \cos [2\pi/\lambda(z - ct)]$. Desweiteren ist bekannt, daß der benetzte Umfang des Strömungsquerschnittes des Harnleiters konstant ist. Für unser theoretisches Modell (Bild 2) ist der benetzte Umfang ebenfalls konstant, da die halbe Kanalhöhe H als konstant angenommen wird. Aufgrund der Voraussetzungen, daß die Wellenordnung δ und die Reynoldszahl Re sehr klein gegenüber 1 sind und daß der geometrische Parameter $\beta = H/a$ sehr groß sein soll, erhält man die folgenden trägheitsfreien Navier-Stokes-Gleichungen und die Kontinuitätsgleichung im mitbewegten Koordinatensystem,

$$0 = -\frac{1}{\varrho}\frac{\partial p}{\partial X} + \nu \frac{\partial^2 U}{\partial Y^2}, \qquad 0 = -\frac{1}{\varrho}\frac{\partial p}{\partial Y}, \tag{1), (2}$$

$$0 = -\frac{1}{\varrho}\frac{\partial p}{\partial Z} + \nu \frac{\partial^2 W}{\partial Y^2}, \qquad 0 = \frac{\partial U}{\partial X} + \frac{\partial V}{\partial Y} + \frac{\partial W}{\partial Z}, \tag{3), (4}$$

wobei gilt $X = x$, $Y = y$, $Z = z - ct$, $U = u$, $V = v$ und $W = w - c$. In Bild 3 ist ein Teil des gesamten Strömungsdurchschnittes dargestellt. Für den Volumenstrom im mitbewegten Koordinatensystem in z-Richtung ergibt sich

$$Q = 8 \cdot Q_p = 8 \int_A W \, dA = 8(H - \sqrt{2}/4\eta) \int_0^{\sqrt{2}/2\eta} W \, dY . \tag{5}$$

Mittels der Randbedingungen $\partial W/\partial Y = 0$ für $Y = 0$ und $W = -c$ für $Y = \sqrt{2}/2\eta$ erhält man ein parabolisches Geschwindigkeitsprofil

$$W = -c + \frac{1}{2\mu}\frac{\partial p}{\partial Z}\left(Y^2 - \frac{1}{2}\eta^2\right), \tag{6}$$

und der Volumenstrom ergibt sich zu

$$Q = 4\sqrt{2}\,(H - \sqrt{2}/4\eta)\,\eta\left(-C - \frac{1}{6\mu}\frac{\partial p}{\partial Z}\eta^2\right). \tag{7}$$

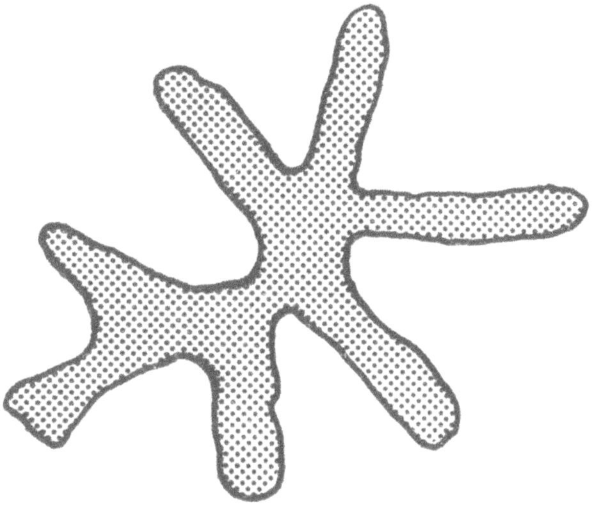

Bild 1. Momentaner Strömungsquerschnitt des Harnleiters

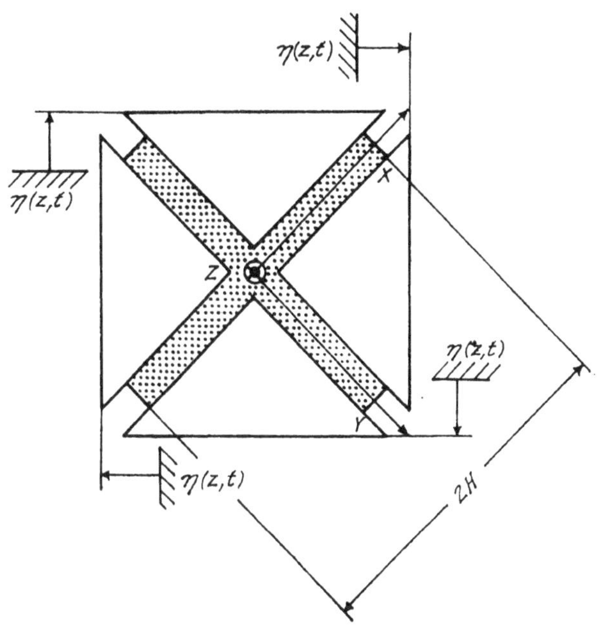

Bild 2. Idealisierter Strömungsquerschnitt des theoretischen Modells

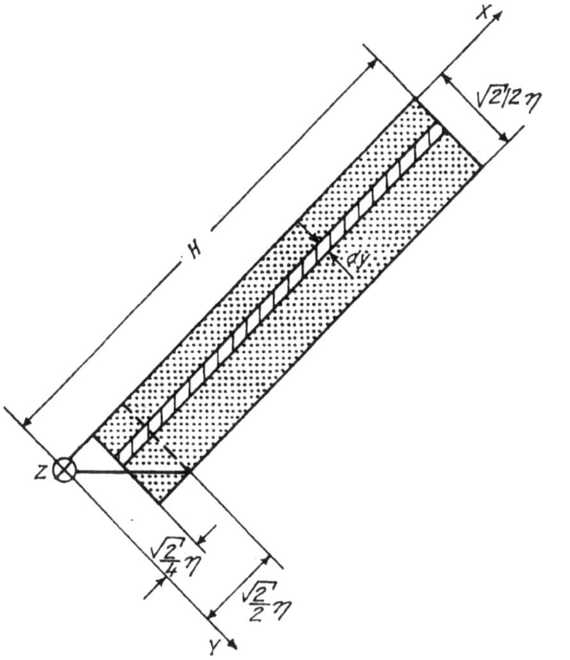

Bild 3. Idealisierter Teil-Strömungsquerschnitt

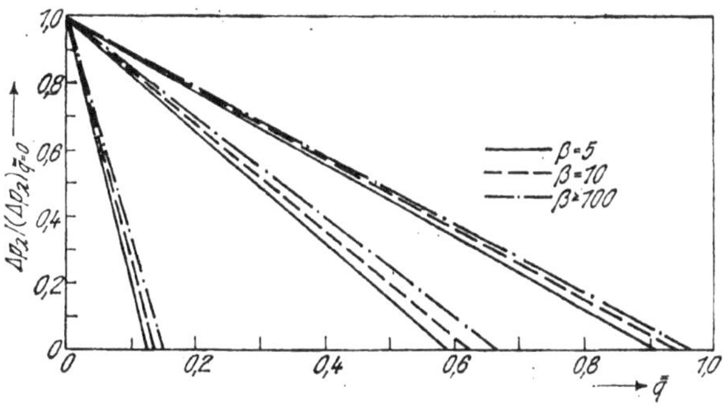

Bild 4. Druckanstieg als Funktion des Volumenstromes

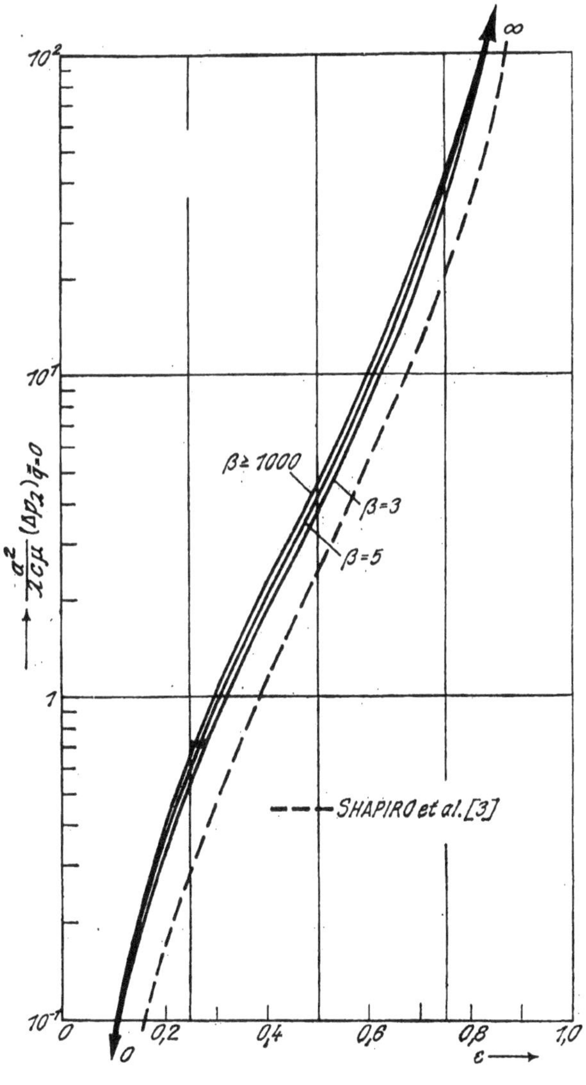

Bild 5. Druckanstieg als Funktion der relativen Amplitude

Der instationäre Volumenstrom q im ortsfesten Koordinatensystem berechnet sich zu

$$q = 8 \int_A (W + c) \,\mathrm{d}A = Q + 4\sqrt{2}\,(H - \sqrt{2}/4\eta)\,\eta c\,. \tag{8}$$

Diese Größe q wird über eine Periode T zeitlich gemittelt und normiert:

$$\bar{q} = \frac{\bar{q}}{q_0} = \frac{Q + c(4\sqrt{2}\,Ha - 2a^2 - b^2)}{4\sqrt{2}\,(H - \sqrt{2}/4b)\,bc}\,. \tag{9}$$

Mit den Gleichungen (6), (7) und (9) sowie $E = \eta/a$ erhält man für den Druckgradienten in Z-Richtung

$$\frac{\partial p}{\partial Z} = -\frac{6\mu c}{a^2}\left[\frac{1}{E^2} + \frac{4\sqrt{2}(\beta - \sqrt{2}/4\varepsilon)\,\varepsilon \bar{q} - (4\sqrt{2}\,\beta - 2 - \varepsilon^2)}{4\sqrt{2}\,(\beta - \sqrt{2}/4E)\,E^3}\right]. \tag{10}$$

Nach einer etwas länglichen analytischen Integration von Gl. (10) über eine Wellenlänge,

$$\Delta p_\lambda \equiv \int_0^\lambda (\partial p/\partial Z)\,\mathrm{d}Z\,, \tag{11}$$

erhält man für den Druckunterschied pro Wellenlänge

$$\frac{a^2}{\mu c\lambda}\,\Delta p_\lambda = \frac{3}{8}\,\frac{G(2\alpha - \varepsilon^2)}{\gamma_1^5\gamma_2}\left[1 - \frac{16\gamma_1^5\gamma_2}{G(2\alpha - \varepsilon^2)\,(1 - \varepsilon^2)^{3/2}} - \frac{\bar{\bar{q}}\,4\sqrt{2}\,(\beta - \sqrt{2}/4\varepsilon)\varepsilon}{(2\alpha - \varepsilon^2)}\right], \tag{12}$$

mit den folgenden Abkürzungen:

$$\alpha = 2\sqrt{2}\,\beta - 1\,, \qquad \gamma_1 = \sqrt{\frac{1 + \varepsilon}{1 - \varepsilon}}\,, \qquad \gamma_2 = \sqrt{\frac{\alpha - \varepsilon}{\alpha + \varepsilon}}\,, \tag{13}$$

$$B_4 = \frac{3\gamma_2^2 - 3\gamma_2^4 + \gamma_2^6 - 1}{3\gamma_1^4\gamma_2^2 - \gamma_1^6 - 3\gamma_1^2\gamma_2^4 + \gamma_2^6}\,, \tag{14}$$

$$B_3 = 3 + (\gamma_2^2 + \gamma_1^2)\,(-3 + \gamma_2^2) + \gamma_1^4 + B_4(-\gamma_1^4 - \gamma_2^4 + 2\gamma_1^2\gamma_2^2)\,, \tag{15}$$

$$B_2 = 3 - \gamma_2^2 - 2\gamma_1^2 + B_4(\gamma_2^2 - \gamma_1^2)\,, \qquad B_1 = 1 - B_4\,, \tag{16}$$

$$G = [8\gamma_1^4\gamma_2 B_1 + 4\gamma_1^2\gamma_2 B_2 + 3\gamma_2 B_3 + 8\gamma_1^5 B_4]\,(\alpha + \varepsilon)^{-1}\,(1 - \varepsilon)^{-3}\,. \tag{17}$$

In Bild 4 ist der normierte Druckanstieg über dem dimensionslosen Volumenstrom dargestellt. Der Druckunterschied Δp_λ für $\bar{\bar{q}} = 0$ ist in Bild 5 über dem Amplitudenverhältnis aufgetragen. Ein Vergleich der Resultate mit den Ergebnissen der ebenen Strömung von Shapiro [3] läßt einige Unterschiede erkennen. Weitere Informationen sind in [4] zu finden.

Literatur

1 Rath, H. J., Peristaltische Strömungen, Springer Verlag Berlin/Heidelberg/New York 1980.
2 Boyarsky, S.; Weinberg, S., Urodynamics concepts, in: Urodynamics upper lower urinary tract, Ed. by W. Lutzeyer und H. Melchios, Springer Verlag Berlin/Heidelberg/New York 1973.
3 Shapiro, A. H.; Jaffrin, M. Y.; Weinberg, S. L., Peristaltic pumping with long wavelength at low Reynolds number, J. Fluid Mech. 37, 799 (1969).
4 Rath, H. J., Peristaltic flow through a lobe- shaped tube, Intern. J. of Mech. Sciences 23 (1982).

Anschrift: Prof. Dr.-Ing. H. J. Rath, Mechanik u. Strömungslehre, Universität Bremen, D-2800 Bremen, BRD

ZAMM 62, T 224 – T 226 (1982)

K. G. Roesner

Kompressible Strömung durch poröse Schichten

Die Erweiterung des Darcyschen Filtergesetzes nach Forchheimer und die Hinzunahme konvektiver und zeitabhängiger Terme werden benutzt, um die instationäre Strömung kompressibler Medien durch dünne Schichten eines porösen Materials der Porosität ε theoretisch zu untersuchen. Sowohl das instationäre Strömungsfeld im Übergangsbereich als auch die stationäre Grenzlösung werden für verschiedene Werte des Schichtdickenparameters Λ, der Reynoldsschen Zahl Re und des Druckverhältnisses N numerisch ermittelt. Zur Bestimmung der instationären Lösung wird für die Lösung des hyperbolischen Differentialgleichungssystems ein Charakteristikenverfahren benutzt. Die Konvergenzbeschleunigung der instationären Lösung gegen die stationäre Grenzlösung erfolgt durch eine nichtineare Extrapolation mittels der Δ^2-Methode von Aitken. Für Re $\Lambda/\varepsilon^2 \geqq 1$ verliert das Darcysche Filtergesetz seine Gültigkeit.

1. Erweiterter Darcy-Forchheimer-Ansatz

Wie in [1] erwähnt, müssen für kompressible Strömungen durch poröse Medien in der Impulserhaltungsgleichung auch konvektive Terme berücksichtigt werden. Nach BEAVERS und SPARROW [2] wird für eindimensionale Strömungen die Impulserhaltungsgleichung in der folgenden Form zugrunde gelegt:

$$Au + B\varrho u^2 + \frac{\varrho}{\varepsilon^2} u \frac{\partial u}{\partial x} = -\frac{\partial p}{\partial x}. \tag{1}$$

$A = \mu/k$, $B = b\mu/k$, $b = 0.55\sqrt{k}/\mu$, μ ist die dynamische Viskosität des strömenden Mediums und k die spezifische Permeabilität des porösen Materials. ε bedeutet die Porosität der betrachteten Schicht. ϱ ist die Dichte des Gases und u die durch den Volumenstrom definierte fiktive Geschwindigkeit. p bedeutet den Druck.

Aus einer Entdimensionalisierung von (1) mit Hilfe der Beziehungen

$$x = XL\,, \qquad u = \mathrm{Re}\, U/(\varrho b)\,, \qquad p = P(p_1 - p_0) + p_0\,, \qquad \mathrm{Re} = (p_1 - p_0)\, kb\varrho/(\mu L)\,,$$

wobei L die Schichtdicke des durchströmten Materials darstellt und p_1 bzw. p_0 die Drücke an der Druck- bzw. der Saugseite der Schicht sind, folgt für (1):

$$\frac{\partial P}{\partial X} + \frac{\Lambda\,\mathrm{Re}}{\varepsilon^2}\left[P(N-1)+1\right]\frac{\partial U}{\partial X} = -U[1 + \mathrm{Re}\big(P(N-1)+1\big)\,U]\,. \tag{2}$$

$\Lambda = k/(b\mu L)$ ist der Schichtdickenparameter und $N = p_1/p_0$ das Druckverhältnis. Die Kontinuitätsgleichung erhält in dimensionsloser Form die Gestalt:

$$\frac{\partial}{\partial X}\left[U\left(P + \frac{1}{N-1}\right)\right] = 0\,. \tag{3}$$

Das Gleichungssystem (2) und (3) läßt sich geschlossen lösen. Eine Darstellung der Geschwindigkeits- und Druckverteilungen für ein Druckverhältnis $N = 50$ bei einer Porosität $\varepsilon = 0.5$ und einer Schichtdicke von $L = 0.05$ cm ist in Fig. 1 und Fig. 2 enthalten. In den Diagrammen sind Kurvenscharen für verschiedene Re-Zahlen aufgetragen. Der Einfluß wachsender Re-Zahlen macht sich beim Druckverlauf in einem zunehmend linearen Verlauf über der Schichtdicke bemerkbar. Bei der Geschwindigkeitsverteilung führt eine Erhöhung der Re-Zahl zu einem Absinken der dimensionslosen Geschwindigkeit. Starke Geschwindigkeitsgradienten treten nur in einem schmalen Bereich an der Unterdruckseite auf.

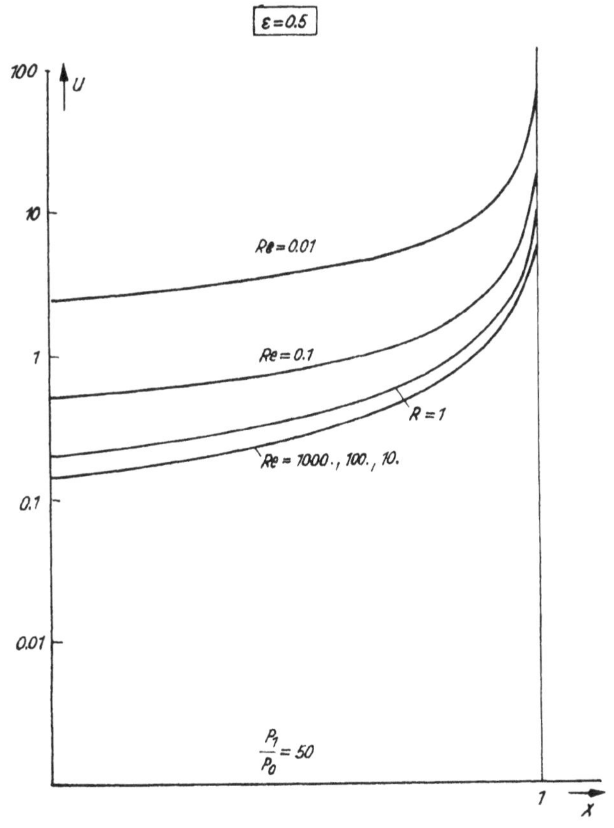

Fig. 1. Geschwindigkeitsverteilung ($L = 0.05$ cm)

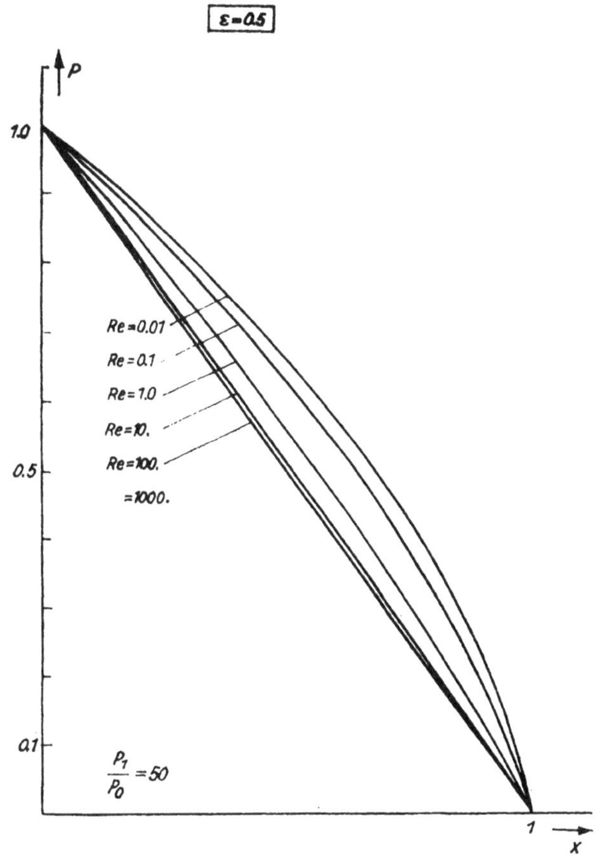

Fig. 2. Druckverteilung ($L = 0.05$ cm)

2. Instationäre Strömungen

Als Anfangswertverteilung für den Druck werde dieser in der gesamten Schicht als konstant betrachtet und zum Zeitpunkt $t = 0$ an der Unterdruckseite plötzlich auf einen niedrigeren Wert abgesenkt. Dieser instationäre Vorgang führt im Laufe der Zeit zu einem Druckabfall längs der gesamten Schicht. Um eine Abschätzung für die Einstellzeit der stationären Strömung zu erhalten, müssen die zeitabhängigen Glieder in den Grundgleichungen berücksichtigt werden. Von POLUBARINOVA-KOCHINA [3] ist die Zeitabhängigkeit in der Impulserhaltungsgleichung durch Hinzunahme der lokalen Zeitableitung $\varrho \frac{\partial u}{\partial t}$ berücksichtigt worden. In der Kontinuitätsgleichung wird ebenfalls der Term $\varepsilon \frac{\partial \varrho}{\partial t}$ hinzugenommen. Da die Strömung als isotherm angesehen werden soll, tritt als weitere Gleichung die thermische Zustandsgleichung hinzu. Zur Entdimensionalisierung wird die Zeit auf die Bezugszeit $\varrho\varepsilon bL/\mathrm{Re}$ bezogen

3. Lösung des Anfangs-Randwertproblems

Das quasilineare, partielle Differentialgleichungssystem erster Ordnung für den Druck und die Geschwindigkeit hat die folgende Form:

$$\begin{pmatrix} \frac{\partial}{\partial \tau} + U \frac{\partial}{\partial X} & \left(P + \frac{1}{N-1}\right)\frac{\partial}{\partial X} \\ \frac{\partial}{\partial X} & \alpha \frac{\partial}{\partial \tau} + \beta U \frac{\partial}{\partial X} \end{pmatrix} \begin{pmatrix} P \\ U \end{pmatrix} = \begin{pmatrix} 0 \\ \gamma \end{pmatrix}. \tag{4}$$

α, β, γ sind Funktionen von U und P und hängen auch noch von den Parametern des Problems ab. Da $\alpha \neq 0$ ist, liegt ein total hyperbolisches System vor. Als Randbedingung fordert man, daß die dimensionslosen Drücke an der Vorder- und Rückseite der Schicht konstant gehalten werden. Das benutzte Charakteristikenverfahren liefert dann die instationäre Geschwindigkeits- und Druckverteilung. Für große Schichtdicken ($L = 0.5$ cm) beträgt die Einstellzeit für die stationäre Strömung bei denselben Materialkonstanten wie in Fig. 1 und Fig. 2 etwa 0.5 s.

Wenn man aus der instationären Rechnung die zeitunabhängige Grenzlösung ermitteln will, so führt eine nichtlineare Extrapolation mit drei ermittelten Lösungen zu drei verschiedenen Zeiten bereits in einem Extrapolationsschritt auf zeitunabhängige Werte für die Verteilungen der Strömungsgrößen. Zweckmäßigerweise wählt man drei Glieder einer Teilfolge aus, die mehrere Zeitschritte auseinanderliegen. Durch diesen Extrapolationsschritt wird die Rechenzeit erheblich verkürzt.

Literatur

1 MORRISON, F. A., JR., Transient Non-DARCY Gas Flow in a Porous Medium, in: Numerical/Laboratory Computer Methods in Fluid Mechanics (ed.: POURING, A. A.; SHAH, V. L.), The Amer. Soc. of Mech. Eng., 1976, 311–323.
2 BEAVERS, G. S.; SPARROW, E. M., Compressible Gas Flow Through a Porous Material, International Journal of Heat and Mass Transfer, Vol. 14, 1971, 1855–1859.
3 POLUBARINOVA-KOCHINA, P. YA., Theory of Ground Water Movement, Princeton University Press, Princeton, New Jersey, 1962.

Anschrift: Prof. Dr. K. G. ROESNER, Institut für Mechanik der Technischen Hochschule Darmstadt, Hochschulstraße 1, D-6100 Darmstadt, BRD

ZAMM 62, T 226 – T 228 (1982)

M. ŠAŠIĆ / P. MARJANOVIĆ

Non-Isothermal Compressible Flow in Pipes

Isothermal compressible flow in pipes is sufficiently studied up to now. Non-isothermal flow is usually calculated by the formulas valid for isothermal flow, determining the physical gas properties by the mean temperature along the pipeline. On that way, one makes a mistake the amount of which depends on the value of the change of temperature downstream. Non-isothermal steady flow of gas in a constant diameter pipe can be determined by the following system of equations:

$$-\mathrm{d}p = \lambda \frac{\varrho v^2}{2D}\left(\frac{\mu_c}{\mu}\right)^b \mathrm{d}x, \qquad G = \varrho v A\,, \qquad p = Z\varrho RT\,, \qquad \mu = \mu_0\left(\frac{T}{T_0}\right)^m, \tag{1}$$

$$T = T_a - (T_1 - T_a)\,\mathrm{e}^{-ax} - C_N(1 - \mathrm{e}^{-ax})\,,$$

wherein:

$$a = \frac{kD_m\pi}{Gc_p}, \qquad C_N = \frac{1}{al}\left(C_t\Delta p_t + \frac{g\Delta H}{c_p}\right).$$

Here are: ϱ, p, T, v mean values of density, pressure, temperature and velocity of gas in the observed cross-sectional area A of the pipe, λ friction factor, T_a ambient temperature, T_1 temperature of gas at the beginning of the pipe, μ_c/μ the ratio of dynamic gas viscosities near the pipe wall and the mean value in the corresponding cross-sectional area of the pipe, b coefficient that takes into consideration the deformation of velocity profile because of the change of temperature, Z deviation coefficient of the real gas from the perfect one, D and D_m inside and mean diameter of the pipe when it is insulated, k over-all heat transfer coefficient, G mass flow rate of gas and c_p its specific heat. Pressure drop in a device that causes Joule-Thomson's effect is marked with Δp_t (C_t is Joule-Thomson's constant) and $\Delta H = H_2 - H_1$ is the geodesic distance between the beginning and the end of the pipeline. First of all, it should be remarked that the ratio of the viscosities μ_c/μ can be determined only approximately by the heat transfer balance:

$$\frac{\mu_c}{\mu} \approx \left(\frac{\alpha_t D_{ct} \mp kD_m}{\alpha_t D_{ct}}\right)^m. \tag{2}$$

Sign „—" corresponds to the cooling, and "+" to the heating of the gas downstream. Here α_t is convection heat transfer coefficient from gas to the pipe wall during the cooling, that is from the pipe wall to gas during the heating of the gas, and $D_{ct} = D$ is the inside pipe diameter when it is insulated.

The solution of the equations (1) depends on the regime of the gas flow. Reynolds number changes downstream as the viscosity of gas changes because of the change of its temperature. Besides, the gas density changes as well, because of the change of pressure and temperature. Classic hydraulics differentiates the following flow regions: region of laminar flow, flow in the hydraulic smooth pipes (BLASIUS friction law which is valid when boundary layer thickness is bigger than the absolute roughness of pipe), turbulent region in which friction factor depends both on Reynolds number and relative roughness of pipe, and expressive turbulent flow where friction factor depends only on the relative roughness of pipe. First two regions can be presented by the common expression for the friction factor: $\lambda = K/Re^n$, wherein: $K = 64$, $n = 1$, $b = \frac{1}{4} = 0{,}25$ for laminar flow, and $K = 0{,}3164$, $n = \frac{1}{4} = 0{,}25$, $b = \frac{1}{7} \approx 0{,}14$ for the flow in hydraulic smooth pipes. If one put on the expression for λ in the function of temperature one will come to the following solution of the equations (1):

$$p_1^2 - p_2^2 = K\left(\frac{4}{\pi}\right)^{2-n} \frac{\mu_0^n G^{2-n} Z_m R}{T_0^{mn} D^{5-n}} \left(\frac{\alpha_t D_{ct} \mp kD_m}{\alpha_t D_{ct}}\right)^{mb} \cdot I, \tag{3}$$

wherein:

$$I = \int_0^l (A_T + B_T e^{-ax})^{1+mn}\, dx; \tag{4}$$

$$A_T = T_a - C_N, \qquad B_T = T_1 - T_a + C_N, \qquad Z_m = \tfrac{1}{2}(Z_1 + Z_2).$$

It is possible to reduce integral (4) to the incomplete Beta functions which are obtainable in the form of hypergeometric series:

$$I = \frac{A_T^{1+mn}}{a}\left\{y_2^{1+mn} \sum_{i=0}^{\infty} \frac{y_2^{-i}}{i - 1 - mn} - y_1^{1+mn} \sum_{i=0}^{\infty} \frac{y_1^{-i}}{i - 1 - mn}\right\}, \tag{5}$$

for the case of the cooling of the gas, and

$$I = \frac{A_T^{1+mn}}{a}\left\{y_2^{2+mn} \sum_{i=0}^{\infty} \frac{y_2^{i}}{i + 2 + mn} - y_1^{2+mn} \sum_{i=0}^{\infty} \frac{y_1^{i}}{i + 2 + mn}\right\}, \tag{6}$$

for the case of the heating of the gas downstream. Herein:

$$y_1 = 1 + \frac{B_T}{A_T}, \qquad y_2 = 1 + \frac{B_T}{A_T} e^{-al} \tag{7}$$

are greater than one when gas is cooling ($B_T > 0$), and they are less than one when gas is heating downstream ($B_T < 0$), so integrals (5) and (6) always converge and more expressive non-isothermalness is present, the faster integrals converge. Pressure drop due to friction in the case of the cooling of the gas downstream is less than the one which could be computed by the formula for isothermal flow with temperature T_1. That is effected by the decrease of its temperature. In the case of heating of the gas downstream, the effect is opposite.

There are a lot of formulas for the flow regime in which friction factor depends both on Reynolds number and relative roughness of the pipe. It is used, herein, ALTSHUL's formula:

$$\lambda = 0{,}1\left(1{,}46\,\frac{\delta}{D} + \frac{100}{Re}\right)^{0{,}25}. \tag{8}$$

Besides, here is taken $b \approx 0{,}12$ ($0{,}10 < b < 0{,}14$) as the mean value. If one introduces the expression (8) in the function of temperature, one will obtain the solution of equations (1) in the following form:

$$p_1^2 - p_2^2 = \frac{1{,}6\,G^2 Z_m R}{\pi^2\,D^5}\left(\frac{\alpha_t D_{ct} \mp kD_m}{\alpha_t D_{ct}}\right)^{mb} (A_T I_1 + B_T I_2), \tag{9}$$

wherein:

$$I_1 = \int_0^l [k_1 + k_2(A_T + B_T\,e^{-ax})^m]^{0,25}\,dx\,, \qquad I_2 = \int_0^l e^{-ax}\,[k_1 + k_2(A_T + B_T\,e^{-ax})^m]^{0,25}\,dx\,, \tag{10}$$

$$k_1 = 1{,}46\,\frac{\delta}{D}, \qquad k_2 = \frac{25\pi D\mu_0}{GT_0^m}, \qquad c_0 = \frac{k_1}{k_2}.$$

One obtaines the solution of integral I_1 in the form of a finite sum of definite integrals, from which one needs only the first two terms with great exactness. That solution is:

$$I_1 = \frac{4K_2^{0,25}}{ma}\left\{(y_1 - y_2) - \frac{c_0^{0,25}}{4}\ln\frac{y_1 + c_0^{0,25}}{y_1 - c_0^{0,25}}\,\frac{y_2 - c_0^{0,25}}{y_2 + c_0^{0,25}} + \frac{c_0^{0,25}}{2}\left[\operatorname{arc\,tg}\left(\frac{y_2^4}{c_0}\right)^{0,25} - \operatorname{arctg}\left(\frac{y_1^4}{c_0}\right)^{0,25}\right]\right\} -$$

$$- \frac{4A_TK_2^{0,25}}{(m-4)\,a}\left\{\frac{y_2}{(y_2^4 - c_0)^{1/m}} - \frac{y_1}{(y_1^4 - c_0)^{1/m}} - c_0\,\frac{y_2 - y_1}{6}\left[(y_1^4 - c_0)^{-(m+1)/m} + \left(\left(\frac{y_1 + y_2}{2}\right)^4 - c_0\right)^{-(m+1)/m} +\right.\right.$$

$$\left.\left. + (y_2^4 - c_0)^{-(m+1)/m}\right]\right\}, \tag{11}$$

wherein:

$$y_1 = [c_0 + (A_T + B_T)^m]^{0,25}\,, \qquad y_2 = [c_0 + (A_T + B_T\,e^{-al})^m]^{0,25}\,.$$

One obtaines integral I_2 in form of hypergeometric series convergency of which exists in the region where dependence (8) is valid. That solution is:

$$I_2 = \frac{K_2^{0,25}}{ma\left(0{,}25 + \frac{1}{m}\right)}\{(A_T + B_T)^{1+0,25m}\,F_1 - (A_T + B_T\,e^{-al})^{1+0,25m}\,F_2\}\,, \tag{12}$$

wherein:

$$F_1 = 1 - \left(0{,}25 + \frac{1}{m}\right)\sum_{i=1}^{\infty}(-1)^i\,\frac{c_0^i}{(A_T + B_T)^{mi}}\,\frac{\prod_{j=1}^{i}[4(j-1) - 1]}{4^i\left(i - 0{,}25 - \frac{1}{m}\right)i!}\,,$$

$$F_2 = 1 - \left(0{,}25 + \frac{1}{m}\right)\sum_{i=1}^{\infty}(-1)^i\,\frac{c_0^i}{(A_T + B_T\,e^{-al})^{mi}}\,\frac{\prod_{j=1}^{i}[4(j-1) - 1]}{4^i\left(i - 0{,}25 - \frac{1}{m}\right)i!}\,. \tag{13}$$

Finally, for the region of expressive turbulent flow, where friction factor depends only on relative roughness of the pipe, and if one takes, for instance, SHIFRINSON's formula: $\lambda = 0{,}111\left(\frac{\delta}{D}\right)^{0,25}$ the solution of equations (1), for the horizontal pipeline, is:

$$p_1^2 - p_2^2 = \frac{16\lambda G^2 Z_m Rl}{D^5\pi}\left(\frac{\alpha_i D_{ci} \mp kD_m}{\alpha_i D_{ci}}\right)^{mb}\left[T_a + (T_1 - T_a)\,\frac{1 - e^{-al}}{al} - \frac{C_i\Delta p_i}{al}\left(1 - \frac{1 - e^{-al}}{al}\right)\right]. \tag{14}$$

Of course, it is possible that the change of gas temperature causes the change of the regime of the flow along the pipeline. One should take care of this and use the corresponding obtained solutions of the equations for each part of the pipeline.

References

1 ŠAŠIĆ, M., Determination of Pressure Drop due to Friction during Non-isothermal Flow of Heated Liquid (in serbo-croatian), Hidraulika i pneumatika No 10, 1970.

2 ŠAŠIĆ, M., Pressure Drop due to Friction during the Turbulent Flow of Heated Liquid (in serbo-croatian), Zbornik radova Mašinskog fakulteta, 1 (1980) 1, Kragujevac.

3 BOBROVSKIJ S. A., et al., Gas Pipeline Transport (in russian), „Nauka", Moskva 1976.

Address: Prof. Dr. M. ŠAŠIĆ and Mr. P. MARJANOVIĆ, Faculty of Mechanical Engineering, 27. marta 80, 11000 Beograd, Jugoslavia

ZAMM 62, T 229 – T 231 (1982)

H. SCHILLING

Hyperbooms

1. Einleitung

Ein Überschallknall oder Sonic Boom entsteht, wenn sich ein Flugzeug mit einer Geschwindigkeit bewegt, die größer als die lokale Schallgeschwindigkeit der umgebenden Luft ist. Ein Beobachter, der ihn am Boden vernimmt, registriert einen Drucksprung, der idealisiert in Bild 1 dargestellt ist („N-Welle"). Die Größe des Drucksprunges Δp ist vor allem abhängig vom Abstand des Flugzeuges zum Beobachter. Von untergeordneter Bedeutung sind Einflüsse der Machzahl und der Atmosphäre. Wichtig sind jedoch Fokussierungseffekte, die bei Abweichungen vom geradlinigen Flug mit konstanter Machzahl auftreten können. Die Drucksprünge an bestimmten Stellen des Bodens können nun um ein Vielfaches stärker sein als bei einem Überschallknall, der durch einen geradlinigen Flug mit konstanter Machzahl an denselben Stellen zu hören wäre. Experimente in Frankreich ergaben solche Fokusfaktoren bis etwa 10 [1]. Es wird hier folgender Frage nachgegangen: wie muß ein Flugzeug fliegen, damit die Signale am Boden besonders stark fokussiert werden, damit also der Fokusfaktor möglichst groß wird? Zur Vereinfachung wird angenommen, daß die geometrische Akustik gültig ist; das Flugzeug wird durch eine Schallquelle ersetzt, die Störungen aussendet. Ferner soll die Atmosphäre homogen, die Schallgeschwindigkeit also in allen Höhen konstant sein.

2. Grundlagen

Die Basis des zugrundegelegten Konzeptes ist die Darstellung der Empfangszeit t eines Signales bei einem Beobachter am Boden als Funktion der Aussendezeit τ vom Flugzeug [2]. Zur Erläuterung soll der einfachste mögliche Fall dienen: Ein Flugzeug in Flughöhe h möge sich zur Zeit $\tau = 0$ am Ort A über dem Beobachter bei B befinden, seine Geschwindigkeit U sei konstant (Bild 2). Dann gilt für die Empfangszeit t eines Signales, das zur Zeit τ am Ort A' ausgesandt wurde (M: Machzahl, a_0: Schallgeschwindigkeit)

$$t = \tau + \frac{1}{a_0}\sqrt{h^2 + U^2\tau^2} = \tau + \sqrt{\frac{h^2}{a_0^2} + M^2\tau^2}\,, \tag{1}$$

da sich ein Signal in einer homogenen Atmosphäre geradlinig ausbreitet. Diskutiert man (1) in einer t, τ-Ebene, so erhält man die in den Bildern 3 dargestellten Ergebnisse: Fliegt das Flugzeug mit einer Machzahl $M < 1$, so hört der Beobachter zu allen Zeiten ein Geräusch, für $M > 1$ jedoch erst ab einer Zeit t^*, zu allen späteren Zeitpunkten $t > t^*$ kommen zwei zu verschiedenen Zeiten τ ausgesandte Signale an. Die vom Flugzeug abgegebene Energie ist nun proportional der geflogenen Zeitspanne $d\tau$, die beim Beobachter empfangene Energie ein Bruchteil $\lambda(t)$ davon. Für die pro Zeiteinheit empfangene Energie gilt dann:

$$dE_{\text{emp}}/dt \sim \lambda(t) \cdot d\tau/dt \to \infty \quad \text{für} \quad t \to t^*\,. \tag{2}$$

Geht also insbesondere $t \to t^*$, so wächst $d\tau/dt$ wegen des Minimums über alle Grenzen: der Beobachter hört einen Knall, den Sonic Boom. Es liegt daher nahe, eine *Boom-Bedingung*

$$\frac{dt}{d\tau} = 0\,, \tag{3}$$

einzuführen. Ist sie zu einer Zeit t^* erfüllt, hört der Beobachter einen Sonic Boom.
Betrachtet wird als nächstes eine beliebige Bewegung im dreidimensionalen Raum. $\vec{r}$ sei der Ortsvektor zum Beobachter, $\vec{v}$ die Fluggeschwindigkeit. Für die Empfangszeit t gilt allgemein, wenn das Signal zur Zeit τ ausgesandt wurde:

$$t = \tau + r(\tau)/a_0\,, \qquad r = |\vec{r}|\,. \tag{4}$$

Einsetzen der letzten Gleichung in die Boom-Bedingung (3) liefert:

$$\vec{r} \cdot \vec{v} = r a_0\,. \tag{5}$$

Dies kann mit Einführung des Boomwinkels φ (Bild 4) umgeschrieben werden:

$$\vec{r} \cdot \vec{v} = |\vec{r}| \cdot |\vec{v}| \cdot \cos\varphi = r a_0 \quad \text{oder} \quad \cos\varphi = \frac{a}{|\vec{v}|} = \frac{1}{M}.$$

Das heißt aber nichts anderes, als daß der zukünftige Boomort am Boden zum Aussendezeitpunkt des Signals vor dem Flugzeug liegt. Der Beobachter hört weiterhin immer dann einen Überschallknall, wenn die Geschwindigkeitskomponente in seine Richtung mit der Schallgeschwindigkeit übereinstimmt.

Ein Hyperboom wird nun dadurch definiert, daß dies während eines *endlichen* Zeitintervalles auf dem Flugweg der Fall ist. Für die Darstellung in der t, τ-Ebene bedeutet das, daß der Beobachter zu einer *festen* Zeit t^* also all die Signale empfängt, die während eines *endlichen* Zeitintervalls $\Delta\tau$ ausgesandt wurden; der Extremwert in der t, τ-Ebene entartet dann zu einem kurzen Geradenstück, Bild 5. Zur Zeit $t = t^*$ verschwinden dann aber alle Ableitungen von t nach τ:

$$\frac{d^\nu t}{d\tau^\nu} = 0 \quad \text{für alle} \quad 1 \leqq \nu < \infty\,, \quad \textit{Hyperboom-Bedingung}\,. \tag{6}$$

Da $t = t^* = \text{const}$ der Gleichung (6) genügt, folgt für die Änderung des Abstandes r vom Flugzeug zum Beobachter hieraus sofort:

$$r(\tau) = r_0 - a_0 \cdot \tau\,. \tag{7}$$

Hierbei wurde die Konstante willkürlich so festgelegt, daß für $\tau = 0$ r mit einem Anfangsabstand r_0 zusammenfällt.

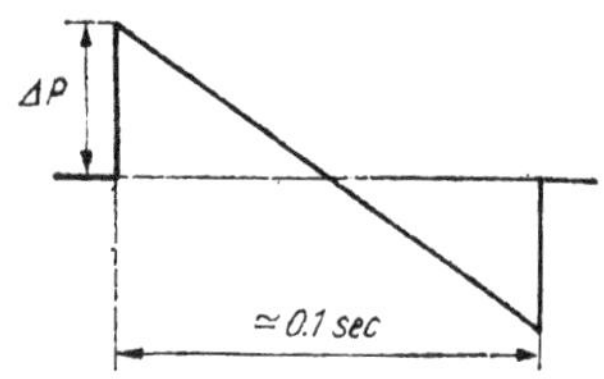

Bild 1. „N-Welle“

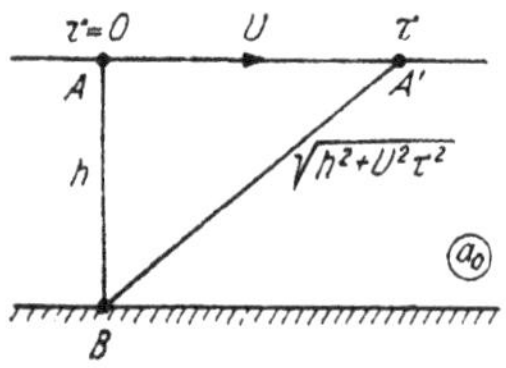

Bild 2. Erläuterung siehe Text

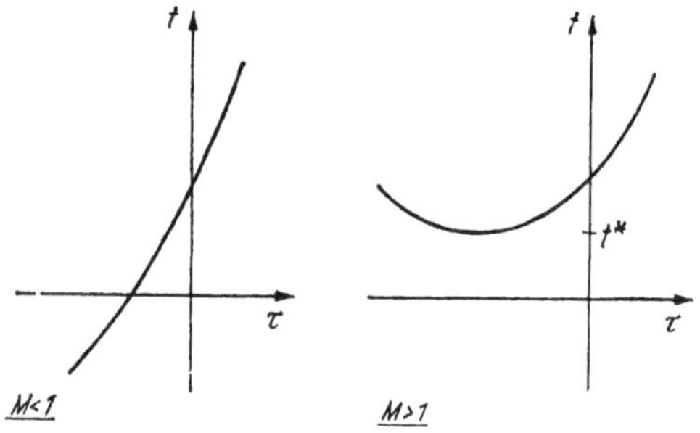

Bild 3. t, τ-Ebene für $M < 1$ und $M > 1$

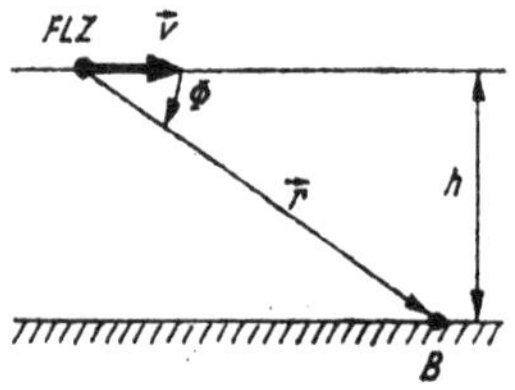

Bild 4. Zum Boomwinkel φ (in der Zeichnung aus Versehen „Φ“ genannt)

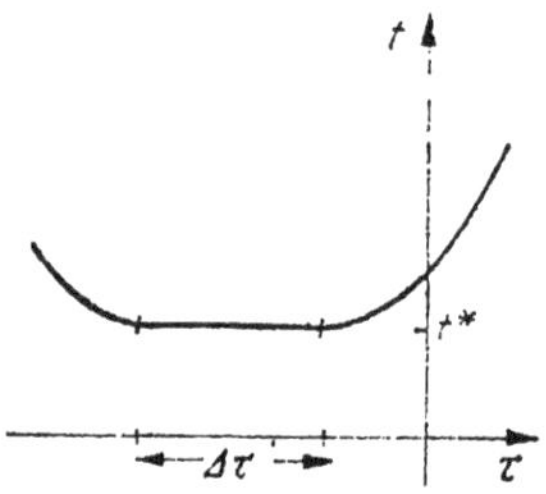

Bild 5. Hyperboom in der t, τ-Ebene

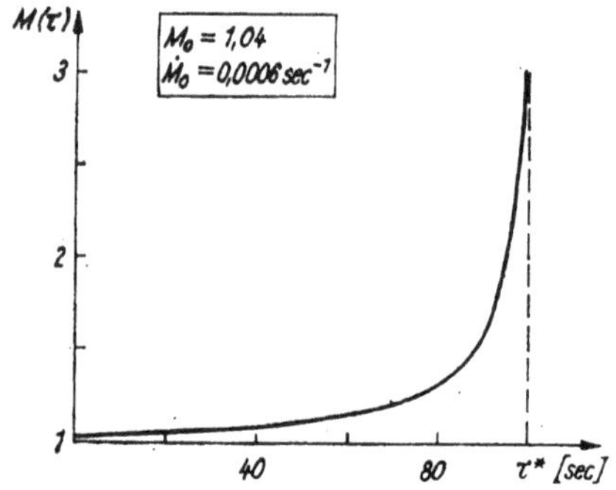

Bild 6. Typischer $M(\tau)$-Verlauf zur Erzeugung eines Hyperbooms am Boden

3. Geradliniger Flug in konstanter Höhe

Für einen geradlinigen Flug in konstanter Höhe sollen die erhaltenen Gleichungen ausgewertet werden. Durch Differenzieren von (4) folgt zunächst ($\dot{} = d/d\tau$):

$$dt/d\tau = 0: \quad \vec{r} \cdot \vec{v} = r a_0\,, \qquad d^2t/d\tau^2 = 0: \quad \vec{r} \cdot \dot{\vec{v}} = \vec{v}^2 - a_0^2\,, \tag{8.1), (8.2}$$

$$d^3t/d\tau^3 = 0 \quad \vec{r} \cdot \ddot{\vec{v}} = 3\vec{v} \cdot \dot{\vec{v}} \quad \text{etc.} \tag{8.3}$$

Für den hier untersuchten Fall gilt $\vec{r} = (x, y, -h)$, wobei die Koordinate in Flugrichtung x einen positiven Wert hat (s. o.). Der Ursprung des Koordinatensystems soll von nun ab mit dem Flugzeugort zusammengefallen. Werden die Richtungen der Geschwindigkeit und ihrer Ableitungen so gewählt, daß sie mit der x-Richtung zusammenfallen, folgen aus (8) mit Einführung der Machzahl M, Änderung der Machzahl $\dot{M}$ etc. die Gleichungen (9):

$$Mx = r\,, \qquad \dot{M}x = a_0(M^2 - 1)\,, \qquad \ddot{M}x = 3a_0 M\dot{M} \ \text{etc.} \tag{9.1), (9.2), (9.3}$$

Diese Gleichungen müssen also während eines endlichen Zeitintervalls erfüllt sein. Wegen (7) sieht man unmittelbar, daß durch Differenzieren von (9.1) Gl. (9.2), durch weiteres Differenzieren (9.3) etc. folgt. Es genügt daher, folgendes System unter Beachtung von (7) zu lösen:

$$Mx = r\,, \qquad \dot{M}x = a_0(M^2 - 1)\,. \tag{10.1), (10.2}$$

Hieraus ergibt sich als erstes dasjenige Machzahl-Zeit-Gesetz, das das Flugzeug erfliegen muß, damit der Hyperboom am Boden entsteht:

$$M(\tau) = \frac{M_0 r}{\sqrt{M_0^2 r^2 - (M_0^2 - 1) r_0^2}}\,, \qquad M(0) =: M_0\,. \tag{11}$$

Für typische Parameterwerte ist (11) in Bild 6 ausgewertet. Der geringe Anstieg der Kurve zeigt, daß dieses Manöver zumindest anfangs prinzipiell ausgeführt werden kann.

Wegen der Wahl des Anfangszeitpunktes $\tau = 0$ liegt τ nun zwischen den Grenzen

$$0 \leqq \tau \leqq \tau^* = \frac{r_0}{a_0}\{1 - \sqrt{M_0^2 - 1}/M_0\} = \frac{M_0^2 - 1}{\dot{M}_0}\{M_0 - \sqrt{M_0^2 - 1}\}\,, \tag{12}$$

wobei τ^* durch das Verschwinden des Nenners von (11) festgelegt ist ($M \to \infty$, $\varphi \to 90°$).

Als nächstes wird der Hyperboomort am Boden angegeben. Die Ausgangsgleichungen (10) gelten für jeden Wert von τ im angegebenen τ-Intervall, insbesondere also für $\tau = 0$. Mit $\dot{M}(0) = \dot{M}_0$ folgen dann durch algebraische Umformungen sofort die gesuchten Koordinaten:

$$x = a_0 \cdot (M_0^2 - 1) / \dot{M}_0 , \qquad y = \pm\sqrt{a_0^2(M_0^2 - 1)^3/\dot{M}_0^2 - h^2} . \tag{13}$$

Es entsteht somit symmetrisch zu beiden Seiten des Flugweges je ein Hyperboom, jedoch offenbar nur mit geeigneter Wahl der Flugdaten. Wegen der Positivität von $\dot{M}_0$ ($x > 0$ und $M > 1$) sowie der Forderung $y^2 \geqq 0$ gilt nämlich:

$$0 < \dot{M}_0 \leqq a_0 (\sqrt{M_0^2 - 1})^3/h . \tag{14}$$

Nur wenn diese Ungleichung erfüllt ist, kann (mindestens) ein Hyperboom vernommen werden.

4. Schlußbemerkung

Ähnliche Überlegungen können auch ohne weiteres für einen Flug auf einer Kreisbahn, einen Sink- oder einen Steigflug gemacht werden; ferner kann die homogene Atmosphäre durch eine horizontal geschichtete Standardatmosphäre ersetzt werden. Ein Hyperboom ist zwar theoretisch möglich, jedoch werden praktische Gründe verhindern, daß er in einem realen Fall auftreten wird. Qualitativ kann aber geschlossen werden, daß Manöver im Überschall ohne weiteres zu stark fokussierten Sonic Booms führen können, was durch die oben angesprochenen Experimente bestätigt wird [1, 3].

In Verallgemeinerung von (6) können Booms n-ter Ordnung dadurch definiert werden, daß nun $1 \leqq \nu \leqq n$ gilt; den in der Literatur häufig behandelten „Superboom“ erhält man dann für $n = 2$. Nähere Ausführungen hierzu erfolgen an anderer Stelle [3].

Literatur

1 Wanner, J.-C. L., et al., Theoretical and experimental studies of the focus of sonic booms, J. Acoust. Soc. Am. **52** (1972), 13—32.
2 Prandtl, L., Über Schallausbreitung bei rasch bewegten Körpern, Schriften der Dt. Akademie d. Luftfahrtforschung, H. 7 (1938).
3 Schilling, H., Auftreten und Stärke fokussierter Sonic Booms. Habilitationsschrift, TH Darmstadt 1981. Erscheint im VDI-Verlag Düsseldorf.

Anschrift: Dr. rer. nat. H. Schilling, Institut für Mechanik, Technische Hochschule, D-6100 Darmstadt, Hochschulstraße 1, BRD

ZAMM 62, T 231 – T 233 (1982)

R. Simon

Ein Berechnungsverfahren für die ausgebildete turbulente Strömung in gekrümmten Kanälen

Ausgebildete Strömung in gekrümmten Kanälen liegt z. B. bei Wärmetauschern in Form von Rohrwendeln vor. Der Fall soll weiterhin in Verbindung mit der Rotation als Modell für die Durchströmung der Schaufelkanäle in Laufrädern radialer Strömungsmaschinen dienen. In der Technik liegen außerdem meist turbulente Strömungen vor.

In Bild 1 ist der gekrümmte Kanal skizziert. Die Strömung ist in Hauptströmrichtung φ ausgebildet, d. h. das Strömungsbild ändert sich längs φ nicht mehr. Deshalb ist die Strömung damit beschrieben, daß man sie in einer Querschnittsebene $R - Z$ berechnet. Es entsteht ein konstanter Druckabfall Δp in φ-Richtung, der die Verluste infolge Reibung beinhaltet. Die aufgrund der Krümmung auftretenden Fliehkräfte verursachen im Zusammenwirken mit den Wandgrenzschichten eine Sekundärströmung, die sich in der in Bild 1 angedeuteten Weise als ein symmetrisches Wirbelpaar darstellt. Diese Sekundärströmung erzeugt nun zusätzliche Reibungsverluste, und es interessiert für die technische Anwendung insbesondere die daraus resultierende Erhöhung des Druckabfalles.

Bei der Berechnung der turbulenten Strömung geht man aus von den Reynolds-Gleichungen:

$$\frac{\partial \bar{u}_i}{\partial t} + u_j \frac{\partial \bar{u}_i}{\partial x_j} = - \frac{1}{\varrho} \frac{\partial \bar{p}}{\partial x_i} + \frac{\partial}{\partial x_j} \left(\frac{\mu}{\varrho} \frac{\partial \bar{u}_i}{\partial x_j} - \overline{u_i' u_j'} \right).$$

Die Schließung des Gleichungssystems wird mit dem $k - \varepsilon$—Turbulenzmodell vollzogen. Darin werden die oben enthaltenen Komponenten des Reynolds-Spannungstensors $\overline{u_i' u_j'}$ und die Wirbelviskosität ν_t mit den Ansätzen

$$\overline{u_i' u_j'} = - \frac{\mu_t}{\varrho} \left(\frac{\partial \bar{u}_i}{\partial x_j} + \frac{\partial \bar{u}_j}{\partial x_i} \right) + \frac{2}{3} k \delta_{ij} \quad \text{und} \quad \mu_t = c_\mu \varrho \frac{k^2}{\varepsilon}$$

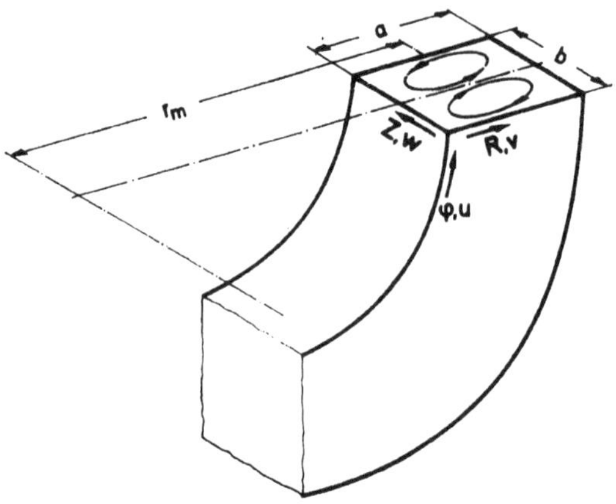

Bild 1. Geometrie des Kanals und Koordinatensystem

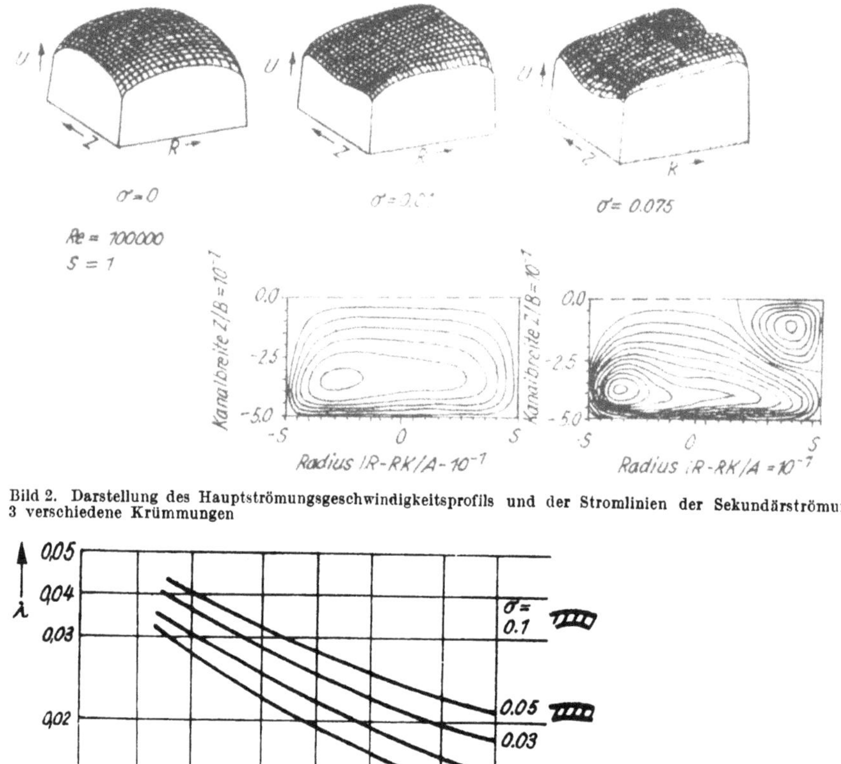

Bild 2. Darstellung des Hauptströmungsgeschwindigkeitsprofils und der Stromlinien der Sekundärströmung über dem Kanalquerschnitt für 3 verschiedene Krümmungen

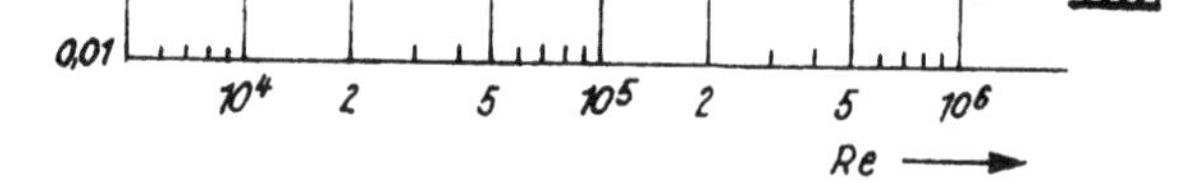

Bild 3. Reibbeiwert als Funktion der *Re*-Zahl mit dem Krümmungsverhältnis σ als Parameter

festgelegt. Die hier verwendeten Größen Turbulenzenergie k und Dissipation ε werden durch je eine Transportgleichung bestimmt:

$$\bar{u}_i \frac{\partial k}{\partial x_i} = \frac{\partial}{\partial x_i}\left(\frac{\mu_t}{\sigma_k \varrho}\frac{\partial k}{\partial x_i}\right) - \overline{u_i' u_j'}\frac{\partial \bar{u}_i}{\partial x_i} - \varepsilon\,, \qquad \bar{u}_i \frac{\partial \varepsilon}{\partial x_i} = \frac{\partial}{\partial x_j}\left(\frac{\mu_t}{\sigma_\varepsilon \varrho}\frac{\partial \varepsilon}{\partial x_i}\right) - u_i' u_j' \frac{\partial \bar{u}_i}{\partial x_j} c_1 \frac{\varepsilon}{k} - c_2 \frac{\varepsilon^2}{k}\,.$$

Darin sind c_μ, σ_k, σ_ε, c_1 und c_2 empirisch ermittelte Konstanten. Wird nun dieses allgemeine Gleichungssystem auf den Fall der stationären, ausgebildeten Strömung eines inkompressiblen Mediums angewendet und in Zylinderkoordinaten transformiert, so lassen sich alle Einflußgrößen auf die folgenden 3 dimensionslosen Parameter reduzieren:

Reynolds-Zahl	Seitenverhältnis	Krümmungsverhältnis
$Re = \frac{u_m \cdot d}{\nu}$	$S = \frac{a}{b}$	$\sigma = \frac{a}{2 \cdot r_m}$.

Dabei ist $d = 2ab/(a + b)$ der hydraulische Durchmesser des Kanalquerschnittes und u_m die mittlere Geschwindigkeit. Die Lösung dieses Systems von elliptischen Differentialgleichungen erfolgt mithilfe eines Differenzenverfahrens zweiter Ordnung. Da jedoch das Turbulenzmodell in unmittelbarer Wandnähe nicht gültig ist, sind die Randbedingungen für die Größen u, k und ε in einem gewissen Abstand zur Wand festzulegen. Liegt dieser Rand im Gültigkeitsbereich des universellen Wandgesetzes

$$u = \frac{u_\tau}{\varkappa} \ln\left(E \frac{u_\tau y}{\nu}\right)$$

so kann mit diesem Zusammenhang der Randwert für u iterativ bestimmt werden.

In Bild 2 ist der Einfluß der Krümmung auf das Stromfeld dargestellt, wobei im Falle $\sigma = 0{,}075$ ein zusätzliches Wirbelpaar an der äußeren, konkav gekrümmten Kanalseite auftritt. Dieses Phänomen basiert auf dem gleichen Entstehungsmechanismus wie die sog. TAYLOR-GÖRTLER-Instabilitäten.

In Bild 3 ist dargestellt, in welcher Weise der Reibbeiwert λ von der Re-Zahl und dem Krümmungsverhältnis σ abhängt. Der Reibbeiwert stammt aus der in der Praxis verwendeten Formel für den Druckabfall:

$$\Delta p = \frac{\varrho}{2} u_m^2 \cdot \frac{r_m \cdot \varphi}{d} \cdot \lambda .$$

Anschrift: Dipl.-Ing. RUDOLF SIMON, Universität Karlsruhe, Institut für Strömungslehre und Strömungsmaschinen, Kaiserstraße 12, D-7500 Karlsruhe 1, BRD

ZAMM 62, T 233 – T 235 (1982)

E. M. STECK

Berechnung der ebenen Strömung durch rotierende Radialgitter

Die theoretische Untersuchung der ebenen Strömung durch rotierende Radialgitter wird im folgenden für den Sonderfall der idealen Flüssigkeit bzw. die laminare Strömung eines hochviskosen newtonschen Fluids durchgeführt. Beide Strömungsformen stellen stark vereinfachte Modelle der komplizierten Strömungsvorgänge durch Beschaufelungen von Turbomaschinen dar. Von größerem technischen Interesse ist dabei die reibungsfreie Strömung als erste Näherung vollturbulenter Strömungen mit dünnen Grenzschichten bei sehr großen Reynoldszahlen.

Man betrachtet ein rein radiales Laufrad mit konstanter Breite und rückwärts gekrümmten Schaufeln verschwindender Dicke. Im mit $\omega = \text{const}$ mitrotierenden Relativsystem sei die Strömung stationär und eben, wobei von konstanten Stoffwerten für die Dichte ϱ und die dynamische Zähigkeit μ ausgegangen wird. Es wird weiter angenommen, daß die Strömung genügend weit vor dem Gitter ungestört und in hinreichender Entfernung nach dem Gitter wieder ausgeglichen sei.

Zweckmäßigerweise werden die Bewegungsgleichungen und die Kontinuitätsgleichung in der Formulierung Stromfunktion/Wirbelfunktion auf schaufelorientierte nichtorthogonale Koordinaten transformiert,

$$\tilde{r}(r,\varphi) = r , \qquad \tilde{\varphi}(r,\varphi) = F\left(\frac{r}{r_2}\right) + \varphi , \qquad \frac{r}{r_2} F' = f\left(\frac{r}{r_2}\right) = \cot \beta_s .$$

Ferner wird eine implizite Koordinatenverzerrung $r^*(\tilde{r})$ sowie $\varphi^*(\tilde{\varphi})$ angewendet. In dimensionsloser Darstellung ergeben sich bei Bezug auf den Außenradius r_2 bzw. die Umfangsgeschwindigkeit $r_2\omega$ die Volumzahl φ_r und die Reynoldszahl Re

$$\varphi_r = \frac{w_{r_2,m}}{r_2\omega} , \qquad Re = \frac{r_2\omega \cdot r_2}{\mu/\varrho} .$$

Weitere Größen folgen aus einer Impulsmomentenbetrachtung. Es sind dies das Impulsmoment M_I, das aus einem Druckanteil $M_{S,P}$ und einem Schubanteil $M_{S,T}$ bestehende Schaufelmoment M_S sowie das von Schubspannungen an den Kontrollraumhüllen bei R_0, R_3 verursachte Schubmoment M_T. Die wesentlichen integralen Ausgangsgrößen sind die Druckzahl ψ_{tot}, eine dimensionslose Gesamtdruckerhöhung, und der hydraulische Wirkungsgrad η_h als Verhältnis von Strömungsleistung zu aufgewendeter Schaufelleistung.

Das Gleichungssystem für das Relativstromfeld besteht im Falle reibungsbehafteter Strömung aus einer Wirbeltransportgleichung und einer Poissongleichung für die Stromfunktion. Im Falle reibungsfreier Strömung entfällt die Wirbeltransportgleichung, und die Wirbelfunktion hat im gesamten Feld den konstanten Wert $\Omega = -2$.

$$\operatorname{div}(\vec{W}\Omega) = \frac{1}{Re} \Delta\Omega ,$$

$$-\Omega = \gamma \Delta\Psi ,$$

$$W_{\tilde{R}} = \frac{\sqrt{1+f^2}}{\tilde{R}} \frac{d\Phi^*}{d\tilde{\Phi}} \frac{\partial\Psi}{\partial\Phi^*} , \qquad W_{\tilde{\Phi}} = -\gamma \frac{dR^*}{d\tilde{R}} \frac{\partial\Psi}{\partial R^*} .$$

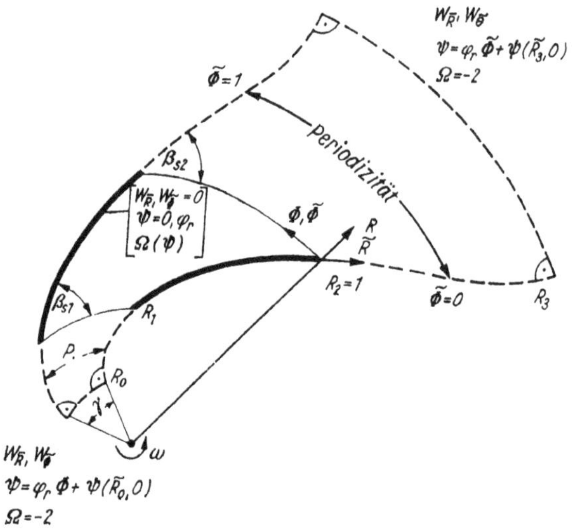

Bild 1. Integrationsgebiet (statt „ψ" lies „Ψ")

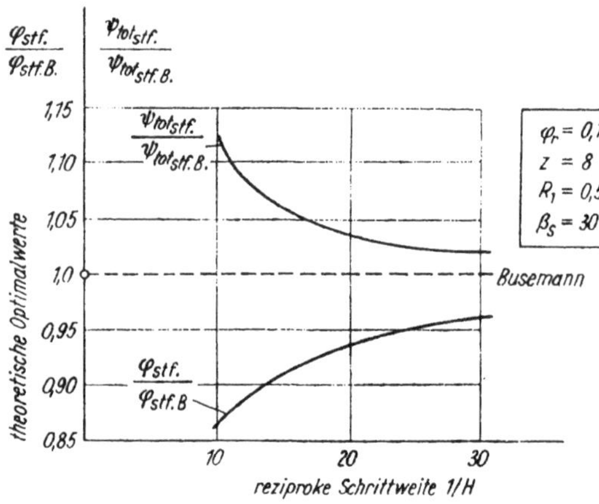

Bild 2. Diskretisierungseinfluß

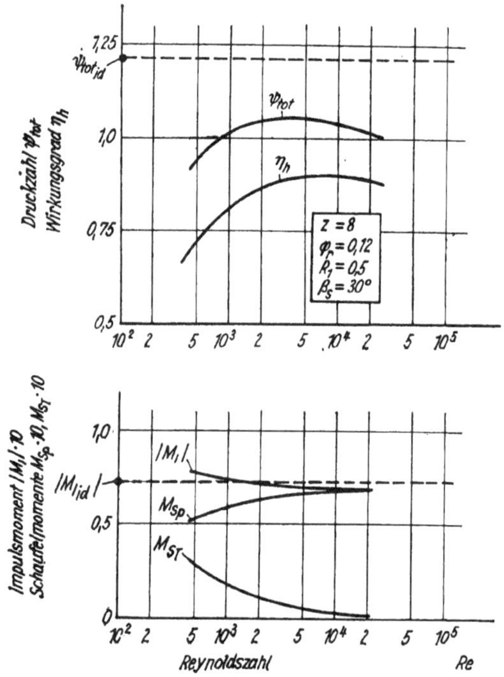

Bild 3. Variation der Reynoldszahl

Zur vollständigen Beschreibung der elliptischen Randwertaufgabe benötigt man noch die Randbedingungen, die in Bild 1 angegeben sind. Die Integrationskonstante $\Psi(\tilde{R}_0, 0)$ bzw. $\Psi(\tilde{R}_3, 0)$ ist jeweils aus der Azimutalkomponente $W_{\tilde{\Phi}}$ der Relativgeschwindigkeit zu berechnen. Diese ist am Kontrollraumaustritt unbekannt und muß bei reibungsfreier Strömung so bestimmt werden, daß an der Schaufelhinterkante die Bedingung von KUTTA-JOUKOWSKI erfüllt und eine Umströmung der Hinterkante ausgeschlossen wird. Bei reibungsbehafteter Strömung wird $W_{\tilde{\Phi}}(\tilde{R}_3)$ durch den Impulsmomentensatz kontrolliert, und an den Schaufelwänden ist die Haftbedingung zu erfüllen.

Aus dem Gleichungssystem und den zugehörigen Randbedingungen kann die reibungsfreie bzw. reibungsbehaftete Strömung in Form der integralen Größen Druckzahl und Wirkungsgrad als Funktionen der Volumzahl φ_r, der Schaufelzahl z, der Reynoldszahl Re, des Schaufelwinkelverlaufs β_s und des Radienverhältnisses R_1 berechnet werden,

$$\psi_{\text{tot}}, \eta_h(\varphi_r, z, Re, \beta_s, R_1) .$$

Im folgenden wird nur die Reynoldszahl variiert, die Schaufelkonturen sind logarithmische Spiralen mit dem konstanten Winkel $\beta_s = 30°$, die Volumzahl hat den Wert $\varphi_r = 0{,}12$, die Schaufelzahl ist $z = 8$, und das Radienverhältnis beträgt $R_1 = 0{,}5$.

Die Randwertaufgabe wird mit einem Differenzenverfahren der Konsistenzordnung 2 numerisch gelöst, wobei die konvektiven Terme der Wirbeltransportgleichung durch einseitige Differenzenquotienten (Upwind-Technik 2. Art) approximiert werden müssen.

Bild 2 zeigt den Diskretisierungseinfluß beim Differenzenverfahren. Über der reziproken Maschenweite sind für den Fall stoßfreien Eintritts die Volumzahl und die Druckzahl der reibungsfreien Strömung mit den von BUSEMANN angegebenen exakten Werten verglichen. Es ist festzustellen, daß mit größerer Stützstellenzahl die numerische Lösung schnell gegen die analytische konvergiert.

In Bild 3 sind die Druckzahl und der hydraulische Wirkungsgrad sowie das Impulsmoment und die Schaufelmomente über der Reynoldszahl aufgetragen. Sowohl Druckzahl als auch Wirkungsgrad steigen mit wachsender Reynoldszahl an und durchlaufen ein Maximum. Zum Vergleich ist die Druckzahl der reibungsfreien Strömung eingezeichnet. Ausgehend von kleiner Reynoldszahl nähern sich das Schaufelmoment und das Impulsmoment, während das Schaufelschubmoment, das nur bei kleiner Reynoldszahl von Bedeutung ist, gegen Null geht.

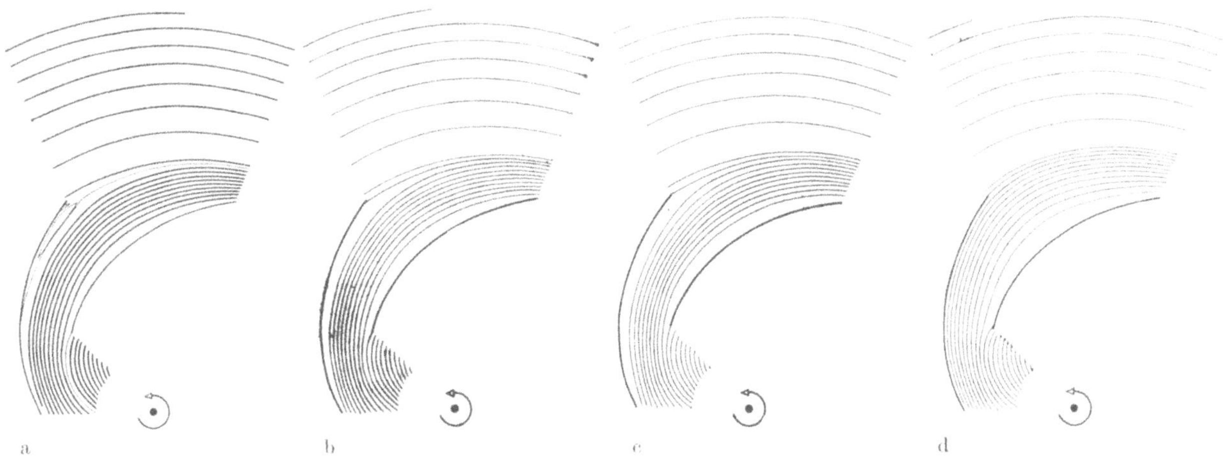

Bild 4. Relativstromlinien

Die Stromlinien der Relativströmung sind für $Re = 2 \cdot 10^4$, $5 \cdot 10^3$ und $5 \cdot 10^2$ in den Bildern 4a—4c gezeichnet. Mit Verringerung der Reynoldszahl verschwindet das Ablösegebiet auf der Schaufelsaugseite, und der Staupunkt verschiebt sich zur Schaufelhinterkante. Bild 4d zeigt die Strömung einer idealen Flüssigkeit mit der charakteristisch hohen Stromliniendichte an der Schaufelsaugseite.

Die Frage nach der Analogie zwischen der Strömung eines idealen Fluids und der schleichenden Strömung soll in weiterführenden Arbeiten untersucht werden.

Anschrift: Dipl.-Ing. EWALD M. STECK, Universität Karlsruhe, Institut für Strömungslehre und Strömungsmaschinen, Kaiserstraße 12, D-7500 Karlsruhe 1, BRD

ZAMM 62, T 235 – T 236 (1982)

I. TEIPEL

Zur Dynamik von schwingenden Blasen

Für die Untersuchungen von Strömungsvorgängen in der Umgebung von Blasen werden häufig oszillierende Druckstörungen angebracht und die auftretenden Phänomene beobachtet. Es hat sich dabei gezeigt, daß die Blasen bei geeigneter Parameterwahl Pulsationen ausführen. In der Kollabierphase stellen sich dazu große Drücke ein, so daß man in bestimmten Bereichen Kompressibilitätseffekte zu berücksichtigen hat.

Ausgangsgleichungen für schwach kompressible Vorgänge in einer eindimensionalen instationären Strömung sind:

$$\frac{\partial w}{\partial r} + \frac{\sigma}{r} w = -\frac{1}{\varrho_0 c_0^2} \frac{\partial p}{\partial t}, \qquad \frac{\partial w}{\partial t} + w \frac{\partial w}{\partial r} + \frac{1}{\varrho_0} \frac{\partial p}{\partial r} = 0 . \tag{1}$$

Dabei bedeuten W die Strömungsgeschwindigkeit in r-Richtung, p der Druck, ϱ_0 und c_0 konstante Werte für Dichte und Schallgeschwindigkeit. σ nimmt für den ebenen, zylindersymmetrischen und kugelsymmetrischen Fall die Werte 0, 1 und 2 an. Durch Elimination von p ergibt sich in der entsprechenden Größenordnung eine Wellengleichung:

$$\frac{\partial w^2}{\partial t^2} - c_\infty^2 \frac{\partial}{\partial r}\left(\frac{\partial w}{\partial r} + \frac{\sigma}{r} w\right) = 0 . \tag{2}$$

Für $\sigma = 2$ erhält man folgende Lösung:

$$w = -\frac{1}{r^2} F\left(t - \frac{r}{c_0}\right) - \frac{1}{r c_0} F'\left(t - \frac{r}{c_0}\right). \tag{3}$$

F' stellt die Ableitung nach dem Argument $t - \dfrac{r}{c_0}$ dar.

Mit Gl. (3) kann auch die Bewegungsgleichung integriert werden:

$$\frac{1}{r} F'\left(t - \frac{r}{c_0}\right) + \frac{1}{2} w^2 + \frac{1}{\varrho_0} p = C(t) . \tag{4}$$

Die Funktion $C(t)$ wird aus den Bedingungen für $r \to \infty$ bestimmt:

$$r \to \infty: \quad w = 0; \quad p = p_\infty(t). \tag{5}$$

Damit ergibt sich:

$$\frac{p - p_\infty}{\varrho_0} = -\frac{1}{r} F'\left(t - \frac{r}{c_0}\right) - \frac{1}{2} w^2. \tag{6}$$

Fordert man nun, daß $p_\infty = p_\infty(t)$, so erhält man einen Widerspruch zu der Kontinuitätsgleichung (1). Für $r \to \infty$ findet man

$$\left.\frac{\partial w}{\partial r}\right|_\infty + \left.\frac{2}{r} w\right|_\infty = -\frac{1}{\varrho_0 c_0^2} \left.\frac{\partial p}{\partial t}\right|_\infty = -\frac{1}{\varrho_0 c_0^2} \frac{\partial p_\infty}{\partial t}. \tag{7}$$

Nur der Term auf der rechten Seite verschwindet nicht. Damit wird bewiesen, daß $p_\infty = \text{const}$ sein muß. Arbeiten, die den Fall $p_\infty(t)$ behandeln, bedürfen daher einer Korrektur.

Anschrift: Prof. Dr.-Ing. I. Teipel, Institut für Mechanik, Universität Hannover, Appelstr. 11, D-3000 Hannover, BRD

ZAMM 62, T 236 – T 237 (1982)

S. Turbatu

Das Geschwindigkeitspotential für den harmonisch schwingenden rechteckigen Flügel in der nichtlinearen Theorie

Das Studium schallnaher Strömungen ist nach wie vor sowohl für die Theorie als auch für die Anwendungen von erheblichem Interesse. Schon von dem stationären Strömungsfeld her ist bekannt, daß beim Übergang von der Unterschall- zur Überschallströmung die Theorie kleiner Störungen eine nichtlineare Differentialgleichung ergibt, von der man bis auf Einzelfälle noch keine befriedigende allgemeine Lösung gefunden hat. Die tiefgehende Verschiedenheit von Unterschallströmungen und Überschallströmungen, die sich mathematisch in Wechsel vom elliptischen Typ zum hyperbolischen ausdrückt, verursacht so weiterreichende mathematische Schwierigkeiten, daß man nur in Ausnahmefällen ohne Vereinfachung der grundlegenden Differentialgleichungen auskommt. Auch für die instationäre Strömung treten diese Schwierigkeiten auf. Es werde hier lediglich der Fall der instationären, schallnahen Strömung in nichtlinearisierter Behandlung erwähnt.

Unter der Voraussetzung, daß Reibung und Wärmeleitung vernachlässigt werden und daß keine starken Verdichtungsstöße auftreten, kann die Strömung durch ein Geschwindigkeitspotential beschrieben werden. Die Theorie kleiner Störungen liefert dann in Schallnähe eine nichtlineare Potentialgleichung [7]:

$$[1 - M_\infty^2 - (\gamma + 1) M_\infty^2 \Phi_x] \Phi_{xx} + \Phi_{yy} + \Phi_{zz} - 2M_\infty^2 \Phi_{xt} - M_\infty^2 \Phi_{tt} = 0. \tag{1}$$

Hierin bedeuten: M_∞ die Mach-Zahl der Anströmung; γ das konstante Verhältnis der spezifischen Wärmen; x, y, z kartesische Koordinaten, die durch die Körperlänge l dimensionslos gemacht sind; t die Zeit, die durch l/u_∞ dimensionslos gemacht ist; $\Phi(x, y, z; t)$ das Störpotential mit

$$\Phi_x = \frac{u - u_\infty}{u_\infty}, \qquad \Phi_y = \frac{v}{u_\infty}, \qquad \Phi_z = \frac{w}{u_\infty}.$$

In dieser Arbeit wollen wir nur Strömungen mit $M_\infty = 1$ behandeln, d. h. es gilt

$$-(\gamma + 1) \Phi_x \Phi_{xx} + \Phi_{yy} + \Phi_{zz} - 2\Phi_{xt} - \Phi_{tt} = 0. \tag{2}$$

Zur Lösung von Gl. (2) sei nach I. Teipel [1], [2] und S. Y. Ruo [4] ein Störungsansatz gewählt, der die stationäre Strömung exakt und die instationäre Strömung in erster Ordnung berücksichtigt. Es soll eine Nachbarlösung zum stationären Problem gesucht werden,

$$\Phi(x, y, z; t) = \chi(x, y, z) + \varphi(x, y, z) \, e^{ikt}, \tag{3}$$

wobei k die reduzierte Frequenz bedeutet. Setzt man den Ansatz (3) in die Gleichung (2) ein, so ergibt sich nach I. Teipel [2] und S. Y. Ruo [4] für die instationäre Strömung die Gleichung:

$$-(\gamma + 1) \chi_x \varphi_{xx} - (\gamma + 1) \chi_{xx} \varphi_x + \varphi_{yy} + \varphi_{zz} - 2ik\varphi_x + k^2 \varphi = 0. \tag{4}$$

Nach I. Hosokawa [3], S. Y. Ruo [4] und K. R. Kimble [5] wenden wir nun die für stationäre Strömungen wiederholt angewandte Idee der parabolischen Methode von K. Oswatitsch [6] auch hier an, d. h. wir setzen voraus, daß gilt

$$(\gamma + 1) \chi_{xx} = \text{Konstante} = \lambda > 0. \tag{5}$$

Als ersten Versuch für eine parabolische Näherungstheorie soll, nach I. TEIPEL [2] und S. Y. RUO [4], das Glied $(\gamma + 1)\,\chi_x \varphi_{xx}$ vernachlässigt werden. Es ergibt sich als neue Differentialgleichung

$$\varphi_{yy} + \varphi_{zz} - A\varphi_x + k^2\varphi = 0 \tag{6}$$

mit $A = \lambda + 2ik$.

Legen wir den Flügel in den Bereich $0 \leqq x \leqq 1$, $|y| \leqq 1$ auf $z = 0$, mit der Vorderkante auf der y-Achse, so können wir unsere Aufgabe wie folgt formulieren: Gesucht ist eine zweimalstetig differenzierbare Funktion φ, die der Differentialgleichung (6) genügt und die Randbedingungen [7]:

$$\varphi_z(x, y, +0) = g(x, y) \quad \text{für} \quad 0 < x < 1\,, \qquad |y| < 1\,, \tag{7}$$

$$\varphi(x, y, +0) = 0 \quad \text{für den Rest der } x,y\text{-Ebene} \tag{8}$$

befriedigt. Die Funktion g ist eine vorgegebene Funktion. Mit der FOURIER-Transformation $\mathcal{F}$ lautet dann für $\psi = \mathcal{F}\{\varphi\}$ unser Randwertproblem: Gesucht ist eine zweimal stetig differenzierbare Funktion ψ, die die Differentialgleichung

$$\psi_{yy} + \psi_{zz} + K^2\psi = 0 \tag{9}$$

und die Bedingungen

$$\psi_z(y, +0; s) = G(y; s) \quad \text{für} \quad |y| < 1\,, \tag{10}$$

$$\psi(y, +0; s) = 0 \quad \text{für} \quad |y| \geqq 1\,, \tag{11}$$

erfüllt. Hierin bedeuten: $K = (k^2 - isA)$ und $G(y; s) = \mathcal{F}\{g(x, y)\}$. Im Falle großer $|K|$-Werte, kann die Lösung dieses Randwertproblems nach P. A. BURGER und R. TIMMAN [8] in der Form

$$\psi(y, z; s) = \frac{i}{2} \int\limits_{-1}^{+1} G(\xi; s) \left\{ H_0^{(2)}(Kr) + \frac{2}{\pi i} \int\limits_{r_1+1-\xi}^{+\infty} (\tau^2 - r^2)^{-1/2}\, e^{-iK\tau}\, d\tau + \right.$$

$$\left. + \frac{2}{\pi i} \int\limits_{r_2-1-\xi}^{+\infty} (\tau^2 - r^2)^{-1/2}\, e^{-iK\tau}\, d\tau + \ldots \right\} d\xi \tag{12}$$

gefunden werden. Hierin bedeuten: $r = r(\xi) = \left((y - \xi)^2 + z^2\right)^{1/2}$, $r_1 = r(+1)$, $r_2 = r(-1)$, $H_0^{(2)}$ die HANKELsche Funktion zweiter Art der Ordnung Null. Für den Fall, daß $\lambda = 0$ gesetzt wird, geht (12) in die Lösung der linearen Theorie [9], [10] über.

Wenden wir nun den Operator $\mathcal{F}^{-1}$ an, so ergibt sich aus (12) die Lösung

$$\varphi(x, y, z) = \mathcal{F}^{-1}\{\psi(y, z; s)\}$$

des Randwertproblems (6), (7), (8).

Literatur

1 TEIPEL, I., Die Strömung um schwingende Profile bei der Anström-Mach-Zahl 1, Proc. IUTAM Symposium Transonicum Springer-Verlag, 457—459 (1964).
2 TEIPEL, I., Die instationären Luftkräfte bei der Mach-Zahl 1, Zeitschrift für Flugwissenschaften, 12, 6—14 (1964).
3 HOSOKAWA, I., A simplified analysis for transonic flows around thin bodies, Proc. IUTAM Symposium Transonicum, Springer-Verlag, 184—199 (1964).
4 RUO, S. Y., Slowly oscillating pointed low aspect ratio wings at sonic speed with thickness effect, ZAMM **54**, 119—121 (1974).
5 KIMBLE, K. R., A finite element solution of unsteady transonic flow problems for three-dimensional wings and bodies, AIAA 9th Fluid and Plasma Dynamics Conference, San Diego, California, July 14—16, (1976).
6 OSWATITSCH, K.; KEUNE, F., The flow around bodies of revolution at Mach number one, Proc. of the High-Speed Conference at the Polytechnic Institute, Brooklyn, N. Y., 113—131 (1955).
7 LANDAHL, M. T., Unsteady transonic flow, Pergamon Press, New York (1961).
8 BURGER, P. A.; TIMMAN, R., Asymptotic solution at high frequencies of the boundary problem of diffraction by a strip, Proc. of the International Congress of Mathematics, vol. II, 328—329, Amsterdam (1954).
9 TURBATU, S., The perturbation velocity potential for oscillating rectangular wing, Revue Roum. Math. pure et appl. t. 12, 1407 bis 1410 (1967).
10 TURBATU, S., Das Störpotential für instationäre schallnahe Strömungen, Recent developments in theoretical and experimental fluid mechanics, Edited by U. MÜLLER, K. G. ROESNER, B. SCHMIDT, Springer-Verlag, Berlin Heidelberg New York (1979).

Anschrift: Dr. STELIAN TURBATU, Centrul National de Fizică, Platforma Măgurele, B 1. M-5, Et. 1, Ap. 6, Sector 5, Bucureşti, Rumänien

ZAMM 62, T 238 – T 239 (1982)

J. UNGER

Die Klasse der ausgebildeten ebenen freien Konvektionsströmungen und deren analytische Berechnung

In der Literatur findet man Einzelbeispiele für ausgebildete freie Konvektionsströmungen. Je nach Art des gerade behandelten speziellen Problems ist aber auch der beschrittene Lösungsweg so speziell, daß der Gesamtzusammenhang aller Probleme dieser Lösungsklasse verborgen bleibt. Um hier zu einem größeren Überblick zu gelangen, wird im folgenden die Klasse der ausgebildeten freien Konvektionsströmungen möglichst allgemein untersucht.

Ausgehend von den Erhaltungsgleichungen für freie Konvektion [1] ergibt sich für ausgebildete ebene Konvektion: $u = u(y)$, $v \equiv 0$, (Bild 1)

$$\text{(Impuls)}: \quad 0 = -p_x + \text{Ra}\, T \sin\alpha + u_{yy}, \qquad 0 = -p_y + \text{Ra}\, T \cos\alpha\,, \tag{1}$$

$$\text{(Energie)}: \quad uT_x = T_{xx} + T_{yy}\,, \qquad \text{(Masse)}: \quad u_x = 0\,, \tag{2), (3}$$

mit $x{:} = x/h$, $y{:} = y/h$, $L{:} = L/h$, $u{:} = u/(a/h)$, $v{:} = v/(a/h)$, $p{:} = (p - p_{\text{hyd.}})/\big(\varrho_0(a/h)\,(\nu/h)\big)$, $T{:} = (T - T_0)/\Delta T$,

$$\text{Ra} = \text{Gr} \cdot \text{Pr} = \frac{g\beta h^3 \Delta T}{\nu a}: \quad \text{Rayleigh-Zahl}\,.$$

Die Massenerhaltung (3) ist erfüllt und kann im folgenden keine neue Information liefern. Es sind allein noch die Energiegleichung (2) und die beiden Komponenten der Bewegungsgleichung (1) zu beachten, wobei die Impulsgleichung in der Form (4) verwendet wird, die sich durch Elimination des Druckes ($p_{xy} = p_{yx}$) ergibt:

$$\text{(Impuls)}: \quad u'''(y) + \text{Ra}\,(\sin\alpha \cdot T_y - \cos\alpha \cdot T_x) = 0\,. \tag{4}$$

Welche Einschränkung ergibt sich nun für die Temperaturfunktion $T(x, y)$ aus der Bedingung der ausgebildeten Strömung?

Um diese Frage beantworten zu können, wird die Impulsgleichung (4) nochmals nach x differenziert. Was bleibt, ist eine lineare partielle Dgl. 2. Ordnung für die Temperatur $T(x, y)$

$$\tan\alpha \cdot T_{yx} - T_{xx} = 0\,, \tag{5}$$

die für Spaltneigungswinkel $0 < \alpha \leqq \pi/2$ von hyperbolischem und für den horizontalen Spalt mit $\alpha = 0$ von parabolischem Charakter ist.

Wir betrachten zunächst den hyperbolischen Fall und transformieren (5) auf die hyperbolische Normalform

$$T_{\xi\eta} = 0 \quad \text{mit} \quad \xi = y\,, \qquad \eta = \tan\alpha \cdot x + y\,, \tag{6}$$

mit der allgemeinen Lösung

$$T(x, y) = f(\xi) + g(\eta)\,. \tag{7}$$

Setzen wir nun diese allgemeine Lösung für die Temperatur in die noch nicht benutzte Energiegleichung (2) ein

$$\to u(y) \tan\alpha \cdot g_\eta = f''(y) + (1 + \tan^2\alpha)\, g_{\eta\eta}\,, \tag{8}$$

erfolgt eine weitere Einschränkung. Denn (8) ist für eine geforderte Funktion $u = u(y)$ nur erfüllt, wenn g eine lineare Funktion von η ist. Diese Bedingung für g ist hinreichend und notwendig, wie z. B. eine weitere Differentiation von (8), jetzt nach η, zeigt:

$$u(y) = \frac{1 + \tan^2\alpha}{\tan\alpha} \frac{g_{\eta\eta\eta}}{g_{\eta\eta}}. \tag{9}$$

Für geforderte Funktionen $u(y)$ ist (9) im allgemeinen nicht erfüllbar, es sei denn, daß der Quotient $g_{\eta\eta\eta}/g_{\eta\eta}$ die Form 0/0 annimmt, was nur für g linear in η möglich ist. Mit den Transformationsvariablen ξ und η, die auf die hyperbolische Normalform führten, ergibt sich schließlich die für ausgebildete Konvektion eingeschränkte Temperaturfunktion

$$T(x, y) = K_1 x + g(y)\,. \tag{10}$$

Für ausgebildete freie Konvektion ist der Temperaturgradient in Spaltrichtung $K_1 = \partial T/\partial x$ konstant.

Im Sonderfall des horizontalen Kanals mit Neigungswinkel $\alpha = 0$ und parabolischem Charakter ergibt sich ein wenig abweichendes Ergebnis. Hier sind noch Temperaturgradienten in x-Richtung zugelassen, die linear von der Schichthöhe abhängen:

$$T(x, y) = (E_1 y + E_2)\, x + g(y)\,. \tag{11}$$

Um Fallunterscheidungen zu vermeiden, setzen wir $E_1 = 0$, $E_2 = K_1$. Das Problem ist nun auf die Bestimmung der noch unbekannten Funktion g zurückgeführt. Durch Einsetzen der eingeschränkten Temperaturfunktion ergibt sich aus der Energiegleichung (2) zunächst die Geschwindigkeitsfunktion

$$u(y) = g''(y)/K_1 \tag{12}$$

und schließlich aus der Impulsgleichung (4) die Dgl. 5. Ordnung

$$g^{(5)}(y) + \operatorname{sign} \lambda |\lambda| \, g'(y) = \mathrm{Ra} \, K_1^2 \cos \alpha \quad \text{mit} \quad \lambda = \mathrm{Ra} \, K_1 \sin \alpha \,, \tag{13}$$

zur Bestimmung der Funktion g.

In (13) tritt der Parameter λ auf. Wir erkennen sofort, daß für kleine Parameter sich die Dgl. regulär und für große singulär verhält. Im zweiten Fall steht mit $1/\lambda$ ein kleiner Parameter bei der höchsten Ableitung und signalisiert Grenzschichtverhalten: es existieren ausgebildete Grenzschichten. Das Vorzeichen des Parameters λ wird durch den Temperaturgradienten K_1 gesteuert und dementsprechend hat (13) unterschiedliche Lösungen.

Fallunterscheidung:

$$\begin{aligned} \lambda > 0: &\quad g = a_1 \cos \gamma y \operatorname{Cosh} \gamma y + \dots + a_4 \sin \gamma y \operatorname{Sinh} \gamma y + K_1 \cot \alpha \cdot y + K_2 \,, \\ \lambda < 0: &\quad g = a_1 \operatorname{Cosh} \gamma y + \dots + a_4 \sin \gamma y + K_1 \cot \alpha \cdot y + K_2 \,, \\ \lambda = 0: &\quad g = P_5(y) = a_1 y^4/24 + \dots + a_4 y + \mathrm{Ra} \, K_1^2 \cos \alpha \cdot y^5/120 + K_2 . \end{aligned} \tag{14}$$

Zur Bestimmung der Konstanten a_i stehen insgesamt vier Randbedingungen an den Kanalwänden $y = 0{,}1$ zu Verfügung. Neben der Haftbedingung ist entweder die Temperatur oder der Wärmestrom vorgegeben. Aufgrund der eingeschränkten Temperaturfunktion sind nur lineare Verläufe der Wandtemperatur bzw. konstante Wärmeströme zugelassen. Schreibt man die 4 R.B. in Matrixform

$$(A(\lambda)) \begin{pmatrix} a_1 \\ a_2 \\ a_3 \\ a_4 \end{pmatrix} = \begin{pmatrix} g''(0) = 0 \\ g''(1) = 0 \\ g(0) \text{ od. } g'(0) \\ g(1) \text{ od. } g'(1) \end{pmatrix} = b \,, \tag{15}$$

erkennt man, daß für $b = 0$ nichttriviale Lösungen nur für $\det A(\lambda) = 0$, $\lambda \gtrless 0$, möglich sind → Eigenwerte λ^*: die Strömung läuft erst oberhalb einer kritischen Ra-Zahl (BENARD-Verhalten) an. Im Fall $\lambda = 0$, $b \neq 0$ und im Sonderfall $\lambda = 0$ gibt es keine Eigenwerte: die Strömung läuft bei beliebig kleinen Ra-Zahlen sofort an (prompte Konvektion).

Systembedingte Eigenschaften gehen allein in die Bestimmung der noch freien Konstanten K_1, K_2 ein [2, 3].

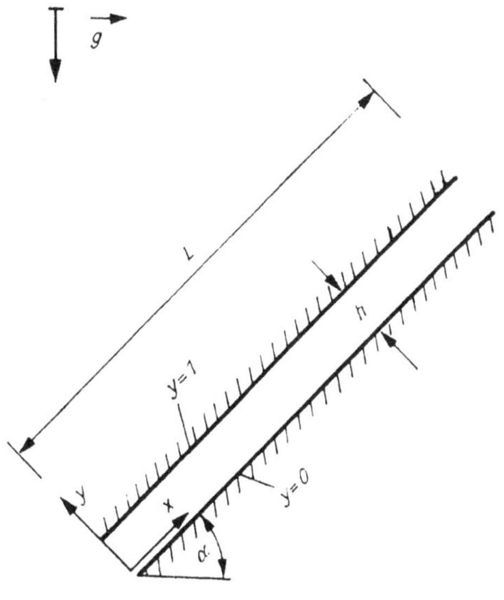

Bild 1. Strömungskanal für ausgebildete ebene freie Konvektionsströmungen

Literatur

1 LANDAU/LIFSCHITZ, Lehrbuch der theoretischen Physik, Bd. VI, Akademie-Verlag Berlin, 1971.
2 UNGER, J., Freie Konvektionsströmung in beheizten Kaminen, ZAMM 58, 1978, T 347—T 350.
3 UNGER, J., Ausgebildete Kanalströmung zwischen Behältern unterschiedlicher Temperatur, ZAMM 60, 1980, T 230—T 233.

Anschrift: Dr.-Ing. JOCHEM UNGER, Kraftwerk Union AG, D-6128 Mümling-Grumbach, Mümlingtalring 11, BRD

Wir bitten, **Manuskriptsendungen** zweifach (Original und eine Kopie, sprachlich einwandfrei, Formeln mit Maschine oder in Druckschrift geschrieben) an folgende Anschrift zu richten:

Zeitschrift für Angewandte Mathematik und Mechanik
Institut für Mechanik der Akademie der Wissenschaften der DDR
DDR-1199 Berlin, Rudower Chaussee 5.

Zu den Arbeiten, die als Hauptaufsätze bestimmt sind, ist auf gesondertem Blatt eine Zusammenfassung von 5 bis 10 Zeilen in englischer und (möglichst) deutscher und russischer Sprache beizufügen. Ausführliche Hinweise für die Autoren, um deren strikte Berücksichtigung gebeten wird, finden sich im Anschluß an das Inhaltsverzeichnis des letzten Jahrganges.

Die Autoren erhalten von den Hauptaufsätzen 75, von den Kleinen Mitteilungen 25 Sonderdrucke ohne Berechnung, darüber hinaus weitere Sonderdrucke gegen Berechnung.

Der Verlag behält sich für alle Beiträge das Recht der Vervielfältigung und Übersetzung vor.

Bestellungen sind zu richten

— **in der DDR** an den Postzeitungsvertrieb unter Angabe der Kundennummer des Bestellenden oder an den AKADEMIE-VERLAG, DDR-1086 Berlin, Leipziger Straße 3—4
— **im sozialistischen Ausland** an eine Buchhandlung für fremdsprachige Literatur oder an den zuständigen Postzeitungsvertrieb
— **in der BRD und Berlin (West)** an eine Buchhandlung oder an die Auslieferungsstelle KUNST UND WISSEN, Erich BieberOHG, D-7000 Stuttgart 1, Wilhelmstraße 4—6
— **in den übrigen westeuropäischen Ländern** an eine Buchhandlung oder an die Auslieferungsstelle KUNST UND WISSEN, Erich Bieber GmbH, CH-8008 Zürich, Dufourstraße 51
— **im übrigen Ausland** an den Internationalen Buch- und Zeitschriftenhandel; den Buchexport, Volkseigener Außenhandelsbetrieb der Deutschen Demokratischen Republik, DDR-7010 Leipzig, Postfach 160; oder an den AKADEMIE-VERLAG, DDR-1086 Berlin, Leipziger Straße 3/4

ZEITSCHRIFT FÜR ANGEWANDTE MATHEMATIK UND MECHANIK
Herausgeber und Chefredakteur: Prof. Dr. Günter Schmidt, Redaktion: Dr. Winfried Heinrich, Dr. Horst Weinert, Dipl.-Math. Friedhild Dudel, Bernhilde Schwertfeger, Institut für Mechanik der Akademie der Wissenschaften der DDR. Verlag: Akademie-Verlag, DDR-1086 Berlin, Leipziger Straße 3—4; Fernruf: 2236221 oder 2236229; Telex-Nr.: 114420; Bank: Staatsbank der DDR, Berlin, Kto.-Nr.: 6836-26-20712. Anschrift der Redaktion: Institut für Mechanik der Akademie der Wissenschaften, DDR-1199 Berlin, Rudower Chaussee 5; Fernruf: 674 36 39 oder 674 36 43.

Veröffentlicht unter der Lizenznummer 1282 des Presseamtes beim Vorsitzenden des Ministerrates der Deutschen Demokratischen Republik. Gesamtherstellung: VEB Druckerei „Thomas Müntzer“, DDR-5820 Bad Langensalza. Erscheinungsweise: Die Zeitschrift für Angewandte Mathematik und Mechanik erscheint monatlich. Die 12 Hefte eines Jahres einschließlich Tagungsheft bilden einen Band. Bezugspreis je Band 360,— M zuzüglich Versandspesen (Preis für die DDR 216,—M). Bezugspreis je Heft 30,— M (Preis für die DDR 18,— M). Bestellnummer dieses Heftes: 1009/62/4.

AN(EDV) 35937

Fluidmechanik

www.ingramcontent.com/pod-product-compliance
Lightning Source LLC
LaVergne TN
LVHW080755300926
849162LV00008BA/1817

9783112622452